织物增强混凝土理论研究与应用探索

荀　勇　支正东　编著

国家自然科学基金项目(50378018，51478408)资助

科　学　出　版　社
北　京

内 容 简 介

本书主要介绍作者团队十五年来在国家自然科学基金项目资助下取得的成绩，并结合国内外研究和应用，系统地阐述了织物增强混凝土材料与织物增强混凝土材料在结构工程中应用的基本原理和工程实践情况。内容包括织物增强混凝土的基本概念、织物增强混凝土薄板研究、织物增强混凝土薄板加固钢筋混凝土结构研究与应用、织物增强混凝土加固砌体结构试验研究、织物增强混凝土永久性模板技术研究与开发、织物增强混凝土在薄壳结构和桥梁结构等领域的应用等。

本书为国内第一部中文版织物增强混凝土研究方向的专著，可作为水泥基复合材料和结构加固等领域的工程设计人员的参考书，也可供从事该方向研究工作的土木工程材料与结构研究工作者参考。

图书在版编目（CIP）数据

织物增强混凝土理论研究与应用探索/荀勇，支正东编著. —北京：科学出版社，2018.12

ISBN 978-7-03-058743-5

Ⅰ. ①织… Ⅱ. ①荀…②支… Ⅲ. ①纤维织物增强复合材料-混凝土-研究 Ⅳ. ①TU528

中国版本图书馆 CIP 数据核字（2018）第 206543 号

责任编辑：李涪汁 曾佳佳/责任校对：王萌萌

责任印制：师艳茹/封面设计：许 瑞

科学出版社出版

北京东黄城根北街16号

邮政编码：100717

http://www.sciencep.com

天津文林印务有限公司印刷

科学出版社发行 各地新华书店经销

*

2018 年 12 月第 一 版 开本：787×1092 1/16

2018 年 12 月第一次印刷 印张：24 1/2

字数：580 000

定价：199.00 元

序　言

复合材料是以一种材料为基体、另一种材料为增强体组合而成的材料。组成的材料在性能上取长补短，协同工作，使复合材料的综合性能优于原组成材料而满足各种不同的工程要求。复合材料的基体材料分为金属和非金属两大类。金属基体常用的有铝、镁、铜、钛及其合金。非金属基体主要有合成树脂、橡胶、水泥、陶瓷、石墨、碳等。增强材料主要有玻璃纤维、碳纤维、硼纤维、芳纶纤维、碳化硅纤维、石棉纤维、晶须、金属丝和硬质细粒等。

古代沿用至今的稻草增强黏土和有百年历史的钢筋混凝土均是由两种材料复合而成。20 世纪 40 年代，因航空工业的需要，发展了玻璃纤维增强塑料(俗称玻璃钢)，从此出现了复合材料这一名称。50 年代以后，陆续发展了碳纤维、石墨纤维、硼纤维等高强度和高模量纤维。70 年代出现了芳纶纤维和碳化硅纤维。这些高强度、高模量纤维能与合成树脂、碳、石墨、陶瓷、水泥、橡胶等非金属基体或铝、镁、钛等金属基体复合，构成各具特色的高性能复合材料。

纤维增强复合材料通常有乱向短纤维增强的复合材料和连续纤维增强的复合材料两大类，目前，通常采用纺织技术将连续纤维增强的复合材料中的纤维制成织物与其基体复合，如玻璃纤维增强塑料(除纤维缠绕成型工艺)。以连续纤维制成的织物与塑料组成的复合材料在各行各业已经得到了广泛的应用，但是，以连续纤维制成的织物与水泥混凝土组成复合材料的理论和应用研究工作近二十多年来才陆续开始。

德国科学基金会(Deutsche Forschungsgemeinschaft，DFG)于 1999 年开始资助亚琛工业大学和德累斯顿工业大学开展织物增强混凝土方面的研究工作。在亚琛工业大学和德累斯顿工业大学分别成立了一个专门研究组织，即 Josef Hegger 教授领导的 SFB532(http://sfb532.rwth-aachen.de/)和 Manfred Curbach 教授领导的 SFB528(http://sfb528.tu-dresden.de/)。他们的研究引起了世界范围内纺织、建材、力学与结构工程等领域的学者的关注。进入 21 世纪后，Alva Peled 和 Barzin Mobasher 创造性地提出了“拉网法”制作织物增强混凝土薄板的工艺，他们的研究工作得到了美国国家科学基金(National Science Foundation, program 0324669-03)资助和美国-以色列两国科学基金(United States-Israel Binational Science Foundation)资助；大约同时，美国哥伦比亚大学开始了预应力芳纶(aramid)纤维增强玻璃混凝土方面的研究探索；瑞典查尔莫斯理工大学结构研究所在织物增强混凝土应用研究方面也开展了一系列工作。

进入 21 世纪后，我国从事织物增强混凝土领域研究工作的主要有两支团队，即徐世烺团队和荀勇团队。在国家自然科学基金项目(50378018、51478408)资助下，荀勇团队在该领域开展研究工作已经十五年，研究内容包括织物增强混凝土薄板物理力学性能、织物增强混凝土薄板加固钢筋混凝土结构、织物增强混凝土加固砌体结构、织物增强混凝土永久性模板开发等方面。

《织物增强混凝土理论研究与应用探索》包含了荀勇团队十五年来在织物增强混凝土方面的主要研究成果，也吸纳了国内外其他研究团队在该领域的部分研究成果和工程应用情况。该书概念准确，内容较为全面，并且理论联系实际。希望该书的出版能进一步促进我国织物增强混凝土理论研究与应用实践更加广泛和深入，使织物增强混凝土这项技术对促进土木工程结构性能提升、工程项目低碳和耐久性起到应有的作用。

孙　伟

中国工程院院士

2018 年 4 月于南京

目　　录

第1章　绪　论

1.1　新材料应用对土木工程技术发展的推动作用

土木工程是指用土、石、砖、木、混凝土及金属材料等建筑材料修建房屋、道路、铁路、桥梁、隧道、河道、港口、市政卫生工程等的生产活动和工程技术，也是房屋、道路、铁路、桥梁、隧道、市政卫生等各种工程全部或一部分建成物的统称。

材料是实现土木工程建造的基本条件。土木工程的任务就是要充分发挥材料的作用，在保证结构安全的前提下实现最经济和最环保的建造，因此材料的选择及其数量确定是土木工程设计过程中必须解决的重要内容。对土木工程的发展起关键作用，首先是作为工程物质基础的土木建筑材料，其次是发展起来的设计理论和施工技术。每当出现新的优良的建筑材料时，土木工程就会有飞跃式的发展。

人们在早期只能依靠泥土、木料及其他天然材料从事营造活动，因此，此类营造活动在文中被称为土木工程。虽然原始的土木工程技术非常简单，但是，它也充分反映出土木工程材料对土木工程技术的制约作用。人工建筑材料砖和瓦的出现，使人类第一次冲破了天然建筑材料的束缚。公元前 11 世纪的我国西周初期制造出瓦。最早的砖出现在公元前 5 世纪至公元前 3 世纪战国时的墓室中。砖和瓦具有比土更优越的力学性能，可以就地取材，而又易于加工制作。砖和瓦的出现使人们开始广泛地、大量地修建房屋和城防工程等。由此土木工程技术得到了飞速的发展。直至 18～19 世纪，在长达两千多年时间里，砖和瓦一直是土木工程的重要建筑材料，为人类文明做出了伟大的贡献，至今还被广泛采用。著名的万里长城、西安大雁塔、河南嵩岳寺塔、南京灵谷寺等就是砖砌体结构典型的代表(图 1.1 和图 1.2)。

图 1.1　万里长城

图 1.2　西安大雁塔

由于砖砌体结构以砖块为主要建筑材料，因此，在人类历史上，不同地区和不同的文化背景下产生了许多砖砌体的艺术和技术。

中国清代民居大多采用砖砌山墙，在墙体檐口部位向前挑出，砖砌山墙及其砖悬挑技术造就了中国清代民居的时代特征(图 1.3)。砖与钢筋混凝土混合结构是近代西方建筑普遍采用的结构形式，其中砖砌门窗洞口过梁和钢筋混凝土梁头下面的砖砌牛腿都是采用砌筑技术(图 1.4)。

图 1.3　中国清代民居檐口砖托

图 1.4　近代建筑中砖牛腿

在钢筋混凝土复合材料没有广泛应用之前，砖石砌筑拱顶技术在世界各地得到了充分的发展。 图 1.5 从左向右依次展示了欧洲拱(圆弧拱)、中东拱(抛物线拱)和加泰罗尼亚拱(倒悬链拱)。

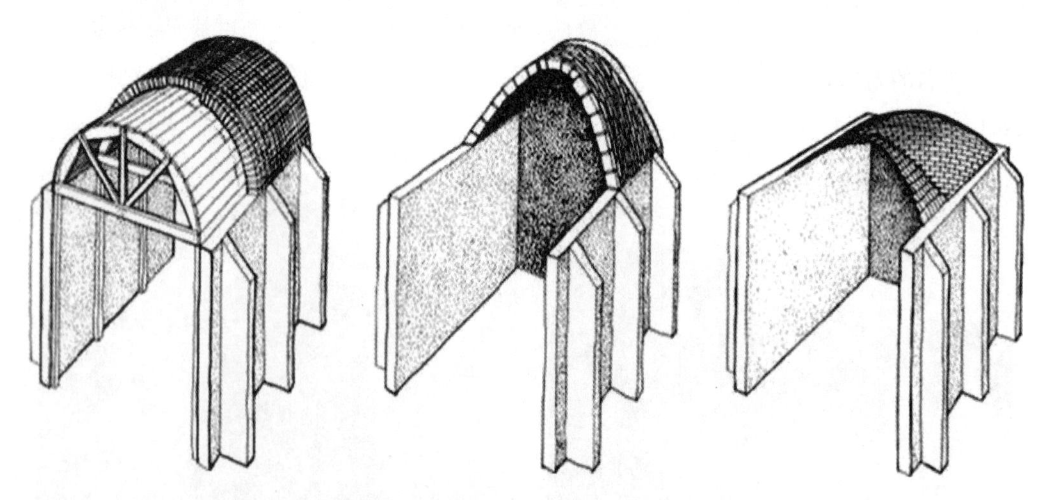

图 1.5　建筑史中的砖石砌筑拱顶技术

由于乌拉圭自 1726 年就成为西班牙殖民地，20 世纪乌拉圭建筑师埃拉迪欧·迪斯特受到了加泰罗尼亚地区的古老技术“加泰罗尼亚拱”的影响，设计了乌拉圭埃拉迪欧工人基督教堂(图 1.6)。该教堂不仅外墙面随着高度的增加，从地面上的一条直线逐渐变成顶部的正弦曲线，而且，将两面墙体和屋顶作为整体来考虑，屋顶采用独特的双曲形拱顶(图 1.7)。

图 1.6 埃拉迪欧工人基督教堂

图 1.7 教堂的双曲形拱顶

埃拉迪欧工人基督教堂墙身连绵弯曲，又和屋顶交错成为完整的结构体系，把砖砌体的技术和艺术一起融合在建筑中。

近代建筑大师密斯·范德罗说：“建筑，肇始于两块砖被严谨地摆放到一起！”然而，钢材和水泥成为主要建筑材料之后，建筑不再局限于砖砌体材料了。

钢材大量应用带来了土木工程技术的第二次飞跃。17 世纪 70 年代开始使用生铁，19 世纪初开始用熟铁建造桥梁和房屋，这是钢结构出现的前奏。1779 年，英国在科尔布鲁克代尔的塞文河上建成首座主跨约 30.5m 的铸铁肋拱桥，见图 1.8。

图 1.8 英国塞文河上铸铁拱桥

图 1.9 英国爱丁堡福斯钢桥

从 19 世纪中叶开始，冶金业冶炼并轧制出抗拉和抗压强度都很高、延性好、质量均匀的建筑钢材，随后又生产出高强度钢丝、钢索。于是适应发展需要的钢结构得到蓬勃发展。除应用原有的梁、拱结构外，新兴的桁架、框架、网架、悬索结构逐渐推广，出现了结构形式百花争艳的局面。图 1.9 是英国福斯桥，1882 年开始建造，1890 年建成，是英国人引以为傲的工程杰作，也是世界公认的铁路桥梁史上的里程碑之一。传说中等到把桥梁全部油漆一遍之后，前面的已经褪色，就又得开始重新油漆，所以英国人用

“paint the Forth Bridge”(给福斯桥刷漆)形容一件永远都做不完的工作。这是钢铁材料造就的“语言文化”。

钢铁材料造就的文化主要不在语言方面，如同砖石材料造就了砌体建筑艺术一样，钢铁材料造就了钢铁建筑文化。1851 年 5 月建成的“水晶宫”是英国工业革命时期的代表性建筑，它共用去铁柱 3300 根，铁梁 2300 根，玻璃 9.3 万 m^2。埃菲尔铁塔(图 1.10)于 1887 年 1 月 28 日动工，1889 年 3 月 31 日竣工。铁塔由 18 038 个优质钢铁部件和 250 万个铆钉铆接而成，钢铁总质量约 7000t。

图 1.10　埃菲尔铁塔

图 1.11　钢铁时代烛台

图 1.11 是钢铁时代烛台，它运用现代设计理论建造的钢结构建筑的表现在当今依然时尚。北京鸟巢体育馆(图 1.12)是为 2008 年第 29 届奥林匹克运动会而建造的主体育场馆。工程总占地面积 21hm^2，建筑面积 258 000m^2。场内观众座席约为 91 000 个，其中临时座席约 11 000 个。工程主体建筑空间呈马鞍椭圆形，南北长 333m、东西宽 294m、高 69m。主体钢结构形成整体的巨型空间马鞍形钢桁架编织式“鸟巢”结构，钢结构总用钢量为 4.2 万 t。

图 1.12　北京鸟巢体育馆

19世纪20年代，波特兰水泥制成后，混凝土问世了。19世纪中叶以后，钢铁产量激增，随之出现了钢筋混凝土这种新型的复合建筑材料，其中钢筋承担拉力，混凝土承担压力，发挥了各自的优点。钢和混凝土材料的出现，使建筑材料强度成倍提高，可靠性、耐久性等其他性能也有了很大改善。自20世纪初以来，钢筋混凝土已经广泛应用于土木工程的各个领域。钢筋混凝土结构给建筑物带来了新的经济、美观的工程结构形式(图1.13)，使土木工程产生了新的施工技术和工程结构设计理论。这是土木工程的又一次飞跃发展。

图1.13　澳大利亚悉尼歌剧院

现代合成材料的不断研制，拓宽了施工中可以使用的材料的种类，而且在性能上也较过去的传统材料更为优良，轻质、高强的新材料的应用使得很多过去难以实现的结构成为可能。

计算机的数值分析方法使现代新材料在结构中的应用更加精准和合理可靠。它使过去手工难以计算的而被迫简化粗略的计算可以变为较精确的计算分析。例如，借助于有限元计算软件，人们如今可以轻而易举地求解出以前人力难以完成的复杂超静定结构的内力和位移计算。有限元理论与结构动力学的不断发展，使得人们可以方便且精确地做出结构的受力和形变的计算，从而使设计工作大大简化。更多建筑施工机械的使用，使得施工自动化程度大幅提高。

图1.14　法国米约大桥

坐落在法国南部塔恩河谷的米约大桥（图 1.14）在群山之中直入云霄，它的桥面与地面最低处垂直距离达 270m。如果算上混凝土桥墩上方用于支撑斜拉索的桥塔，最高的桥墩达到 343m，比埃菲尔铁塔还要高 19m。米约大桥的桥跨结构采用硬铝合金钢材料，比普通大桥的要轻，兼具了刚性和弹性优势。遇到超强大风、地震以及出现热胀冷缩效应时，桥梁更显柔韧。

1.2　不连续纤维增强混凝土的理论研究和工程应用举例

纤维混凝土按纤维的连续性分为：不连续纤维增强混凝土和连续纤维增强混凝土。不连续纤维增强混凝土中的纤维又分为定向取向和随机取向两种。本节讨论的不连续纤维增强混凝土是随机取向的。

在不连续纤维增强混凝土中，常用纤维有钢纤维(图 1.15(a))、玻璃纤维(图 1.15(b))、碳纤维(图 1.15(c))、玄武岩纤维(图 1.15(d))、高密度聚丙烯纤维、聚丙烯纤维、维尼仑纤维、丙纶纤维、腈纶纤维、石棉纤维等，也有采用短切植物纤维掺入混凝土的应用实例。

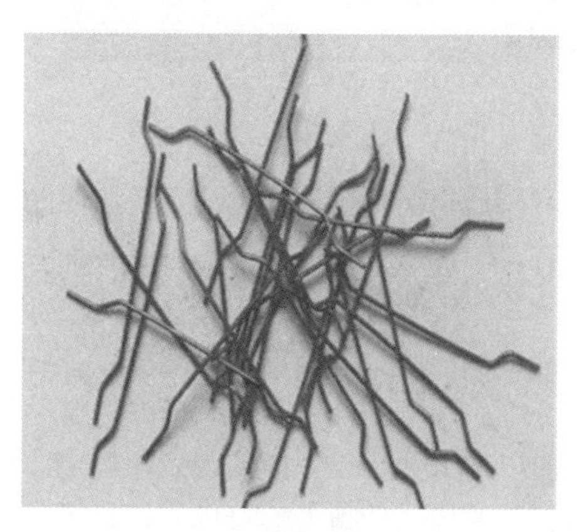

(a) 钢纤维

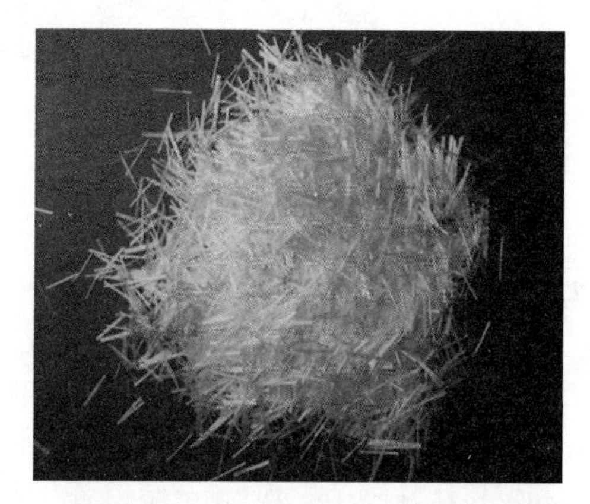

(b) 玻璃纤维

(c) 碳纤维

(d) 玄武岩纤维

图 1.15　增强混凝土的短纤维

在高性能纤维混凝土工程水泥基复合材料(engineered cementitious composite，ECC)中，则采用聚乙烯醇纤维(poly vinyl alcohol，PVA)，其形貌见图1.16(a)。另一种超高强纤维混凝土活性粉末混凝土(reactive powder concrete，RPC)中，则采用镀铜微细钢纤维，见图1.16(b)。

(a)聚乙烯醇纤维

(b)镀铜微细钢纤维

图1.16　增强高性能混凝土的特殊纤维

钢纤维混凝土是土木工程中最常用的一种纤维混凝土。早在1911年，美国人Porter就已经提出在混凝土中加入钢纤维的设想。同年，美国人Graham对钢纤维混凝土开展研究工作，通过试验，他发现将钢纤维掺入配筋混凝土后，配筋混凝土构件的开裂强度和稳定性得以提高。进入20世纪40年代后，美、英、法、德等国相继出现了钢纤维混凝土方面的专利。到了20世纪60年代，钢纤维混凝土的理论研究已经比较充分，工程应用已经开始。

我国从20世纪70年代起，开始钢纤维混凝土的研究和应用。40多年来，在钢纤维混凝土基本理论研究和工程应用方面取得了丰硕的成果。于1992年以大连理工大学和哈尔滨工业大学为主编，颁布了中国工程建设协会标准《钢纤维混凝土结构设计与施工规程》(CECS 38：92)，主要内容有：材料、基本设计规定、无筋和配筋钢纤维混凝土构件承载力极限状态计算、钢筋钢纤维混凝土构件正常使用极限状态验算、结构构造规定、钢纤维混凝土的配制浇筑及检验、喷射纤维混凝土的设计与施工，以及公路路面、机场道面、道桥桥面、工业建筑地面、刚性防水屋面、叠合式受弯构件、铁路轨枕、局部增强预制桩、抗震框架节点等。于2010年以大连理工大学为主编，出版了中国工程建设协会标准《纤维混凝土试验方法标准》(CECS 13：2009)，其中包括钢纤维和合成纤维的试验与检测方法，纤维混凝土拌和物试验的试验方法。于2004年大连理工大学等，对《钢纤维混凝土结构设计与施工规程》(CECS 38：92)作了全面修订，编制成《纤维混凝土结构技术规程》(CECS 38：2004)，新规程增补了合成纤维混凝土的有关设计与施工的内容；钢纤维品种中淘汰了低强圆直型纤维、碳钢熔抽型纤维，新增了高强钢丝切断型、铣削型、剪切异型和低合金钢熔抽型纤维；混凝土的强度等级由CF20～CF40扩大到CF80，并考虑了钢纤维对中低强度和高强度混凝土增强作用的不同，分别给出了有关材料性能和各项构件设计的影响系数；在隧洞支护与衬砌和工业建筑地面设计中引入了考虑钢纤维混凝土韧性的设计概念；增补了钢纤维增强屋面板、承台、牛腿、深梁、码头铺面、桥面、桥梁结构、水工结构、层布式复合路面等领域有关的设计施工的内容。

我国40多年来在纤维混凝土工程应用方面成果非常丰富，现列举几例如下[1-3]。

(1)沈阳商业城建筑面积6.8万m^2，占地面积100×100m^2，地下两层车库，地上六层，局部七层，地上部分总高度35.4m。在该建筑面积的主要转弯处，地上一、二层抽掉3根柱子，形成上部双向外挑9.9m、托四层建筑较大的悬挑结构，经过多种方案比较，选定墙、梁、柱组合悬挑方案。该方案梁截面500mm×1500mm，墙厚200mm，柱截面600mm×600mm。对此悬挑结构进行弹性有限元分析，发现应力状态比较复杂，部分区域尤其是悬空柱拉应力很大。由于混凝土中配制钢筋有区域性和方向性，所以采取配筋方式抵抗复杂应力并不是有效的办法，而钢纤维混凝土中的钢纤维乱向分布于混凝土中，是抵抗结构构件复杂应力的较理想材料。另外，钢纤维混凝土有良好的抗裂性，可使构件在标准荷载作用下处于弹性受力阶段而不开裂，不出现内力重分布。沈阳商业城的工程实践表明，采用钢纤维混凝土解决悬挑结构产生的复杂应力问题是成功的。在使用过程中实测变形满足要求，未出现可见裂缝。

(2)南昆铁路西段宜良县境内乐善村二号隧道处于高烈度(8～9度)地震区，穿越泥质页岩、粉砂岩及碳质页岩地层，岩体严重风化且破碎。隧洞跨度11.56m，设计埋深4～38m。该隧洞特点为：大跨、浅埋、软弱地层、高烈度地震区。隧道衬砌总长203m，钢纤维混凝土总工程量2700m^3(包括超挖量)。由于使用了钢纤维混凝土，在提高衬砌抗震性能的同时，使衬砌厚度由普通混凝土的1200mm减薄至300mm，加上初期支护200mm，钢纤维混凝土衬砌总厚500mm，隧洞开挖量减少21%，衬砌圬工量减少62%，取得了明显的效益。

(3)贵州乌江大桥为吊拉组合索桥，全长416.6m，主跨288m，索塔高60m。1997年10月建成通车。该桥桥身的预应力混凝土结构中，复合有钢丝网和钢纤维，提高了抗拉抗剪强度，显著降低了自重，薄壁箱形梁的顶板厚100mm，底板厚120mm，腹板厚100mm，比传统预应力混凝土桥身方案节省混凝土方量30%。同预应力连续梁桥方案相比，在混凝土用量上大幅度降低，在钢材用量上也有一定程度降低，具有显著的经济效益。

(4)黔桂铁路地处山区，坡度大、曲线多，其中曲线半径小于300m的曲段有204处，计52.7km，占线路总长的18.6%。1994年在三岔至洛东区间有三个小半径曲线上试铺邵武轨枕厂生产的钢纤维混凝土轨枕，三处的曲线半径分别为285.7m、282m、282m，列车类型为DF4，时速70km/h，铺设标准为1840个/km。经4年运营，线路状态基本良好，无严重病害，只有几根轨枕挡肩损坏，轨枕中部出现细微裂纹，经检查发现道床有翻浆冒泥现象，轨枕挡肩尼龙座已磨穿。经更换失效尼龙座，清筛板结的道床，轨枕挡肩无新的破坏，也没有出现新的裂纹。以1998年价格计，钢纤维混凝土轨枕每套214元，木枕每套223元，木枕只能使用3年，钢纤维混凝土轨枕可达12～15年。黔桂线小半径曲线全部用钢纤维混凝土轨枕，可节省6500万元。在运营期间还发现，维修工作量大为减少，以前使用木枕时，工区几乎每月有三天时间耗费在这三处的维修上。

(5)高速公路特大桥桥面采用超薄的钢纤维混凝土桥面，不仅大大减轻了重量，而且还能承受起数十吨载重汽车高速行驶的冲击力。2012 年 4 月 22 日，世界上最长的钢管桁架梁公路桥四川雅(安)泸(沽)高速公路干海子特大桥(图 1.17)竣工。该大桥位于四川省雅安市石棉县境内的横断山脉，海拔 2500m 的托乌山下的安宁河、鲜水河地震烈度为 9 度的断裂带上，全长 1811m、桥宽 24.5m，桥面最大纵坡 4%、最小曲线半径 356m、最高墩 107m，设计 36 跨。建设者们为了减轻桥面重量，采用 C50 钢纤维混凝土，厚度只有 25cm。

图 1.17 高速公路上的干海子特大桥 S 形桥面

(6) 20 世纪 90 年代初，在美国本土生产的能够应用于纤维混凝土的聚丙烯纤维透过商业渠道流入中国。目前，国内聚丙烯纤维生产厂家遍及全国各地，在我国采用聚丙烯纤维混凝土的工程项目已经数以千计，工程类型几乎覆盖了土木工程各类工程设施建设。位于江苏省常州市中心的怀德广场地下人防工程为常州市的一个标志性工程。该工程地上是一个供市民休闲的城市花园广场，地下为兼商业用房的人防工程。地下室分上、下两层，建筑面积约 20 000m^2。设计采用 C30P8 抗渗混凝土。混凝土总量约 12 000m^3，全部采用商品混凝土泵送浇捣。该项混凝土工程采用了 JM-III抗渗防裂剂与聚丙烯纤维复合应用技术。

(7) 苏通长江公路大桥是一座位于江苏境内的跨江大桥，其总长 8206m，其中主桥采用 100+100+300+1088+300+100+100=2088m 的双塔双索面钢箱梁斜拉桥。其主塔高度 306m，位列世界第二；斜拉索的长度 580m，位列世界第一；其索塔锚固区的混凝土性能对斜拉索锚固性能的影响极大。通过科学研究和试验，东南大学研究团队采用高性能钢纤维混凝土成功解决了索塔锚固区混凝土需要高抗裂性、高耐久性和泵送性等问题。

1.3 连续纤维及其织物增强混凝土的基本概念

本书讨论的连续纤维增强混凝土是将连续纤维置于混凝土内部增强混凝土的技术，它不同于将碳纤维布贴于混凝土构件表面加固混凝土技术。

和连续纤维增强塑料(fiber reinforced plastics，FRP)将连续纤维以有序的方式置于塑料内相似，连续纤维增强混凝土也是将连续纤维以有序的方式置于混凝土内部。由于混凝土不同于塑料，塑料可以有效地浸入纤维束内部，但是混凝土做不到，只有当纤维束与纤维束之间有足够大的孔隙，混凝土才能填补纤维束与纤维束之间的孔隙，从而使纤维和混凝土黏结在一起，因此，将纤维束制成网状的纺织品用以增强混凝土是目前连续纤维增强混凝土的主要方式。将表层细骨料混凝土剥离后，露出内部碳纤维织物，如图 1.18 所示 [4]。织物增强混凝土曲面薄板如图 1.19 所示。

图 1.18　平面网格织物增强混凝土的方式

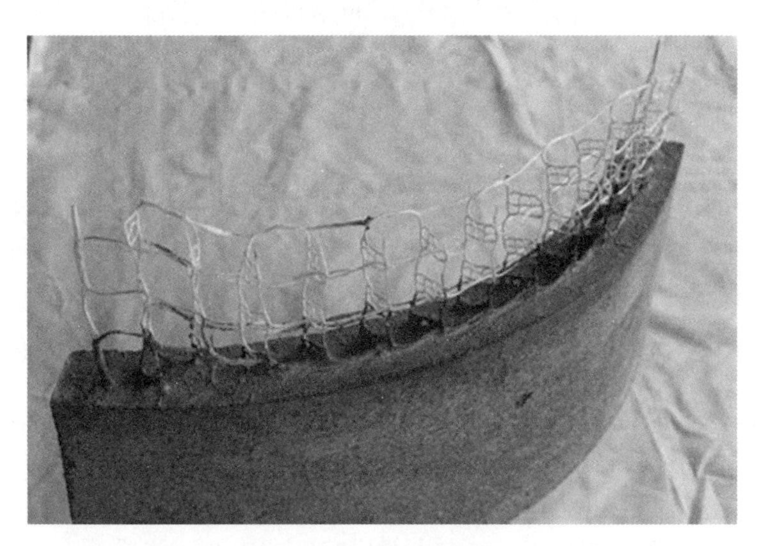

图 1.19　空间网格织物增强混凝土的方式

目前，在连续纤维增强混凝土领域，已经形成了纺织品增强混凝土或织物增强混凝土研究方向。国际材料与结构研究实验联合会(International Union of Laboratories and Experts in Construction Materials，Systems and Structures，RILEM)称之为织物增强混凝土(textile reinforced concrete，TRC)。

该方向大多数研究者研究织物增强混凝土时，所采用的织物是轴向针织物。什么叫轴向针织物？首先必须了解织物的分类，才能理解轴向针织物的构造特点。

织物是纺织纤维和纱线制成的柔软而具有一定力学性能和厚度的制品。织物通常包括：机织物、针织物、非织造布、编织物等。针织物是织物的一种，轴向针织物是针织物的一种形式，它不同于非织造布，也不同于编织物、机织物，但它和编织物、机织物一样，是用织造工艺生产的织物。用织造工艺生产的三大类织物在结构上的区别见图 1.20。

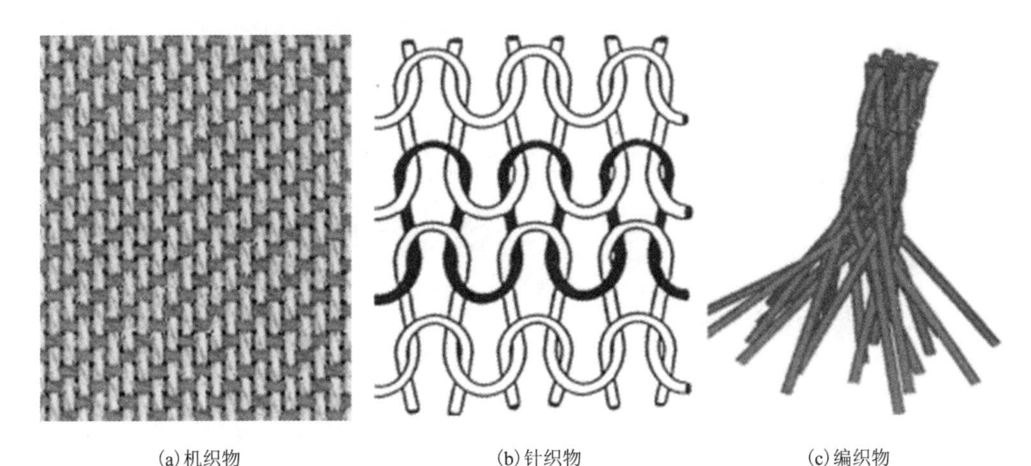

(a)机织物　　(b)针织物　　(c)编织物

图 1.20　用织造工艺生产的三大类织物基本结构

从图 1.20(b)可以看出，针织物中纱线都是圈圈，圈圈能用做结构复合材料的增强筋吗？其实，针织物家族中还有很多成员(图 1.21)。

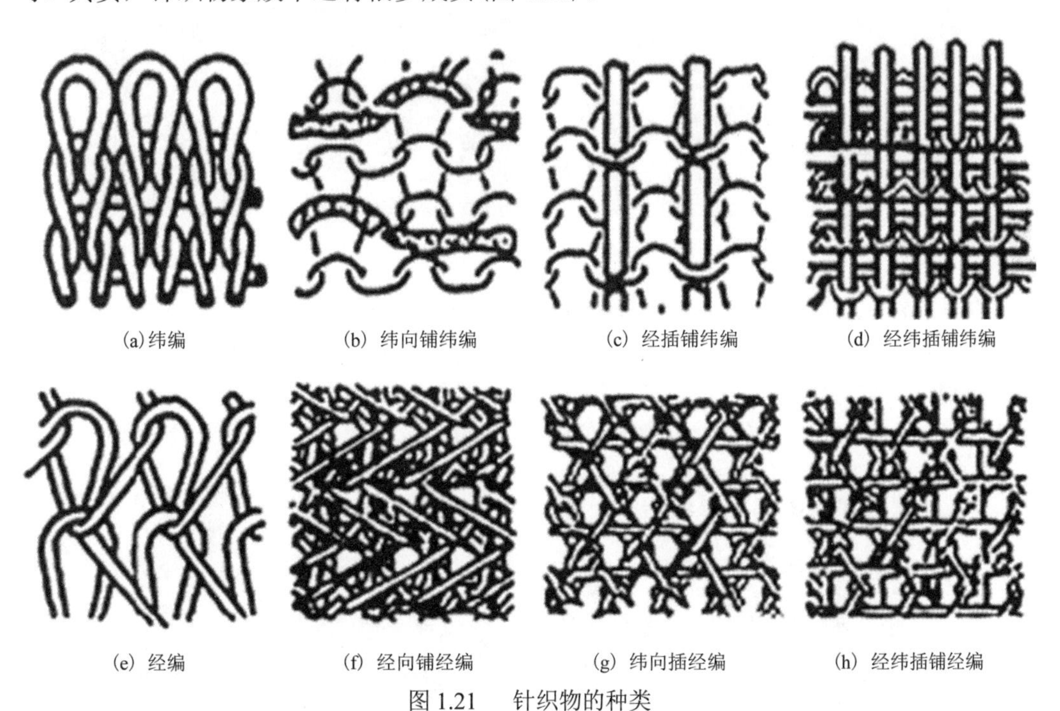

(a)纬编　　(b) 纬向铺纬编　　(c) 经插铺纬编　　(d) 经纬插铺纬编

(e) 经编　　(f) 经向铺经编　　(g) 纬向插经编　　(h) 经纬插铺经编

图 1.21　针织物的种类

图 1.21 中经编与纬编仅仅是圈圈沿着不同的方向重复，沿着纵向重复叫做经编，沿着横向重复叫做纬编。只有在圈圈中插入直的轴向纱线(如图 1.21(c)、(d)、(g)、(h)

中的经纬向插入)，才能使织物在沿着经纬向拉伸时变形较小，这种在针织物基本结构中插入直的轴向纱线的织物，被称为轴向针织物。在轴向针织物中，插入的直的纱线是主要承受拉力的纱线，而采用针织工艺形成的圈圈仅起把直的纱线连接成网的作用。

风电叶片所采用的三维密排多轴向经编针织物结构如图 1.22 所示。

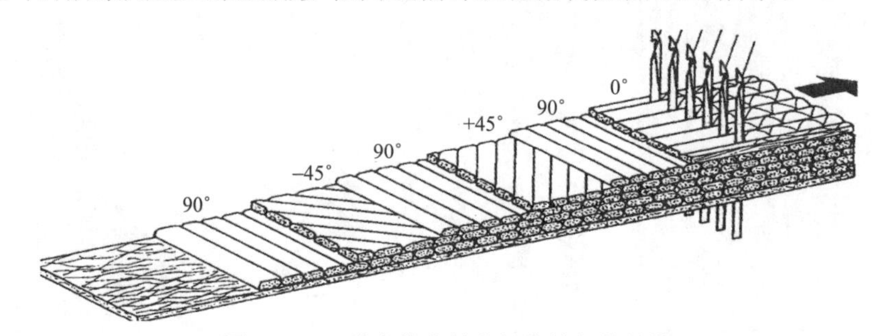

图 1.22　三维密排多轴向经编针织物结构

将图 1.22 中的紧密排列的轴向纱线束改变成间隔一定距离排列的轴向纱线束，并采用经编针织物的织造方法进行连接，便成为多轴向经编针织物网格(图 1.23)。

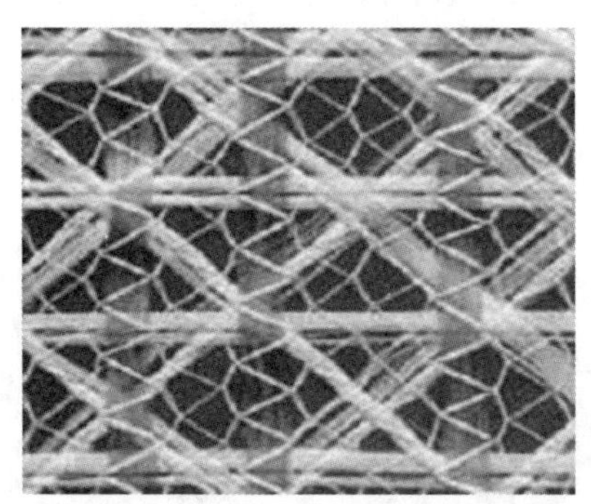

图 1.23　四轴向针织物

在轴向针织物中主要承受拉力的轴向纱线通常由高性能纤维丝组成，常用的高性能纤维有：碳纤维、芳纶纤维、玄武岩纤维、玻璃纤维等。由于水泥的碱性较强，置于水泥基材料中的玻璃纤维常用耐碱玻璃纤维(图 1.24(a))；由于耐碱玻璃纤维强度不高，而碳纤维价格昂贵，所以也可采用玻璃纤维与碳纤维间隔排列的方式制成织物(图 1.24(b))。

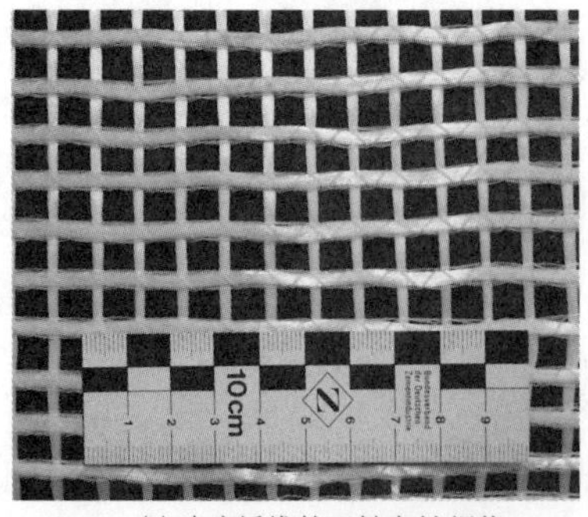

(a) 玻璃纤维的双轴向针织物

(b) 碳纤维/玻璃纤维双轴向针织物

图 1.24　常用的高性能纤维双轴向针织物

近年来，三维间隔织物也被用于增强水泥基复合材料，图 1.25 所示三维经编针织间隔织物可直接以细骨料混凝土为基体浇筑而成复合材料板。

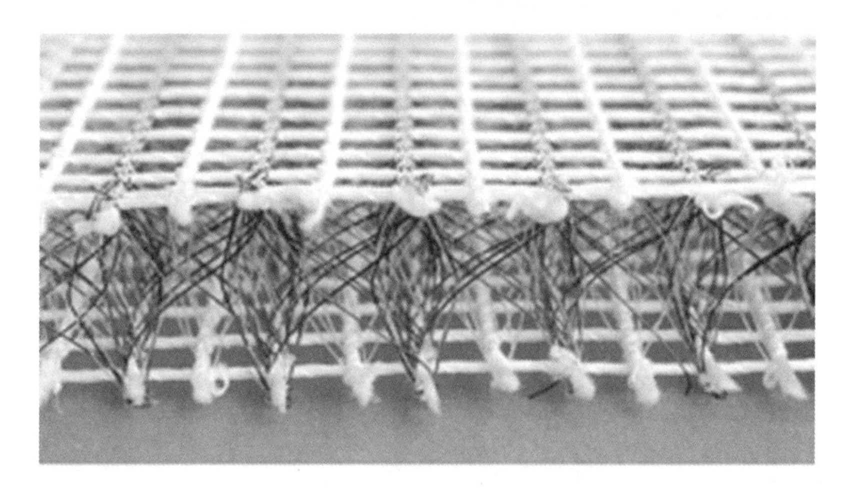

图 1.25　三维经编针织间隔织物

近年来，采用碳纤维或玻璃纤维网涂胶定形成为空间构造的方法被用于非金属材料增强夹芯板的墙体中(图 1.26)，该技术在德国已经获得建筑许可[5]。

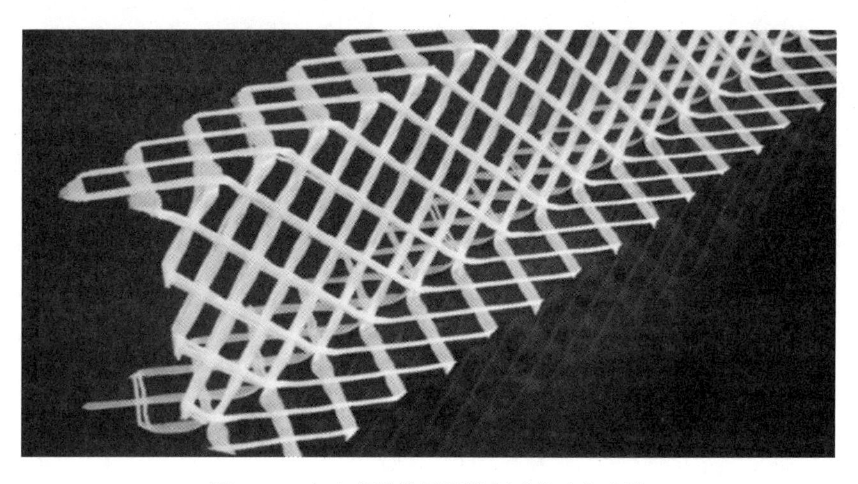

图 1.26　由玻璃纤维网浸胶制成的空间织物

根据现有文献来看，织物增强混凝土中的混凝土特点：骨料粒径≤5mm，但其强度通常达到 C30～C80，28d 收缩通常在 0.2mm/m 之内，浆体稠度为 50～70mm。由于其强度通常达到 C30～C80，因此它有别于砂浆，砂浆主要起黏结和填缝作用，而混凝土主要为结构构件提供强度。也有学者将无粗骨料的细骨料混凝土称为砂混凝土。弗朗索瓦·德拉拉尔在《混凝土混合料的配合》一书最后一节“砂混凝土”中写道：“砂混凝土是一种配方中无粗骨料的混凝土”，“砂混凝土工艺主要是在粗骨料稀少甚或不存在的地区发展起来的。但是，当砾石有售且价格合理时，砂混凝土作为具有十分细巧结构的构造混凝土，在一些特殊的市场里，甚至还有竞争力”[6]。在织物增强混凝土中采用砂混凝土并非粗骨料匮乏，而是因为砂混凝土可用于“十分细巧结构的构造”，其骨料间的配合受织物网中砂线影响较粗骨料小，有利于网格织物两侧骨料密实咬合形成整体。

织物增强混凝土在减轻结构质量、提高结构耐久性和延性方面具有明显的优势。由于混凝土、织物的多样性以及混凝土与织物之间界面的复杂性，织物增强混凝土复合材料的工艺、构造、性能等问题的研究引起了各国学者的广泛关注。

第 2 章　织物增强混凝土薄板研究

纤维织物增强混凝土(TRC)薄板的研究开始于20世纪末。1999年,德国教授Curbach公开发表关于高性能织物增强混凝土薄板的论文，该论文是世界上较早做关于织物增强混凝土的研究报告，这份报告引起了各国学者的广泛关注[7]。1999 年中国学者姚立宁首次用中文描述了“织物增强混凝土”的概念，并对织物增强混凝土梁做了初步研究[8]。随后十多年里，国内外诸多学者和研究机构对织物增强混凝土(TRC)薄板材料及其应用做了广泛而深入的研究，典型代表有德国德累斯顿工业大学的“SFB528”合作研究中心和亚琛工业大学“SFB532”合作研究中心[9,10]、瑞典查尔莫斯理工大学结构研究所[11]、以色列学者 Peled、Bentur 和美国学者 Mobasher[12]、中国学者徐世烺团队[13]、荀勇团队[14]、朱德举团队[13,14]等。

2.1　织物增强混凝土薄板的原材料、界面、工艺

织物是纤维的高级形式，织物增强混凝土是纤维增强混凝土的发展和进步，但它又有着自身的成型方法、力学性能和应用领域。显然，刚性的混凝土具有较高的抗压强度，而柔性的织物则扮演着加筋、增韧的角色。采用合适的成型工艺有助于提高水泥基体的密实性、改善基体与织物纤维或粗纱的界面黏结性能。其薄板制作成的椅子如图 2.1 所示。

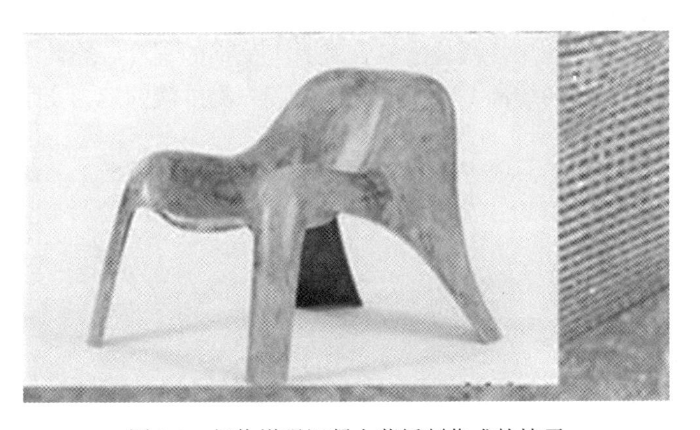

图 2.1　织物增强混凝土薄板制作成的椅子

2.1.1　织物增强混凝土薄板的原材料特征

TRC 常采用高性能细骨料混凝土作为基体、纤维织物作为加筋材料，其中高性能细骨料混凝土不仅强度高，而且具有高流动性、自密实性、抗离析性等优良的工作特性和

抗渗、抗碳化、抗冻融等较好的耐久性；纤维材料(如耐碱玻璃纤维、碳纤维、芳族聚酰胺纤维、玄武岩纤维等)具有轻质、高强、耐腐蚀、耐疲劳等优异特点，而且编织物纤维较细，纤维的保护层厚度仅需满足其黏结锚固要求。针对 TRC 结构所期望的高强、抗裂、抗腐蚀、耐久性好、防火、可设计性强的性能需求[15-17]，TRC 基体及加筋材料相应地应具备较高的性能要求。

织物中的轴向纤维束通常采用不加捻的纱线(又称粗纱)，粗纱是由若干纤维丝组成，图 2.2 中的纤维束共有 30 根纤维丝，每根纤维丝的直径为 17μm，由于其纤维与纤维之间无黏结，因此它们受力不完全协调。

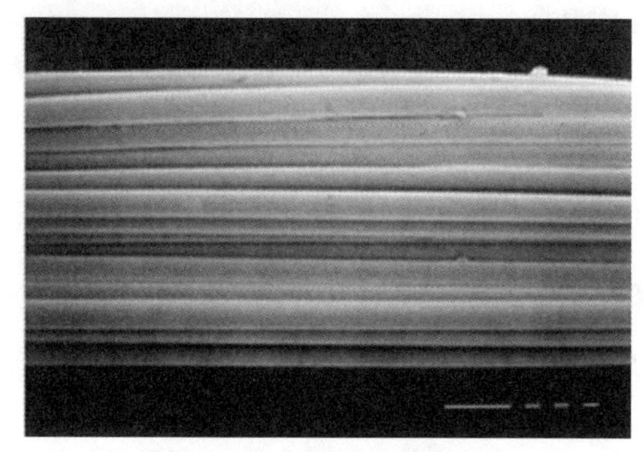

图 2.2　由 30 根丝成束的纱线

研究表明，纤维粗纱的实际强度比理论强度低得多，其原因主要在于三个方面：一是纤维自身的缺陷；二是内外层纤维受力不均；三是纤维在试验机夹具上受损。为了改良织物中纱线与纱线之间的受力协调，改善织物与混凝土基体之间的黏结性能，对织物进行浸胶处理是有必要的。当粗纱适量浸胶后，粗纱中内外层纤维粘在一起，受力比较均匀；浸胶对粗纱起保护作用，减轻了其在夹具上受损的程度。因此，粗纱浸胶后，其强度和弹性模量都有一定的提高[18]，浸胶与未浸胶织物纱线的应力变形曲线试验结果见图 2.3。

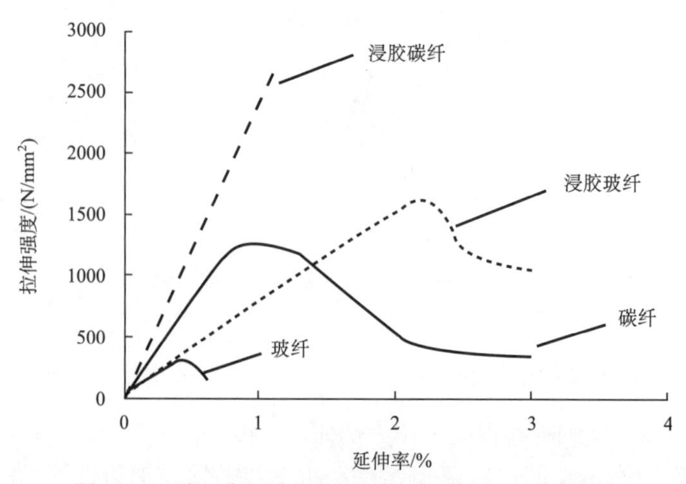

图 2.3　浸胶与未浸胶织物纱线的典型的应力变形曲线

在国内外的织物增强混凝土的薄板研究中，通常采用耐碱玻璃纤维、碳纤维，以及芳纶纤维、玄武岩纤维等制作成的针织轴向织物网，现以耐碱玻璃纤维和碳纤维为例，说明纤维粗纱的物理特性和几何特征。

如表 2.1 所示，两种织物均为孔径 10 mm 的网格，两个轴向的粗纱夹角均为 90°；但是，不仅两种织物的弹性模量和最大承拉力有较大差异，而且两种织物的 tex 值也有较大差异。

表 2.1　织物的主要力学指标和几何特征参数举例

特征参数名称	浸胶的耐碱玻璃纤维缝编织物(TARG) 纱线类型：NEG AR 2500 tex	浸胶的碳纤维缝编织物(TC) 纤维类型：东丽 T600 24K
织物轴向	双轴向缝编织物(0°/90°)	双轴向缝编织物(0°/90°)
每平方米总重(不含胶)	513g	333g
粗纱	2500 tex	1700 tex
每股粗纱的理论面积	约 0.93 mm^2	约 0.95 mm^2
网孔尺寸	10 mm	10 mm
弹性模量	72GPa	230GPa
每股纱的最大承拉力	约 1450N	约 2700N

纤维粗纱的 tex 值是什么含义呢？tex 是指一定长度纱线的质量，一般是指 1000m 纤维的质量，单位 g/1000m；例如：2500 tex，就是指该纱 1000m 的质量为 2500g。由于纤维的密度不同，因此，当每股粗纱的理论截面面积相近时，其相同长度的纤维粗纱质量也不同，即其 tex 值必然不同。

Markus Schleser 等[19]在初步研究时发现，耐碱玻璃纤维织物由于织造中产生的损伤缺陷，加之与混凝土界面黏结性能不够，其利用率约为 30%；后将织物浸渍液体聚合物，改善了织物纱线和混凝土基体的界面黏结性能，其最大承载能力提高了约两倍。保证让各纤维丝能协同受力的最有效的方法便是使各纤维丝填充胶结材料，其可以是复合材料的基体，如水泥浆体，但针对碳纤维的表面特性，环氧树脂类的浸润剂具有更好的胶结性能。

将织物浸渍一种特殊的环氧树脂，并对单根碳纤维粗纱进行拉伸试验，以检验粗纱的力学性能[20]，其结果表明，即按固化剂(环氧树脂)与纱线体积比例为 0.4∶1 浸胶的粗纱较未浸胶的粗纱抗拉力提高了 48%，该提高后的抗拉力值比假设其纤维丝均匀受力一起拉断的理论值还低很多，其原因主要在于：粗纱制作时的内部缺陷，浸胶后粗纱内各纤维丝性能有一定程度的提高。

此外，还可以在织物浸胶的胶体固化前，对织物进行定型，但并非全部拉直，受力过程中仍存在受力不均，此外刚性的试验夹具对脆性的碳纤维有一定的破坏作用。总之，织物浸胶处理后，其纤维束内各纤维丝以协同受力性计，使其在胶体固化后能形成一定的骨架体系，并与增强的构件的几何外形相匹配，或使受力粗纱准确定位，此过程不同于空间织物的织造，但相对于钢筋笼的制作要简单得多。

由于织物增强混凝土的耐久性要求，通常其基体采用强度在 50MPa 以上的高强混凝土，有时还在基体中掺入短切聚丙烯纤维等以增加其密实度和抗裂性能。现以三种不同种类的水泥配制的细骨料混凝土为例，说明其基体材料配比和力学指标特征。

表 2.2　织物增强混凝土中混凝土配比举例　　（单位：kg/m^3）

混凝土	水泥	粉煤灰	硅灰	砂子		超塑化剂	水
				<0.6mm	0.6～1.2mm		
SAC-ME	600	0	0	460	920	5.5（FM24）	270
SAC-LA	480	120	0	460	920	5.5（FM24）	263
OPC-RH	480	154	41	460	920	17.4（FM38）	170

表 2.2 中，三种混凝土所用水泥不同，SAC-ME 采用微膨胀硫铝酸盐水泥，SAC-LA 采用低碱度硫铝酸盐水泥，OPC-RH 采用快硬普通硅酸盐水泥。因为用于织物增强混凝土基体的混凝土中均没有掺入粗骨料，因此，部分学者称其为精细混凝土，还有些学者称其为砂浆。当称其为砂浆时，应当注意，它是一种力学性能近似于高强混凝土的砂浆（表 2.3）。

表 2.3　对应表 2.2 的素混凝土试块的性能指标试验值

混凝土名称（对应表 2.2）	抗压强度（28d）/MPa	抗折强度（28d）/MPa	收缩值/(mm/m)		
			7d	21d	28d
SAC-ME	59.88	8.42	0.294	−0.071	−0.106
SAC-LA	59.17	8.51	0.105	−0.132	−0.269
OPC-RH	99.32	11.36	0.087	−0.403	−0.419

从表 2.3 可以看出，在一定用量范围内，粉煤灰可以代替部分水泥，硅灰掺入可以减少需水量，提高强度。

2.1.2　织物增强混凝土复合材料的界面性能

织物增强混凝土作为一种复合材料，其弯曲、拉伸等力学性能的优劣不仅取决于其组成材料的性能，而且受织物增强体与混凝土基体的界面性能的影响，也就是说，织物与混凝土界面黏结性能决定着该复合材料的优化组合效果。

显然，复合材料的界面抗剪黏结性能不仅与复合材料中各相组成材料有关，而且与复合材料制作工艺有关，本节描述的织物增强混凝土界面性能试验所采用的试件均为平放的模制铺网浇筑法制作而成。

1. 界面黏结性能测试方法

测试界面黏结性能的传统方法是将增强筋一端埋入基体，另一端露在外面做拉拔试验，这种试验有三点难于控制的问题[20]：①露出基体的织物的根部，即织物和混凝土表面接触点处的界面微观损伤难于控制；②预拉力难于施加；③垂直方向的织物粗纱对黏结的影响难于包括在黏结应力滑移曲线中。本节织物增强混凝土界面性能试验采用德国学者 Schleser 等[21,22]首先提出的试验方法，试验装置如图 2.4 所示。Schleser 等[21,22]通过试验，讨论了试验方法中试件养护条件和试验机夹具夹持试件的尺寸两个因素对试验结果的影响。然后，进一步研究了复合材料中的织物在其使用前的预浸胶和复合材料薄板制作过程中，在织物上施加预拉力两项工艺对提高织物和混凝土基体间界面黏结性能的影响。他们通过试验研究得出三条结论：试件必须采用标准养护；试验时试验机夹具夹持试件上部尺寸为 20～30mm 为宜；试件的“颈部”两侧凹槽是否对称对试验结果没有影响。

图 2.4(a)中试件是从 1cm厚的大面积薄板中切割所得，试件长度方向必须和碳纤维方向同向，断裂处必须有一根碳纤维。根据切出端头可见的粗纱位置画出大约居中粗纱的位置，切出 1～2 mm 宽的凹槽，在居中碳纤维粗纱的两侧，留出 0.5mm 的混凝土，即在大约中间位置留出一个 1cm×1cm 的“颈”。在试件准备时，先在薄板试件上夹持部位涂上胶，再用塑料纸包在胶的外面，随即按上夹具，并略拎紧夹具螺栓，使夹具片的内齿在胶上压出齿痕。当胶固化后，把带夹具的试件安装在图 2.4(b)所示试验机上，并同时安装位移计和力传感器。

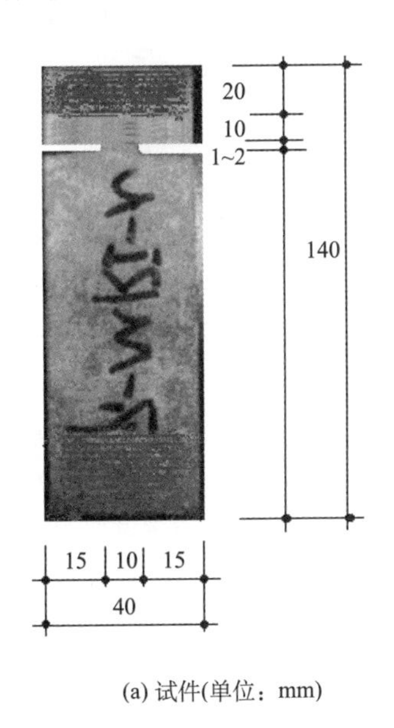

(a) 试件(单位：mm)

(b) 夹持拉伸

图 2.4　拉伸拔出试验装置

2. 界面黏结性能试验主要结论

试验表明：采用上述拉伸拔出试验得出的拉力与滑移曲线近似呈三折线状。最大拉力在 800～1200N，当拉力达峰值时，试件伸长值为 2～3mm，当伸长值达 7mm 左右时，试件几乎完全失去承受拉力的能力，纤维束(粗纱)从基体中滑出，滑至试件伸长值达 10mm 以上，纤维束被完全拔出。试件伸长值应当等于裂缝处(仅一条裂缝)纤维束在基体中的滑移值与未开裂试件伸长值之和，但未开裂试件伸长值相对裂缝处纤维束在基体中的滑移值太小(可不计)，因此可假定试件伸长值约等于界面滑移值。先取试验结果中一组典型的拉伸滑移曲线绘于图 2.5 中。

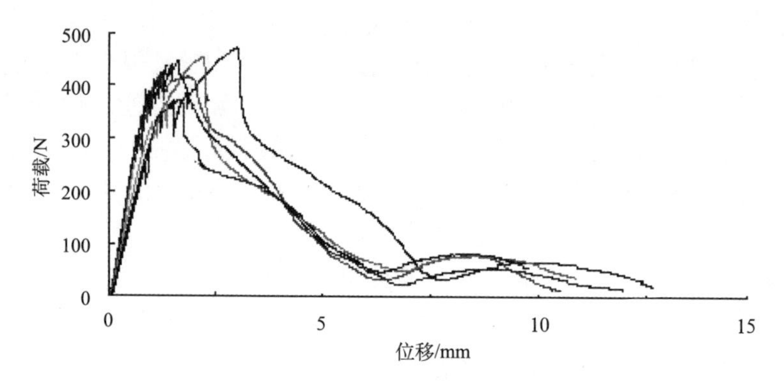

图 2.5　织物拔出的拉力滑移曲线

3. 界面黏结滑移模型

根据试验结果，可以假设织物与混凝土的界面黏结近似符合三折线(因由三条直线组成，又称三直线模型)，如图 2.6 所示。

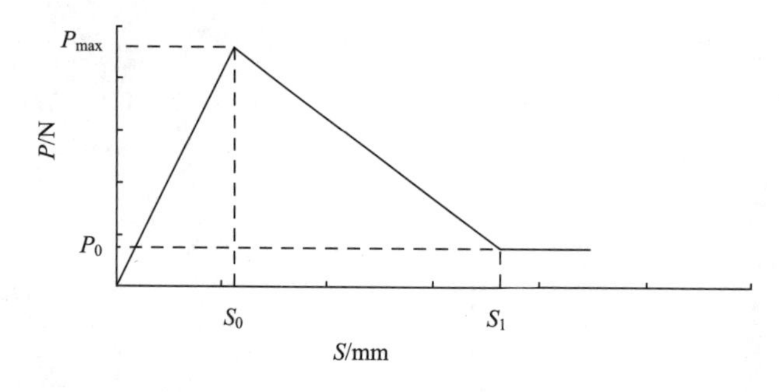

图 2.6　界面黏结滑移模型

该模型有如下两点特征：

(1) 黏结滑移曲线由上升段和下降段所组成，当滑移很大时，黏结应力趋向于零。

(2) 实际上初始刚度大于达到黏结强度时的割线刚度。这是因为在初始阶段界面为弹性变形刚度，而随着滑移量的增大，界面混凝土中出现了大量的微小裂缝，使界面刚度迅速下降。忽略界面初始刚度，取峰值割线刚度为第一段直线。

三折线模型：由三段直线段组成。在荷载达到峰值 P_{max} 以前，荷载随滑移线性增长，而后线性下降，当滑移超过某一值 S_0 后，黏结面上仅有摩阻力，剪应力降为常值，相应的点进入脱黏区域。确定了 P_{max}、P_0、S_0 和 S_1 这 4 个参数后就可以确定本构方程。

基于上述结论，可以用分段式的界面黏结滑移关系表征织物增强混凝土复合材料界面黏结滑移特征：

当 $S \leqslant S_0$，第一段直线方程：$P = K_1 S$；当 $S_0 \leqslant S \leqslant S_1$，第二段直线方程：$P = K_2 S$；

当 $S > S_1$，第三段直线方程：$P = P_0$；其中，K_1、K_2 为直线斜率。

2.1.3　织物增强混凝土薄板的制作工艺

1. 模制铺网浇筑法

一种方法是将模子平放(图 2.7(a))；另一种方法是将模子竖放(图 2.7(b))。

(a) 模子平放

(b) 模子竖放

图 2.7　模制铺网浇筑法示意图

模子平放的模制铺网浇筑法必须首先将模子放平，用水准尺测量模子的水平度，确保模子底板水平；然后在模子内浇筑细骨料混凝土，用刮刀将细骨料混凝土抹平；将织物网平铺在模内，然后再注入细骨料混凝土，并抹平。重复铺网—浇筑—抹平，可制作出多层织物增强的细骨料混凝土薄板。这一工艺的关键在于细骨料混凝土的流动度控制：由于细骨料混凝土中不含粗骨料，因此，采用砂浆稠度测定仪测定其流动度；通过需水量的调整，将其浆体流动度控制在 80～100mm。使用这一工艺应当注意，将织物尽可能平整地铺在板中，不能有皱折；细骨料混凝土层的厚度应当保持均匀。

采用模子平放的模制铺网浇筑法，不仅可以制作平板，也可以制作图 2.8 所示的折板瓦等。

模子竖放的模制铺网浇筑法通常模子不拆除，模板可采用具有装饰性的木板、玻璃、纤维增强塑料板等。在模板和织物增强混凝土组成的组合板中，织物增强混凝土起增强承载力作用(图 2.7(b))。这种方法通常采用浸胶的空间间隔织物做增强筋，其关键在于采用高流态的细骨料混凝土浆体，用砂浆稠度测定仪测定其沉入度 100mm 以上。

2. 预应力张拉法

德国斯图加特大学和美国哥伦比亚大学实验室内预应张拉织物装置不完全相同。如图 2.9(a)所示，德国斯图加特大学建筑材料实验室的预应力拉伸装置可以在同一个平面内的两个垂直方向施加预应力，也可以放松一个方向的预应力夹具，仅在一个方向的轴

图 2.8　模制铺网浇筑法制作的折板瓦

向织物上施加预应力，同一方向每个小型拉伸千斤顶的活塞同步运动，保证拉力均匀；使用该装置可以制作出边长 1m×1m，厚度 10～20mm 的预应力织物增强混凝土(TRC)薄板；调整边模层数可以制作出两层或三层织物预应力织物增强混凝土(TRC)薄板。在夹持织物时，如果不夹断织物，又不让织物在夹板内滑移，是需要认真解决的技术问题，也是限制预拉应力最大值的主要因素。如图 2.9(b)所示，美国哥伦比亚大学的预应力拉伸装置是单向施加预应力的装置[23]，并且是一端固定，一端张伸。相比之下，美国哥伦比亚大学的预应力拉伸装置较为简单，且该单向拉伸的装置更好操作，对研究预应力织物增强混凝土装置更为有利。

(a)德国斯图加特大学的预应力拉伸装置

(b) 美国哥伦比亚大学的预应力拉伸装置

图 2.9　实验室内在织物上施加预应力的装置

由于铺网法制作的织物增强混凝土薄板中，织物有可能在混凝土中不平整，织物中轴向粗纱可能处于弯曲状态，因此，在薄板力学性能测试中发现铺网法制作的织物增强混凝土薄板力学性能离散性较大，局部薄板强度较低。盐城工学院团队在试验室内尝试了机器方法制作预应力织物增强混凝土薄板之后，提出了自应力拉直法制作织物增强混凝土薄板的概念，并在实验室内制作出自应力织物增强混凝土薄板。利用细骨料混凝土膨胀产生的拉力，将其内部的织物中轴向粗纱拉直，使其受力更合理。试验表明，自应力织物增强混凝土薄板的力学性能优于普通织物增强混凝土薄板，其强度值的离散性明显减少。

3. 抹浆贴网法

为了在既有钢筋混凝土结构的底部或侧面施加织物增强混凝土薄板以发挥其加固作用，通常将既有钢筋混凝土结构底部或侧面做糙并清理后，直接将高性能的细骨料混凝土浆体涂抹在钢筋混凝土结构底部或侧面；然后，在新涂抹的浆体没有凝固前，粘贴织物网格；同时，在已经粘贴织物网的区域涂抹浆体以覆盖织物网；重复上述操作可以粘贴多层织物网格(图 2.10)。抹浆铺网(挂网)加固法的关键是必须控制每层浆体的涂抹厚度不超过 5mm，并且浆体的稠度沉入度不超过 80mm。涂抹和粘贴速度不宜过快，采用非早强或非缓凝的浆体时，当织物增强混凝土总厚度大于 30mm 时，同一点的涂抹和粘贴时间不宜少于 1h。否则，浆体和织物网会因自重的作用而影响加固完成后新增织物增强混凝土与既有钢筋混凝土结构的黏结。

4. “拖网”浸浆法

进入 21 世纪后，以色列学者 Alva Peled 和美国学者 Barzin Mobasher 在美国亚利桑那州立大学创造性地提出了“拖网法”制作织物增强混凝土薄板的工艺。如图 2.11 所示，首先，制作高流态的细骨料混凝土浆体(高强度的砂浆)，并置于右边的储浆池中，将织物网从储浆池拖过；穿过立于图片中部门架中的上下两个滚轴；然后，绕在图片左侧的转动框上；取下转动框，养护后切出试件。其工艺流程见图 2.12。

(a)梁底抹浆贴网法

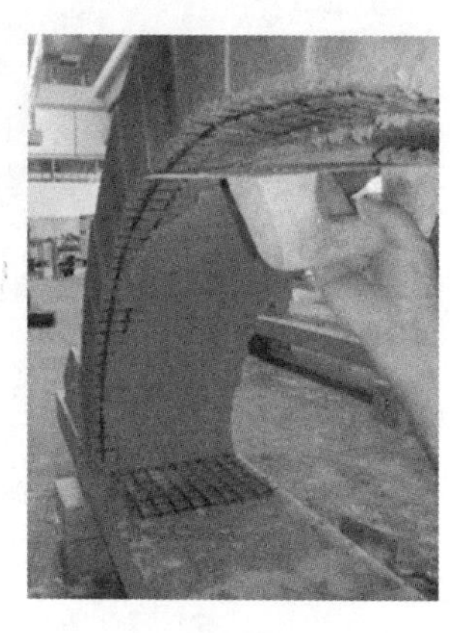

(b)拱底抹浆贴网法

图 2.10　抹浆贴网加固既有钢筋混凝土结构的方法

图 2.11　“拖网”浸浆法制作 TRC 薄板

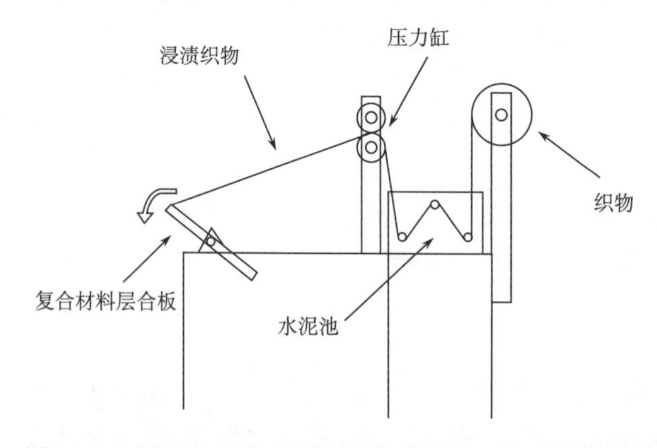

图 2.12　“拖网”浸浆法制作 TRC 薄板的工艺流程示意图

2.2　织物增强混凝土薄板的弯曲与拉伸性能研究

2.2.1　纤维与织物增强混凝土薄板弯曲性能比较试验研究

为比较纤维与织物对混凝土薄板的增强作用，于德国斯图加特大学进行了乱向短纤维、织物和预应力织物增强混凝土薄板的四点弯曲性能试验研究(以下简称比较试验)。研究中采用的短纤维主要是 E 玻璃纤维和耐碱玻璃纤维；织物主要采用耐碱玻璃纤维织物和碳纤维织物；混凝土采用细骨料高性能混凝土。

1. *原材料试验*

1)混凝土

试验用细骨料混凝土，采用水泥、砂子、粉煤灰和硅灰加水配制而成，其中水泥分别采用了欧洲标准的 CEM Ⅰ 42.5R 德国快硬硅酸盐水泥(OPC-RH)，以及中华人民共和国建材工业标准的标号 52.5 的中国广西南宁五象牌硫铝酸盐低碱水泥(SAC-LA)和硫铝酸盐微膨胀水泥(SAC-ME)。试验用混凝土配比如表 2.4 所示。

表 2.4　试验用混凝土配比　(单位：kg/m^3)

混凝土(同水泥名称)	水泥	粉煤灰	硅灰	砂子		超塑化剂	水	
				<0.6mm	0.6～1.2mm		W_1	W_2
SAC-ME	600	0	0	460	920	5.5(FM24)	320	270
SAC-LA	480	120	0	460	920	5.5(FM24)	263	263
OPC-RH	480	154	41	460	920	17.4(FM38)	210	170

注：W_1 为纤维和非预应力薄板的用水量；制作中预应力薄板的用水量调为 W_2。

和薄板试件同批制作每组三件的 160mm×40mm×40mm 棱柱体混凝土试块，其养护条件和薄板试块的养护条件相同，即 1d 后拆模，在温度为 200℃、湿度为 100%的条件下养护 6d，然后在温度为 200℃、湿度为 65%的条件下养护至试验龄期(28d)。对应于表 2.4 混凝土配比的素混凝土试块的性能指标试验值见表 2.5。表 2.5 中，“非预应力薄板的混凝土(同纤维混凝土基体)”对应于表 2.4 中的 W_1 用水量的混凝土，其中，SAC-ME(TARG)、SAC-LA(TARG)、OPC-RH(TARG)是耐碱玻璃纤维织物(textile alkali resistant glass，TARG)增强混凝土薄板的同批混凝土试块，SAC-ME(TC)、SAC-LA(TC)、OPC-RH(TC)是碳纤维织物(textile carbon，TC)增强混凝土薄板的同批混凝土试块，短纤维增强混凝土薄板制作时，没有制作同批素混凝土试块。“预应力薄板的混凝土”对应于表 2.4 中的 W_2 用水量的混凝土，其中，SAC-ME(PTC)、SAC-LA(PTC)、OPC-RH(PTC)为预应力碳纤维织物(prestressed textile carbon，PTC)增强混凝土薄板的同批混凝土试块。

表 2.5　素混凝土试块的性能指标试验值

混凝土分类	名称	抗压强度 (28d) /MPa	抗折强度 (28d) /MPa	收缩值(mm/m)		
				7d	21d	28d
非预应力薄板的混凝土(同纤维混凝土基体)	SAC-ME(TARG)	48.80	6.62	0.244	−0.038	−0.188
	SAC-LA(TARG)	56.36	7.48	0.113	−0.106	−0.250
	OPC-RH(TARG)	85.53	8.51	0.096	−0.500	−0.531
	SAC-ME(TC)	45.17	6.80	0.269	−0.094	−0.181
	SAC-LA(TC)	55.97	7.32	0.088	−0.188	−0.250
	OPC-RH(TC)	80.76	8.22	0.092	−0.496	−0.512
预应力薄板的混凝土	SAC-ME(PTC)	59.88	8.42	0.294	−0.071	−0.106
	SAC-LA(PTC)	59.17	8.51	0.105	−0.132	−0.269
	OPC-RH(PTC)	99.32	11.36	0.087	−0.403	−0.419

2)纤维和织物

试验中采用两种长度、直径、弹性模量、抗拉强度、延伸率等指标基本上相同的短切玻璃纤维，两者不同之处在于耐碱玻璃纤维能抵抗碱环境的腐蚀，而 E 玻璃纤维不能抵抗碱环境的腐蚀。两种单束短切玻璃纤维的主要力学和几何特征指标见表 2.6。

表 2.6　单束短切玻璃纤维的主要力学和几何特征

单束短切纤维种类	直径 /μm	长度 /mm	弹性模量 /MPa	密度 /(g/cm³)	单束丝数/根	拉伸强度/MPa	延伸率 /%
耐碱玻璃纤维	100×14	12	75	2.68	100×200	1700	2～3
E 玻璃纤维	100×15	12	70	2.58	100×180	1500	2～3.5

试验中分别采用浸胶的耐碱玻璃纤维缝编织物和浸胶的碳纤维缝编针织物。浸胶的耐碱玻璃纤维缝编织物和浸胶的碳纤维缝编织物主要力学和几何特征参数见表 2.1。织物中单股纱线的拉伸性能见图 2.3。

2. 板弯曲试验

1)薄板制作

薄板试件的尺寸为 150mm×25mm×700mm，薄板试件共分 21 组，每组 2 件，试件名称的命名方法是：“纤维(或织物或预应力织物)”“-”“混凝土(同水泥名称)和试验龄期”。其中，耐碱玻璃纤维用 ARG 表示；E 玻璃纤维用 EG 表示；TARG 和 TC 分别表示耐碱玻璃纤维织物和碳纤维织物；预应力碳纤维织物用 PTC 表示；混凝土名称见上节；试验龄期的单位是天，即分为 28d 和 100d 两种。

纤维混凝土薄板以木模成型，纤维掺量按每立方米混凝土掺 50kg 纤维。制作织物和预应力织物的模板的边模分两层，底层厚 5mm，上层厚 20mm，织物就夹在这两层之间，用专用微型振动器振捣密实。预应力张拉使每根粗纱上的最大预定的张拉力为 300N，24h

后放松预应力夹具，拆模。预应力张拉台见图 2.13。

图 2.13　斯图加特大学的预应力薄板制作装置

2) 试验方法

薄板的弯曲试验在液压传动的弯曲试验机上进行，薄板试件的板跨为 600 mm，离两端支座 200 mm 处分别有两个加载点，两个加载点之间的距离 200 mm。在加载点的下方和板跨跨中设有六只位移计，力和位移的数值通过传感器直接与控制和采集数据的计算机系统相连接，加载控制跨中位移速度为 2 mm/min。

3) 试验结果

四点弯曲试验的试验数据经处理后，绘出两个加载点合力荷载和跨中位移曲线。玻璃纤维增强混凝土薄板 28d 和 100d 试验结果见图 2.14。

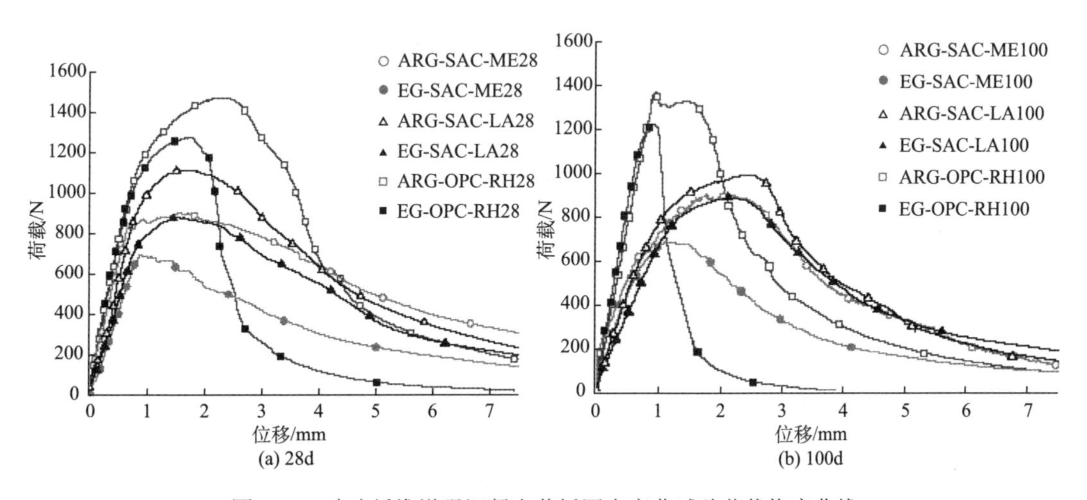

图 2.14　玻璃纤维增强混凝土薄板四点弯曲试验荷载挠度曲线

28 d 的非预应力及预应力织物增强混凝土薄板的四点弯曲试验荷载挠度曲线见图 2.15。

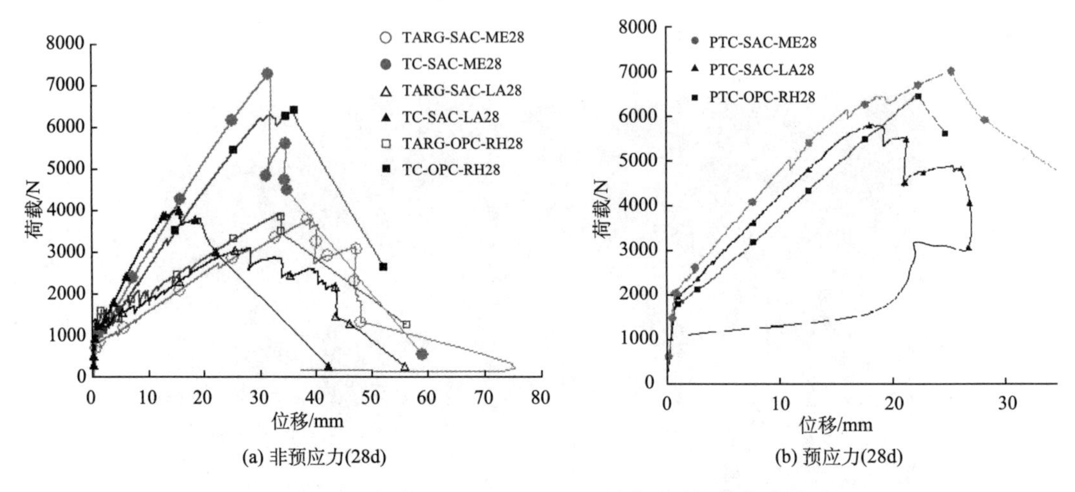

(a) 非预应力(28d) (b) 预应力(28d)

图 2.15 织物增强混凝土薄板四点弯曲试验荷载挠度曲线

3. 试验分析

1)复合材料理论的应用

根据短纤维的复合材料强度理论，复合材料的强度可由下式计算：

$$\sigma_{cu} = \alpha V_m \sigma_{mu} + \beta \tau V_f (l/d) \tag{2.1}$$

式中，σ_{cu}、σ_{mu} 分别为复合材料和基体强度；α、β 为经验常数；V_m、V_f 分别为基体和纤维的体积分数；τ 为平均黏结强度；l/d 为纤维的长径比。

上式表明，当纤维含量及其形状和特征参数一定时，复合材料的强度主要取决于基体的强度，当基体强度较大时，复合材料强度随之提高。图 2.14、图 2.15 的试验结果也证明了这一点。

2)影响短纤维增强率的三个因素

首先是纤维长度问题，临界纤维长度 L_c 可用下式表示：

$$L_c = 2\sigma_{fu} A / \tau\rho \tag{2.2}$$

式中，σ_{fu} 为纤维的极限强度；A 为纤维的截面面积；ρ 为纤维的截面周长。

当纤维长度 $L \leqslant L_c$ 时，在荷载作用下，最终基体破坏或纤维脱黏拔出，纤维达不到它的极限强度。当纤维长度 $L > L_c$ 时，最终纤维被拉断。设 τ =4MPa, 用纤维的特征参数可求得 L_c =297mm，实际上，L =12mm$\leqslant L_c$。因此，在基体开裂后，短纤维被拔出，织物中的长纤维跨在裂缝上，继续承担荷载，直到最终纤维被拉断。

其次是纤维方向性问题，在薄板构件中，乱向短纤维的方向性系数近似为 3/8[18]，而双轴向织物在某轴向的增强率为 1/2(各占一半)，因此织物增强率高于乱向短纤维。

最后，短纤维分布于整个基体中，而在本次试验中，织物被置于靠近板的受拉面更有利于提高构件的抗弯强度。

经计算，本次试验中，短切耐碱玻璃纤维体积分数为 1.87%，耐碱玻璃纤维织物的体积分数为 0.76%，正是由于上述三个因素的影响，使用量不到短纤维一半的纤维织物增强混凝土薄板的抗弯曲强度比耐碱玻璃短纤维的高得多。

3) 玻璃纤维的耐碱性问题

玻璃纤维增强水泥基材料的强度随龄期增长而性能下降的原因主要有：水泥浆体液相的高碱性对玻璃纤维的化学侵蚀以及由基体细观结构的变化引起的玻璃纤维束的物理“脆化”。解决这一问题的方法有两个，一采用耐碱的玻璃纤维；二采用低碱的水泥基体(如硫铝酸盐水泥)。比较图2.14(a)和图2.14(b)可知，从28d到100d，玻璃纤维增强快硬硅酸盐水泥混凝土的强度下降幅度较大，而大部分玻璃纤维增强硫铝酸盐水泥混凝土的强度几乎不下降，其中AGR-SAC-LA100的强度较低可能是由于构件堆放在最低层，而且堆放时上下板两端的搁置点不对齐所致。

4) 织物和预应力织物增强混凝土薄板的强度

假设织物的应力应变关系是成比例的直线，设织物的拉应力为σ_T，织物的拉应变为ε_T，假设E为平均割线模量，那么，$\sigma_T = E\varepsilon_T$；织物在板中承受的拉力$T$可写为

$$T = \sigma_T A_T \tag{2.3}$$

式中，A_T为板的横截面上织物的截面面积。

预应力织物增强混凝土薄板的施工和受荷阶段受力分析和预应力钢筋混凝土构件相似，可参考相关文献。根据《混凝土结构设计规范》(GB 50010—2010)相应内容可写出预应力织物增强混凝土薄板的弯曲承载力计算公式，如下：

$$M_u = f_T A_T (h_0 - f_T A_T / 2\alpha_1 f_c b) \tag{2.4}$$

式中，M_u为正截面受弯承载力；f_T、A_T分别为织物的极限强度和截面面积；h_0为薄板截面的有效高度；α_1、f_c分别为混凝土的强度系数和轴心抗压强度值；b是板的宽度。

由上式可见，当截面有效高度h_0一定时，在恒有$\alpha_1 f_c b h_0 > f_T A_T = \alpha_1 f_c b x$的情况下，织物的极限承载力越高，薄板的极限承载力越大。其次，$\alpha_1 f_c b$对薄板的极限承载力也有一定程度的影响，当基体的混凝土强度提高时，薄板的极限承载力也会有所提高。式(2.4)也可用于非预应力织物增强混凝土薄板极限承载力计算，在极限状态下，材料、尺寸、构造相同的预应力和非预应力织物增强混凝土薄板的承载力是相同的。图2.15的试验结果和上述分析一致。

采用微膨胀水泥的薄板，估计其预应力损失较小，因此，在碳纤维织物增强的三种不同基体的薄板中，PTC-SAC-ME的承载力和延性较好。

5) 织物和预应力织物增强混凝土薄板的变形

由于织物增强混凝土薄板在截面受拉区混凝土开裂后，还能承担更大的荷载，因此，其极限挠曲变形远大于短纤维织物增强混凝土薄板。和钢筋混凝土受弯构件一样，预应力织物增强混凝土薄板的开裂荷载大于织物增强混凝土薄板的开裂荷载，并且其极限挠度因初始挠度的存在而降低。对比图2.15(a)和(b)，预应力织物增强混凝土薄板的开裂荷载大约是非预应力织物增强混凝土薄板的两倍；对应于极限荷载的织物增强混凝土薄板60cm板跨的跨中的挠度大约是3cm，而预应力织物增强混凝土薄板的跨中的挠度大约是2cm。

4. 结论

(1) 短纤维、织物和预应力织物增强混凝土薄板相比较，短纤维对薄板的增强效率较低，织物和预应力织物增强混凝土薄板的效率较高。

(2) 和非预应力织物增强混凝土薄板相比，预应力织物增强混凝土薄板开裂荷载提高，挠曲变形减小；但是，破坏荷载不提高，破坏变形减少。预应力织物增强混凝土薄板表现出和预应力钢筋混凝土受弯构件具有相似的力学特征。

(3) 对织物和预应力织物增强混凝土而言，基体的收缩和膨胀、织物的弹性模量和强度对复合材料的性能影响较大，减少基体收缩对预应力织物增强混凝土尤为重要。

2.2.2 含短纤维的织物增强混凝土薄板弯曲性能试验研究

1. 试件的制备

1) 织物及基体材料

试验采用织物力学与几何特征参数列于表 2.7。织物结构实物照片如图 2.16 所示。本试验将织物浸渍一种树脂，并通过悬挂浸渍过的织物确保单向受力的碳纤维粗纱处于平直状态。

对于织物增强材料，基体宜为细骨料混凝土，且应有较好的自密实性能。制备混凝土基体时采用掺入和未掺入短切聚丙烯纤维两种混凝土基体材料。其配比见表 2.8。

表 2.7　织物纤维的主要力学及几何特征参数

参数类别	碳纤维	玻璃纤维
拉伸强度/MPa	4660	3200
弹性模量/GPa	231	65
伸长率/%	2.0	4.5
密度/(g/cm^3)	1.78	2.58
单根粗纱线密度/tex	801	1500

注：本织物为双向缝编结构(0°/90°)，栅格尺寸为 12.5mm×12.5mm。

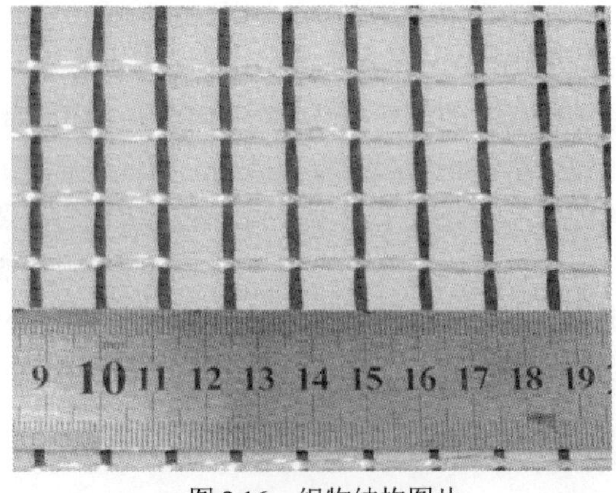

图 2.16　织物结构图片

表 2.8　混凝土配合比

材料名称	用量/(kg/m^3)	代号(标准)
水泥	732	P·Ⅱ52.5R
砂	1098	细度模数 2.5 的Ⅱ区中砂
粉煤灰	146	符合Ⅱ级标准
水	264	自来水
超塑化剂	13.2	JM-PCA(Ⅰ)
短切聚丙烯纤维	0.9	

注：砂灰比为 1.5，粉煤灰掺量为 20%，超塑化剂掺量为 1.8%，聚丙烯体积率为 0.1%。

2)预应力张拉及试件的制备

在图 2.17 所示的预应力张拉台上，采用先张法对碳纤维方向的纱线施加一定的预应力：织物网居中于薄板的厚度，浇筑并振动压实混凝土形成 1100mm×1100mm×10mm 的薄板，覆盖养护 24h 后，再浸水养护 28d。在试验前，薄板切割成尺寸均为 200mm×50mm×10mm 的小试件，并按类别编号，如表 2.9 所列。

图 2.17　自制预应力织物增强混凝土制作台

表 2.9　弯曲试验试件类别及数量

试件类别	P3C1	P4C1	P5C1	P2C2	P4C2
四点抗折试验	5	5	5	5	5
三点抗折试验		5			5

注：P3 表示单个千斤顶加力为 3kN(单股碳纤维粗纱预应力约为 333.3N)；P4 表示单个千斤顶加力 4kN；P5 表示单个千斤顶加力为 5kN；同理 P2 表示预加拉力为 2kN；C1 和 C2 分别表示未添加和添加聚丙烯短纤维的混凝土。

2. 试验过程与数据分析

1)试验设备及加载模式

本弯曲试验在微机控制的万能试验机上完成，试验加载速率均为 0.5mm/s，加载跨距为 100mm，数据采集包括荷载、试件跨中挠度及相应的曲线。

2) 试验结果与分析

(a) 聚丙烯短纤维对织物增强混凝土薄板弯曲性能的影响

对 P4 类试件进行三点抗折试验，典型试件的荷载-挠度曲线见图 2.18，结合表 2.10 试验数据的对比表明：

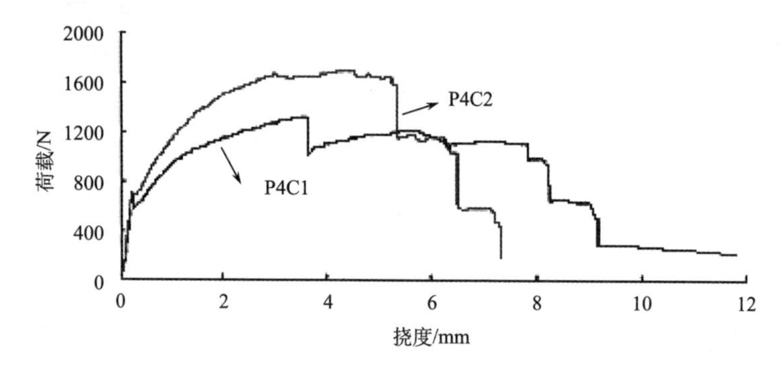

图 2.18　三点抗折试验典型荷载-挠度曲线对比

表 2.10　三点抗折试验数据的统计计算结果

试件类别	E_b	比例极限强度（LOP）			极限荷载		基体 28d 强度/MPa	
		荷载/N	应力/MPa	挠度/mm	荷载/N	挠度/mm	抗压强度	抗折强度
P4C1	4343	341.00	10.23	0.24	1349.49	4.09	59.22	9.40
P4C2	4262	353.62	10.40	0.26	1452.79	4.35	59.40	9.67

(1) 掺入聚丙烯短纤维的试件抗弯弹性模量略有下降，表现出刚度上的微量变化，即加入聚丙烯使混凝土基体刚性略有下降。

(2) 试件的初裂荷载略有增加，理论上短切聚丙烯纤维对混凝土基体有一定的阻裂效应，能提高基体初裂强度，但本试验采用了高性能混凝土制备工艺，且施加了预应力，基体的初始缺陷相对较少，故短切纤维对基体初裂强度的影响不明显。

(3) P4C1 试件开裂后，裂缝迅速开展，随后由织物与受压区基体协同承载，荷载-挠度曲线表现为突降后逐渐上升，而 P4C2 试件由于短纤维跨接于裂缝之间，并传递着荷载，荷载-挠度曲线没有明显的突降，并且承载能力持续增长，表现出假延性特征。

(4) 短切聚丙烯纤维约束了受压区混凝土的崩裂，由此提高了试件的极限承载力，而且达到极限荷载后能在较大的挠度范围内维持较高的应力水平，其变形能力有所提高。

(5) P4C2 中的短切聚丙烯纤维多数由基体中拔出，此过程对材料韧性的提高贡献较大。

总之加入短切聚丙烯纤维，对该复合材料有一定的增强效应和良好的增韧效应。

(b) 预应力对织物增强混凝土薄板弯曲性能的影响

对织物粗纱进行预拉伸能使纤维单丝处于顺直状态，有助于其受力和传力，采用不同预应力水平的织物增强混凝土薄板进行四点弯曲试验，为理性分析预应力的优点和作用机理提供了试验依据。对比图 2.19 所示的荷载-挠度曲线和表 2.11 所列的试验数据表明：

(1) 提高预应力水平将增大织物增强混凝土薄板的抗弯刚度，表现为基体初裂前曲线斜率的增大；

(2) 随预应力值的增加，试件的抗弯强度(初裂荷载、极限荷载)均有所提高；

(3) 提高预应力值将会降低试件的延性，表现为极限荷载对应的挠度减小，抗变形能力降低。

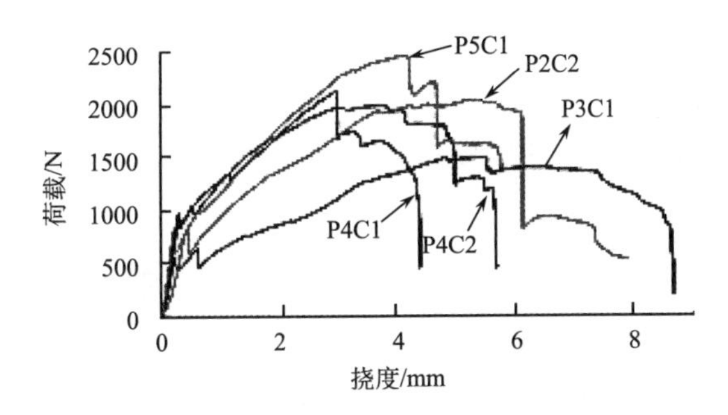

图 2.19　典型试件四点抗弯荷载-挠度曲线

表 2.11　四点抗弯试验数据的统计计算结果

试件类别	E_b	比例极限强度(LOP)			极限荷载	
		荷载/N	应力/MPa	挠度/mm	荷载/N	挠度/mm
P3C1	3077	318.91	6.38	0.28	1412.11	4.47
P4C1	3142	423.96	8.54	0.33	1982.27	3.75
P5C1	4215	480.71	9.61	0.30	2151.94	3.38
P2C2	4172	418.66	8.37	0.31	1465.01	3.64
P4C2	3416	539.33	10.79	0.53	2337.09	3.96

3. 弯曲韧性指数及初裂能

分析弯折试验结果的常用方法主要有三种，美国材料与试验协会 ASTM C1018 韧度指数法、日本 JCI SFRC 委员会弯曲韧度系数法和挪威的 NBP NO.7 规范。

本书的试验方法不同于上述三种规范的有关规定，并且试验得到的荷载-挠度曲线具有明显的初裂荷载和极限荷载，因此，本书基于四点弯曲的荷载-挠度曲线，参考文献[11]定义弯曲韧性指数：极限荷载对应挠度曲线下的面积除以初裂荷载对应挠度曲线下的面积。计算结果见表 2.12，表中同时列出初裂荷载对应曲线下的面积，并定义其为试件的初裂能耗。

表 2.12 所列计算结果同样表明，预应力的提高会降低材料的韧性。而初裂能耗反映了复合材料在正常使用状态下的应用价值，由表中数据可以看出，随预应力的提高，复合材料的初裂能耗将增大，而短切聚丙烯纤维的掺入亦提高了基体的初裂能耗。

表 2.12　各类试件的韧性指数与初裂能耗

试件类别	韧性指数	初裂能耗/(N·mm)
P3C1	69	68.09
P4C1	36	99.10
P5C1	29	102.21
P2C2	43	87.11
P4C2	25	190.93

2.2.3　织物增强混凝土薄板拉伸性能试验研究

本节对掺入和未掺入短纤维的预应力织物增强混凝土薄板进行拉伸试验，测得荷载-变形全过程曲线及主要力学性能指标，如初裂强度、抗拉强度、弹性模量等，并探讨了纤维和织物对混凝土的增强和增韧机理及影响这些作用的因素。

织物和基体材料以及试件制备方法同 2.2.2 节，试件尺寸为 350mm×40mm×10mm，如图 2.20 所示，试件两端 50 mm 范围内的表面涂抹 1mm 厚的强力胶黏剂，胶黏剂充分固化 2d 后再打磨修平整。每组 5 件，共分两组，即根据混凝土基体中未掺入和掺入短切聚丙烯纤维的试件分别标记为 PC1 和 PC2。所有试件制作时均采用拉伸千斤顶预加每个千斤顶 2kN 的力于织物的碳纤维方向，因此和 2.2.2 节相比，试件名称中 P2C1 和 P2C2 的 2 省略。

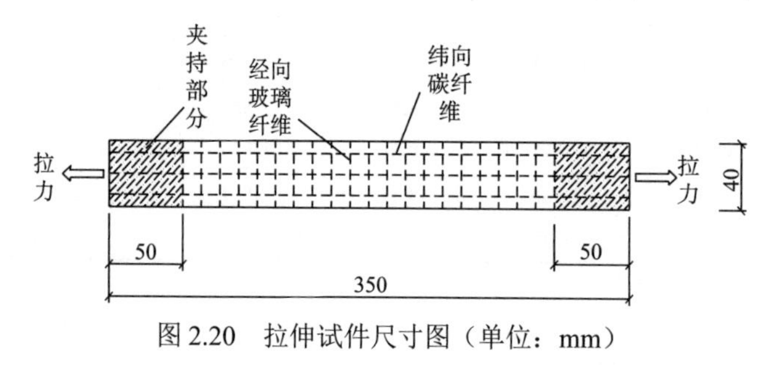

图 2.20　拉伸试件尺寸图（单位：mm）

1. 荷载-变形曲线

PC1 与 PC2 的主要荷载-变形曲线见图 2.21，从图 2.21 中可以看出，在分布裂缝形成过程中，虽然 PC2 中的聚丙烯短纤维陆续被拔出，但相对 PC1 试件维持着较高的应力水平。从能量角度来看，这是由于在材料的断裂损伤过程中多了短纤维拔出这一过程而增大了材料的损伤能耗。

2. 多缝开裂状态

截取试验录像的 10s 间隔照片，分析试件的裂缝开展过程。如图 2.22(a)所示，该类试件的拉伸裂纹基本沿试件横向开展，结合 Photoshop 和 AutoCAD 软件建立图 2.22(b)裂缝间距统计模型，横向十等分后统计两裂缝间的 11 个间距数值，并用以计算平均裂缝间距。

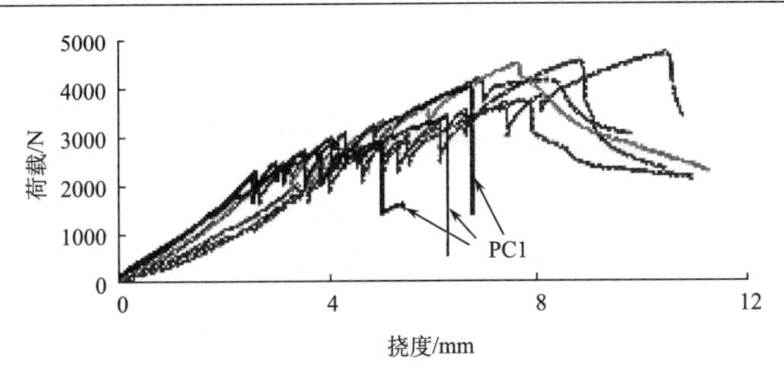

图 2.21　PC1 与 PC2 的荷载-变形曲线对比

除去 PC1 曲线都是 PC2 曲线

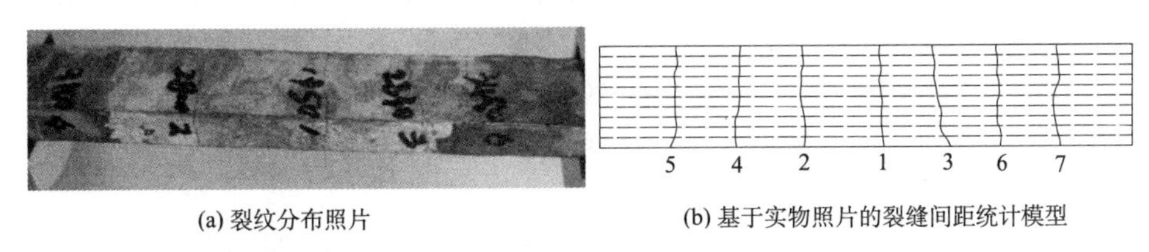

(a) 裂纹分布照片　　(b) 基于实物照片的裂缝间距统计模型

图 2.22　PC1 试件典型的裂缝分布及裂缝间距统计模型

表 2.13 列出了 PC1 及 PC2 典型试件的裂缝间距及相应应力值的统计数据，其中饱和裂缝间距能反映织物在混凝土基体中的有效传力长度，而裂缝饱和后的应力水平的提高，则反映织物与基体界面间的剪切性能。对比表中数据，PC2 试件的裂缝分布比 PC1 试件密，可见基体中加入的聚丙烯短纤维与织物共同传递着荷载，由此缩短了基体中荷载的传递长度，减小了裂缝间距。

表 2.13　PC1 及 PC2 典型试件裂缝间距及应力

试件	数据类型	1	2	3	4	5	6	7
PC1	裂缝间距均值/mm	—	56.50	44.00	43.80	42.05	40.44	38.60
	应力值/MPa	3.25	4.62	4.76	5.08	5.75	5.91	6.31
PC2	裂缝间距均值/mm	—	45.00	45.00	39.50	29.50	23.50	19.50
	应力值/MPa	3.65	3.97	3.81	4.26	4.77	4.93	5.12

表 2.14 列出了 PC1 和 PC2 两组试件每次开裂所对应的平均应力和应变值。显然，织物增强的混凝土中掺入聚丙烯短纤维减小了复合材料的开裂应变，而且减小了前后裂缝相应的应力增幅。

表 2.14　PC1 和 PC2 试件裂缝开展所对应的平均应力和应变

数据类型	试件	裂缝出现次序							
		1	2	3	4	5	6	7	8
应力/MPa	PC1	3.51	4.56	4.89	5.03	5.56	6.30	6.61	—
	PC2	3.55	4.08	4.36	4.51	4.46	4.80	5.00	5.12
应变/%	PC1	1.05	1.30	1.49	1.60	1.83	2.24	2.32	—
	PC2	0.98	1.02	1.15	1.25	1.29	1.40	1.48	1.64

3. 结论

由以上分析可以得出如下结论：

(1) 碳纤维织物增强混凝土薄板具有显著的拉伸应变硬化特性。

(2) 基体中掺入聚丙烯短纤维，使织物增强的混凝土薄板具有更好的裂缝分布能力，表现为裂缝间距的减小。

(3) 织物浸胶的饱和程度将影响织物粗纱的利用率和粗纱内各纤维丝的协同受力性能，以碳纤维粗纱受拉断裂为最终破坏的，表现为明显的脆性破坏。

(4) 织物与基体的界面性能将影响复合材料整体的极限承载能力，以碳纤维粗纱拔出为最终破坏的，破坏失效的过程表现出一定的延性。

(5) 纤维及织物增强混凝土的强度不仅依赖于各组元的性能，更与损伤积累和失效的机理有关，其失效行为十分复杂，实际强度有离散性。

2.3 织物增强混凝土薄板耐久性能研究

本节主要探讨如下问题：①探讨六种高性能混凝土基体材料抗海水侵蚀的性能；②探讨不同预应力和外荷载作用对织物增强混凝土薄板抗海水侵蚀性能的影响；③探讨薄板试件受不同程度侵蚀后的抗弯强度和弹性模量。

2.3.1 高性能混凝土基体材料抗海水侵蚀试验研究

1. 原材料

1) 水泥及掺合料

采用嘉新京阳水泥有限公司生产的 P·II 52.5R 水泥；矿物掺合料选用粉煤灰和矿渣，粉煤灰和矿渣的化学成分及物理性能列于表 2.15～表 2.18。

表 2.15 粉煤灰的化学成分

化学成分	SiO_2	CaO	MgO	Al_2O_3	Fe_2O_3	余量
含量/%	54.2	7.2	1.17	25.82	7.57	3.46

表 2.16 粉煤灰的物理性能

比表面积/(cm^2/g)	细度/%	密度/(g/cm^3)	需水量比/%
3050	17.6	2.06	104.1

表 2.17 矿渣的化学成分

化学成分	SiO_2	CaO	Al_2O_3	MgO	Fe_2O_3	SO_3	TiO_2	MnO	余量
含量/%	30.7	35.7	13.2	6.7	0.43	1.0	10.7	0.3	1.02

表 2.18　矿渣的物理性能

密度/(g/cm^3)	比表面积/(cm^2/g)	需水量比/%
2.86	495	99.1

2) 外加剂

减少混凝土内的孔隙、提高混凝土基体的抗渗性能是增强混凝土抗侵蚀能力的有效措施，本课题试验选用膨胀剂和减水剂两种外加剂。膨胀剂为 JM-III改进型混凝土高效增强剂；减水剂为 JM-PCA（Ⅰ）混凝土超塑化剂。

3) 集料

本项目研究的薄板采用细集料混凝土，集料为中砂，用 4.75mm 筛过筛，级配合格，细度模数为 2.5，饱和面干含水率为 2.4%，属Ⅱ区。

4) 聚丙烯纤维

本项目已有的研究表明，混凝土中掺入适量聚丙烯纤维可提高混凝土的抗裂性能。本试验考察聚丙烯纤维混凝土的抗海水侵蚀性能，所采用的聚丙烯纤维耐酸碱性极高、截面形状为 Y 形、热导率低、无吸水性。其物理和力学性能列于表 2.19。

表 2.19　聚丙烯纤维的物理力学性能

细度/mm	相对密度/(g/cm^3)	熔点/℃	燃点/℃	含湿量/%	抗拉强度/MPa	拉伸极限/%	弹性模量/MPa
0.048	0.91	160～170	约 593	＜0.1	560～770	15	＞3500

采用正交设计的方法，配制如表 2.20 所列的六种混凝土。

表 2.20　碳纤维网增强细集料混凝土基体的配比

编号	材料比例								试锥沉入深度/mm
	水泥	砂	矿渣	粉煤灰	水	PCA（Ⅰ）	JM-III	聚丙烯纤维	
A1	1	1.5	0.2	—	0.40	0.018	—	—	86
A2	1	1.5	0.2	—	0.40	0.018	—	1.29×10^{-3}	80
B1	1	1.5	0.2	0.1	0.43	—	0.12	—	76
B2	1	1.5	0.2	0.1	0.43	—	0.12	1.38×10^{-3}	75
C1	1	1.5	—	0.2	0.38	0.018	—	—	99
C2	1	1.5	—	0.2	0.38	0.018	—	1.29×10^{-3}	88

2. 腐蚀液的配制

天然海水的成分很多，各海域亦有所不同，本试验参照文献[24]采用的人造海水的配方，具体配方见表 2.21。腐蚀液采用 0.1mol/L NaOH，其 pH 为 8.2，并在室内静置一天后使用。

表 2.21　人工海水配方

化学试剂	NaCl	$MgCl_2 \cdot 6H_2O$	$MgSO_4 \cdot 7H_2O$	$CaSO_4 \cdot 2H_2O$	$CaCO_3$
浓度/(g/L)	28.73	6.86	5.11	1.38	0.239

3. 试验方法及评价指标

对混凝土抗海水侵蚀性能常采用“抗蚀系数”来评价[25]，即

$$F=\frac{\text{混凝土在人工海水中浸泡28d的强度}}{\text{混凝土在淡水中浸泡28d的强度}}$$

显然，对于海水这样一个复杂的侵蚀环境，28d 的龄期模拟不了漫长的海水侵蚀过程，因此也有根据“抗渗系数”达到某固定数值所需的浸泡龄期长短来衡量混凝土的抗侵蚀性能。本研究采用室内加速海水侵蚀试验，具体方法如下：

(1) 抗压试件尺寸为 70mm×70mm×70mm。

(2) 成型养护条件为在湿气中养护 1d，标准养护 27d，然后置于室内用于对比试验，并且同批同类试验试件数为六块。

(3) 采用五倍于表 2.21 所列海水浓度的腐蚀液，以塑料保鲜盒浸泡试件，恒温水浴箱 80℃保温 12h，烘箱 80℃ 烘干 12h，以此为一个循环，计 30 个浸-烘循环，每 2 次循环烘干后称量一次质量，计算质量损失率，如图 2.23 所示。

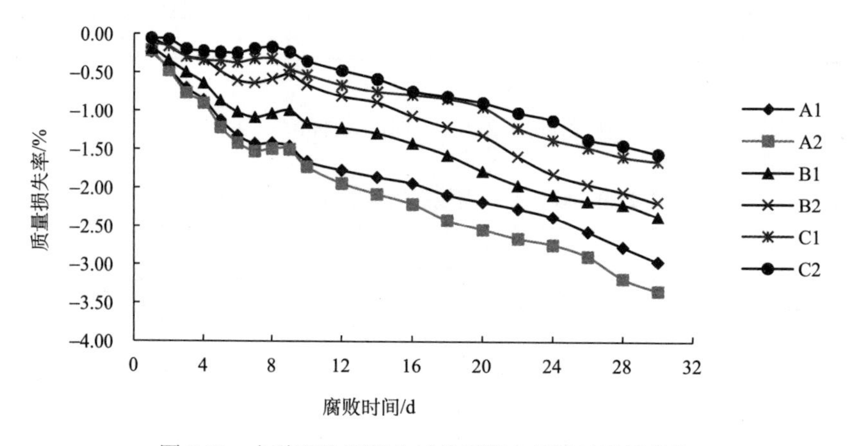

图 2.23　六种配比混凝土试件受海水侵蚀的质量变化

(4) 将同一配比侵蚀过和未侵蚀过的混凝土试件进行抗压和抗折试验，计算相应的抗蚀系数，见表 2.22。

表 2.22　抗海水侵蚀混凝土正交试验结果

试验编号	抗压强度/MPa		抗蚀系数 F
	未侵蚀试件	侵蚀试件	
A1	97.5	83.9	0.86
A2	92.4	77.6	0.84

续表

试验编号	抗压强度/MPa		抗蚀系数 F
	未侵蚀试件	侵蚀试件	
B1	91.3	81.3	0.89
B2	86.1	74.9	0.87
C1	101.9	89.7	0.88
C2	85.1	77.4	0.91

4. 试验结果分析

图 2.23 为六种混凝土配比的试件受海水侵蚀过程中的质量变化曲线，各曲线的形式和走势是相似的，根据称量记录，8～10 次浸-烘循环期间，试件质量变化曲线有回升趋势，之前和之后均表现为下降趋势。根据试件外观观察和有关研究[26]，混凝土经浸-烘循环后的损伤大体分为三个阶段：

(1) 初始劣化阶段。开始的几次浸-烘循环后，部分试件表面出现了小坑和麻点，以 A1、A2 试件较明显。

(2) 性能改善阶段。理论分析是腐蚀产物在混凝土孔隙和缺陷处生成，密实了混凝土结构，试验中也观察到试件表面的孔隙中有白色的生成物，主要为钙矾石，由于本试验试件内部较密实，因而腐蚀产物引起的质量变化并不明显，但腐蚀过程并未停止。

(3) 性能劣化阶段。理论上是腐蚀产物的膨胀引起孔隙壁破坏，促使微裂纹开展，最终导致混凝土破坏。试验结束时亦发现，试件有表面孔隙扩大、试件棱边缺损现象。而且进入劣化阶段后，混凝土的损伤有加速的趋势，究其原因是 SO_4^{2-}、Cl^-等侵蚀成分向混凝土内部的扩散通道一旦打通，扩散速度和侵蚀作用也就得以加速进行。一般认为，Cl^-在混凝土中的扩散遵循菲克第二定律，但我们认为，这不是一个纯物理扩散过程，混凝土孔隙体系复杂，各类外加剂亦会改变毛细壁管的电荷分布，这些均会影响侵蚀性离子在混凝土内的渗透。

此外，质量变化曲线亦表明，A 系列混凝土抗海水侵蚀性能最低，其次是 B 系列，较好的是 C 系列，说明粉煤灰的掺入和掺量的增大有效地提高了混凝土抗海水腐蚀侵蚀性能。而聚丙烯纤维的掺入对混凝土基体抗海水侵蚀的影响规律尚不够明显。

聚丙烯纤维的掺入有利于混凝土受力变形性能，但强度测试结果说明，聚丙烯纤维未必能全面提高混凝土强度，聚丙烯纤维在混凝土中分散不均，并影响了混凝土的密实效果，一定程度上在混凝土中留下更多的毛细孔道，并不利于混凝土的抗海水侵蚀性能。

矿物掺合料能显著改善混凝土的抗 Cl^-渗透能力[27,28]，而表 2.22 所列的抗蚀系数表明粉煤灰较矿渣更有利于混凝土抵抗海水侵蚀，这或许根源于粉煤灰对混凝土的高弹高强的沉珠效应，即大幅度提高的微珠-C-S-H 凝胶、细集料-水泥基的界面黏结与界面效应；同时由于粉煤灰中呈玻璃态的氧化硅和氧化铝在进行二次水化反应过程中消耗了水泥浆体中大量的游离氢氧化钙，使膨胀性钙矾石不易生成。此外，膨胀剂降低了混凝土的空隙率，但减水剂更直接减少了毛细孔隙，两者结合起来掺用可能更有利于混凝土的抗侵蚀性能。

2.3.2　织物增强混凝土薄板抗海水侵蚀试验研究

为了有比较地反映腐蚀效果，我们拟定了自来水浸泡、人工海水纯腐蚀和应力腐蚀试验方案，并同批同时进行。为缩短试验时间，我们采用加速腐蚀的方法，即提高腐蚀液浓度和温度。

1. 短期连续腐蚀试验

作为本试验的尝试，我们首先进行为期一周的一倍浓度海水连续腐蚀试验，包括：45℃清水浸泡、45℃海水浸泡和45℃海水应力腐蚀，其中应力腐蚀的应力水平为0.6倍的开裂荷载，采用三点加载方式，每组试件为五块。

1) 试件的制备

试件均由 1.1m×1.1m 大板剔出边缘 50mm 切割而成，试件尺寸均为10mm×50mm×200mm，每块试件受力截面有四束碳纤维。

试件混凝土基体配比及其标准试件强度列于表2.23。

表2.23　混凝土基体配比及标准试件强度

配比					混凝土28d强度	
水泥	砂	粉煤灰	水	PCA	抗压强度/MPa	抗折强度/MPa
1	1.5	0.2	0.39	0.018	59.22	9.4

薄板所用织物网经环氧树脂浸润，织物网技术指标列于表2.7，环氧树脂技术指标列于表2.24。制备的试件标记为P4-IC1RC2，即拉伸织物网单个千斤顶预张拉力为4kN(单股碳纤维预应力约为444.4N)，采用第一类浸胶的碳纤维织物网(C1)增强含聚丙烯纤维的混凝土(C2)。

表2.24　浸润剂的基本性能

检验项目	主剂(1010-5)	固化剂(5623)
黏度	3100mPa · s	100mPa · s
色度(G/H法)	<2	<2
EEW/活性氢当量	185	60
配合比(EEW=190之环氧树脂)	3∶1	
可使用时间(100g，25℃)	2 h	
硬度(肖氏硬度D)	80	

2) 试验设备

利用自制的蒸汽炉(图2.24)，通过控制蒸汽量来稳定腐蚀液温度。

图 2.24　加速腐蚀的蒸汽装置

为实现应力腐蚀，国内外均有采用杠杆系统加载，但本试验采用的试件尺寸小而数量多，故尝试用弹簧加载装置(图 2.25)，并实现同组试件维持相同的应力水平。弹簧使用前均经过校核并予以编号，为消除试件变形带来的应力松弛，每天定时校核弹簧。所有加载装置均为不锈钢材质并涂黄油保护，以减轻海水对试验装置的腐蚀。试件应力腐蚀时的加载跨距同于弯折试验，以便于应力腐蚀后的试件测试相应的力学性能。

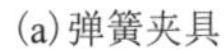

(a)弹簧夹具

(b)应力腐蚀池

图 2.25　应力腐蚀装置

腐蚀后的抗折试验在微机控制的万能试验机上完成，试验机由深圳市瑞格尔仪器有限公司制造，型号为 RG3010，规格 10kN，准确度等级 0.5 等级。试验加载速率均为 0.5mm/s，加载跨距为 100mm。试验数据由相连的电脑采集，包括荷载(加载点的合力)、挠度(加载点的竖向位移)数据及相应的曲线。

3)试验结果及分析

图 2.26 为 P4-IC1RC2 试件在标准养护、45℃清水浸泡一周、45℃海水浸泡一周和

45℃海水应力腐蚀一周四种条件下的三点抗折试验荷载-挠度曲线对比。

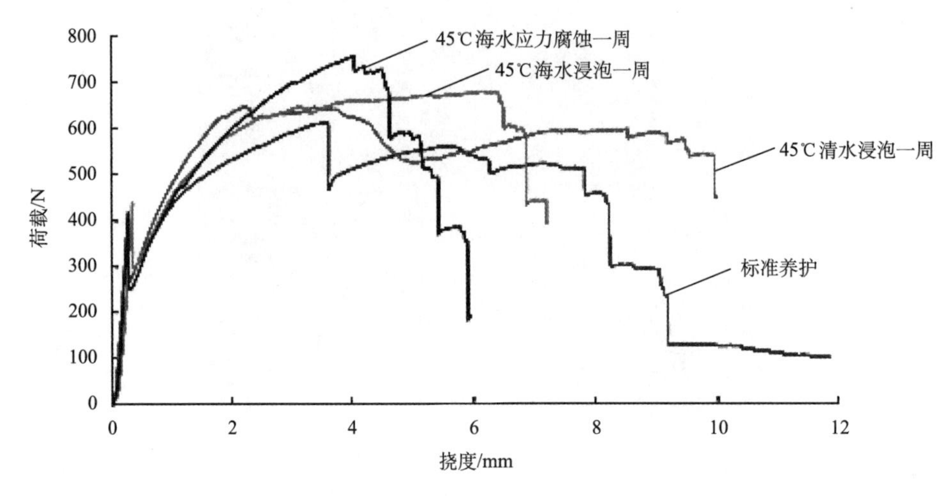

图 2.26　P4-IC1RC2 试件在不同条件下的抗折试验曲线

由于标准养护试件抗折试验时已具有 75d 的标准养护龄期，因此短期的温水浸泡对其强度的影响不明显；分析图 2.27 可知，短期的海水浸泡使 P4-IC1RC2 抗折强度略有增加；而短期应力腐蚀作用下，极限荷载较初裂荷载增加幅度大；腐蚀作用下，尤其是应力腐蚀使试件破坏时的变形量减少，脆性有所增强。

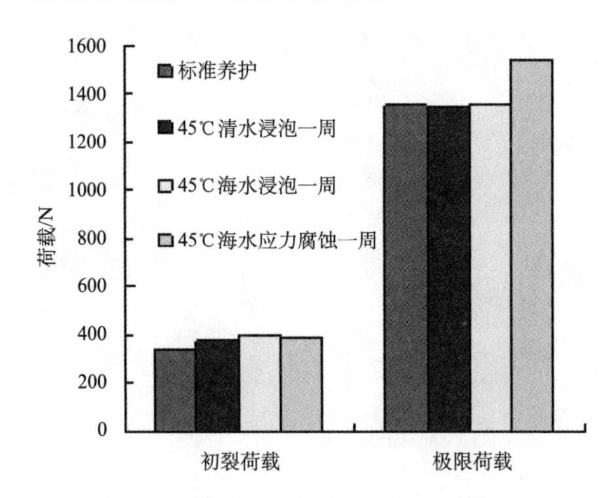

图 2.27　试件抗折初裂荷载及极限荷载比较

由此看来，本研究制备的织物增强混凝土薄板的弯拉强度主要取决于基体材料的强度，而短期的海水侵蚀使得钙矾石等产物密实了混凝土基体的孔隙，一定程度上提高了薄板的抗折强度，但试件的破坏现象表明，腐蚀介质对织物与混凝土基体界面有一定的侵蚀作用。

2. 加速腐蚀试验

诸多研究表明，所有海域中飞溅区是腐蚀性最强的区域，此处的构筑物因干湿交替、海水冲刷等强烈作用而腐蚀加剧。本试验对试件采用 5 倍浓度的人工海水浸泡 1d、室内吹干 1d 为一个海水侵蚀循环，而通入腐蚀液中的蒸汽促进了腐蚀液的流动。加温及应力加载装置同图 2.24 和图 2.25。

1) 试件制备

试件的制备材料同 P4-IC1RC2，同时制备 3kN、4kN、5kN 三种预应力水平的混凝土薄板，同于前述方法从大板上切割 10mm×50mm×200mm 小试件。各试件均存放于标准养护室，具有 30～60d 的标准养护龄期，试验前取出并自然吹干两天后进行弯折试验。

2) 试验方案

按表 2.25 所列项目进行试验，其中应力腐蚀加载方式为四点加载，各试件试验均测试其四点弯折性能。

表 2.25　腐蚀试验试件选取表

试验条件		P4-IC1RC2 (3kN)	P4-IC1RC2 (4kN)	P4-IC1RC2 (5kN)
标准养护对比试件		5	5	5
80℃清水浸泡	一周	5	5	5
	两周		5	
室温 1 倍浓度海水浸泡 80d		5	5	5
80℃1 倍浓度海水腐蚀 7 次循环		5	5	5
80℃5 倍浓度海水腐蚀	7 次循环		5	
	14 次循环		5	
80℃1 倍浓度海水应力腐蚀 7 次循环			5	
80℃5 倍浓度海水应力腐蚀	7 次循环		5	
	14 次循环		5	

注：表中数据为一组试件数；腐蚀一次循环为：腐蚀液浸泡 1d，随即 60℃空气中烘干 1d。

3) 试验结果分析

利用万能试验机对不同养护或海水侵蚀条件下的 P4-IC1RC2 试件进行四点弯曲试验，结果如图 2.28 所示。

弯曲试验观察发现，绝大部分试件的最终破坏表现为受压区混凝土的压碎(图 2.29)，织物网未被拔出，少数受海水侵蚀试件的破坏表现为混凝土基体与织物网的脱离，说明 14 次加速腐蚀循环尚未全面侵蚀到织物与混凝土的界面。

虽然受试件数量和试验条件的限制，试验结果有一定的离散性，但测试结果基本能反映一定的规律。由图 2.28 抗弯比例极限强度和弯拉强度对比可见，两者随试件试验条件的变化趋势基本一致。高温浸水养护促进了混凝土强度的提高，而常温 1 倍浓度海水浸泡 80d 的混凝土基体仍处于“性能改善阶段”，强度和抗弯弹性模量(E_b)均有所提高；然而高温加速腐蚀 7 次循环，试件强度和弹性模量较标准养护试件强度高，高浓度海水

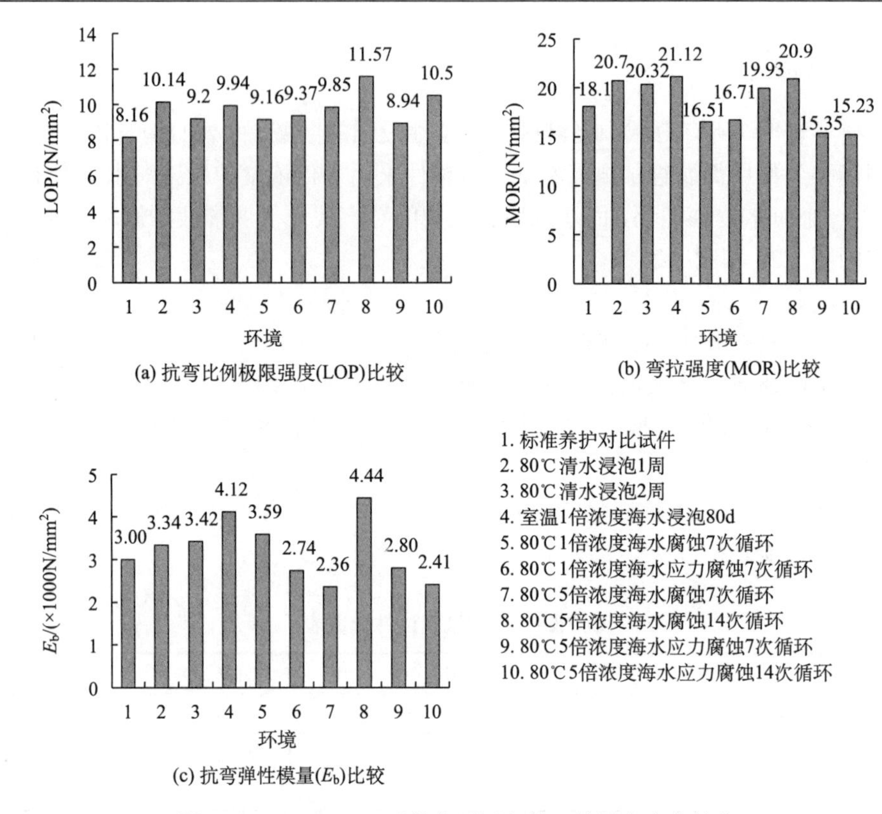

(a) 抗弯比例极限强度(LOP)比较

(b) 弯拉强度(MOR)比较

(c) 抗弯弹性模量(E_b)比较

图 2.28　P4-IC1RC2 试件在不同条件下的四点弯曲性能

图 2.29　P4-IC1RC2 试件四点弯曲试验典型破坏

加速腐蚀 14 次循环对混凝土基体强度提高幅度高于低浓度海水，同样仍处于基体的“性能改善阶段”。弹性模量测试结果离散较大，理论上应随混凝土微观孔隙的密实和强度提高而增大。

3. 结论

(1) 碳纤维织物增强混凝土薄板是由高性能材料复合而成的，其耐久性取决于混凝土基体及其与织物界面的耐侵蚀性能。

(2) 海水对混凝土基体的侵蚀作用分为“初始劣化”“性能改善”“性能劣化”三

个阶段，80℃ 5 倍海水浓度浸-烘 14 次循环后，对高性能混凝土基体的侵蚀仍处于第二阶段。

(3)织物增强混凝土薄板随预应力水平的提高，力学性能得以提高，但海水的侵蚀作用和温度的大幅度变化可能带来基体与织物界面的损伤，引起预应力损失，进而影响其弯曲性能。

(4)外荷载与腐蚀介质的耦合加速劣化了碳纤维织物增强混凝土薄板的弯曲性能。

第3章　织物增强混凝土薄板加固RC结构研究与应用

3.1　RC结构加固技术发展现状

3.1.1　既有结构加固的发展前景

结构在长期的自然环境和使用环境的双重作用下，其功能将逐渐减弱，这是一个不可逆转的客观规律。由此而引发的各种结构安全事故及产生的安全隐患问题不容忽视，因此需要对在使用寿命周期内的已有建筑进行加固修复，以维持结构的安全和功能的正常发挥。

自中华人民共和国成立以来，特别是自20世纪70年代末实行改革开放以后，各种房屋建筑、桥梁、堤坝、隧道以及城市基础设施数量急剧增加。据有关部门统计，20世纪50～60年代，全国共建成各类工业项目50多万个，各类公共建筑项目近百万个，累计竣工的工业和民用建筑数十亿平方米，目前我国现存的各种建(构)筑物的总面积至少在100亿m^2以上，其中绝大多数是混凝土结构。在新建房屋不断增加的同时，对现有结构的维护和补强加固也引起了工程界的广泛重视，据有关资料统计，自1997年以来，我国加固工程量平均年递增量达到30%以上。一方面，建筑物都有一定的设计基准使用期，我国取为50年，而我国在1949年后建造的大量房屋有大约50%的已经投入使用20年以上。同时，有很多因素会缩短现有建筑结构的使用寿命，其中主要包括：物理老化、化学腐蚀、社会需求的变化、设计标准的提高等。另一方面，我国大约有2/3的大城市处于地震区，历次地震都在不同程度上对建筑物造成损坏。而且风灾、水灾年年不断，仅风灾平均每年损坏房屋近30万间，经济损失十多亿元。再者，由于勘察、设计、施工、使用等方面存在某些缺点和错误使得建筑工程的质量存在问题，或因使用要求的变化需更改原结构设计。这些出现问题的结构，实际情况并不允许将其全部推倒重建，而只能采取适当的技术措施，对其进行补强与加固处理，使这些结构仍能满足人们对建筑物安全性、适用性和耐久性的要求[29,30]。对已修建好的各类建筑物、构筑物进行维修、保护，保持其正常使用功能，延长其使用寿命，不但可以节约投资，而且能够减少土地的征用，对缓解日益紧张的城市用地矛盾有着重要的意义。

总之，在现代社会中对建筑物的补强加固技术进行开发研究是非常必要的，具有十分重要的社会效益和巨大的经济效益。

3.1.2　常用加固方法介绍

我国自20世纪50年代起就开始了混凝土结构的加固处理与研究，几十年来，特别是近十多年来，这门技术发展非常迅速，并陆续颁发了《混凝土结构加固技术规范》(CECS 25：90)、《碳纤维片材加固修复混凝土结构技术规程》(CECS 146：2003)等规范，这些规范的制定，对促进我国混凝土结构加固技术的发展和应用起到了很大的推动作用。混凝土加固补强的方法有很多，主要可分为两大类，即直接加固法和间接加固法。工程上常用的钢筋混凝土结构补强加固方法[31-37]见表 3.1。

表 3.1　混凝土结构常用加固方法

加固方法	主要特点	技术缺点	应用范围
加大截面加固法	在构件外部外包混凝土，增大构件截面面积和配筋量，以提高其承载力	影响原结构使用空间，增加自重，施工周期长	梁、板、柱、墙等一般结构
外包钢加固法	使用树脂胶黏结或者焊接型钢进行加固，对外观影响较小，施工简便	节点构造处理困难，用钢量大，维修费用高，耐腐蚀性差	大型结构及大跨结构
预应力加固法	外加预应力钢拉杆或撑杆，可同时提高承载力、刚度、抗裂性	施工技术要求高，连接锚固处理复杂，不宜用于高温、高湿环境	大型结构及大跨结构
粘贴钢板加固法	使用结构胶粘贴钢板，简单快速，工程中使用较为广泛	对粘贴质量及工艺要求较高	一般受拉、受弯构件及中轻级工作制吊车梁
增设支点加固法	增设支撑构件，减少结构构件的计算跨度，提高结构承载力	减小结构使用空间	梁、板、桁架等
增设支撑体系及剪力墙加固法	提高结构抗水平荷载能力、侧移刚度和稳定性	施工周期长，对结构外观及使用空间影响较大	抗侧力结构
粘贴纤维复合材料加固法	高强高效，耐腐蚀，质量轻，施工周期短，不改变结构尺寸，使用面广	施工技术要求高，抗火性差，延性不足，刚度提高较小，不宜用于使用环境较为恶劣的结构	广泛用于各种混凝土结构
高性能复合砂浆钢筋网加固法	其实质是体外配筋，施工工艺简单，耐腐蚀，适用面广	需设置足够厚的混凝土保护层，且必要时需考虑钢筋网的防锈处理	广泛用于梁、板、柱、墙等混凝土结构

1) 加大截面加固法

加大截面加固法是在构件外部外包混凝土，增大构件截面面积和配筋量的一种加固方法。通过增加原构件的受力钢筋，同时在外侧重新浇筑混凝土以增加构件的截面尺寸和黏结保护钢筋，来达到提高承载力的目的。它不仅可以提高被加固构件的承载能力，还可加大截面刚度，改变截面自振频率，使正常使用阶段的性能在某种程度上得到改善。这种加固方法被广泛应用于混凝土结构中的梁、板、柱等的加固。但是这种加固方法在一定程度上减小了原结构的使用空间；当在梁板上捣混凝土后浇层时，还会增加结构自重。另外，由于一般采用传统的施工方法，尤其是对钢筋混凝土结构的加固，施工周期长，对在用建筑的使用环境有较严重的影响。

2) 外包钢加固法

外包钢加固法是使用乳胶水泥、环氧树脂化学灌浆或焊接等方法对结构构件(或杆件)四周包以型钢进行加固的方法，分干式外包钢和湿式外包钢两种形式。该方法可以在基本不增大构件截面尺寸的情况下通过约束原构件来提高其承载能力和变形能力，增大构件延性和刚度，适用于不允许增大混凝土截面尺寸，而又需要大幅度地提高承载力的混凝土结构的加固。当采用化学灌浆外包钢加固时，型钢表面温度不应高于 60℃；当环境具有腐蚀性介质时，应有可靠的防护措施。而且这种方法用钢量较大，加固维修费用较高。

3) 预应力加固法

预应力加固法即采用外加预应力钢拉杆或撑杆对结构进行加固的方法，通过施加预应力使拉杆或撑杆受力，影响并改变原结构内力分布，从而降低结构原有应力水平并提高结构的承载能力。预应力加固按加固对象不同，分为预应力拉杆加固和预应力撑杆加固。预应力拉杆加固广泛适用于受弯构件和受拉构件的加固，在提高承载力的同时，对提高截面的刚度、减小原有构件的裂缝宽度和挠度、提高加固后构件截面的抗裂能力是非常有效的。预应力撑杆加固可以应用于轴心或小偏心受压构件的加固。预应力加固法占用空间小、施工周期短，但此法不宜用于处在高温度、高湿度环境下的混凝土结构，否则应进行防护处理；也不适用于混凝土收缩徐变大的混凝土结构。另外，该加固法还增加了施工预应力的工序和设备，施工技术要求过高，预应力拉杆或压杆与被加固构件的连接(锚固)处理较复杂、难度较大。

4) 粘贴钢板加固法

粘贴钢板加固法是在混凝土构件表面用特制的建筑结构胶粘贴钢板，使其与原构件共同工作，整体受力，以提高结构承载力的一种加固方法。它实质是一种体外配筋，提高原构件的配筋量，从而相应地提高结构构件的刚度和抗拉、抗压、抗弯以及抗剪等方面的承载力。采用此法加固对结构胶的要求较高，其优点是胶黏剂硬化时间快，工艺简单，施工速度快；加固后能基本维持原结构的外观和尺寸；现场湿作业量少，施工时对生产和生活影响较小。但它对基体混凝土强度、环境温度、相对湿度等的要求较高，加固质量很大程度取决于胶黏材料的质量和工艺水平的高低，特别是粘贴钢板后一旦发生空鼓，补救比较困难。

5) 增设支点加固法

增设支点加固法是在梁、板等构件上增设支点，在柱子、屋架之间增设支撑构件，减少结构构件的计算跨度，减少荷载效应，降低计算弯矩，大幅度地提高结构构件的承载力，减小挠度，减小裂缝宽度，增加结构的稳定性，以达到结构加固的目的。增设支点加固法适用于房屋净空不受限制的大跨度结构中梁、板、桁架、网架等水平结构的加固。这种加固方法的缺点是减小了原结构的使用空间。

6) 粘贴纤维复合材料加固法

纤维一般具有耐腐蚀、高强度、质量轻和非磁性的特点。近年来由各类纤维和基体相组合形成的纤维增强塑料在土木工程中的应用一直是国内外研究和运用的热点，而其中的粘贴碳纤维材料加固法是目前应用于土木工程领域最早、技术最成熟的一种加固技术。碳纤维作为外粘加固的材料，有诸多技术优势：高比强度(强度和重量之比)；良好的耐腐蚀性能和耐久性；施工简捷，施工周期短，施工机具少，操作简单；施工质量容易保证，对结构的影响小等。但是，它也有一些自身的弱点，如碳纤维材料昂贵，防火性能差，延性不足；加固时对施工技术要求较高；粘贴碳纤维所用结构胶中的环氧树脂胶的耐火、耐高温性能差，易老化，与被加固的混凝土之间的相容性、相互渗透性差，透气、透水性能差，在加固设计时很难评估火灾、人为破坏或其他意外事故对该材料可能产生的风险。也有研究工作表明，外贴非预应力碳纤维增强塑料加固受弯构件，被加固构件的性能提高主要在强度方面，刚度尤其是早期刚度的提高相当小，对于刚度也要求加固的结构来说是相当不适用的。而采用预应力碳纤维增强塑料加固时，其对锚固要求更高，难以实现合理、可靠的锚固方式。

7) 高性能复合砂浆钢筋网加固法

高性能复合砂浆钢丝网加固法是在混凝土构件表面绑扎钢筋网，用复合砂浆作为保护和锚固材料，使其与原构件共同工作整体受力，以提高结构承载力的一种加固方法。它实质是一种体外配筋，提高原构件的配筋量，从而相应提高结构构件的刚度、抗拉、抗压、抗弯和抗剪等方面性能的方法。类似于加大截面加固法，但增大的截面相对较小，对结构外观及房屋净空影响不大。该方法工艺简单，适用面广，可广泛用于梁、板、柱、墙等混凝土结构的加固，根据构件的受力特点和加固要求不同，可选用单侧加厚、双侧加厚、三面和四面外包等。但若用其来加固处于易腐蚀环境中的结构时，需对加固层中所用的钢筋网进行防锈处理或为其设置足够厚的混凝土保护层。

除上述几种主要加固补强法外，在实际工程中还经常采用一些其他的混凝土加固方法，如喷射混凝土加固法、化学灌浆修补法等，以上这些加固方法，大量的研究工作都已开展，并且大都已经用于实际工程中，实践证明它们均有自身的优点，但也存在不可避免的缺陷。对于加固方法的选择，应根据可靠性鉴定结果和结构功能降低的原因，并结合具体结构布置的特点、主体结构传力承力特征、新的功能要求、周围环境等因素，从安全、适用、经济的角度出发，综合分析确定。

3.1.3　织物增强混凝土加固技术的特点

社会的发展需要我们开发更新、更有优势的加固方法，将 TRC 薄板用于结构加固正是近些年国内外广泛开展研究的一种新型加固技术。

TRC 材料和钢筋混凝土相比，由于非金属纤维织物在混凝土中不锈蚀，这就免去了在 TRC 中设置保护层，故 TRC 复合材料可以做成很薄的薄壁构件，薄度甚至可达 10mm(图 3.1)[38]。一方面有效地限制了原有结构自重的增加；另一方面也维持了原结构的截面尺寸。TRC 是类似于钢丝网水泥砂浆的一种无机复合凝胶材料[39]，与胶浸基体的

图 3.1　织物增强混凝土(TRC)加固层

FRP 加固材料相比，砂浆作为无机凝胶材料，与基材间有更好的相容性、协调性及相互渗透性，而且抗老化、耐高温、耐久性更好，弥补了 FRP 材料不适宜用于潮湿的基体表面及低温环境的缺陷，同时也省去了界面粘贴技术中高成本黏结剂的使用[16]。

TRC 复合材料基体(细骨料)的粒径较小，使得其中铺设的织物层间距可小于 2mm，能方便地进行多层铺设，以满足加固承载力的需要。另外，复合材料中的纤维织物，可根据承载的差异，在主要受力方向上进行铺设(如文献[40]采用正交碳/玻织物进行增强时，就将碳纤维织物布置在构件承受拉力的方向上)，可充分发挥纤维织物的优势，这种多向织物最多可在四个受力方向上进行织造[41]。

3.1.4　织物增强混凝土加固技术的研究与发展

TRC 用于结构加固的研究在国外早已开展。德累斯顿工业大学“SFB528”合作研究中心，就主要致力于 TRC 材料用于已有建筑维修与加固的研究[7]，并对用 TRC 材料加固修复结构的研究成果进行了连续报道。以色列学者 Peled 和 Bentur[10]用不同织物增强的水泥基材料来修复受损的素混凝土圆柱(150mm× 300mm)，修复效果明显，并得出了修复效果与织物的弹性模量及编织方式有关(高弹性模量织物的修复效果优于低弹性模量织物，缝编织物的修复效果优于机织织物)的结论。美国学者 Aldea 和 Mobasher 等[11]用耐碱玻璃纤维织物增强水泥基材料来加固修复无筋砌体结构，并与用胶浸纤维材料(FRP)进行加固的效果进行对比，结果显示，用织物增强水泥基材料加固砌体结构的整体协作性能及加固效果更优。指出了用这种新型复合材料进行加固的方法将可能代替传统及使用 FRP 材料的方法而成为一种新的砌体加固修复技术。希腊学者 Triantafillou 等[15]，Papanicolaou 等[9]用织物增强砂浆(TRM)作为套箍材料对结构进行约束及加固研究，并将其与相应的胶浸纤维材料(FRP)进行对比，分别从两种材料的正反两方面阐述了用其进行加固的特性，根据试验结果，同样指出用这种新型的织物增强水泥基材料进行加固是未来加固领域首选的加固方法之一。

对于 TRC 用于 RC 结构构件的抗弯加固方面，Bruckner 等[42]及 Weiland 等[43]分别对无损伤和有损伤的 RC 构件进行了抗弯加固试验研究。Bruckner 等对厚度为 100mm、有效跨度为 1.60m 的单向板(宽梁)进行了抗弯加固，加固层与板等宽，布置在板底受拉区，板的配筋率为 0.2%或 0.5%两种。为保证试件跨中是弯曲破坏，所有的板件都进行四点抗弯加载，加固层中织物铺设层数和锚固类型为试验的变化参数。加固构件试验所得的荷载-位移曲线都经历了典型的钢筋混凝土构件破坏三阶段，即未开裂、裂缝发展、钢筋屈服阶段。与未加固构件相比，加固构件的承载力明显提高，且织物层数越多提高幅度越大。四层织物时，承载力提高程度即达 130%，八层织物时，则提高 195%。除承载力提高外，构件的工作性能也得到了改善，这主要表现在加固后板的挠度与裂缝宽度都减小了。板件锚固类型的区别主要在于加固层的布置是否越过了支座线，越过支座线的试件，由于锚固黏结长度足够，其承载力主要取决于织物的抗拉强度；而未越过支座线的试件，则不能判断是否满足锚固黏结长度。但在对板的抗弯加固试验中，两种锚固类型试件的极限承载力大致相同，这表明，板件抗弯加固所需的黏结长度较小。另外，Bruckner 等还研究了加固板的塑性转动能力。与未加固板件相比，加固板的塑性转动能力显然减弱，但所有加固试件的塑性转角都超过了欧洲混凝土规范 *CEB-FIP Mode Code 1990*(MC90)所建议的最小限值，因此，TRC 加固板的延性可以得到保证。

关于 TRC 加固 RC 构件的抗弯承载力计算设计模型，目前仍沿用 RC 构件外加受拉层的计算模型。加固构件的极限承载力取决于 TRC 加固层的极限应变，极限应变可由单轴拉伸试验测出，但由于试验结果受诸多因素影响，且单轴拉伸试验中试件开裂不同于 RC 构件抗弯加固层的开裂，目前还未能证明单轴拉伸试验所测出的极限应变可用于抗弯加固承载力计算中。因此 TRC 加固层的极限应变只好根据所测加固板件顶部混凝土的极限压应变推算而得，据此而得的承载力计算结果与试验值误差可达 20%。

Weiland 等研究了单向板的二次受力加固情况，用 TRC 对受循环荷载作用后，带裂缝的板件进行了加固，并与未受损板件的加固进行了对比。结果表明，RC 构件的受损情况对加固后 RC 构件的承载力及挠曲变形几乎没有影响，与未受损构件的加固效果相当。RC 构件在加固前存在的裂缝在加固后会被 TRC 加固层桥接起来，直到极限状态时，这些裂缝的宽度都几乎不变。加固后，会观察到新的裂缝产生，但裂缝宽度比加固前的裂缝减半并保持小于 0.1mm。试验采用两种不同的纤维织物加固层进行加固，得出的结论一致，但碳纤维织物加固层对承载力的提高程度明显优于耐碱玻纤织物。

Papanicolaou 等[9]利用织物增强砂浆(TRM)的套层约束作用，也对 RC 构件的抗弯加固进行了研究，并与采用 FRP 粘贴技术进行抗弯加固的效果进行对比，结果表明，TRM 加固效果在提高承载力方面虽稍逊于 FRP 加固，但加固后构件的延性却优于 FRP 加固。除对 RC 构件抗弯加固的短期性能进行研究外，对于 RC 构件抗弯加固的长期性能，Freitag 等[44]目前也正在进行试验研究。

对于 TRC 用于 RC 结构构件的抗剪加固方面，Brückner 等[45]对 RC 矩形梁及 T-型梁进行了抗剪加固试验研究，并着重分析了 T-型梁的抗剪加固。为有效利用织物性能，进行抗剪加固的织物都按与轴向成 45°方向编织。对于矩形梁，为使其发生剪切破坏，梁中未配置横向钢筋，采用四点弯曲方式进行加载，TRC 加固层布置在两加载点到支座的区域内，试验以加固层中织物铺设的层数及锚固类型(全包或 U 型包裹)为变化参数。试验中，两种锚固类型的梁破坏荷载几乎相当，且没有出现加固层脱黏及纤维拔出现象，这说明矩形梁所需的黏结锚固长度较短，U 型锚固完全适合此类梁的抗剪加固。加固梁的承载力随织物使用层数的增多而增大，两层织物网加固梁的承载力比未加固梁约高出 45%，三层织物网时则约高出 75%。梁的破坏形态受加固层中织物层数的影响，两层织物时，梁的破坏是因受荷点附近斜向剪切裂缝的发展导致，织物达三层时，梁就会因受压区混凝土压碎而破坏。TRC 加固无横向钢筋梁的延性比加固前明显提高，可延迟梁的破坏。

对于 T-型梁，为避免其发生弯曲破坏，将其纵向钢筋配筋率提高，横向钢筋按最小配筋率设置，在跨中进行集中加载，TRC 加固层布置到贴近翼缘底板处，试验同样以加固层中织物铺设层数及锚固类型为变化参数。T-型梁锚固类型的区别主要在于是否进行了机械锚固，所谓机械锚固就是采用 4 块长度为 45cm 的 L-型钢片，先用以环氧树脂为主剂的胶黏剂粘贴到加固层外表面，再在 T-型梁翼缘侧分别用两根拉接钢杆锚固(图 3.2)。未进行机械锚固梁的应力传递主要依靠加固层与梁腹板间的胶黏拉伸黏结，机械锚固梁的应力传递则更多依靠拉接钢杆来传递。

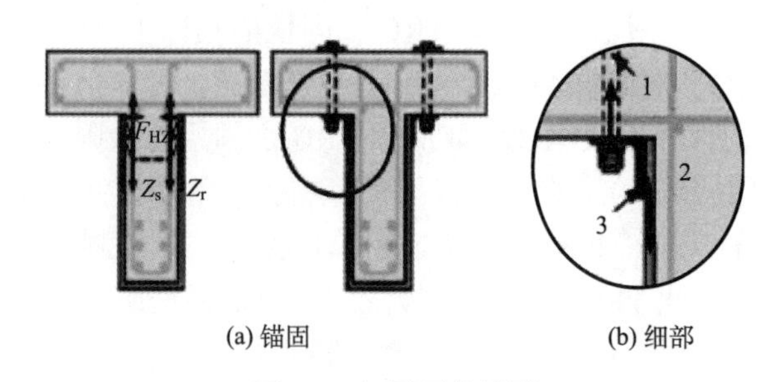

(a) 锚固　　(b) 细部

图 3.2　加固层的锚固

1. 抗拉钢筋；2. 力的分布；3. 加固节点

关于 T-型梁的锚固黏结性能，文献[46]进行了详细的论述。采用两层织物的加固试件，是否进行机械锚固对其承载力影响不大；当织物层数超过两层时，这种影响则突显。当采用四层织物时，未进行机械锚固试件的承载力几乎等同于采用两层织物，而进行机械锚固试件的承载力比未锚固试件则提高约 15%。当然，承载力的提高不能仅依靠织物层数与锚固类型，混凝土的强度也需考虑，以避免试件因受压区混凝土压碎而破坏。因而，最优的织物使用层数及锚固类型是加固研究的一个重要方面。TRC 抗剪加固对 RC 构件工作性能的影响主要体现在挠曲变形减小，裂缝的出现更细更密。

T-型梁抗剪承载力的计算主要是根据横向钢筋、织物增强层、混凝土受压拱三个拉-压杆桁架模型(图 3.3)叠加来计算的(假定极限状态时，横向钢筋与混凝土压杆由于应力重分布能同时达到极限强度)[45,46]。此模型的承载力计算值与试验结果误差可达 30%，可能的原因包括压杆倾角的选取，TRC 加固层不能伸入梁受压区的影响等。

Triantafillou 和 Papanicolaou[16]采用织物增强砂浆(TRM)作为套管材料来研究 RC 矩形梁的抗剪加固性能。采用 TRC 材料对 RC 构件进行外部包裹，可以在一些主要方向上形成纤维构造层，从而进行抗剪加固。与以往的 FRP 套筒加固一样，TRC 套层模型的抗剪加固也是基于熟知的桁架模型来模拟分析的。假设织物是由 n 维方向上的连续纤维粗纱组成，任一方向 i 上的纤维与构件的纵向轴线方向形成的角度为 β_i(图 3.4)，TRC 套层贡献的抗剪承载力为 V_t，可写成下列简化形式：

$$V_t = \sum_{i=1}^{n} \frac{A_{ti}}{s_i} \left(\varepsilon_{te,i} E_{fib}\right) 0.9d \left(\cot\theta + \cot\beta_i\right) \sin\beta_i \tag{3.1}$$

式中，$\varepsilon_{te,i}$ 为 TRC 在方向 i 上的“有效应变”，它可认为是构件发生剪切破坏时，横跨斜裂缝上纤维的平均应变；E_{fib} 为纤维的弹性模量；d 为横截面有效深度；A_{ti} 为每一纤维粗纱在方向 i 上横截面面积的 2 倍；s_i 为沿构件轴向上的粗纱间距；θ 为斜裂缝与构件轴线间的夹角。如果方向 i 与构件轴线垂直，则式(3.1)中 A_{ti}/s_i 比值在这个特定方向上就等于 2 倍织物名义厚度 t_{ti} (基于纤维涂层的等效分布而定，每层织物在纤维主要方向上的名义厚度为 0.047mm)。文献[15,16]的试验数据表明封闭的四边套层(包裹于柱型构件的四周)可以保证有效应变 $\varepsilon_{te,i}$ 足够大，约为 0.8%。套层抗剪加固模型表明，TRC 材料可以代替 FRP 材料进行抗剪加固，从而成为一种新型的加固技术。

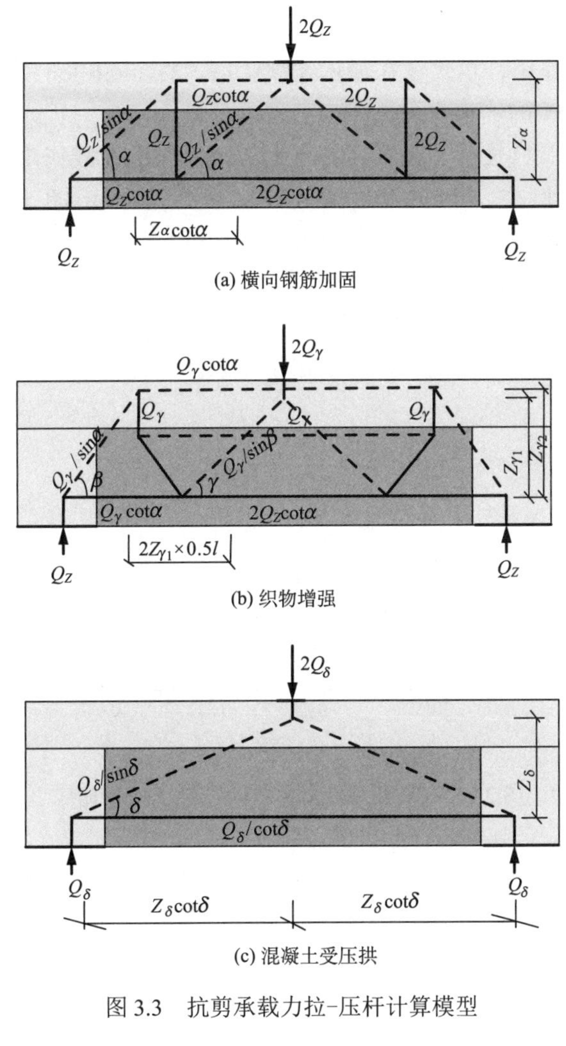

(a) 横向钢筋加固

(b) 织物增强

(c) 混凝土受压拱

图 3.3　抗剪承载力拉-压杆计算模型

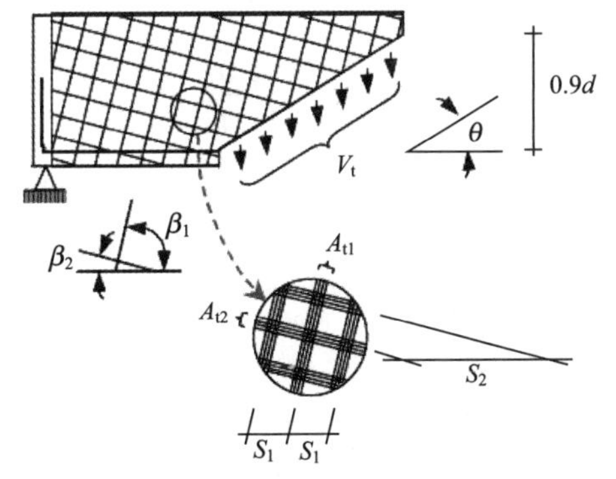

图 3.4　织物在正交的两个方向上所承担的剪力

关于 TRC 的约束作用及用于 RC 柱加固方面，约束作用一般应用于构件的抗压作用，旨在提高其承载力和延性，此外，还可以阻止纵向钢筋的滑移和屈曲。传统的约束技术是依靠箍筋，钢筋套层或者 FRP 材料来实现，以纤维织物为主的 TRC 材料在箍环方向上对 RC 构件的约束作用，也仅仅在最近才被认可。Triantafillou 等[16]用 TRM 作为套层材料来研究其对混凝土的约束作用，TRC 套层的环箍约束作用犹如 FRP 材料，直至破坏时表现出的都近乎是弹性性能，因此可在不同方式的轴向荷载作用下发挥其被动约束作用。TRC 约束混凝土圆柱(150mm×300mm)的应力-应变曲线(图 3.5)的第一个上升段，几乎与未约束混凝土的曲线一致；随荷载的增加，TRC 约束作用得以发挥，受约束构件的曲线会经历第二个上升段，直至护套破裂导致箍环应力下降，此时在破裂点处的曲线开始突然下降。总体而言，TRC 约束护套极大地提高了(混凝土)抗压强度和抗变形性能。提高的程度随约束层的增加而增加，并取决于砂浆的抗拉强度。

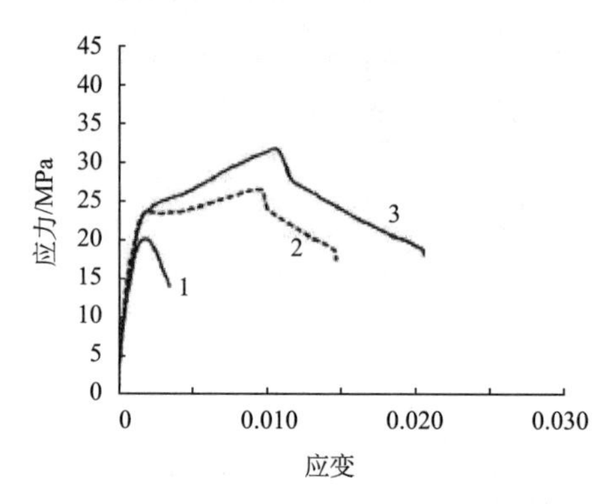

图 3.5　TRC 约束混凝土圆柱的应力-应变曲线

1. 无约束；2. 2 层；3. 3 层

对于 TRC 约束混凝土的计算模型，文献[16]给出了简化的计算公式，其主要计算公式如下：

$$\frac{f_{cc}}{f_{co}} = 1 + k_1\left(\frac{\sigma_{lu}}{f_{co}}\right)^m \tag{3.2}$$

$$\varepsilon_{ccu} = \varepsilon_{co} + k_2\left(\frac{\sigma_{lu}}{f_{co}}\right)^n \tag{3.3}$$

式中，f_{cc}为约束强度；ε_{ccu}为极限应变，取决于破坏时的约束应力σ_{lu}；k_1、k_2、m和n是经验常数。文献[15]的计算数值表明 TRC 套层的约束作用虽稍逊于 FRP 套层(配置相同数量和构造的纤维)，但是对于提高混凝土的抗压强度及抗变形性能仍非常有效。

国外部分学者还开展了用 TRC 材料对混凝土短柱进行加固的研究，如德累斯顿工业大学的 Al-Jamous 等[47]用玻璃纤维织物增强混凝土来加固素混凝土短柱，加固效果明显，通过分析加固短柱的受力状态，给出了其三轴应力状态下的承载力计算模型。

另外，TRC 材料用于结构抗扭加固的研究也在进行。TRC 材料用于结构抗扭加固最先出现在文献[48]中，Franzke 等用 TRC 材料对钢筋混凝土电线杆进行了修复加固。将 TRC 加固层包裹在电线杆整个截面的四周，然后进行抗扭加固试验。加固后电线杆的极限承载力比未加固时提高了近 60%，这充分显示了 TRC 材料的加固效果。

3.2　织物增强混凝土加固 RC 构件界面黏结性能试验研究

采用 TRC 复合材料对混凝土构件进行加固，TRC 基体与老材料结合面处的黏结及应力传递问题都是加固成功与否的关键，所以需要就 TRC 加固混凝土构件的结合面处理及界面黏结等问题进行研究。对于新老混凝土的黏结性能，目前已进行了大量的研究，主要在新老混凝土宏观力学性能和微观黏结机理等方面[49,50]，而直接考虑加固层与原构件间的界面黏结性能研究还相对较少。

3.2.1　织物增强硅酸盐水泥混凝土薄板与老混凝土黏结性能试验研究

为了研究 TRC 加固层与老混凝土之间的黏结性能，本节在前人关于新老混凝土黏结性能研究经验与成果的基础上，进行了织物增强混凝土(TRC)加固 RC 构件的界面剪切试验。加固前对老混凝土表面分别进行了人工凿糙和植抗剪钢筋两种方式的处理，考察了界面不同处理方式对 TRC 加固层与老混凝土结合面剪切性能的影响，并探讨了不同粗糙度及植筋率对结合面抗剪强度的影响规律。

1. 试验概况

1) 试验方法选择及试件设计

界面抗剪强度作为新老混凝土黏结性能的一项重要力学指标，到目前为止还没有统一的试验方法。国内常见的试验方法有采用 Z 型试件进行新老混凝土结合面抗剪性能试验[51-53]，将钢筋网复合砂浆加固层粘贴在混凝土小构件的两侧，直接进行新加固层与老混凝土的双面剪切试验，研究加固层与老混凝土的剪切黏结性能[54]。本试验的加固层为 TRC 复合材料，一种类似于钢丝网水泥砂浆的无机复合凝胶材料，其加固最大优点之一就是可进行薄层加固。因而，借鉴文献[54]的试验方法，直接在钢筋混凝土短柱两侧粘贴加固层，进行加固层与老混凝土的界面双面剪切试验。双面剪切示意图见图 3.6。

试验老混凝土部分采用钢筋混凝土短柱，尺寸为 150mm×150mm×400mm，配筋率ρ=0.89%，保护层厚度为 15mm，配筋图如图 3.7 所示。混凝土设计等级为 C25，质量配合比为：水泥∶砂∶石∶水∶外加剂＝1∶1.77∶3.44∶0.46∶0.006。采用江苏八菱海螺水泥有限公司生产的 PO32.5 普通硅酸盐水泥、普通河砂、粒径为 5～25mm 的碎石(经人工筛选而得)及普通的萘系减水剂浇注而成，其立方抗压强度 28d 实测值为 28.3MPa。

除对比试验组(未进行表面处理)外，本次试验设计了 6 组粗糙度 H 约从 1.0mm 到 6.0mm 以及 4 组植筋率ρ分别为 0.22%、0.33%、0.44%、0.55%的剪切试件(植筋所用钢筋为 HPB235 钢筋，f_{yk}=235N/mm^2，钢筋直径为 6.5mm)，每组设 3 个平行试件。

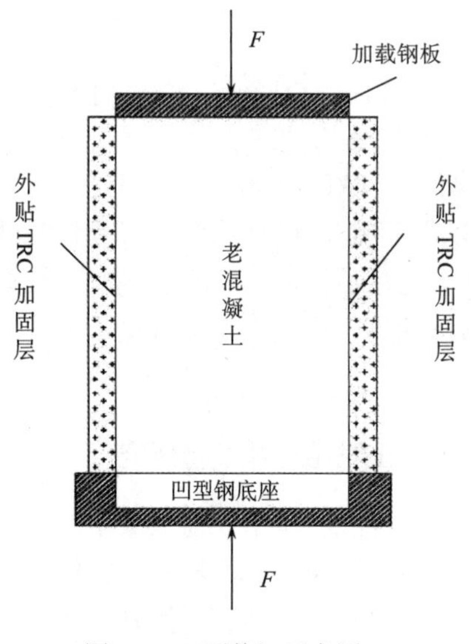

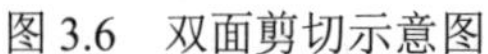
图 3.6　双面剪切示意图

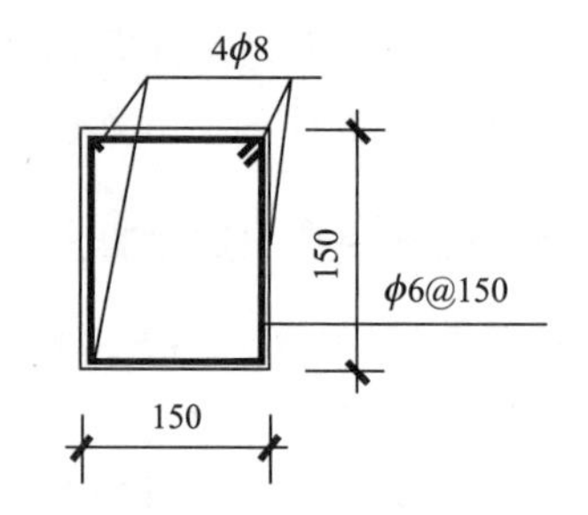

图 3.7　短柱配筋图（单位：mm）

2) 试件制作

加固试件的老混凝土部分预先浇筑，浇筑 24h 后浇水养护 15d，然后在试验室室温条件下自然养护至 28d 后分别进行表面凿糙处理和植筋处理。因进行的是双面剪切试验，故需对钢筋混凝土短柱的两侧进行相应的凿糙和植筋处理。对于凿糙试件，其表面粗糙度用灌砂平均深度法来评定，平均深度采用公式(3.4)进行计算。为使试件两侧粗糙度相对一致，在凿糙过程中需要多次灌砂测量来实现。

$$\text{平均深度}H = \text{标准砂的总质量}M / \left(\text{试件横截面积}A \times \text{标准砂容重}\rho\right) \tag{3.4}$$

对于植筋试件，按植筋锚固技术施工，其施工的具体步骤为：①定位，按试验设计要求先在老混凝土试件表面进行定位，以便进行钻孔处理。植筋试件以植筋率为变化参数，在老混凝土试件两侧分别植 4 根、6 根、8 根、10 根 ϕ 6.5mm 钢筋，每侧都植双排筋，植筋位置距试件边缘的距离均约为 40mm，植筋间距沿短柱长度方向分别为 300mm、150mm、100mm、80mm。②钻孔，根据预先对短柱构件两侧表面的定位，采用电锤进行钻孔，为避免钻孔对构件产生损伤，钻孔孔径为钢筋直径 d+2mm，即 8mm 孔。另外，钻孔时应避开老混凝土中纵筋和箍筋，本试验采用 HBY-84A 型混凝土保护层测定仪对老混凝土构件中钢筋进行定位，进而完成钻孔工序。③清孔，采用毛刷及高压吹风机进行清孔，并保持孔内干燥。④注胶，试验采用的植筋胶为苏州市建筑科学研究有限公司生产的 SJN 建筑结构胶黏剂，甲、乙组分按 2∶1 配比搅拌均匀后注入孔内。⑤植筋，植筋前，先用丙酮拭擦钢筋表面的浮锈，然后在注胶的孔内植入钢筋。植筋时，以同一方向缓慢旋转进行植筋，以使胶与钢筋和混凝土表面黏结密实。⑥固化养护，植筋完毕后对构件进行保护，不使钢筋外露端受外力作用，直至胶黏剂凝结固化完成。

文献[54]根据试验结果，给出了植筋的基本锚固深度 S，应不小于 $5d$(d 为植筋直径)，且不应小于 4cm。为避免钢筋被拔出，本试验所有钢筋的植筋深度均为 50mm(>$5d$)。植筋的外露长度与加固层厚度相当，约为 20mm，但不露于加固层外。图 3.8 为老混凝土表面未处理试件与采用两种不同方法处理的试件的对比图。

(a) 对比试件

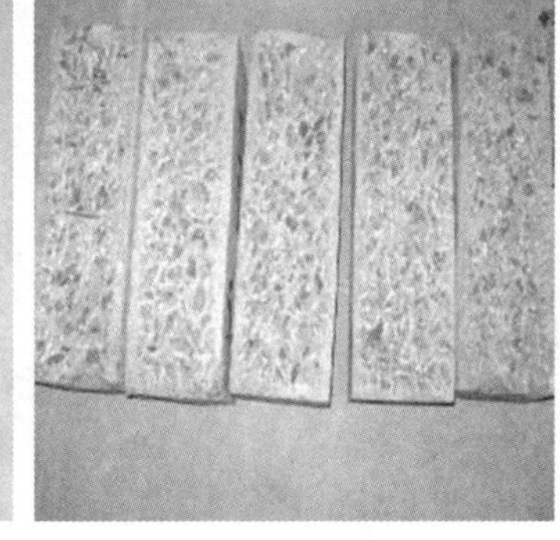
(b) 凿糙试件

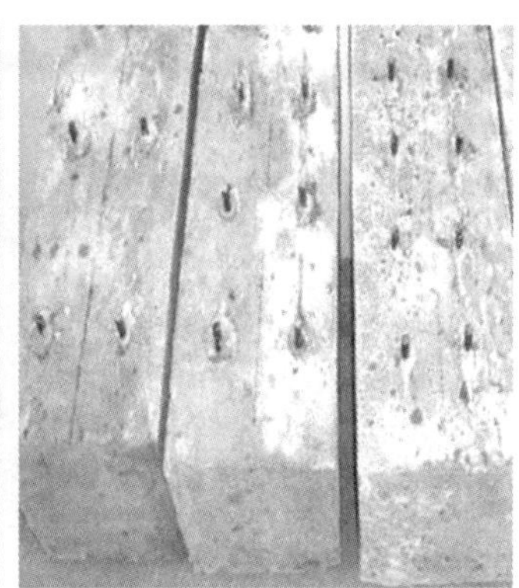
(c) 植筋试件

图 3.8　不同处理试件对比图

老混凝土表面处理完成后，在试件两侧粘贴 TRC 加固层。TRC 由碳纤维织物网和高性能细骨料混凝土(砂浆)组成，其中织物网由碳/玻纤维束混编而成，网孔尺寸为 10mm×10mm，纤维束主要力学性能指标参见表 2.7。为改善织物与基体间界面黏结性能，同时避免加固层中碳纤维束因受力不均而出现单根纤维断裂现象，在织物网铺设前对其进行了浸胶处理。细骨料混凝土设计强度等级及配合比见表 3.2，细骨料混凝土由江苏八菱海螺水泥有限公司生产的 42.5 普通硅酸盐水泥、普通河砂(用 4.75mm 筛过筛，细度模数为 2.5 左右的Ⅱ区中砂)、南京苏博特新材料有限公司生产的 JM-PCA(Ⅰ)混凝土超塑化剂(减水能力为 18%～22%)配制而成，同期制作的 6 块立方体抗压试块(70.7mm×70.7mm×70.7mm)28d 抗压强度平均值为 50.5MPa，符合《混凝土结构加固技术规范》(CECS25:90)中的规定[55]，即混凝土结构加固时所用的混凝土强度等级，宜比原结构、构件的设计混凝土强度提高一级，且不应低于 C20。

表 3.2　试验用细骨料混凝土质量配合比

设计等级	水泥	砂	水	JM-PCA(Ⅰ)
M50	1	1.36	0.34	0.016

新老混凝土浇注的龄期差为 36d，加固层的施工工序包括以下几个步骤：①将试件表面浮尘清去并用清水冲净，干燥后支设模板；②在老混凝土表面涂抹界面剂，界面剂采用与加固层同水灰比的水泥净浆，厚度约为 1.5mm；③把预先按照配合比配好的砂浆浇注到老混凝土表面，并振实抹平；④将涂好胶的碳纤维织物铺上，再浇注一层砂浆，能覆盖住整个织物网即可；⑤再铺设第二层织物网，并浇注砂浆，振实抹平，整个加固层厚度约为 20mm。加固完成的剪切试件如图 3.9 所示。

图 3.9　TRC 加固试件

3）试验装置及试验方案

剪切试验在 600kN 万能试验机上进行（图 3.10）。加载前，要将凹型底座与试件进行对中放置，使老混凝土两侧边缘线位于凹型底座内，两侧加固层位于凹型底座上，并在试件上端垫上两块尺寸与老混凝土横截面相同的 10mm 厚钢板，然后开动试验机，使试验机加压板与垫在试件上端的钢板接触。采用位移控制进行正向单调加载至试件破坏，加荷速度为 0.5mm/min。正式加载前对试件进行 2～3 次预加载，以消去试验装置加载前存在的空隙，并对试验机数值做调零处理，使位移和荷载的关系趋于稳定，试件进入正常状态。

图 3.10　试验加载装置

双面剪切试验抗剪强度按式（3.5）计算：

$$\tau_{\max} = P_{\mathrm{m}} / A \tag{3.5}$$

式中，$\tau_{\max}$ 为结合面抗剪强度（MPa）；P_{m} 为结合面抗剪极限荷载（N）；A 为新老混凝土结合面面积（mm^2），本试验取 $A=2A_0$，A_0 为单侧新老混凝土结合面面积，理论值为 150mm×400mm，计算按实际面积取值。

2. 试验结果及分析

1) 试验结果

TRC 加固试件的双面剪切试验结果见表 3.3。表中个别试件由于试验数据不合理予以舍去，因其相对于 B0 组对比试件最大抗剪强度几乎无提高，这主要是因为试件两侧加固层端部高度相差过大，试验过程中两侧加固层受载不平衡所致。

表 3.3　黏结试件剪切试验结果

试件编号		粗糙度 H/mm	植筋率 ρ/%	结合面面积 A/mm^2	极限荷载值 P_m/kN	抗剪强度 τ/MPa	平均抗剪强度 $\bar{\tau}$ /MPa
B0	B_{01}	0.24	—	114 155	81.3	0.71	0.83
	B_{02}	0.23		113 760	105.9	0.93	
	B_{03}	0.26		115 340	96.3	0.84	
Ⅰ1	Ⅰ$_{11}$	1.07	—	117 612	153.0	1.30	1.36
	Ⅰ$_{12}$	1.06		115 200	163.6	1.42	
	Ⅰ$_{13}$	1.04		117 512	158.2	1.35	
Ⅰ2	Ⅰ$_{21}$	2.02	—	117 263	197.6	1.69	1.61
	Ⅰ$_{22}$	2.01		116 424	157.3	1.35	
	Ⅰ$_{23}$	1.97		117 012	207.7	1.78	
Ⅰ3	Ⅰ$_{31}$	2.97	—	117 216	111.1	0.95(舍)	1.64
	Ⅰ$_{32}$	3.04		115 275	188.6	1.64	
	Ⅰ$_{33}$	3.06		117 512	192.0	1.63	
Ⅰ4	Ⅰ$_{41}$	3.99	—	116 920	111.6	0.95(舍)	1.74
	Ⅰ$_{42}$	4.02		115 420	201.1	1.74	
	Ⅰ$_{43}$	4.11		114 840	198.7	1.73	
Ⅰ5	Ⅰ$_{51}$	4.96	—	116 614	193.3	1.66	1.57
	Ⅰ$_{52}$	5.02		116 216	174.4	1.50	
	Ⅰ$_{53}$	5.05		117 012	182.6	1.56	
Ⅰ6	Ⅰ$_{61}$	5.98	—	117 741	172.9	1.47	1.42
	Ⅰ$_{62}$	6.08		117 530	161.0	1.37	
	Ⅰ$_{63}$	6.15		117 676	110.8	0.94(舍)	
Ⅱ1	Ⅱ$_{11}$	—	4ϕ6.5 0.22	116 920	130.0	1.11	1.21
	Ⅱ$_{12}$	—		115 632	153.2	1.33	
	Ⅱ$_{13}$	—		116 555	138.7	1.19	
Ⅱ2	Ⅱ$_{21}$	—	6ϕ6.5 0.33	113 542	171.8	1.51	1.43
	Ⅱ$_{22}$	—		118 800	161.5	1.38	
	Ⅱ$_{23}$	—		117 159	164.3	1.40	
Ⅱ3	Ⅱ$_{31}$	—	8ϕ6.5 0.44	115 340	137.2	1.19	1.25
	Ⅱ$_{32}$	—		118 008	166.3	1.41	
	Ⅱ$_{33}$	—		115 340	133.5	1.16	
Ⅱ4	Ⅱ$_{41}$	—	10ϕ6.5 0.55	115 836	131.7	1.14	1.18
	Ⅱ$_{42}$	—		116 028	135.5	1.17	
	Ⅱ$_{43}$	—		119 250	146.9	1.23	

2) 试验现象与破坏特征

B0 组对比试件，破坏发生在新老混凝土结合处。破坏时，加固层直接从老混凝土上整体剥落，无明显征兆，属脆性破坏，破坏主要是由于加固层与老混凝土间的界面黏结性能差所致(图 3.11(a))。

对于凿糙试件，加固层无一出现整体剥落现象，破坏主要是由于 TRC 加固层织物网与基体间出现了不同程度的局部分层、剥离所致（图 3.11(b)、(c)）。分层大都出现在第二层织物网处，分层裂缝从加固梁跨中位置开始，随荷载增大逐渐向加固梁两端延伸，一般两边各延伸至构件 1/4～1/3 处构件即破坏，且粗糙度不同，分层剥离的程度也不同，当粗糙度 H 约为 4.0mm 时，分层现象尤为突出，个别试件甚至出现部分老混凝土被拉裂的现象。本次试验同一构件需处理两个面，两个面粗糙度在凿糙过程中虽已进行了多次灌砂测量来保证一致，但由于人工凿糙的无序性与随机性，仍难以使得两面粗糙度完全相同，故部分构件在试验中出现了单侧加固层破坏的现象。

植筋试件，当加载至 100kN 左右时，加固层与老混凝土界面上首先出现裂缝，继续加载，加固层与老混凝土之间开始产生相对位移，此时最底排抗剪钢筋处的加固层混凝土开裂，继而其他植筋位置处混凝土也逐渐开裂，最终，试件因加固层的裂缝沿植筋位置纵向贯穿而破坏。对于植筋率较低(ρ=0.22%)的试件，由于纵向植筋间距较大，纵向裂缝不易贯穿，裂缝开展缓慢，并在植筋位置产生横向裂缝，构件破坏时，最大裂缝宽

(a) TRC 加固层整体剥落破坏

(b) TRC 加固层中织物与基体分层

(c) 织物与基体分层细部

(d) 破坏时加固层滑动未脱落

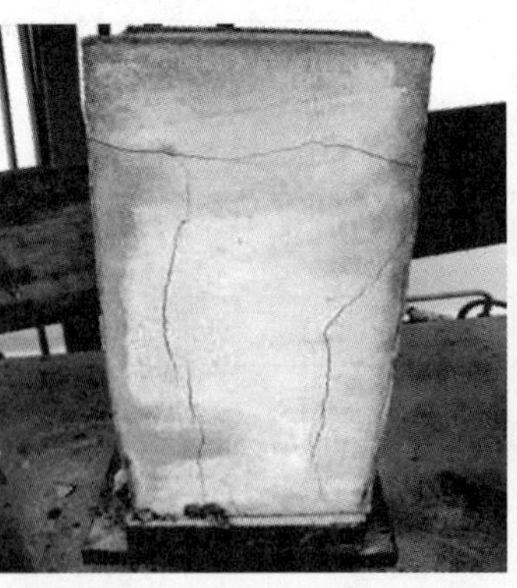

(e) TRC 加固层开裂破坏(ρ=0.22%)

(f) TRC 加固层劈裂破坏(ρ=0.55%)

图 3.11　剪切试件破坏图

度为 0.5～0.8mm(图 3.11(e))。对于植筋率较高(ρ=0.55%)的构件，破坏时沿纵向植筋点形成两条主要的纵向劈裂裂缝，最大裂缝宽度可达 2～3mm(图 3.11(f))，破坏试件两侧加固层与老混凝土黏结面滑动脱开，但仍未完全脱落，在锚筋作用下还是一个整体，构件的延性较好(图 3.11(d))。

3)粗糙度及植筋率对抗剪强度的影响

图 3.12 给出了粗糙度(H)、植筋率(ρ)对试件界面黏结平均抗剪强度的影响。由图可知，两种结合面处理方法对界面黏结抗剪强度都有显著影响。凿糙试件表面平均粗糙度由 0.24mm 提高到 1.06mm 时，其平均抗剪强度提高了 63.9%，随粗糙度进一步增大，抗剪强度也持续提高，但提高幅度明显减小(平均粗糙度为 3.05mm 时，其抗剪强度较 2.0mm 时仅提高了 1.9%)，当平均粗糙度达 4.07mm 时，界面平均抗剪强度达最大，比对比试件提高了 109.6%。其后，虽粗糙度增加，但抗剪强度却大致呈线性递减趋势。

老混凝土试件表面植入一定量的钢筋后，其界面黏结抗剪强度也得到了有效提高，并与植筋率大小相关。当植筋率由 0%提高到 0.22%时，其平均抗剪强度提高了 45.8%，植筋率为 0.33%时，界面平均抗剪强度达到了本系列试验的最值(1.43MPa)，比对比试件提高了 72.3%，随植筋率继续增大，试件的平均抗剪强度呈下降趋势，但较对比试件仍有 50%左右的提高。

由图 3.12 的对比可看出，结合面凿糙处理对界面抗剪强度的提高幅度远大于植筋处理，这主要是由于植筋处理的试件，在加固层与原构件发生错动后，钢筋对 TRC 加固层的劈裂作用明显，在钢筋未发挥其全部作用时，加固层就发生了劈裂破坏，且影响程度随植筋率的提高而增加。

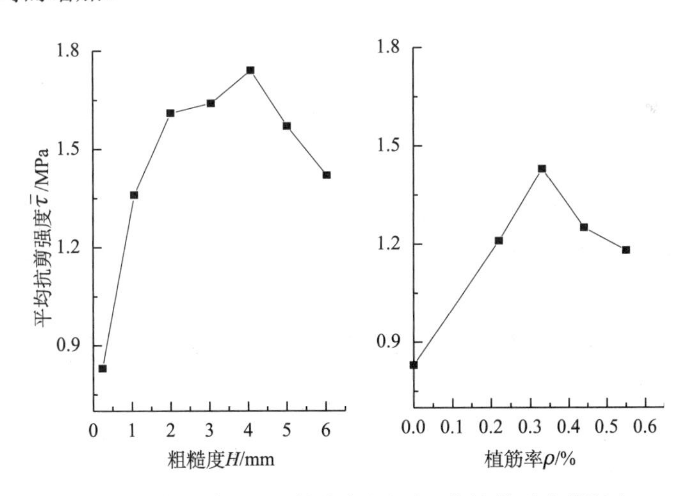

图 3.12　粗糙度(H)、植筋率(ρ)对平均抗剪强度的影响

3. 小结

本小节以粗糙度、植筋率为主要变化参数，进行了 TRC 加固混凝土构件的双面剪切试验，考察了凿糙和植筋两种界面处理方式对加固层与老混凝土二者间的界面黏结性能的影响。主要得出以下几个结论：

(1) 织物增强混凝土(TRC)加固构件的界面黏结性能可通过结合面凿糙处理来改善。试验中，凿糙试件比未处理试件的界面平均抗剪强度最多可提高 109.6%，混凝土表面最佳的粗糙度(灌砂平均深度)范围为 2.0～4.0mm。

(2) 老混凝土表面植入抗剪钢筋后，加固层与原构件间的抗剪强度及延性都有所提高，但提高幅度受限于 TRC 加固层的抗劈裂能力。当植筋率为 0.33%时，界面平均抗剪强度提高最大。但限于试件数量及对植筋的其他参数未做探讨，因此对界面植筋提高黏结性能的研究还有待进一步开展。

(3) 应用织物增强混凝土(TRC)进行加固，其加固层中织物网与基体间的黏结性能也是一个值得关注的问题。

3.2.2　织物增强磷酸镁水泥混凝土薄板与老混凝土黏结性能试验研究

1. 试验概况

1) 试验方法及试件设计

本次试验仍采用双面剪切试验方法，见图 3.6。试验用老混凝土部分采用混凝土短柱，尺寸为 150mm×150mm×400mm，混凝土设计等级为 C25、C30、C35，其配合比见表 3.4。

表 3.4　老混凝土配合比

老混凝土强度等级	配合比(水泥∶砂∶石子∶水)	每立方米混凝土材料用量/kg				水灰比	砂率/%
		水	水泥	砂	石子		
C25	1∶1.98∶3.51∶0.59	200	339	670	1191	0.59	36
C30	1∶1.66∶3.22∶0.52	195	375	622	1208	0.52	34
C35	1∶1.46∶2.96∶0.47	192	408	594	1206	0.47	33

老混凝土试件所用原材料如下：江苏八菱海螺水泥有限公司生产的 PO42.5 普通硅酸盐水泥，其 3d 的抗折和抗压强度分别为 4.6MPa 和 22.1MPa；28d 的抗折和抗压强度分别为 7.7MPa 和 52.3MPa；普通河砂(用 4.75mm 方孔筛过筛，级配合格，细度模数约为 2.5 的Ⅱ区中砂)；粒径为 5～25mm 的碎石(经人工筛选而得)。试验制作了 3 组共 9 个 150mm×150mm×150mm 的标准混凝土试块，测得其 28d 抗压强度见表 3.5。

表 3.5　混凝土试块抗压试验结果

老混凝土强度等级	抗压试验结果			
	1	2	3	平均
C25	30.5	34.2	31.6	32.1
C30	38.2	35.3	32.7	35.4
C35	42.5	43.1	45.2	43.6

本实验共制作了 51 个剪切试件，分别考虑了人工凿糙、植筋、开槽等界面处理方式和老混凝土强度等级对结合面黏结性能的影响。试件编号及分组情况见表 3.6。

表3.6　试件分组及编号

试件编号	试件个数	混凝土强度等级	粗糙度 H/mm	植筋率/%	开槽数 n 及开槽密度 ρ'/mm
A0	3	C30	0.23	—	—
B1	2	C30	2.08	—	—
B2	2	C30	3.06	—	—
BW2	2	C30	3.03	—	—
B3	2	C30	3.98	—	—
BW3	2	C30	3.95	—	—
B4	2	C30	5.01	—	—
C1	3	C30	—	4ϕ6，ρ=0.19%	—
C2	3	C30	—	6ϕ6，ρ=0.28%	—
C3	3	C30	—	8ϕ6，ρ=0.38%	—
C4	3	C30	—	10ϕ6，ρ=0.47%	—
D1	3	C30	—	—	n=2，ρ'=1.50
D2	3	C30	—	—	n=3，ρ'=2.25
D3	3	C30	—	—	n=4，ρ'=3.00
D4	3	C30	—	—	n=5，ρ'=3.75
E1	2	C25	—	6ϕ6，ρ=0.28%	—
E2	2	C25	3.10	—	—
E3	2	C25	—	—	n=3，ρ'=2.25
F1	2	C35	—	6ϕ6，ρ=0.28%	—
F2	2	C35	3.11	—	—
F3	2	C35	—	—	n=3，ρ'=2.25

注：表中A.对比组；B.C25凿糙；BW.C25凿糙水中养护；C.C25植钉；D.C25开槽；E1.C30植筋，E2.C30凿糙，E3.C30开槽；F1.C35植筋，F2.C35凿糙，F3.C35开槽。

2) 试件制作

老混凝土短柱及标准立方体试块预先浇筑，浇筑24h后拆模，在(20±2)℃的室温中浇水养护15d，然后自然养护至28d。待老混凝土试件龄期达到2个月后，在试件两侧分别进行表面凿糙、植筋和开槽处理。制作好的老混凝土试件见图3.13。

图3.13　老混凝土短柱

表面处理的具体方法如下：

(1)凿糙试件，人工操作锤子和凿子对老混凝土黏结面进行敲打，使其形成随机的凹凸不平状。凿糙试件的表面粗糙度程度用灌砂平均深度来评定，平均深度根据式(3.4)计算。

在凿糙过程中多次灌砂测量，尽量保证试件两侧粗糙度相对一致。凿糙试件测粗糙度示意图见图 3.14，凿糙试件效果图见图 3.15。

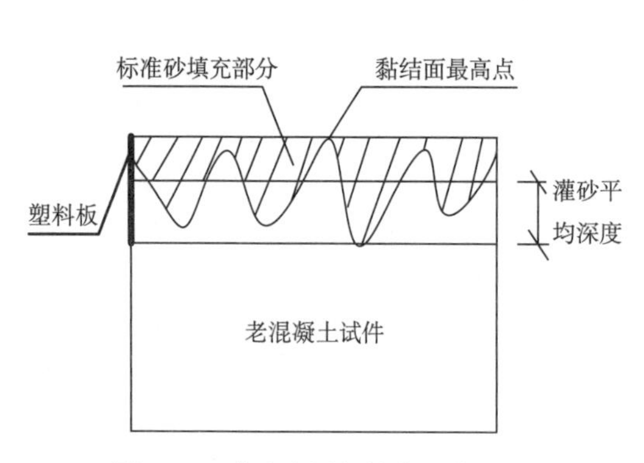

图 3.14　灌砂法测粗糙度示意图

图 3.15　凿糙试件效果图

(2)植筋试件，植筋试件用植筋率来评定，在老混凝土试件两侧面分别植 4 根、6 根、8 根、10 根 ϕ 6 钢筋，每侧都采用双排植筋，植筋位置沿宽度方向距试件边缘的距离约为 40mm，植筋间距沿试件长度方向分别为 300mm、150mm、100mm、75mm，植筋深度为 50mm，植筋的外露长度约为 25mm，与加固层厚度相当且不露于加固层外。植筋的具体施工步骤同 3.2.1 小节。植筋过程如图 3.16 所示。植筋成型试件见图 3.17。

图 3.16　植筋过程

图 3.17　植筋成型试件

(3)开槽试件，人工使用切割机在老混凝土试件两侧表面分别切割 2 条、4 条、6 条、8 条槽，槽间距沿试件长度方向分别为 300mm、150mm、100mm、75mm 每条槽宽 30mm，深 10mm。开槽试件示意图见图 3.18，开槽试件效果图见图 3.19。

试验中开槽试件用开槽密度来评定，开槽密度采用式(3.6)计算：

$$\rho' = ndbh / (ab) \tag{3.6}$$

式中，n 为开槽个数；d 为每个槽的平均宽度；a 为黏结面长度，沿槽间隔方向；b 为黏结面宽度，沿开槽方向；h 为开槽平均深度。

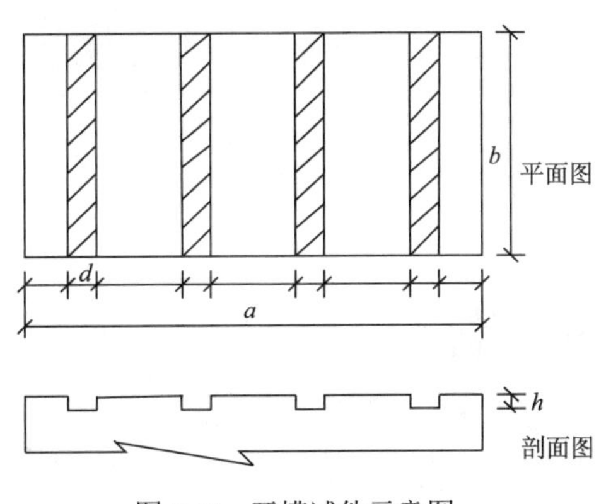

图 3.18　开槽试件示意图

图 3.19　开槽试件效果图

待老混凝土试件表面处理完成后，在试件两侧粘贴 TRC-M 薄板加固层进行双面加固。TRC-M 薄板由纵向为高强 E 玻纤、横向为碳纤维的织物和磷酸镁水泥基细骨料混凝土组成，网孔尺寸 10mm×10mm。为改善织物与基体间黏结性能，同时避免加固层中玻璃纤维织物因受力不均而出现单根纤维丝断裂现象，在织物铺设前对其进行浸胶(液态水玻璃)处理，浸胶后单束玻璃纤维拉伸强度为 847N；磷酸镁水泥基细骨料混凝土的配合比见表 3.7，对其预留的 6 个立方体抗压试块(70.7mm×70.7mm×70.7mm)测得其 28d 抗压强度平均值为 67.7MPa，符合《混凝土结构加固技术规范》(CECS25:90) 中的规定[55]，即混凝土结构加固时，所用的混凝土强度等级，宜比原结构或构件的混凝土强度提高一级，且不应低于 C20。

表 3.7　磷酸镁水泥基复合材料配比组成

材料	黄沙(0～0.5mm)	石子(1.18～5mm)	MgO	SiO_2	A(缓凝剂)	B(硼砂)	Na	KH_2PO_4	H_2O	水胶比
含量/(kg/m^3)	900	900	666.7	74.1	22.2	15.0	51.9	370.4	180.0	0.15

新老混凝土浇注的龄期差为 68d 左右，薄板制作的主要施工工序如下：将老混凝土短柱平放于地，其中一个黏结面朝上，清除表面灰尘并用清水冲洗，支设模板；然后在

其上贴 TRC-M 层(先抹一层砂浆，再铺贴一层纤维网，再涂一层砂浆依次施工，纤维网贴两层，整个加固层厚度约为 25mm)，加固层施工结束后用夹子(木工夹)夹紧，如图 3.20 所示。待静置一天后，第二天拆除模板并将短柱翻置，使铺贴 TRC 层的一面朝下放置，并铺贴另外一面，方法同上。加固完成的试件如图 3.21 所示。

图 3.20　TRC-M 层浇筑

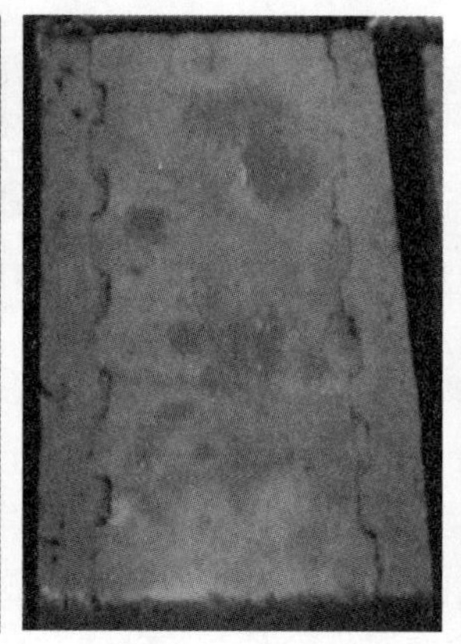

图 3.21　制作完成的试件

3) 试验装置及试验方案

双面剪切试验是在 600kN 液压式万能压力试验机上进行(济南试金集团生产，WAW-600C 型)。试验加载装置如图 3.10 所示。在试验正式加载前，将试件进行对中安置，并在试件上端垫一块与老混凝土尺寸相同的 20mm 厚钢板。为了消去试验装置加载前存在的空隙以及试验机数值调零的影响，对试件进行 2～3 次预加载，使构件进入正常状态，使位移和荷载的关系趋于稳定。预加载完毕后，采用位移控制的方案进行正向单调加载试验，加荷速度为 0.5mm/min，直至试件破坏。

2. 试验结果及分析

1) 试验结果

双面剪切试验结果见表 3.8。表中个别试件试验数据不合理予以舍去。

表 3.8　黏结试件剪切试验结果

试件编号	结合面面积 A/mm^2	极限荷载值 P_m/kN	抗剪强度 τ/MPa	平均抗剪强度 $\bar{\tau}$ /MPa	平均抗剪强度提高幅度/%
A0-1	120 000	78.0	0.65	0.65	—
A0-2	120 600	65.6	0.54		
A0-3	120 000	214.9	1.79（舍）		
B1-1	120 000	221.3	1.84	1.71	163.08
B1-2	119 400	188.9	1.58		
B2-1	120 000	318.8	2.66	2.63	304.62
B2-2	120 000	312.4	2.60		
BW2-1	120 000	314.4	2.62	2.53	289.23
BW2-2	120 000	291.6	2.43		
B3-1	120 000	312.5	2.60	2.57	295.38
B3-2	120 000	303.9	2.53		
BW3-1	120 000	317.9	2.65	2.48	281.54
BW3-2	119 920	277.4	2.31		
B4-1	118 800	235.0	1.98	1.98	204.62
B4-2	120 000	238.6	1.99		
C1-1	120 000	155.7	1.30	1.30	100.00
C1-2	119 600	169.6	1.41		
C1-3	119 800	111.2	0.93（舍）		
C2-1	120 000	159.7	1.33	1.60	146.15
C2-2	119 800	184.2	1.54		
C2-3	119 920	232.4	1.94		
C3-1	119 840	217.6	1.82	1.92	195.38
C3-2	120 600	228.8	1.90		
C3-3	120 000	246.0	2.05		
C4-1	120 000	220.8	1.84	1.84	183.08
C4-2	120 400	230.6	1.92		
C4-3	120 000	158.4	1.32（舍）		
D1-1	120 000	174.2	1.45	1.45	123.08
D1-2	120 060	199.1	1.66		
D1-3	121 600	69.9	0.57（舍）		
D2-1	120 690	262.2	2.17	1.94	198.46
D2-2	119 400	193.6	1.62		
D2-3	120 000	242.9	2.02		
D3-1	120 000	267.6	2.23	2.23	243.08
D3-2	120 000	120.8	1.01（舍）		
D3-3	120 000	338.6	2.82		
D4-1	120 000	226.4	1.89	1.89	190.77
D4-2	120 000	203.0	1.69		
D4-3	120 000	433.6	3.61（舍）		

续表

试件编号	结合面面积 A/mm^2	极限荷载值 P_m/kN	抗剪强度 τ/MPa	平均抗剪强度 $\bar{\tau}$ /MPa	平均抗剪强度提高幅度/%
E1-1	120 600	154.4	1.28	1.37	110.77
E1-2	120 000	175.2	1.46		
E2-1	120 000	251.4	2.10	2.05	215.38
E2-2	119 200	239.8	2.01		
E3-1	120 500	227.5	1.89	1.71	163.08
E3-2	120 100	183.7	1.53		
F1-1	120 000	164.2	1.37	1.26	93.85
F1-2	120 000	137.2	1.14		
F2-1	119 200	216.6	1.82	1.85	184.62
F2-2	120 500	226.4	1.88		
F3-1	120 000	187.8	1.57	1.62	149.23
F3-2	120 080	200.6	1.67		

注：表中 A.对比组；B.C25 凿糙；BW.C25 凿糙水中养护；C.C25 植钉；D.C25 开槽；E1.C30 植筋，E2.C30 凿糙，E3.C30 开槽；F1.C35 植筋，F2.C35 凿糙，F3.C35 开槽。

2）实验现象与破坏形态

各试验试件的破坏形态见图 3.22。

(a) 加固层整体剥落破坏

(b) 织物与基体分层

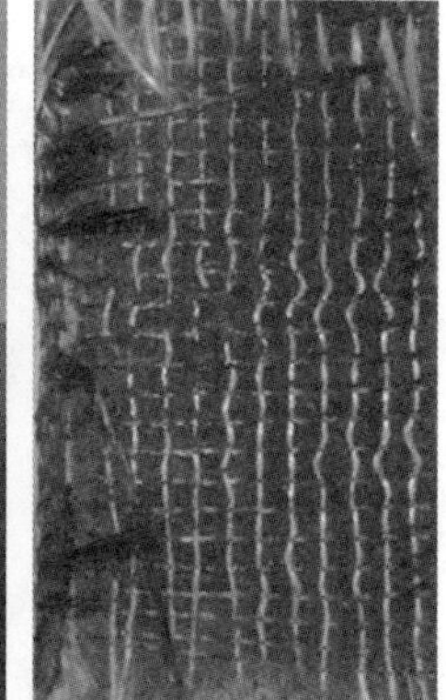

(c) 剥离后的织物

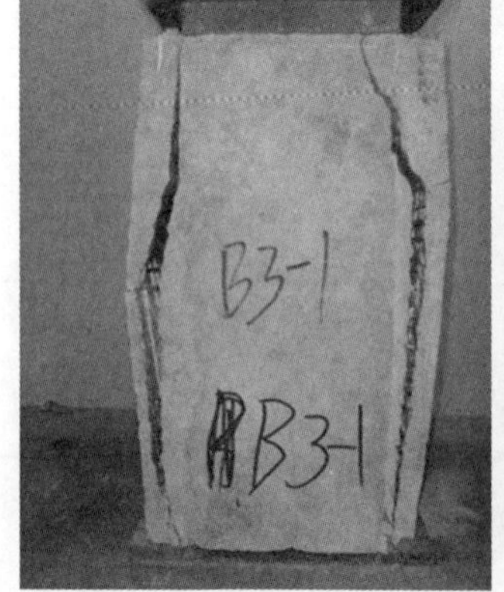

(d) 织物与基体剥离

(e) 劈裂破坏（ρ=0.18%）

(f) 劈裂破坏（ρ=0.47%）

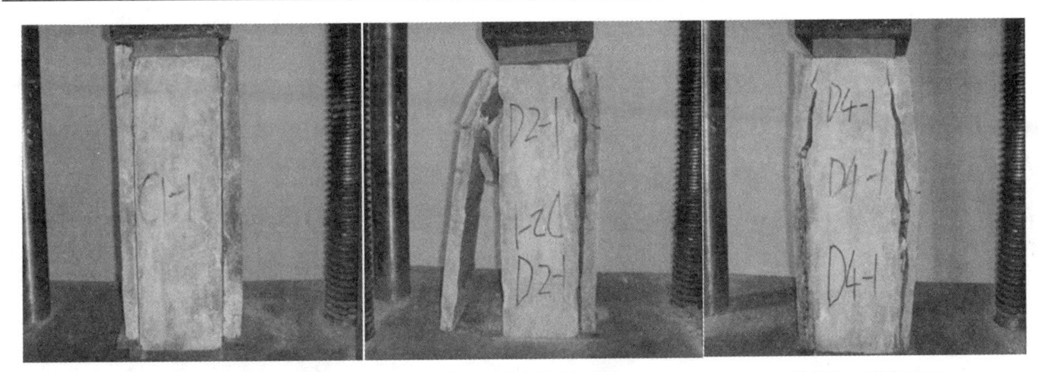

(g) 加固层滑移　　(h) 加固层被剪断　　(i) 织物与基体分层

图 3.22　剪切试件破坏图

A 组对比试件：破坏发生在加固层与老混凝土界面黏结处，破坏前无明显征兆，破坏时，加固层与老混凝土整体剥落，属脆性破坏，破坏的主要原因是加固层与老混凝土之间的界面黏结性能差。如图 3.22 (a) 所示。

B 组凿糙试件：破坏主要发生在加固层织物与磷酸镁水泥基体间，加固层织物与基体间出现分层、剥离现象，表现为随着荷载的增加，从加固层的受力端开始逐渐向上延伸，一般延伸至构件 1/4 左右时构件破坏，且分层剥离程度与粗糙度有关，其中 B2、B3 组及 BW2、BW3 组分层，剥离现象尤为突出。如图 3.22 (b)、(c) 所示。试验中个别试件出现老混凝土受力端被拉裂，部分试件破坏时加固层中部会突然出现横向裂缝，但加固层无一出现整体剥落破坏，如图 3.22 (d) 所示。由于人工凿糙的无序性、随机性，部分试件出现单侧加固层破坏。

C 组植筋试件：当荷载加至 120kN 左右时，加固层与老混凝土结合面处首先出现裂缝，继续加载，两侧加固层与老混凝土之间产生相对位移，此时受力端加固层在植筋处开裂，继而其他植筋位置处加固层也逐渐开裂，结合面处裂缝宽度不断增加，最终，加固层的裂缝沿植筋位置纵向贯穿，试件宣告破坏。不同植筋率的试件裂缝发展程度不同，对于植筋率较低 (ρ=0.18%) 的 C1 组试件，由于纵向植筋间距较大，纵向裂缝开展缓慢，破坏时除纵向裂缝外还在横向植筋位置间产生横向裂缝，如图 3.22 (e) 所示。对于植筋率较高 (ρ=0.47%) 的 C4 组试件，破坏时表现为沿纵向植筋位置形成两条主要的纵向劈裂裂缝，如图 3.22 (f) 所示。破坏试件两侧的加固层与老混凝土结合面产生相对滑动脱开，但仍未完全脱落，在钢筋作用下还是一个整体，构件延性较好，如图 3.22 (g) 所示。

D 组开槽试件：破坏主要发生在老混凝土开槽位置处，荷载增加至极限荷载时，开槽处加固层基体受到剪应力作用直接被剪断，有的甚至把加固层基体从凹槽中带出，个别试件出现加固层中织物与基体剥离，整个破坏过程呈脆性，如图 3.22 (h)、(i) 所示。

3) 粗糙度对抗剪强度的影响

粗糙度对界面抗剪强度的影响如图 3.23 所示。由图可知，老混凝土表面粗糙度对结合面黏结抗剪强度有显著影响。试件表面粗糙度由 0.23mm 提高到 2.08mm 时，其界面平均抗剪强度提高了 163.1%，随粗糙度继续增加，当平均粗糙度为 3.06mm 时，其界面抗剪强度达最大为 2.63MPa，比对比组试件提高了 304.6%；当平均粗糙度为 3.98mm 时，其界面抗剪强度为2.57MPa，比对比组试件提高295.4%；但比粗糙度为3.06mm时略低。其后，随粗糙度增加，抗剪强度呈下降趋势。故粗糙度不宜过大且最佳粗糙度应控制在3～4mm。

由于磷酸镁水泥基体耐水性较差，为考察水中养护这一因素的影响，本次试验制作了两组凿糙试件(其粗糙度分别为3mm和4mm)，待加固完成后在正常条件下养护一天，然后放置在20℃水中养护至28d，再进行双面剪切试验，其与在正常条件下养护同粗糙度试件的界面平均抗剪强度对比图见图3.24。由图可知，加固试件放置在水中养护降低了其界面抗剪强度，与正常条件下养护试件相比，粗糙度为3mm和4mm时，其界面抗剪强度分别降低了 4.1%和 3.5%。其原因为水中养护降低了磷酸镁水泥基体强度，进而影响了加固效果。

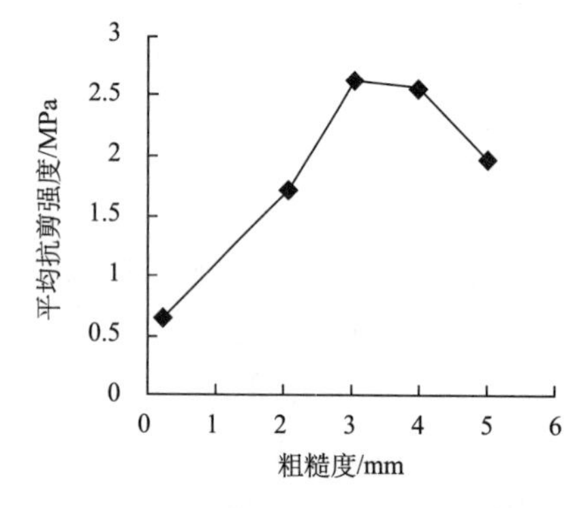

图3.23 粗糙度对平均抗剪强度的影响

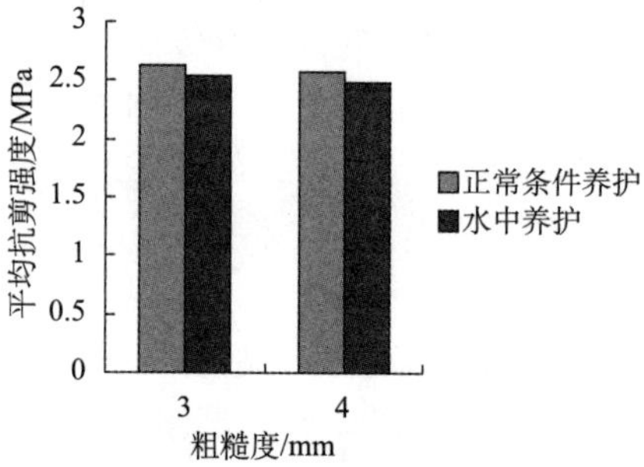

图3.24 不同养护方式对平均抗剪强度的影响

4)植筋率对抗剪强度的影响

植筋率对界面平均抗剪强度的影响见图3.25。由图可见，在老混凝土表面植入一定数量的钢筋后，其界面抗剪强度得到了有效提高，提高幅度与植筋率大小有关。当植筋率为0.19%和0.28%时，其界面平均抗剪强度较对比组试件分别提高了100.0%和146.2%，植筋率为 0.38%时，其界面平均抗剪强度达到本组试验的最大值 1.92MPa，比对比组试件提高了195.4%，其后，随植筋率增大，其界面平均抗剪强度呈下降趋势。

5)开槽密度对抗剪强度的影响

由图3.26可知，开槽密度对黏结试件的界面抗剪强度影响显著，界面抗剪强度随开

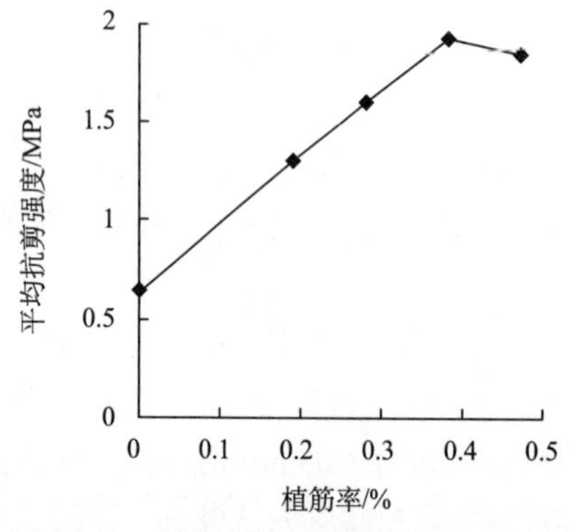

图3.25 植筋率对平均抗剪强度的影响

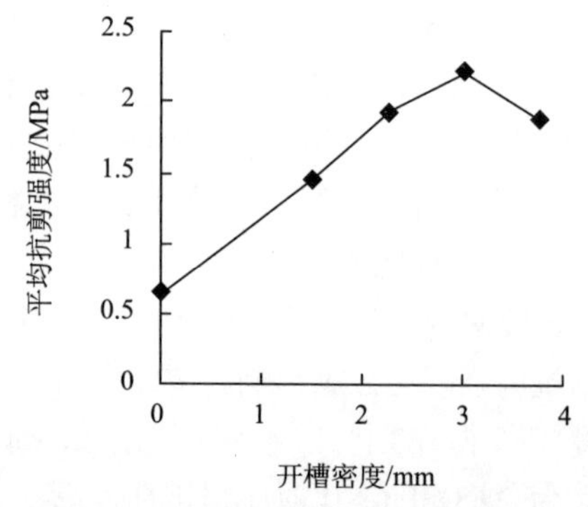

图3.26 开槽密度对平均抗剪强度的影响

槽密度的增大而增加，但增长趋势变缓，且开槽密度不宜过大。开槽密度为 1.5mm、2.25mm、3mm 时比对比试件界面抗剪强度分别提高了 123.1%、198.5%、234.1%。其后，虽开槽密度增加，但抗剪强度却呈下降趋势。

6) 不同界面处理方式对比

不同处理方式对黏结试件的界面平均抗剪强度的影响见图 3.27。由图可得，采用的三种不同界面处理方式都对结合面抗剪强度有着明显提高。对比图可看出，粗糙度对界面抗剪强度提高幅度最大，其次为开槽试件，植筋试件对界面抗剪强度提高幅度最小。主要是由于植筋试件其极限抗剪强度主要取决于加固层的抗劈裂能力，试件破坏时抗剪钢筋未充分发挥作用，但构件的延性较好。

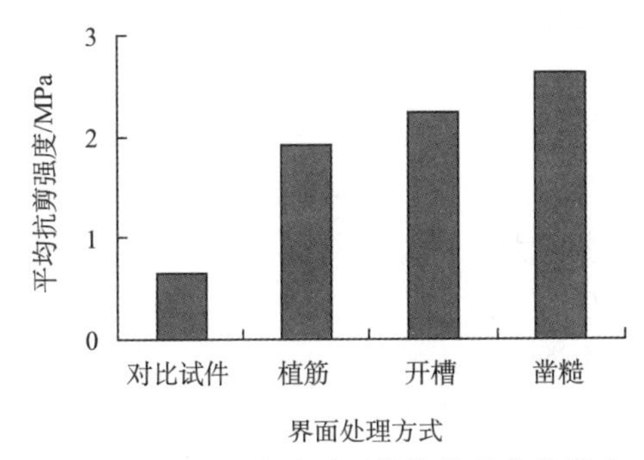

图 3.27　界面处理方式对平均抗剪强度的影响

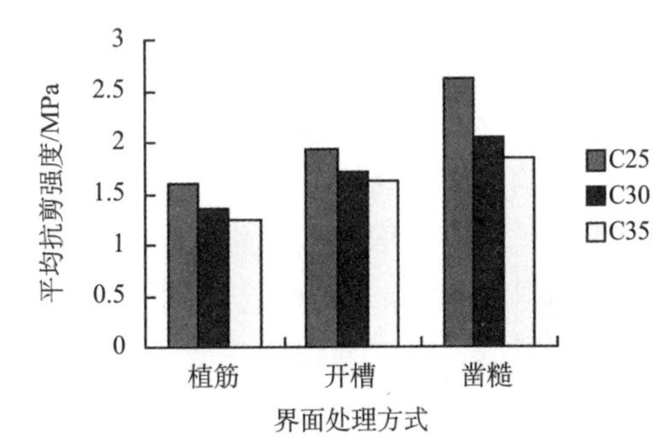

图 3.28　老混凝土强度等级对平均抗剪强度的影响

7) 老混凝土强度等级对抗剪强度的影响

老混凝土强度等级对界面平均抗剪强度的影响见图 3.28，由图可知，随着老混凝土强度等级增加，不同黏结界面处理方式的试件平均抗剪强度均呈降低趋势，具体机理还待进一步研究。

8) 不同基体对界面抗剪强度影响的比较

前文对普通硅酸盐水泥基体的 TRC 薄板（基体强度为 50.5MPa）与老混凝土黏结界面抗剪强度进行了试验研究，参考前文的研究结果，比较在老混凝土表面进行凿糙和植筋处理这两种情况下磷酸镁水泥基体与普通硅酸盐水泥基体对界面抗剪强度的影响，见图 3.29。由图可知，采用磷酸镁水泥基体的界面抗剪强度明显优于普通硅酸盐水泥基体的。

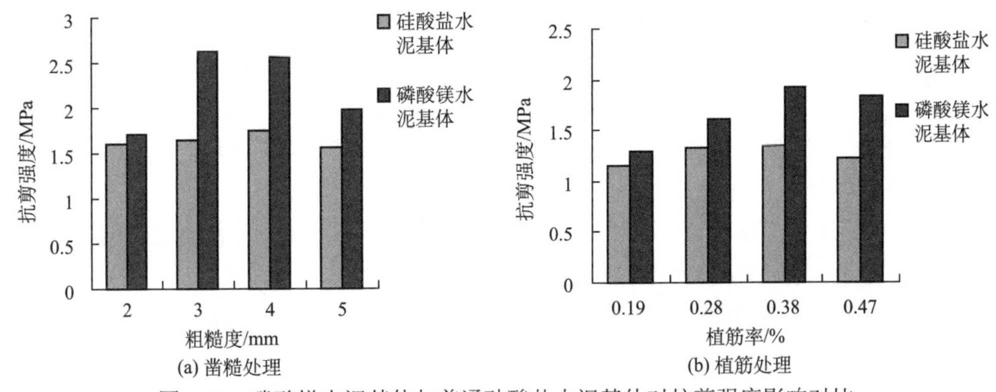

图 3.29　磷酸镁水泥基体与普通硅酸盐水泥基体对抗剪强度影响对比

9) TRC-M 加固混凝土构件破坏机理

从宏观上讲，新老混凝土之间的黏结力一般由三部分组成：砂浆与老混凝土之间通过界面剂形成的化学黏结力；加固层与老混凝土之间的摩阻力；结合面凹凸不平产生的机械咬合力。

A 组对比试件，由于表面相对光滑，其加固层与老混凝土间的黏结力以化学黏结力为主，当界面上的剪应力超出其所能承受的极限值后，结合面发生相对滑移，TRC 加固层发生整体剥落。

凿糙试件，对试件表面进行凿糙处理，可显著提高其结合面的摩阻力和机械咬合力，界面黏结力主要以摩阻力和机械咬合力为主，结合面处黏结增强，而此时加固层中织物网与基体间的界面黏结相对加固层与老混凝土结合面较弱，故破坏大都由织物网与基体间的分层所致。

植筋试件，加载初期，结合面黏结力以化学黏结力为主，当荷载增至某一阶段时，结合面开始出现相对滑移，化学黏结力逐渐退出工作，结合面剪应力转为主要由钢筋来承受，并在植筋处形成应力集中。随着荷载进一步加大，植筋处的加固层基体不断被劈裂，形成劈裂裂缝，但荷载变化不大，结合面相对滑移量明显增加。最终，加固层植筋处的劈裂裂缝贯穿，导致构件破坏，此时，钢筋的强度还未能充分发挥。

开槽试件，与凿糙处理类似，主要是提高新加固层与老混凝土结合面的机械咬合力和摩阻力，但效果不如凿糙试件明显，构件破坏时主要表现为开槽位置处加固层被剪断，个别试件由于织物网与基体间的黏结力弱于加固层与老混凝土间的黏结力，也出现了织物与基体分层现象。

3. 小结

本小节进行了磷酸镁水泥基 TRC 薄板与老混凝土双面剪切黏结性能试验，考察了凿糙、开槽、植筋等界面处理方式以及老混凝土强度、养护条件等对界面黏结强度的影响，得出以下结论：

(1) 对老混凝土进行凿糙、植筋、开槽处理，均可不同程度地提高 TRC-M 加固试件的界面黏结性能，凿糙的效果优于开槽，开槽的效果优于植筋。

(2) 凿糙试件的界面抗剪强度随粗糙度的增加呈先增后减趋势，最佳粗糙度为 3.0～4.0mm，比对比组试件可提高 300%左右。

(3) 植筋试件的界面抗剪强度随植筋率的增加呈先增后减趋势，植筋率为 0.38%时，试件界面抗剪强度达最大值 1.92MPa，比对比组试件提高了 195.4%。

(4) 开槽试件的界面抗剪强度随开槽密度的增加呈先增后减趋势，开槽密度为 3mm 时，试件界面抗剪强度达最大值，比对比组试件提高了 234.1%。

(5) 老混凝土强度等级对试件的界面抗剪强度有一定影响，随老混凝土强度等级增加，凿糙、植筋、开槽试件的界面抗剪强度均呈降低趋势。

(6) 在凿糙和植筋这两种老混凝土表面处理方式下，加固层采用磷酸镁水泥作为基体时，试件的界面抗剪强度明显高于采用普通硅酸盐水泥作为基体时的界面抗剪强度。

(7) 水中养护会降低磷酸镁水泥基 TRC 薄板与老混凝土界面抗剪强度。

3.2.3 施工工艺对黏结性能的影响试验研究

1. 试验概况

采用双面剪切试验，试验方法见图 3.6。加固层中所用纤维性能详见表 2.7，网格尺寸为 10mm×10mm。

试验用老混凝土部分采用钢筋混凝土短柱，尺寸为 150mm×150mm×400mm，配筋率ρ= 0.89%，保护层厚度为 15mm，配筋如图 3.7 所示。混凝土短柱预先浇注，浇注 24h 后浇水养护 15d，然后在实验室室温条件下自然养护至 28d 后进行凿糙处理。混凝土短柱所用混凝土设计等级为 C25，质量配合比详见表 3.9。

表 3.9　试验用混凝土质量配合比

设计等级	水泥	中砂	石子	水	JM-PCA（Ⅰ）
C25	1	1.77	3.44	0.46	0.006

所用原材料详情如下：

水泥：P.C 32.5 普通硅酸盐水泥，为江苏八菱海螺水泥有限公司生产，经检验，其 3d 的抗折和抗压强度分别为 3.0MPa 和 20.2MPa；28d 的抗折和抗压强度为 6.0MPa 和 36.1Mpa。

砂：采用普通河砂。用 4.75mm 方孔筛过筛，级配合格，细度模数约为 2.5 的Ⅱ区中砂。

石子：粒径 5～25mm 的碎石（经人工筛选而得）。

水：自来水。

外加剂：由南京苏博特新材料有限公司生产的 JM-PCA（Ⅰ）混凝土超塑化剂，减水能力为 18%～22%。

单向受力状态下的混凝土强度是进行钢筋混凝土结构构件强度分析、建立强度理论公式的重要依据，其中立方体抗压强度是最主要和最基本的指标。混凝土的强度等级是依据混凝土立方体抗压强度标准值f_{cuk}确定的。测定方法为：以边长 150mm 的立方体标准试件，在标准条件下（(20±3)℃，≥90%湿度）养护 28d，用标准试验方法（加载速度 0.15～0.3N/mm^2/s，两端不涂润滑剂）测得的具有 95%保证率的抗压强度值[56]。按照规范方法，每根混凝土梁浇注时预留 3 个尺寸为 150mm×150mm×150mm 的立方体试块，养护 28d 后，在 100T 静力试验机上进行加载直到试块破坏，最终测得立方体试块强度 30.2MPa。

混凝土表面界面粗糙度控制在 2～4mm 范围内，界面粗糙度用平均灌砂深度来评定，见式(3.4)。

试验以粘贴加固层的施工工艺为变化参数，共分为三组，即将加固层分别于构件上面水平粘贴、侧面垂直粘贴和侧面垂直加压粘贴，分组情况见表 3.10。每个加固面粘贴两层纤维网，为改善织物与基体间界面黏结性能，同时避免加固层中碳纤维织物因受力不均而出现单根纤维断裂现象，在碳纤维网铺设前对其进行了浸胶处理。

表 3.10　试验分组

试件分组	试件个数	加固层粘贴施工方法
A 组	2	水平粘贴，短柱平放，在上方粘贴后再倒置，粘另一面
B 组	2	分别于构件两侧面垂直粘贴
C 组	2	分别于构件两侧面垂直粘贴，然后用夹子夹紧两侧面

以上三组构件详细的施工方法如下：A 组(上贴)，短柱平放于地，将其中一个凿糙面朝上，并在其上贴 TRC 层(先抹一层净浆，再铺贴一层纤维网，再涂一层砂浆依次施工，纤维网贴两层，整个加固层厚度约为 20mm。下同)。施工结束后静置一天，第二天将短柱翻置，使铺贴 TRC 层的一面朝下放置，并铺贴另外一面，方法同上。B 组(侧贴)，短柱平放于地，地上铺设报纸避免加固层与地面黏结，将凿糙面置于左右两侧。在两竖直侧面上分别贴 TRC 层。C 组(侧贴加压)，放置和铺贴方法同 B 组，将凿糙面置于左右两侧，在侧面上垂直贴 TRC 层。加固层施工结束后，在两侧支设两块模板，用两个夹子(木工夹)夹紧。C 组侧贴加压示意图如图 3.30 所示。

图 3.30　C 组侧贴加压示意图

双面剪切试验是在结构实验室 600kN 液压式万能压力试验机上进行，试验加载装置如图 3.10 所示。在试验正式加载前，为了消去试件装置加载前存在的空隙以及试验机数值调零的影响，对试件进行 2～3 次预加载，使构件进入正常状态，使位移和荷载的关系趋于稳定。预加载完毕后，采用位移控制的方案进行正向单调加载试验，加荷速度为 0.5mm/min，每加载 5kN 持荷 20s，直至试件破坏。

2. 试验结果

各试验试件的最终破坏荷载和破坏形态如表 3.11 及图 3.31 所示。

表 3.11 双面剪切试验结果

试件编号		截面尺寸/mm²	破坏荷载/kN		抗剪强度 τ/MPa		破坏形态
			实测值	平均值	计算值	平均值	
A 组	A1	118 304	170.2	162.3	1.44	1.39	加固层分层破坏
	A2	114 946	154.4		1.34		加固层剥离，顶端老混凝土拉裂
B 组	B1	116 950	102.5	120.5	0.88	1.04	加固层整体剥离
	B2	115 442	138.5		1.20		加固层剥离，底端老混凝土拉裂
C 组	C1	113 678	146.5	132.5	1.29	1.15	加固层整体剥离，老混凝土部分石子被拉出
	C2	117 560	118.4		1.01		加固层整体剥离

表 3.11 中双面剪切试验抗剪强度按式(3.5)计算。

(a) A1 分层破坏

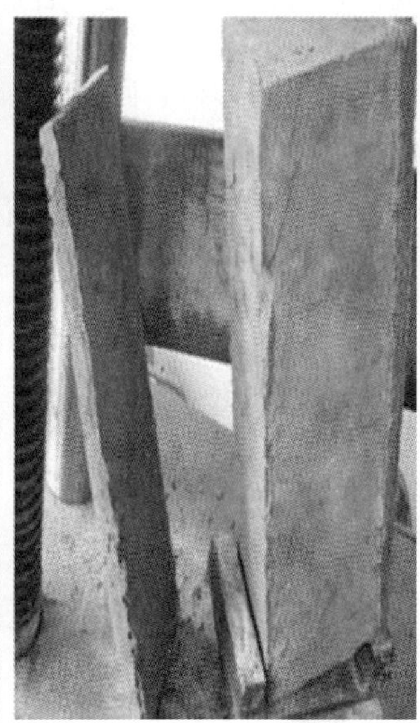

(b) B1 整体剥离

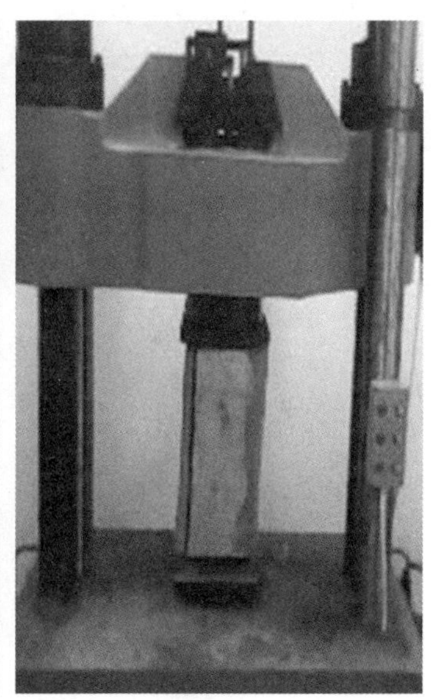

(c) C2 整体剥离

图 3.31 各组试件破坏照图

3. 试验结果分析

1) 破坏形态

上述各组试件的试验结果显示，织物增强混凝土加固层与老混凝土的黏结破坏存在 4 种破坏形式，分别为：①加固层中基体和织物间的分层破坏；②加固层与老混凝土黏结处的剥离破坏；③老混凝土层的破坏(破坏发生在靠近老混凝土表面区域内或形成深层弧坑剥离破坏)；④上述类型的混合破坏。

A 组的两个试件采用水平粘贴，在上方粘贴后翻置，将粘贴面压在底部，此种施工方法黏结效果最好。A1 的破坏形态为加固层分层破坏，A2 的破坏形态为加固层剥离，顶端老混凝土拉裂。此种施工工艺较为可靠，TRC 层与混凝土层黏结强度高，但是在实际工程中难以实现。

B 组的两个试件采用垂直粘贴，不加设任何加固措施。B1 的破坏形态为单面加固层整体剥落。加固层单面破坏主要是因为此组试件加固时，两边加固层端部存在高度差，试验过程中试件倾斜，大部分荷载由一侧加固层承受所致。B2 试件加固制作完好，其破坏形态为加固层整体剥离，底端老混凝土拉裂，试验显示其垂直粘贴方式不利于 TRC 层与混凝土的黏结，即使是进行了相应的凿糙处理，其黏结强度仍不理想。

C 组的两个试件采用垂直粘贴，再用夹板夹紧。C1 的破坏也是加固层整体剥落，但是老混凝土部分石子被拉出。C2 的破坏形态为加固层整体剥离，C 组平均抗剪承载力要高于 B 组，说明使用夹板有利于混凝土的黏结，其黏结强度较 B 组高出 10%左右，但侧面竖直粘贴即使使用夹板防护，也不能达到 A 组的黏结强度。

2) 破坏荷载及抗剪强度

A、B、C 三组各组的平均破坏荷载和抗剪强度的比较见图 3.32 和图 3.33。从图中可知，在三组的破坏荷载中 A 组最大，B 组最小。计算可知，A 组的破坏荷载比 C 组高出 22.5%，比 B 组高出了 34.7%，平均抗剪强度比 C 组高出 20.9%，比 B 组高出 33.7%，可见 A 组的黏结施工工艺较好；对于竖直粘贴的试件采用夹板夹持(C 组)后其破坏荷载比未用夹板的 B 组高出 10%，抗剪强度高出 10.6%。使用夹子夹紧两侧面加固层的处理方法较为有效。

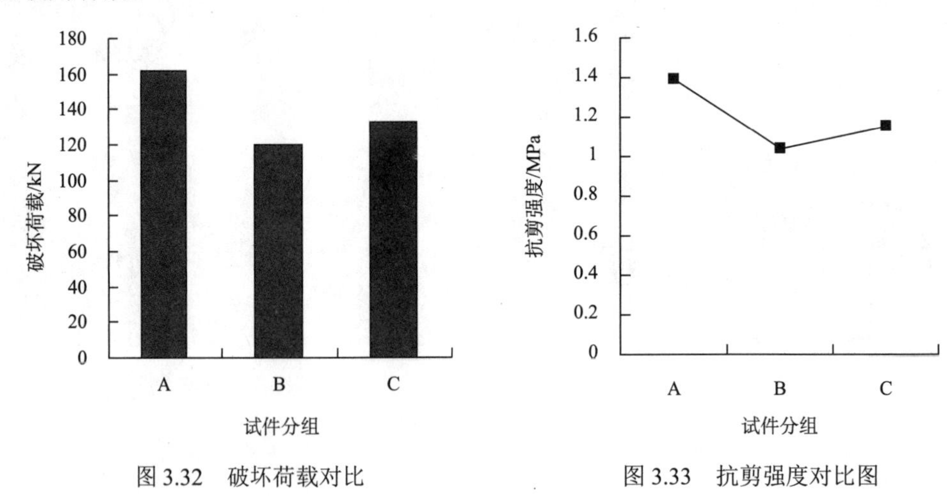

图 3.32　破坏荷载对比　　　　图 3.33　抗剪强度对比图

4. 小结

本次试验结果表明：采用 TRC 复合材料加固 RC 构件时，TRC 加固层的粘贴施工工艺对加固层与老混凝土的黏结性能影响重大。待加固构件放置下方，加固层从上方水平铺设的方法黏结效果最好，应优先采用，若实际工程中无法实现此种操作，而必须在侧面竖直操作面铺设时，采用夹子和夹板夹持两种加固面的方式，也不失为一种有效提高其黏结强度的措施，夹子可使用大尺寸木工夹或钢筋三角夹，夹板可使用木模板等。

3.3　织物增强混凝土薄板加固 RC 受弯构件正截面强度试验研究

3.3.1　织物增强混凝土薄板加固 RC 受弯构件正截面强度试验方案

1. 试验梁设计与制作

本次试验共设计制作了 12 根试验梁，均为矩形截面。试件的截面尺寸 $b\times h$=120mm ×180mm，跨度 L=2300mm，净跨 L_0=2100mm。纵向受拉钢筋均为 2ϕ12(HRB335)，纵向配筋率为 1.3%，箍筋为直径 6mm 的 HPB235 钢筋，间距为 200mm(ϕ6@200)，架立筋为 2ϕ6 钢筋(HPB235)，钢筋保护层厚度为 15mm。试验梁几何尺寸、配筋及加载方式如图 3.34 所示。钢筋的力学性能见表 3.12。所有试件的混凝土均按同一配合比分批制作，梁混凝土强度设计等级为 C25。

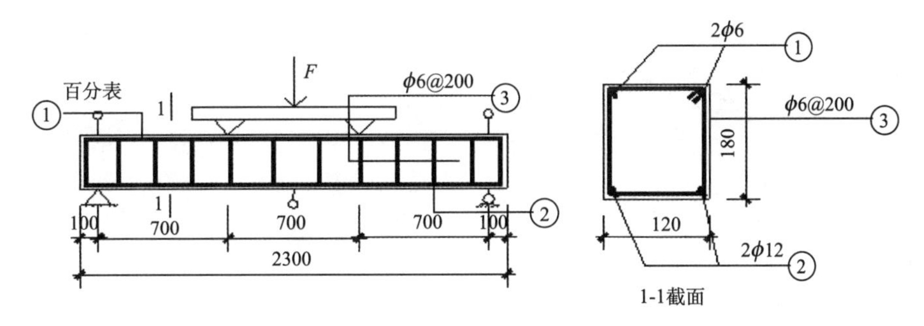

图 3.34　试件参数及配筋图(单位：mm)

表 3.12　钢筋力学性能

钢筋类型	钢筋直径/mm	屈服强度/(N/mm²)	极限强度/(N/mm²)	延伸率/%	弹性模量/(N/mm²)
主筋	12	339.5	514.6	25.3	2.0×10^5
箍筋、架立筋	6	409.6	619.9	23.5	2.1×10^5

除对比梁 B0、B1 外，试件以梁底面不同的处理方式及梁纯弯段外侧两端 400mm 范围内的锚固方式分为三组，每组以织物铺设层数为主要变化参数。前文 TRC 加固混凝土构件黏结性能试验结果表明，TRC 加固混凝土构件结合面凿糙最佳灌砂平均深度范围为 2.0～4.0mm。因而在采用 TRC 对梁进行抗弯加固时，对所有加固梁的底面进行凿糙处理，灌砂平均深度范围为 2.16～3.80mm，各试件具体数值见表 3.13。对于二、三两组试验梁，进行底面凿糙后，还在梁底纯弯段外侧两端 400mm 黏结区范围内进行植筋处理(根据梁尺寸，植单排 ϕ6 钢筋，植筋深度均为 40mm)，分别植 2 根钢筋(间距为 260mm)或 4 根钢筋(间距为 130mm)，以增加 TRC 加固层与构件的黏结锚固性能，防止加固梁因黏结

区内抗剪不足发生脱黏剥离破坏。梁试件结合面处理概况见图 3.35。加固梁试验参数及试块实测立方抗压强度值见表 3.13。

(a) 对比梁

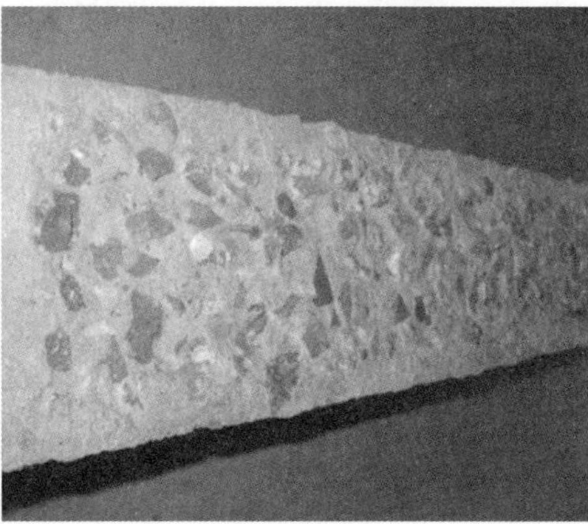

(b) 梁底面凿糙处理

(c) 梁底面凿糙＋植筋处理

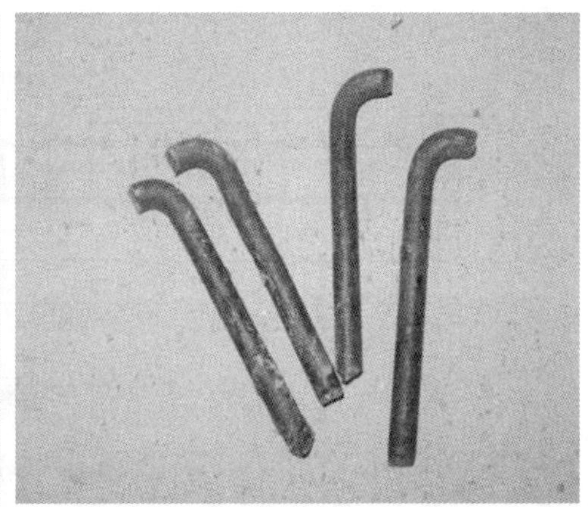

(d) 所植钢筋原样

图 3.35　梁结合面处理对比图

表 3.13　试验梁加固参数

组号	试件编号	织物铺设层数	梁底面处理方式	混凝土立方抗压强度/MPa
对比梁	B0-1	—	—	26.9
	B0-2	—	抹 10mm 厚高性能砂浆	28.8
第一组	B1-1	1	凿糙 (H≈3.61mm)	26.9
	B1-2	2	凿糙 (H≈3.61mm)	26.9
	B1-3	3	凿糙 (H≈3.80mm)	26.9
	B1-4	4	凿糙 (H≈3.19mm)	28.8

续表

组号	试件编号	织物铺设层数	梁底面处理方式	混凝土立方抗压强度/MPa
第二组	B2-2	2	凿糙(H≈2.30mm)＋植筋(4ϕ6)	28.8
	B2-3	3	凿糙(H≈2.16mm)＋植筋(4ϕ6)	28.8
	B2-4	4	凿糙(H≈2.27mm)＋植筋(4ϕ6)	26.9
第三组	B3-2	2	凿糙(H≈2.26mm)＋植筋(8ϕ6)	28.8
	B3-3	3	凿糙(H≈2.40mm)＋植筋(8ϕ6)	28.8
	B3-4	4	凿糙(H≈3.17mm)＋植筋(8ϕ6)	26.9

注：试件编号说明：B *K-L*，*K* 代表界面处理的种类，*L* 代表织物层数；此编号不包括对比梁。

2. 加固方法和原则

梁底混凝土表面处理完成后，在其受拉侧跨中1500mm区域内粘贴TRC加固层，进行单侧抗弯加固。TRC加固层采用的碳纤维织物基本力学性能和规格参见表2.7，高性能细骨料混凝土(砂浆)的配制参见表3.2，施工工艺同样采用逐层铺网法，各试件加固层厚度随织物铺设层数而稍有变化，厚度范围为10～20mm。本项试验高性能细骨料混凝土的28d立方抗压强度均值为53.3MPa。TRC加固示意图见图3.36。

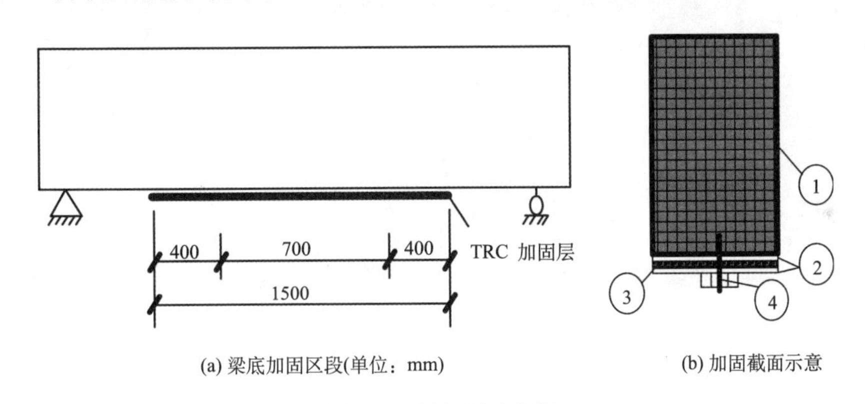

(a) 梁底加固区段(单位：mm)　　(b) 加固截面示意

图3.36　梁加固示意图

①原构件；②高性能细骨料混凝土(砂浆)；③碳纤维织物；④抗剪螺栓

3. 试验装置及加载方案

1)试验装置

试验在结构试验室500T长柱压力试验机上进行，采用两点对称加载方式，以消除剪力对正截面抗弯的影响，使两个对称集中力之间的截面，在忽略自重的情况下，只受弯矩而无剪力作用，通过分配梁来实现。试验加载装置示意图及现场装置图分别见图3.37、图3.38。

2)加载方案

试验加载方案采用正向单调分级加载，由分配梁与压力机上压板间的压力传感器来控制各级力的大小，每级加载0.3t，在梁开裂前及钢筋屈服后分级适当加密，以确定梁的开裂荷载、屈服荷载及极限荷载。每级荷载持荷 3～5min，以便进行试验记录与观察梁裂缝开展情况。各试件在正式加载前，为消去试件装置加载前存在的空隙，使试验结构构件的各部进入正常工作状态，对试件进行预加载，预加荷载值为 0.3t。

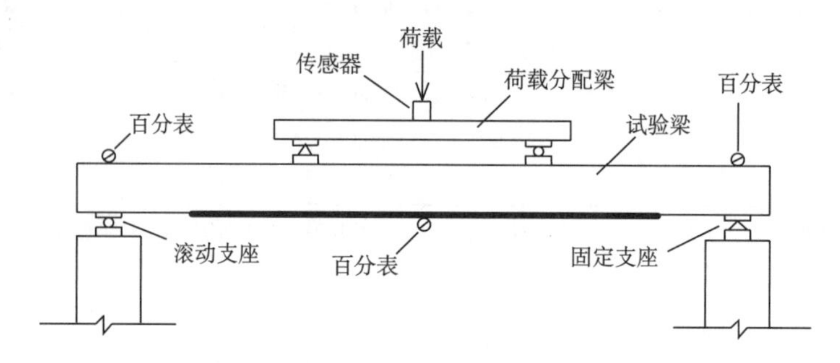

图 3.37　加载装置示意图

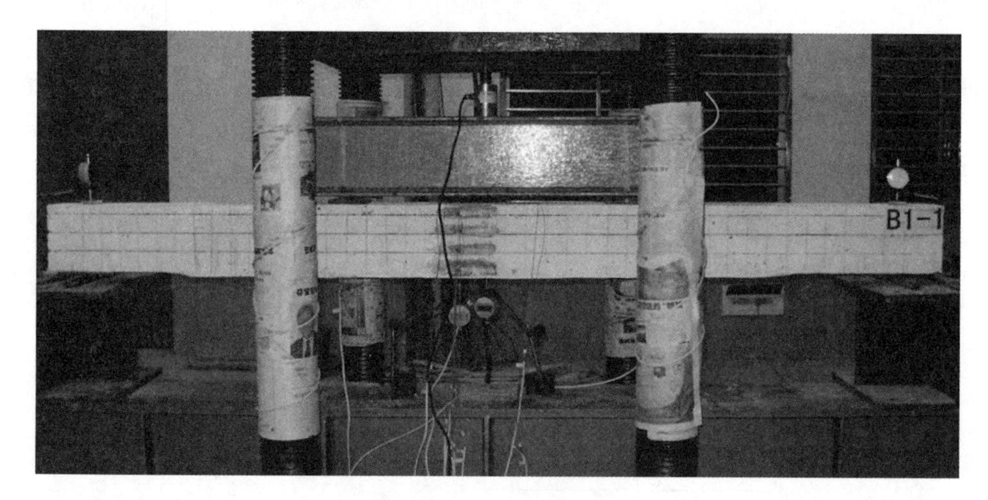

图 3.38　现场装置图

4. 试验量测及测点布置

试验过程中，进行测量的主要内容有：挠度测量、应变测量、裂缝开展情况。

1) 挠度测量

为量测试件的弯曲变形，在试件跨中位置及支座处分别设立了挠度测点。跨中位置的测点直接设在梁底，支座处的在梁顶位置用 502 胶粘贴薄玻璃片作为百分表的量测支点。百分表均由磁性表架固定在压力试验的弯曲试验台上。

2) 应变测量

试件的应变测量包括试验梁混凝土和钢筋应变。试件浇筑前在梁纵筋的中部及两加载点处粘贴钢筋应变片。所用钢筋应变片的型号为 B×120-3AA，电阻值、灵敏系数分别为 120×(1±0.1%)Ω、2.05%±0.3%，栅长×栅宽为 3mm×2mm。贴片前，在钢筋贴片点处先用打磨机磨平，然后用细砂纸沿与贴片成 45° 的方向打磨平整，再用丙酮将贴片点处清洗干净，最后用 502 胶贴好钢筋应变片，上面加一层 702 硅胶保护层，待硅胶凝固后再用 504 胶裹纱布保护。试验前在梁纯弯段顶部粘贴 2 个混凝土应变片(栅长×栅宽为 60mm×3mm)，用于测量梁受压区混凝土的压应变，梁侧面沿梁高粘贴了 4 个混凝土应变片，用于梁平截面假定的测量。加固梁纯弯段底部混凝土表面粘贴了 2 个混凝土应变片，主要用于试验中 TRC 加固层混凝土开裂荷载的确定。各应变片测点位置布置如图 3.39 所示。

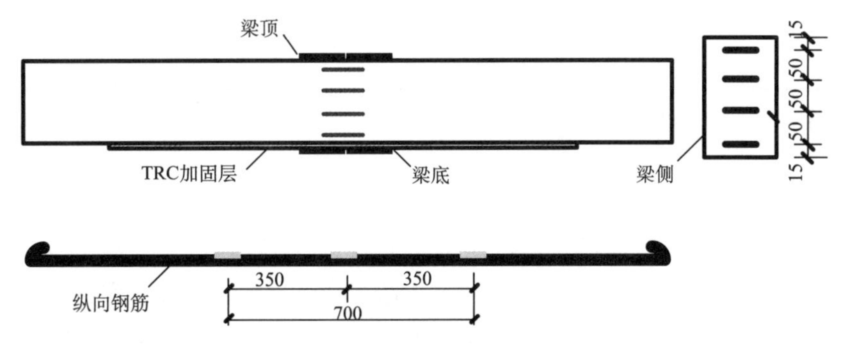

图 3.39　试件应变片布置图（单位：mm）

试验中，压力传感器、钢筋及混凝土应变片与 DT515 数据采集仪相连进行同步自动采集。

3) 裂缝观测

为了方便观察裂缝，试验前，首先将预先调和好的延展性较小的石灰水溶液涂在梁体表面，待石灰水干燥后沿梁侧面用铅笔和墨线画出 50mm×50mm 的方格网，以便于描绘和分析试件在每级荷载下的裂缝发展和走向。试验过程中，详细观察并同时记录梁体各处裂缝的出现及发展情况，用铅笔描绘，并记下荷载吨位。

3.3.2　织物增强混凝土薄板加固 RC 受弯构件正截面强度试验结果

1. 试验结果

各试验梁的开裂荷载、屈服荷载、极限荷载、位移延性系数及破坏形态等主要试验结果汇总见表 3.14。

表 3.14　梁试验结果汇总

试件编号	P_{cr} /kN	Δ_{cr} /mm	P_y /kN	Δ_y /mm	P_u /kN	P'_u /kN	Δ_u /mm	μ_Δ (Δ_u/Δ_y)	破坏形态
B0-1	6.16	1.27	25.37	9.29	30.03	27.89	57.72	6.21	适筋梁破坏
B0-2	5.98	1.08	25.13	7.89	30.92	28.08	57.61	7.30	适筋梁破坏
B1-1	6.72	0.915	26.86	7.865	31.34	27.89	28.13	3.58	梁底 TRC 断裂
B1-2	6.72	0.865	27.79	9.28	32.46	27.89	23.08	2.49	梁底 TRC 断裂
B2-2	7.32	0.805	29.66	8.91	33.51	28.08	17.57	1.97	梁底 TRC 断裂
B3-2	7.12	0.814	30.88	8.30	33.92	28.08	18.72	2.26	梁底 TRC 断裂
B1-3	7.47	0.948	30.96	9.69	34.88	27.89	21.055	2.17	TRC 局部脱黏

续表

试件编号	P_{cr} /kN	Δ_{cr} /mm	P_y /kN	Δ_y /mm	P_u /kN	P'_u /kN	Δ_u /mm	μ_Δ (Δ_u/Δ_y)	破坏形态
B2-3	7.28	0.868	29.47	9.77	33.76	28.08	21.565	2.21	TRC 局部脱黏
B3-3	7.65	0.836	31.71	9.554	37.67	28.08	22.545	2.36	TRC 局部脱黏
B1-4	7.83	0.899	32.08	8.45	40.65	28.08	21.32	2.52	TRC 断裂，砼压碎
B2-4	7.73	0.801	32.45	9.28	39.54	27.89	20.8	2.24	TRC 局部脱黏
B3-4	7.59	0.818	31.64	9.50	38.79	27.89	20.68	2.18	TRC 局部脱黏

注：P_{cr}，P_y，P_u 分别为试件的开裂荷载、屈服荷载和极限荷载的实测值，Δ_{cr}，Δ_y，Δ_u 为试件对应荷载下的挠度；P'_u 为梁未加固前的抗弯极限承载力理论值；μ_Δ 是试件位移延性系数。

各试验梁跨中挠度值、纵向钢筋应变值、纯弯段梁顶受压区混凝土应变值、梁侧面沿高度方向上的混凝土应变值实测结果及试验梁破坏、裂缝形态分布图如图 3.40～图 3.51 所示。试验中，部分加固梁由于支座沉降不均的原因导致其破坏位置偏离跨中而靠近加载点，从而使得其受压区混凝土应变实测最值偏小。此外，部分加固梁纵向钢筋在屈服后，其屈服阶段的跨中应变未能准确测定。

2. 结果分析

1) 试验过程及现象

试验中，B0-1，B0-2 对比梁呈现了典型的适筋梁破坏模式，即破坏始于受拉钢筋屈服，而后梁跨中挠度显著增大，受压区混凝土被压碎，梁宣告破坏。考虑加固后梁的截面尺寸的影响，在 B0-2 对比梁的底部抹上了 10mm 厚的高性能砂浆。试验结果表明，单纯的高性能砂浆对梁的抗弯性能几乎无影响，在梁开裂前，由于梁底面砂浆的存在，其初始刚度略有提高，但随着混凝土开裂，两根梁在加载中抗弯性能表现基本一致，二者的极限承载力相差也仅为3%。B1-1～B3-4 试件分别进行了不同织物层数的 TRC 加固，加固后梁的抗弯性能均呈现了不同程度的改善，主要体现在梁的开裂荷载、屈服荷载及极限荷载均有不同程度的提高；破坏时梁跨中挠度显著减小；在梁开裂前，加固梁的刚度比对比梁有所提高。

以 B1-3 梁为主简要说明试验过程和现象，其他的加固梁在加载中的表现基本类似，只是最终的破坏形态有所区别。B1-3 梁采用了三层碳纤维织物增强混凝土加固(所用碳纤维横截面截面面积总量 A_{cf} =13.5mm^2)，加载初期，试件处于弹性阶段，荷载-应变(钢筋、混凝土)及荷载-挠度基本呈线性关系增长。当加载至 6kN 左右时，梁跨中底部 TRC 加固层侧面首先出现微裂缝，但未延伸至梁上，继续加载至 7.47kN 时，加固层裂缝延伸至梁上，梁腹部出现第一道竖向裂缝，此时挠度及应变曲线都有微突变，钢筋应变增长加快。

随着荷载不断增加，梁纯弯段内不断有新的弯曲裂缝出现，原有裂缝沿梁截面向上延伸，宽度也不断发展，当荷载增至 30.96kN 时，受拉钢筋屈服，挠度变形显著加快；接近破坏荷载时，跨中加固层和原构件间出现横向界面裂缝，并伴有部分碳纤维被拉断的声音，最后当荷载达到极限荷载 34.88kN 时，加固层在梁纯弯段发生局部脱黏破坏，而后，加固层由于梁变形迅速在脱黏处被拉断，梁顶混凝土也随之被压碎。其破坏形态如图 3.51(e)、(f)所示。

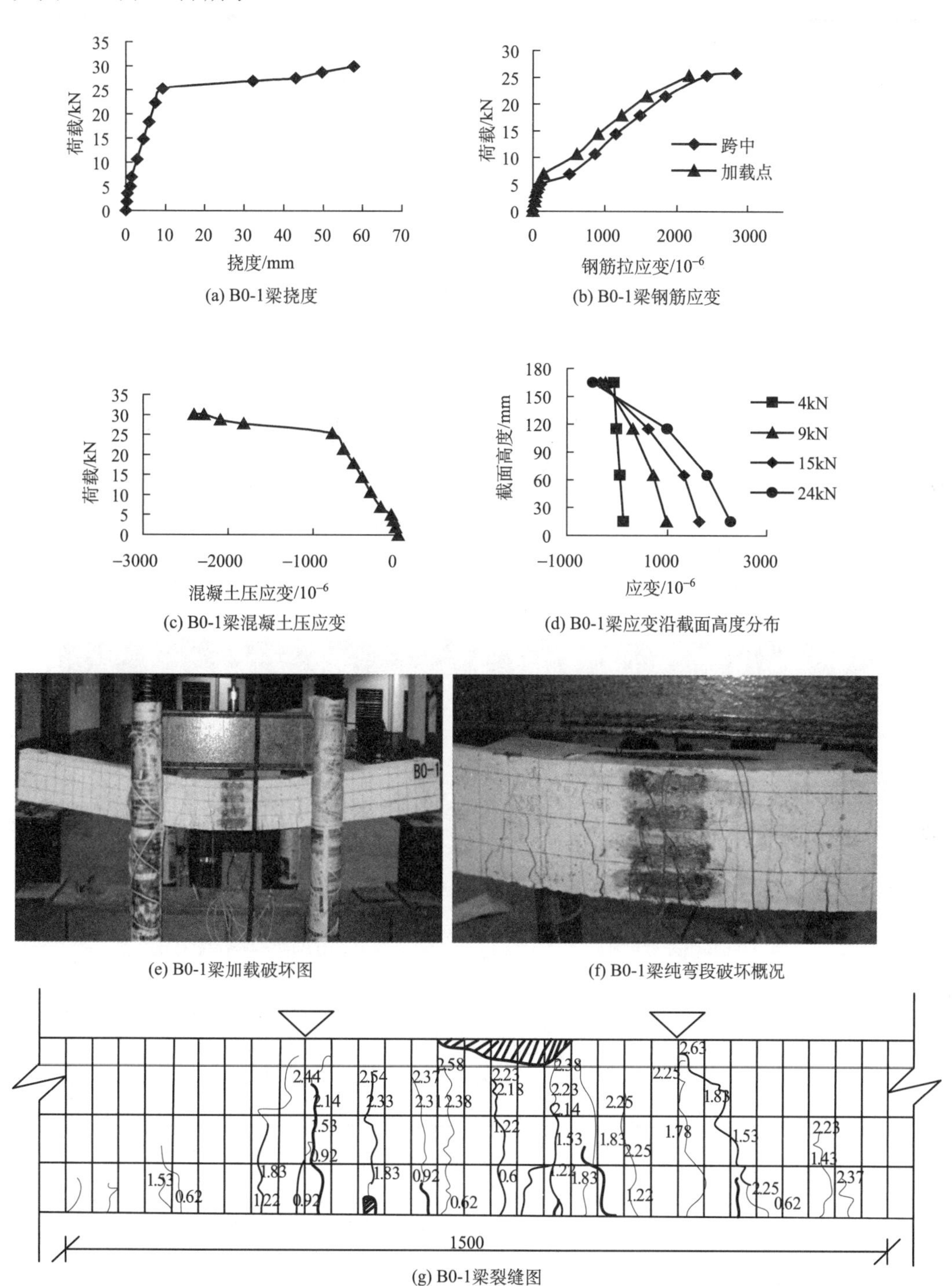

(a) B0-1梁挠度

(b) B0-1梁钢筋应变

(c) B0-1梁混凝土压应变

(d) B0-1梁应变沿截面高度分布

(e) B0-1梁加载破坏图

(f) B0-1梁纯弯段破坏概况

(g) B0-1梁裂缝图

图 3.40　B0-1 号梁试验结果及裂缝分布图

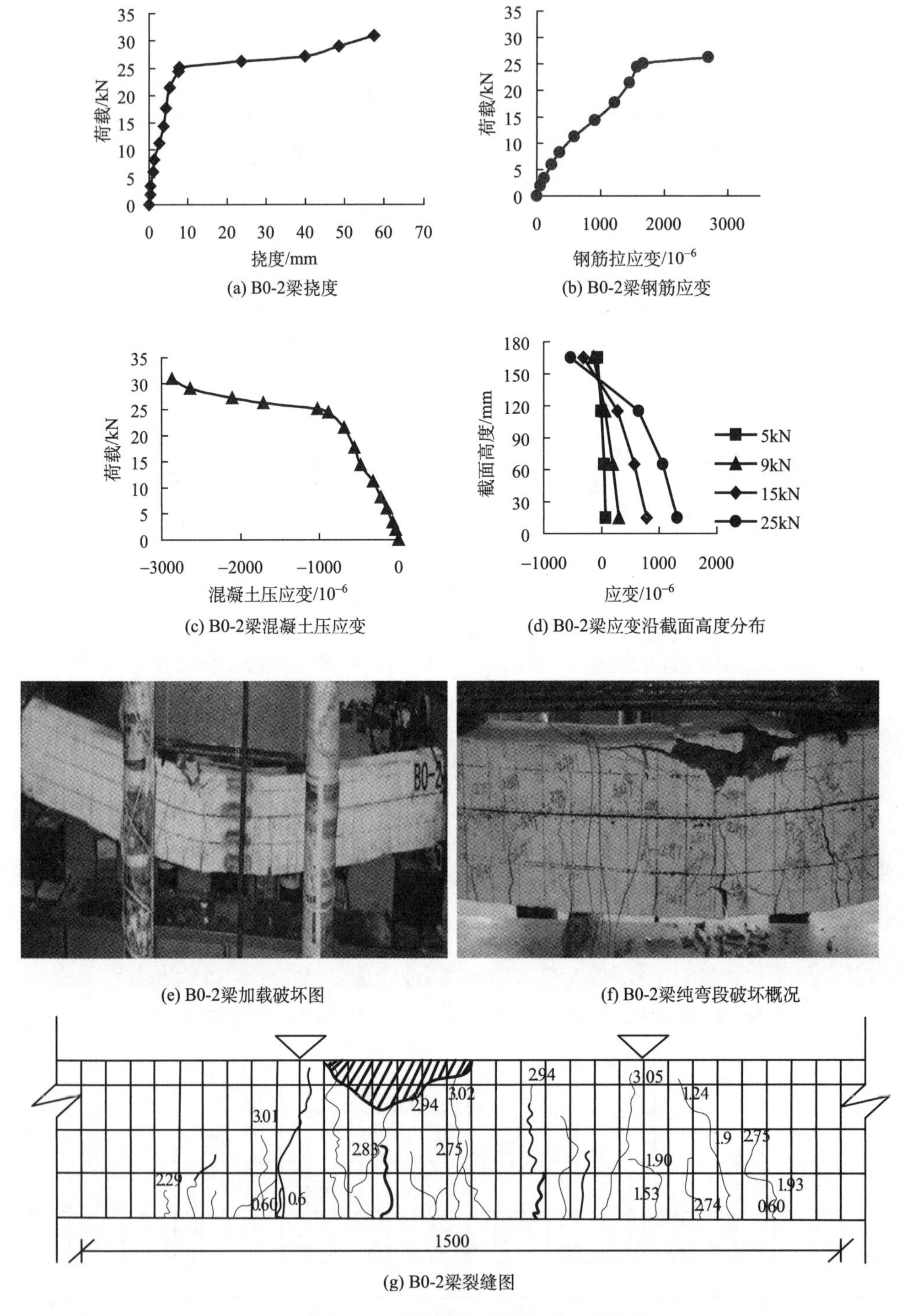

(a) B0-2梁挠度

(b) B0-2梁钢筋应变

(c) B0-2梁混凝土压应变

(d) B0-2梁应变沿截面高度分布

(e) B0-2梁加载破坏图

(f) B0-2梁纯弯段破坏概况

(g) B0-2梁裂缝图

图 3.41　B0-2 号梁试验结果及裂缝分布图

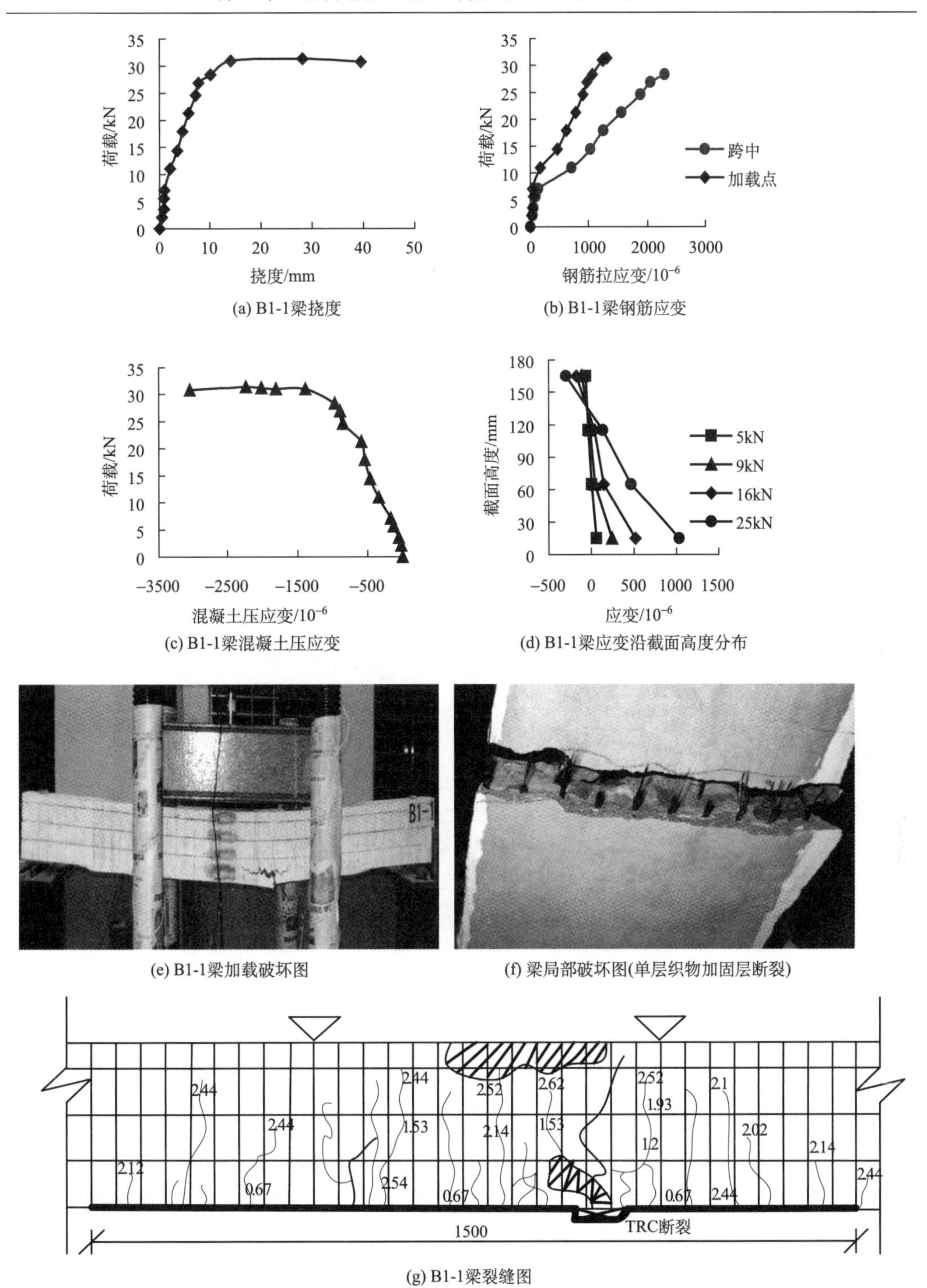

(a) B1-1梁挠度

(b) B1-1梁钢筋应变

(c) B1-1梁混凝土压应变

(d) B1-1梁应变沿截面高度分布

(e) B1-1梁加载破坏图

(f) 梁局部破坏图(单层织物加固层断裂)

(g) B1-1梁裂缝图

图 3.42　B1-1 号梁试验结果及裂缝分布图

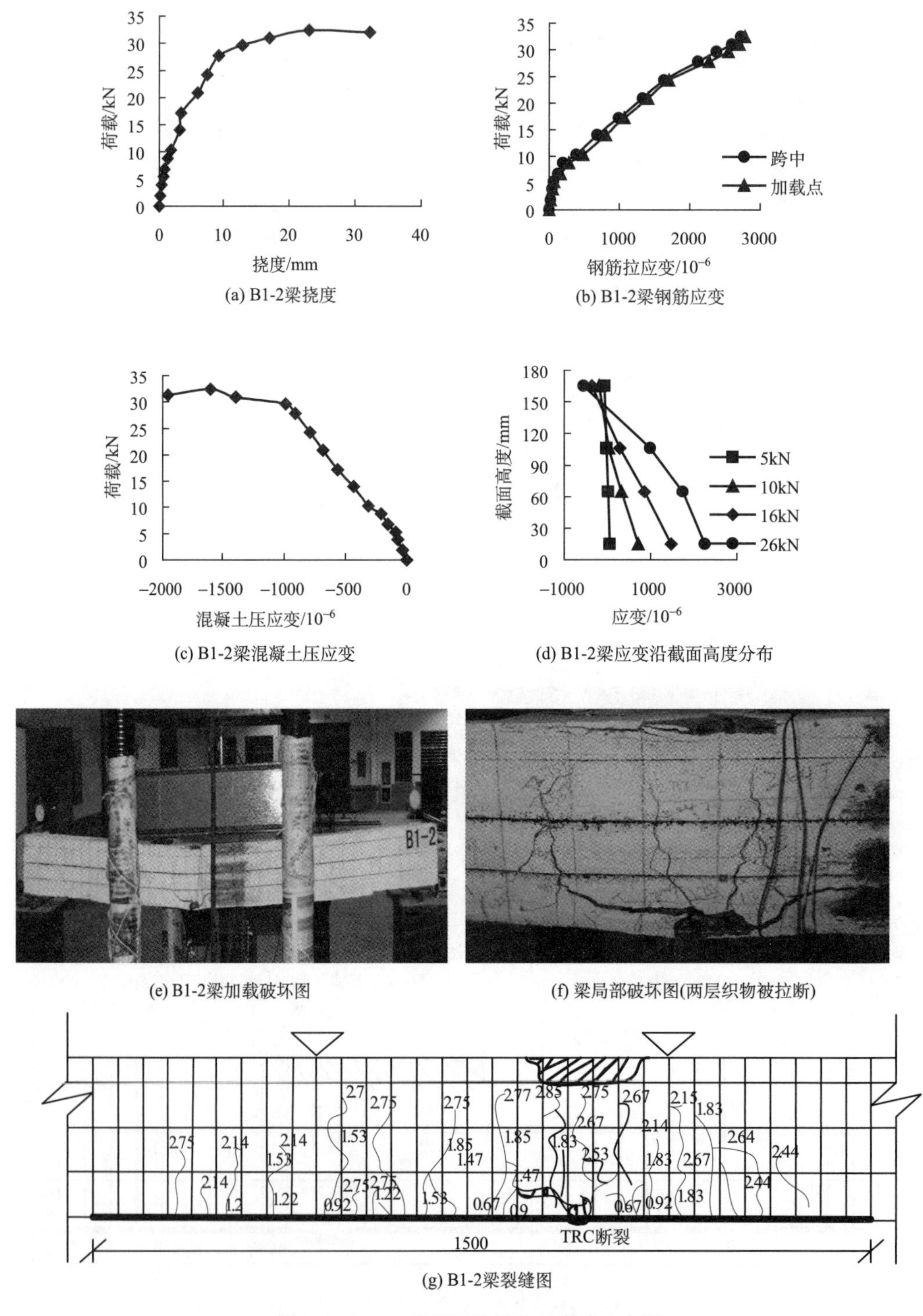

图 3.43　B1-2 号梁试验结果及裂缝分布图

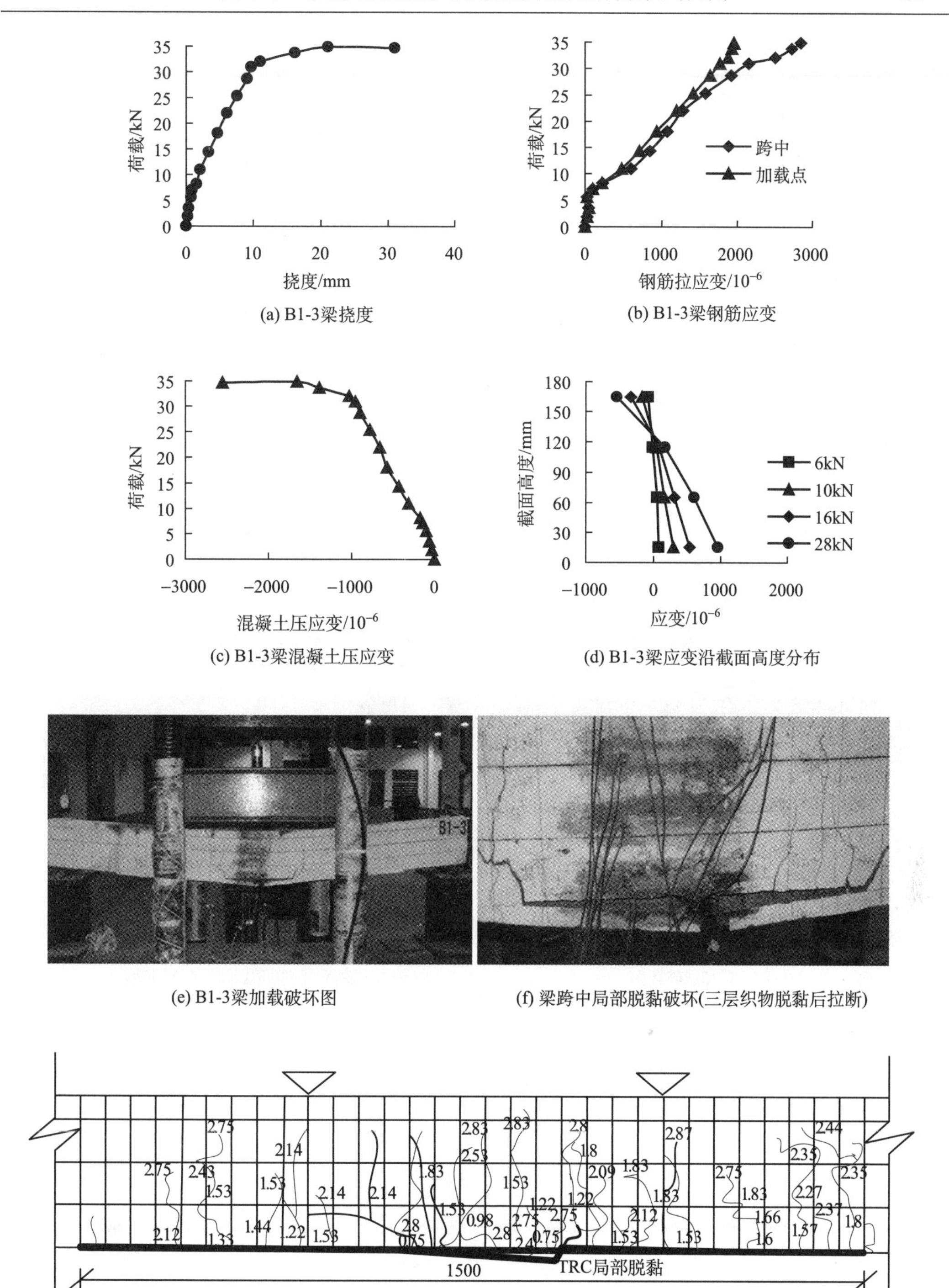

图 3.44　B1-3 号梁试验结果及裂缝分布图

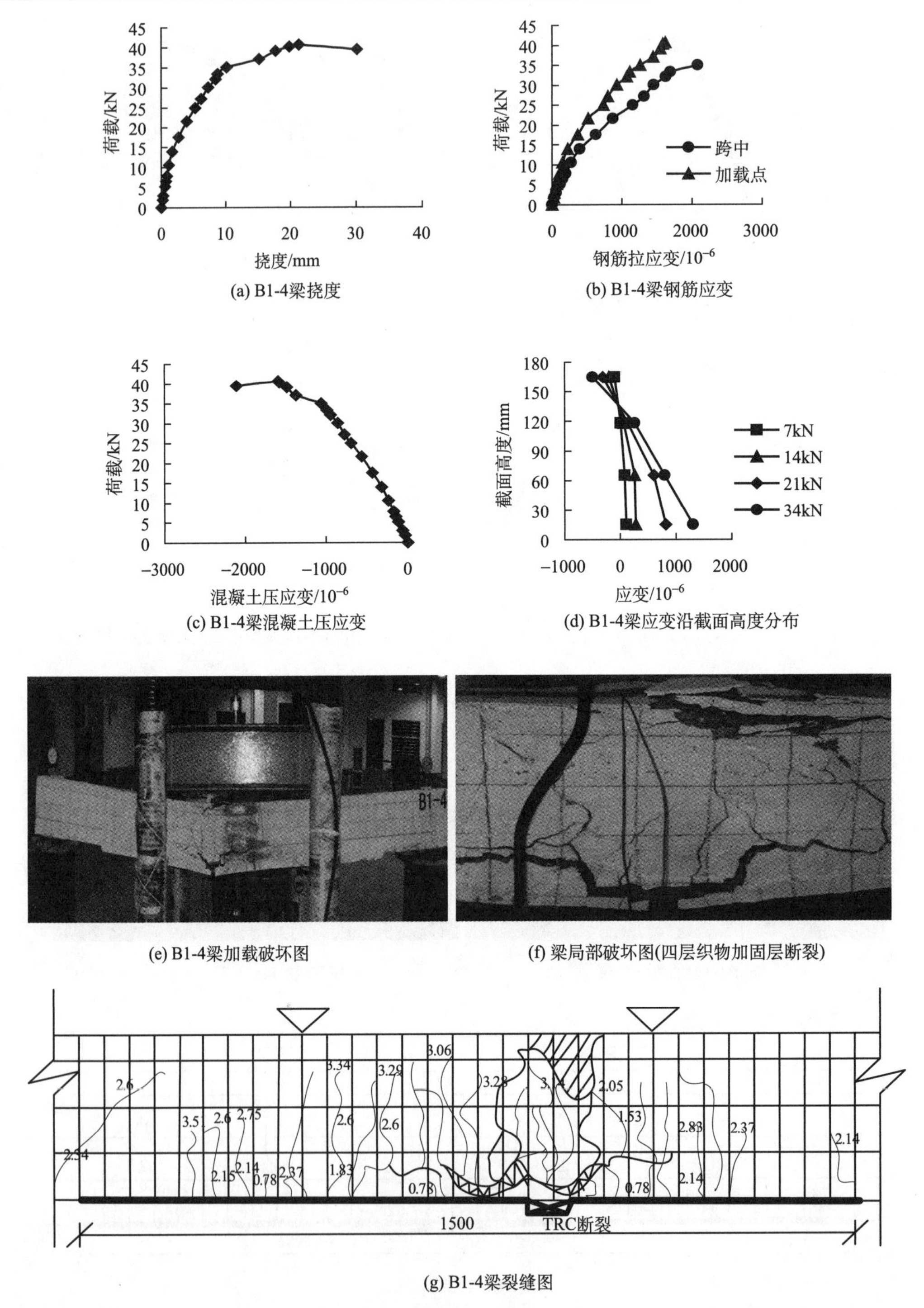

(a) B1-4梁挠度　(b) B1-4梁钢筋应变

(c) B1-4梁混凝土压应变　(d) B1-4梁应变沿截面高度分布

(e) B1-4梁加载破坏图　(f) 梁局部破坏图(四层织物加固层断裂)

(g) B1-4梁裂缝图

图 3.45　B1-4 号梁试验结果及裂缝分布图

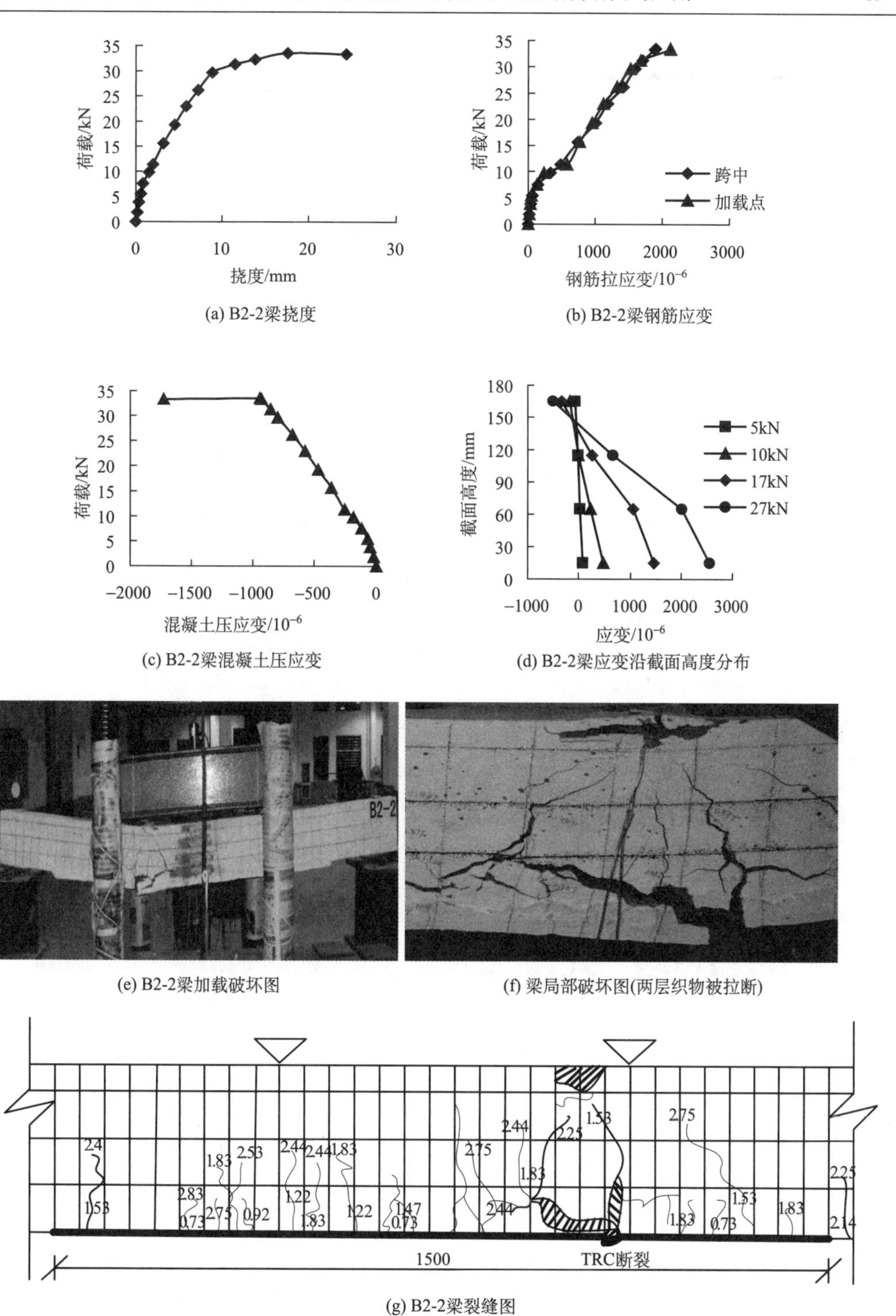

(a) B2-2梁挠度　(b) B2-2梁钢筋应变

(c) B2-2梁混凝土压应变　(d) B2-2梁应变沿截面高度分布

(e) B2-2梁加载破坏图　(f) 梁局部破坏图(两层织物被拉断)

(g) B2-2梁裂缝图

图 3.46　B2-2 号梁试验结果及裂缝分布图

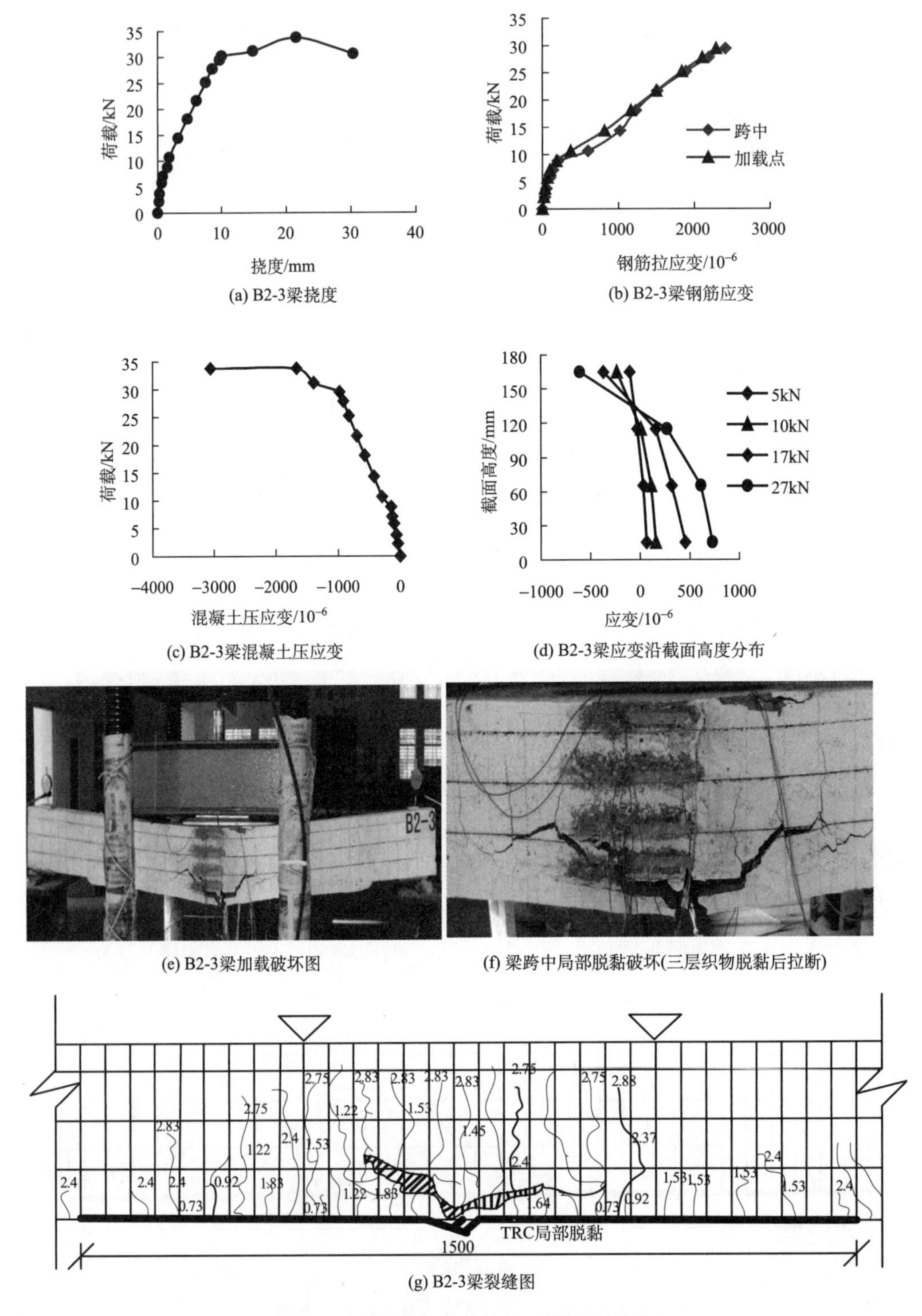

(a) B2-3梁挠度

(b) B2-3梁钢筋应变

(c) B2-3梁混凝土压应变

(d) B2-3梁应变沿截面高度分布

(e) B2-3梁加载破坏图

(f) 梁跨中局部脱黏破坏(三层织物脱黏后拉断)

(g) B2-3梁裂缝图

图 3.47　B2-3 号梁试验结果及裂缝分布图

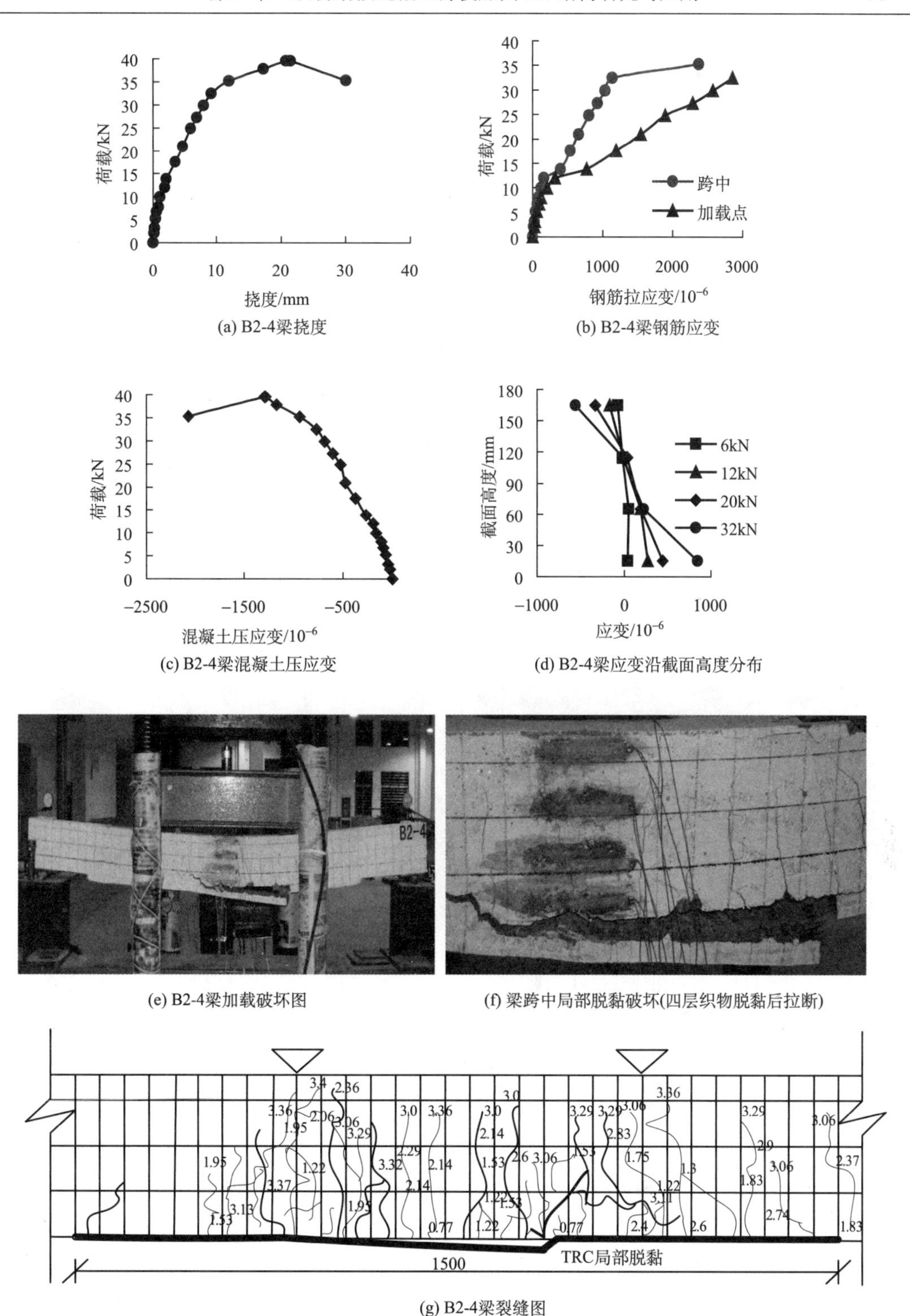

图 3.48　B2-4 号梁试验结果及裂缝分布图

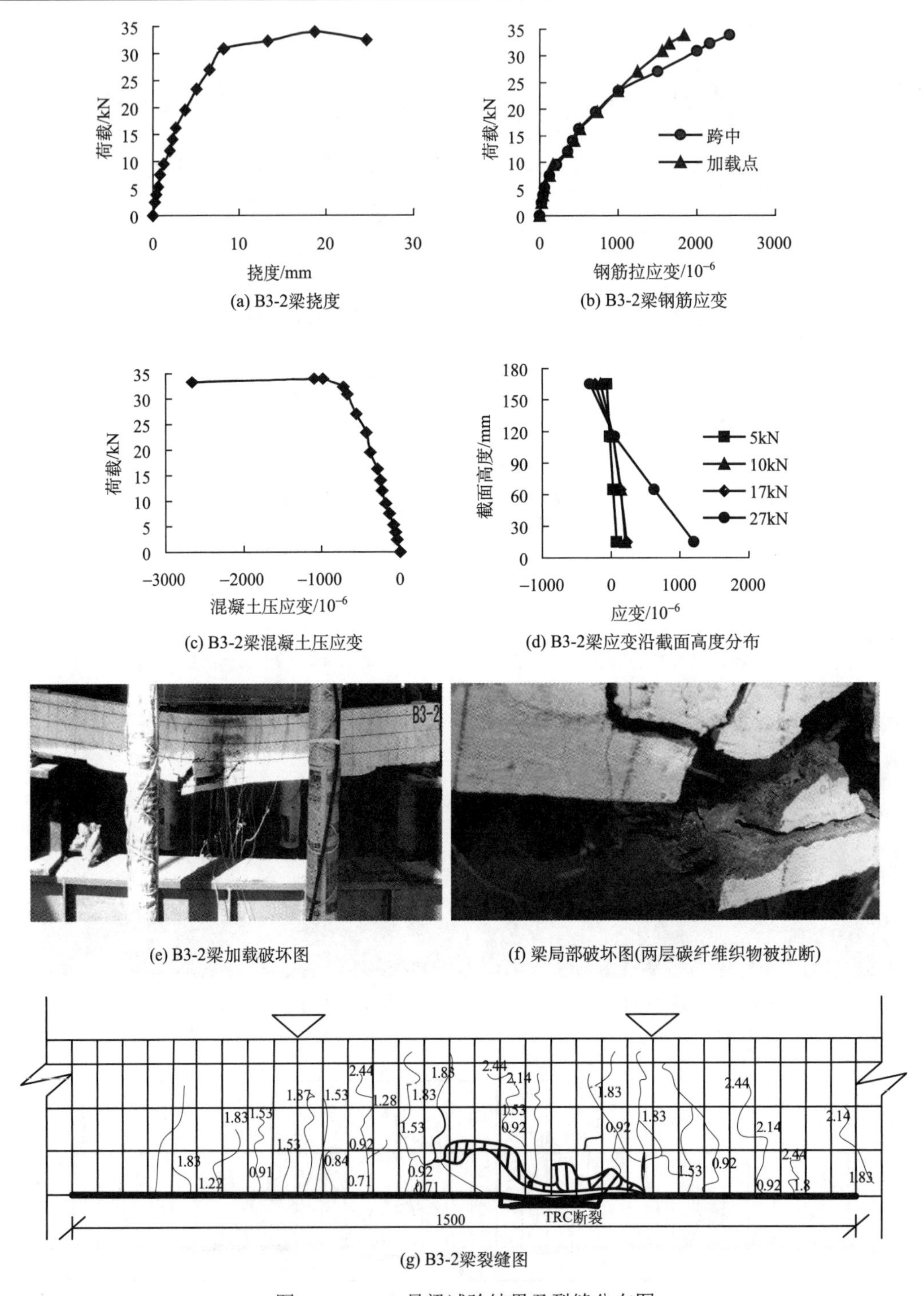

(a) B3-2梁挠度

(b) B3-2梁钢筋应变

(c) B3-2梁混凝土压应变

(d) B3-2梁应变沿截面高度分布

(e) B3-2梁加载破坏图

(f) 梁局部破坏图(两层碳纤维织物被拉断)

(g) B3-2梁裂缝图

图 3.49　B3-2 号梁试验结果及裂缝分布图

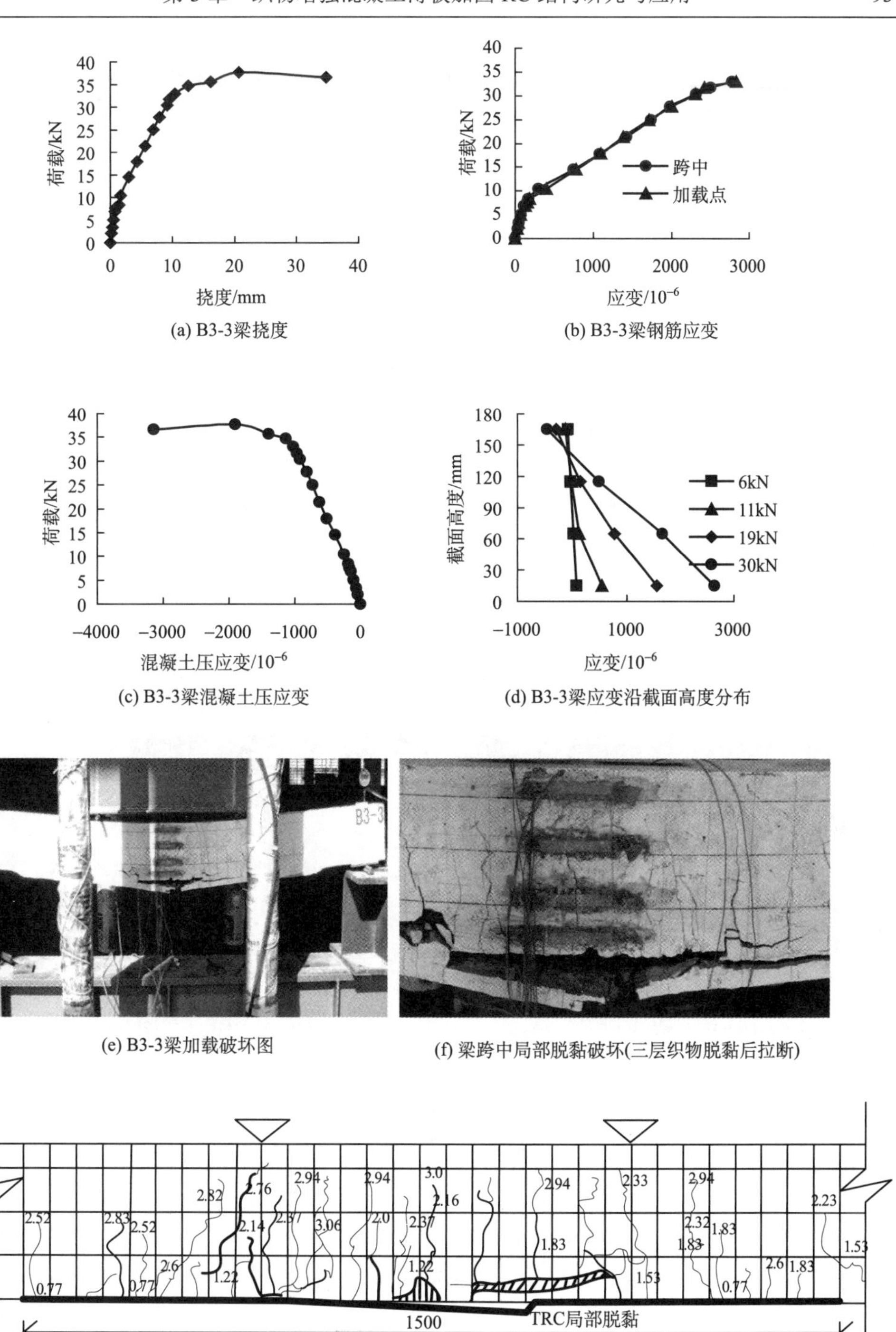

图 3.50　B3-3 号梁试验结果及裂缝分布图

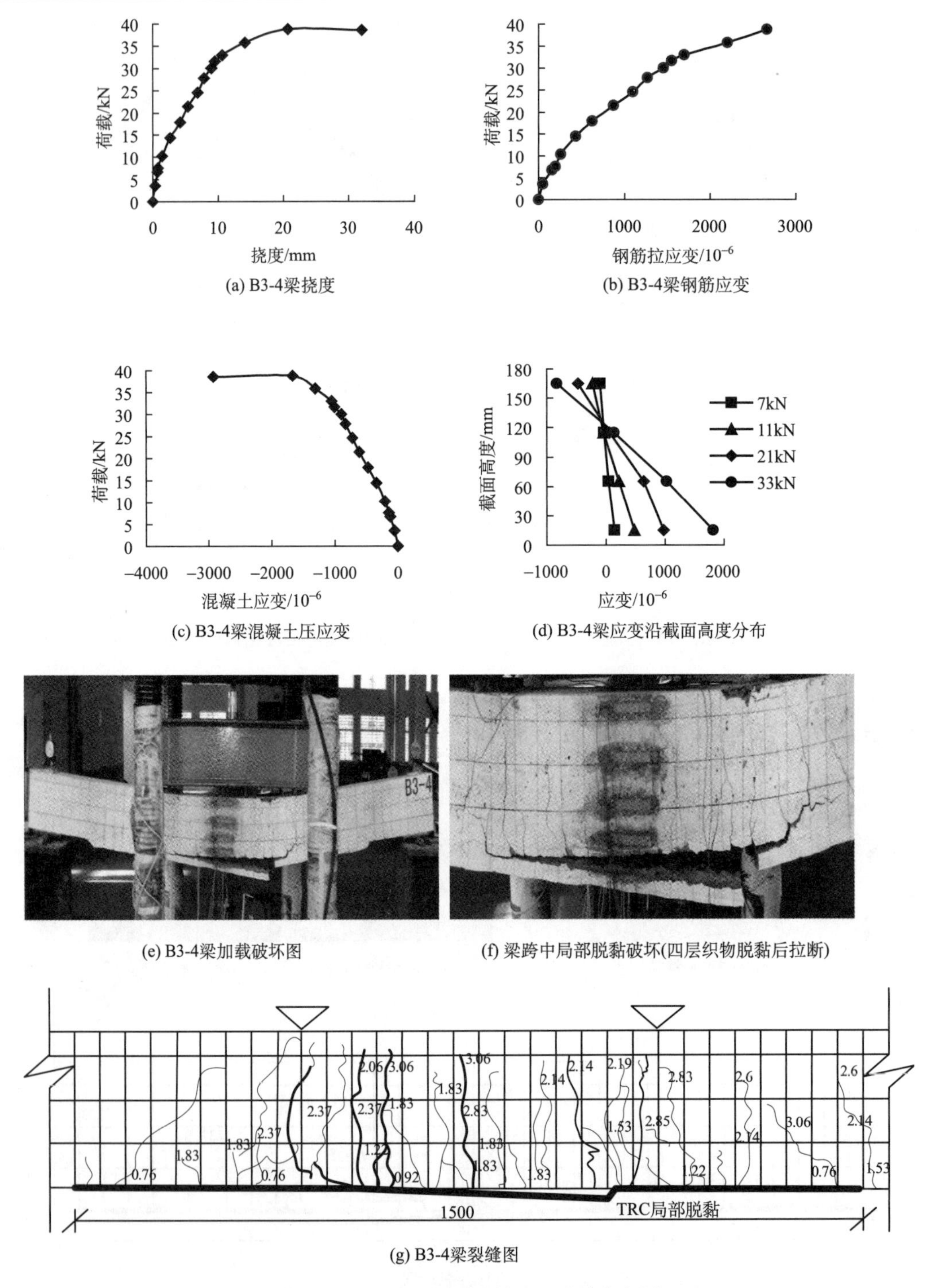

图 3.51　B3-4 号梁试验结果及裂缝分布图

需要说明的是，当采用单层及双层碳纤维织物增强混凝土加固梁时，梁最终都因跨中 TRC 被拉断而破坏，未出现加固层剥离现象；而当 TRC 中织物增至三层以上（包括三层）时，加固梁的破坏几乎都表现为纯弯段内加固层局部脱黏剥离，同时伴随着 TRC

加固层局部被拉断。

尚守平等[57]应用复合砂浆钢丝网对 RC 梁进行单面加固时，由于没有必要的锚固，砂浆层与原构件在纯弯段出现界面裂缝，并最终延伸至试件端部，发生加固层黏结剥离破坏；三面加固时，部分试件也在端部出现了剥离破坏。本项试验，在设计之初曾考虑防止该种现象的发生，对所有加固梁底部进行人工凿糙后，还对部分加固梁纯弯段外侧两端各 400m 长度的黏结区内植入了不同数量的抗剪钢筋，但试验过程中所有加固梁均未发生端部加固层剥离滑移现象，三层以上(包括三层)织物增强混凝土加固梁发生的剥离脱黏破坏也都只限于梁跨中局部范围，纯弯段外侧的黏结区均未出现横向界面裂缝。试验结果表明，应用 TRC 对梁进行一次抗弯加固，加固层所需的黏结锚固区长度相对较短，但黏结长度具体值还需进一步研究。

2) 承载力影响

采用 TRC 对梁进行抗弯加固后，其开裂荷载、屈服荷载及极限荷载都有不同程度的提高，且提高幅度随 TRC 中织物铺设层数的增多而增大，表 3.15 列出了不同层织物增强混凝土加固梁的开裂荷载、屈服荷载及极限荷载值。

表 3.15 各层织物加固梁承载力汇总

织物层数	开裂荷载/kN	屈服荷载/kN	极限荷载/kN
对比梁	6.07	25.25	30.47
一层加固	6.72	26.86	31.34
二层加固	7.05	29.44	33.30
三层加固	7.47	30.71	35.44
四层加固	7.72	32.06	39.66

由表 3.15 试验结果可看出，单层碳纤维织物增强混凝土加固时(所用碳纤维横截面面积总量 A_{cf}=4.5mm^2),其开裂荷载相对于 B0 组对比梁提高 11%，屈服荷载提高 6%，极限荷载仅提高 3%；两层碳纤维织物增强混凝土加固时(所用碳纤维横截面面积总量 A_{cf}=9mm^2)，其开裂荷载提高 16%，屈服荷载提高 17%，极限荷载提高 9%；三层碳纤维织物增强混凝土加固时(所用碳纤维横截面截面面积总量 A_{cf} =13.5mm^2)，其开裂荷载提高 23%，屈服荷载提高 22%，极限荷载提高 16%；四层碳纤维织物增强混凝土加固时(所用碳纤维横截面截面面积总量 A_{cf} =18mm^2)，其开裂荷载提高 27%，屈服荷载提高 27%，极限荷载提高 30%。

试验结果表明，承载力的提高幅度与 TRC 的配网率ρ_f (定义碳纤维织物横截面面积 A_{cf}与 bh_f的比值，h_f为 TRC 加固层的平均厚度。TRC 加固层平均厚度分别为 10mm、15mm、18mm、20mm) 相关，当配网率增大时，其承载力提高呈现了不同的增长规律，如图 3.52 所示。

由图 3.52 可看出，采用单层及双层织物增强混凝土加固时，其开裂荷载、屈服荷载提高幅度明显优于极限荷载，这主要是由于 TRC 加固层与原结构协同受力，分担了部分截面弯矩，从而提高了开裂荷载和屈服荷载，但受拉钢筋屈服后，承载力越来越多地由 TRC

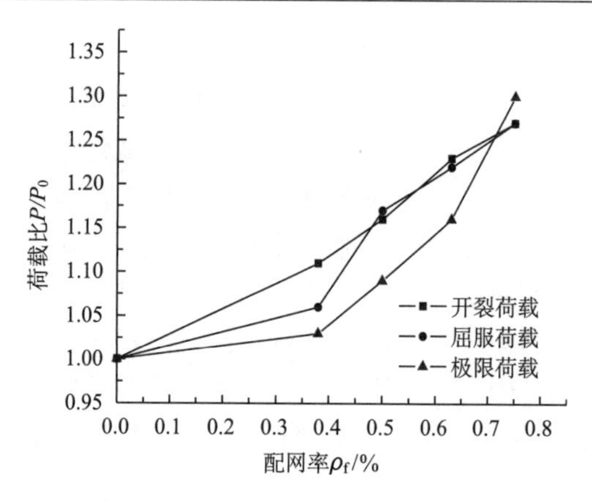

图 3.52 配网率(ρ_f)与承载力的关系

来承受，由于 TRC 中配网率有限，最终有限的碳纤维织物被拉断，致使极限承载力提高不明显，提高幅度小于开裂荷载及屈服荷载；当 TRC 加固层中织物层数达三层，其极限承载力提高幅度明显加快，但提高比例仍小于开裂荷载及屈服荷载，这主要是由于在钢筋屈服后，加固层中由于织物层数增多，抗拉强度增大，从而极限承载力大幅度提升，但由于受梁纯弯区界面黏结的薄弱的影响，最终碳纤维织物未全部发挥作用时就因局部剥离脱黏而破坏，致使屈服阶段后的极限承载力提高幅度受限；当 TRC 加固层中织物层数增至四层时，虽 B2-4、B3-4 试件也在梁纯弯区发生了局部剥离脱黏破坏，但由于 TRC 中有足够的配网率(加固量)的保证，其极限承载力提高幅度仍优于对应的开裂荷载及屈服荷载。由此可看出，采用 TRC 进行加固时，除了要考虑加固材料与原结构的界面黏结问题外，TRC 加固层中最小配网率ρ_{fmin}也同样值得关注。

3)荷载-位移曲线分析

由表 3.14 中各梁对应荷载下的跨中挠度值及荷载-挠度曲线可知，加固梁在开裂前，刚度提高明显，单层织物加固梁开裂荷载时的挠度值比对比梁相应挠度减小 22.1%，随织物层数增多，该挠度值进一步减小，但减小幅度不大，双层、三层及四层时分别为29.5%、24.8%、28.6%；梁开裂后到钢筋屈服前，加固层对梁的挠度影响不大；钢筋屈服后，梁刚度提高显著，且织物层数越多，后期刚度越大，极限荷载时，加固梁跨中挠度值远小于对比梁，单层织物时，梁跨中挠度较对比梁降低了 51.2%；双层织物时，降低了 60%(B2-2、B3-2 梁极限荷载下挠度明显偏低，这主要是由于二者 TRC 加固层断裂位置靠近加载点，破坏时梁跨中变形实测值偏小，挠度分析时以 B1-2 梁为准)，三层及四层织物时，分别降低 62.3%、63.7%。

图 3.53 给了不同层数加固试件的荷载-挠度曲线。由图可知，对于加固梁，无论 TRC 中织物层数多少，在荷载较小时，其截面弯矩主要由受压区混凝土和受拉区混凝土、钢筋及 TRC 加固层共同承担，由于 TRC 加固层的参与受力，致使梁的初期刚度有所提高；梁开裂后，不断有混凝土(包括加固层混凝土)退出工作，越来越多的拉力由钢筋和织物来承担，但加固梁变形与基准梁基本趋于一致，织物抗拉作用还未充分发挥，TRC 的加固效果仍未特别明显；随着荷载继续增加，钢筋开始屈服，此时越来越多的拉力转而由

织物来承担，加固作用显著发挥，从而致使梁后期刚度增加，且织物层数越多，刚度相应增加越明显。

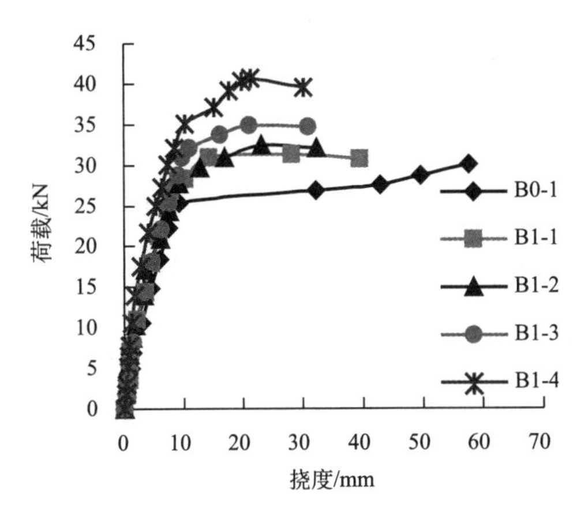

图 3.53　部分试件荷载-挠度曲线

表 3.14 中还列出了各试件的位移延性系数。总的来说，梁加固后，延性明显降低，但所有加固梁的位移延性系数相差不大(1.97～3.58)，极限荷载时，跨中挠度基本都达到 20mm 以上，仍然表现出了很好的延性，破坏形式仍是延性破坏。

4) 荷载-应变曲线分析

图 3.54、图 3.55 分别给出了不同层数加固梁的荷载-钢筋应变、荷载-混凝土应变曲线对比情况。由图 3.54 可看出，钢筋的应变随荷载增加经历了明显的三个阶段，即初载到开裂阶段、开裂到屈服阶段、屈服到破坏阶段，所有试件在这三个阶段的应变增长率有所差别，但基本呈递增趋势；从图中还可看出，由于 TRC 加固层的存在，使得加固梁的应变滞后于对比梁，这种滞后在受拉钢筋屈服后表现得尤为明显，且织物层数越多，钢筋应变滞后现象也越明显；这种应变滞后现象使得加固梁的纵向钢筋屈服点要比对比梁后出现，即加固后能较好地提高构件的钢筋屈服荷载。试验中，虽碳纤维织物应变状况难以有效测量，但分析可得，其应变在钢筋屈服前发展缓慢，要滞后于钢筋。

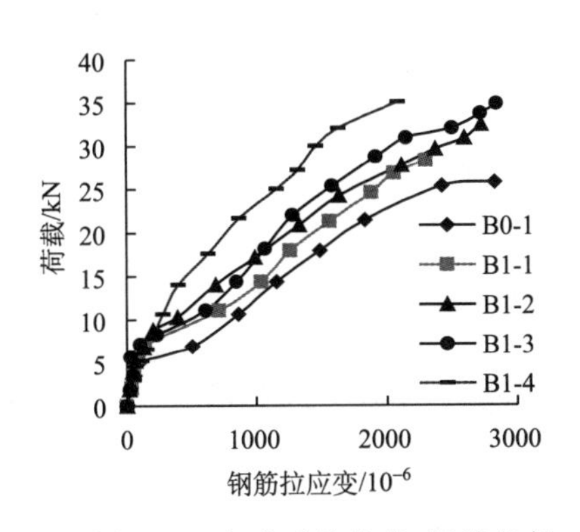

图 3.54　部分试件荷载-钢筋应变

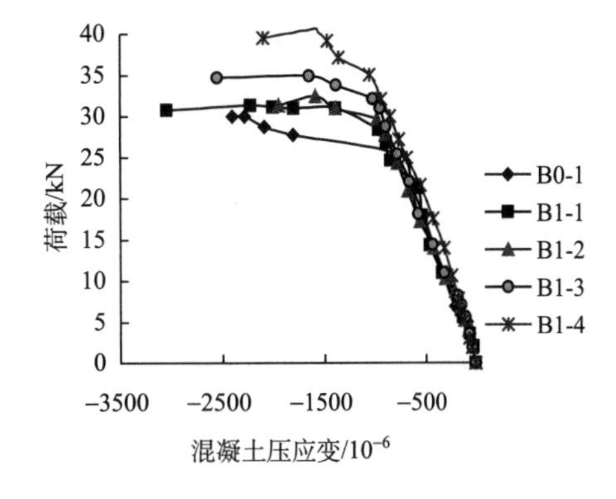

图 3.55　部分试件荷载-混凝土应变

由图 3.55 可看出，从初载到钢筋屈服阶段，混凝土应变增长基本一致。但屈服阶段以后，加固梁的混凝土压应变也明显滞后于对比梁，应变增长较对比梁缓慢，这表明 TRC 能较好地参与工作；此外，加固梁混凝土应变滞后程度也随织物层数的增多而突出。从应变的分析可看出，应用 TRC 对 RC 构件进行抗弯加固效果明显，能有效减缓受压区高度的减小。

5) 加固层对裂缝的影响

当混凝土受到的拉应变超过混凝土的极限拉应变时，混凝土就会发生开裂，由于混凝土的实际抗拉强度分布不均匀，第一条裂缝总会出现在混凝土最薄弱的地方[58,59]。试验中，两根对比梁是典型的适筋破坏，当承载力达到其开裂荷载(约 6.07kN)时，梁底跨中附近出现第一条竖向弯曲裂缝，裂缝一旦出现后，随荷载的增加向梁上部延伸扩展较快，宽度不断增大且条数相对较少，钢筋屈服后，裂缝急剧扩展，很快延伸至梁中上部，形成 5～7 条主要裂缝，分布在梁纯弯区内且间距较大，破坏时，主要裂缝基本都延伸至梁顶。裂缝分布见图 3.40(g)和图 3.41 (g)。

当梁底部采用 TRC 加固后，加固层与原结构协同受力，一方面碳纤维织物分担了部分拉力，相当于增加了纵筋配筋率，在相同的拉力下，应变减少，提高了梁的开裂荷载；其次，由于 TRC 加固层与原结构间材性一致，易相互协调、渗透，对结构起到了约束作用，能阻止或抑止裂缝的开展，使裂缝开展减缓，裂缝数量增多，间距及宽度变小，分布更广泛。加固梁裂缝开展总体呈现“细而密”的特点，尤其在钢筋屈服后，有效抑止了裂缝的延伸，破坏时，梁裂缝的延伸高度也比未加固梁略低。单双层织物加固梁破坏时，TRC 直接被拉断，在加固层拉断处，会使与此相连的梁混凝土局部被拉裂甚至脱落，局部产生横向破坏裂缝。当采用三层及以上织物加固时，梁的剪跨区也会出现竖向弯曲裂缝，部分梁在 TRC 加固层的末端刚度变化位置，有向加载点斜向发展的斜裂缝出现，说明加固量增大后，梁的抗弯能力增强，而相对地削减了梁的抗剪能力，梁有由弯曲破坏形态向剪切破坏转变的趋势。因此，对于梁抗弯加固的 TRC 织物配网率ρ_{fmax}也同样需要关注。加固梁裂缝分布见图 3.42(g)～图 3.51(g)。

6) 破坏形态分析

根据本试验及其他相关试验结果分析，加固梁正截面抗弯破坏形态主要有以下几种：

(1) TRC 被拉断，压区混凝土未被压碎。单双层织物加固梁在钢筋屈服后，承载力主要由加固层来承受，由于 TRC 中配网率ρ_{f}较小，当达到碳纤维极限抗拉强度时，梁底部加固层就会在纯弯区某一位置被拉断，此时压区混凝土未被压碎。

(2) TRC 在跨中局部脱黏破坏。三层以上(包括三层)织物加固梁，在钢筋屈服后，TRC 中碳纤维织物未全部发挥极限拉力时，就因界面黏结不足而出现局部脱黏破坏，脱黏长度为 300～450mm。

(3) 一次受力加固界限破坏(定义当一次受力加固梁的 TRC 加固层被拉断时，梁受压区边缘的应变也恰好达到极限压应变(混凝土被压碎))。试验中，B1-4 梁的破坏形态大致符合界限破坏形态，其底部 TRC 加固层与梁未发生剥离脱黏，当 TRC 在跨中被拉断时，压区混凝土也几乎同时被压碎。B1-4 未发生加固层剥离脱黏破坏，主要是加固前发现该梁跨中两纵向钢筋应变片均损坏，重新粘贴应变片时凿去了其跨中位置混凝土保护层，在梁跨中形成了一个大凹缺口，加固时直接采用 TRC 基体砂浆填补该缺口，从而 B1-4 界面黏结状况得以改善。

(4) TRC 未被拉断，压区混凝土被压碎。由于试验中加固织物层数有限，此种破坏模式未在本试验中得到验证，但结合相关纤维加固文献及分析可得，在保证黏结可靠的前提下，增加加固织物层数，可出现上述破坏形态。该破坏类型又可分为以下两种形式：①钢筋屈服后，压区混凝土被压碎；②钢筋屈服前，压区混凝土被压碎。

试验梁破坏形态照片参见图 3.40 (e)、(f)～图 3.51 (e)、(f)。

3.3.3　织物增强混凝土薄板加固 RC 梁抗弯承载力计算

根据试验结果及理论分析，本节对 TRC 加固梁在使用阶段的开裂荷载进行了验算，并根据上一节提出的几种不同破坏模式分析了加固梁在不同的极限状态下的抗弯承载力计算公式，为实际工程应用设计提供理论依据。对于 TRC 加固层脱黏的破坏类型，由于其影响因素较复杂且破坏具有明显的脆性，设计时应尽量通过构造及可靠的锚固措施予以防止，本节主要针对其他弯曲破坏类型进行了分析。

1. TRC 加固 RC 梁开裂荷载计算

对于钢筋混凝土梁，受拉区临开裂时的应变值很小，压区应力接近于三角形，拉区改用名义弯曲抗拉强度 $f_{t,f}$ 后，可以用换算截面法计算开裂弯矩[60]。按弹性材料计算，即假设应力图为直线分布，则素混凝土梁开裂(即断裂)时的名义弯曲抗拉强度 $f_{t,f}$ (或称断裂模量)为

$$f_{t,f}=\frac{M_{cr}}{bh^2/6} \tag{3.7}$$

它和混凝土轴心抗拉强度的比值称为截面抵抗矩塑性影响系数基本值，《钢筋混凝土设计规范》(以下简称《规范》)中对于矩形截面取整为

$$\gamma_m=\frac{f_{t,f}}{f_t}=1.55 \tag{3.8}$$

钢筋混凝土受弯构件(梁)，在截面内力(即弯矩 M)作用下，受拉边缘混凝土的应力为

$$\sigma_c=\frac{M}{W_0} \tag{3.9}$$

令 $\sigma_c=f_{t,f}=\gamma_m\cdot f_t$，则开裂弯矩为

$$M_{cr}=\gamma_m\cdot W_0\cdot f_t \tag{3.10}$$

式中，W_0 为梁受拉边缘的截面抵抗矩，通过换算截面法求得。

对于加固梁，根据变形协调条件，将钢筋和 TRC 中碳纤维织物换算成混凝土单一材料的面积。拉区钢筋面积为 A_s，其换算面积为 n_sA_s，其中 $n_s=E_s/E_c$ 为弹性模量比，除了钢筋原位置面积外，需在截面同一高度处增设附加面积 $(n_s-1)A_s$；同理可得碳纤维织物的换算面积为 $n_{cf}A_{cf}$ ($n_{cf}=E_{cf}/E_c$)，附加面积为 $(n_{cf}-1)A_{cf}$，如图 3.56 所示。

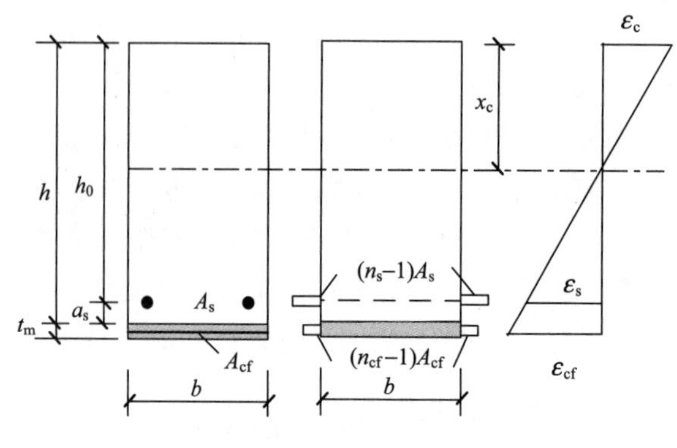

图 3.56　截面换算

换算总面积为

$$A_0 = b(h + t_m) + (n_s - 1)A_s + (n_{cf} - 1)A_{cf} \tag{3.11}$$

式中，t_m为 TRC 加固层的厚度。

受压区高度 x_c 由拉、压区对中性轴的面积矩相等的条件确定：

$$\frac{1}{2}bx_c^2 = \frac{1}{2}b(h + t_m - x_c)^2 + (n_s - 1)A_s(h_0 - x_c) + (n_{cf} - 1)A_{cf}\left(h + \frac{t_m}{2} - x_c\right)$$

所以

$$x_c = \frac{\frac{1}{2}b(h + t_m)^2 + (n_s - 1)A_s h_0 + (n_{cf} - 1)A_{cf}\left(h + \frac{t_m}{2}\right)}{(h + t_m)b + (n_s - 1)A_s + (n_{cf} - 1)A_{cf}} \tag{3.12}$$

换算截面的惯性矩为

$$I_0 = \frac{b}{3}\left[x_c^3 + (h + t_m - x_c)^3\right] + (n_s - 1)A_s(h_0 - x_c)^2 + (n_{cf} - 1)A_{cf}\left(h + \frac{t_m}{2} - x_c\right)^2 \tag{3.13}$$

受拉边缘截面抵抗矩为

$$W_0 = \frac{I_0}{h + t_m - x_c} \tag{3.14}$$

将式(3.14)计算结果代入式(3.10)，并令 $M_{cr}=P_{cr}l_0/6$，则开裂荷载为

$$P_{cr} = \frac{6\gamma_m W_0 f_t}{l_0} \tag{3.15}$$

对于未加固梁的截面抵抗矩 W_0 换算，仍可用式(3.11)～式(3.14)来计算，只要将 $t_m=0$，$A_{cf}=0$ 即可；加固梁 A_{cf} 取值分别为 4.5mm^2、9 mm^2、13.5 mm^2、18 mm^2，相应的加固层厚度 t_m 分别为 10mm、15mm、18mm、20mm。计算结果见表 3.16，由表中数值可看出，理论值与试验值吻合较好。

表 3.16　开裂荷载试验值与计算值比较

织物层数	试验实测值/kN	理论计算值/kN	相对误差/%
对比梁	6.07	6.32	4.1
一层加固	6.72	6.89	2.5
二层加固	7.05	7.22	2.4
三层加固	7.47	7.43	−0.5
四层加固	7.72	7.58	−1.8

2. TRC 加固 RC 梁抗弯极限承载力计算

1) 基本假定

(1) 平截面假定：在混凝土梁破坏的过程中，截面的应变始终保持平面。根据试验结果，加固后的梁符合平截面假定，试验梁混凝土应变沿截面高度分布情况见图 3.40(d)～图 3.51(d)。

(2) 混凝土梁开裂后不考虑受拉混凝土的作用。

(3) 钢筋应力应变关系为：屈服前，应力应变关系为线弹性关系；屈服后，钢筋的应力取屈服强度。

$$当\ \varepsilon_s E_s < f_y\ 时，\quad \sigma_s = \varepsilon_s E_s \tag{3.16}$$

$$当\ \varepsilon_s E_s \geqslant f_y\ 时，\quad \sigma_s = f_y \tag{3.17}$$

(4) 混凝土应力应变关系按《规范》取用。

$$当\ \varepsilon_c < \varepsilon_0\ 时，\quad \sigma_c = f_c\left[1-\left(1-\varepsilon_c / \varepsilon_0\right)^2\right] \tag{3.18}$$

$$当\ \varepsilon_0 < \varepsilon \leqslant \varepsilon_{cu}\ 时，\quad \sigma_c = f_c \tag{3.19}$$

式中，ε_c 为混凝土压应变；ε_0 为混凝土压应力刚好达到峰值 f_c 时的混凝土压应变，ε_0 取 0.002；ε_{cu} 为混凝土极限压应变，ε_{cu} 取 0.0033；f_c 为混凝土轴心抗压强度设计值；σ_c 为混凝土压应力。

(5) 碳纤维织物的应力-应变关系为直线：在混凝土梁破坏过程中，碳纤维织物始终为线弹性关系，即

$$\sigma_{cf} = E_{cf} \cdot \varepsilon_{cf} \tag{3.20}$$

2) 矩形截面梁抗弯承载力分析

(1) 第一种破坏模式：TRC 被拉断，受压混凝土完好，未达到极限压应变。

TRC 被拉断的情况是由于加固层中碳纤维织物层数过少所致，此种情况下，受压区混凝土未被压坏，而 TRC 中碳纤维织物的拉应变达到了极限拉应变，破坏属脆性。由于受压区混凝土未达到极限状态，因此就不能按《规范》规定的等效矩形应力图形计算，根据混凝土材料的非线性特性，要计算受压区混凝土合力的大小就需要按《规范》给定的混凝土本构关系进行积分运算。其承载力计算模型如图 3.57 所示。

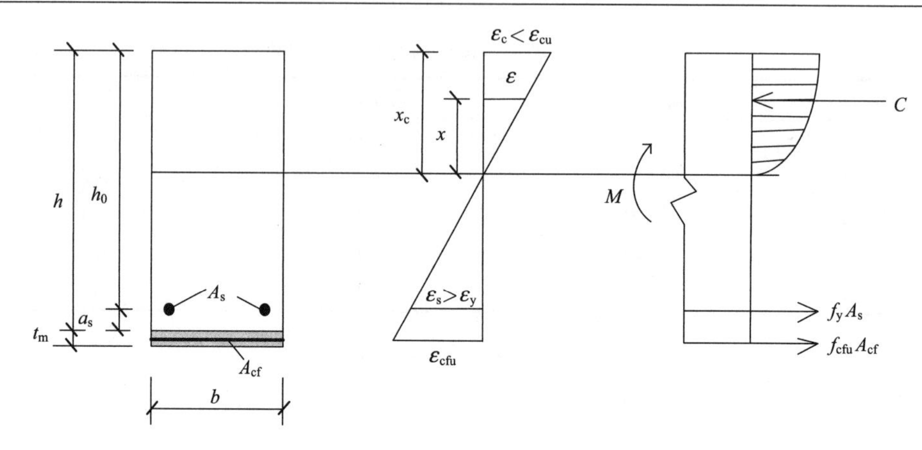

图 3.57　抗弯承载力计算模型 1

由水平方向上力平衡可得

$$C = f_y A_s + f_{cfu} A_{cf} \tag{3.21}$$

式中，C 为受压混凝土合力；A_s 为受拉钢筋面积；A_{cf} 为碳纤维织物面积；f_y 为受拉钢筋屈服强度；f_{cfu} 为碳纤维织物极限抗拉强度。

受压区混凝土合力大小为

$$C = \int_0^{x_c} b\sigma_c \mathrm{d}x \tag{3.22}$$

由应变几何关系得

$$x = \frac{x_c}{\varepsilon_c}\varepsilon \tag{3.23}$$

$$x_c = \frac{\varepsilon_c}{\varepsilon_c + \varepsilon_{cfu}}\left(h + \frac{t_m}{2}\right) \tag{3.24}$$

将式(3.22)代入式(3.23)可得

$$C = \int_0^{x_c} b\sigma_c \mathrm{d}x = \frac{x_c}{\varepsilon_c}\int_0^{\varepsilon_c} b\sigma_c \mathrm{d}\varepsilon \tag{3.25}$$

再由式(3.21)、式(3.25)联立可得

$$\frac{x_c}{\varepsilon_c}\int_0^{\varepsilon_c} b\sigma_c \mathrm{d}\varepsilon = f_y A_s + f_{cfu} A_{cf} \tag{3.26}$$

由力矩平衡条件可得

$$M_u = \frac{x_c^2}{\varepsilon_c^2}\int_0^{\varepsilon_c} b\sigma_c \varepsilon \mathrm{d}\varepsilon + f_y A_s (h_0 - x_c) + f_{cfu} A_{cf}\left(h + \frac{t_m}{2} - x_c\right) \tag{3.27}$$

式中，x_c 为截面中性轴高度；t_m 为 TRC 加固层厚度。

计算时联立式(3.18)、式(3.19)、式(3.24)、式(3.26)、式(3.27)，即可求得抗弯极限承载力 M_u。以上公式中未标明符号意义的可参见图 3.57。TRC 加固梁这一破坏模式类似于钢筋混凝土梁中的少筋破坏，具有明显的脆性，且破坏时混凝土压应变 ε_c 难以确

定，计算较复杂，在设计中应控制好最小配网率以避免这一破坏模式的出现。

对于双筋矩形截面梁，应将式(3.26)、(3.27)改写为

$$\frac{x_c}{\varepsilon_c}\int_0^{\varepsilon_c} b\sigma_c \mathrm{d}\varepsilon + \sigma_s' A_s' = f_y A_s + f_{cfu} A_{cf} \tag{3.28}$$

$$M_u = \frac{x_c^2}{\varepsilon_c^2}\int_0^{\varepsilon_c} b\sigma_c \varepsilon \mathrm{d}\varepsilon + f_y A_s (h_0 - x_c) + f_{cfu} A_{cf}\left(h + \frac{t_m}{2} - x_c\right) + \sigma_s' A_s' (x_c - a_s') \tag{3.29}$$

其中 a_s' 按下式计算：

$$\sigma_s' = E_s \varepsilon_{cfu} \frac{x_c - a_s'}{h + \dfrac{t_m}{2} - x_c} \tag{3.30}$$

式中，σ_s' 为纵向受压钢筋应力；a_s' 为纵向受压钢筋合力点至截面近边的距离；A_s' 为纵向受压钢筋截面面积。

(2)第二种破坏模式：受拉钢筋屈服，受压区混凝土被压碎，达到极限压应变。

此种破坏模式下，受压区混凝土已达到极限状态，可以采用《规范》规定的等效矩形应力图形来计算，这相当于加固率合适的梁，其计算模式也适合第 2 章提到的一次受力加固界限破坏状态。其承载力计算模型如图 3.58 所示。

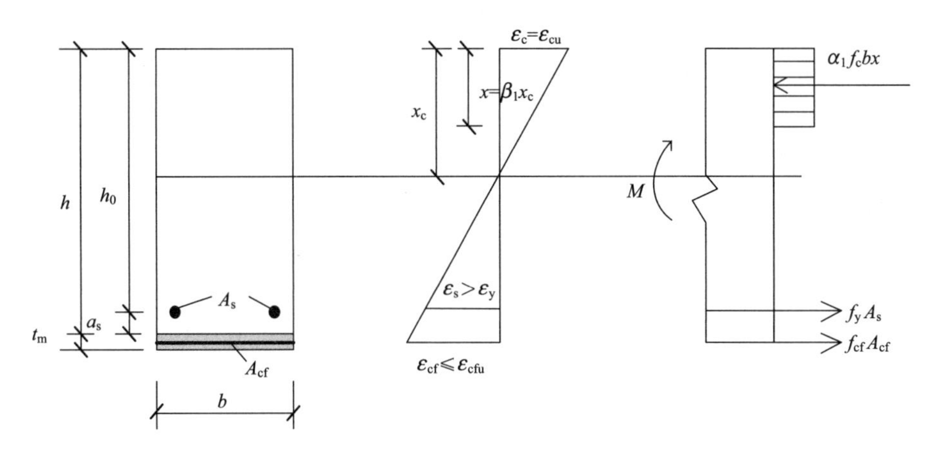

图 3.58　抗弯承载力计算模型 2

由应变几何关系可得

$$\frac{\varepsilon_{cf}}{\varepsilon_{cu}} = \frac{(h + t_m/2) - x_c}{x_c} \tag{3.31}$$

将 $x = \beta_1 x_c$ 代入式(3.31)可得

$$\varepsilon_{cf} = \left(\frac{\beta_1 (h + t_m/2)}{x} - 1\right)\varepsilon_{cu} \tag{3.32}$$

则 f_{cf} 可按下式计算：

$$f_{cf}=E_{cf}\left[\left(\frac{\beta_1\left(h+t_m/2\right)}{x}-1\right)\varepsilon_{cu}\right]\leqslant f_{cfu} \tag{3.33}$$

再由水平方向上力的平衡可得

$$\alpha_1 f_c bx=f_c A_s+f_{cf}A_{cf} \tag{3.34}$$

联立式(3.33)、式(3.34)可得到关于受压区高度的一元二次方程，求解可得 x。受压区高度求出后，可按下式计算极限抗弯承载力：

$$M_u=\alpha_1 f_c bx\left(h+\frac{t_m}{2}-\frac{x}{2}\right)-f_y A_s\left(h+\frac{t_m}{2}-h_0\right) \tag{3.35}$$

界限破坏时，则式(3.34)中 $f_{cf}=f_{cfu}$，由此计算出 x 代入式(3.35)中可求得加固梁的极限抗弯承载力。对于双筋矩形截面梁，则式(3.34)、式(3.35)改写为

$$\alpha_1 f_c bx+\sigma_s A_s=f_y A_s+f_{cf}+A_{cf} \tag{3.36}$$

$$M_u=\alpha_1 f_c bx\left(h+\frac{t_m}{2}-\frac{x}{2}\right)-f_y A_s\left(h+\frac{t_m}{2}-h_0\right)+\sigma_s' A_s'\left(h+\frac{t_m}{2}-a_s'\right) \tag{3.37}$$

其中 σ_s' 按下式计算：

$$\sigma_s'=E_s\varepsilon_s'=E_s\varepsilon_{cu}\left(1-\frac{\beta_1 a_s'}{x}\right)\leqslant f_y' \tag{3.38}$$

式中，f_{cf}、ε_{cf}、E_{cf} 分别为碳纤维织物受拉应力、应变及弹性模量；f_y、f_y' 为普通钢筋的抗拉、抗压强度设计值；α_1 为受压区混凝土矩形应力图的应力值与混凝土轴心抗压强度设计值的比值，按《规范》取值；β_1 为矩形应力图受压区高度与中性轴高度(中性轴到受压边缘的距离)的比值，按《规范》取值。

(3)第三种破坏模式：受拉钢筋未屈服，压区混凝土被压碎，达到极限压应变。

这一破坏模式主要是由于受拉钢筋配置较多、加固量过大致使受压区混凝土过早破坏，破坏时压区混凝土达到极限状态。其承载力计算模型如图 3.59 所示。

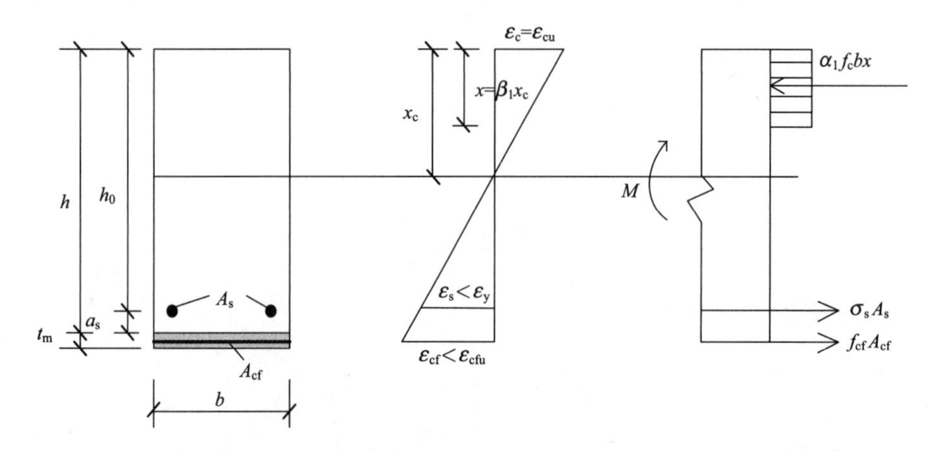

图 3.59　抗弯承载力计算模型 3

由应变几何关系可得

$$\frac{\varepsilon_{\mathrm{cu}}}{x_{\mathrm{c}}}=\frac{\varepsilon_{\mathrm{s}}}{h_0-x_{\mathrm{c}}} \tag{3.39}$$

将 $x=\beta_1 x_{\mathrm{c}}$ 代入式(3.39)可得

$$\varepsilon_{\mathrm{s}}=\left(\frac{\beta_1 h_0}{x}-1\right)\varepsilon_{\mathrm{cu}} \tag{3.40}$$

则 σ_{s} 可按下式计算：

$$\sigma_{\mathrm{s}}=E_{\mathrm{s}}\varepsilon_{\mathrm{s}}=E_{\mathrm{s}}\left(\frac{\beta_1 h_0}{x}-1\right)\varepsilon_{\mathrm{cu}} \tag{3.41}$$

再由水平方向上力的平衡可得

$$\alpha_1 f_{\mathrm{c}} bx=\sigma_{\mathrm{s}} A_{\mathrm{s}}+f_{\mathrm{cf}} A_{\mathrm{cf}} \tag{3.42}$$

联立式(3.33)、式(3.41)、式(3.42)，求解可得受压区高度 x，再按下式计算极限抗弯承载力：

$$M_{\mathrm{u}}=\alpha_1 f_{\mathrm{c}} bx\left(h+\frac{t_{\mathrm{m}}}{2}-\frac{x}{2}\right) \tag{3.43}$$

对于双筋矩形截面梁，则式(3.42)、式(3.43)改写为

$$\alpha_1 f_{\mathrm{c}} bx+\sigma_{\mathrm{s}}' A_{\mathrm{s}}'=\sigma_{\mathrm{s}} A_{\mathrm{s}}+f_{\mathrm{cf}} A_{\mathrm{cf}} \tag{3.44}$$

$$M_{\mathrm{u}}=\alpha_1 f_{\mathrm{c}} bx\left(h+\frac{t_{\mathrm{m}}}{2}-\frac{x}{2}\right)-\sigma_{\mathrm{s}} A_{\mathrm{s}}\left(h+\frac{t_{\mathrm{m}}}{2}-h_0\right)\sigma_{\mathrm{s}}' A_{\mathrm{s}}'\left(h+\frac{t_{\mathrm{m}}}{2}-a_{\mathrm{s}}'\right) \tag{3.45}$$

式中，σ_{s}' 按式(3.38)计算。

3)抗弯承载力计算

本书采用 TRC 对 RC 梁进行抗弯加固，由于 TRC 加固层中织物铺设层数有限，所有加固梁未出现第三种破坏模式。根据试验结果并忽略部分试验梁破坏时局部脱黏的影响，认为单、双层织物加固梁的破坏为第一种破坏模式，三、四层织物加固梁的破坏为第二种破坏模式，以本文建立的计算公式计算试验梁的抗弯承载力(破坏荷载 $F_{\mathrm{u}}=6M_{\mathrm{u}}/l_0$)。取碳纤维织物的极限抗拉强度 $f_{\mathrm{cfu}}=3475.56\mathrm{MPa}$，弹性模量 $E_{\mathrm{cf}}=231\mathrm{GPa}$，极限应变 $\varepsilon_{\mathrm{cfu}}=0.01505$；加固梁中 A_{cf} 取值分别为 4.5mm^2、9 mm^2、13.5 mm^2、18 mm^2，相应的加固层厚度 t_{m} 分别为 10mm、15mm、18mm、20mm。计算结果见表 3.17，由表中数值可看出，理论值与试验值吻合较好。

表 3.17　试验梁抗弯荷载理论值与试验值比较

织物层数	试验实测值 P_{u}/kN	理论计算值 P'_{u}/kN	相对误差/%
一层加固	31.34	32.80	4.7
二层加固	33.30	34.97	5.0
三层加固	35.44	38.33	8.2
四层加固	39.66	40.42	1.9

3.3.4　织物增强混凝土薄板加固 RC 梁跨中局部脱黏破坏机理分析

未出现界面剥离时加固梁跨中截面应力分析如下。

1) 中性轴位置的确定

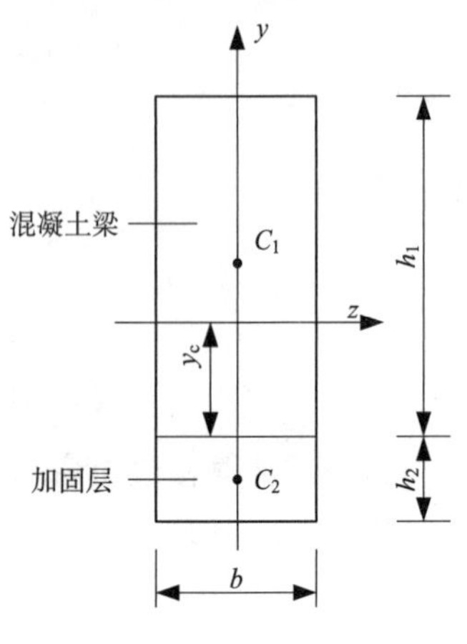

图 3.60　加固梁截面

设加固梁中性轴距离加固层顶面上方 y_c，如图 3.60 所示。

由纯受弯梁轴力为 0 可得

$$F_N=\int_A \sigma_x \mathrm{d}A=\int_{A_1}\sigma_{x1}\mathrm{d}A=\int_{A_2}\sigma_{x2}\mathrm{d}A=0 \tag{3.46}$$

由胡克定律得

$$\sigma_{x1}=E_1\frac{y}{\rho},\quad \sigma_{x2}=E_2\frac{y}{\rho} \tag{3.47}$$

将式(3.47)代入式(3.46)得

$$F_N=\frac{E_1}{\rho}\int_{A_1} y\mathrm{d}A+\frac{E_2}{\rho}\int_{A_2} y\mathrm{d}A=\frac{E_1S_{z1}}{\rho}+\frac{E_2S_{z2}}{\rho}=0$$

即

$$E_1S_{z1}+E_2S_{z2}=0 \tag{3.48}$$

$$S_{Z1}=\int_{A_1} y\mathrm{d}A=y_{c1}A_1=\left(\frac{h_1}{2}-y_c\right)bh_1 \tag{3.49}$$

$$S_{Z2}=\int_{A_2} y\mathrm{d}A=-y_{c2}A_2=-\left(\frac{h_2}{2}-y_c\right)bh_2 \tag{3.50}$$

联立式(3.48)～式(3.50)可以解得

$$y_c=\frac{E_1h_1^2-E_2h_2^2}{2\left(E_1h_1+E_2h_2\right)} \tag{3.51}$$

式中，σ_{x1}、σ_{x2} 分别为原混凝土梁和加固层 x 轴方向的应力；E_1、E_2 分别为原混凝土梁和加固层的弹性模量；A_1、A_2 分别为跨中原混凝土梁和加固层的截面面积；ρ 为加固梁的曲率半径；S_{Z1}、S_{Z2} 分别为原混凝土梁和加固层截面对加固梁中性轴的静矩；y_{c1}、y_{c2} 分别为原混凝土梁和加固层截面形心到加固梁中性轴的距离。

2) 梁跨中截面正应力计算

$$M_Z=\int_A y\sigma_x\mathrm{d}A=\int_{A_1} y\sigma_{x1}\mathrm{d}A=\int_{A_2} y\sigma_{x2}\mathrm{d}A \tag{3.52}$$

将式(3.47)代入式(3.52)得

$$M_Z=\frac{1}{\rho}E_1\int_{A_1} y^2\mathrm{d}A+\frac{1}{\rho}E_2\int_{A_2} y^2\mathrm{d}A=\frac{1}{\rho}E_1I_1+\frac{1}{\rho}E_2I_2$$

即

$$\frac{1}{\rho}=M_Z/\left(E_1I_1+E_2I_2\right) \tag{3.53}$$

将式(3.53)代入式(3.47)得

$$\sigma_{x1}=E_1\frac{M_Zy}{E_1I_1+E_2I_2},\qquad \sigma_{x2}=E_2\frac{M_Zy}{E_1I_1+E_2I_2} \tag{3.54}$$

式中，I_1 和 I_2 分别为原混凝土梁和加固层截面的惯性矩。

3)梁跨中正应力分布

设 $E_2=nE_1$，$h_1=10h_2$，代入式(3.50)和式(3.53)可以得到跨中截面的正应力分布情况，如图 3.61 所示。

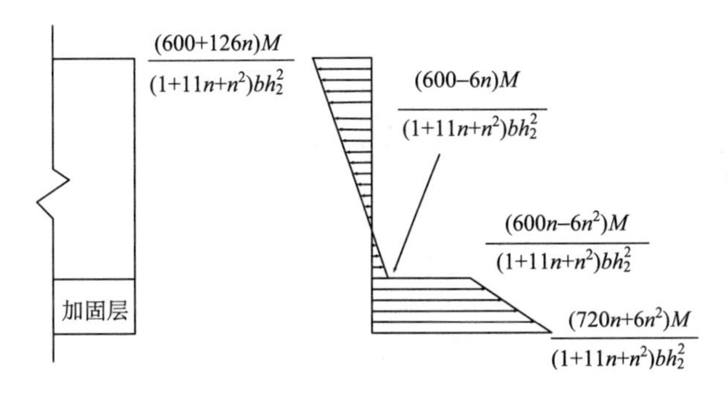

图 3.61　加固梁截面应力分布

4)跨中黏结界面剪应力

在加固梁跨中黏结界面处取微元体，见图 3.62。

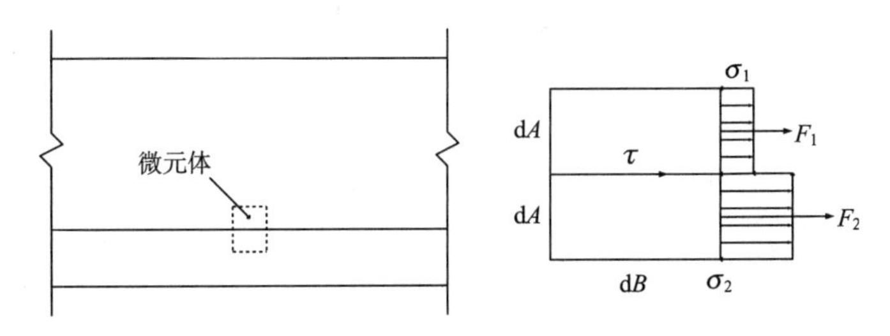

图 3.62　微元体应力分布

由图得

$$F_1=\sigma_1\mathrm{d}A,\quad F_2=\sigma_2\mathrm{d}A$$

$$\tau=\frac{\left|F_2-F_1\right|}{\mathrm{d}B}=\frac{\mathrm{d}A}{\mathrm{d}B}\left|\sigma_2-\sigma_1\right|$$

令 $\eta=\dfrac{\mathrm{d}A}{\mathrm{d}B}$，则

$$\tau=\eta\left|\sigma_2-\sigma_1\right| \tag{3.55}$$

将图 3.61 中数据代入得

$$\tau=\eta\left|\frac{606n-6n^2-600}{1+11n+n^2}\right|\frac{M}{bh_2^2}$$

令 $\zeta=\left|\dfrac{606n-6n^2-600}{1+11n+n^2}\right|$，则

$$\tau=\eta\zeta\frac{M}{bh_2^2} \tag{3.56}$$

ζ 与 n 的关系曲线如图 3.63 所示。

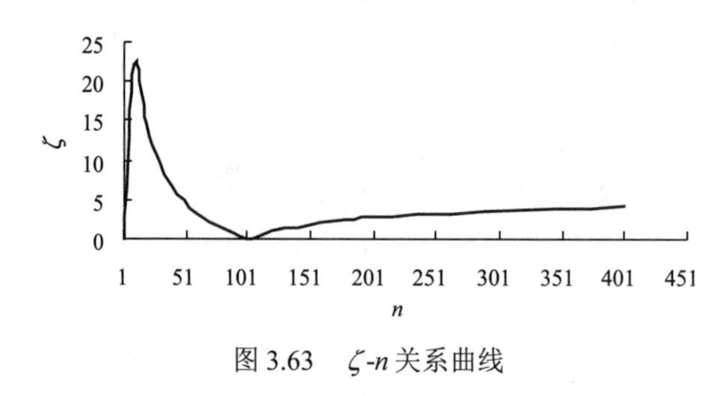

图 3.63　ζ-n 关系曲线

由图 3.63 可知，除去 n 取 1 和 100 的情况，ζ 的值都不为 0，并且 n 取值大于 100 以后，ζ 的变化趋于平缓。

根据以上试验及分析可知，由于加固层的弹性模量相比原混凝土梁较大，因此在未出现界面剥离时加固梁跨中加固层与原混凝土梁的黏结界面上在一般情况下存在剪应力，该剪应力与跨中截面上的弯矩成正比，并且随加固层与原混凝土梁的弹性模量比的变化而变化。当弯矩达到一定数值、黏结界面上的剪应力大于界面黏结抗剪强度时，跨中黏结界面上便出现水平向剥离裂缝。

3.3.5　小结

本节对 10 根采用 TRC 加固的 RC 梁和 2 根对比梁进行了正截面抗弯性能的试验研究，试验结果表明该加固方法能有效提高梁的正截面抗弯承载力和刚度，有效地抑止裂缝的发展，具有良好的加固效果。试验研究及分析结果可概要总结如下：

(1) 在梁底受拉区叠合 TRC 进行抗弯加固，可提高梁的抗弯承载力，且随加固织物层数增多，提高幅度加大，但呈非线性比例关系。加固梁的开裂荷载、屈服荷载、极限荷载提高范围分别为 11%～27%，6%～27%，3%～30%。

(2) TRC 加固梁在刚度提高的同时有效减小了梁极限变形，且随加固织物层数的不同而变化。与对比梁相比，加固梁的开裂荷载下的挠度减小比例分别为 22.1%、29.5%、24.8%、28.6%、极限变形减小比例分别为 51.2%、60%、62.3%、63.7%。

(3) 采用单双层织物进行抗弯加固时，破坏都因加固层的配网率不足而被拉断，故需要考虑 TRC 中织物的最小配置率，即最小配网率。当采用三层以上织物加固时，部分梁在加固层刚度变化位置有斜向裂缝出现，说明梁有由弯曲破坏形态向剪切破坏转变的趋势，故 TRC 中织物的最大配网率也同样需要关注。

(4) 加固梁的裂缝大体呈现出“细而密”的特点。TRC 加固层的存在能有效抑止裂缝的开展，使加固后梁的裂缝形态有明显改观。

(5) 梁加固后，其纵向钢筋的拉应变及梁顶混凝土压应变都出现了不同程度的滞后现象，在相同承载力下，应变减小。

(6) 采用 TRC 对钢筋混凝土梁进行抗弯加固，加固层与原构件混凝土间能很好地协同工作，且加固层所需的黏结锚固长度较短，但具体长度有待进一步研究。

(7) 采用换算截面法对 TRC 加固梁在使用阶段的开裂荷载计算公式进行了理论推导，其主要原则是将截面上的钢筋和 TRC 材料，通过弹性模量比值的折换，得到等效的匀质材料换算截面，从而建立相应的计算公式，计算结果与试验值能较好地吻合。

(8) 根据对 TRC 加固梁弯曲破坏模式的分析，建立了不同极限状态下矩形截面梁的抗弯承载力计算模型，理论计算结果与试验实测值比较吻合。

(9) 采用 TRC 薄板进行 RC 梁的抗弯加固时，由于 TRC 加固层高弹模的特性，使得加固梁跨中一定范围内加固层与老混凝土黏结界面上存在较大的剪应力，建议当加固层织物层数较多时在跨中植抗剪销栓。

3.4　织物增强混凝土薄板加固 RC 受弯构件斜截面强度试验研究

本小节对 5 根采用 TRC 加固的 RC 梁及 5 根对比梁进行了抗剪试验研究，并对加固后梁的破坏特征、受剪力学性能及裂缝开展等情况进行了分析。

3.4.1　织物增强混凝土薄板加固 RC 受弯构件斜截面强度试验方案

1. 抗剪加固方法对比

TRC 的抗剪加固粘贴方式可借鉴 FRP 的粘贴方式，有侧面粘贴、U 型包裹和全包缠绕三种方法，如图 3.64 所示。

(a) 侧面粘贴

(b) U 型包裹

(c) 全包缠绕

图 3.64　抗剪加固方法

选择一种合理的梁的受剪加固方案，需要根据实际的工程情况，综合考虑现场的可操作范围、梁本身的受力状态、对加固后受剪承载力提高幅度的要求、经济因素等情况确定，不同加固方式的优、缺点比较见表 3.18。

表 3.18　不同加固方法对比

加固方式	侧面粘贴	U 型包裹	全包缠绕
优点	易于施工	锚固黏结较好，加固效果较好	加固效果最佳，最不易剥离
缺点	容易剥离，加固效果较差，承载力提高幅度较小	自由端角部易剥离	实际工程中不易实现

综合考虑各种因素，本试验采取 U 型包裹的方式对 RC 梁进行粘贴加固。

2. 试验设计

共设计制作 10 根试验梁，根据剪跨比的变化将试验梁分为 5 组，具体分组情况见表 3.19。试验梁编号意义为：L 剪跨比-加固层数，如 L1.0-0 为剪跨比为 1.0 的对比梁，L1.0-2 为剪跨比为 1.0 铺设 2 层织物网的加固梁。TRC 加固层采用的碳纤维织物基本力学性能和规格参见表 2.7，高性能细骨料混凝土(砂浆)的配制参见表 3.2。

表 3.19　试验梁分组

试件分组		加固织物网层数	剪跨比
L1.0	L1.0-0	0	1.0
	L1.0-2	2	
L1.5	L1.5-0	0	1.5
	L1.5-2	2	
L2.0	L2.0-0	0	2.0
	L2.0-2	2	
L2.5	L2.5-0	0	2.5
	L2.5-2	2	
L3.0	L3.0-0	0	3.0
	L3.0-2	2	

试验梁为矩形截面简支梁，截面尺寸为 $b \times h$＝150mm×270mm。混凝土设计等级为 C15，混凝土保护层厚度为 25mm，跨度 L＝2200mm，净跨 L_0＝2000mm，梁纵筋 3ϕ18(HRB335)，受压筋 2ϕ18 (HRB335)，箍筋ϕ8@150 (HPB235)，详细配筋见图 3.65。

采用 U 型包裹方法，于梁的两端弯剪区段进行铺设加固，混凝土梁两侧面进行凿糙处理，粗糙度为 3mm 左右，梁底进行倒角处理，倒角半径 20mm。加固层所用纤维网未经浸胶处理，纤维与梁轴线方向成 45° 斜向铺设两层，梁每侧均有一层碳纤维和玻璃纤维与斜裂缝方向垂直。整个加固层厚 20mm。

3. 加载装置及加载方式

加载方案示意图如图 3.66 所示，通过分配梁实现两点对称加载。试验在盐城工学院结构实验室进行，采用 50T 电液伺服加载系统(杭州邦威机电控制工程有限公司生产，

JAW-500A 型计算机控制电液伺服加载系统，最大试验压力 500kN，试验力精度±1%）加载，现场装置见图 3.67。

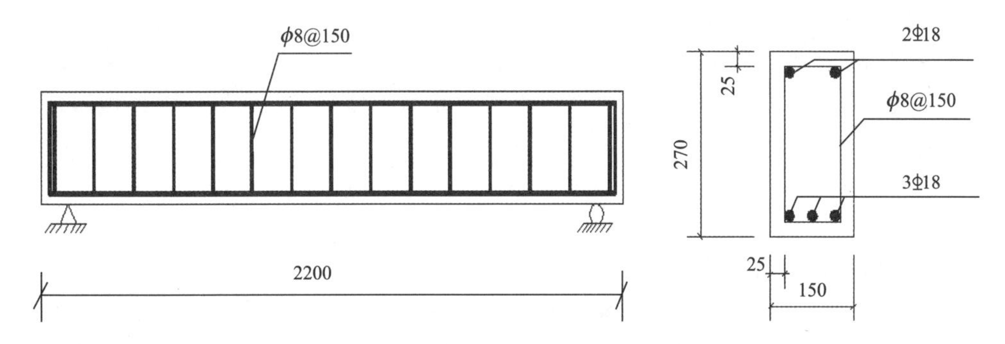

图 3.65　试验梁截面尺寸及配筋图（单位：mm）

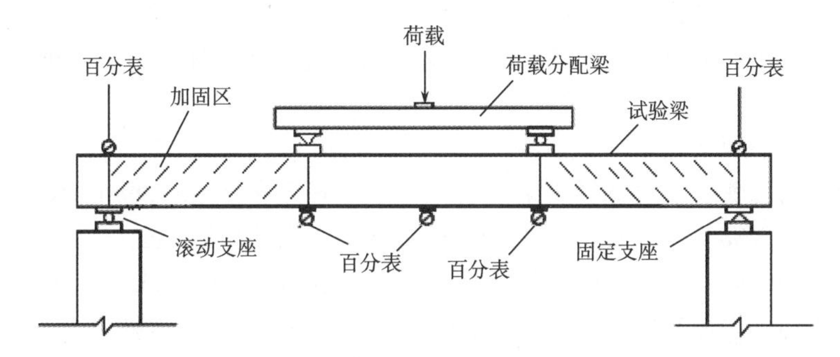

图 3.66　加载装置示意图

图 3.67　现场装置图

试验采用正向单调分级加载方式，通过计算机手动控制各级荷载的大小，每级加载0.5t，在梁开裂前及钢筋屈服后分级适当加密，以确定梁的开裂荷载、屈服荷载及极限荷载。每级荷载持荷 3～5min，待仪表的示值基本稳定后观察裂缝发展情况，并记录纵筋箍筋及混凝土应变，随后继续下一级加载。各试件在正式加载前，为消去试件装置加载前存在的空隙，并使试验结构构件的各部进入正常工作状态，对试件进行预加载，预加荷载值为 0.5t。

4. 测试内容

1) 荷载值和裂缝情况

包括弯曲裂缝开裂荷载值、斜裂缝开裂荷载值、极限破坏荷载值等；采用肉眼观察的方式观察裂缝出现及开展过程，裂缝宽度用刻度放大镜现场测读，三次观测取试件试验区段内最大裂缝宽度值作为实测值。每级加载后观测裂缝的扩展情况，测量裂缝宽度，人工测算斜裂缝出现的条数、位置及倾角(试验梁侧面、底面抹上白灰，并画方格网，以便观察裂缝)。试件破坏后进行摄影记录裂缝。

2) 纵筋和箍筋应变测量

纵筋和箍筋应变值通过预埋于梁箍筋上的电阻应变片(3mm×2mm 胶基应变片，灵敏系数：2.05%±0.28%)量测，在混凝土浇筑前，分别在纵筋和箍筋上粘贴应变片，纵筋的应变片布置在加载处，箍筋的应变片粘贴于沿加载点与支座的连线处，如图 3.68 所示。试验数据采集通过靖江东华 3816 静态应变测试系统连接笔记本电脑人工采集，记录各级荷载下钢筋的应变值，以弄清加载过程中纵筋和箍筋应力的发展、变化情况及试件破坏时箍筋的应力状态。

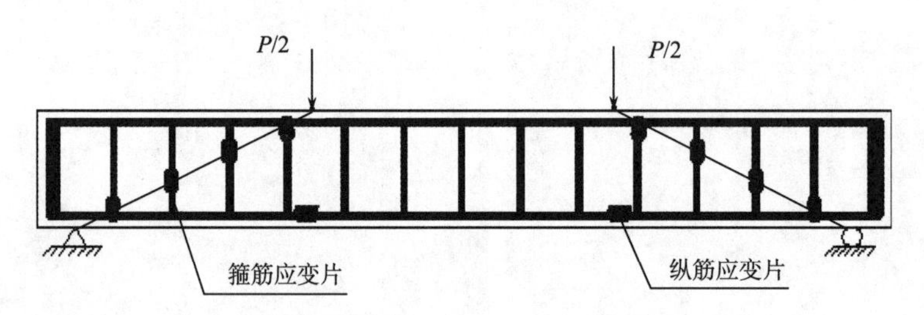

图 3.68　纵筋、箍筋应变片粘贴位置

3) 混凝土应变测量

在梁跨中纯弯段梁底位置、剪跨部分与预测斜裂缝相垂直的位置分别贴有混凝土应变片(5mm×60mm，灵敏系数：2.086%±0.2%)，粘贴位置如图 3.69 所示。试验中通过靖江东华 3816 静态应变测试系统记录各级荷载下混凝土和 TRC 表面的应变值，以此作为判别试件破坏形态的依据之一并观察斜裂缝开展，判定斜裂缝荷载。

4) 挠度测量

在试件的跨中、加载点位置及支座处分别设立挠度测点，见图 3.70。跨中和加载点处的测点直接设在梁底，支座处的在梁顶位置用 502 胶粘贴薄玻璃片作为百分表的量测支点，百分表(YDH-50 型，溧阳市仪表厂生产)连接在笔记本上由电脑自动计数。百分表均由磁性表架固定在压力试验的试验台上。

应变及挠度数据测量采集系统实物图见 3.70。

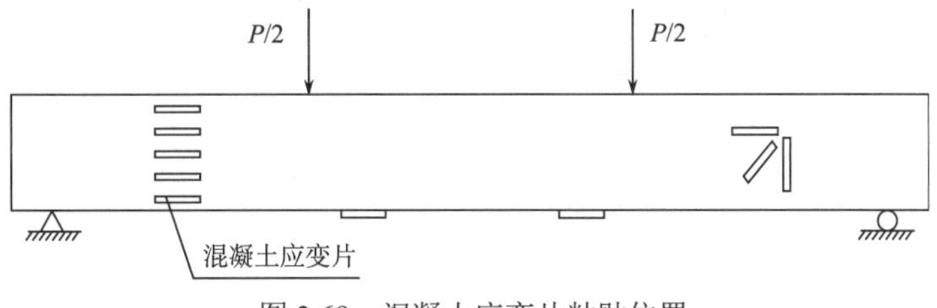

图 3.69　混凝土应变片粘贴位置

图 3.70　DH3816 数据采集系统实物图

3.4.2　织物增强混凝土薄板加固 RC 受弯构件斜截面强度试验结果

1. 试验结果

各试验梁的实测原始参数见表 3.20。

试验梁实测开裂荷载、极限荷载、跨中最大挠度及破坏形态等主要试验结果汇总见表 3.21。

表 3.20　试验梁参数

试件编号		b /mm	h /mm	L_0 /mm	M /mm	梁实测混凝土强度 /MPa	加固层混凝土强度 /MPa
L1.0	L1.0-0	150.7	272.3	2009.2	245.5	19.8	—
	L1.0-2	150.3	275.5	2007.3	249.7	18.3	53.4
L1.5	L1.5-0	150.2	279.6	2005.3	364.8	19.6	—
	L1.5-2	150.5	276.7	2004.3	367.5	17.0	53.4

续表

试件编号		b/mm	h/mm	L_0/mm	M/mm	梁实测混凝土强度/MPa	加固层混凝土强度/MPa
L2.0	L2.0-0	151.1	278.2	2003.5	490.5	19.7	—
	L2.0-2	150.4	275.3	1999.2	487.2	20.5	53.4
L2.5	L2.5-0	150.4	276.4	2000.4	612.7	17.4	—
	L2.5-2	150.3	274.9	2003.2	611.9	19.4	53.4
L3.0	L3.0-0	150.6	275.3	2003.5	736.2	19.8	—
	L3.0-2	151.2	277.3	2002.9	735.7	20.9	53.4

注：b，h，L_0分别为试件的宽度、高度和净跨的实测值；M为试件支座与加载点的距离。

表 3.21　梁试验结果

试件编号		开裂荷载/kN		极限荷载/kN		抗剪承载力	挠度/mm	破坏形态
		P_{cr}	提高幅度	P_{max}	提高幅度	$P_{max}/2$		
L1.0	L1.0-0	81	—	326	—	163	9.04	斜压破坏
	L1.0-2	95	17%	339	4%	170	9.85	梁端及支座处混凝土压碎，随后加固层剥离
L1.5	L1.5-0	93	—	225	—	113	10.54	剪压破坏
	L1.5-2	120	29%	282	25%	141	14.36	剪压破坏
L2.0	L2.0-0	75	—	165	—	83	6.83	剪压破坏
	L2.0-2	120	60%	253	53%	127	11.68	剪压破坏
L2.5	L2.5-0	70	—	138	—	69	7.86	斜拉破坏
	L2.5-2	106	51%	232	68%	116	21.53	弯曲破坏，弯剪区斜裂缝贯通，纯弯区纵筋屈服
L3.0	L3.0-0	70	—	142	—	71	8.72	斜拉破坏
	L3.0-2	100	43%	180	27%	90	33.79	斜拉破坏，同时梁顶混凝土压碎

注：表中挠度值为各梁破坏时跨中挠度。

混凝土对比梁及加固梁达到斜截面承载力的极限状态或正常使用极限状态的标志主要有：①箍筋与斜裂缝交汇处的斜裂缝宽度达到 1.5mm；②斜裂缝端部受压区混凝土剪切破坏；③沿斜裂缝混凝土斜向受压破坏；④沿斜截面撕裂形成斜拉破坏；⑤试验梁跨中弯曲破坏；⑥加固层的剥离破坏；⑦梁端混凝土压裂；⑧加载点混凝土压碎。

2. 试验梁破坏现象

以下为各试验梁的试验现象及破坏特征。

1) 对比梁 L1.0-0

加载初期，纵筋随荷载增加应变逐渐变大，箍筋应变显示均为受压状态。当荷载增加到 80kN 时，剪跨区出现第一条斜裂缝，继续增加荷载，裂缝顶部斜向加载点发展，支座附近箍筋受压应变明显变小，加载点附近箍筋转为受拉状态。当荷载增加到 190kN 时，剪跨区出现多条斜裂缝，斜裂缝大致相互平行且与梁纵轴成约 45° 倾角。随后，斜裂缝逐渐加宽，箍筋应变值急剧增大。至 326kN 时，剪跨区被分为多个斜向短柱，随后试件突然破坏，破坏类型为典型的斜压破坏(图 3.71)，裂缝详图见图 3.72。构件破坏时跨中及加载点挠度较小，跨中最大挠度为 9.04mm。

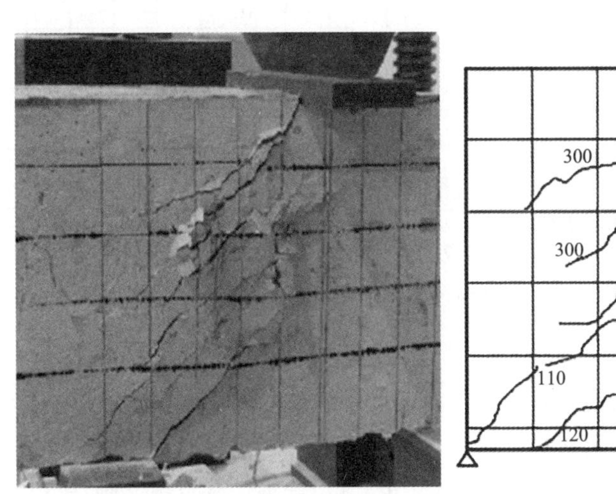

图 3.71　L1.0-0 梁破坏照图

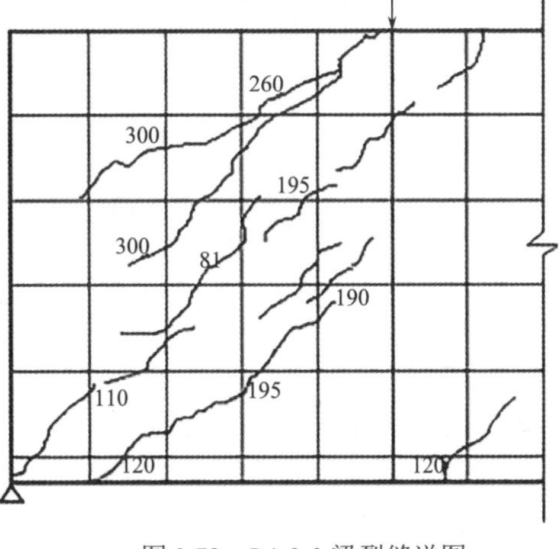

图 3.72　L1.0-0 梁裂缝详图

2) 加固梁 L1.0-2

在荷载为 95kN 时混凝土梁剪弯区侧面出现第一条斜裂缝，裂缝位于支座上部位置，此时此处箍筋处于受拉状态，之后逐渐转为受压。在荷载为 110kN 时梁跨中靠近加载点位置出现一条弯曲裂缝，170kN 时梁端部出现裂缝。加载至 230kN 时，跨中弯曲裂缝达 1.3mm，并向加载点延伸，箍筋压应变急剧增加。继续加载到 339kN 时混凝土梁支座处混凝土突然压碎，见图 3.73，且梁端压裂，加固层端部剥离破坏，见图 3.74。由图 3.74 可见，加固层剥离时老混凝土被拉出，显示了加固层与梁良好的黏结性能。加载过程中裂缝发展见图 3.75。

图 3.73　L1.0-2 梁压碎破坏照图

图 3.74　梁端压裂及加固层剥离特写

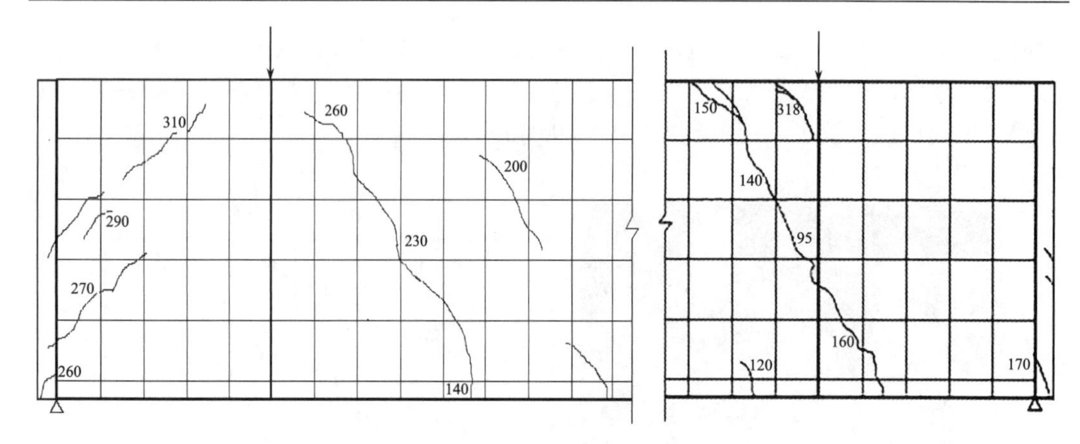

图 3.75　L1.0-2 梁裂缝详图

3) 对比梁 L1.5-0

开裂荷载为 90kN 时，裂缝出现在剪跨区梁中间位置，继续施加荷载，裂缝斜向加载点方向发展，箍筋应变及纵筋应变持续增大。加载点附近箍筋转为受拉状态，纵筋应变继续增加。当荷载增加到 188kN 时，斜裂缝宽 1.3mm 并沿加载点至支座连线贯通。随后，斜裂缝宽度逐渐增加，箍筋应变值急剧增大。至 225kN 时，梁沿斜裂缝突然撕裂，构件突然剪切破坏，破坏现象见图 3.76 和图 3.77。

图 3.76　L1.5-0 梁破坏照图

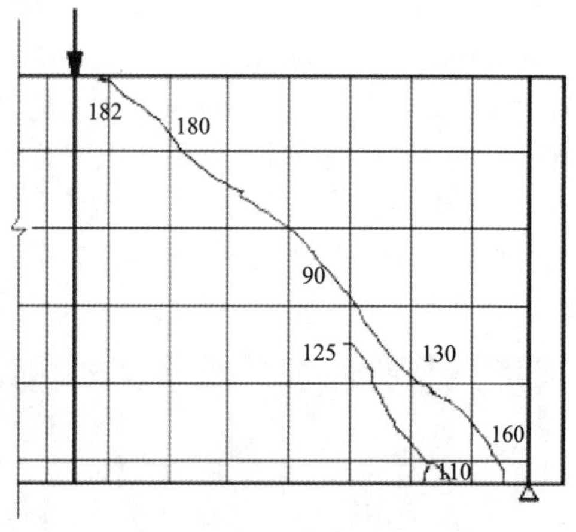

图 3.77　L1.5-0 梁裂缝详图

4) 加固梁 L1.5-2

加载初期箍筋应变较小，纵筋应变线性增长。加载至 120kN 时，梁剪跨区混凝土开裂，纵筋应变持续增加，箍筋应变仍较小。继续施加荷载至 150kN，箍筋应变急剧增加，一条主斜裂缝贯通，裂缝宽度达 1.0mm。荷载增加到 200kN 时，能持续听到加固层纤维“啪啪”的断裂声。随后，斜裂缝宽度逐渐加宽，箍筋应变值急剧增大。至 282kN 时，梁沿斜裂缝突然撕裂，构件破坏，破坏现象见图 3.78 和图 3.79。

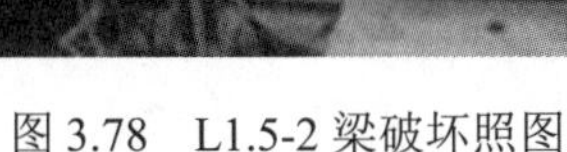
图 3.78　L1.5-2 梁破坏照图

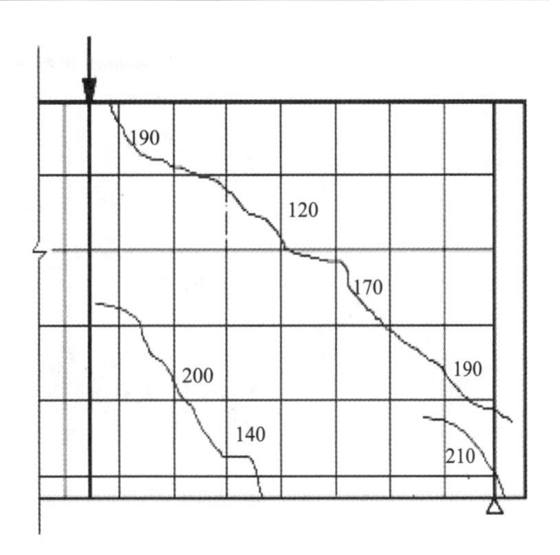

图 3.79　L1.5-2 梁裂缝详图

5）对比梁 L2.0-0

开裂荷载为 75kN 时，裂缝出现在梁剪跨区中间位置，继续施加荷载至 100kN 时，在第一条裂缝下方出现多条裂缝，裂缝逐渐连通形成一条主斜裂缝，并沿梁加载点至支座连线位置贯通。125kN 时裂缝宽达 1.3mm，此时箍筋应变及纵筋应变增加较快。当荷载增加到 165kN 时，构件突然剪切破坏，破坏现象见图 3.80 和图 3.81。从加载直至破坏，梁跨中位置未见弯曲裂缝出现。

图 3.80　L2.0-0 梁破坏照图

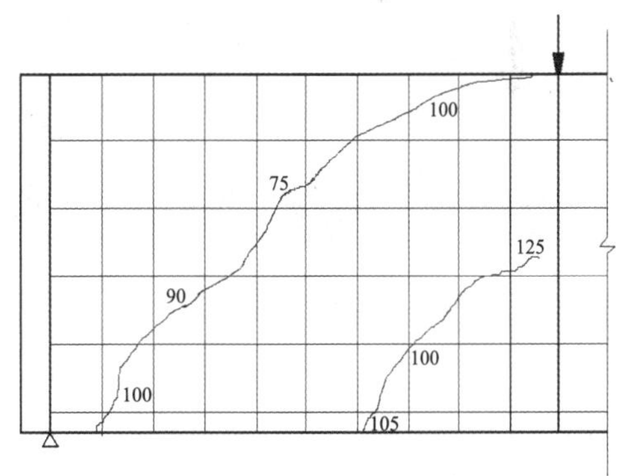

图 3.81　L2.0-0 梁裂缝详图

6）加固梁 L2.0-2

加载初期随荷载增加纵筋应变增加明显，箍筋应变变化较小，加载至 120kN 时，出现剪切斜裂缝，继续施加荷载至 150kN，箍筋应变急剧增加，主斜裂缝宽度达 1mm，加固层出现多条细密的斜裂缝。此后继续加载，能陆续听到纤维束的断裂声。当加载至 253kN 时，梁沿斜裂缝突然撕裂，构件破坏，破坏现象见图 3.82 和图 3.83。试验梁开裂以后纵筋应变变化较小，直至破坏，纵筋未屈服。

图 3.82 L2.0-2 梁破坏照图

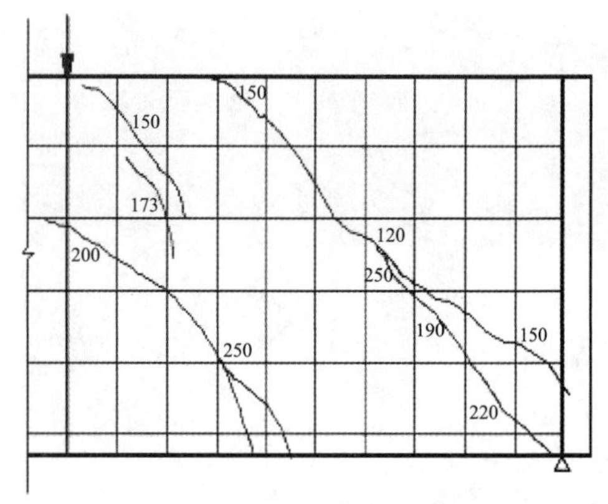

图 3.83 L2.0-2 梁裂缝详图

7) 对比梁 L2.5-0

本组剪跨比较大，试验加载至 70kN 时，即发现有斜裂缝出现，裂缝出现后箍筋应变即急剧增加。继续施加荷载，斜裂缝贯通梁剪跨区截面。加载至 138kN 时，梁沿斜裂缝突然撕裂，构件表现为近似斜拉破坏特征，破坏现象见图 3.84 和图 3.85。试验梁从加载至破坏只有一条斜裂缝出现且裂缝发展急促。

图 3.84 L2.5-0 梁破坏照图

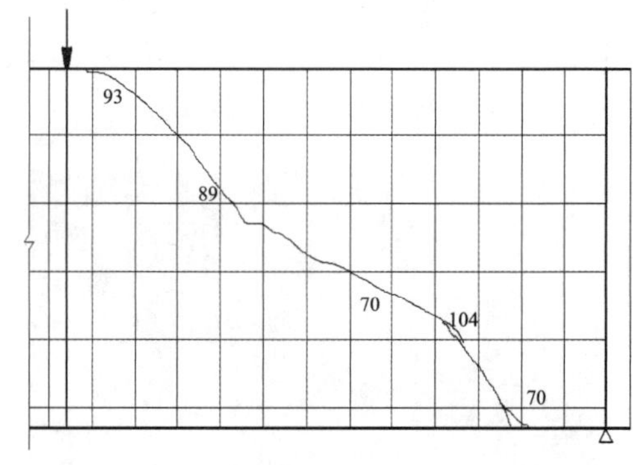

图 3.85 L2.5-0 梁裂缝详图

8) 加固梁 L2.5-2

纵筋应变随荷载的增加呈线性增长趋势，加载至 110kN 时，跨中出现弯曲裂缝，同时弯剪段出现斜裂缝。继续施加荷载，梁跨中底部出现多条弯曲裂缝，并向上延伸发展。加载至 150kN 时，斜裂缝贯通形成一条主裂缝。随后箍筋应变变大，纵筋应变仍按加载初期的线性规律增长。至 232kN 时，加固梁纵筋屈服，跨中混凝土上部压碎，构件表现为弯曲破坏，破坏现象见图 3.86。本试验梁剪切斜裂缝与弯曲裂缝同时发展，弯曲破坏时弯剪区斜裂缝宽度为 1.0mm，见图 3.87，跨中挠曲变形达 21.5mm。加载过程中裂缝发展见图 3.88。

图 3.86　L2.5-2 梁跨中弯曲裂缝照图　　　图 3.87　L2.5-2 梁剪切斜裂缝照图

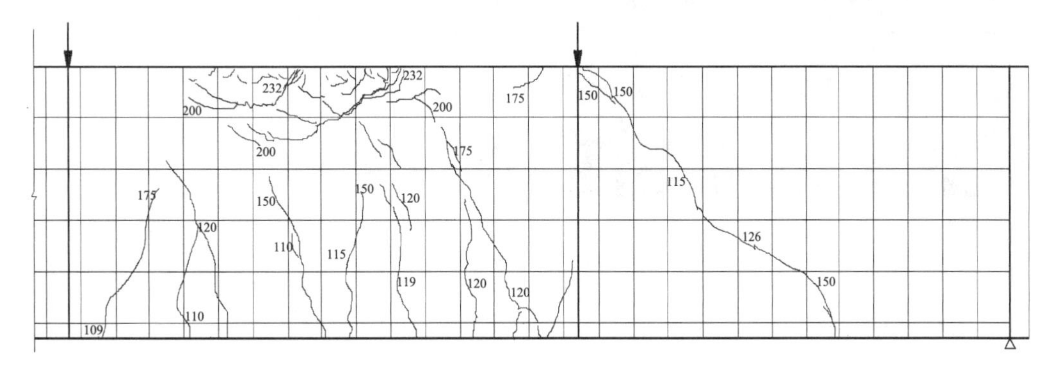

图 3.88　L2.5-2 梁裂缝详图

9) 对比梁 L3.0-0

开裂荷载为 70kN 时，裂缝沿加载点与支座连线位置出现即贯通，继续施加荷载，94kN 时裂缝斜宽达 0.9mm。至 142kN 时，梁沿斜裂缝突然撕裂，为斜拉破坏类型，破坏现象见图 3.89，斜裂缝发展详图见图 3.90。破坏时跨中挠度较小，为 8.72mm。

图 3.89　L3.0-0 梁破坏照图

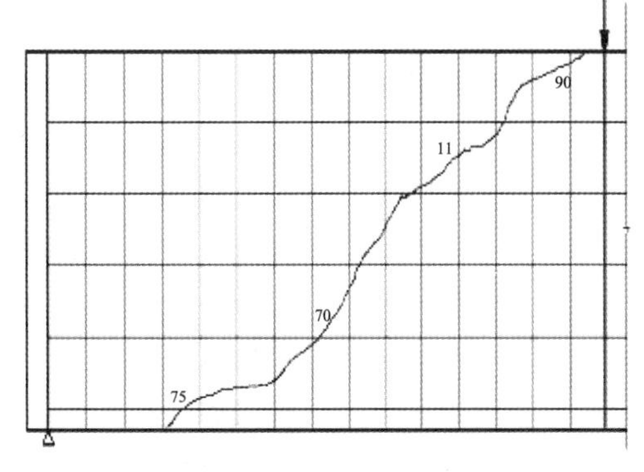

图 3.90　L3.0-0 梁裂缝详图

10) 加固梁 L3.0-2

加载至 100kN 时出现斜裂缝，斜裂缝发展迅速，随后跨中纯弯段梁底开裂。至 150kN

时斜裂缝宽度已达 1.4mm，随后加固层纤维陆续被拉断，但此时梁仍能继续承载，160kN 后，弯曲裂缝继续向梁顶发展，此时斜裂缝最大宽度已达 3mm。至 184kN 时，沿斜裂缝突然撕裂，加固梁表现为斜拉破坏，与此同时梁顶混凝土压碎，跨中挠曲变形达 33.79mm，纵筋未见屈服。跨中混凝土压碎破坏现象见图 3.91 和图 3.92。

图 3.91　L3.0-2 梁破坏照图

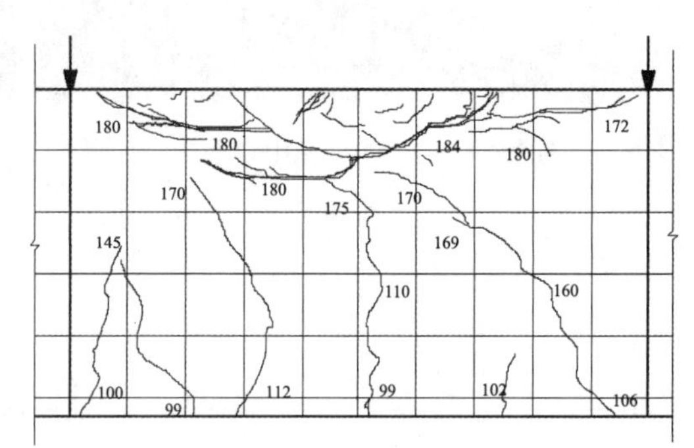

图 3.92　L3.0-2 梁裂缝详图

3. 试验结果分析

1) 破坏形态变化

目前已知的 TRC 加固 RC 梁的剪切破坏有以下 4 种破坏类型：

(1) 纵筋箍筋的屈服破坏；

(2) 压区混凝土压碎破坏；

(3) 加固层与原混凝土梁一起剪切破坏；

(4) 加固层的剥离脱落。

前两种破坏模式是加固梁破坏形态发生了转移，由于梁弯剪段经加固后，其抗剪承载力大幅提高，使原本在弯剪区段破坏的梁转移到了在纯弯区段发生破坏，从而纵筋屈服或混凝土压碎破坏。第三种整个加固层的破坏是由于加固层受力超出了细骨料混凝土中织物的抗拉强度而产生的。首先，剪切斜裂缝内部的单根纤维丝会发生断裂，从而导致荷载重分布，然后，更多的纤维断裂直至整个加固层拉裂破坏。破坏表现为织物和细骨料混凝土之间脱黏，纤维在剪切裂缝处断裂或被拔出。第四种加固层的脱黏剥离是由于受力超出了加固层和老混凝土之间的黏结抗拉强度。破坏面发生在老混凝土与加固层之间的界面黏结处，也有极少数发生在老混凝土中。

本试验中各构件的最终破坏形态基本上仍为以上四种破坏类型，但由于试验剪跨比的不同，各组梁具体的破坏形态变化较大，详述如下。

(1) L1.0 组：由于剪跨比较小，对比梁为典型的斜压破坏模式，因此不再详述。经加固后其极限抗剪承载力提高较小，但是加固梁的破坏形态变化较大，加固梁并未表现为在剪跨区混凝土压碎或加固层拉裂，而是由于支座处梁端被压裂破坏，随后由于变形较大，加固层端部脱黏剥离。加固层剥离的两个侧面中，一个破坏面发生在老混凝土与加固层之间的界面黏结处，另一个发生在老混凝土中，老混凝土被加固层拉出，此现象表明加固层与老混凝土较好的黏结性能。

(2) L1.5 组：剪跨比为 1.5 时，对比梁与加固梁均类似为剪压破坏，不同之处在于加固梁开裂荷载较大，裂缝较多，且开裂后裂缝较对比梁发展缓慢，极限荷载提高幅度较大。

(3) L2.0 组：本组试验梁补强加固效果明显，加固后抗剪承载力提高幅度最大。对比梁与加固梁均类似为剪压破坏，加固梁沿一条主斜裂缝撕裂破坏，加载过程中加固层出现多条斜裂缝，裂缝较细且多与主斜裂缝平行。

(4) L2.5 组：钢筋混凝土梁的剪切破坏形态不仅与剪跨比有着重要的联系，也与配箍率有重要关系，当配箍率较小或剪跨比较大时，通常发生斜拉破坏。本组试验对比梁为斜拉破坏，分析认为主要原因为配箍率较小所致。加固梁的破坏形态发生了转移，加固层虽有斜裂缝贯通加载点与支座之间，但之后斜裂缝宽度没有明显的发展变化。继续加载发现跨中纵筋应变线性增长直至屈服，上部混凝土压碎，最终加固梁表现为弯曲破坏形态。本组试验结果表明对于剪跨比较大或配箍率较小的梁，TRC 加固方法补强加固效率较高，能有效弥补原梁小配箍率的不足。

(5) L3.0 组：由于剪跨比较大且配箍率小，对比梁斜拉破坏。加固梁的破坏形式较为特殊，加载初期现象与剪跨比为 2.5 的加固梁相同，剪切裂缝与弯曲裂缝同时发展，但本组加固梁斜裂缝发展较为充分，加固层纤维陆续被拉断。由于弯剪区纵筋暗销作用的贡献，构件仍能继续承载，继续加载发现梁沿剪跨区斜裂缝突然撕裂破坏，跨中纯弯区梁顶混凝土压碎，构件破坏。加固梁仍表现为斜拉破坏，而破坏时挠度较大，延性发展明显。

2) 承载力分析

由表 3.21 试验结果及图 3.93～图 3.96 可知，采用 TRC 对梁进行抗剪加固后，其开裂荷载及极限荷载都有不同程度的提高，提高幅度的大小与剪跨比有着密切的联系。

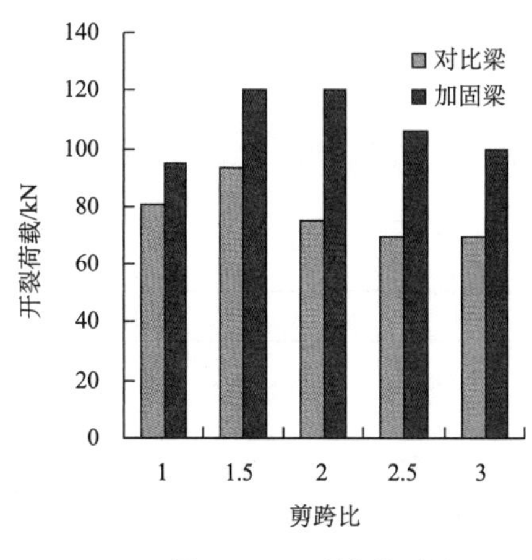

图 3.93　开裂荷载对比

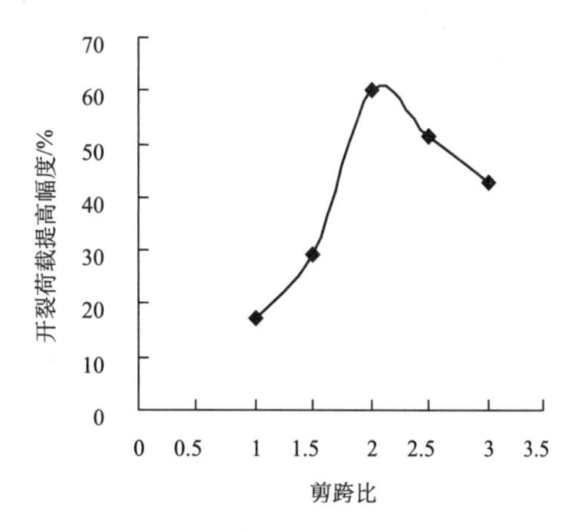

图 3.94　加固梁开裂荷载提高幅度

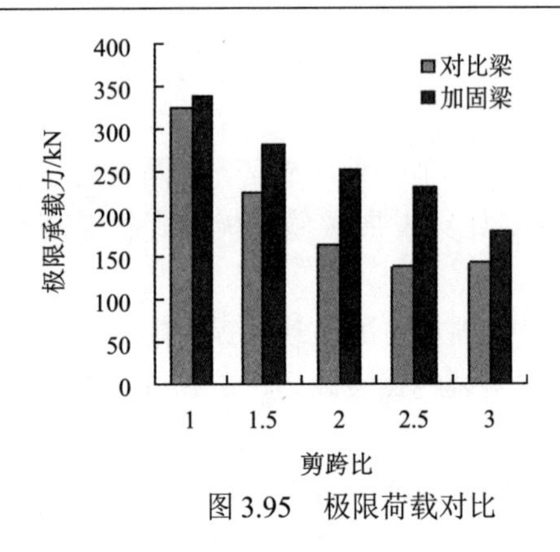

图 3.95　极限荷载对比

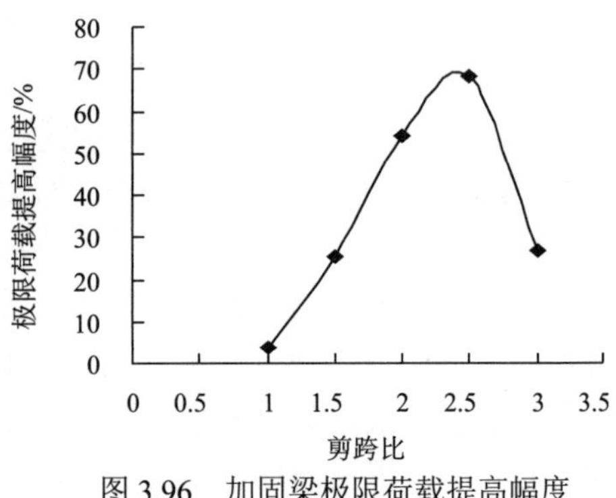

图 3.96　加固梁极限荷载提高幅度

剪跨比 λ=1 时，极限荷载提高幅度较小，仅为 3.9%，开裂荷载提高 17%，提高幅度较大；λ=1.5 时，开裂荷载提高近 30%，极限荷载提高 25%；λ=2.0 时，开裂荷载提高 60%，极限荷载提高 54%；λ=2.5 时，开裂荷载提高 51%，极限荷载提高 58%；λ=3.0 时，开裂荷载提高 43%，极限荷载提高 26%。

剪跨比较小时，剪跨区混凝土拱作用明显，加固层纤维不能充分发挥其抗拉性能，故极限承载力提高不大，而由于高性能细骨料砂浆层的存在，加固砂浆能与原混凝土协同受力，从而提高其开裂荷载。

剪跨比为 1.5～2.5 时，无论是开裂荷载还是极限荷载，均有较大幅度的提高。此种情况加固层均出现纤维拉断破坏的现象，加固层纤维能充分发挥其抗拉性能，且加固层能与原梁协同受力，表明 TRC 加固方法对剪跨比为 1.5～2.5 时的梁的加固效果较好。

剪跨比为 3.0 时，其开裂荷载提高幅度明显优于极限荷载，主要原因为：加固梁加固区段较长，加固层与原梁整体工作性能良好，使弯剪区抗剪性能提高。尽管如此，由于剪跨比较大，加固梁仍发生剪切破坏，致使极限荷载提高幅度较小。与对比梁相比，加固梁破坏时延性大幅提高，这也说明了 TRC 层加固效果良好。

3) 挠度分析

表 3.22 为各试验梁加载点和跨中最大挠度情况汇总。由表可知，剪跨比为 1.0 时，梁加固后挠度变化并不明显；当剪跨比较大时，加固梁加载点和跨中挠度较对比梁均有明显提高，其中剪跨比为 2.5、3.0 时，其挠度提高幅度达 200%以上，有效改善了原梁的脆性破坏形态。

表 3.22　各梁挠度情况

试件分组		对比梁/mm	加固梁/mm	提高幅度/%
L1.0	加载点	4.84	5.47	13.02
	跨中	9.04	9.85	8.96
L1.5	加载点	4.14	7.56	82.61
	跨中	10.54	14.36	36.24
L2.0	加载点	3.47	7.39	112.97
	跨中	6.83	11.68	71.01

续表

试件分组		对比梁/mm	加固梁/mm	提高幅度/%
L2.5	加载点	4.86	17.28	255.56
	跨中	7.86	21.53	173.92
L3.0	加载点	6.79	34.97	415.02
	跨中	8.72	33.79	287.50

图 3.97 为各组试验梁荷载-挠度曲线。图 3.98 为各组梁跨中最大挠度对比图。

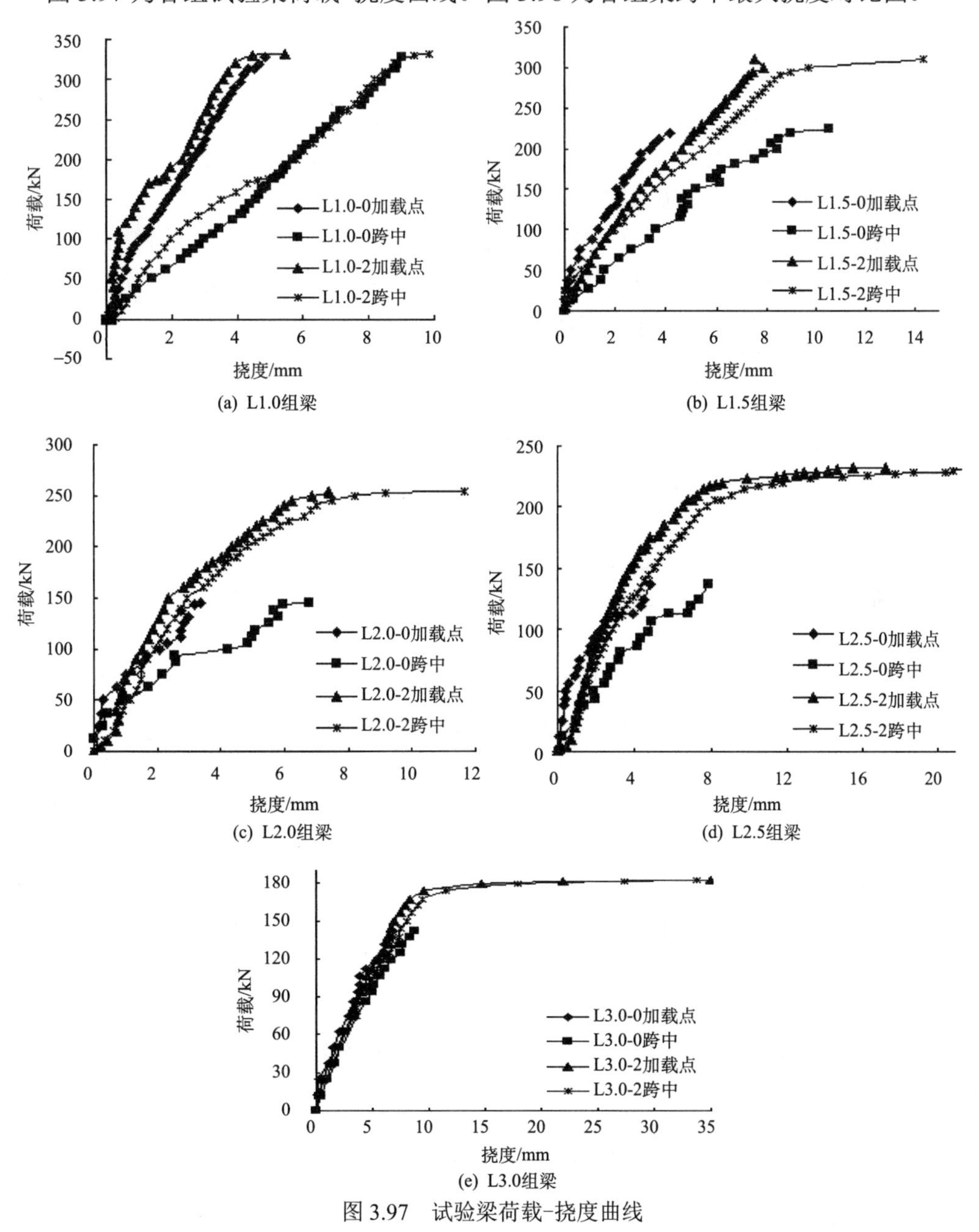

(a) L1.0组梁　(b) L1.5组梁

(c) L2.0组梁　(d) L2.5组梁

(e) L3.0组梁

图 3.97　试验梁荷载-挠度曲线

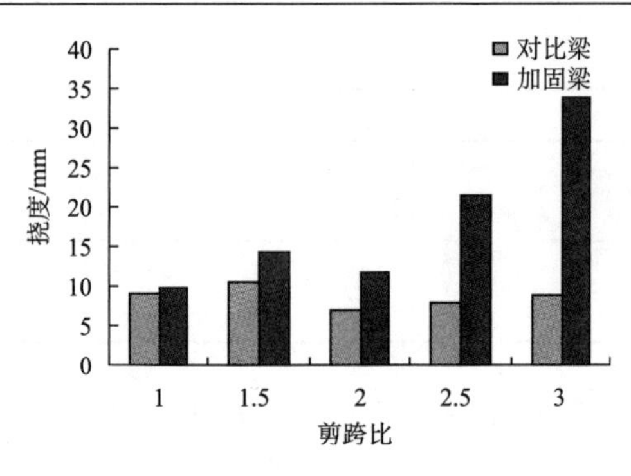

图 3.98　各梁跨中最大挠度

从以上试验梁的荷载-挠度曲线可以看出，加固后除 L1.0 组与对比梁曲线差异不大外，其他组与对比梁曲线差异较大，加固梁加载点与跨中挠度最值较对比梁均有明显增加，加固梁的刚度也有一定提高。

当剪跨比为 1.0 时，加固梁开裂前荷载-挠度曲线滞后于对比梁，这说明采用 TRC 加固可以提高梁的初始刚度；开裂后与对比梁曲线基本重合，说明本加固方法在构件开裂后对构件刚度提高有限；加固梁破坏时最大挠度提高及延性改善较小。当剪跨比为 1.5～3.0 时，加固梁加载点与跨中挠度最值及刚度较对比梁均有明显程度的提高，且剪跨比越大，加固梁较对比梁延性改善越好。

总之，本加固方法在一定程度上提高了梁的整体刚度和剪切变形能力，在剪跨比较大情况下效果更为明显。刚度增大可能是一方面由于加固所用高性能砂浆薄层对混凝土梁刚度的直接贡献；另一方面是由于加固层纤维限制了斜裂缝的开展，间接提高了梁的刚度；剪切变形能力的提高表现在对梁脆性破坏特征的改善，剪跨比为 1.5 及以上时，加固梁跨中最大挠度较对比梁有大幅提高，且有明显的延性发展阶段。

4）纵筋应变分析

图 3.99 为试验梁纵筋的荷载-应变曲线对比图。

从图中可看出，开裂前，加固梁与对比梁纵筋应变曲线相近；开裂以后曲线发展不同，剪跨比为 1.0 和 1.5 时的加固梁纵筋应变并未出现滞后现象，剪跨比为 2.0～3.0 时，加固梁纵筋应变滞后于对比梁。另外，TRC 加固层的存在，使得各加固梁的纵筋应变发展均较为充分，甚至当剪跨比为 2.5 时加固梁出现了纵筋屈服的现象。

5）箍筋应变分析

图 3.100 为各组梁部分箍筋荷载-应变曲线图，图中各组数据选用的是每组梁同一测点位置的箍筋应变数据。

从图中可以明显看出，各试验梁在初期加载时各点应变值基本上呈线性变化，箍筋在斜裂缝未形成前承担的剪力很小，基本不承受荷载，对开裂荷载值影响很小；而开裂以后多数曲线呈急剧增长趋势。

加固梁在开裂前与对比梁的箍筋应变曲线基本一致，加固梁开裂后，随着荷载的增加，箍筋应变增长速度加快，但较对比梁滞后且增长缓慢。剪跨比为 1.5～2.5 时，这种滞后现象异常严重，即使剪跨比为 1.0 和 3.0 时的加固梁箍筋应变滞后也很明显，由此可见，TRC 材料加固层能有效分担试验梁的剪切荷载，有效地抑制了斜裂缝的扩展与延伸，对构件抗剪承载力的提高贡献明显。

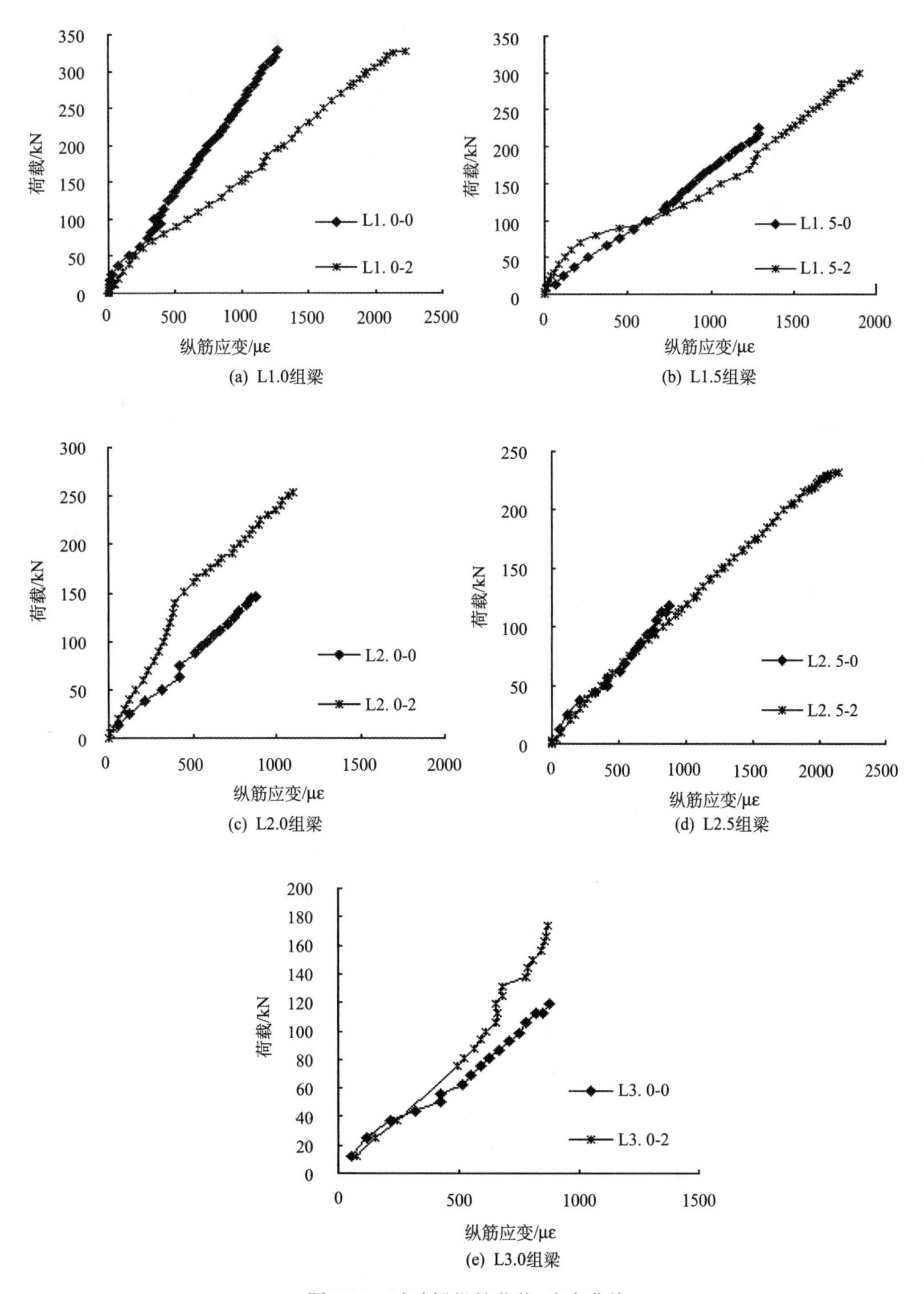

图 3.99　试验梁纵筋荷载-应变曲线

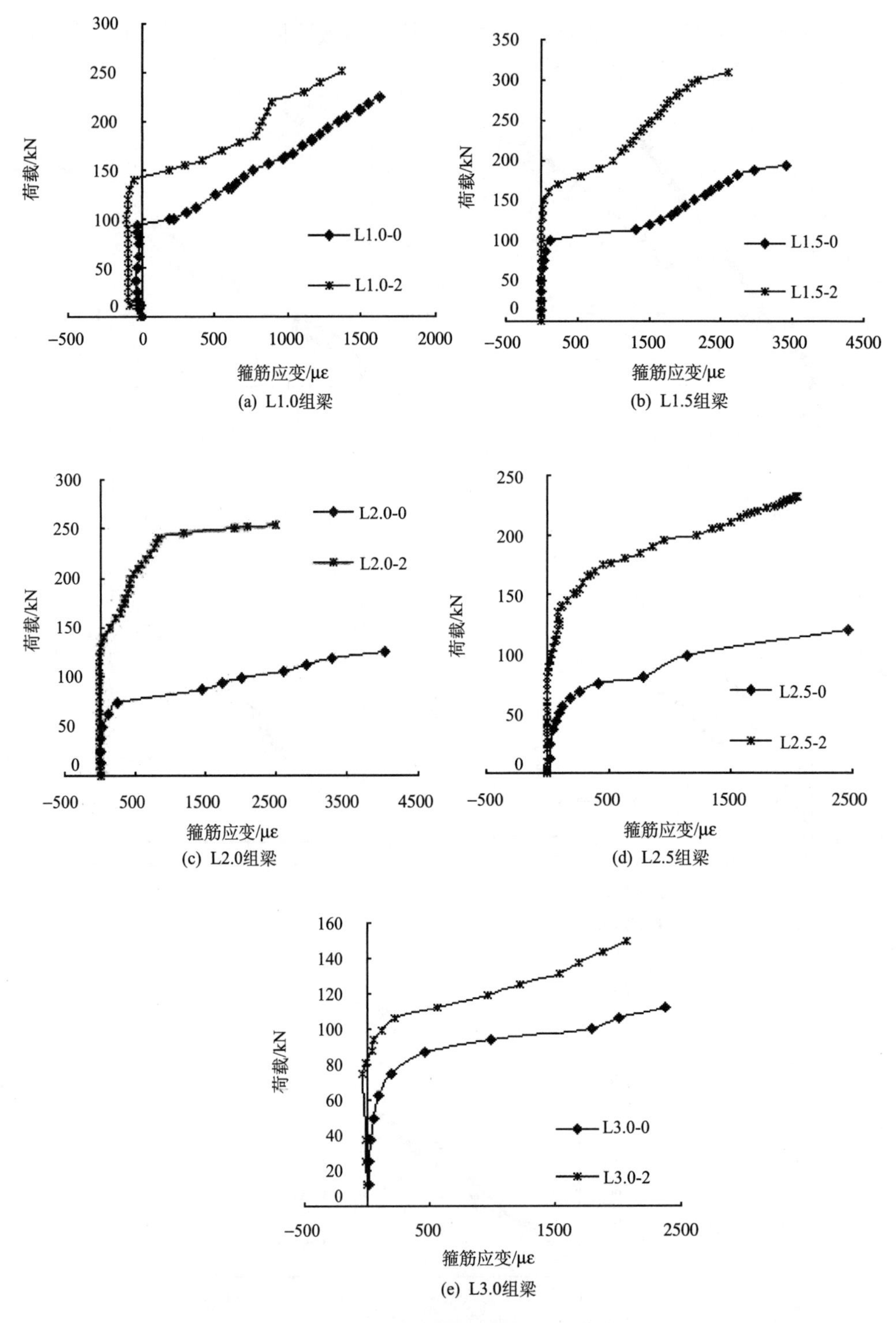

(a) L1.0组梁

(b) L1.5组梁

(c) L2.0组梁

(d) L2.5组梁

(e) L3.0组梁

图 3.100　试验梁箍筋荷载-应变曲线

6）混凝土拉应变

图 3.101 为各组试验梁混凝土拉应变的荷载-应变曲线。

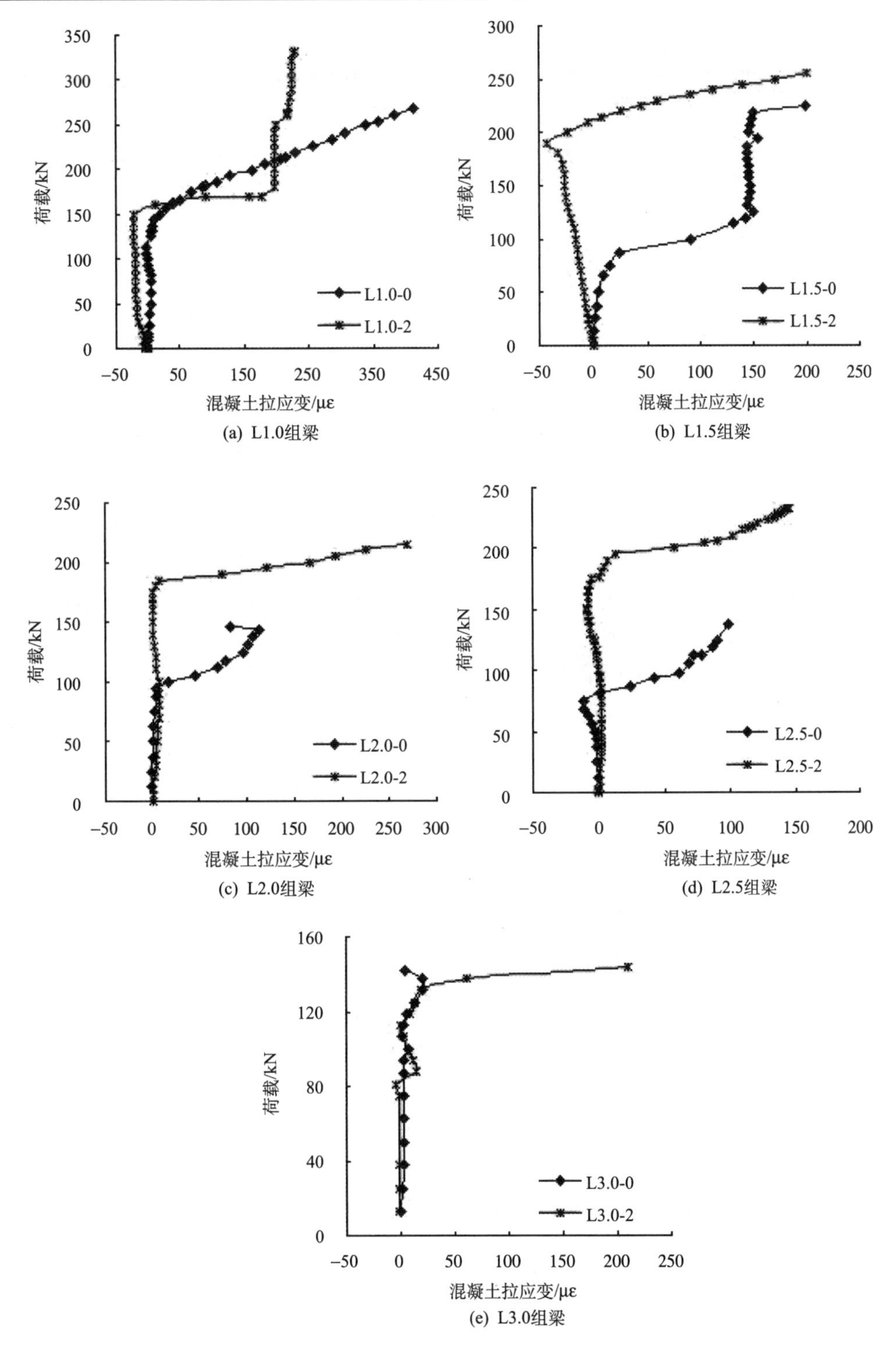

图 3.101 试验梁混凝土荷载-应变曲线

从图中可以看出，初载阶段混凝土压、拉应变增长基本一致。之后对于剪跨比为1.5～2.5的加固梁，其混凝土拉应变明显滞后于对比梁，应变增长较对比梁缓慢，这表明TRC能较好地参与工作，也说明对于剪跨比为1.5～2.5的构件，TRC加固效果较好；剪跨比为1.0和3.0的构件加固后，其混凝土的荷载-应变曲线较对比梁变化不大。

3.4.3 织物增强混凝土薄板加固RC梁抗剪承载力计算

1. 抗剪理论概述

钢筋混凝土结构的抗剪破坏机理是钢筋混凝土结构基本理论中的经典问题之一，对该问题的研究已有一百多年的历史。由于钢筋混凝土构件抗剪问题的复杂性，百年来国内外许多学者虽做了大量的研究，但对于剪力的传递至今还未形成一种统一完善的认识，其间研究者们考虑不同的因素，建立不同的抗剪计算模型，形成了不同的模型理论。

在1900年以前[61,62]，学者们对钢筋混凝土构件剪切破坏的机理存在两种看法：一派认为水平剪应力是导致剪切破坏的根本原因；另一派认为剪切破坏的主要原因是斜拉力。直到1889年Ritter等的试验证明了斜拉力理论的正确性，由此结束了两派之争。Ritter提出了钢筋混凝土梁剪切破坏中的斜拉概念，并采用桁架分析的方法，认为箍筋通过受拉来承担剪力，这使人们对钢筋混凝土构件的剪切破坏机理有了更清晰的认识。

在1900～1950年[63]，钢筋混凝土结构的剪切斜拉破坏机理得到了认可，但对影响抗剪承载力的因素研究还不够深入。

从1950年至今[64]，研究者们对钢筋混凝土结构抗剪承载力的影响因素进行了深入的研究。研究表明钢筋混凝土梁的剪切破坏是一个非常复杂的过程，受很多因素的影响。20世纪50年代早期，Clark提出了考虑剪跨比、纵向配筋率和混凝土强度的抗剪承载力计算公式，但对于剪跨比的定义只是通过单点加载来定义，对于其他加载情况没有说明。后来Illinois大学的研究表明剪跨比反映了正应力与剪应力的比值关系，可以采用M/V_d来定义，这是RC构件抗剪承载力研究中的一个重要突破。之后，以Hsu、Vecchio、Collins等为主导的一批学者在钢筋混凝土桁架理论的基础上提出了软化桁架理论和斜压场理论，有力地推动了抗剪承载力研究的发展。

总之，百年来众多研究者提出了许多剪切破坏分析方法，主要的分析方法有：桁架理论、极限平衡理论、塑性理论、非线性有限元分析方法及统计分析方法等。其中桁架理论包括古典桁架理论、软化桁架理论、压力场理论和桁架-拱理论等。

1) 古典桁架模型理论

20世纪初叶，Riffer和Morsch[65]就为了设计钢筋混凝土梁的腹筋而提出了桁架模型的概念，假定混凝土和钢筋都为匀质各向同性材料，将带有斜裂缝的钢筋混凝土梁用铰接桁架代替，以用于钢筋混凝土构件的抗剪机理分析，并进行强度计算。混凝土不能承受拉力，沿梁宽剪力是均匀分布的，桁架的受压上弦杆为混凝土，受拉的下弦杆是纵向受拉钢筋，腹杆则由受拉的箍筋及裂缝间受压混凝土斜杆构成，这样，就形成了由混凝土斜压杆、箍筋与纵向受拉钢筋组成的平面铰接桁架。他们假设混凝土斜杆与纵向受拉钢筋的夹角为45°，即斜裂缝的倾角为45°，就是45°桁架模型（又称古典桁架模型)，其简单的概念图见图 3.102 所示。由于该模型设计钢筋混凝土梁腹部抗剪钢筋概念明确，根据平衡条件导出方程也较简单，所以一直沿用至今。但是在剪力分配方面并没有考虑各荷载阶段裂缝分布不同、应力状态不同而带来的差别；在计算箍筋应力时也没有考虑腹板对刚度的影响，不能满足变形协调的原则；与试验结果相比，相对保守。

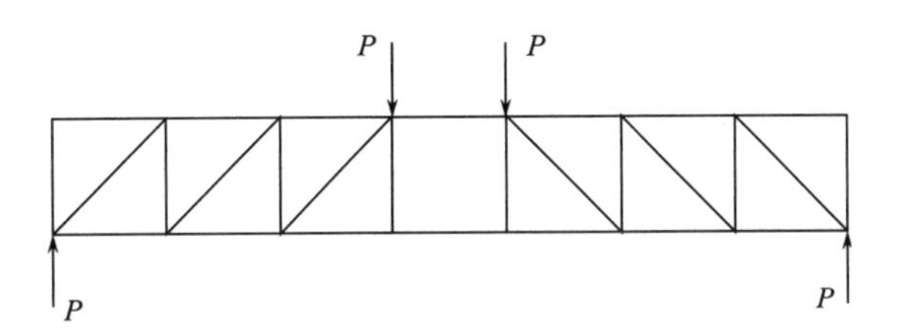

图 3.102　古典桁架模型

此后，又有许多学者进行了研究，认为压杆倾角未必一定是 45°，而应是在一定范围内变化的，称为变角桁架模型。我们可以通过图 3.103 来分析桁架的力学关系，设箍筋以 β 角倾斜于梁纵轴，斜压杆(即被斜裂缝分割的混凝土悬臂)承受的压力 C_0 与水平方向夹角为 α，荷载剪力为 V_s，T_s 为与斜截面相交的箍筋内力的合力，箍筋在单位梁长承受的力为 T_s/s，其中 s 为箍筋的间距。

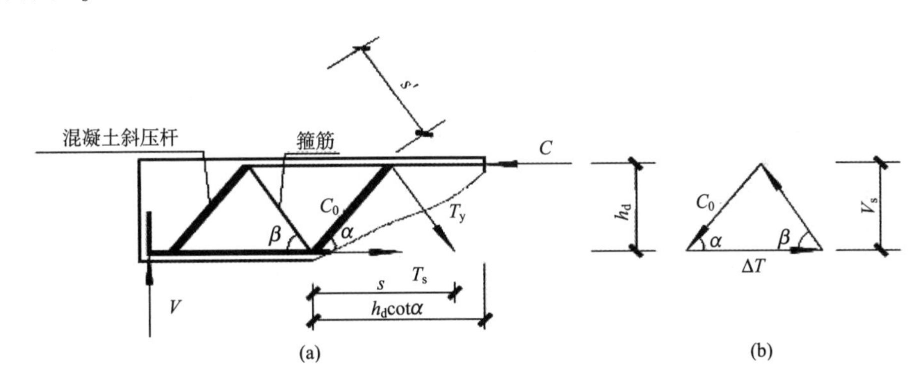

图 3.103　桁架模型机构内力简图

桁架模式中箍筋和斜压杆的应力计算：如图 3.103 所示为箍筋对梁纵轴倾角为 β，斜压杆倾角为 α 的平行弦桁架，荷载剪力为 V_s，则根据结点各内力的平衡条件，可得

$$V_s = C_0 \sin\alpha = T_y \sin\beta \tag{3.57}$$

式中，C_0 为斜压杆的内力；T_y 为与斜裂缝相交的各箍筋内力的合力。

由桁架的几何关系，可得箍筋间距 s 为

$$s = h_d\left(\cot\alpha - \cot\beta\right) \tag{3.58}$$

单位梁长度范围内箍筋承受的力为

$$\frac{T_y}{s}=\frac{V_s}{h_d\left(\cot\alpha+\cot\beta\right)\sin\beta}=\frac{A_v f_v}{s} \tag{3.59}$$

式中，A_y为沿梁长间距为s的箍筋的截面面积；f_y为箍筋的应力。

设总剪力V_u，部分由桁架模式中箍筋承担(V_s)，部分由混凝土承担(V_c)。为设计应用方便，写成名义剪应力的形式如下：

$$v_u=v_s+v_c \tag{3.60}$$

$$v_s=\frac{V_s}{bh_d}\approx\frac{V_s}{bh_0} \tag{3.61}$$

式中，b为截面的宽度；h_0为截面的有效高度。

在设计中，若按箍筋完全屈服的理想情况，即令$f_v=f_y$，则所需箍筋面积为

$$A_s=\frac{v_s sb}{\left(\cot\alpha+\cot\beta\right)\sin\beta f_y}=\frac{\left(v_u-v_c\right)sb}{\left(\cot\alpha+\cot\beta\right)\sin\beta f_y} \tag{3.62}$$

写成配箍率的形式为

$$\mu_s=\frac{A_s}{sb}=\frac{v_u-v_c}{\left(\cot\alpha+\cot\beta\right)\sin\beta f_y} \tag{3.63}$$

当α=45°，β=90°，则上式可化为

$$\mu_s=\frac{A_s}{sb}=\frac{v_u-v_c}{f_y} \tag{3.64}$$

设斜压力C均匀分布在桁架的斜杆中，斜杆的有效高度为

$$s'=h_0\left(\cot\alpha+\cot\beta\right)\sin\alpha$$

因此在桁架中斜压应力可近似按下式计算：

$$f_c=\frac{C}{bD}=\frac{V_s}{bh\left(\cot\alpha+\cot\beta\right)\sin^2\alpha f_y}=\frac{v_s}{\left(\cot\alpha+\cot\beta\right)\sin^2\alpha} \tag{3.65}$$

斜压杆还承受箍筋通过黏着力传来的拉应力，处于双向受力状态。有时斜压杆的水平倾角比 45°小很多，这时斜压杆的压力有较大的增加。此外腹板内的压应力是不均匀的。考虑到这些因素，所以 ACI 规定了名义剪应力的最大值，作为一个非常安全的设计限值，从而也控制了V_s的最大值。

2)桁架-拱模型理论

Park 和 Pauly[66]认为构件中不仅存在“梁作用”(桁架作用)，还存在“拱作用”(无腹筋构件)，二者叠加即可表示有腹筋构件的抗剪承载力。即在一般不考虑混凝土抗剪作用的桁架模型上叠加拱作用，就可得有腹筋构件的抗剪承载力。但桁架作用和拱作用之间的变形并不协调，且随着受力形式和抗剪钢筋数量的不同，桁架作用和拱作用在极限抗剪承载力中所占的比例难以确定，也就是说拱作用的过渡难以处理。

针对钢筋混凝土梁在受剪过程中同时存在着桁架作用和拱作用这一现象，郑州大学刘立新[67]认为钢筋混凝土梁在受剪过程中同时存在“桁架”作用和“拱”作用，其受力模型可比拟为桁架+拱模型。其中的曲线形压杆既起桁架上弦压杆的作用又起拱腹的作

用，既可与梁底纵向受拉钢筋一起平衡荷载产生的弯矩又可将斜向压力直接传递到支座；垂直腹筋可视为竖向受拉腹杆；而腹筋间的混凝土可视为斜腹杆；梁底的纵筋可视为受拉下弦杆。该桁架-拱模型根据其受力特点将该构件的混凝土分为不同的五类(拱腹上的零应力区、拱腹下竖向箍筋和受压混凝土共同工作区、拱顶混凝土单向水平受压区、拱肋混凝土单向受压曲线区和集中荷载作用区)。拱的曲线分布由梁的弹性变形曲线微分方程经近似处理后利用梁端部支座处的边界条件求解而得。并利用梁底边界条件、梁微段边界的平衡条件、斜压区混凝土达到轴心抗压强度并经数值分析可求得梁的极限抗剪承载能力，但此公式形式较为复杂，为方便使用，结合试验数据采用直线拟合推导公式的方法提出了梁的统一计算公式。

(1)集中荷载作用下：

无腹筋梁：

$$V = 0.55\left(\sqrt{\lambda^2+1}-\lambda\right) f_c b h_0 \tag{3.66}$$

配有垂直腹筋的梁：

$$V = 0.55\left(\sqrt{\lambda^2+m^2}-\lambda\right) f_c b h_0 \tag{3.67}$$

配有垂直腹筋和水平腹筋的梁：

$$V = 0.55\left(\sqrt{\lambda^2+m^2}-\lambda\right)\left[1+\frac{\sqrt{\lambda^2+m^2}-\lambda}{2.4\sqrt{\lambda^2+m^2}}\frac{\rho_{sh} f_{yh}}{f_c}\right] f_c b h_0 \tag{3.68}$$

式中，λ 为剪跨比；$m = 1+\rho_{sv} f_{yv} \lambda^2 / f_c$；$\rho_{sv}$、$\rho_{sh}$ 分别为垂直腹筋、水平腹筋的配筋率；f_{yv}、f_{yh} 分别为垂直腹筋、水平腹筋的屈服强度。

(2)均布荷载作用下：

无腹筋梁：

$$V = 0.55\left[\sqrt{\left(\frac{l}{4h}\right)^2+1}-\frac{l}{4h}\right] f_c b h_0 \tag{3.69}$$

配有垂直腹筋的梁：

$$V = 0.5\left[\sqrt{\left(\frac{l}{4h}\right)^2+k^2}-\frac{l}{4h}\right] f_c b h_0 \tag{3.70}$$

配有垂直腹筋和水平腹筋的梁：

$$V = 0.55\left[\sqrt{\left(\frac{l}{4h}\right)^2+k^2}-\left(\frac{l}{4h}\right)\right]\left[1+\frac{\sqrt{\left(\frac{l}{4h}\right)^2+k^2}-\left(\frac{l}{4h}\right)}{2.4\sqrt{\left(\frac{l}{4h}\right)^2+k^2}}\frac{\rho_{sh} f_{yh}}{f_c}\right] f_c b h_0 \tag{3.71}$$

式中，$k = 1+\rho_{sv} f_{yv}\left(\frac{l}{4h}\right)^2 / 24 f_c$；$\rho_{sv}$、$\rho_{sh}$ 分别为垂直腹筋、水平腹筋的配筋率；f_{yv}、

f_{yh} 分别为垂直腹筋、水平腹筋的屈服强度。

桁架-拱受力模型综合考虑了混凝土受压和腹筋的作用，引用了混凝土在双向受压状态下的强度准则，求出考虑垂直腹筋、水平腹筋和剪跨比、跨高比影响的抗剪承载力计算公式，上述公式适用于浅梁($l_0/h>5$)、短梁($2< l_0/h\leqslant5$)和深梁($l_0/h\leqslant2$)。

3)极限平衡模型理论

极限平衡法计算梁的抗剪承载力，就其本质而言，主要是采用试验统计公式，并给公式赋予一定的物理概念和解释，一般是取开裂混凝土的一部分为隔离体，建立平衡方程而得到的[68]。这种方法综合考虑混凝土受压区的抗剪承载力能力、箍筋的抗剪承载能力、骨料咬合力和纵筋暗销力以及变形协调关系，导出弯剪、拉弯剪、压弯剪构件的抗剪承载力计算公式。对一个达到承载能力状态的斜截面，其总的受剪承载力 V_u 可由以下几部分剪力组成：

$$V_u = V_{cz} + V_d + V_{ay} + V_v + V_{sb} \tag{3.72}$$

式中，V_{cz} 为有腹筋梁混凝土受压区的受剪承载力；V_d 为纵向受拉钢筋的销栓力；V_{ay} 为斜裂缝面上的骨料咬合力；V_v 为垂直箍筋的受剪承载力；V_{sb} 为弯起钢筋的受剪承载力。

在剪力和弯矩的共同作用下，破坏阶段梁体被斜裂缝分成受压区和受拉区两部分，如图 3.104 所示。受压区由斜裂缝上端混凝土相连，受拉区则由穿过斜裂缝的纵向钢筋和腹筋相连。钢筋混凝土梁沿斜截面有两种破坏模式：一种是斜裂缝上端受压区混凝土形成塑性铰，破坏时塑性铰发生转动，受压区急剧减小，斜裂缝上端混凝土被压碎；另一种破坏模式是受压区混凝土不发生塑性转动，混凝土为剪压破坏。我国规范有关斜截面强度验算的规定都是以“简单刚体塑性机理”为基础，受压区混凝土抗剪承载力和斜截面投影长度均由半经验公式确定。

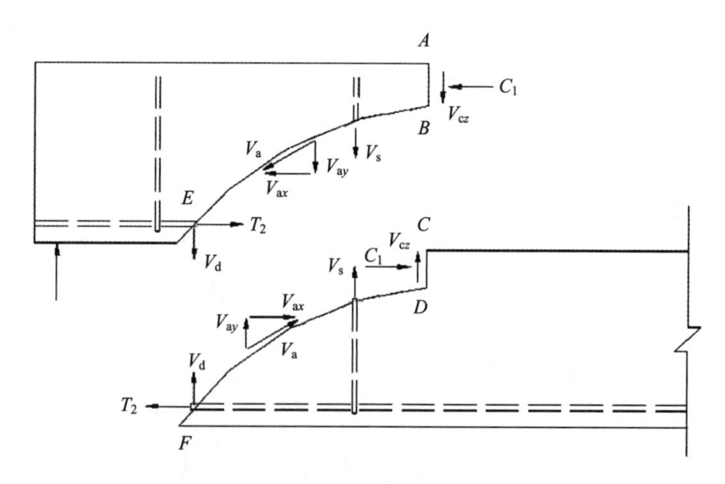

图 3.104　极限平衡理论模型

斜截面极限平衡理论有如下特点：

(1)是共同解斜截面上内力平衡方程组(即轴力、剪力、弯矩平衡方程式)而不是孤立地解弯矩和剪力平衡方程式。

(2) 计算中除考虑混凝土和横向钢筋的内力外，还考虑了斜裂缝上混凝土的咬合力和纵筋中的轴力和剪力。

(3) 混凝土中的轴力和剪力不是按照经验公式确定的，而是按照在斜裂缝的形成和发展过程中由正应力和剪应力的分布图形及平面应力状态下混凝土的强度理论共同确定的。

2. 剪力传递机理

钢筋混凝土梁受剪承载力研究首先要从剪力传递机理入手，剪力主要是通过如下几部分作用进行传递的：

(1) 弯剪区未开裂混凝土所承担的剪力。从目前的研究来看，对于大剪跨的细长梁或高强混凝土梁，剪压区高度相对较小，剪跨区未开裂混凝土所承担的剪力对混凝土梁的抗剪承载力并不能产生明显的作用。

(2) 斜裂缝两侧混凝土间的骨料咬合力。裂缝两个表面凹凸不平的混凝土表面将产生咬合和摩擦作用。

(3) 纵向钢筋所产生的暗销作用。纵向钢筋的刚度和抗剪能力可以产生一个垂直方向的抗力，这就是暗销作用，特别是当混凝土梁配有大量箍筋对纵筋的变形产生有效约束时，其暗销作用明显加强。

(4) 拱的作用，斜裂缝将混凝土梁分割成只有局部联系的拱体，一部分剪力可以通过倾斜的混凝土腹杆的受压作用而传递到支座，拱作用对小剪跨比梁的剪力传递效果明显，随着剪跨比增大，拱效果随之减弱。

(5) 斜裂缝两侧混凝土间存留的拉应力，根据国外的研究，斜裂缝宽度在 0.05～0.15mm 时，这部分拉应力一直存在。

(6) 箍筋的作用。箍筋对剪力传递所产生的作用主要是通过“悬吊”作用，将远离支座的拱体所传递的内力进一步传递到靠近支座、具有较大截面积的拱体上，同时，通过横贯斜裂缝的箍筋的约束，限制了斜裂缝的开展，界面摩擦阻力和咬合作用间接提高了抗剪强度。

3. TRC 加固梁桁架-拱计算模型

综上所述，桁架-拱模型综合考虑了混凝土受压与腹筋的作用，能较好地模拟钢筋混凝土梁抗剪承载力的组成，该理论主要观点为：钢筋混凝土受剪传力机制同时存在着“桁架”作用和“拱”作用。“桁架”作用随着剪跨比 λ 的增大而增大，而“拱”作用随着剪跨比 λ 的增大而减小。本书从桁架-拱模型出发，结合混凝土软化强度理论，对 TRC 加固后的 RC 梁的抗剪承载力的理论推导做了尝试，分析织物网所发挥的作用，推导 TRC 加固钢筋混凝土简支梁的理论计算公式。

加固梁的桁架-拱模型假定构件的抗剪强度由“桁架”作用和“拱”作用叠加组成，桁架作用由抗剪钢筋、纤维网和混凝土共同参与，拱作用由混凝土和加固砂浆承担。

1) 加固梁的桁架模型

加固梁桁架模型的基本单元组成为：纵筋和箍筋视为拉杆和压杆，纤维束视为拉杆，混凝土视为斜压腹杆，如图 3.105 和图 3.106 所示。水平方向的 C 表示混凝土和纵筋的压力，水平方向的 T 表示纵筋拉力，垂直方向的 T 表示箍筋和纤维束的拉力，两端为平衡力偶。

加固梁的桁架模型由两部分组成：第一部分为原桁架，由梁原箍筋和纵筋组成，原桁架的高度为梁上下纵筋的距离，记为 h_e，桁架的宽度为梁箍筋之间的距离，记为 b_e；第二部分为加固桁架，由加固层纤维组成，加固桁架的高度为原梁高度，记为 h_d，宽度为原梁宽度，记为 b_d，即可取 $h_d=h$，$b_d=b$。

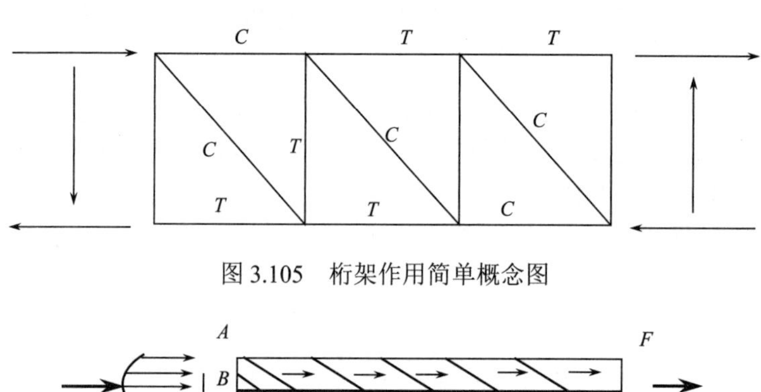

图 3.105　桁架作用简单概念图

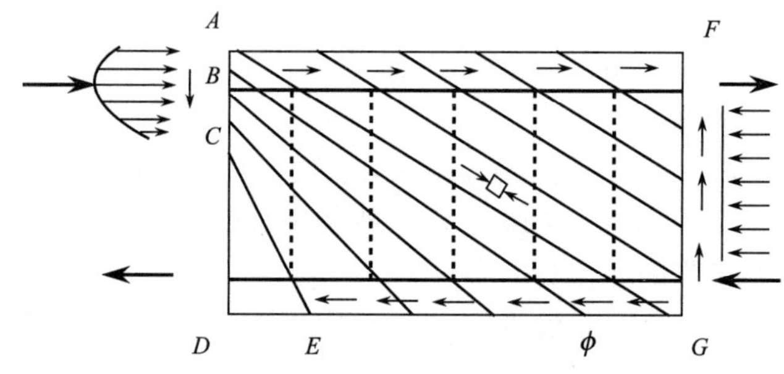

图 3.106　桁架机构模型

首先定义桁架机构的配筋率和加固层中纤维的配网率分别为

$$\rho_{sv}=\frac{A_{sv}}{b_e} \tag{3.73}$$

$$\rho_f=\frac{A_f}{b_d s_d} \tag{3.74}$$

并在桁架模型中引入以下两个系数：

γ，由于纤维网不同位置处纤维应力发挥的不均匀性，以及织物网制作和运输过程中造成的纤维丝损伤，引入的纤维强度折减系数，根据纤维束拉伸试验取碳纤维强度折减系数 $\gamma_{cf}=0.49$，玻璃纤维强度折减系数 $\gamma_{gf}=0.30$，即纤维实际强度为 γf_f；η，由于箍筋及箍筋间距 s 的作用，使实际混凝土受压面积减小，引入的截面面积折减系数，即

$$A_c=\eta bh=\left(1-\frac{s}{2h_e}\right)\left(1-\frac{b_e}{h_e}\right)bh \tag{3.75}$$

取图 3.106 中 AEG 左下侧隔离体，见图 3.107。由拉力合力平衡，则桁架机构分担的剪力 V_t 为

$$V_t = \sum Af = \sum A_{sv} f_{sv} + \sum A_{cf} f_{cf} + \sum A_{gf} f_{gf} \tag{3.76}$$

$$\sum A_{sv} f_{sv} = \rho_{sv} f_{sv} b_e h_e \cot\phi \tag{3.77}$$

$$\sum A_{cf} f_{cf} = \gamma_{cf} \rho_{cf} f_{cf} b_d h_d \cot\phi \tag{3.78}$$

$$\sum A_{gf} f_{gf} = \gamma_{gf} \rho_{gf} f_{gf} b_d h_d \cot\phi \tag{3.79}$$

式中，ρ_{sv}、ρ_{cf}、ρ_{gf} 分别为箍筋、碳纤维、玻璃纤维配筋(网)率；A_{sv}、A_{cf}、A_{gf} 分别为箍筋、碳纤维、玻璃纤维截面面积。

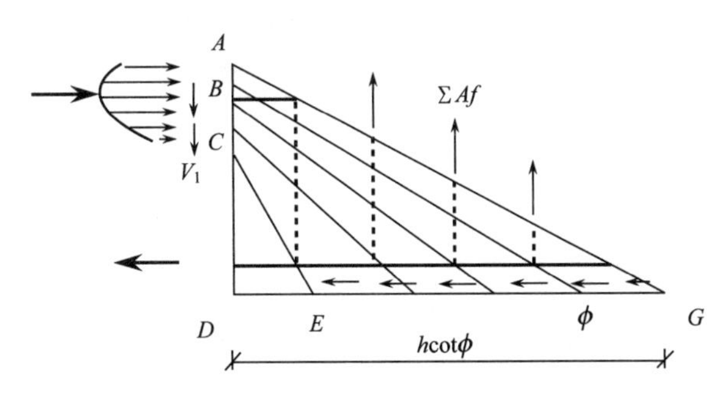

图 3.107　桁架模式的剪力平衡

将式(3.77)～式(3.79)代入式(3.76)即得桁架机构提供的剪力。式中 $\cot\phi$ 综合反映了混凝土斜向压力及加固层高性能混凝土的影响。桁架斜压杆的角度 ϕ 取值有一定的限制范围：ϕ 较小时，斜裂缝区域横向压应力较大，应力传递困难，通常取 $\cot\phi=2$ 为上限。$\cot\phi$ 的计算可取图 3.106 的上半部分，即沿 AG 截取见图 3.108，根据平衡条件可以得到式(3.80)。

$$\left(\sum\left(A_{sv} f_{sv} + \gamma_{cf} A_{cf} f_{cf} + \gamma_{gf} A_{gf} f_{gf}\right)\right)^2 \left(1+\cot^2\phi\right) = \left(\eta\sigma_t b_d h_d \cot\phi\right)^2 \tag{3.80}$$

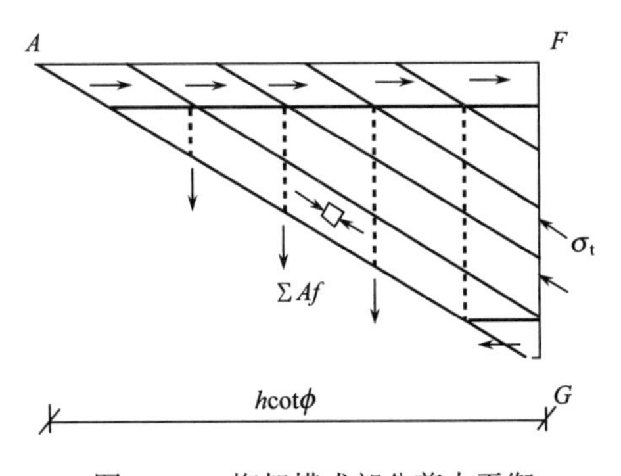

图 3.108　桁架模式部分剪力平衡

综合式(3.76)、式(3.80)并利用三角函数关系得

$$\cot\phi \leqslant \sqrt{\frac{\eta\sigma_t}{\rho_{sv} f_{sv} + \gamma_{cf}\rho_{cf} f_{cf} + \gamma_{gf}\rho_{gf} f_{gf}} - 1} \tag{3.81}$$

从而可取

$$\cot\phi=\min\left(\sqrt{\frac{\eta\sigma_{t}}{\rho_{sv}f_{sv}+\gamma_{cf}\rho_{cf}f_{cf}+\gamma_{gf}\rho_{gf}f_{gf}}-1},2\right) \tag{3.82}$$

2）加固梁的拱模型

在桁架模型中，混凝土的有效强度υf_{c}（即混凝土软化强度）由桁架模型中混凝土的斜压力σ_{t}和拱模型中混凝土的斜压力σ_{a}组成。

拱模型概念图如图 3.109 所示，斜向的C表示混凝土压力，水平向的T表示纵筋拉力。TRC 加固虽增大了原构件的截面面积，但加固层面积占总面积比例较小，高性能砂浆承受压应力占总压力的比例较小，且加固层高性能细骨料砂浆的弹性模量较相应的混凝土略小，故可认为加固砂浆层所承受的压应力σ_{f}和混凝土的斜压应力σ_{a}相等。实际的拱模型基本单元简图见图 3.110。取拱模型中拱机构的宽度、高度分别为

$$b_{m}=b+2t \tag{3.83}$$

$$h_{m}=h+t \tag{3.84}$$

式中，t为加固砂浆层厚度。

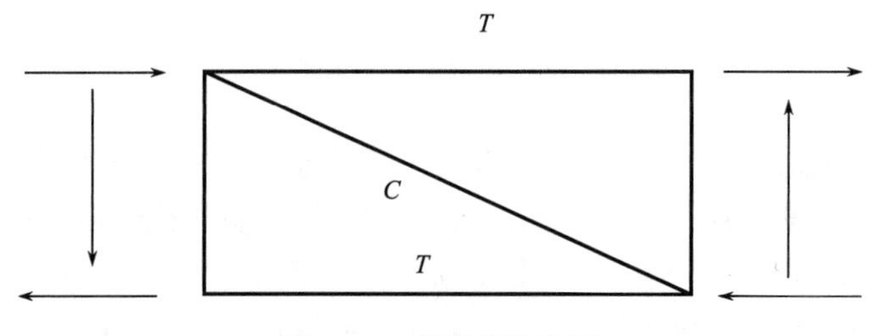

图 3.109　拱模型概念图

根据图 3.110，加固梁拱机构混凝土和砂浆所承受的总压力为

$$F=\sigma_{a}\frac{b_{m}h_{m}}{2} \tag{3.85}$$

由力的平衡条件，拱机构分担的剪力为

$$V_{a}=\sigma_{a}\frac{b_{m}h_{m}}{2}\tan\theta \tag{3.86}$$

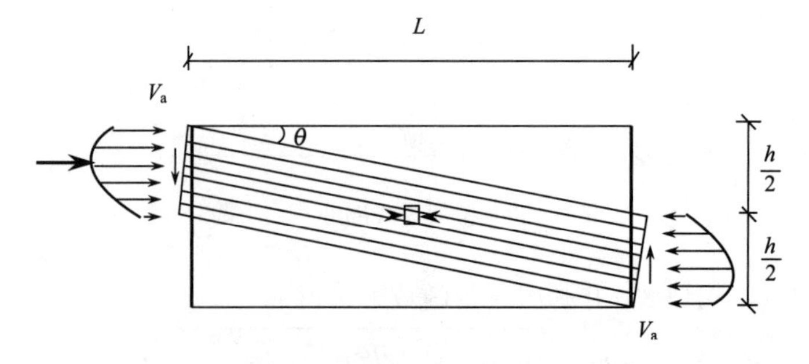

图 3.110　拱模型基本受力单元

拱模型的混凝土(砂浆)斜压力可按以下近似方法确定：

(1)剪跨比小于 1 时，加固梁拱作用明显，受剪承载力由拱模型确定，考虑到裂缝存在及钢筋横向拉力影响，压应力传递会使混凝土抗压强度本身降低，且处于双向拉压下的混凝土存在软化现象，假定纵筋、箍筋和混凝土是完全弹塑性，将混凝土强度 f_c 乘以塑性有效抗压系数 v[67]以降低混凝土强度。即此时拱中混凝土压应力达到混凝土软化强度而破坏，故有

$$\sigma_a = vf_c \tag{3.87}$$

$$v = 0.7 - \frac{f_c}{165} \tag{3.88}$$

(2)剪跨比大于等于 3 时，拱作用近似取为零，剪力主要依靠桁架传递。即取拱中混凝土及砂浆的压应力为

$$\sigma_a = 0 \tag{3.89}$$

(3)剪跨比为 1～3 时，拱作用近似取(1)、(2)的线性差值，即

$$\sigma_a = (1.5 - 0.5\lambda)vf_c \tag{3.90}$$

将式(3.90)代入式(3.86)可得拱机构中分担的剪力为

$$V_a = (1.5 - 0.5\lambda)v_{fc}\frac{b_m h_m}{2}\tan\theta \tag{3.91}$$

式(3.91)中 $\tan\theta$ 反映了剪跨比的影响，根据图 3.110 的几何关系，可知：

$$\tan\theta = \frac{h_m / 2}{L + \dfrac{h_m}{2}\tan\theta} \tag{3.92}$$

可解得

$$\tan\theta = \frac{\sqrt{h_m^2 + L^2} - L}{h_m} \tag{3.93}$$

取 h_0=0.9h_m，且 $\lambda = L / h_0$，代入式(3.93)则

$$\tan\theta = \sqrt{1 + (0.9\lambda)^2} - 0.9\lambda \tag{3.94}$$

3)加固梁的抗剪承载力理论计算公式

在无轴向力的情况下，混凝土的压应力由桁架模型中混凝土的压应力和拱模型中混凝土的压应力组成，当构件达到极限抗剪承载力时，混凝土中的压应力达到混凝土的软化强度，由此可得

$$vf_c = \sigma_a + \sigma_t \tag{3.95}$$

则：$\sigma_t = vf_c - \sigma_a = vf_c - (1.5 - 0.5\lambda)vf_c = 0.5(\lambda - 1)vf_c$ (3.96)

将式(3.96)代入式(3.82)可得

$$\cot\phi = \min\left(\sqrt{\frac{\eta 0.5(\lambda - 1)vf_c}{\rho_{sv}f_{sv} + \gamma_{cf}\rho_{cf}f_{cf} + \gamma_{gf}\rho_{gf}f_{gf}}}\right) \tag{3.97}$$

综前所述，加固梁所能承担的总剪力为

$$V = V_t + V_a \tag{3.98}$$

由此，根据剪跨比的不同，可得不同破坏形式的加固梁的抗剪承载力计算公式如下：

λ<1 时：

$$V = v f_c \frac{b_m h_m}{2}\left(\sqrt{1+(0.9\lambda)^2} - 0.9\lambda\right) \tag{3.99}$$

1≤λ<3 时：

$$V = \left(\rho_{sv} f_{sv} b_e h_e + \gamma_{cf} \rho_{cf} f_{cf} b_d h_d + \gamma_{gf} \rho_{gf} f_{gf} b_d h_d\right)\cot\phi + (1.5 - 0.5\lambda) v f_c \frac{b_m h_m}{2} \tag{3.100}$$

λ≥3 时：

$$V = \left(\rho_{sv} f_{sv} b_e h_e + \gamma_{cf} \rho_{cf} f_{cf} b_d h_d + \gamma_{gf} \rho_{gf} f_{gf} b_d h_d\right)\cot\phi \tag{3.101}$$

式(3.99)～式(3.101)即为由桁架模型和拱模型共同建立的加固梁抗剪承载力计算公式。

4. 抗剪承载力计算结果及分析

1)计算结果

式(3.99)表明加固层纤维网所承担的剪力随着剪跨比的增大而增大，这和本文的试验结果是相吻合的。根据以上计算方法对加固梁抗剪承载力的计算结果与试验值对比见表 3.23 及图 3.111。

表 3.23　加固梁计算结果

构件编号	试验值 $V_{实}$/kN	计算值 $V_{计}$/kN	$V_{计}/V_{实}$
L1.0-2	170	172	1.012
L1.5-2	141	138	0.979
L2.0-2	127	117	0.921
L2.5-2	116	103	0.888
L3.0-2	90	94	1.044

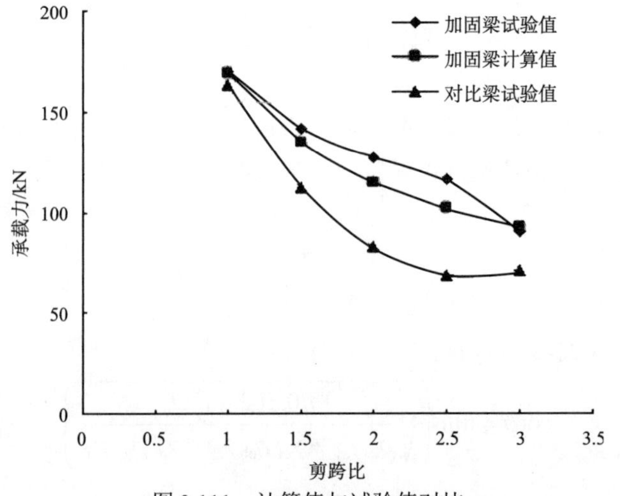

图 3.111　计算值与试验值对比

文献[48]对使用 TRC 加固后的 RC 梁的剪切性能进行了试验研究，采用本文的计算模型对文献[48]试验梁的计算结果见图 3.112。文献[48]的研究及图 3.112 表明，加固纤维网使用一层时，加固层对抗剪承载力贡献较小，其极限抗剪承载力几乎等同于对比梁，此时计算值与试验值吻合较好；当加固层使用三层纤维网时，计算值与试验值误差较大，原因可能为：随着织物网的增加，TRC 加固层的整体工作性能有较大提高，各层纤维网协同工作较好，使破坏荷载大幅提高。而本文计算模型未考虑加固层整体工作性能的变化情况，故与试验值存在一定的误差，尽管如此，本文计算模型仍较文献[48]的计算误差小。此计算误差的分析有待进一步探讨。

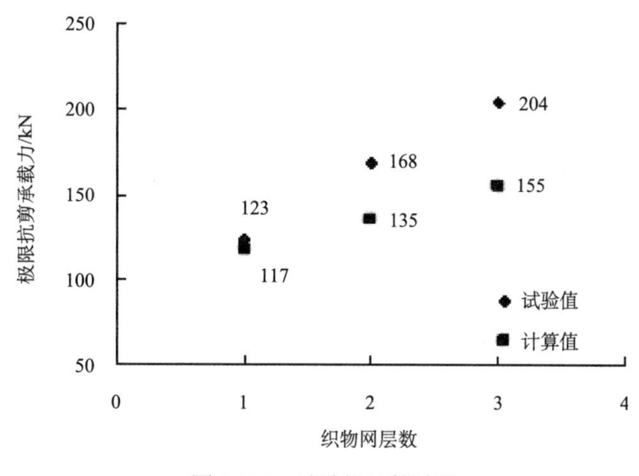

图 3.112　试验梁计算结果

2)模型分析

(a)斜压破坏

当剪跨比较小时，由于梁上的正应力不大而剪应力很高，所以斜裂缝首先从梁腹中部出现。随着荷载的增加，裂缝向下延伸到支座附近，向上开展到加载点附近而形成临界斜裂缝。这时梁的传力模型可看做是一个斜向放置的短柱，随着变形的加大，裂缝间的骨料咬合作用不断被破坏，抗压能力下降，最后在箍筋屈服前斜裂缝间的混凝土因主压应力过大而破坏，表现为斜向短柱压碎而使梁破坏。

高性能砂浆加固层增大了构件的截面面积，加固梁破坏时，极限承载力提高，这说明加固砂浆层在抵抗剪力时，确实能起到一定的作用。由于加固层纤维不能充分发挥作用，故可认为加固梁的斜压破坏模式和计算模型与未加固前基本相同。另外，$\lambda=1$ 的加固梁的破坏也有类似斜向短柱出现，最终是由于支座端混凝土压碎和加固层局部脱黏破坏。试验过程中，加固层在破坏前没有明显的剥离现象发生，一直能与原构件协调变形。由于外荷载是直接作用在原构件上，高性能砂浆层所承担的应力需要通过截面传递，在不发生剥离的情况下，可以认为加固砂浆与混凝土应变基本一致，后期由于混凝土压碎变形较大，加固层不能与原构件协调变形而剥离，故分析认为控制加固梁斜压破坏的因素为原构件混凝土强度以及原构件和加固层的黏结强度。而本文计算斜压破坏的拱模型假设加固层与原构件能协同受力，且最终的破坏由原构件混凝土强度控制，即本计算模型与以上试验现象和分析结果所得出的结论一致。

根据上述分析，把加固梁的斜压破坏模型看做由拱作用控制是合理的。

(b)剪压破坏

剪跨比为 1.5～3 时可能产生剪压破坏，这种破坏拱作用依然较为明显，普遍认为：随着荷载增加在弯剪区内出现多条指向集中荷载的斜裂缝，当荷载增加到一定程度时会出现一条临界斜裂缝，箍筋的存在可约束斜裂缝的发展，箍筋应力随混凝土压应力的增加而不断增加，最终混凝土在压、剪复合应力作用下达到其复合受力强度而破坏。

加固层对抗剪承载力的贡献分为加固纤维和高性能砂浆两部分。高性能砂浆的影响仍然被考虑在拱作用部分，加固纤维的贡献可用桁架模型表示。

在加固梁抵抗剪力的过程中，加固纤维束受力产生的拉应变，只有通过砂浆才能传递给原构件的混凝土，从而传递到支座以实现力的作用过程，故加固层能够发挥作用的前提是加固层和原构件之间能够协调变形。从试验结果看，加固层出现剥离的现象较少，加固层和原构件是能够协调变形而发挥作用的。故桁架-拱模型假设加固层与原构件变形协调是合理的。

加固纤维的作用类似于箍筋的作用，试验表明，加固纤维可有效限制斜裂缝的发展，与梁箍筋一起承担剪力，所以可以认为加固纤维网的作用机理也能用桁架模型解释，只是由于碳纤维和玻璃纤维的力学性能不同，需分别考虑其对抗剪承载力的贡献。基于此建立的桁架模型和由原混凝土及加固砂浆建立的拱模型叠加，可得加固梁剪压破坏的桁架-拱模型，结果表明与试验吻合。

仍需考虑的是：①相邻加固纤维束的变形在一定程度上不能够相互协调，且并不是所有弯剪区内的加固纤维都能够发挥作用，由此可能会对ϕ角产生影响，故在计算加固纤维对抗剪的贡献时，此种情况仍需进一步研究；②随着加固区长度的增加，加固层与原构件整体工作性能增强，对二者的详细关系的探讨尚需深入。

(c)斜拉破坏

对于剪跨比较大的梁，往往发生此种破坏形式。临界斜裂缝一旦出现后很快延伸到梁顶，把梁拉裂成两部分，普遍认为斜拉破坏的机理是斜裂缝的末端主拉应力过大所致，压区无压坏痕迹。

$\lambda=3$ 时，由于加固黏结区段较长，加固层与原梁黏结较好，满足加固层与原构件变形协调条件。根据试验结果，加固梁与对比梁均发生斜拉破坏，加固梁抗剪承载力有一定提高，且纯弯区段弯曲裂缝发展较为充分，最后加固层纤维拉断，斜裂缝撕裂破坏。在裂缝经过处纤维网一方面能与原梁箍筋一起直接承受剪力，限制斜裂缝的发展，提高骨料咬合力；另一方面能约束桁架模型中混凝土斜压腹杆，间接提高其抗压强度。随着荷载的继续增加，最终纤维被拉断而破坏。此种情况时加固层中最主要的受力构件为纤维网，可忽略加固砂浆的抗拉能力。故可以认为加固层纤维与原梁组成的桁架作用为斜拉破坏的主要控制因素，拱作用影响较小。因此可忽略拱作用影响，而建立由桁架作用控制的加固梁斜拉破坏计算模型，计算值与试验结果吻合。

另外由于本试验构件较少，以上试验现象及结论仍需后续研究验证。

3.4.4　小结

本节对 10 根试验梁进行了斜截面剪切性能的试验研究，试验结果表明 TRC 加固方法能有效提高梁的斜截面抗剪承载力，有效抑制斜裂缝的发展和延伸，具有良好的加固效果。试验研究结果可概要总结如下：

(1) 在梁的剪跨区叠合 TRC 进行 U 型包裹加固后，可有效提高梁的抗剪承载力，且试验发现，对于大剪跨比构件和小配箍率构件承载力提高幅度较大。各组试验梁中剪跨比为 2.5 的加固梁极限荷载提高 68%，提高幅度最大。

(2) TRC 加固方法能提高梁开裂前的抗剪刚度。刚度的提高，一方面是由于加固所用高性能细骨料砂浆薄层对混凝土梁刚度的直接贡献；另一方面是由于加固层限制了斜裂缝开展，间接提高了梁刚度。

(3) TRC 加固方法能增强斜截面的剪切变形能力，改善延性。加固层对梁剪切变形能力的增强，表现在对梁脆性破坏特征的改善，剪跨比为 1.5 及以上时，加固梁跨中最大挠度较对比梁有大幅提高，且有明显的延性发展阶段。且在斜截面破坏之前都有加固层开裂、剥落和发出的纤维断裂的声音等破坏征兆，改善了原有钢筋混凝土梁斜截面剪切破坏的脆性。

(4) TRC 加固层的存在能有效抑制斜裂缝的发展。加固梁的斜裂缝发展较对比梁有明显改善，表现在：斜裂缝出现较晚，条数增多，主斜裂缝发展缓慢。

(5) 梁加固后，纵向钢筋的拉应变、箍筋拉应变及加固层混凝土压应变都出现不同程度的滞后现象，在相同承载力下，应变减小，表明加固层能有效参与工作。

(6) 从试验的破坏形式来看，要确保抗剪加固效果，必须保证混凝土梁表面与 TRC 加固层的界面黏结能力，试验发现加固层与混凝土梁的黏结性能较好，加固层与原构件混凝土能很好地协同工作。另外，小剪跨比构件其加固层更容易剥离，大剪跨比构件加固层与梁整体工作性能较好，这与黏结锚固长度及原构件受力性能有关，其有效的黏结锚固长度有待进一步研究。

(7) 介绍了分析钢筋混凝土梁抗剪性能的常用模型，并在试验研究的基础上基于桁架-拱模型推导了 TRC 材料加固梁抗剪承载力的计算公式。针对加固梁不同的破坏类型，分别提出了适合梁斜截面抗剪斜压、剪压、斜拉三种破坏类型的计算模型，即当斜压破坏时只考虑拱作用，斜拉破坏时只考虑桁架作用，剪压破坏时考虑桁架和拱作用的叠加。根据此模型，经验算其计算值与试验值的比值：斜压破坏时为 0.99，剪压破坏时平均为 0.91，斜拉破坏时为 1.03。通过分析认为计算公式与试验结果吻合。

3.5　织物增强混凝土预制薄板加固持荷 RC 梁正截面强度试验研究

本节，进行 RC 梁在持荷状态下采用预制 TRC 薄板加固的受弯性能试验研究。试验以 1 根对比梁、5 根不同持荷程度的加固梁为研究对象，考察并分析了各试验梁的承载能力特性、裂缝开展特征、荷载-跨中挠度、荷载-钢筋应变特性等，以期为实际工程加固提供参考。

3.5.1 织物增强混凝土预制薄板加固持荷 RC 梁正截面强度试验方案

1. 试件设计及制作

对比梁及被加固梁具体参数如下：截面尺寸 $b \times h = 120\text{mm} \times 180\text{mm}$，跨度，净跨 $L_0 = 2100\text{mm}$，$L = 2300\text{mm}$。纵向受拉钢筋为 $2\phi12$(HRB335)，纵向配筋率为1.3%，箍筋为$\phi6@200\,\text{mm}$(HPB235)，架立筋为$2\phi6$ (HPB235)，钢筋保护层厚度为15mm。混凝土强度设计等级为 C25，详细尺寸及配筋图见图 3.113。钢筋力学性能见表 3.24。织物网性能参数见表 2.7，网格尺寸为 $10\text{mm} \times 10\text{mm}$。

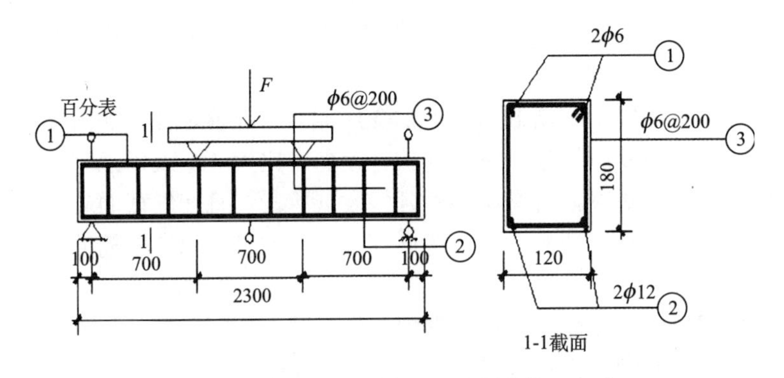

图 3.113 试验梁尺寸及配筋图(单位：mm)

①架立筋；②纵筋；③箍筋

表 3.24 钢筋性能指标

钢筋类型	D_s/mm	f_y/(N/mm²)	f_u/(N/mm²)	($\Delta L/L$)/%	E/(N/mm²)
主筋	12	517.5	605.9	25.0	2.0×10^5
架立筋	8	423.9	540.3	18.3	2.1×10^5
箍筋	6	399.8	609.3	23.1	2.1×10^5

试验梁底 1500mm 范围内为凿糙区段，中间 700mm 为纯弯段。为充分发挥薄板的抗弯加固性能，防止薄板发生端部锚固区脱黏剥离破坏，薄板从试验梁纯弯段向两端各延伸 400mm 并各用 2 根 $\phi4$ 螺栓进行锚固。加固梁示意图见图 3.114。

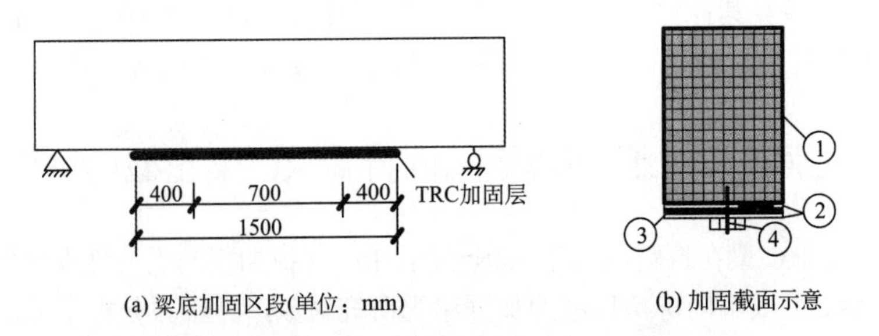

(a) 梁底加固区段(单位：mm)　　(b) 加固截面示意

图 3.114 TRC 薄板加固试验梁示意图

①试验梁；②TRC 基体；③碳/玻纤维；④抗剪螺栓

试验梁编号、加固层施工方式及加载方式见表 3.25。

表 3.25　试验方案

组别	试验梁编号	梁底处理方式	TRC 薄板粘贴方式	加载方式
对比梁	B0-0	—	—	直接加载至破坏
直接加固梁	B1-0	凿糙约 3.2mm	预制+界面剂	直接加载至破坏
持续加固梁	B1-1	凿糙约 3.09mm	预制+界面剂	加载至 25%M_u 持荷加固后加载至破坏
	B1-2	凿糙约 3.03mm	预制+界面剂	加载至 50%M_u 持荷加固后加载至破坏
	B1-3	凿糙约 2.98mm	预制+界面剂	加载至 75%M_u 持荷加固后加载至破坏
	B1-4	凿糙约 3.10mm	预制+界面剂	加载至 75%M_u 卸荷至 25%M_u，持荷加固后加载至破坏

注：大写字母 B 表示梁；第一个数字表示该试验梁的 TRC 薄板粘贴方式，如 0、1 分别表示不粘贴、预制；第二个数字表示该试验梁的应力加载方式，如 0、1、2 分别为直接加载至破坏、加载至 25%M_u、加载至 50%M_u 等。式中 M_u 为对比梁 B0-0 的极限荷载。

2. *加载方案及观测方法*

对比梁和 B1-0 梁在杭州邦威 50T 电液伺服加载系统上加载进行。试件在三分点处进行两点对称加载。试验采用正向单调分级加载，每级加载 0.3t，临近梁开裂和钢筋屈服时，荷载适当加密。每级荷载持荷 2～3min，待梁各项指标稳定后进行数据记录和裂缝观测。在试验梁正式加载前，对梁进行预加载。二次加载试验梁利用杠杆原理进行砝码加载，放大系数为 6，并在支点处设数据力传感器，当加载到规定荷载时，加固并持荷 7d 后，再加载至极限荷载。加载装置见图 3.115。

在试验过程中，主要观测和记录内容有：跨中、加载点和支座处位移，混凝土、钢筋和预制薄板应变，裂缝的开展情况。

钢筋混凝土梁跨中、加载点和支座处百分表的布置由如 3.115(a)所示。混凝土应变测量点包括混凝土梁顶及梁侧跨中，钢筋应变片在跨中和加载点布置(图 3.116)。为观测二次加载时预制 TRC 薄板的应变情况，薄板跨中也粘贴混凝土应变片。试验前，在梁侧涂刷石灰水并用铅笔和墨线画好 50mm×60mm 方格网，以便观测裂缝宽度和发展走势，并记录好相应荷载值。裂缝宽度由 DJCK-2 型裂缝测宽仪来测定。

3. *薄板粘贴施工工艺*

由于本次试验主要考察二次加载加固梁的受力性能，因此根据不同设计工况，待预先加载至规定荷载时，再利用 TRC 薄板进行 RC 梁的正截面加固。TRC 加固的程序如下：

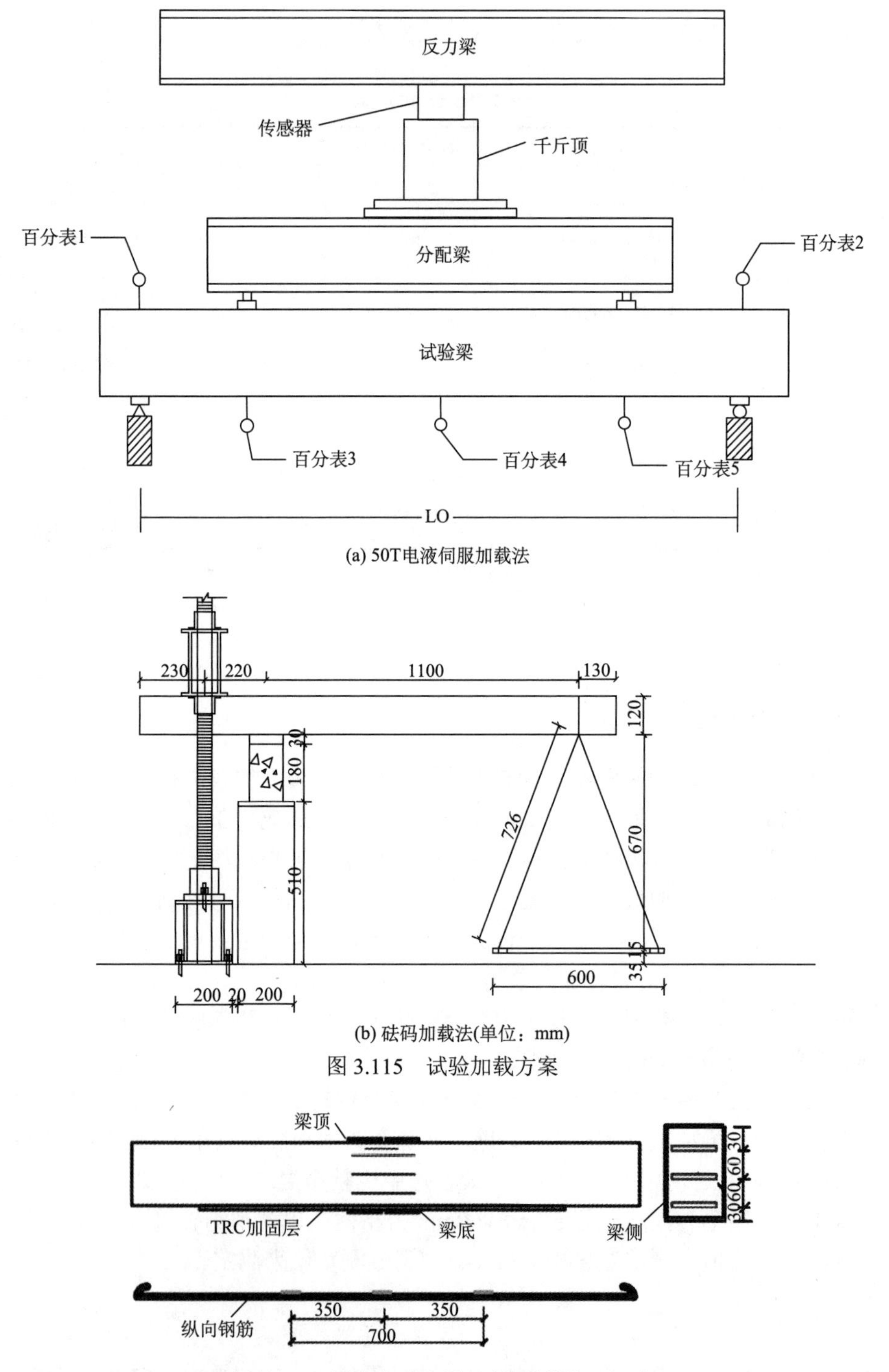

(a) 50T电液伺服加载法

(b) 砝码加载法(单位：mm)

图 3.115　试验加载方案

图 3.116　梁应变片布置示意图(单位：mm)

(1) 使用工具及材料：小铁锤，尖锤，木槌，钢丝刷，毛刷，冲击钻，MPC 水泥等。

(2) 粘贴薄板前的准备：①在梁正式加载前，首先用铁锤和尖锤将梁底 1500mm 范围内凿糙，凿糙以露出粗骨料为准，各加固梁粗糙度约为 3mm；②在梁纯弯段两侧打孔前，先用 HBY-84A 型砼保护层测定仪对梁内钢筋进行定位；③用冲击钻各打 2 个直径为 10mm、深度为 50mm 的孔，用吹风机吹尽孔内灰尘并用水清洗；④将螺栓预埋至孔内，灌入 MPC 胶黏剂并待其凝固 1d；⑤粘贴薄板之前，用钢丝刷用力刷去梁底灰尘和松动的骨料，用毛刷将梁底打湿，进一步洗刷表面浮尘，并将梁底风干至表面无明水为止；⑥在预制 TRC 薄板上钻孔，应注意与梁底螺栓相对应。

(3) TRC 预制板粘贴步骤：①在钢筋混凝土梁加载至规定荷载后，撤去百分表等仪器；②用灰刀将预先调制好的 MPC 界面剂嵌刮于梁底凹陷部位进行修补填平(厚度约 5mm)，尽量减小高差(仰面施工)；③将薄板定位粘贴至梁底后，迅速用木工夹固定薄板，用木槌敲击板底，使界面剂填充空隙，刮去多余浆体；④将螺栓上好螺帽后，在板底粘贴混凝土应变片。

薄板加固过程见图 3.117。

图 3.117　预制 TRC 薄板加固过程图

(4) 养护方法：在梁持荷加固期间，为保证 MPC 界面剂能发生充分的化学反应，用若干加湿器对准界面处进行加湿 3d，7d 后可继续进行试验。

3.5.2　织物增强混凝土预制薄板加固持荷 RC 梁正截面强度试验结果

1. 试验结果

TRC 加固钢筋混凝土梁二次受弯承载力试验结果如表 3.26 所示。

表 3.26　钢筋混凝土梁试验结果汇总表

试件编号	P_{cr}/kN	P_y/kN	P_u/kN	Δ_{cr}/mm	Δ_y/mm	Δ_u/mm	μ_Δ (Δ_u/Δ_y)	提高幅度/%	破坏形态
B0-0	9.2	49.2	55.0	1.52	11.25	30.20	2.7	—	适筋梁破坏
B1-0	12.3	54.0	69.0	1.39	13.28	33.3	2.5	25.5	混凝土压溃，梁底 TRC 断裂
B1-1	10.6	53.6	63.0	1.46	12.60	33.02	2.6	14.5	混凝土压溃
B1-2	9.85	50.1	61.5	1.83	13.20	34.70	2.6	11.8	混凝土压溃
B1-3	10.25	51.8	59.6	1.56	12.50	34.67	2.8	8.9	混凝土压溃，梁底 TRC 断裂
B1-4	9.5	49.5	59.4	1.60	11.50	35.70	3.1	8.0	混凝土压溃

注：提高幅度是指各加固梁极限荷载和对比梁极限荷载之差与对比梁极限荷载的比值。

部分试验梁(B0-0，B1-0，B1-2，B1-3)的荷载-跨中挠度曲线，荷载-钢筋(薄板)应变曲线，混凝土应变沿梁高的变化及加载破坏图和裂缝开展图分别如图 3.118～图 3.121 所示。

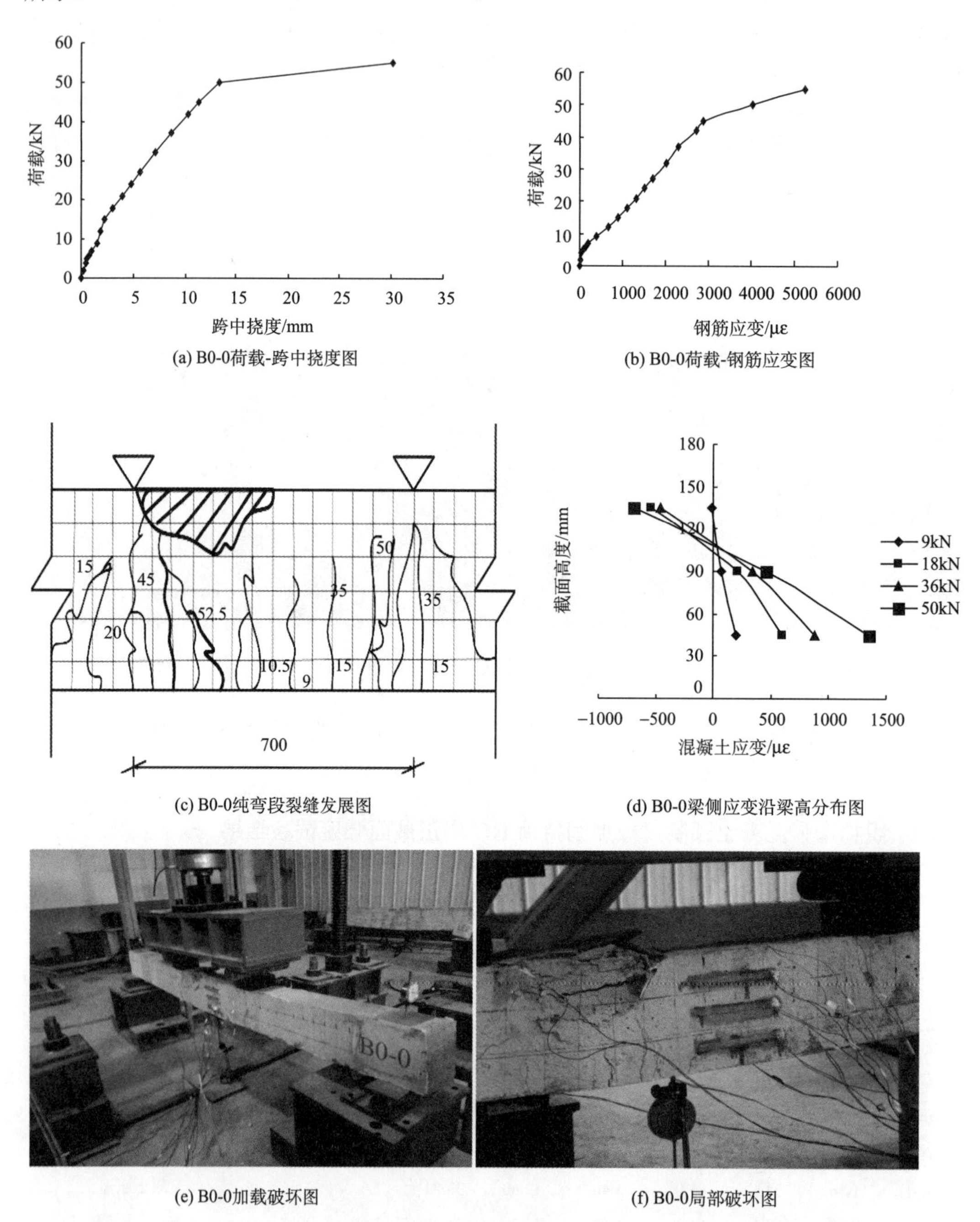

图 3.118　B0-0 试验梁试验结果

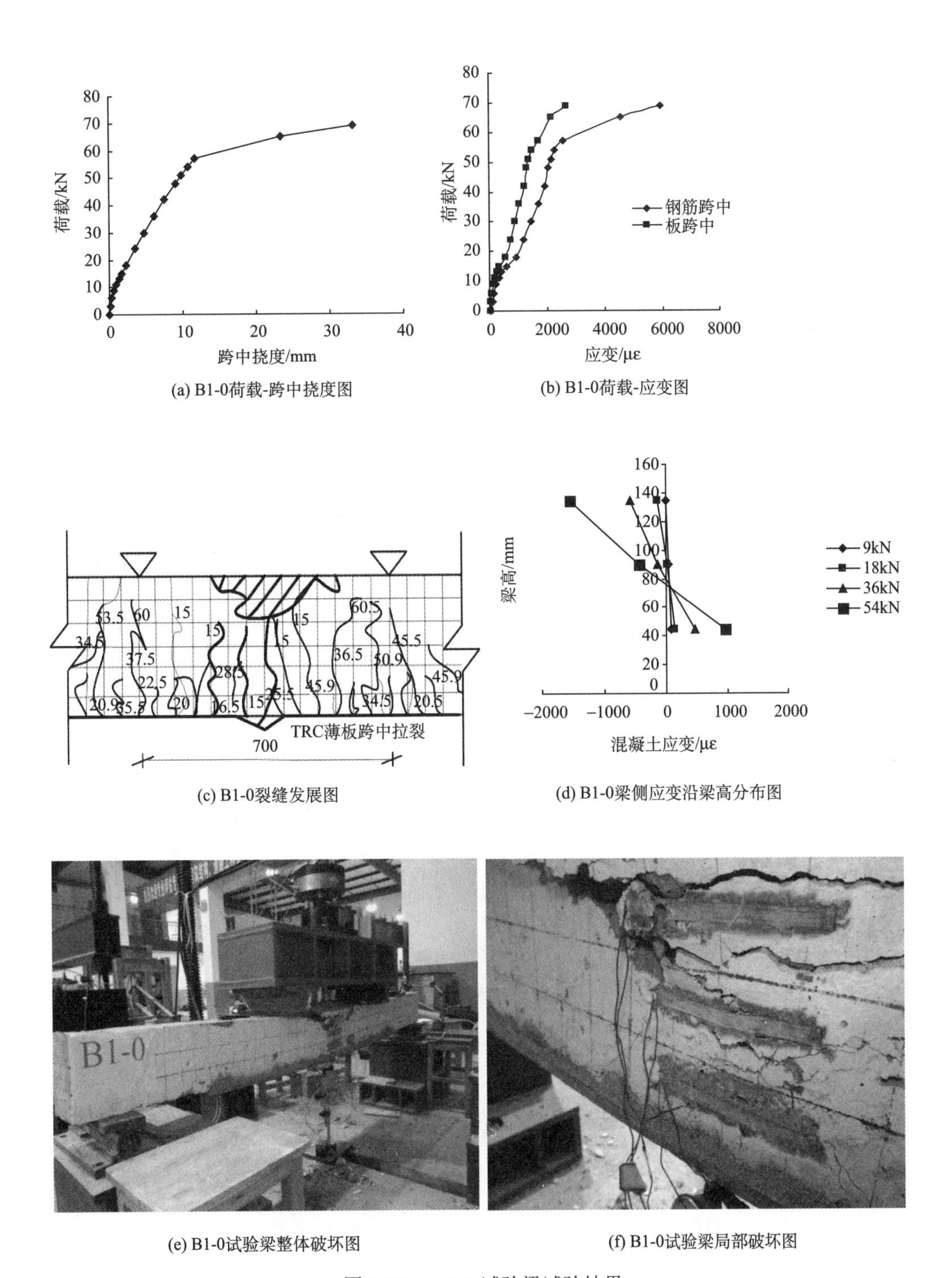

(a) B1-0荷载-跨中挠度图　(b) B1-0荷载-应变图

(c) B1-0裂缝发展图　(d) B1-0梁侧应变沿梁高分布图

(e) B1-0试验梁整体破坏图　(f) B1-0试验梁局部破坏图

图3.119　B1-0试验梁试验结果

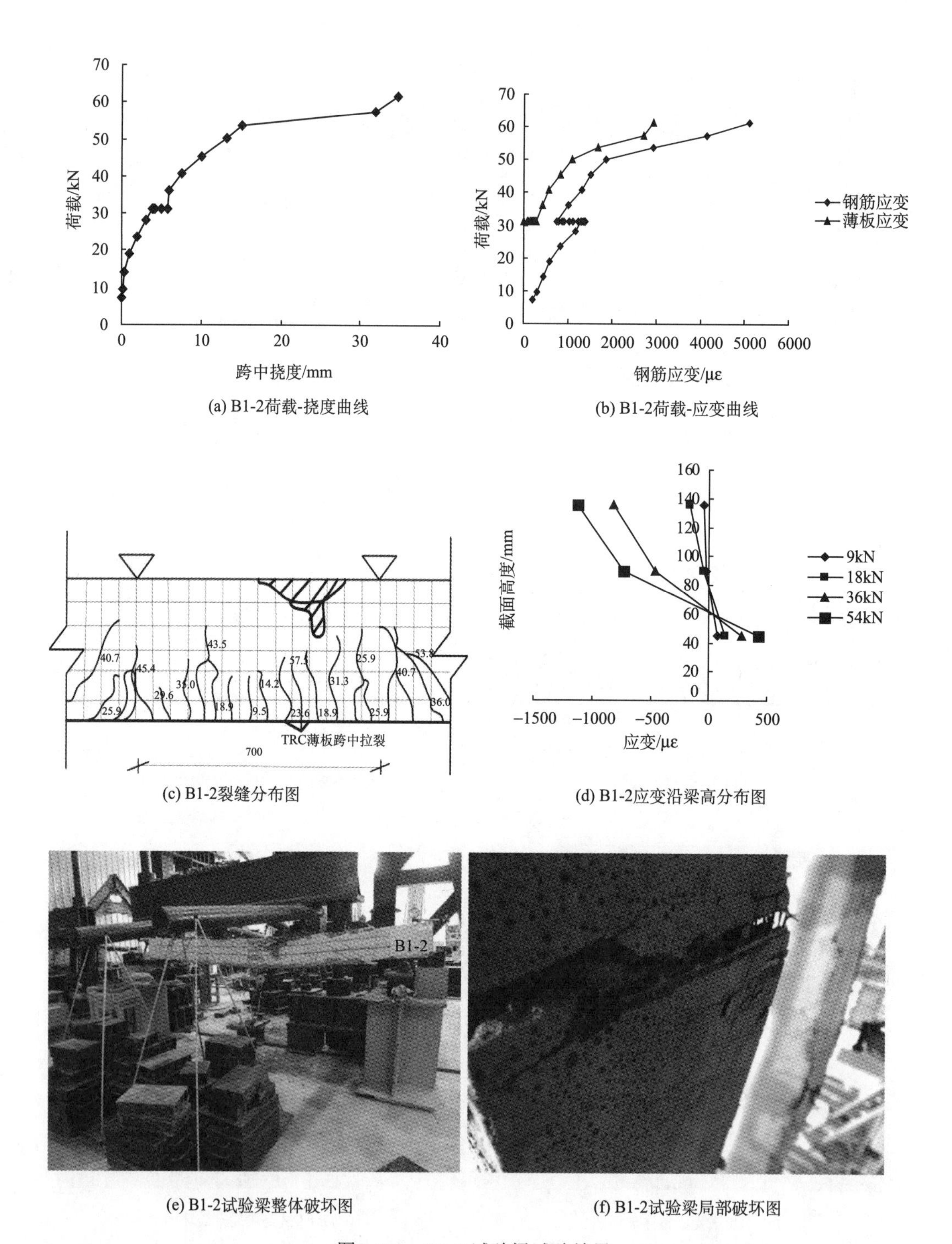

(a) B1-2荷载-挠度曲线

(b) B1-2荷载-应变曲线

(c) B1-2裂缝分布图

(d) B1-2应变沿梁高分布图

(e) B1-2试验梁整体破坏图

(f) B1-2试验梁局部破坏图

图 3.120　B1-2 试验梁试验结果

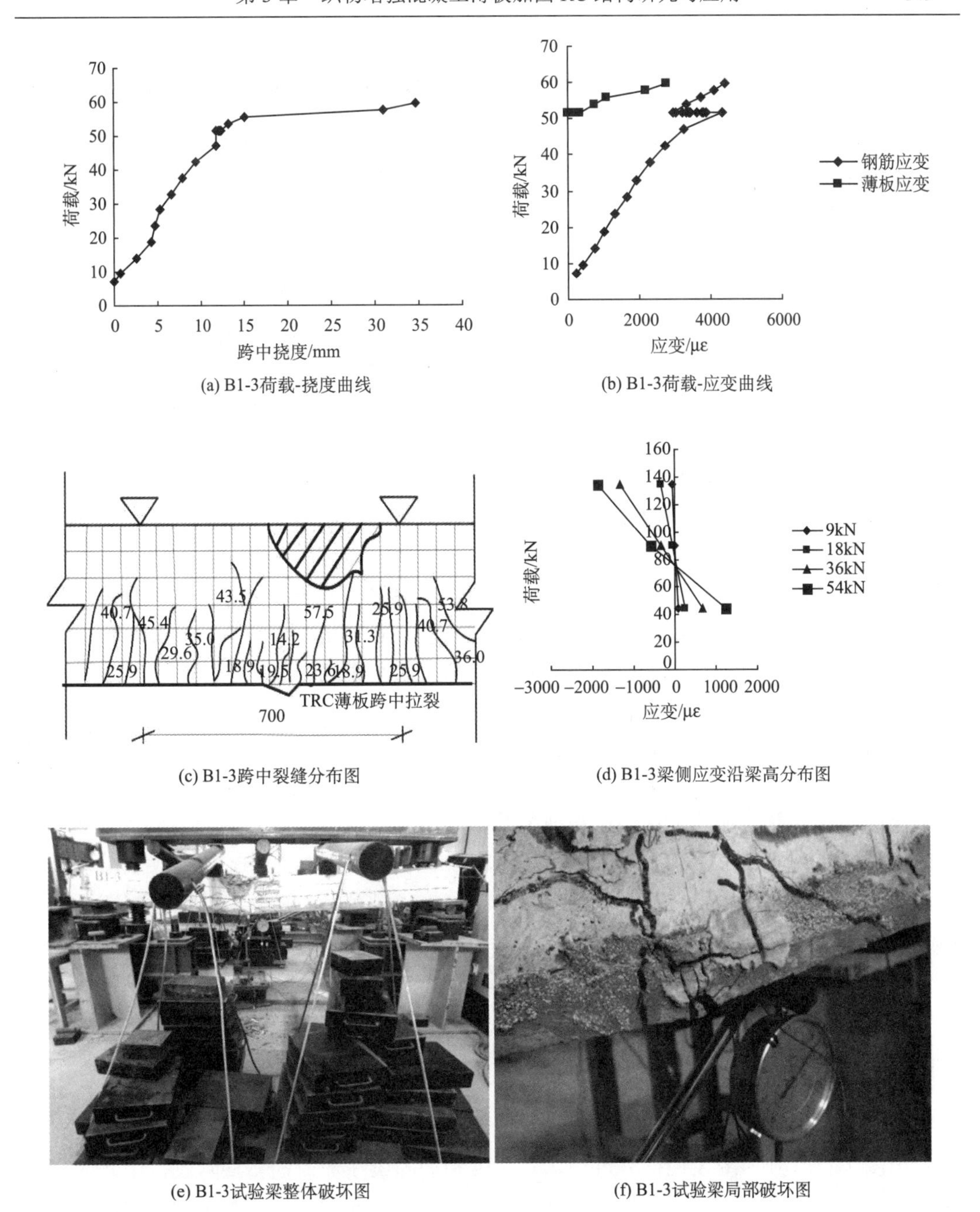

(a) B1-3荷载-挠度曲线

(b) B1-3荷载-应变曲线

(c) B1-3跨中裂缝分布图

(d) B1-3梁侧应变沿梁高分布图

(e) B1-3试验梁整体破坏图

(f) B1-3试验梁局部破坏图

图 3.121　B1-3 试验梁试验结果

2. 破坏形态及裂缝开展

B0-0 试验梁呈现典型的适筋梁破坏形态。在加载至 9kN 时，试验梁跨中位置加固层内出现第一条竖向受弯裂缝，宽度约为 0.04mm。随后，随着荷载的增加，试验梁纯弯区加固层内不断出现新的竖向受弯裂缝。当加载至 30kN 时，在一侧加载点下方剪弯区也出现竖直裂缝，并随荷载的增加不断向加载点处延伸。当荷载加到 50kN 左右时，试验梁跨中挠度变化突然加快，钢筋应变也有突变，说明此时钢筋已屈服。裂缝在纯弯段和剪弯段均分布较多，最大裂缝宽度出现在纯弯段，约为 0.32mm。随着荷载继续增加，很少有新的裂缝出现，但纯弯段有部分竖向受弯裂不断向上延伸。当加载至 55kN 时，梁顶混凝土已出现局部剥落，荷载已达极限值，此时跨中主裂缝最大宽度为 2.8mm，裂缝平均间距为 55mm。

B1-0 试验梁破坏时梁顶混凝土压碎，梁底 TRC 薄板被拉断。在加载至 10kN 时，TRC 板侧已出现竖向裂缝。当加载至 15kN 时，板侧裂缝向上延伸至老混凝土梁侧，老混凝土梁出现第一条裂缝，此时裂缝宽度约为 0.02mm。随后随着荷载的不断增加，试验梁下部纯弯区裂缝不断增加，同时剪弯区也出现少量裂缝且不断向加载点延伸。当加载至 50kN 时，试验梁跨中位置 TRC 薄板与老混凝土梁黏结界面出现横向裂缝长度约 4～5mm。当加载至 55kN 左右时，试验梁跨中位移突变，几乎同时跨中钢筋达屈服应变，试验梁跨中顶部有混凝土局部剥落现象。当加载至 70kN 时，钢筋混凝土梁梁底 TRC 薄板被拉断，上部架立筋压屈、受压区混凝土压碎破坏。破坏时，薄板并未出现整体脱黏现象，说明使用 MPC 界面剂的预制 TRC 薄板和老钢筋混凝土梁的界面黏结性能良好。相比试验梁 B0-0，试验梁 B1-0 下部裂缝数量较多，且裂缝间距仅为 30mm，最大裂缝宽度为 10mm。同时，TRC 板板底裂缝呈现出“细而密”的特点，平均裂缝间距为 10mm，裂缝宽度为 0.1mm。

梁 B1-1、B1-2、B1-3、B1-4 的破坏过程基本类似，现仅以试验梁 B1-3 为例进行说明。由于试验梁 B1-3 是将老混凝土梁加载到对比梁极限荷载的 50%后再进行持荷加固的，因此在加固前的加载过程中试验现象基本同 B0-0，但第一条裂缝在加载至 10kN 左右时出现。加载至 32.5kN 后，进行持荷加固，加固后的养护过程中，试验梁裂缝几乎没有扩展，亦无新裂缝出现。加固后 TRC 板底应变不断增大，说明在加固初期 TRC 薄板就已开始承担部分荷载。养护期过后继续加载，试验梁挠度不断增加，当加载至 50kN 时，试验梁跨中受拉主筋达屈服应变，同时梁顶混凝土出现少量剥落现象。在此过程中，纯弯区出现若干条新的裂缝，同时剪弯区无薄板加固的部分裂缝发展很快。当加载至 60kN 时，梁顶混凝土压碎，梁底薄板内纤维出现断裂，试验结束。

3. 平截面假定

由图 3.118(d)～图 3.121(d)可知，对比梁和加固梁在加荷的初期阶段，梁侧应变沿梁截面高度呈线性分布，符合平截面假定，然后随着荷载的增加，对比梁依然保持着较好的线性分布特性，加固梁中由于薄板承担了一定的荷载，因此梁下侧应变发展较慢，但仍能基本符合平截面假定，在荷载后期受压区应变快速增加，而受拉区薄板承担了大部分荷载，因此应变增加较少，但梁侧应变沿梁截面高度仍近似呈线性分布。总体而言，在加固梁的分析、计算过程中可以把平截面假定作为一个基本假定。

4. 承载力

RC 梁采用 TRC 薄板加固后，其屈服荷载和极限荷载均有所提高，表 3.27 具体列出各种工况下试验梁的开裂荷载 P_{cr}、屈服荷载 P_y 及极限荷载 P_u。

表 3.27　试验梁承载力对比表

试件编号	P_{cr}/kN	P_y/kN	P_u/kN
B0-0	9.2	49.2	55.0
B1-0	12.3	54.0	69.0
B1-1	10.6	53.6	63.0
B1-2	9.85	50.1	61.5
B1-3	10.25	51.8	59.6
B1-4	9.5	49.5	59.4

由于二次加载梁加固时荷载均已超过开裂荷载，因此其开裂荷载不具有对比性。加固梁 B1-0 其开裂荷载比 B0-0 提高了 33.7%，可见使用 TRC 薄板加固后能有效提高试验梁的开裂荷载。B1-0～B1-3 其屈服荷载比 B0-0 分别提高 9.7%、8.9%、1.8%、5.3%，其极限荷载分别比 B0-0 提高 25.5%、14.5%、11.8%和 8.3%。由此可见，二次加载梁抗弯极限承载力和加固前的应力历史有关。试验梁承载力对比见图 3.122。

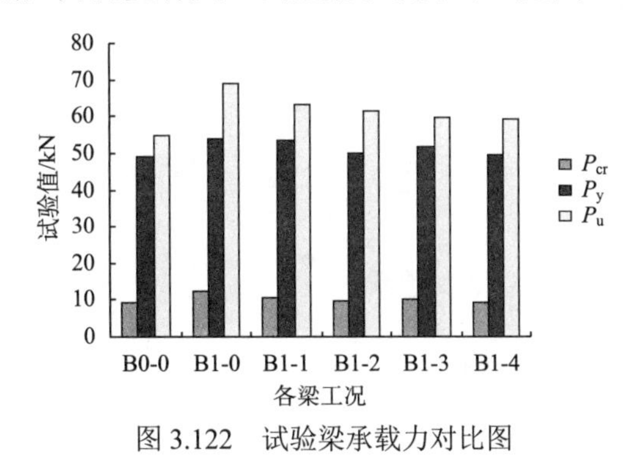

图 3.122　试验梁承载力对比图

5. 荷载-跨中挠度，荷载-钢筋和薄板应变

试验梁跨中挠度对比图见图 3.123。

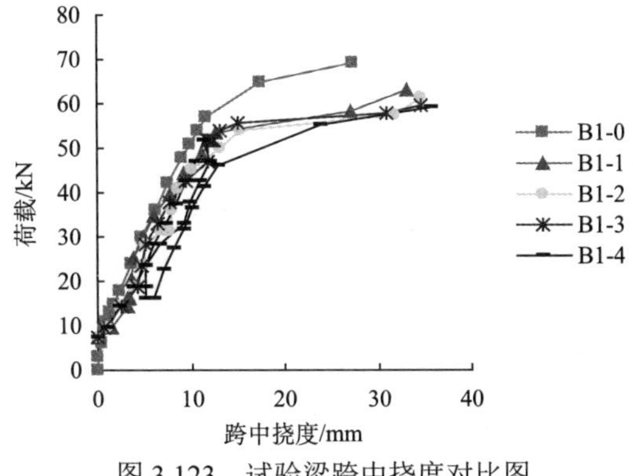

图 3.123　试验梁跨中挠度对比图

由图 3.123 可知，随着试验梁在加固前所受荷载的提高，其抗弯刚度逐步下降。B1-0 由于是一次加载，其在整个试验过程中，在相同荷载下，挠度较其他加固梁小。B1-1～B1-4 在加固前挠度曲线变化基本相同。B1-1 在加载到 16.5kN 后，其刚度比其他未加固梁有所上升，但仍未达到 B1-0 的抗弯刚度。B1-2 加固后抗弯刚度比 B1-3 和 B1-4 大，这是因为加固后，TRC 薄板即参与受力，分担了钢筋的部分荷载，限制了裂缝的继续开展，同时 TRC 加固层弹性模量较大，因此其抗弯刚度有所增大。另外 B1-4 经过往复加卸载后，刚度相比 B1-3 有所下降，主要是因为经过往复加卸载后，裂缝发展相对较深。总之，采用 TRC 薄板加固，一定程度上提高了构件的刚度，而提高的幅度与构件的损伤程度有关。

由表 3.26 可知，RC 梁采用 TRC 薄板加固后，其延性几乎没有降低，在试验梁 B1-4 的工况下甚至还有所上升。

荷载-钢筋应变、荷载-薄板应变以 B1-2 为例。由图 3.120(b)可知，在试验梁加固前，钢筋应变随着荷载的增加基本呈线性变化，薄板加固后，钢筋应变随着龄期的增长而不断变小，而薄板应变不断增大。这说明薄板已开始分担钢筋的部分荷载。薄板应变滞后于钢筋约 1000με。继续加载至钢筋屈服时，钢筋应变迅速增长，而薄板也迅速增加约 1000με，两者之差缩小至 300με，说明钢筋屈服后，荷载已主要由薄板承担。部分试验梁荷载-钢筋应变对比见图 3.124。

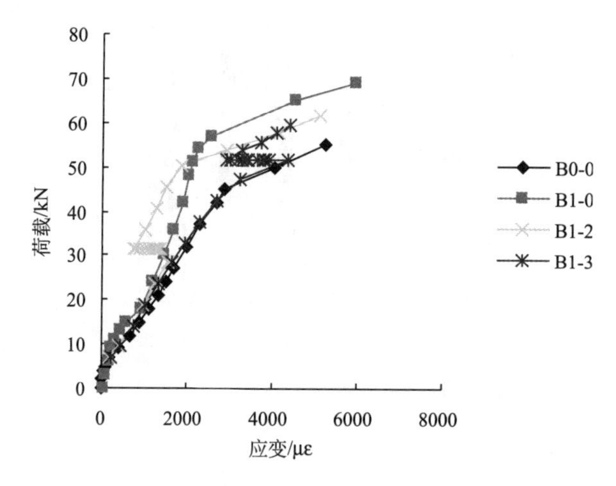

图 3.124　部分试验梁荷载-钢筋应变对比图

由图 3.124 可知，二次受力梁在加固前，其荷载-钢筋应变曲线和 B0-0 基本重合。在相同荷载下，一次受力梁的钢筋应变滞后于其他梁，但滞后量并不大。二次受力梁加固后，中性轴下移，薄板承担了部分荷载，其钢筋应变有所降低。二次受力梁钢筋先于一次受力梁屈服，屈服后其刚度下降速度加快，钢筋应变迅速增大。另外，加固后二次受力梁的钢筋应变增长速度明显小于对比梁，说明二次加固后效果明显。

部分试验梁薄板应变对比图见图 3.125。

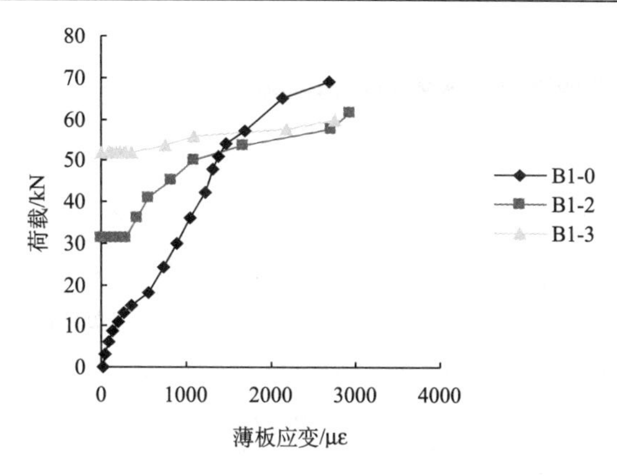

图 3.125　部分试验梁薄板应变对比图

由图 3.125 可知，一次受力加固梁 B1-0 荷载-薄板应变曲线。在受拉区混凝土开裂前，曲线近似为直线；受拉区混凝土开裂后，曲线出现第一个拐点，斜率有所减小，然后基本呈线性变化；纵筋屈服后，曲线出现第二个拐点，且应变发展速度加快，直至应变片溢出。二次受力加固梁在薄板加固期间，应变不断增长，在钢筋屈服前，其薄板应变滞后于一次受力加固梁，且随着加固前荷载水平的增大，滞后幅度愈加明显。钢筋屈服后，二次受力加固梁薄板应变迅速增大，超越一次受力加固梁薄板应变。

3.5.3　小结

(1)采用预制 TRC 薄板对 RC 梁进行加固一次受力加固梁的开裂荷载、屈服荷载和极限荷载较对比梁分别提高 33.7%、9.7%和 25.4%；二次受力加固梁极限荷载提高幅度随着加固前 RC 梁的初始应力的增大而减小；加固破损情况较严重梁(B1-4)与对比梁相比，提高幅度不大。

(2)预制 TRC 薄板加固二次受力 RC 梁时，TRC 薄板存在明显的应变滞后现象，且这种现象随着梁初始应力的提高而愈加明显。加固后，钢筋应变相比对比梁也存在应变滞后现象。

(3)TRC 薄板加固 RC 梁后，裂缝发展缓慢，TRC 薄板能较好地限制裂缝的继续开展，破坏时其裂缝比对比梁裂缝多且间距减小，加固改善了裂缝的形式。对于初始应力较小的二次受力加固梁，加固后出现了较多新的裂缝，裂缝呈现“细而密”的特点。

3.6　织物增强混凝土加固 RC 梁疲劳性能试验研究

根据上文的研究结论，在静载作用下 TRC 对于钢筋混凝土梁的抗弯、抗剪增强有着很好的效果，然而对 TRC 加固 RC 梁疲劳性能方面的研究报道较少，本节主要介绍文献[15,69,70]的研究结果。

3.6.1　织物增强混凝土加固 RC 梁疲劳试验方案

1. 试件设计

文献[15,69,70]共制作了 10 根长度为 2400mm 的钢筋混凝土梁，试件编号从 HF1 到 HF10，其中试件 HF1 为对比梁，其余 9 根均采用 TRC 加固。对比梁截面尺寸为 120mm×240mm，加固梁加固之前的截面尺寸为 120mm×230mm，加固之后的尺寸为 120mm×240mm。所有梁的纵筋均采用 HRB400 级钢筋，直径分别为取 12mm、14mm、16mm。架立筋采用 2ϕ 8 钢，箍筋均采用 ϕ 6.5@100，纯弯段长度均为 800mm；混凝土设计强度等级为 C40，实测 28d 的抗压强度为 44.6MPa。试验梁的基本参数如表 3.28 所示。

表 3.28　试件基本参数

试件编号	纵筋	ρ_s /%	TRC 加固方式	ρ_f /%	D/%
HF1	2 ⌽14	1.23	—	—	—
HF2	2 ⌽14	1.23	三面	0.036	—
HF3	2 ⌽14	1.23	单面	0.018	—
HF4	2 ⌽14	1.23	单面	0.036	—
HF5	2 ⌽12	0.90	单面	0.054	—
HF6	2 ⌽14	1.23	单面	0.054	—
HF7	2 ⌽16	1.62	单面	0.054	—
HF8	2 ⌽14	1.23	三面	0.054	20
HF9	2 ⌽14	1.23	三面	0.054	40
HF10	2 ⌽14	1.23	三面	0.054	60

注：D 表示损伤程度，$D = F / F_u$，F 为加固前对梁进行静力加载的荷载值，F_u 为梁的极限荷载值；ρ_s 为纵筋配筋率，纤维配网率 $\rho_f = A_f / (bh_f)$，其中 A_f 纤维网受力纤维横截面积，b 为梁截面宽度，h_f 为编织网合力点到梁顶的距离，ρ_f 为 0.018%、0.036%和 0.054%时分别表示采用一层、两层和三层的配网率。

2. 材料属性

纤维束编织网由碳纤维束与玻璃纤维束混合编织而成，碳纤维束为增强纤维(截面积为 0.45mm^2)，玻璃纤维束为固定纤维，网格尺寸为 10mm×10mm。纤维编织网在使用前需经涂胶处理(浸环氧树脂并粘砂)，加固时裁剪成需要的宽度和长度。试验所用纤维编织网的长度为 2000mm，宽度为 120mm(含有 10 根碳纤维束)。

高性能细粒混凝土配合比为：水泥∶粉煤灰∶硅灰∶水∶细砂∶粗砂∶减水剂为 475∶168∶35∶262∶460∶920∶9.1，单位为 kg。

水泥采用 52.5R 普通硅酸盐水泥，粉煤灰为一级粉煤灰，减水剂采用聚羧酸高性能减水剂，细砂采用 32～64 目普通石英砂，粗砂采用 26～32 目普通石英砂。实测高性能混凝土 28d 的强度为 52.8MPa。

3. 加固方式

加固分为单面加固和三面加固两种形式。单面加固只是在梁的底面进行加固，三面加固在梁底和梁两侧都进行加固，层数可取一、二、三层。在梁底只布置一层，其余取不同高度的网片对称布置在两侧进行加固。加固示意见图 3.126。

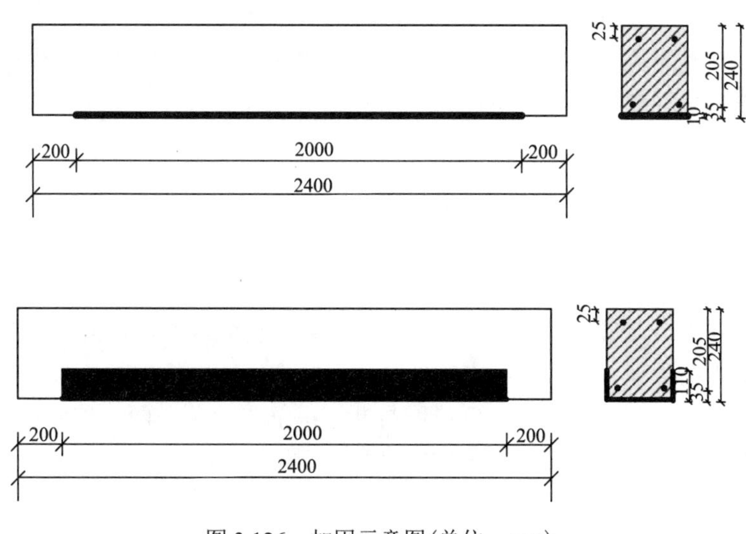

图 3.126　加固示意图(单位：mm)

4. 加载方式及测点布置

加载及测点布置见图 3.127。

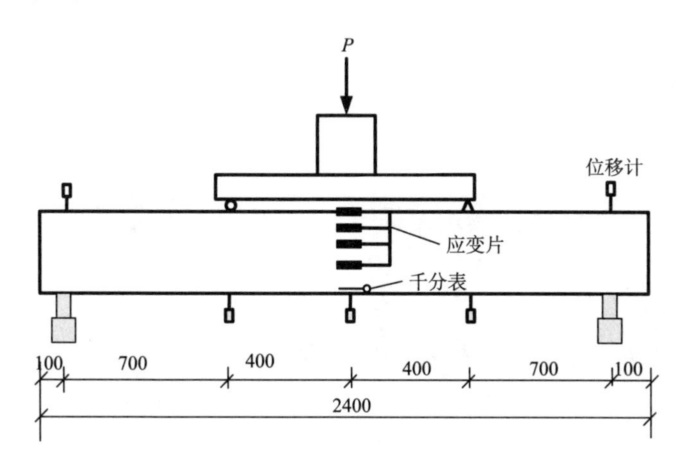

图 3.127　加载及测点布置(单位：mm)

加载系统采用液压伺服系统，疲劳试验采用跨中对称、等幅重复加载。疲劳荷载应力水平 $\sigma_{max} / \sigma_{u} = 0.7$，应力幅值比 $\sigma_{min} / \sigma_{max} = 0.2$，纵筋直径为 12mm 的梁疲劳荷载上限为 52.5kN，疲劳下限为 10.5kN；纵筋直径为 14mm 的梁疲劳荷载上限为 59.5kN，疲劳下限为 11.9kN。纵筋直径为 16mm 的梁疲劳荷载上限为 68.0kN，疲劳下限为 13.6kN。试验过程为首先施加静载，从 0 开始分 10 级加载至疲劳荷载上限，卸载至 0，再一次加静载至疲劳荷载的上限，然后卸载到中值施加正弦疲劳荷载，频率为 3Hz。疲劳试验开始前记录静载下的裂缝情况。在疲劳循环次数达到 0.1、0.5、1、1.5、2、3、4、6、8、10、15、20、25、30、40、50 万次时，停机卸载至 0，然后分 10 级加静载至疲劳荷载上限，之后进入下一个疲劳循环。50 万次以后每 10 万次循环停机一次，并重复上述加载步骤，直至试件发生疲劳破坏。若循环次数达到 200 万次，试件未发生疲劳破坏，加静载至破坏。停机施加静载时，每级荷载下量测跨中挠度、混凝土应变、钢筋应变和裂缝宽度。

3.6.2　织物增强混凝土加固 RC 梁疲劳试验结果

1. 破坏形态

各梁的疲劳寿命及破坏形态见表 3.29。由表 3.29 可知，TRC 加固梁的破坏形式根据配网率高低分为两种形式：①配网率较低时，混凝土压坏，纤维网拉断，纵筋未拉断；②配网率较高时，混凝土未压坏，纤维网拉断，纵筋未拉断。两种破坏形式如图 3.128 所示，图 3.128(a)为破坏形式 1，图 3.128(b)为破坏形式 2。

表 3.29　试验结果

试件编号	破坏形式	疲劳寿命 N_u /万次	试件编号	破坏形式	疲劳寿命 N_u /万次
HF1	混凝土压坏，纵筋拉断	31.55	HF6	破坏形式 2，纵筋拉断 1 根	49.80
HF2	破坏形式 1	38.10	HF7	破坏形式 2	54.92
HF3	破坏形式 1	29.62	HF8	破坏形式 2	46.99
HF4	破坏形式 1	41.53	HF9	破坏形式 2	45.13
HF5	破坏形式 2	41.42	HF10	破坏形式 2	41.70

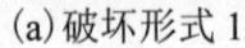
(a)破坏形式 1

(b)破坏形式 2

图 3.128　破坏形式图

2. 裂缝发展及特性

加固梁的裂缝有着相似的发展过程，裂缝发展可分成 3 个阶段：①裂缝产生阶段；②裂缝稳定阶段；③裂缝快速扩展阶段。图 3.129 为部分试件的裂缝开展情况，图中数字为荷载循环次数(万次)。

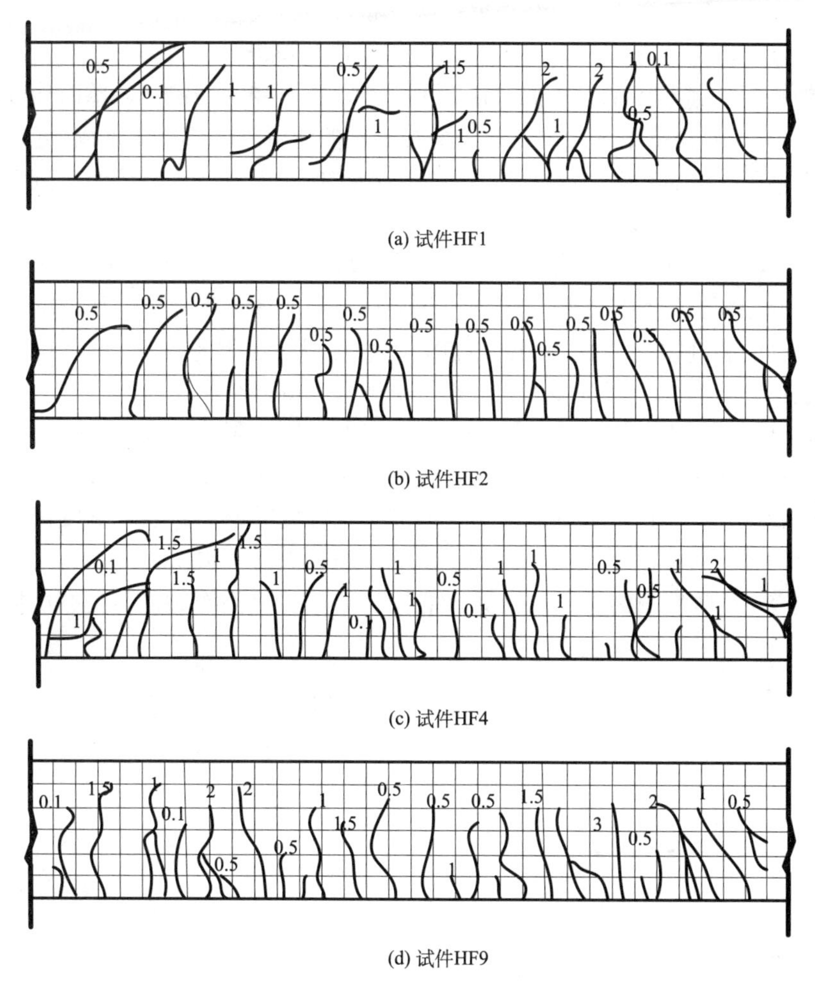

(a) 试件HF1

(b) 试件HF2

(c) 试件HF4

(d) 试件HF9

图 3.129　部分试件裂缝分布

图 3.129(a)为未加固梁的裂缝分布，与加固梁相比，未加固梁的裂缝较少，而且裂缝间距较大。而加固梁的裂缝较多，间距较小，裂缝间距仅为未加固梁的一半，说明 TRC 对梁的疲劳裂缝发展有很好的控制作用。

图 3.129(b)为三面加固试件 HF2 的裂缝分布，图 3.129(c)为单面加固梁试件 HF4 的裂缝分布，试件 HF2 与试件 HF4 的配网率相同。由图可以看出，单面加固较三面加固梁的裂缝数量较多，且分布较密。而三面加固梁的斜裂缝数量明显少于单面加固。图 3.129(d)也证明了这一点。这是因为三面加固的侧面加固相当于增加了梁的配箍率，提高了梁的受剪性能。

3. 加固效果

从表 3.29 中可知，试件 HF4(单面加固)的疲劳寿命为 41.53 万次、试件 HF2(三面加固)的疲劳寿命为38.10万次，说明在加固量相同的情况下，单面加固的疲劳寿命要高于三面加固。这是因为单面加固纤维编织网仅布置在梁底面，加载过程中纤维编织网全部受拉，受力比较均匀。而三面加固中侧面的TRC材料沿梁高只能部分受拉，且越靠近中性轴，TRC受力越小。所以在疲劳荷载上、下限都不变的情况下、单面加固的效果要优于三面加固。但不论是单面加固还是三面加固梁的疲劳寿命都比未加固梁的有所提高，单面加固提高了32%，三面加固提高了21%。说明TRC对提高RC梁的疲劳寿命有很好的效果。

图3.130(a)为试件HF1、HF3、HF4、HF6的裂缝宽度与循环次数的关系，其中ω_{cr}表示裂缝宽度，N表示循环次数。由图可见，在相同的循环次数下，加固梁的裂缝宽度要比未加固梁的裂缝宽度小很多，说明TRC不仅可以增加裂缝数量，而且可以限制裂缝宽度。图3.130(b)为配筋率对加固梁的裂缝宽度的影响，从图中可以看出，随着配筋率的增加，裂缝宽度减小。图3.130(c)为加固方式对加固梁裂缝宽度的影响，单面加固对裂缝宽度的控制要优于三面加固。图3.130(d)为不同损伤程度对加固梁的裂缝宽度的影响，从图中看出，在相同的循环次数下，随着损伤程度的增加，裂缝宽度也加宽，说明加固前的静力损伤对加固梁裂缝宽度产生影响。在加固前，损伤程度大的梁，会产生相对较多的裂缝，这些裂缝的宽度也较宽。然用TRC加固之后对梁的裂缝有所修复，但修

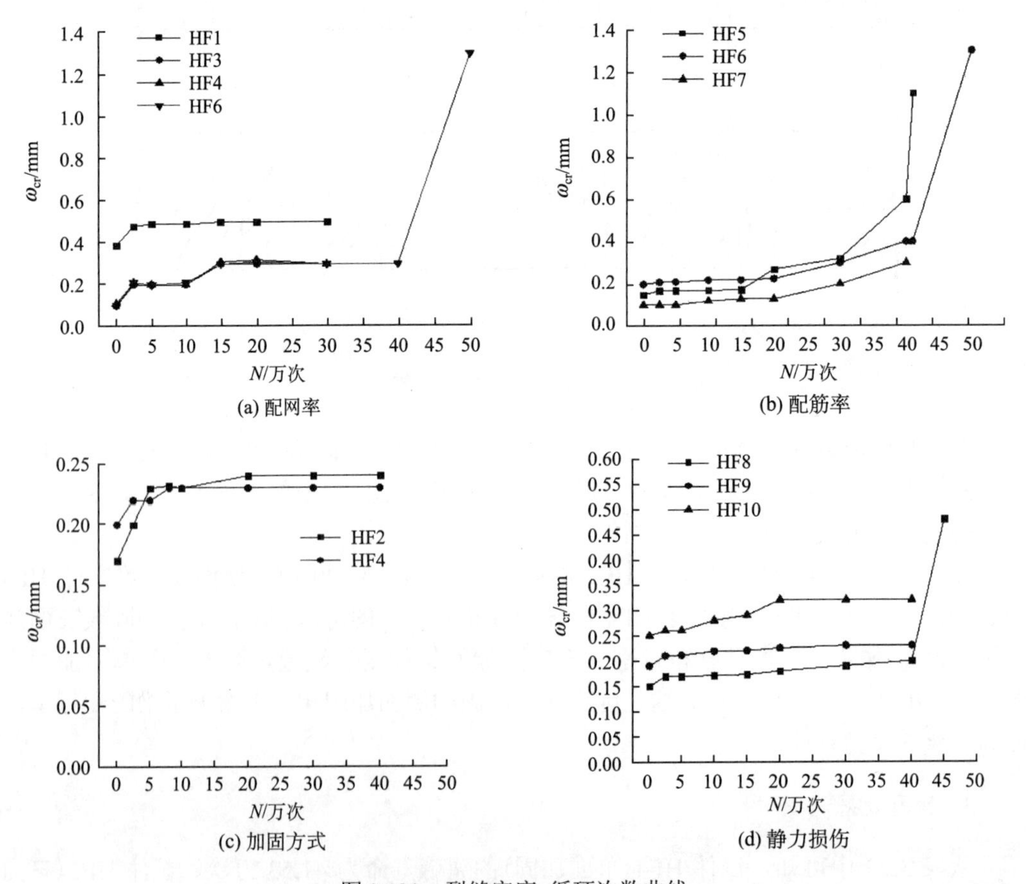

图3.130　裂缝宽度-循环次数曲线

复的效果不可能使加固前静载产生的裂缝消失，即使是这样，试件 HF10 的裂缝宽度也比未加固梁的裂缝宽度小得多。

试件 HF2、HF4 循环次数与跨中挠度曲线如图 3.131(a)所示，图中 f 表示跨中挠度，N 表示循环次数。

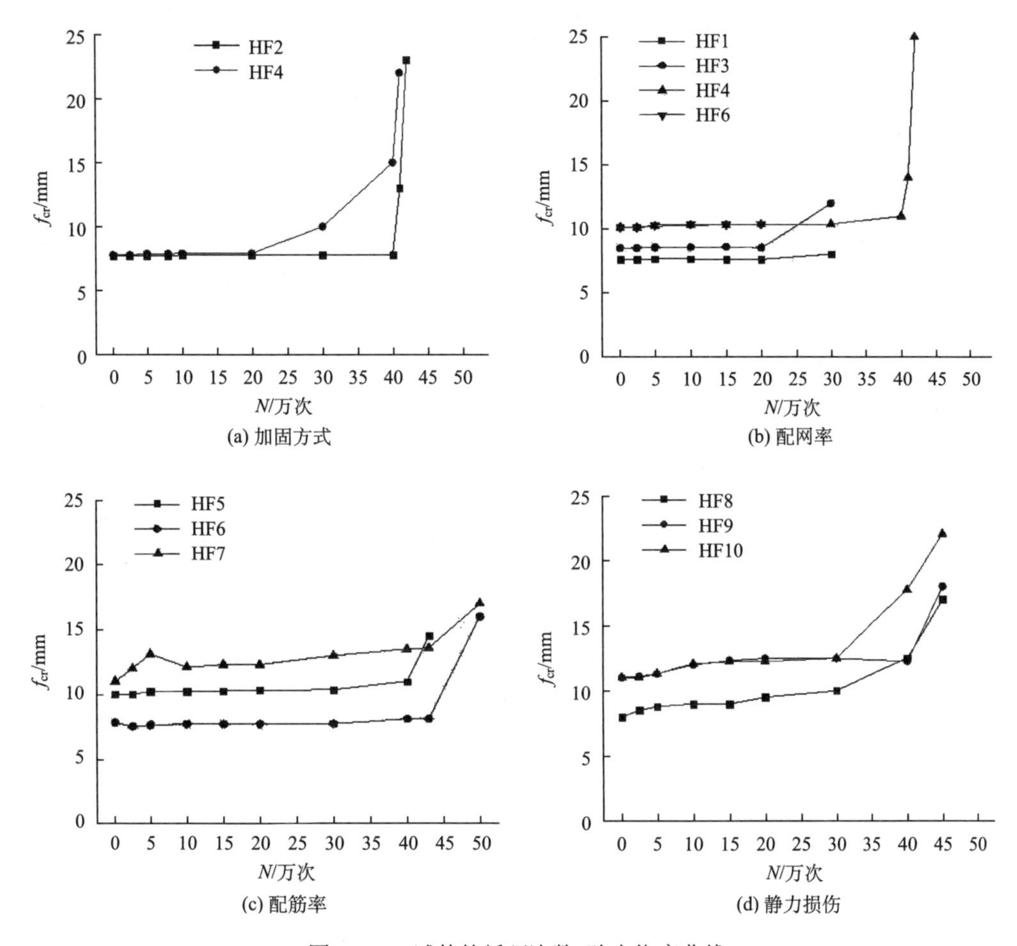

图 3.131　试件的循环次数-跨中挠度曲线

从图 3.131(b)可以看出，采用不同的纤维配网率加固梁的循环次数与跨中挠度也呈现三阶段破坏过程。然而未加固梁和只用一层纤维网加固的梁第三阶段不明显，说明未加固梁和加固量较少的梁最终的破坏比较突然，没有明显的挠度增大过程；并且未加固试件 HF1 和配网率较小的试件 HF3 的第二阶段较短，说明纤维束编织网达到一定的配网率，才可以很好地提高钢筋混凝土梁的疲劳寿命，增加最终破坏时的挠度。

试件 HF5、HF6、HF7 均为适筋梁，从图 3.131(c)中可以看出，在适筋梁范围内，配筋率的增大可以明显地延长第二阶段的发展，这也说明了配筋率的增加可以提高疲劳寿命。在稳定阶段，试件 HF7 的挠度最大，其次是试件 HF6，试件 HF5 的最小。这是由于 3 根梁的疲劳荷载上限值不同所致。

试件 HF8、HF9、HF10 为静载损伤梁，其循环次数与跨中挠度的曲线如图 3.131(d)

所示。从图中可以看出，在其他因素不变的情况下，40 万次循环前试件 HF9、HF10 的跨中挠度比较接近，说明 TRC 对静力损伤的梁有很好的加固效果。40 万次以后，试件 HF10 的跨中挠度明显大于试件 HF8、HF9，这是因为 40 万次以后，试件 HF10 已经进入破坏阶段，挠度发展速度变快。损伤程度大的梁，其疲劳寿命小于损伤程度小的梁。

文献[69]还推导了 TRC 加固梁的疲劳刚度计算式，并与试验结果相比较，具体内容如下：

在推导 TRC 加固梁的疲劳刚度时，采用以下假设：①截面应变保持平面；②受压区混凝土的法向应力图形为三角形；③对加固梁，不考虑受拉区混凝土的抗拉强度，拉力全部由纵向钢筋和纤维束编织网承受；④不考虑钢筋与混凝土之间的滑移。疲劳刚度为 $B_{\mathrm{f}}=\theta_{\mathrm{f}}E_{\mathrm{c}}^{f}I_{\mathrm{cr}}$，其中 θ_{f} 为刚度折减系数；E_{c}^{f} 为混凝土疲劳弹性模量，可由 GB 50010－2010《混凝土结构设计规范》查得；I_{cr} 为开裂截面上的截面惯性矩，可由下式算得

$$I_{\mathrm{cr}}=\frac{1}{3}bx_0^3+\alpha_{E\mathrm{s}}^{f}\rho bh_0\left(h_0-x_0\right)^2+\alpha_{E\mathrm{f}}^{f}\rho_{\mathrm{f}}bh_{\mathrm{f}}\left(h_{\mathrm{f}}-x_0\right)^2 \tag{3.102}$$

$$\frac{1}{2}bx_0^2-\alpha_{E\mathrm{s}}^{f}\rho bh_0-\alpha_{\mathrm{Es}}^{f}\rho_{\mathrm{f}}bh_{\mathrm{f}}\left(h_{\mathrm{f}}-x_0\right)^2=0 \tag{3.103}$$

式中，b 为截面宽度；h_{f} 为纤维束编织网合力作用点到梁顶距离；h_0 为截面有效高度；x_0 为受压区高度；ρ 为纵筋配筋率；ρ_{f} 为配网率；$\alpha_{E\mathrm{s}}^{f}$ 为受拉钢筋弹性模量与混凝土疲劳变形模量之比；$\alpha_{E\mathrm{f}}^{f}$ 为纤维束编织网中的碳纤维弹性模量与混凝土疲劳变形模量之比。

根据此次试验数据，通过回归分析，得到的刚度折减系数与循环次数之间的关系为

$$\theta_{\mathrm{f}}=0.0239\lg N+0.9329 \tag{3.104}$$

故，疲劳刚度表达式为

$$B_{\mathrm{f}}=\left(-0.0239\lg N+0.9329\right)E_{\mathrm{c}}^{\mathrm{f}}I_{\mathrm{cr}} \tag{3.105}$$

以试件 HF6 为例，对式(3.105)进行校核。按照结构力学的计算方法，计算图 3.127 所示简支梁的跨中挠度，计算式为

$$f=\frac{F}{B}\times 3.66\times 10^8 \tag{3.106}$$

式中，B 为梁的刚度；F 为简支梁支座处的支座反力。

将式(3.105)代入式(3.106)得

$$f=\frac{F}{\left(-0.0239\lg N+0.9329\right)E_{\mathrm{c}}^{\mathrm{f}}I_{\mathrm{cr}}}\times 3.66\times 10^8 \tag{3.107}$$

式中，F=30kN，$E_{\mathrm{c}}^{\mathrm{f}}$ 按 GB 50010—2010《混凝土结构设计规范》中的规定取值，由式(3.102)，式(3.103)算得 $I_{\mathrm{cr}}=8.8635\times 10^7\,\mathrm{mm}^4$。实测跨中挠度与理论计算值的比较见表 3.30。

表 3.30　试件 HF6 跨中挠度实测值与理论值比较

N_u /万次	实测值 f / mm	理论值 f_{th} / mm	f_{th} / f	N_u /万次	实测值 f / mm	理论值 f_{th} / mm	f_{th}/f
0.1	10.10	9.43	0.93	8.0	10.42	9.94	0.95
0.5	10.29	9.61	0.93	10.0	10.45	9.97	0.95
1.0	10.34	9.69	0.94	15.0	10.49	10.02	0.96
1.5	10.35	9.74	0.94	20.0	10.53	10.06	0.96
2.0	10.36	9.77	0.94	25.0	10.58	10.09	0.95
3.0	10.37	9.82	0.95	30.0	10.69	10.11	0.95
4.0	10.38	9.86	0.95	40.0	10.84	10.15	0.94
6.0	10.39	9.91	0.95				

由表 3.30 可知，采用此刚度公式计算出来的理论值与实测值较为接近。

3.6.3　小结

(1) 采用 TRC 对 RC 梁进行加固可以明显提高加固梁的疲劳寿命。TRC 对加固梁裂缝宽度和数量的控制也要优于非加固梁。

(2) 单面加固对裂缝数量及裂缝宽度的控制优于三面加固。而三面加固对斜裂缝的控制优于单面加固。

(3) 纵筋配筋率会影响加固梁的裂缝宽度，随着纵筋配筋率的增加，在相同循环次数下，裂缝宽度减小。而纵筋配筋率的增加也可以延长挠度的稳定发展阶段，从而延长疲劳寿命。

(4) 配网率会影响加固梁的疲劳寿命和最终破坏时的挠度，当配网率大于某一值时，加固梁的疲劳寿命随配网率的增加而增加。最后破坏时的挠度增加明显。

(5) TRC 对静力损伤的梁有很好的疲劳加固效果，但加固前的静力损伤会影响加固梁的裂缝宽度，在相同的循环次数下，加固前静力损伤越大，疲劳试验时裂缝宽度越宽。

(6) TRC 加固梁的裂缝扩展及挠度发展都经历了初始发展、稳定发展、迅速发展三个阶段。

(7) 通过回归分析得到了刚度折减系数的计算公式，从而得到 TRC 加固梁疲劳刚度计算公式。经验算，该公式计算出的结果与试验结果吻合较好。

3.7　织物增强混凝土加固 RC 柱的力学性能研究

3.7.1　织物增强混凝土加固 RC 柱国内外研究现状

目前，国内外学者对 TRC 加固 RC 柱的研究尚少，根据现有的研究成果，主要集中在 TRC 加固 RC 柱轴心受压、偏心受压、抗震性能以及腐蚀环境下 TRC 加固 RC 柱的力学性能研究。

采用 TRC 加固 RC 柱，能够有效提高 RC 柱的轴压承载力，主要是因为 TRC 使得加固后的混凝土处于三向受压状态，即 TRC 能够对混凝土形成套箍效应。Peled[71]比较了分别采用 TRC 和 FRP 加固未损坏和损坏的混凝土圆柱，结果表明，TRC 加固能够有效改善混凝土柱的抗压性能，主要表现在混凝土应变提高了 2%～3%；TRC 修复受损柱的效果也很明显，且在抗压强度和弹性模量提高方面优于 FRP。Bournas 等[72] 研究结果表明，TRC 加固可以通过延缓纵向钢筋的弯曲来提高混凝土的抗压强度及变形能力，但比 FRP 的效果略小；Gopinath 等[73]和 Di Ludovico 等[74] 分别研究了玻璃纤维和玄武岩纤维织物增强混凝土圆柱的抗压性能，结果表明，采用 TRC 加固能够提高 RC 柱的抗压强度和延性，同时与 FRP 加固相比，抗压强度提高的效果差别不大，但延性相对较好；尹世平等[75]通过 9 根混凝土柱的轴压试验研究 TRC 加固混凝土柱的轴压力学性能，结果表明，TRC 加固素混凝土方柱的破坏形态和延性得到改善，承载力提高幅度达 17.32%；对于 TRC 加固 RC 柱，纤维编织网搭接长度、短切纤维改性精细混凝土对 TRC 约束效果影响不明显，但随着纤维编织网层数的增加，TRC 约束效果明显提高，TRC 加固 RC 柱的延性得到改善，承载力提高幅度最高可达 14.74%。

薛亚东等[76]通过对 2 根对比 RC 柱和 7 根 TRC 加固 RC 柱的偏压试验，探讨了偏心距、前期受力历史和纤维编织网用量对 TRC 侧面加固偏压短柱效果的影响，得出结论：TRC 侧面加固方法适合于大偏心受压结构，偏心距越大，增强效果越明显；结构前期受力历史对加固效果影响非常明显，随着前期历史载荷的增大，加固效果明显减弱；提高纤维编织网用量在一定程度上可以增强加固效果，但增强幅度随用量的增加呈现出减弱趋势。

关于对 TRC 加固 RC 柱抗震性能的研究，一般都是进行加固柱低周反复加载的拟静力试验，研究其延性及其耗能能力。Bournas 等[72]采用 TRC 对足尺寸抗震不足的 RC 柱底部进行局部加固，并施加恒定的轴力及水平反复荷载进行试验研究，试验结果表明，通过 TRC 加固柱用来增强柱的循环变形能力和耗能能力是一种非常有效的方法，其效果几乎等同于 FRP，同时指出，TRC 约束混凝土是一种极有效的增强方法，包括在地震地区对细节不足 RC 柱的约束。

对于腐蚀环境下 TRC 加固 RC 柱力学性能的研究，艾珊霞[77]做了两方面的试验研究：①对常规环境下 TRC 加固素混凝土及 RC 柱的轴心受力性能进行试验，结果表明：TRC 加固素混凝土柱及 RC 柱具有良好的效果，不仅提高了极限承载力，而且改善了柱的破坏形态和延性；对于 TRC 加固 RC 柱，不同配筋率区别不大；随着纤维编织网层数的增加，TRC 的加固效果提高幅度增大；纤维编织网搭接长度对 TRC 加固 RC 柱效果影响较小；短切纤维改性混凝土作为 TRC 基体能够提高 TRC 的加固性能。②氯盐干湿循环环境下 TRC 加固混凝土柱轴心受压性能研究，得出结论：与未进行干湿循环的 TRC 加固 RC 柱相比，干湿循环作用后 TRC 加固柱的破坏形态变化不明显，但极限承载力及延性有下降趋势，且干湿循环次数越多，这种下降越明显；在荷载-氯盐干湿循环耦合作用下，随着干湿循环次数增加，TRC 加固 RC 柱的极限承载力及变形性能降低幅度增大，并且，随着持续荷载的增大，这种下降幅度增大；使用短切 PVA 纤维改性高性能混凝土作为 TRC 基体使 TRC 加固 RC 柱的耐久性能稍有提高。叶桃[78]分别研究了常规环境和锈蚀环境下 TRC 加固柱的抗震性能，其中常规环境下共设计制作了

11 根 RC 柱，主要考虑纤维编织网布置层数、纤维编织网长度、配箍率、轴压比对 TRC 加固效果的影响；锈蚀环境下共设计制作了 9 根 RC 柱，主要考虑不同锈蚀率、不同加固次序对 TRC 加固效果的影响。研究结果如下：①TRC 加固能够有效约束 RC 柱核心区混凝土，限制裂缝的发展，增大构件初始刚度，改善 RC 柱的破坏形态；纤维编织网布置层数对试件屈服荷载无明显影响，在 1～3 层范围内，峰值荷载、位移延性系数、耗能能力随加固层数的增多而增大，但继续增加加固层数，其提高幅度有限；纤维编织网搭接长度和配箍率对试件承载力无明显影响，加固柱的位移延性系数、耗能能力随搭接长度和配箍率的增加而有所提高；在小轴压比范围内，TRC 加固柱的开裂荷载、屈服荷载、峰值荷载及耗能速率随轴压比的增大而增大。②锈蚀环境下，TRC 加固能有效抑制氯离子对钢筋的侵蚀，降低构件的锈蚀率，延缓裂缝发展和刚度退化，改善构件的整体破坏形态；在小锈蚀率下，TRC 加固柱的峰值承载力相对未加固柱可能有所降低；TRC 的约束效率随锈蚀率的增大而提高，但位移延性系数提高幅度降低；无论是锈蚀前加固还是锈蚀后加固，均能提高构件的抗震性能，两种加固次序构件的初始刚度基本相同；先加固后锈蚀的构件相对于先锈蚀后加固的构件，在承载力上有一定程度的降低，但其刚度退化速率要慢于后者。

3.7.2　织物增强混凝土加固 RC 轴压短柱试验研究

1. 试验概况

试验共设计制作了 6 组 12 根钢筋混凝土短柱的轴心受压试验试件，以 TRC 加固层数和接头搭接长度为变量，试件编号及加固方式见表 3.31，试件尺寸 200mm×200mm×600mm，混凝土强度等级为 C25，实测立方体抗压强度 28.1N/mm^2。配置 4ϕ10 纵筋，箍筋为ϕ6@200，详细配筋见图 3.132(a)，本试验用于 TRC 基体的细骨料混凝土配合比为：水泥(C)∶砂(S)∶水(W)∶外加剂(JM-PCA(Ⅰ))=1∶1.5∶0.32∶0.015。砂浆试块抗压强度实测值 51.5N/mm^2，符合要求。短柱四边倒成圆角，倒角半径 R=20mm。

表 3.31　试件分组

试件编号	试件个数	织物网层数	搭接长度
Z	2	—	—
JZ1-1	2	1	0.5a
JZ1-2	2	1	a
JZ1-3	2	1	2a
JZ3-1	2	3	2a
JZ5-1	2	5	2a

注：表中 a 为短柱边长。

加固用缝编织物的主要受力方向为无碱玻璃纤维，由泰山玻璃纤维合成总厂生产。单股纤维粗纱面积为 0.45mm^2。织物网格尺寸为 10mm×10mm，纤维基本性能详见表 3.32。

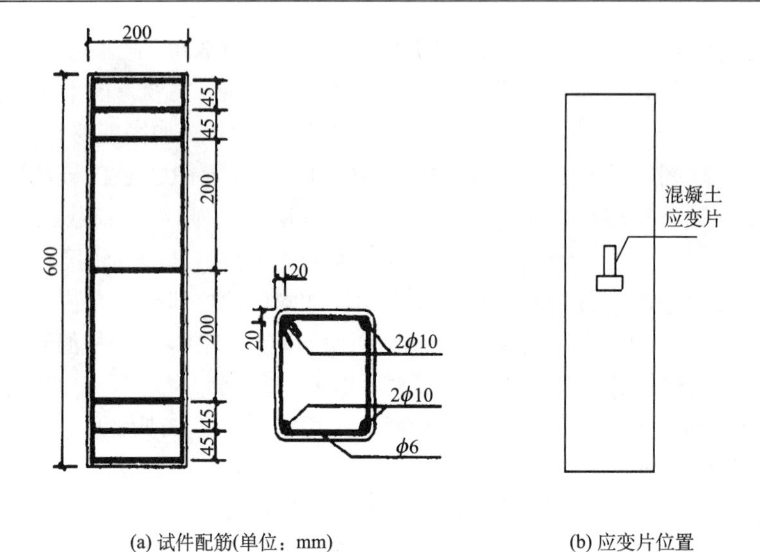

(a) 试件配筋(单位：mm)　　(b) 应变片位置

图 3.132　试件设计

表 3.32　纤维单丝性能参数

纤维类型	抗拉强度/MPa	弹性模量/GPa	伸长率/%	密度/(10^3kg/m^3)	单股粗纱线密度/tex
无碱玻纤	3200	65	4.5	2.58	1500

注：1tex 表示 1000m 长单股纤维粗纱的质量(g)。

混凝土应变片在短柱侧面分别以水平方向和垂直方向粘贴于加固层上，如图 3.132(b)所示。试验在 5000kN 长柱压力试验机上进行，采用 DH3818 静态应变仪采集数据。分级加载，每级 50kN，当试件承受的荷载接近其计算值时，压力机不再加载，处于持荷状态，加载等级加密，改为每级 20kN 缓慢加载直至试件破坏。

2. 试验结果及分析

1) 试件破坏现象

JZ1-1、JZ1-2、JZ1-3 为单层加固，加固层搭接尺寸分别为 0.5a、a、2a，破坏如图 3.133 所示，其破坏承载力见表 3.33。虽然角部进行了倒角处理，但在单层加固破坏时，

(a) JZ1-1　　(b) JZ1-2　　(c) JZ1-3

图 3.133　单层加固试件破坏照图

由于角部的高应力集中试件仍在角部发生破坏。由于 TRC 中配网率较小，试件表现为 TRC 被拉断破坏和加固层剥落破坏，且随着搭接长度的增加破坏荷载有所增加，但是破坏荷载的增加并不显著。

表 3.33　试件承载力

试件	配网率ρ_f	开裂荷载		极限荷载	
		荷载/kN	提高幅度/%	荷载/kN	提高幅度/%
Z	0	250	—	767.5	—
JZ1-1	0.45%	300	20.0	834.5	8.7
JZ1-2	0.45%	300	20.0	862.0	12.3
JZ1-3	0.45%	300	20.0	881.5	14.9
JZ3-1	0.79%	350	40.0	987.0	28.6
JZ5-1	0.98%	350	40.0	1169.5	52.4

JZ1-3、JZ3-1、JZ5-1 分别为单层、3 层、5 层加固，搭接长度均为 2a。试验表明当 TRC 中织物增至 3 层时，加固柱的破坏表现为内部混凝土压碎，但是由于试件横向变形较大，加固层有局部脱黏的现象；当加固层为 5 层时，内部混凝土被压碎，加固层不出现剥落，柱边中部微鼓。破坏情况如图 3.134 所示。

(a) JZ3-1　　(b) JZ5-1

图 3.134　不同加固层试件破坏形态

结合表 3.33 单层试件承载力提高情况，认为在 TRC 加固中，在织物网的搭接处，高性能细骨料混凝土(砂浆)能够提供良好的黏结强度，对极限承载力提高的贡献，织物网搭接长度并不是主要因素，加固层数的增加起着决定作用，当配网率较小时试件会出现加固层剥落现象，故最小配网率值得考虑。鉴于实际工程的复杂性，建议工程中采用较安全的搭接长度 2a。

2)试验结果分析

(a)加固承载力

由表 3.33 可知，与对比柱相比，加固后的各试件的开裂荷载和极限荷载均有不同程度的提高。

单层纤维织物增强混凝土加固，无论纤维层搭接长度如何，其开裂荷载相对于对比柱均提高了 20%，比极限荷载提高幅度大。3 层和 5 层织物网加固时，其开裂荷载均提高 40%。试验中开裂荷载的提高比较明显，分析认为其原因一方面是由于加固层纤维网的约束作用，限制了核心混凝土的变形和裂缝发展；另一方面是由于短柱在承受轴向荷载时，TRC 加固层与原结构协同受力，分担了部分荷载，从而提高了开裂荷载。

极限荷载的提高幅度与配网率ρ_f有密切的联系(ρ_f定义为碳纤维织物横截面面积 A_{cf}与 bh_f的比值，h_f为 TRC 加固层的平均厚度，b 为加固层长度)。由表 3.33 和图 3.135 可知，当织物网达到 3 层及 3 层以上时，配网率达到 0.794%，其极限荷载提高幅度明显加快，可以认为 TRC 加固层能提供有效的约束，限制核心混凝土的侧向变形，使受压混凝土短柱从单轴受力状态转变为三轴受力状态，从而提高了核心混凝土的极限承载力。

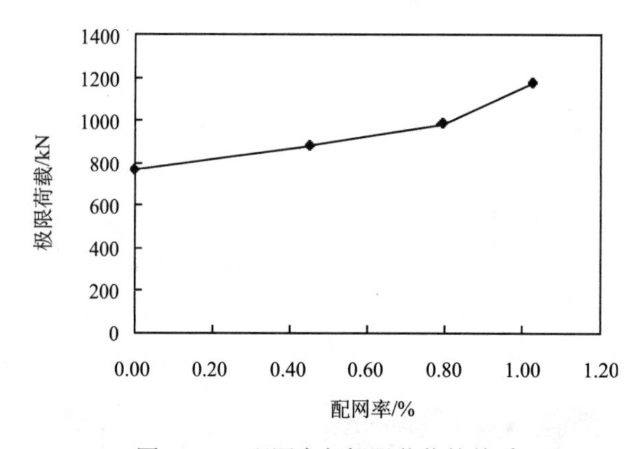

图 3.135　配网率与极限荷载的关系

当配网率较小时(1 层 0.45%)，随核心混凝土横向变形的加剧，纤维网因承受较大的拉力而被拉断，致使极限承载力提高不明显，故应注意限制最小配网率；当配网率加大时，侧向约束明显，使核心混凝土从主动受力逐渐发展为被动挤压受力，最终仍以核心混凝土压碎为破坏标志。

(b) 延性

以加固纤维层数为参变量，各试验试件横向应变及纵向应变如图 3.136 所示。由图可知，加固柱的横向应变、纵向应变滞后于对比柱，随着加固层数的增多变形滞后也越明显，且后期滞后变形尤其显著。与对比柱相比，加固试件弹性模量并无多大变化，但是后期有较大的延性变形发展且应变没有产生下降段。

采用泊松比和位移延性系数来评判 TRC 织物网对受压短柱的延性改善情况。泊松比为横向变形和纵向变形绝对值的对比，反映纤维网对核心混凝土的约束作用。泊松比越小，纤维网的约束作用就越明显。在开裂荷载下，不同加固层试件泊松比如图 3.137 所示。

位移延性系数 μ_D 为

$$\mu_D = \frac{D_u}{D_y} \tag{3.108}$$

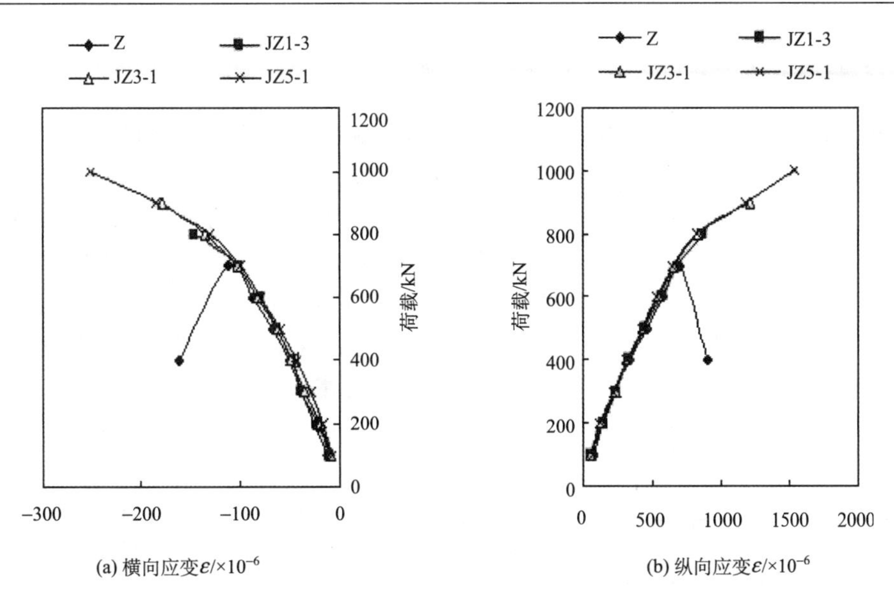

图 3.136　荷载-应变曲线

式中，D_u 为构件承载力没有明显降低情况下的极限变形，即为极限承载力下的变形；D_y 为截面或构件开始屈服时的屈服变形，由于钢筋混凝土构件变形曲线没有明显的屈服拐点，转折点往往在较小区段内，故用能量等值法作出等效屈服点，计算时使用等效屈服点的变形 D_y。随着加固层的增加位移延性系数变化如图 3.138 所示。

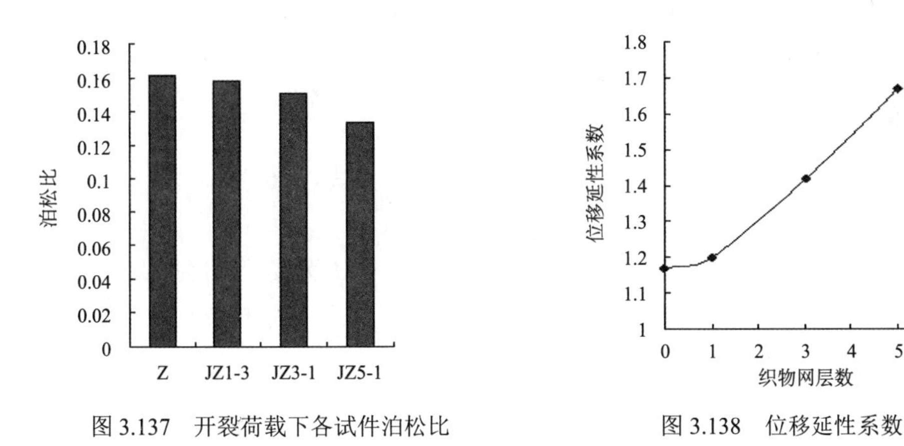

图 3.137　开裂荷载下各试件泊松比　　图 3.138　位移延性系数

由图 3.137 和图 3.138 可以看出，当配网率较小时，无论泊松比还是延性比与对比试件相比都相差不大，但随着配网率的加大试件的泊松比下降和延性系数上升变化明显，这充分显示了加固层对试件延性并没有多大改观，故更应该注意最小配网率的限制，根据试验提高的贡献，随着加固层的增加短柱的延性明显改善，但加固层配网率较小时构件延性情况并结合配网率与承载力提高的关系，建议最小配网率ρ_f=0.7%。

3. 极限承载力计算公式

TRC 加固层对核心混凝土的约束类似于 FRP 布对混凝土短柱的套箍约束作用，认为FRP 布对混凝土方柱的约束存在有效约束区和非有效约束区，称为强约束区和弱约束区。如图 3.139 所示，FRP 布可以形成对核心混凝土对角线方向的强力约束，但 FRP 布几乎没有抗弯刚度，使它对沿方柱边长的横向约束很小，致使 FRP 布的水平段因核心混凝土的横向膨胀而产生水平弯曲。故可以认为核心混凝土中强约束区处于三向受压应力状态，弱约束区处于二轴受压应力状态。

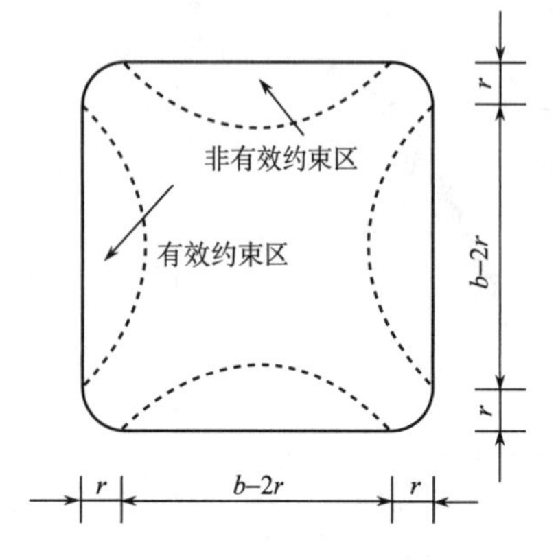

图 3.139　核心混凝土受约束状态

本书认为应该从两个方面对 TRC 套箍约束作用进行评价：①对极限承载力提高的贡献；②对核心混凝土变形的约束。

混凝土三轴受压状态下承载力的提高与侧压力有密切的关系，TRC 和 FRP 的约束属于被动约束，加固层抗拉强度越高提供的侧向约束就越强。随着荷载的增加，TRC 加固砂浆层会先后经过弹性变形、塑性变形和开裂阶段而退出工作，由于砂浆层的抗拉强度较小，认为织物纤维的约束对试件极限承载力的提高起着决定性的作用，当加固层数相同时，在 TRC 加固层中使用的纤维量远小于 FRP 层的使用量，其约束效果不及 FRP 材料，故加固层数相同时使用 FRP 加固方法的极限承载力比 TRC 高。但是，TRC 加固方法有较好的抗变形能力，文献[79]的研究显示 TRC 加固方法的抗变形能力要优于 FRP 材料。在 TRC 约束方形短柱中，由于加固层高性能细骨料砂浆的存在，加固层对弱约束区混凝土的约束要强于 FRP，且对开裂荷载的提高贡献较大。

TRC 加固钢筋混凝土短柱极限承载力计算公式可按式(3.109)计算。

$$N = f_{cc}A + f_y'A_s' \tag{3.109}$$

式中，$f_{cc}A$ 为三向应力状态下混凝土提供的轴压力；$f_y'A_s'$ 为受压钢筋提供的轴压力。

对于 f_{cc} 的值，文献[80]研究了圆形短柱的受力，并推导了矩形短柱计算模型按式(3.110)计算。

$$\frac{f_{cc}}{f_{co}} = 1 + k_1\frac{\sigma_{lu}}{f_{co}} \tag{3.110}$$

这是简化的计算模型，不考虑非有效约束区混凝土的强度。k_1 为受约束后应力提高系数，σ_{lu} 为侧向等效约束应力，本文根据试验对公式(3.110)进行修改，考虑织物网围向类似于箍筋环箍作用，根据圆柱体三向受压试验的结果，受到径向压应力作用的约束混凝土纵向抗压强度，可按式(3.111)计算。

$$f_{cc} = f_c + 4\sigma_{lu} \tag{3.111}$$

在 TRC 加固中定义以上公式 σ_{lu} 为等效约束应力，设 σ_l 为平均约束应力，由于截面存在弱约束区，故引入截面影响系数(又叫截面折减系数) β，则

$$\sigma_{lu} = \beta\sigma_l \tag{3.112}$$

根据图 3.139，参照文献[80]推导得方形柱截面折减系数 β 计算公式为

$$\beta = 1 - \frac{2b'^2}{3A_g} \tag{3.113}$$

式中，$b' = b - 2r$，A_g 为带圆角的柱截面总面积，可使用如下公式计算：

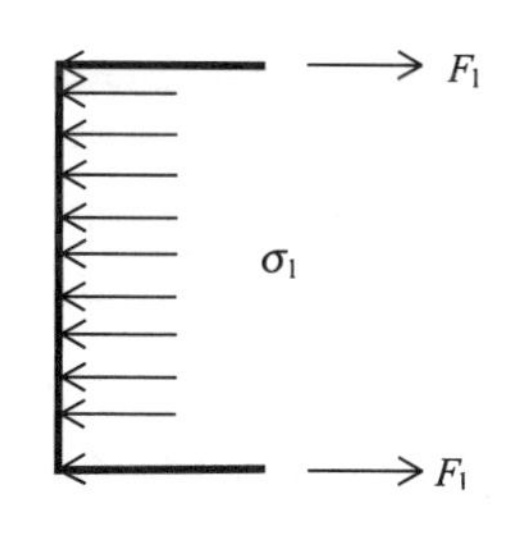

图 3.140　截面分析

$$A_g = b^2 - (4 - \pi)r^2 \tag{3.114}$$

σ_l 的计算类似于箍筋约束混凝土的情况，假设侧向约束力为均匀分布，根据分离体的平衡方程对截面一半进行内力分析，如图 3.140 所示。

可得 σ_l 的推导计算结果式(3.115)。

$$\sigma_l = \frac{2nf_lA_f}{bs} \tag{3.115}$$

式中，n 为加固层数；A_f 为单根纤维粗纱面积；b 为混凝土柱边长；s 为围向纤维网格间距。

鉴于 TRC 加固的特点，在 TRC 加固层受拉破坏时，从高性能砂浆产生裂缝到纤维粗纱被拉断是一个复杂的应力发展过程，其加固层极限抗拉应力很难确定，即关键是式(3.115)中 f_l 如何确定。国内纤维织物的生产技术尚不成熟，且对织物网整体力学性能的鉴定检测也不健全，织物网在生产和使用过程中，粗纱中部分纤维难免会受到损伤，且纤维单丝受力并非完全一致，致使纤维粗纱的抗拉强度远远小于纤维单丝的抗拉强度。本课题组对纤维粗纱的抗拉试验结果显示，纤维粗纱的抗拉强度约为纤维单丝的 55%，故引入纤维粗纱强度折减系数为 0.55。即建议 f_l 为

$$f_l = 0.55f_f \tag{3.116}$$

式中，f_f 为纤维单丝的抗拉强度。因此，可推导得到 f_{cc} 的计算公式如式(3.117)所示：

$$f_{cc} = f_c + 4\beta\sigma_l \tag{3.117}$$

将式(3.117)代入式(3.109)即可计算得混凝土加固短柱轴压极限承载力。使用以上方法计算的加固极限承载力计算值与试验值对比见表 3.34，试验值与计算值吻合较好。

表 3.34　计算结果

试件编号	试验值/kN	计算值/kN
JZ3-1-1	976	890
JZ3-1-2	998	890
JZ5-1-1	1116	1102
JZ5-1-2	1223	1102

4. 小结

试验表明 TRC 作为一种新型加固材料，能有效提高钢筋混凝土短柱的延性和承载力，由于有关 TRC 加固的试验和理论分析有限，建议方柱加固使用 TRC 加固层织物网搭接长度为 1.5a 或 2a，最小配网率为 0.7%。

本书考虑加固层数、截面形状、织物网粗纱间距和实际粗纱强度折减等因素的影响，提出的极限承载力计算模型能够反映短柱的实际承载力情况。但是加固层分析的理论分析模型和提高织物网的实际有效利用措施尚有待进一步研究。

3.7.3 织物增强混凝土加固 RC 柱耐腐蚀性能试验研究

1. 试验概况

1) 试件设计

试验共设计了 15 个钢筋混凝土柱试件，分组情况如表 3.35 所示，钢筋锈蚀率分别为 2.5%和 5%；加固织物网层数分别为 1 层和 2 层。钢筋混凝土柱截面尺寸为 150mm×150mm× 450mm，保护层厚度为 20mm，各试件配筋相同，均采用 HRB400 级钢筋，纵筋直径为 12mm，箍筋直径为 6mm，钢筋材料力学性能指标如表 3.36 所示。柱端头箍筋加密，试件几何尺寸及配筋如图 3.141 所示。

试件混凝土强度等级 C30，采用普通硅酸盐水泥 P·O32.5，水灰比为 0.39，配合比为：水泥：粉煤灰：中砂：碎石= 1：0.15：1.73：2.77。实测混凝土 28d 立方体抗压强度平均值为 34.6MPa。

表 3.35 试件分组

试件分组	钢筋锈蚀率/%	加固织物网层数	试件二次腐蚀
C-0	0	—	未腐蚀对比
C-2.5	2.5	—	腐蚀未加固对比
C-5	5	—	腐蚀未加固对比
CC-DC-0	0	1 层	否
CC-DC-2.5	2.5	1 层	否
CC-DC-5	5	1 层	否
CF-DC-0	0	1 层	是
CF-DC-2.5	2.5	1 层	是
CF-DC-5	5	1 层	是
CC-SC-0	0	2 层	否
CC-SC-2.5	2.5	2 层	否
CC-SC-5	5	2 层	否
CF-SC-0	0	2 层	是
CF-SC-2.5	2.5	2 层	是
CF-SC-5	5	2 层	是

表 3.36　钢筋强度实测值

钢筋型号	F_y/MPa	F_u/MPa	伸长率/%	位置
C12	455	578	27.2	纵筋
C6	425	555	28.1	箍筋

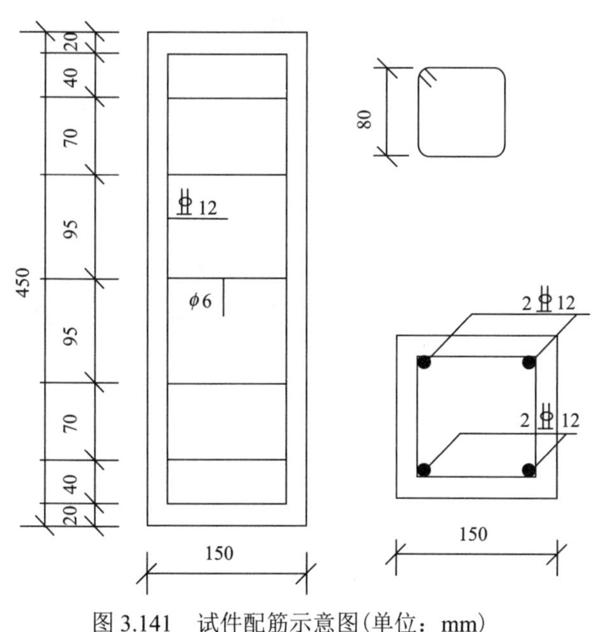

图 3.141　试件配筋示意图(单位：mm)

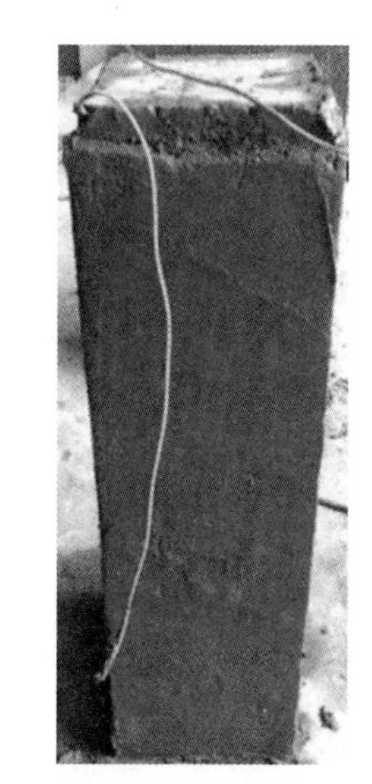

图 3.142　TRC 加固混凝土柱

2) 钢筋加速锈蚀试验

试件中纵向钢筋进行电连接，与箍筋之间采用环氧树脂胶泥绝缘，将待锈蚀试件置于 5%氯化钠水溶液中，纵向钢筋连接直流电源正极，不锈钢棒置于溶液内连接电源负极，腐蚀电流密度 0.3mA/cm^2，依据法拉第原理，由电流强度和通电时间控制钢筋锈蚀率。

3) 混凝土柱加固

对达到设计锈蚀率的试件置于空气中风干 72h，进行倒角处理(半径为 20mm)，然后混凝土表面凿毛、除尘、湿润，进行 TRC 加固，标准养护 28d，如图 3.142 所示。高性能细集料混凝土加固层水胶比为 0.32，配合比为：水泥∶中砂=1∶1.5。实测细集料高性能混凝土 28d 立方体抗压强度平均值为 41.3MPa。

将二次腐蚀试件置于 5%NaCl 溶液中继续通电加速腐蚀至 25d；其余试件置于实验室自然环境中风干，进行极限承载力试验。

4) 混凝土柱轴压试验

轴压试验在 300t 电压伺服压力机上进行，试验加载装置如图 3.143 所示。加载采用位移控制，加载速率为 1mm/min。压力机自动采集试件荷载-位移数据，由 DH3816 静态数据采集系统进行混凝土表面应变与荷载同步采集。试件承载力下降到极限荷载的 80%以下，或试件破坏时，停止试验。

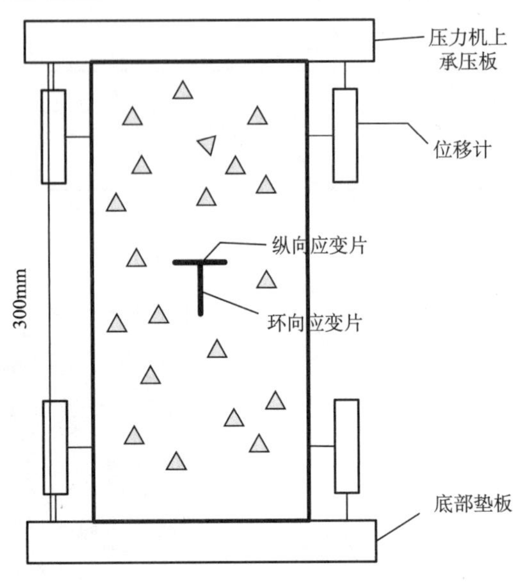

图 3.143　试验加载装置

2. 试验结果与分析

1) 试件破坏形态

各组试件典型破坏形态如图 3.144 所示。加载过程中，未加固的混凝土柱表面出现裂纹，随后沿着垂直方向迅速扩展；随着荷载的增加，柱表面出现多条竖向裂缝并不断扩散，保护层脆裂剥落；当荷载达到峰值时，裂缝贯穿至柱端，伴有爆裂声。

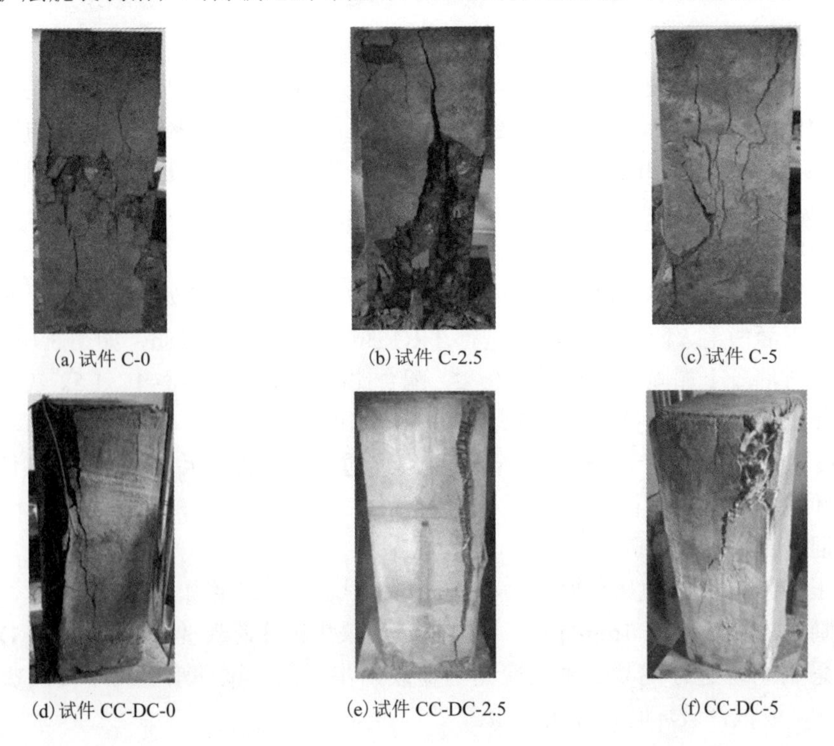

(a) 试件 C-0　(b) 试件 C-2.5　(c) 试件 C-5

(d) 试件 CC-DC-0　(e) 试件 CC-DC-2.5　(f) CC-DC-5

(g) 试件 CC-SC-0　(h) 试件 CC-SC-2.5　(i) 试件 CC-SC-5

(j) 试件 CF-DC-0　(k) 试件 CF-DC-2.5　(l) 试件 CF-DC-5

(m) 试件 CF-SC-0　(n) 试件 CF-SC-2.5　(o) 试件 CF-SC-5

图 3.144　试件破坏形态

TRC 加固试件的破坏形态基本呈现为：试件边角附近出现一条较大的贯通裂缝，加固层竖向开裂，织物网纤维束不同程度地被拉断，当荷载达到峰值时，加固织物网为 1 层的试件边角部位保护层脆裂剥落，加固织物网为 2 层的试件裂缝较多，加固层断裂无剥落现象(图 3.144(g)、(h)、(i))。而经历二次腐蚀的试件当纤维束发生断裂后裂缝迅速发展贯通，试件破坏形态与未二次腐蚀的试件相似(图 3.144(m)、(n)、(o))。由此可见，TRC 可有效约束混凝土，提高试件承载力，对混凝土柱的耐腐蚀性能是有益的。

2) 轴压荷载-位移曲线

主要试验结果如表 3.37 所示。图 3.145 是各试件轴压荷载-位移曲线。从表 3.37 和图 3.145 可见，与未加固试件相比，加固试件的承载力和变形都有较大提高。各影响因素中，碳纤维层数对试件受力性能影响最大，1 层织物网加固组试件其承载力较未加固组试件增长 7.4%～8.3%，变形提高 25.8%～52.8%。2 层织物网加固试件其承载力较未加固组试件增长 14.5%～15.4%，变形提高 15.6%～35.0%。

表 3.37　试件承载力试验结果

试件编号	极限荷载/kN	位移/mm
C-0	769.14	4.53
C-2.5	751.02	4.61
C-5	694.61	3.86
CC-DC-0	826.15	5.7
CC-DC-2.5	813.19	6
CC-DC-5	750.81	5.9
CF-DC-0	740.71	6.44
CF-DC-2.5	707.34	5.99
CF-DC-5	649.09	4.7
CC-SC-0	880.36	5.65
CC-SC-2.5	862.08	5.33
CC-SC-5	801.41	5.21
CF-SC-0	807.33	6.54
CF-SC-2.5	762.95	5.47
CF-SC-5	714.38	5.58

加固后二次腐蚀对试件的影响如图 3.145(d)、(e)所示，试件的承载力有降低的趋势，变形性能得到提升。与未腐蚀对比试件(C-0)相比，1 层织物网加固试件 CF-DC-0、试件 CF-DC-2.5 和试件 CF-DC-5 承载力相应降低 3.7%、8.0%、15.6%，变形增加 42.2%、32.2%、3.8%；2 层织物网加固试件 CF-SC-0 承载力提高 4.9%，变形增加 44.4%，试件 CF-SC-2.5 和试件 CF-SC-5 承载力相应降低 0.8%、7.1%，变形增加 20.8%、23.2%。由此可见，1 层织物网加固试件组随着腐蚀率的增加，二次腐蚀承载力降低变大，二次腐蚀对试件变形未有影响。如图 3.145(d)所示，试件 CF-DC-2.5 和试件 CF-DC-5 达到极限荷载后承载力迅速下降，曲线下降段出现斜率较大；2 层织物网加固对试件起到较好的作用，如图 3.145(e)所示，试件承载力相当，变形增加，曲线下降段变化较缓。因此，2 层织物网加固能够提供有效约束和试件耐腐蚀性能的提升。

二次腐蚀试件承载力相对较低，主要是因为腐蚀试件加固前未进行电化学除氯，钢筋周围氯离子浓度较高，二次腐蚀过程中钢筋进一步锈蚀，导致试件承载力降低。因此，实际工程应用中，应当进行加固前电化学除氯，提高结构耐腐蚀性能。

3)横向和轴向应变

图 3.146 为各试件应力-应变曲线。

(a)不同腐蚀程度的 TRC 加固混凝土柱

随着腐蚀程度的增加，极限应变相应减小。相比于未腐蚀加固试件(试件 CC-DC-0)，腐蚀率为 2.5%的试件(试件 CC-DC-2.5)，其横向极限拉应变降低 15.8%，极限轴向压应变降低 10.2%；腐蚀率为 5%的试件(CC-DC-5)横向极限拉应变降低 22.5%，轴向极限压应变降低 19.6%。

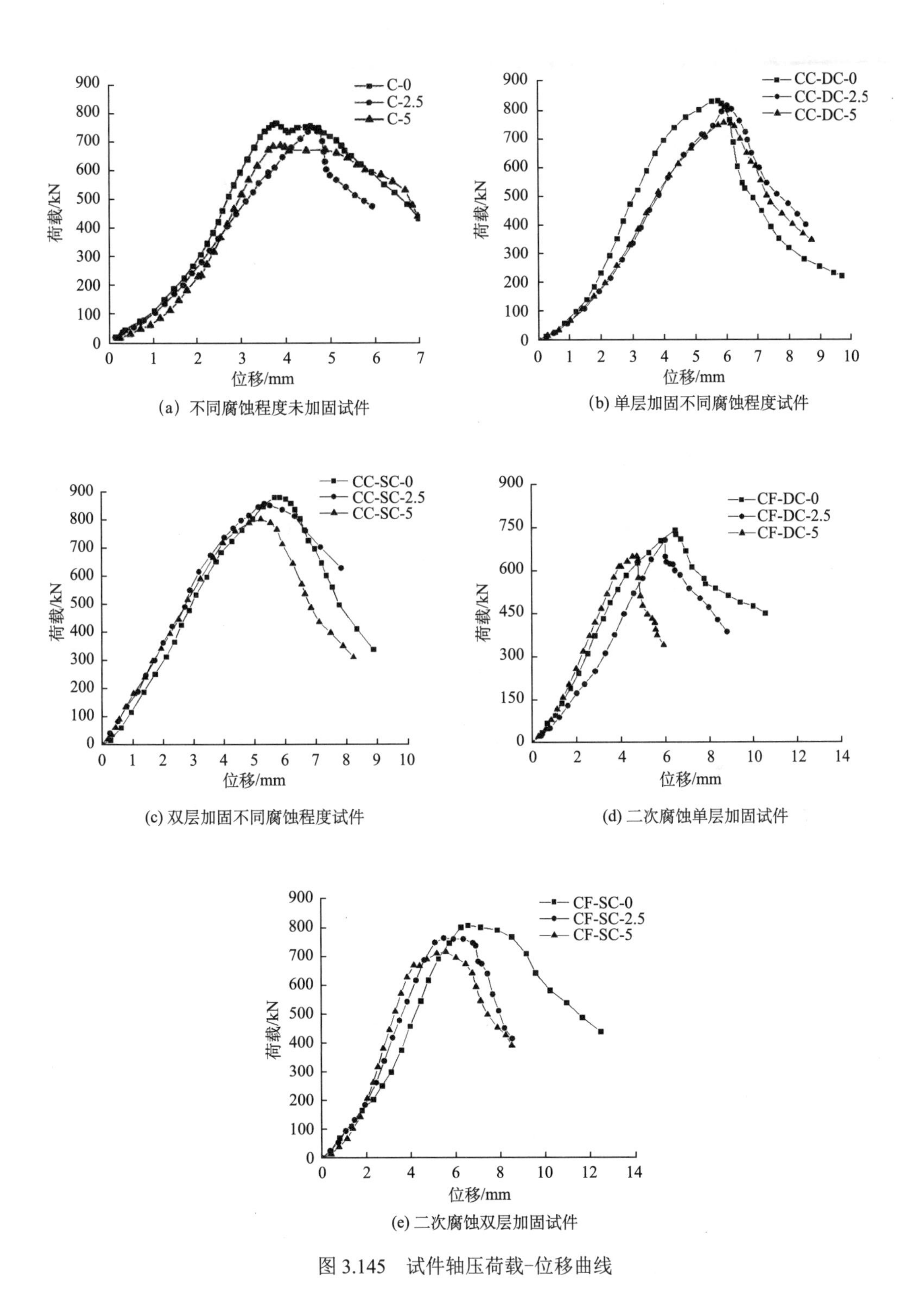

图3.145　试件轴压荷载-位移曲线

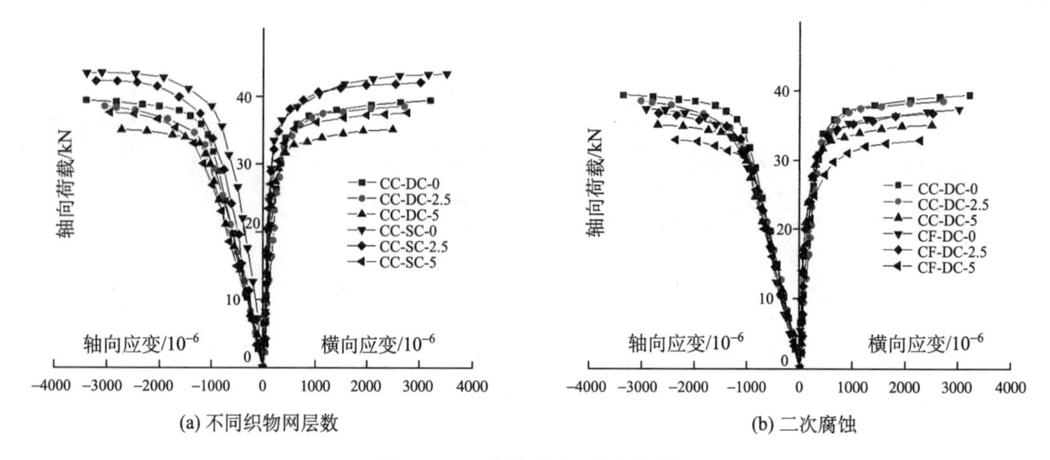

(a) 不同织物网层数　　(b) 二次腐蚀

图 3.146　试件应力-应变曲线

(b) 织物网层数

织物网层数增加能有效增强对混凝土柱的约束作用，其中双层加固试件极限应变增加明显。相比于单层织物网加固试件(试件 CC-DC-0、CC-DC-2.5、CC-DC-5)，双层织物网加固试件(试件 CC-SC-0、CC-SC-2.5、CC-SC-5)，其横向极限拉应变分别提高 9.6%、11.5%、11.2%，极限轴向压应变分别提高 1.0%、5.5%、8.1%。

(c) 二次腐蚀

初始未腐蚀试件经过二次腐蚀后横向极限拉应变降低 3.22%，轴向极限压应变降低 13.16%；初始腐蚀率为 2.5%的试件经过二次腐蚀后横向极限拉应变降低 7.25%，轴向极限压应变降低 11.12%；初始腐蚀率为 5%的试件经过二次腐蚀后横向极限拉应变降低 9%，轴向极限压应变降低 12.7%。

3. 结论

本小节将 TRC 应用于锈蚀混凝土结构加固，发挥 TRC 结构加固和防腐蚀双重功能，通过加速锈蚀试验和轴压试验研究氯离子侵蚀环境中钢筋锈蚀率、织物网层数和二次腐蚀对试件轴压性能的影响。主要结论如下：

(1) TRC 加固能有效改善混凝土柱破坏形态，随着织物网层数的增加，试件裂缝数量增加，加固层断裂无剥落，加固试件的承载力和变形都有较大提高。表明 TRC 增加混凝土柱的有效约束，对混凝土柱的耐腐蚀性能提高是有益的。

(2) 钢筋锈蚀率较低时加固柱的极限荷载有所提高，承载力提高幅度达 15.5%；随着织物网层数的增加，TRC 约束效果明显提高，延性得到改善，承载力提高幅度最高可达 26.56%。

(3) 二次腐蚀后，加固柱的极限荷载呈下降趋势；随着织物网层数的增加，2 层织物网加固试件承载力相当，延性增加，曲线下降段变化较缓。因此，2 层织物网加固能够提供有效约束和试件耐腐蚀性能的提升。

第 4 章　织物增强砂浆加固砌体结构试验研究

4.1　织物增强砂浆加固砌体结构研究概述

织物增强混凝土用于加固砌体结构时常被称作织物增强混砂浆(textile reinforced mortar，TRM)，也有学者使用纤维增强水泥基系统(fabric reinforced cementitious matrix systems，FRCM)的名称。本章中织物增强混凝土统一称为织物增强砂浆。织物增强砂浆(TRM)加固砌体结构试验研究主要包括：TRM 加固砌体结构的抗剪性能和 TRM 加固砌体结构的抗震性能。

Prota 等[81]使用耐碱玻璃纤维网砂浆加固 10 个凝灰岩砌体墙片并进行斜压试验，以对称加固或非对称加固和织物网层数为参数。试验结果表明，使用织物增强砂浆加固墙片，尤其是两侧使用两层织物网加固，能够提高抗剪强度，延性得到显著提高。单侧使用织物网加固的墙片表现出明显的平面外变形，导致较为脆性的破坏，因而强度提高不大。Faella[82]研究了碳纤维织物砂浆加固凝灰岩砌体墙片的抗剪性能，进行 3 组未加固试件和 6 组两侧对称加固一层织物网试件的斜压试验，结果表明加固试件的极限荷载是未加固试件的 4～6 倍，加固试件的破坏模式主要是加固砂浆与砌体间剥离，使用 AC125，Eurocode 6 等规范和文献[83]中的抗剪强度公式不能很好地拟合试验数值，需要进一步的广泛试验来确定剥离时织物砂浆层中的有效应变。Babaeidarabad 等[84]对碳纤维织物增强砂浆加固黏土砖墙片的平面内抗剪性能进行试验研究，加固方案为两侧加固一层织物网和四层织物网，试验结果显示平面内抗剪强度随着配网率的提高而提高，加固墙片的强度是对比墙片的 2.4～4.7 倍，认为如果相对配网率达到 4%，再增加配网率将不起作用。ACI 549-13[85]公式能够较好地预测试验结果。

Papanicolaou 等[86,87]研究了平面内和平面外循环荷载作用下碳纤维 TRM 加固黏土砖墙片的抗震性能，并与树脂粘贴同样织物网格的墙片比较，试验结果表明 TRM 包层可以显著地提高强度和变形能力。随后，Papanicolaou 等[88]又将加固对象扩展至石砌体墙片，分别使用玄武岩纤维织物网、E 玻纤网和聚酯纤维网等增强材料以及纤维增强砂浆和低强砂浆等黏结材料加固，进行抗震性能试验。Koutas 等[89]以 2∶3 的比例进行了 TRM 加固砌体填充墙 RC 框架的抗震试验，其整体加固方案能够使得侧向强度提高 56%，顶部的变形能力提高 52%，多耗散 22%的能量。Ismail 等[90]使用商用玻璃纤维 TRM 单侧加固全尺寸的窗间墙-窗下墙组合砌体框架和细长砌体墙，分别进行了平面内和平面外循环荷载试验，认为在合适的位置使用恰当的加固方式加固窗间墙-窗下墙砌体框架，其强度大于中等地震所需强度。当加固侧受拉时，细长砌体墙平面外强度是未加固墙的 5.75～7.86 倍；但加固侧受压时，砌体墙平面外强度与未加固墙相似。

国内进行 TRM 加固砌体的研究较少。谭振军[91]用玻璃纤维 TRM 加固砌体墙进行了平面内抗震性能试验研究，结果显示玻璃纤维 TRM 加固砌体的极限承载力、变形能力和耗能能力有较大的提高，并推导了纤维网加固砖砌体的极限抗剪承载力计算公式。程琪[92]使用 ANSYS 模拟了该试验，有限元结果与试验结果两者的基本结论一致。熊雅格[93]和王雅礼[94]分别用玻璃纤维 TRM 和玄武岩纤维 TRM 加固多孔砖，进行了抗压、抗剪等基本力学性能试验研究和有限元分析。

本章共分为三小节，4.1 节为织物增强砂浆加固砌体结构研究的概述，总结了近年来国内外学者的研究现状；4.2 节为织物增强砂浆加固砌体墙的抗剪与抗震性能试验研究，翻译介绍了 Prota 文章抗剪试验分析的内容，以及 Papanicolaou 等[86,87]的抗震试验内容；4.3 节为织物增强砂浆在砌体结构抗震加固中的应用探索，主要介绍了国外运用织物增强砂浆加固砌体结构的案例。

4.2　织物增强砂浆加固砌体墙的抗剪与抗震性能试验研究

4.2.1　耐碱玻璃纤维网砂浆加固凝灰岩砌体墙抗剪性能试验研究

1. 材料、黏结和墙片性能

对凝灰岩和砂浆样品进行了抗压试验，对砂浆样品进行了抗弯试验。在三种不同压力下，对凝灰岩砌块和砂浆进行了 9 组界面抗剪试验。为得到墙片的弹性模量和轴向强度，对一个墙片进行了抗压试验。

1) 材料

所有的墙片都是相同的尺寸，由相同类型的砌块和砂浆建成。砌块来自于当地的采石场，它们被堆放在空地上，被覆盖以保护它们免受污染。在施工前对砌块预湿，防止凝灰岩的高吸水性引起砂浆干燥。

砂浆的配合比如下：黏结剂 310kg/m^3，砂 1245kg/m^3，水 195kg/m^3。为了接近现有凝灰岩建筑中所使用的火山灰砂浆的平均强度，将砂浆混合物凝固。凝灰岩砌块(370mm×120mm×250mm)采用顺砖砌合，最终的砂浆灰缝厚度为 15mm。

每个单层墙片近似呈正方形，由 8 层凝灰岩砖砌成，如图 4.1 所示。墙片水平截面积 A_n 为 0.257m^2，所有墙片都养护 28d。

根据意大利规范[*UNI 9724/3* (UNI 1990) 和 *UNI 9724/8* (UNI 1992)]，使用 100mm 凝灰岩立方体试块试验，测得抗压强度约为 2MPa。对 370mm×60mm×90mm 的凝灰岩棱柱体试块进行单轴抗压试验，测得凝灰岩弹性模量范围在 1800～2000MPa。

浇筑砂浆棱柱体试块使用的工具与砌筑试验墙片相同，并且在同样的条件下存储、养护 28d。根据意大利规范[*UNI EN 1015-2* (UNI 2000) 和 *UNI EN 1015-11* (UNI 2001)]，使用 12 个 160mm×40mm×40mm 的标准棱柱体和 24 个棱长 50mm 的立方体进行抗弯和抗压试验，测得平均抗弯和抗压强度分别为 1.57MPa 和 5MPa。织物网是 Saint-Gobain Technical Fabrics 制造的 SRG45，使用双向表面涂层的耐碱玻璃纤维，纵横向垂直，间距为 25.5mm，如图 4.2 所示。制造商提供的织物网力学特性为：抗拉强度 1276MPa，弹性模量 72GPa，极限应变 0.0178。

图 4.1　试验墙片

图 4.2　表面涂层的耐碱玻璃纤维网

SRG45 织物网放置于短切纤维增强的砌体水泥砂浆中，短切纤维为 12.7mm 长的耐碱玻璃纤维。水泥砂浆的技术要求为：10kg 的水泥基体、0.7L 聚合物外加剂、3L 的水。砂浆 28d 养护后的力学性能为：抗压强度 24.1MPa，抗弯强度 5.5MPa。

加固系统的安装。试验墙片预先湿润，再在墙体表面涂抹 5mm 厚的砂浆。第一张 900mm^2 的织物网用手工压入砂浆中，确保完全进入砂浆。第一层织物网的主要纤维平行于墙底边，如图 4.3(a)所示。然后涂 5mm 厚的第二层砂浆，再将第二层织物网铺于砂浆中，其主要纤维垂直于墙底边。第二层织物网与第一层有 5mm 的间隔是为了避免两层织物网叠合时产生裂缝。最后，在第二层织物网上用少量砂浆涂抹光滑。这样，水泥基网格(cementitious matrix-grid，CMG)系统，即织物增强砂浆的厚度约为 10mm，如图 4.3(b)所示。

(a) 安装网

(b) 涂抹最后的砂浆层

图 4.3　织物增强砂浆(CMG 系统)

2) 凝灰岩-砂浆的黏结

根据规范 *UNI-EN 1052-3*(UNI 2003)，在意大利的贝尔格蒙 CESI 试验室进行了抗剪试验。抗剪试件的尺寸为 180mm×100mm×200mm，由三块 180mm×100mm×60mm 的凝灰岩砌体砖和两层 10mm 的灰缝组成。

试验装置如图 4.4 所示。固定上下两块砖的水平位移，中间砖可以水平自由移动。在中间砖的两侧设置位移传感器记录水平位移，计算相对剪切位移。用竖直作动器对水平灰缝施加竖直压力。在试件的顶层放置刚性钢板，这样保证均布压力沿高度均匀地传递。为了得到峰值后的特点，施加在水平灰缝上的竖直压力保持不变，剪切荷载通过液压千斤顶由位移控制模式逐渐施加，如图 4.4 所示。

图 4.4　抗剪试验装置

试验结果显示，一旦界面达到峰值强度，较低的压应力能引起更加脆性的破坏，并且模式Ⅱ型的断裂能(G_{fII})主要取决于压应力。在大多数情况下，中间砌块沿着砌块与灰缝界面发生滑移破坏，如图 4.5 所示。发生裂缝的黏结界面是光滑的。在试验中，两个试件的裂缝发生在砂浆灰缝中。

图 4.5　凝灰岩-砂浆界面的黏结破坏

3) 墙片的抗压性能

为了评估砌体墙片的抗压性能，对图 4.1 所示的 1.03m×1.03m×250 mm 的墙片进行试验。试验装置如图 4.6 所示。为了监控墙体重要位置的水平位移和竖直位移，在墙体两侧均布置标距 400mm 的位移传感器。试验采用位移控制的单调加载方式，加载速率为 0.005mm/s，当墙片发生明显破坏时，停止加载。

图 4.7 绘制了试验压应力和水平位移(左边)、竖直位移(右边)的本构关系。凝灰岩即使在低荷载水平下也是一种非线性材料，短期弹性模量 E_{cm} 和泊松比可以根据砌体结构设计的欧洲规范 *Eurocode 6*(CEN 2005)，得抗压强度 f_{cm} 为 2.3MPa，弹性模量 E_{cm} 为 680MPa，泊松比 υ 为 0.15。

图 4.6　墙片抗压试验装置

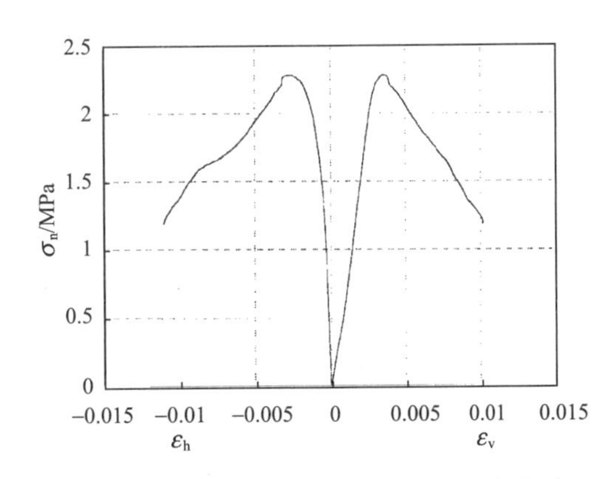

图 4.7　凝灰岩砌体的试验应力-应变关系

2. 斜压试验

进行了 12 组凝灰岩墙体的斜压试验，其中 4 组为没有加固，8 组为使用不同的织物增强砂浆，如表 4.1 所示。

表 4.1　斜压试验结果

试件	FRP 系统	V_{max} /kN	τ_{max} /MPa	τ_u /MPa	γ_{max} /%	γ_u /%	$\varepsilon_{v,max}$ /%	$\varepsilon_{h,max}$ /%	υ	G /MPa	延性系数 μ	开裂模式
P#1	无	80.7	0.22	0.13	0.15	0.33	−0.086	0.065	0.13	310	2.2	S
P#2	无	128.5	0.35	0.33	0.11	0.18	−0.078	0.029	0.07	535	—	S-T
P#3	无	76.9	0.21	0.13	0.09	0.22	−0.034	0.054	0.35	515	2.4	S
P#4	无	70.0	0.19	0.12	0.13	0.4	−0.066	0.060	0.49	680	3.0	S
PS#1	两层；两侧	196.4	0.54	0.32	0.15	0.67	−0.070	0.082	0.39	710	4.5	UC
PS#2	两层；两侧	234.3	0.64	0.39	0.2	0.4	−0.095	0.106	0.53	752	2	UC
PS#3	一层；两侧	207.9	0.57	0.34	0.19	0.8	−0.098	0.082	0.4	550	4.2	S-T；R
PS#4	一层；两侧	154.7	0.42	0.32	0.24	0.68	−0.091	0.125	0.52	433	2.8	S-T
PT#1	两层；一侧	128.2	0.35	0.21	0.17	0.47	−0.091	0.076	0.23	395	2.7	S；O
PT#2	两层；一侧	168.1	0.46	0.28	0.23	0.66	−0.012	0.11	0.25	352	2.8	S；O
PT#3	一层；一侧	181.8	0.5	0.3	0.19	0.6	−0.012	0.07	0.16	387	3.2	S
PT#4	一层；一侧	124.4	0.34	0.21	0.25	0.92	−0.123	0.128	0.25	282	3.7	S；O

注：S.沿砂浆缝滑移；S-T.沿砂浆缝滑移和砌块拉伸断裂混合；UC.均匀开裂；R.织物增强砂浆断裂；O.平面外变形。

1) 试验装置和仪器

根据修改版的 *ASTM E 519-81* 进行试验。使用两个钢加载板放在墙片的对角线两边。为了避免墙片边缘的提前开裂和破坏，试件与钢板之间填充快凝、无收缩砂浆。安装设备时，要注意不要发生偏心。

试验在一个 4 柱试验框架中进行。框架基础板宽 1m，长 4m，其抗拉承载力为 500kN，抗压承载力为 3000kN。试件墙片安置在试验框架中心。在作动器与 500kN 荷载传感器间放置球铰，对角荷载通过球铰传给试件墙片。试验采用位移控制的加载方式，加载速率为 0.02mm/s，当强度的下降量为峰值的 50%时，停止试验。

仪表布置如图 4.8 所示，确保能够监控荷载，墙体形状的变化和纤维网的应变。使用 5 个位移传感器(图 4.8(a))，标距为 400mm，其中每一侧沿对角线布置 2 个，分别测量竖直对角线的收缩和水平对角线的伸长，剩余 1 个垂直于墙片表面布置，测量平面外位移。还有 2 个标距为 100mm 的位移传感器布置在 PS#1 和 PS#2 试件的一侧(图 4.8(b)的 LVDTs5 和 LVDTs6)，测量织物纱线的应变。同时测量位移和施加的荷载。

2) 破坏模式

表 4.1 和表 4.2 列出了所有试验墙片的典型破坏模式。表 4.2 显示了织物网层数和安装形式对破坏模式的影响，例如：安装形式从没有加固到两侧铺两层织物网加固，其破坏模式从沿砂浆缝滑移到开裂，破坏模式从较差逐渐到较好。

(a) 未加固墙片

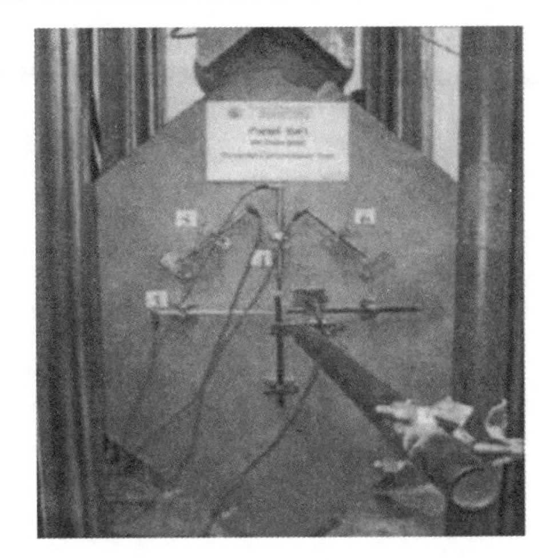
(b) 加固墙片

图 4.8　试件墙片上的仪表布置

表 4.2　加固形式对破坏机理的影响

加固形式	破坏机理(剪应力峰值，τ_{max})			
	沿砂浆缝滑移	沿砂浆缝滑移和砌块拉伸断裂混合	织物增强砂浆断裂	均匀开裂
无	×(0.24MPa)	—	—	—
1 层；1 侧	×(0.42MPa)	—	—	—
2 层；1 侧	×(0.41MPa)	—	—	—
1 层；2 侧	—	×(0.50MPa)	×(0.50MPa)	—
2 层；2 侧	—	—	—	×(0.59MPa)

在极限阶段，未加固墙片的应力迫使断裂裂纹趋于沿着最小抵抗内力的路径发展，而不是沿着劈裂荷载作用线。如表 4.1 所示，墙片 P#1、P#3 和 P#4 的破坏形式是由于水平灰缝和竖向灰缝的破坏。故抗剪能力是由砂浆和凝灰岩石块间的较弱的黏结力控制。对于墙片 P#2，由于是沿砂浆缝滑移和砌块拉伸断裂混合破坏，其破坏平面有一个明显的阶跃现象。这就是它具有更高抗剪强度的原因。事实上，相较于沿砂浆缝滑移，墙片分裂成两半的破坏形式，墙片 P#2 的破坏面更大，如图 4.9 和图 4.10 所示。

在墙片每侧设置两层织物网改变了其破坏模式，使得破坏模式从沿灰缝的剪切滑移到沿开裂路径的更加均匀开裂。破坏时的开裂模式如图 4.11 所示。玻璃纤维的弹性模量使得侧向荷载在墙片中更好地分布，产生了更加均匀的应力场。通常，砌体和加固材料之间的黏结力在为整个加固系统提供足够的承载力方面，起着关键作用。当在现场使用手工方式，在大致正方的凝灰岩石块表面涂抹织物增强砂浆时，砌体和加固材料之间的黏结力更加关键。如果不能确保织物网砂浆有足够的锚固长度，需要安装适当的机械锚固。尽管 SRG45 没有施加机械锚固，织物网增强砂浆没有发生提早剥离现象。图 4.11 显示了织物增强砂浆表面的多条裂缝，这表明了由织物网产生的应力分布和能量吸收。

在整个试验过程中，墙片保持了结构完整，如果在加载板附近没有发生局部破坏，墙体应该还能进一步承受荷载。墙体的抗剪强度由加载边缘处的砌体开裂控制，因此，由该试验得到的极限强度值代表了试件抗剪能力的下限。

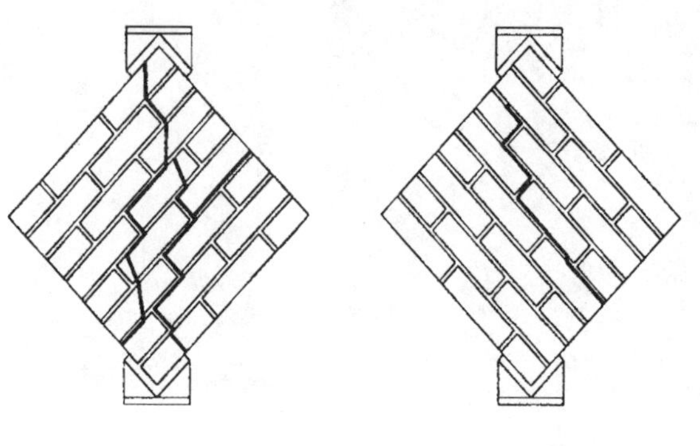

P#2–V_{max}=128.54kN　　　P#4–V_{max}=70.04kN

图 4.9　未加固墙片 P#2 和 P#4 的不同破坏模式

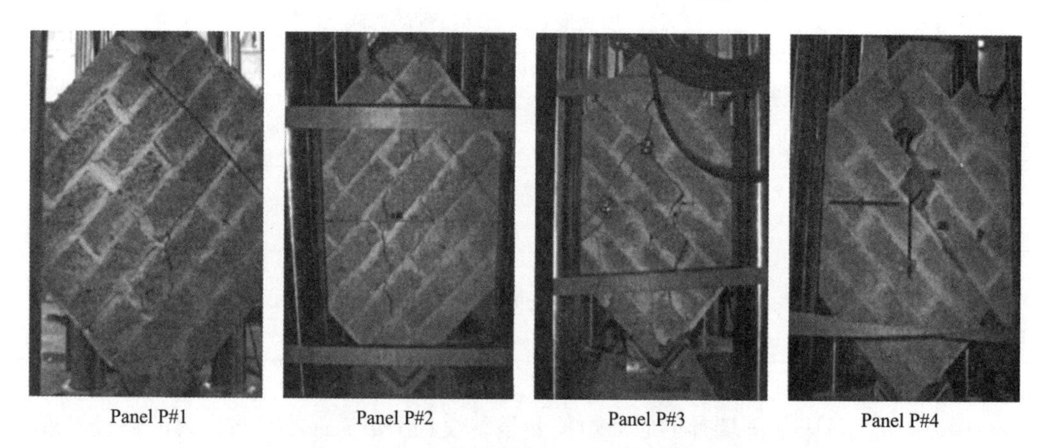

图 4.10　未加固墙片破坏时的开裂模式

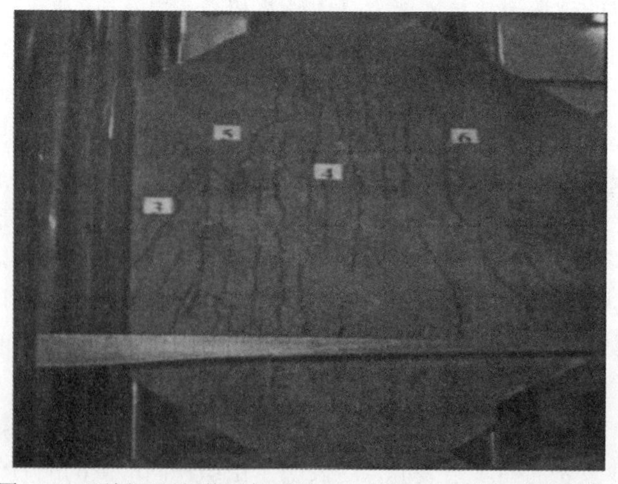

图 4.11　两侧双层织物网加固的 PS1 墙片破坏时典型开裂模式

PS#3 和 PS#4 墙片都发生了加载边缘处的局部压碎。两条近垂直的裂缝穿过 PS#3 墙体腹部。随着斜裂缝宽度的增加，织物网达到极限应变，使得表面涂层的织物纤维发生局部断裂。

PT#1 破坏时的情况如图 4.12 所示。所有仅在一侧加固的墙片都表现出相同的破坏模式，未加固的一侧表现为沿着砌块与砂浆之间的灰缝剪切滑移，如图 4.12(a)所示，加固侧可以明显地看出沿开裂路径分布的竖向裂缝，如图 4.12(b)所示。由于结构不对称，破坏时发生了明显的平面外变形，如图 4.12(c)所示。

(a) 未加固侧的开裂模式

(b) 加固侧的开裂模式

(c) 平面外变形

图 4.12　PT#1 墙片试验破坏情况

这里先讨论强度试验结果，再讨论变形情况。根据 *ASTM E519-81*(ASTM 1981)，由墙片未开裂部分的净截面面积 A_n（A_n=0.257m^2）计算剪切强度 τ_{max}。一般，剪应力 τ 根据 $\tau = 0.707V / A_n$ 计算得出，其中 V 为当前的试验荷载，τ_{max} 为荷载峰值时的剪应力。

未加固墙片 P#1、P#3 和 P#4 的强度相差不大，范围在 0.19～0.22MPa 之间。而 P#2 墙片具有最高的强度 0.35MPa(表 4.1)。P#1、P#3 和 P#4 的平均抗剪强度 0.2MPa 作为下文的参考强度。如果将 P#2 包括进来，平均抗剪强度将变为 0.24MPa。这个强度非常接近从凝灰岩-砂浆黏结剪切试验中得到的水平灰缝的局部材料强度 c(c=0.29MPa)。必须强调的是，对未加固和对称加固试件两对面的位移记录分析可知，它们的荷载-位移分布非常相似。这说明了在扣除初始阶段少量的下降量后，平面外位移量可以忽略。从表 4.1 中可以看出，由于使用织物增强，加固墙片的抗剪能力大大增加，PS#1 和 PS#2 分别增加约 170%和 220%。

3. 试验结果总结和讨论

本节总结了本次试验的主要结果，主要讨论不同试件的整体结构性能。表 4.1 和表 4.2 列出了试验的强度值和破坏模式，其中抗剪强度和破坏机理与加固形式有关。表 4.2 圆括号中数字表示的是两个墙片的平均抗剪强度。

可以看出织物增强砂浆减小了未加固墙体的高各向异性；织物增强砂浆加固墙体由

两部分组成：一部分是织物增强砂浆，能够确保了砂浆-石块界面具有必要的抗剪强度，另一部分是石块，能够提供抗压强度。结果表明，使用织物增强砂浆加固，尤其是在墙片两侧使用两层织物网加固，能够提高抗剪强度。这种加固形式也能够得到较好的峰值后响应以及使延性得到显著提高。

仅仅在两侧使用两层织物网加固这种情况下，墙体的刚度才有适度的增加。在非对称加固的情况下，得到的剪切模量值低于未加固墙片的平均值，但是这些结果可能受到轴向力偏心引起的平面外变形的影响。对于破坏模式必须强调的是，墙片边缘附近凝灰岩砌块压碎破坏，限制了加固墙片的性能。这是因为，相较于其他文献研究中使用的砌砖，黄色凝灰岩的力学性能较差。

单侧使用织物网加固的墙片表现出明显的平面外变形，导致较为脆性的破坏，因而强度提高不大。相反，当两侧使用双层织物网加固，能够得到更加均匀分布的裂缝，表现出更好的剪切性能。所有的试验在破坏时，织物增强砂浆的加固作用保障了墙体结构的完整性，揭示了在没有机械锚固的情况下，织物增强砂浆与凝灰岩墙体间具有较高的黏结性能。这表明，织物增强砂浆可以作为一种阻止砌体墙地震倒塌的有效措施。

4. 结论

本书中的试验项目讨论了织物增强砂浆加固凝灰岩砌体墙的平面内响应。试验结果有助于地震区的凝灰岩砌体建筑的升级。试验室中得到的性能证明，织物增强砂浆满足基本的设计要求，例如加固体良好的相容性、高黏结性等。

使用织物增强砂浆加固能够明显提高墙体的强度和延性。对加固墙体初始刚度的影响可以忽略，其施工操作对已知结构的影响也较小。对不同加固方案的结果比较，为砌体墙平面内加固设计提供了重要的信息。基于本文讨论的试验结果，织物增强砂浆可以替代传统的灰泥。

4.2.2 平面内循环荷载作用下碳纤维网砂浆增强砌体试验研究

1. 试验方案

1) 范围和方法

本项试验项目的目的是更好地了解外粘贴织物增强砂浆(TRM)作为无筋砌体墙的加固材料，承受平面内反复荷载作用下的效果。试验中，使用中等尺度的单皮烧结黏土砖墙片，顺砖砌合，分三种系列：①系列 A 如图 4.13(a)所示，800mm×1300mm×85mm 的剪力墙试件；②系列 B 如图 4.13(b)所示，400mm×1300mm×85mm 的梁柱试件；③系列 C 如图 4.13(c)所示，1300mm×400mm×85mm 的梁试件。所有的试件都在实验室内完成，由有经验的工人用有孔砖砌筑(185mm×85mm×60mm，如图 4.13(d)所示)。所有砖墙的第一层砖下面都砌有一层 10mm 厚的水平砂浆层，所有的水平灰缝和竖直灰缝都约为 10mm 厚。

试验中考虑两个主要的参数，即织物网的黏结材料使用无机砂浆或树脂基基体，以及织物网的层数(在两侧使用 1 层或 2 层)。系列 A 和 B 试件的试验目的是研究轴向压力荷载和平面内横向荷载共同作用下墙体的效果。最后，对系列 A 沿着水平灰缝表层嵌贴碳纤维增强复合材料(CFRP)条带，进行试验研究，并与织物网加固进行比较。

需要指出的是，为了比较 TRM 和 FRP 的相对加固性能，对试件墙体的加固方案进行了精心设计。

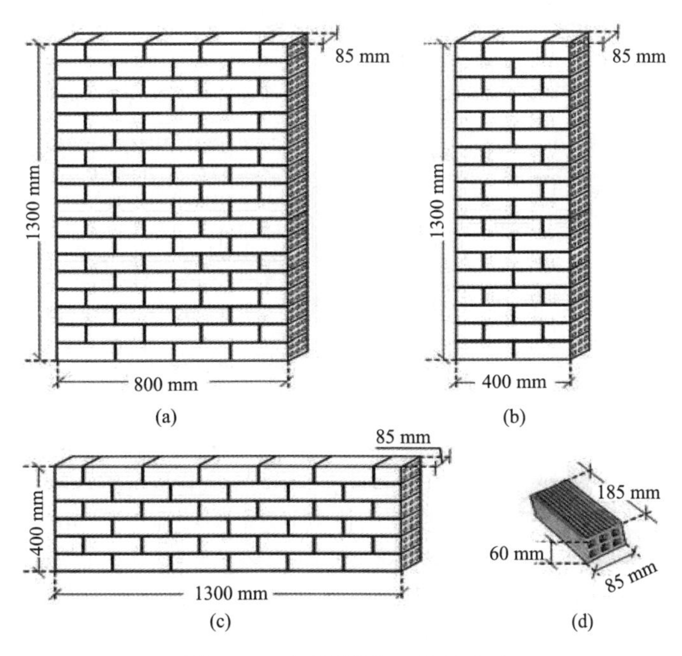

图 4.13　系列试件和 6 孔黏土砖

2) 试验试件和材料

所有试件都是用本地砖厂的水平 6 孔黏土转砌成，采用普通的砌体用水泥砂浆。系列 A 包含 6 种不同的设计：1 种是对比试件(没有加固)；2 种试件使用商品聚合物改性水泥砂浆，两侧对称加固 1 层或 2 层织物网；2 种试件与上面设计类似，使用双组分环氧胶黏剂黏结 1 层或 2 层织物网；还有 1 种试件每侧表层嵌贴 5 条 CFRP 条带，每隔三条水平灰缝在水平灰缝槽中嵌贴一条 CFRP 条带。系列 A 中有两组相同的墙体试件，目的是在不同压力条件下进行试验：一个是中等压力条件，为墙体抗压强度的 10%；一个是低压力条件，为墙体抗压强度的 2.5%。

系列 B 和系列 C 都有 4 种不同的设计：1 种是对比试件(没有加固)；2 种试件使用商品聚合物改性水泥砂浆，两侧对称加固 1 层或 2 层织物网；1 种试件使用双组分环氧胶黏剂两侧对称加固 1 层织物网。系列 B 中的 4 个试件在中等压力条件下进行试验，压力为墙体抗压强度的 10%，垂直于水平灰缝，而其他 3 个试件(1 个对比试件和 2 个对称加固 1 层或 2 层 TRM 试件)是在高压下进行试验，为墙体抗压强度的 25%。系列 C 中所有试件不施加轴向荷载。本项研究中共有 22 个试件进行试验。

试件用 Y_XN_Z 符号表示，其中 Y 表示试件的系列(A，B 或 C)，X 表示黏结剂的种类(M 代表砂浆，R 代表树脂)，N 代表织物网层数，下标 Z 代表轴向压力荷载水平(系列 A 为 2.5%或 10%，系列 B 为 10%或 25%）。用 C 和 NSM5 代替 XN，分别表示对比试件和每侧表层嵌贴 5 条 CFRP 条带试件。本项研究中所有试验的试件见表 4.3 的第 1 列。

用三个抗压试验测出砖块平行于孔和垂直于孔方向的平均抗压强度，每个试件的承载面铺有自流平快硬水泥砂浆，得平行孔和垂直孔方向的平均强度分别为 8.9MPa 和 3.7MPa。

砌砖用的砂浆中水泥：石灰：砂的体积比大约为 1：2：10，质量水灰比大约为 0.8。使用伺服液压 MTS 试验机，根据文献[95]测得砂浆的抗弯和抗压强度。使用 28d 龄期，40mm×40mm×160mm 硬化砂浆棱柱体进行试验。棱柱体使用三个相同大小的钢模浇筑；在试验室中进行养护试验，养护条件与墙体试件的养护条件相同；受 3 点弯曲作用，跨度为 100mm，以 5N/s 的恒加载速率加载。记录峰值荷载，计算抗弯强度。使用抗弯试验断裂的部分进行抗压试验。试验时在每个断裂试件的顶部和底部放置两个 40mm×40mm 的钢承压板，并将承压板小心地对齐。这样，测得平均抗弯和抗压强度分别为 1.17MPa 和 3.91MPa。

使用高强碳纤维的商品织物网加固试件，织物网的两个正交方向碳纤维纱线用量相同，如图 4.14(a)所示。碳纤维纱线没有交织，而是通过第二层聚丙烯网联结，简单地相互叠合在一起(见图 4.14(b)碳纤维纱线的排列)。每根纱宽度为 4mm，之间的净距为 6mm。织物网中碳纤维的质量为 168g/m^2，每层的名义厚度为 0.047mm。碳纤维每个方向上的保证抗拉强度值来自于生产厂商提供的数据，为 3350MPa。碳纤维的弹性模量为 225GPa。

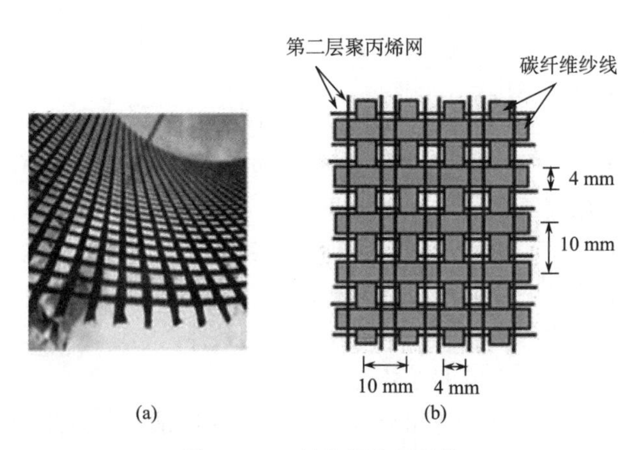

图 4.14　双轴向织物网结构

对于用砂浆做黏结材料的试件，使用的黏结剂是一种商用无机干粉黏结剂，它由水泥和聚合物以质量比为 10：1 构成。黏结剂与水的质量比为 3.3：1，使得稠度是可塑，具有较好的和易性。在 20℃的环境温度下，和易性的保持期约为半个小时。黏结砂浆的抗弯强度和抗压强度分别为 5.77MPa 和 31.36MPa，其试验步骤和普通砌体砂浆采用的步骤相同。对于胶结加固的试件，使用的是商业结构胶，是质量混合比为 4：1 的双组分环氧树脂。根据产品说明书，结构胶的抗拉强度和弹性模量(23℃养护 7d)分别为 30MPa

和3.8GPa。结构胶是有足够黏性的糊状物，能够保证织物网中纤维完全湿润。

对于系列A中表层嵌贴(NSM)加固的试件，刮去水平灰缝中部分砂浆，形成嵌贴CFRP条带的沟槽。在贴条带前，用压缩空气彻底清洁沟槽，再喷水湿润。然后，槽内填充固定水泥砂浆，避免内部留有气泡。将与试件一样长的条带嵌入沟槽中，使其全部埋入。最后，将多余的砂浆刮掉，使得沟槽与砌体墙面齐平。固定条带的砂浆由三部分材料组成：环氧树脂悬浮液、水泥和补充胶凝材料。根据产品说明书，该砂浆的抗压强度和抗弯强度分别为40MPa和9MPa。

使用专为表层嵌贴加固方案设计的商用CFRP条带，横截面积为2mm×16mm，基体为双酚-环氧乙烯基酯树脂。CFRP中碳纤维的弹性模量为225GPa，体积比为40%。CFRP条带由厂商提供的保证抗拉强度、弹性模量和极限应变分别为2070MPa、125GPa和0.17%。每个条带沿长度方向被切成2片，每片宽度是7.5mm。

为了避免在装卸和定位过程中，对比试件和表层嵌贴试件的提前破坏，在试件表面按照双涂层工艺涂上15mm厚的抹灰层：为了提高黏结性能，首先用力将底层抹灰涂在湿润的砌体墙表面，然后在底灰未干但相对较硬的时候，涂上第二层抹灰。抹灰的28d抗压强度大约4MPa。

织物网的使用方式与FRP的方式相似。首先将每个试件放置在地面，刷干净；然后用高压气吹走灰尘和松动颗粒，最后，用标准的湿铺法将织物网贴于墙体的两侧(每层覆盖整个墙面)。湿铺法包含以下几步：①在墙面涂环氧或砂浆黏结剂；②用手压和辊压粘贴织物网；③当第一层未干的时候，在第一层织物网上再涂第二层黏结剂。砂浆厚度约为2mm，将织物网轻轻地压入砂浆，保证砂浆穿过所有织物网孔。砂浆在室内养护。使用砂浆黏结织物网的情况如图4.15所示。

图4.15　织物网的粘贴

为了测量墙体平行水平灰缝和垂直水平灰缝的抗压强度，砌筑六个棱柱体试块，施加单调单轴压力(每个加载方向三个试块)。棱柱体试块尺寸 390mm×85mm×420mm，长度为两块砖长，高度为六块砖厚。所有试块都与平面内循环受载试验中一样，采用同样的砖、砂浆和黏结剂，顺砖砌合。

为了保证均匀地传递荷载，棱柱体和试验机压板接触的表面涂抹普通强度的水泥砂浆。抗压试验以位移控制模式进行，恒载的加载速率为 0.1mm/s，压力机的加载能力为 4000kN。使用的位移传感器行程为 5mm，标距为 130mm，安装在试件高度一半的位置。由试验得，平行水平灰缝的抗压强度、割线弹性模量以及极限应变分别为 4.3MPa、1.94GPa 和 0.22%。相应的，垂直水平灰缝的抗压强度、割线弹性模量以及极限应变分别为 2.0MPa、1.7GPa 和 0.12%。

由于砌体墙在垂直和平行水平灰缝的方向上具有不同的强度，墙体这两个方向上的单轴强度是不同的。具体而言，平行水平灰缝加载引起的破坏是脆性的，是由外层砖的压碎引起。而对于垂直水平灰缝加载，破坏没有平行加载的情况那么突然，出现沿着整个高度发展的竖直裂缝，贯穿水平灰缝。

3) 试验装置，仪器和步骤

除了系列 B 和 C 中的对比试件($B\_C_{10\%}$，$B_C_{25\%}$和 C_C)，所有试件都受平面内循环荷载。系列 A 的试件像竖直放置的悬臂梁，在距底座 1.1m 的顶部施加集中力；系列 B 和 C 试件像跨度分别为 1.17m 和 1.12m 的水平放置的三点弯曲梁。

系列 A 试件(剪力墙)的试验装置如图 4.16 所示。将试件墙固定在钢框架的基础上，为了确保荷载从墙体端部均匀地传递，设计了钢盖梁。使用水平放置的 250kN 的 MTS 作动器施加荷载，作动器与钢盖梁通过一对直径 22mm 的螺纹杆相连。通过两个单作用的液压缸施加抗压强度 10%的压应力，用钢盖梁和试验钢架底板间的一对螺纹杆夹住每

图 4.16　系列 A 试件的试验装置

个液压缸。液压系统可以自动调节施加的压力水平，可以由数字压力表对其进行连续监测。通过在钢盖梁上简单地堆叠和固定重物，施加砌体抗压强度2.5%的压应力。5个直线位移传感器距离支座0.2m、0.5m和0.85m布置，如图4.16所示，用以测量墙体水平位移和监测可能发生的基础抬升。

系列B的墙试件承受平面内三点受弯作用，其中总跨度为1.17m，试验过程中同时在外层砖施加轴向荷载并且保持不变。这样的试验安排主要是为了重构砌体结构壁柱中受平面内弯曲/剪切地震荷载情况，其中所受的轴向荷载可能是比较大的。在每个支座的顶部和底部，沿试件厚度方向放置两对钢铰，第三个钢铰放置在跨中位置处。为了填平试件表面的不平坦处以及确保荷载的均匀传递，在试验前至少一周，在每个试件的承载区浇筑六条宽100mm、厚20mm的高强砂浆带，每侧浇筑三条。需要注意的是，需避免外部粘贴的织物网增强层与承载区直接接触。轴向荷载的施加通过使用与系列A试验中相同的液压缸，并结合一个定制的限制系统来完成，限制系统中包括一对水平放置的螺纹杆。系列B试件的试验装置图如图4.17所示。使用竖直放置的500kN的MTS作动器施加位移控制加载，位移传感器布置在试件高度一半的位置，测量跨中位置处的位移。由电脑采集系统记录荷载传感器和位移传感器的数据。

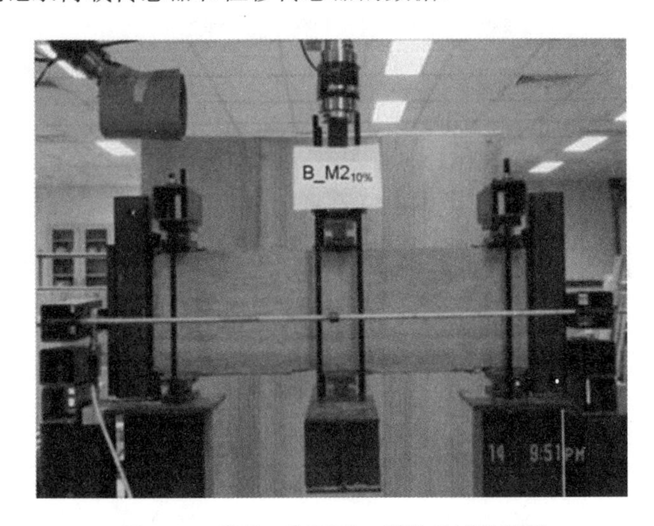

图4.17　系列B和系列C试件的试验装置

2. 结果和讨论

基于荷载-平面内位移响应图进行结果的讨论。所有试件的推拉向峰值荷载P_{max}^{+}和P_{max}^{-}、破坏时的位移δ_u^{+}和δ_u^{-}、累积耗能能力、破坏时的破坏模式和加载方向都列于表4.3。表4.3中列出的位移是指系列A的活塞位移，系列B和C的跨中位移。在荷载位移滞回曲线和包络曲线图中，推向的位移值是表示活塞向外的运动，取正号。

表 4.3　试验结果

试件符号	峰值荷载/kN		破坏时位移[a]/mm		$\frac{P_{max}}{P_{max,C}}$	$\frac{\delta_u}{\delta_{u,C}}$	累计耗散能		破坏模式（破坏方向）
	压	拉	压	拉					
系列 A							循环 5 次	循环 10 次	
A_C$_{10\%}$	6.35	5.74	0.69	0.65	1.00	1.00	—	—	晃动（压）
A_R1$_{10\%}$	42.11	40.16	9.28	8.12	7.00	12.49	97.65	537.51	FRP 断裂（拉）
A_R2$_{10\%}$	44.31	43.21	7.52	7.77	6.98	10.90	86.12	669.79	墙脚压碎（压）
A_M1$_{10\%}$	32.23	30.52	9.29	9.39	5.08	13.46	94.81	474.36	墙脚压碎（压）
A_M2$_{10\%}$	39.18	36.25	9.36	9.00	6.17	13.57	103.64	583.00	墙脚压碎（压）
A_NSM5$_{10\%}$	6.47	6.35	0.85	0.66	1.02	1.23	—	—	晃动（压）
A_C$_{2.5\%}$	1.95	1.83	0.70	0.75	1.00	1.00	—	—	晃动（压）
A_R1$_{2.5\%}$	37.48	39.92	7.93	8.38	19.22	11.33	67.58	350.91	FRP 断裂（压）
A_R2$_{2.5\%}$	49.56	53.34	8.00	—[b]	25.42	11.43	91.71	435.22	墙脚压碎（压）
A_M1$_{2.5\%}$	25.27	24.29	11.44	10.37	13.27	13.83	83.44	365.39	墙脚压碎（压）
A_M2$_{2.5\%}$	35.52	36.25	9.24	9.03	18.22	13.20	79.66	416.26	墙脚压碎（压）
系列 B							循环 2 次	循环 3 次	
B_C$_{25\%}$	19.20	—	2.05	—	1.00	1.00	—	—	受弯
B_M1$_{25\%}$	46.14	33.45	3.26	4.04[c]	2.40	1.59	31.98	92.45	压碎[d]（压）
B_M2$_{25\%}$	47.61	43.21	4.43	4.27	2.48	2.16	41.07	137.18	压碎[d]（压）
B_C$_{10\%}$	15.91	—	0.80	—	1.00	1.00	—	—	受弯
B_R1$_{10\%}$	48.57	40.65	2.21	3.24	3.05	2.76	37.92	104.66	压碎[d]（压）
B_M1$_{10\%}$	41.74	31.10	5.18	6.79	2.62	6.48	34.46	88.67	压碎[d]（压）
B_M2$_{10\%}$	60.13	47.29	5.12	5.56	3.78	6.40	37.48	103.40	压碎[d]（压）
系列 C							循环 2 次	循环 3 次	
C_C	8.24	—	0.82	—	1.00	1.00	—	—	受弯
C_R1	58.62	49.69	2.08	3.45	7.11	2.54	43.34	118.17	压碎[d]（压）
C_M1	38.82	31.98	9.41	10.72	4.71	11.48	50.77	118.72	TRM 剥离（压）
C_M2	58.84	46.14	2.41	2.82	7.14	2.94	54.23	139.21	压碎[d]（压）

a:系列 A 是顶部位移，系列 B 和 C 是跨中位移；对于晃动的试件（A_C$_{10\%}$，A_C$_{2.5\%}$和 A_NSM5$_{10\%}$），δ_u 为基础端部点的位移。b:螺纹杆（底座固定组件的一部分）受拉破坏。c:破坏在推向发生不能够完成整个位移循环；这里 δ_u^- 相应的荷载为 P_{max}^- 的 88%。d:跨中砖压碎。

表 4.3 同样列出了比值 $\frac{P_{max}}{P_{max,C}}$ 和 $\frac{\delta_u}{\delta_{u,C}}$，其中 P_{max} 为首次破坏时该方向上的峰值荷载，δ_u 表示相应的极限位移，$P_{max,C}$ 和 $\delta_{u,C}$ 是对比试件相应的值。

1）系列 A——剪力墙

系列 A 的荷载-顶部位移滞回曲线如图 4.18（a）～（i）所示。系列 A 中承受 0.2MPa 压应力的对比试件（A_C$_{10\%}$）表现出晃动的特点，后续在基础附近会出现大量的水平裂缝。墙体几乎发生刚体旋转，中心位于墙脚，底部产生较大的水平裂缝，并且沿着两条贯通的水平灰缝发展。图 4.18（a）中，斜率的变化表示墙脚与基础分离的点，这些点的位移为

δ_u^+ 或 δ_u^- 。推拉向的峰值荷载分别为 6.35kN 和 5.74kN，相应的顶部位移为 0.69mm(推)和 0.65mm(拉)。

试件 A_C$_{2.5\%}$的响应与 A_C$_{10\%}$相同，其峰值荷载为 1.95kN(推)和 1.83kN(拉)，比 A_C$_{10\%}$少了约 70%。墙体顶部上抬的位移为 0.70mm(推)和 0.75mm(拉)。试件 A_C$_{2.5\%}$和 A_C$_{10\%}$这类型的破坏模式是由于施加的轴向荷载相对较低以及试件中等程度长细比引起的。

无筋砌体剪力墙的主要破坏模式已被证明是晃动，故水平放置的 NSM 条带不能够提高承载力。事实上，由于晃动，试件 A_NSM5$_{10\%}$破坏时推向的最大水平荷载为 6.47kN(实际与 A_C$_{10\%}$的值相等)。如图 4.18(a)所示，A_NSM5$_{10\%}$的荷载-顶部位移滞回曲线与 A_C$_{10\%}$的一致。如果无筋墙体主要破坏模式是斜拉破坏，那么 NSM 加固能够提高墙体的承载能力。

两个使用树脂黏结一层织物网对称加固的试件(A_R1$_{10\%}$和 A_R1$_{2.5\%}$)，它们的损伤过程和破坏模式都是相同的。在加载的初始阶段，在砖与水平灰缝的界面处首先出现弯曲裂缝。随后一直加载到峰值荷载，由于压力的作用，在墙脚处明显出现渐进发展的竖直裂缝。随着墙脚处大量的损伤，墙基础上的织物网发生了拉伸断裂，如图 4.19(a)所示，这使得墙脚处砖的完全压碎以及该处的织物网局部弯曲(图 4.19(b))，进而引起荷载的大幅度减少(图 4.18(b)、(c))。试件 A_R1$_{10\%}$在拉向发生破坏，破坏荷载为 40.16kN，顶部位移为 8.12mm，试件 A_R1$_{2.5\%}$在推向发生破坏，破坏荷载为 37.48kN，顶部位移为 7.93mm。比较上述值可以发现，单层树脂基织物网包层的墙体受较高的轴向荷载，其强度会略有增加(增加 7%)，而变形能力增加得不明显(增加 2%)。

粘贴双层织物网试件 A_R2$_{10\%}$和 A_R2$_{2.5\%}$的响应与粘贴单层的响应相似(图 4.23(d)，(e))，唯一的区别在于前者更加刚性，以及在墙脚压碎或包层弯曲前，纤维不发生断裂。而且，由于 A_R2$_{10\%}$发生较高的抬升位移，这个墙在较低的荷载和位移时过早地被破坏。试件 A_R2$_{10\%}$和 A_R2$_{2.5\%}$都在推向发生破坏，破坏荷载分别为 44.31kN 和 49.56kN，破坏时顶部位移分别为 7.52mm 和 8.00mm。此时较高的轴向荷载，使得强度和极限位移都略有减小。与单层织物网包层相比，双层织物网包层具有更高的强度(在低轴压时高 30%，在高轴压时高 10%)，但变形能力稍微小一些。

和使用树脂粘贴织物网加固试件相比，使用织物增强砂浆包层加固的墙体在损伤发展和破坏模式上并没有明显的不同。在试件 A_M1$_{10\%}$和 A_M1$_{2.5\%}$的试验过程中(图 4.18(f)、(g))，墙基础上的离散纤维束逐渐断裂，同时伴随着砂浆开裂。试件 A_M1$_{2.5\%}$织物网的断裂范围比 A_M1$_{10\%}$更大。试件 A_M1$_{2.5\%}$在第一次往复荷载施加后，基础附近的墙面出现了均匀分布的水平细裂纹。试件 A_M1$_{10\%}$在推向发生破坏，破坏荷载为 32.23kN，试件 A_M1$_{2.5\%}$在拉向发生破坏，破坏荷载为 24.29kN。顶部的极限位移为 9.29mm(A_M1$_{10\%}$)和 10.37mm(A_M1$_{2.5\%}$)。这表明较高的轴向荷载提高了承载能力(提高了 33%)，减小了变形能力(减小了 10%)。和使用树脂粘贴的试件相比，使用单层织物增强砂浆包层的试件，在提高强度方面的效果略弱，但提高变形能力方面比较有效。A_M1$_{10\%}$的强度比 A_R1$_{10\%}$小了 20%，A_M1$_{2.5\%}$的强度比 A_R1$_{2.5\%}$减小了 35%。但相应的变形能力分别提高了 14%和 31%。

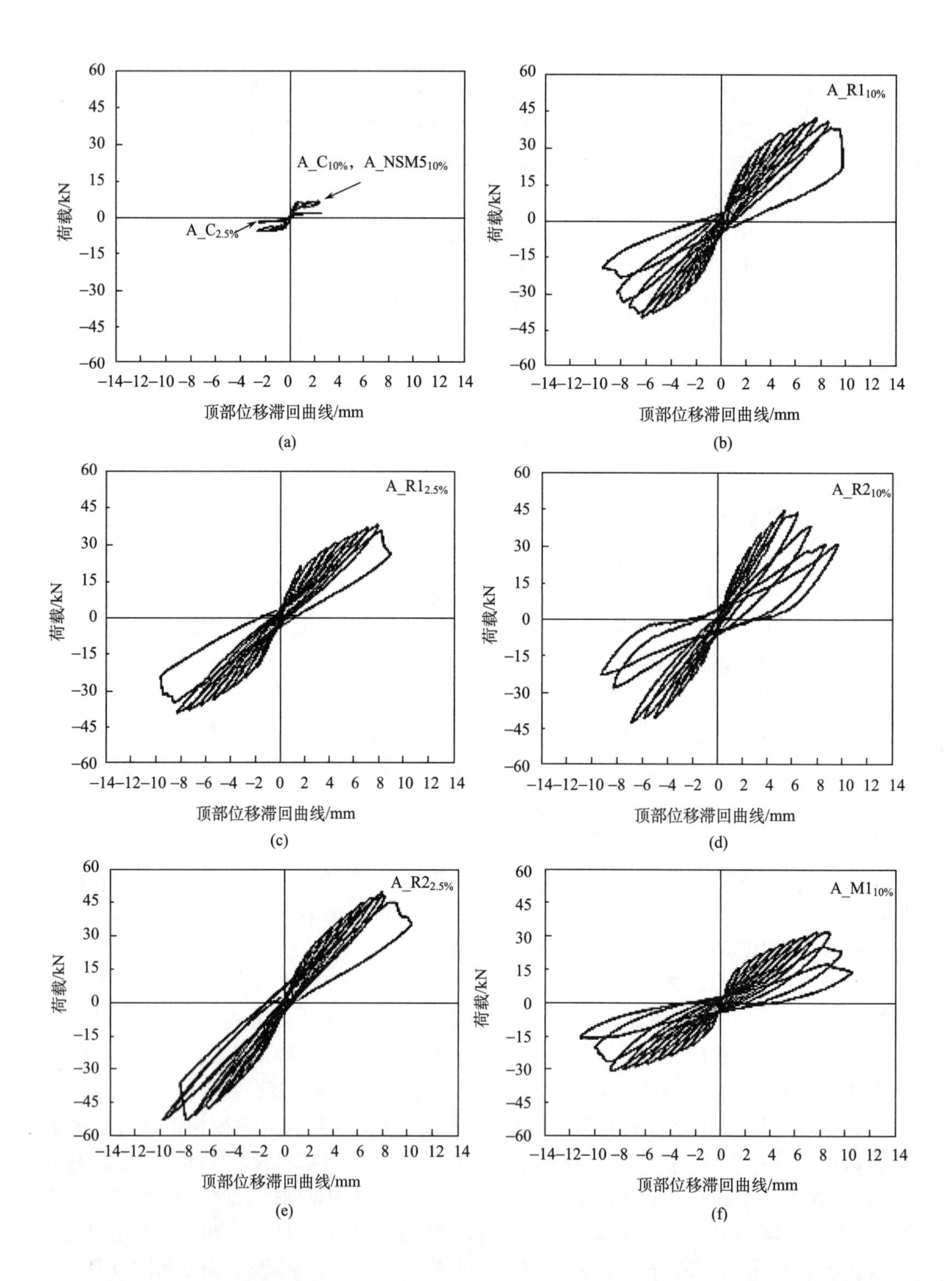

A_C10%，A_NSM510%
A_C2.5%
A_R110%
A_R12.5%
A_R210%
A_R22.5%
A_M110%
荷载/kN
顶部位移滞回曲线/mm
(a)
(b)
(c)
(d)
(e)
(f)

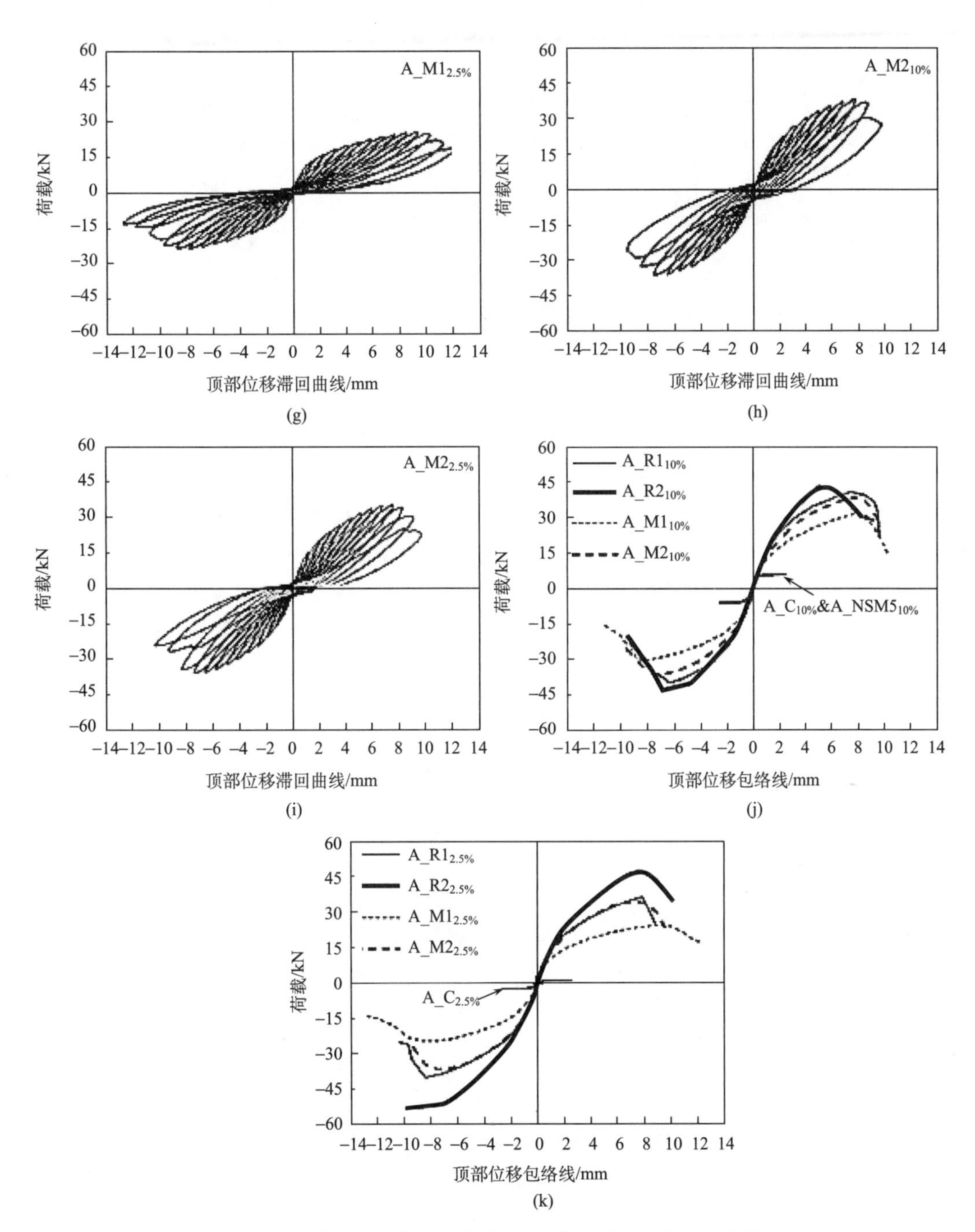

图 4.18　系列 A 的结果：荷载-顶部位移滞回曲线和包络线

(a) 包层受拉断裂

(b) 墙脚压碎/包层压弯

图 4.19　试件 A_R1$_{2.5\%}$的破坏模式

使用双层 TRM 加固试件的响应与用树脂粘贴双层织物网加固试件的响应相似。试件 A_M2$_{10\%}$的破坏模式(墙脚压碎)如图 4.20 所示。由于水泥基体产生微裂纹，在荷载-顶部位移曲线图(图 4.18(h)、(i)是滞回曲线图，图 4.18(j)、(k)为包络线图)上可以看出，TRM 包层试件的刚度明显比树脂粘贴试件刚度小。试件 A_M2$_{10\%}$和 A_M2$_{2.5\%}$都在推向发生破坏，破坏荷载分别为 39.18kN 和 35.52kN。顶部的极限位移为 9.36mm(A_M2$_{10\%}$)和 9.24mm(A_M2$_{2.5\%}$)。这些值表明较高的轴向荷载导致承载能力小幅地增加(增幅为 10%)，而变形能力几乎不受影响。与单层 TRM 加固试件相比，双层 TRM 加固具有更高的强度(在低轴压时约高 45%，在高轴压时约高 22%)，变形能力稍弱。

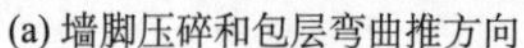

(a) 墙脚压碎和包层弯曲推方向

(b) 墙脚压碎和包层弯曲拉方向

图 4.20　试件 A_M2$_{10\%}$的破坏模式

双层 TRM 包层加固与树脂粘贴双层织物网加固相比，在提高强度方面的效果较弱，但在提高变形能力方面的效果较好。试件 A_M2$_{10\%}$的强度比 A_R2$_{10\%}$减小 12%，试件

A_M2$_{2.5\%}$的强度比 A_R2$_{2.5\%}$减小 28%，相应的变形能力分别提高了 24%和 16%。

比较表 4.3 中第 5 次和第 10 次位移循环时累计耗散能(计算由荷载与位移曲线所包围的面积得到)，可得 TRM 加固方案的能量耗散能力与 FRP 加固相当。

总体而言，TRM 包层加固是非常有效的。强度方面，TRM 的效果不如 FRP，根据织物网的层数和轴向荷载大小，TRM 加固的强度比 FRP 加固的强度低 12%～30%。但在变形能力方面，这是抗震设计中非常重要的因素，TRM 加固要高于 FRP 加固，根据织物网的层数和轴向荷载大小，TRM 加固的变形比 FRP 加固要高 14%～31%。

2) 系列 B——梁柱

系列 B 试件的荷载-中点位移滞回曲线图和包络线图如图 4.21(a)～(d)所示。在靠近中点位置沿着水平灰缝产生了单个弯曲裂缝，由于该裂缝的发展延伸，系列 B 的两个对比试件发生破坏。该裂缝沿着砖/砂浆界面延伸，表明灰缝的黏结强度是由砖/砂浆的黏结性而不是砂浆的抗拉强度决定的。试件 B_C$_{25\%}$的破坏荷载为 19.2kN，大约比试件 B_C$_{10\%}$破坏荷载 15.91kN 高 20%。破坏时试件 B_C$_{25\%}$和 B_C$_{25\%}$的跨中位移分别为 2.05mm 和 0.80mm。

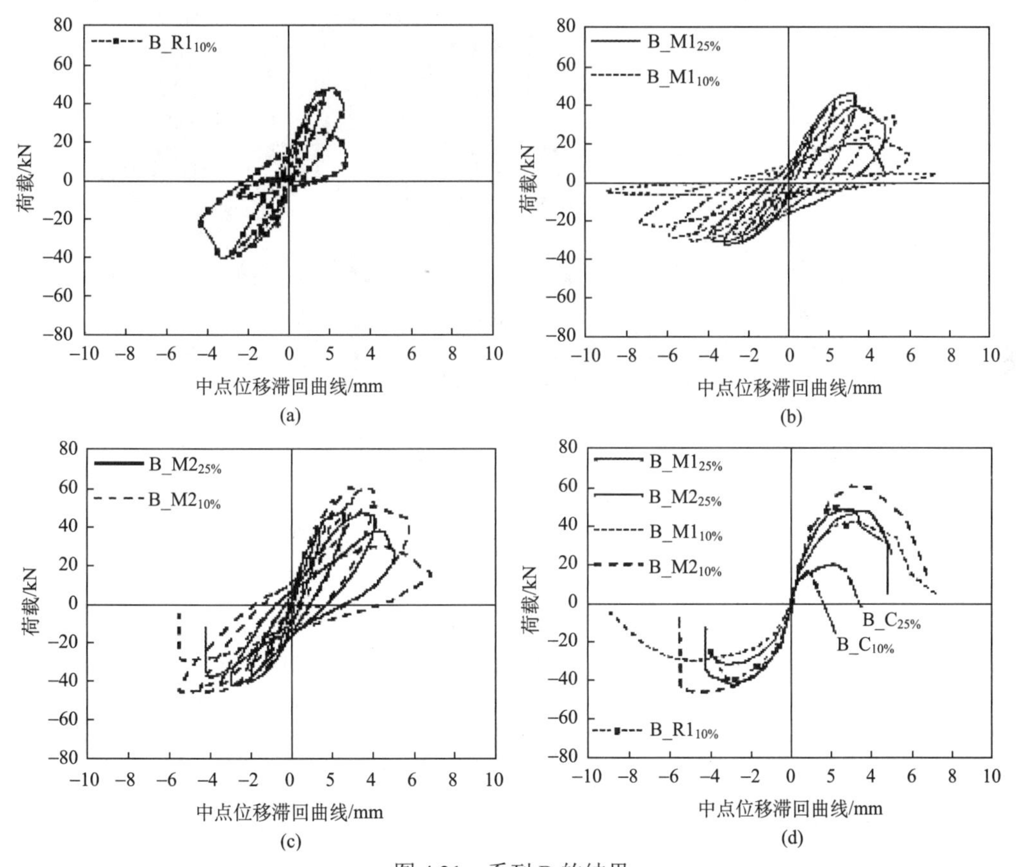

图 4.21　系列 B 的结果

(a)～(c)为荷载-中点位移滞回曲线；(d)为包络线

单层织物网 TRM 包层的试件($B_M1_{25\%}$和 $B\_M1_{10\%}$)在第一次位移循环过程中的特点是出现弯曲裂缝，即在跨中附近的水平灰缝发生砖/砂浆剥离，如图 4.22(a)所示。在随后的往复循环中，受压区靠近跨中附近的墙体逐渐开裂。裂缝沿着试件的纵轴发展，穿过水平灰缝，导致完全压碎，同时伴随着包层的向外弯曲。试件 $B_M1_{25\%}$在推向发生破坏，破坏荷载为 46.14kN，破坏位移为 3.26mm。试件 $B_M1_{10\%}$同样在推向发生破坏，破坏荷载为 41.74kN，破坏位移为 5.18mm。比较上述值可得，轴向荷载增加将引起强度小幅地增加(增加 11%)，变形大幅地减小(减小 37%)。

试件 $B_R1_{10\%}$使用单层 FRP 包层加固，它在试验中的形态与砂浆黏结的试件不同，区别在于在加载的初始阶段，没有明显的弯曲裂缝(砖块/砂浆剥离)发生。另外，损伤的过程与试件 $B_M1_{10\%}$相似(图 4.22(b))。推方向破坏时，破坏荷载为 48.57kN，相应的位移为 2.21mm。和试件 $B_R1_{10\%}$比较，TRM 加固墙体在强度方面比试件 $B_R1_{10\%}$轻微减小，减小 14%，而在变形方面有较大的增长，增长 134%。

(a) 试件$B_M1_{10\%}$在砖块压碎前出现弯曲裂缝

(b) 试件$B_R1_{10\%}$砖块压碎(加载固定装置撤除后)

图 4.22　试件 B 组的破坏模式

对于双层织物网 TRM 包层加固的试件，破坏的机理与上述相同(水平裂缝产生弯曲裂缝，同时在跨中发生砖块压碎)。试件 $B_M2_{25\%}$在推方向发生破坏，破坏荷载为47.61kN，相应的破坏位移为 4.43mm。而试件 $B_M2_{10\%}$同样在推方向破坏，破坏荷载为 60.13kN，破坏位移为 5.12mm。此外在低轴压作用下，双层织物网 TRM 包层试件与单层织物网试件相比，它的强度有了较大的提高(44%)，变形能力几乎保持相同。但是在高轴压下，双层织物网 TRM 包层试件的强度轻微增加(增加 3%)，而变形大幅增长(增长 36%)。

比较表 4.3 中第二和第三次位移循环时累计耗散能，可以得出，总体而言，两种加固方案(FRP 和 TRM，试件 $B_R1_{10\%}$和 $B\_M1_{10\%}$)的能量耗散能力相近。

3. 结论

根据本书中等尺度黏土砖剪力墙、梁柱型墙和梁型墙试件受平面内循环荷载的响应结果，可得 TRM 包层可以显著地提高强度和变形能力。与树脂基加固的方案相比，TRM

加固提高的强度没有树脂基的高，强度提高大小取决于加载的类型和所用织物网的层数。从试验结果分析可得，TRM 包层加固墙体的强度至少是同样形式 FRP 加固墙体强度的 65%～70%。而在无筋砌体墙抗震设计非常重要的变形方面，TRM 包层加固比 FRP 加固有效得多。本项研究中，TRM 包层加固剪力墙的变形能力比相应 FRP 加固要高出 15%～30%，梁-柱型墙要高出 135%，梁型墙要高出 350%。并且，不管基质材料是砂浆还是树脂，加固后的强度随着织物网层数和轴向荷载的增加而增加，但会以牺牲变形能力为代价。

4.2.3　平面外循环荷载作用下碳纤维网砂浆增强砌体试验研究

1. 试验方案

1)范围和方法

本项试验项目的目的是更好地了解外粘贴 TRM 作为无筋砌体墙的加固材料，承受平面外反复荷载作用下的效果。试验中，使用中等尺度的单皮烧结黏土砖墙片，顺砖砌合，分两种系列：①系列 A 如图 4.23(a)所示，400mm×1300mm×85mm 的试件，承受平面外荷载，则破坏平面将平行于水平灰缝(如：承受平面外弯曲的砖墩)；②系列 B 如图 4.23(b)所示，1300mm×400mm×85mm 的试件，承受平面外荷载，则破坏平面将垂直于水平灰缝(如：承受平面外荷载的竖直墙)。所有的试件都在实验室内完成，由有经验的工人用有孔砖砌筑(185mm×85mm×60mm，如图 4.23(c)所示)。所有的试件，第一层砖下面都砌有一层 10mm 厚的水平砂浆层，所有的水平灰缝和竖直灰缝都约为 10mm 厚。

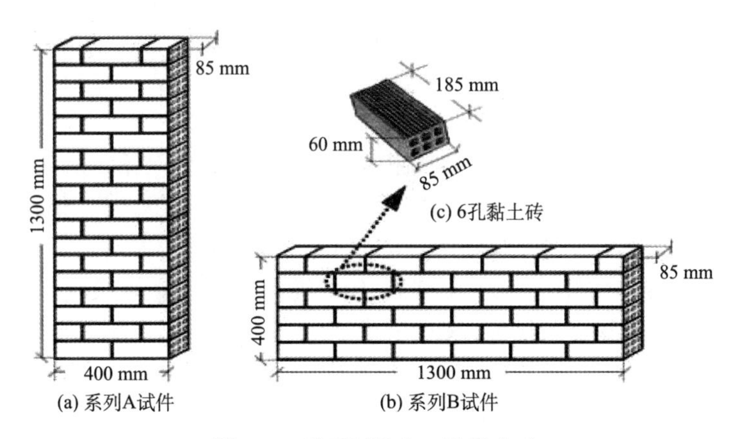

图 4.23　系列试件和 6 孔黏土砖

试验中考虑两个主要的参数，即织物网的黏结材料使用无机砂浆或树脂基基体，以及织物网的层数(在两侧使用 1 层或 2 层)。另外，本项试验的一小部分将研究表层嵌贴(NSM)碳纤维增强复合材料(CFRP)条带的作用，CFRP 条带沿着水平灰缝嵌贴。

2）试验试件和材料

所有试件都是用本地砖厂的水平 6 孔黏土砖砌成，采用普通的砌体用水泥砂浆。系列 A 包含 5 种不同的设计：1 种是对比试件（没有加固）；2 种试件使用商品聚合物改性水泥砂浆，两侧对称加固 1 层或 2 层织物网；剩余 2 种试件使用双组分环氧胶黏剂黏结 1 层或 2 层织物网。系列 B 中有 5 种设计与系列 A 相同，还补充有 2 种 NSM 加固试件：1 种是每侧嵌贴两条 CFRP 条带，嵌贴于第二和第四条水平灰缝槽中，另外 1 种是每侧有 3 条 CFRP 条带，每隔一条水平灰缝嵌贴一条，即嵌贴在第一、第三和第五条灰缝中。因此，共有 12 个试件进行了试验。用 Y_XN 符号表示试件，其中 Y 表示试件的系列（A 或 B），X 表示黏结剂的种类（M 代表砂浆，R 代表树脂），N 代表织物网层数（1 或 2）。用 C、NSM2 和 NSM3 代替 XN，分别表示对比试件、两侧表层嵌贴 2 条 CFRP 条带试件和两侧表层嵌贴 3 条 CFRP 条带试件。本项研究中所有试验的试件列于表 4.3 的第 1 列。

用三个抗压试验测出砖块平行于孔和垂直于孔方向的平均抗压强度，每个试件的承载面铺有自流平快硬水泥砂浆，得平行孔和垂直孔方向的平均强度分别为 8.9MPa 和 3.7MPa。

砌砖用的砂浆中水泥∶石灰∶砂的体积比大约为 1∶2∶10，水灰比大约为 0.8。使用伺服液压 MTS 试验机，根据文献[95]测得砂浆的抗弯和抗压强度。使用 28d 龄期，40mm×40mm×160mm 的硬化砂浆棱柱体进行抗弯试验。棱柱体使用三个相同大小的钢模浇筑；在实验室中养护，养护条件与墙体试件的养护条件相同；受三点弯曲作用，跨度为 100mm，以 5N/s 的恒加载速率加载。记录峰值荷载，计算抗弯强度。使用抗弯试验断裂的部分进行抗压试验。试验时在每个断裂试件的顶部和底部放置两个 40mm×40mm 的钢承压板，并将钢承压板小心地对齐。这样，测得平均抗弯和抗压强度分别为 1.17MPa 和 3.91MPa。

使用高强碳纤维的商品织物网加固试件，织物网的两个正交方向碳纤维纱线用量相同，如图 4.22（a）所示。碳纤维纱线简单地相互叠合在一起，通过第二层聚丙烯网联结（见图 4.22（b）碳纤维纱线的结构）。每根纱宽度为 4mm，之间的净距为 6mm。织物网中碳纤维的密度为 168g/m^2，每层的厚度为 0.047mm。碳纤维每个方向上的保证抗拉强度值来自于生产厂商提供的数据，为 3350MPa。碳纤维的弹性模量为 225GPa。

对于用砂浆做黏结材料的试件，使用的黏结剂是一种商用无机干粉黏结剂，它由水泥和聚合物以质量比为 10∶1 构成。黏结剂与水的质量比为 3.3∶1，使得稠度可塑，具有较好的和易性。在 20℃的环境温度下，和易性的保持期约为 0.5h。黏结砂浆的抗弯强度和抗压强度分别为 5.77MPa 和 31.36MPa，其试验步骤和普通砌体用砂浆采用的步骤相同。

对于胶结加固的试件，使用的是商业结构胶，是质量混合比为 4∶1 的双组分环氧树脂。结构胶的抗拉强度和弹性模量（23℃养护 7d）分别为 30MPa 和 3.8GPa。结构胶是有足够黏性的糊状物，能够保证织物网中纤维完全湿润。

对于表层嵌贴加固的试件，在砌筑阶段需要在水平灰缝中做成沟槽，刮去水平灰缝中部分砂浆，为嵌贴 CFRP 条带做准备。在贴条带前，用压缩空气彻底清洁沟槽，再喷水湿润。然后，槽内填充水泥砂浆，避免内部留有气泡。将与系列 B 试件一样长的条带嵌入沟槽中，使其全部埋入。最后，用泥刀将多余的砂浆刮掉，使得沟槽与砌体墙面齐平。上述步骤如图 4.24 所示。固定条带用的砂浆由三部分材料组成，液体混合物 A 和 B(环氧树脂悬浮液) 和固体混合物 C(水泥和胶凝材料) 的质量比 A∶B∶C 为 1.14∶2.86∶17。根据产品说明书，该砂浆的抗压强度和抗弯强度分别为 40MPa 和 9MPa。

(a) 水平槽的尺寸可以完全放入NSM条带

(b) NSM条带被压入水平槽的砂浆中

图 4.24　表层嵌贴 CFRP 条带

使用专为表层嵌贴加固方案设计的商用 CFRP 条带，横截面积为 2mm×16mm，条带的基体为双酚-环氧乙烯基酯树脂。CFRP 条带由厂商提供的抗拉强度、弹性模量和极限应变分别为 2070MPa、125GPa 和 0.17%。每个条带沿长度方向被切成 2 片，每片宽度是 7.5mm。

根据公式 $E_{fib}A_{fib}$ 计算表面嵌贴条带加固和织物网加固的轴向刚度，得嵌贴两条带和三条带的刚度分别为 2700kN 和 4050kN，使用一层和两层织物网的刚度分别为 4230kN 和 8460kN。该数值表明，墙体中嵌贴三条带(B_NSM3)的配网率大致和一层织物网加固的墙体(B_R1、B_M1)相同。

为了避免在装卸和定位过程中，对比试件和表层嵌贴试件的提前破坏，在这些试件表面涂上 15mm 厚的抹灰层。为了提高黏结性能，首先用力将底层抹灰涂在湿润的砌体墙表面，然后在底灰未干但相对较硬的时候，涂上第二层抹灰。抹灰的 28d 抗压强度大约为 4MPa。

织物网的使用方式与 FRP 的方式相似。首先将每个试件放置在地面，刷干净；然后，用高气压吹走灰尘和松动颗粒，最后，用标准的湿铺法将织物网贴于墙体的两侧，每层覆盖整个墙面。需要将黏结剂(环氧树脂或砂浆)涂抹于湿润的墙体表面，随后用手和辊压入织物网。还需要在两层织物网之间，第一层织物网上再涂第二层黏结剂。砂浆厚度约为 2mm。将织物网轻轻地压入砂浆，保证砂浆穿过所有织物网孔。和环氧树脂涂抹一样，砂浆涂抹施工步骤中重要的一点是，需在第一层未干的时候涂抹第二层砂浆。砂浆在室内养护。

为了测量墙体平行水平灰缝和垂直水平灰缝的抗压强度，砌筑 390mm×85mm×420mm 的棱柱体试块，长度为两块砖长，高度为六块砖厚。所有试块都与平面外循环受载试验中一样，采用同样的砖、砂浆，顺砖砌合。棱柱体和试验机压板接触面涂抹普通强度的水泥砂浆，以保证均匀地传递荷载。抗压试验以位移控制模式进行，恒载的加载速率为 0.1mm/s，压力机的加载能力为 4000kN。使用的位移传感器行程为 5mm，标距为 130mm，安装在试件高度一半的位置。由试验得，平行水平灰缝的抗压强度、割线弹性模量以及极限应变分别为 4.3MPa、1.94GPa 和 0.22%。相应的垂直水平灰缝的抗压强度、割线弹性模量以及极限应变分别为 2.0MPa、1.7GPa 和 0.12%。

由于砌体墙在垂直和平行于水平灰缝的方向上具有不同的强度，墙体这两个方向上的单轴强度是不同的。具体而言，由平行水平灰缝加载引起的破坏是非常脆性的，是由外层砖的压碎引起。而垂直于水平灰缝加载，破坏没有平行加载的情况那么突然，出现沿着整个高度发展的竖直裂缝，贯穿水平灰缝。

3) 试验装置、仪器和步骤

使用刚性钢架加载，所有的加固试件都受到平面外循环荷载。试件墙体水平放置，加固的表面朝上和朝下，受到三点弯曲作用，系列 A 和系列 B 试件的跨度分别为 1.2m、1.15m，如图 4.25 所示。分别在试件两端的顶部和底部一对钢铰，在跨中(荷载施加的位置)设置第三对钢铰。使用竖直放置 500 kN 的 MTS 作动器施加荷载。为了填平试件表面的不平坦处以及确保荷载的均匀传递，在试验前至少一周，在每个试件表面沿承载线浇筑六条宽 50mm、厚 7mm 的高强砂浆带，每侧浇筑三条。

图 4.25　试验装置

使用行程为 25mm 的位移传感器测量跨中的位移，布置于试件的一侧。由电脑采集系统记录荷载传感器和位移传感器的数据，系统实时生成荷载-跨中位移图以及荷载-作动器位移循环图。

所有的加固试件都是以控制位移的拟静力循环方式施加荷载，加载速率为 0.1mm/s。循环荷载在推和拉方向的位移振幅逐渐增加，位移振幅的增量为 1mm，每个振幅进行一次荷载循环，如图 4.26 所示。由电脑控制进行试验，当墙达到极限承载力以及在推或拉的方向发生明显的荷载急剧减小时，试验结束。对比试件采用位移控制的单调加载，加

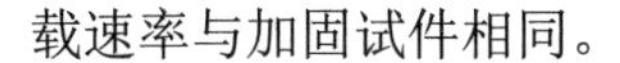
载速率与加固试件相同。

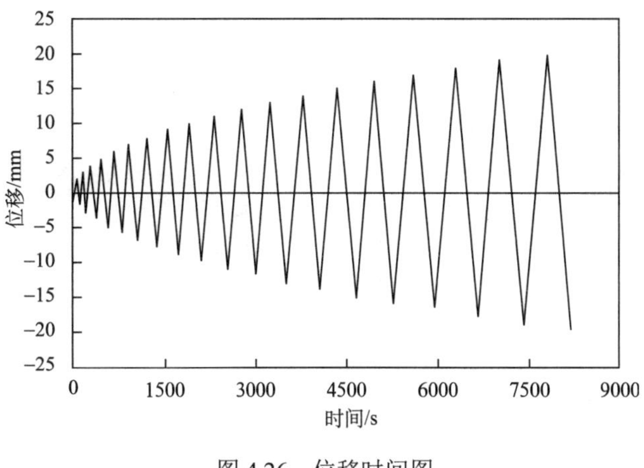

图 4.26　位移时间图

2. 结果和讨论

基于荷载-平面外位移响应图进行结果的讨论。所有试件的推拉方向峰值荷载 P_{max}^{+} 和 P_{max}^{-}、破坏时的跨中位移 δ_u^{+} 和 δ_u^{-}、累积耗能能力、破坏模式和加载方向都列于表 4.4。

表 4.4　试验结果

试件符号		峰值荷载/kN		破坏时跨中位移[a]/mm		循环累计耗散能		破坏模式(破坏方向)
		压	拉	压	拉	循环 4 次	循环 10 次	
系列A	A_C	−0.66	—	—	—	—	—	运输中破坏
	A_R1	10.02	9.28	4.45	11.14	32.32	223.68	弯剪(压)
	A_R2	12.94	11.72	3.75	4.35	32.09	248.77	弯剪(压)
	A_M1	12.22	10.02	10.73	11.03	32.69	194.10	弯剪(压)
	A_M2	15.15	12.45	6.05	6.25	38.60	290.51	弯剪(压)
系列B	B_C	3.36	—	0.99	—	—	—	受弯
	B_R1	21.45	17.82	9.90	11.02	61.84	383.97	FRP 突然断裂(拉)
	B_R2	26.15	18.81	7.11	7.11	67.29	429.24	弯剪(压)
	B_M1	18.31	14.42	12.92	9.45	64.18	368.75	TRM 逐渐断裂(拉)
	B_M2	29.52	21.97	9.92	12.59	77.19	437.63	弯剪(压)
	B_NSM2	12.95	8.54	12.62	12.14	54.93	254.64	受弯和剥离
	B_NSM3	15.87	11.96	17.16	19.89	41.70	210.88	弯剪和剥离

a:对应荷载急剧减小时的位移，或者是峰值后阶段荷载达到峰值荷载的 80%时的位移。

1) 系列 A 平行于水平灰缝的平面外弯曲

尽管涂抹了灰浆以及细心地操作，系列 A 的对比试件受自重作用在运至钢框架过程中了破坏，其原因是垂直于水平灰缝的抗拉强度非常低。系列 A 中所有其他试件的破坏都是发生相同的推向弯-剪破坏。图 4.27(a)～(d)给出了系列 A 试件(对比试件除外)的荷载-跨中位移滞回曲线(作动器向下的位移取正值)。

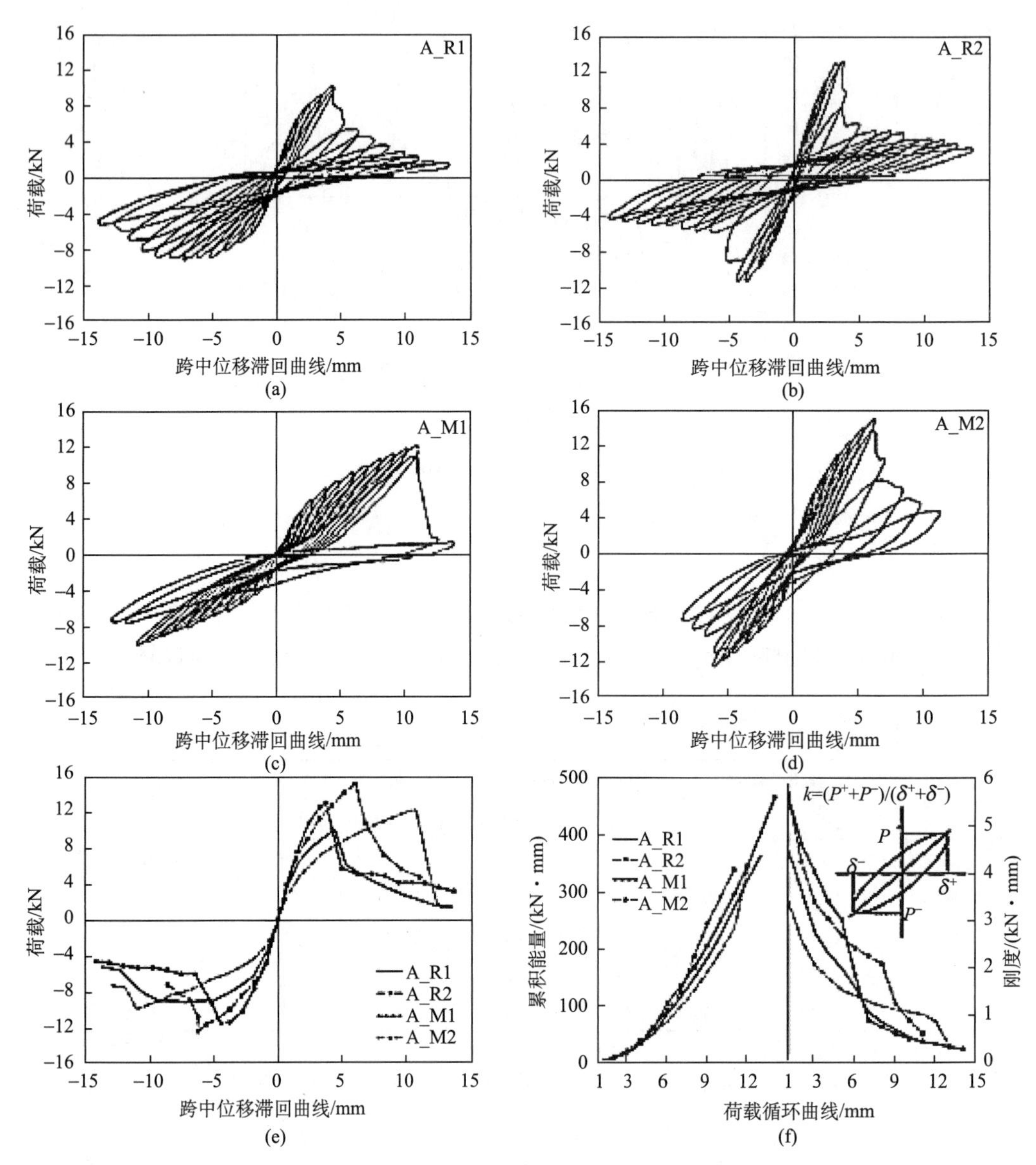

图 4.27　系列 A 的结果

(a)～(d)荷载-跨中位移滞回曲线；(e)包络线；(f)累积能量和刚度-荷载循环曲线

在前五次荷载循环中，试件 A_R1 在跨中位置沿灰缝出现细微的弯曲裂纹，显示砖-水平灰缝剥离的迹象，其完全形成受到织物网的限制。在推方向位移达到 6mm 时，出现的一条斜裂纹并且向加载线扩展。对反方向加载，在推向裂缝的镜像位置，出现了小范围的裂缝，如图 4.28(a)所示。这使得推向的强度和刚度明显下降，而拉向的强度和刚度下降得不太明显。当受到反复荷载作用时，X 形的开裂模式几乎对称于试件纵向对称轴，而不是关于中心线对称，因为损伤仅发生在一个剪跨区。当加载到较大的位移幅值时，裂纹使得砖块逐渐压碎，织物网层从内层砖块剥离。外层砖与织物网牢固地黏合在一起，它们的黏结性较好。试件 A_R1 推向最大荷载为 10.02kN，相应的跨中位移为 4.45mm。

试件 A_R2 的现象与 A_R1 类似。尽管试验过程中有树脂破裂的声音，发生了微小的局部破坏，但是直到第 5 个位移循环都没有产生明显的损伤。在接下来的位移循环中，裂纹的开展过程和试件 A_R1 相同。由于形成了较大的斜裂缝，该试件的承载能力大大下降。随后的位移循环使得靠近裂缝处的砖完全压碎，织物网几乎独自承载。因为引起的是推拉对称损伤模式，试件 A_R2 两个方向强度和刚度的退化特点相同。与每侧用环氧树脂黏结单层织物网的试件相比，试件 A_R2 具有更高的破坏荷载(推向 12.94kN)，相应增加了 30%。此外，由图 4.27(e) 比较试件 A_R1 和 A_R2 的包络线，后者的特点是具有更加陡峭的上升段和较小的变形能力，其破坏时跨中推向位移比试件 A_R1 减小了 16%。

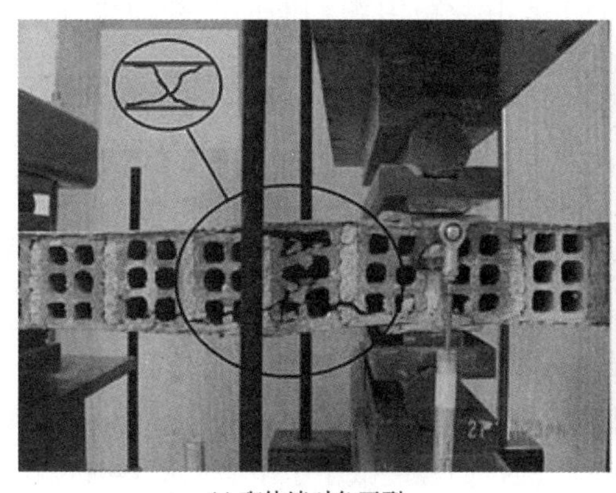

(a) 砌体墙对角开裂

(b) 大位移时织物砂浆脱黏

图 4.28　砌体墙对角开裂和大位移时织物砂浆脱黏

对于每侧用砂浆粘贴一层织物网的试件 A_M1，随着位移幅值的增加，靠近跨中处的砖与水平灰缝界面开始剥离。但是，直到第 10 个位移循环，墙体都没有发生其他严重损伤的迹象。与树脂黏结相反，砂浆黏结使得墙体表面产生几乎均匀分布、平行于水平灰缝的细裂纹。因此，水泥基的抵抗拉强度以及引起的分布裂缝使得产生了更加柔性的响应，使得墙体破坏时具有更大的位移和更高的破坏荷载。该墙体的破坏发生在第 11 次位移循环中，如同试件 A_R1 一样，形成斜裂缝。在达到较大的位移循环时，靠近裂缝的砖块被压碎，裂缝沿着砌体与 TRM 的界面扩展，造成织物网的剥离(图 4.28(b))。试件的破坏荷载推向为 12.22kN，相应位移为 10.73mm。因此，相较于树脂黏结的试件 A_R1，织物网加固的试件 A_M1 强度增加了 22%，变形能力提高了 140%。

试件 A_M2 的性能类似试件 A_R2。尽管 A_M2 的刚度小于 A_R2，但 A_M2 具有更高的破坏荷载(推向 15.15kN)，比 A_R2 提高了 17%；与试件 A_M1 相比，峰值荷载提高了 25%。试件 A_M2 的跨中破坏位移比试件 A_R2 大 61%，比 A_M1 小 44%。

总之，采用织物砂浆增强墙体非常有效，优于 FRP 增强。如上文提到的，可以从强度和变形能力方面量化 TRM 和 FRP 的加固效果。TRM 与 FRP 的相对比值始终较高，强度的平均比值大约是 1.2，变形能力的平均比值为 2.0。

比较图 4.27(f)和表 4.3 的累计耗散能，可知 FRP 和 TRM 两种增强方案的能量耗散能力总体上是可比较的。比较图 4.27(f)所示的刚度-荷载循环图可以看出，在早期变形阶段 TRM 增强的砌体比 FRP 增强表现出略微柔性的性能，但是在较大的变形阶段，它们的性能相反。当 FRP 增强的砌体已经失效时，TRM 增强的砌体仍然完好无损。

2)系列 B——垂直水平灰缝的平面外弯曲

系列 B 的对比试件在单调加载达到 3.36kN 时发生破坏，试件在靠近跨中的砖与竖向灰缝界面处形成一条裂缝。可以观察到裂缝阶梯状地穿过一些水平灰缝，而砖块没有发生剖坏。

在早期循环阶段，试件 B_R1、B_R2、B_M1 和 B_M2 和系列 A 试件的响应相同，产生斜裂缝。这种开裂模式标志着试件 B_R2 和 B_M2(每侧有两层织物网)的破坏机理，而试件 B_R1 和 B_M1(每侧有一层织物网)是由于跨中织物网的断裂而破坏。图 4.29(a)～(d)为系列 B 织物网增强试件的荷载-跨中位移滞回曲线。

试件 B_R1 首先在靠近最大弯矩线附近形成斜裂缝，随后其外包 FRP 在第 13 个位移循环拉向突然发生受拉破坏，如图 4.30(a)所示。FRP 的拉断使得墙体的承载能力完全丧失，试验因而停止。推拉向的峰值荷载分别为 21.45kN 和 17.82kN，相应的破坏位移为 9.90mm 和 11.02mm。试件 B_R2 由于加载线附近发生斜裂缝而破坏，推向的峰值荷载比 B_R1 高 22%，破坏位移比 B_R1 低 28%。两者变形能力的区别是由于增强层较厚，从而引起试件 B_R2 的开裂后刚度比 B_R1 高。

试件 B_M1 由于 TRM 在拉方向逐渐拉断而破坏，破坏荷载为 14.42kN，破坏位移为 9.45mm。与树脂粘贴的试件 B_R1 相比，B_M1 的拉向强度减小了 19%，破坏时位移减小了 14%。结果说明如果增强试件的破坏由约束层的拉断控制，TRM 在强度和变形能力方面都弱于 FRP，此结论与文献[15,96]一致。

试件 B_M2(粘贴两层织物网)的性能与 B_R2 类似，都是由于产生斜裂缝而破坏。推向的破坏荷载为 29.52kN，破坏位移为 9.92mm，分别比 B_R2 高出 13%和 39%。与 B_M1 相比，B_M2 的强度增加 52%，拉向破坏位移增加 33%。

表层嵌贴 FRP 条带加固的试件表现出不同的性能特点。试件 B_NSM2 主要在跨中发生大量的弯曲开裂，同时伴随有可控的 NSM 条带剥离；NSM 条带处沿水平灰缝发生明显的纵向劈裂裂缝 (图 4.30(b))。推向的峰值荷载和极限位移分别是 12.95kN 和 12.62mm(图 4.29(e))。

试件 B_NSM3 显示了相似的性能特点，但是它的弯剪裂缝分布的范围更大一些。峰值荷载和极限位移分别是 15.87kN 和 17.16mm。这个试件的破坏特点是发生大位移时外层砖严重损坏，靠近跨中处，位移传感器附近的最外层受压 NSM 条带发生屈曲(图 4.30(c))。这使得位移值较高，滞回环在拉向伸长。另外一个特点是它的破坏荷载比试件 B_R1 和 B_M1 小，尽管它们的碳纤维体积含量相似。这可能是由于 NSM 条带的剥离，引起了更加延性的特点。

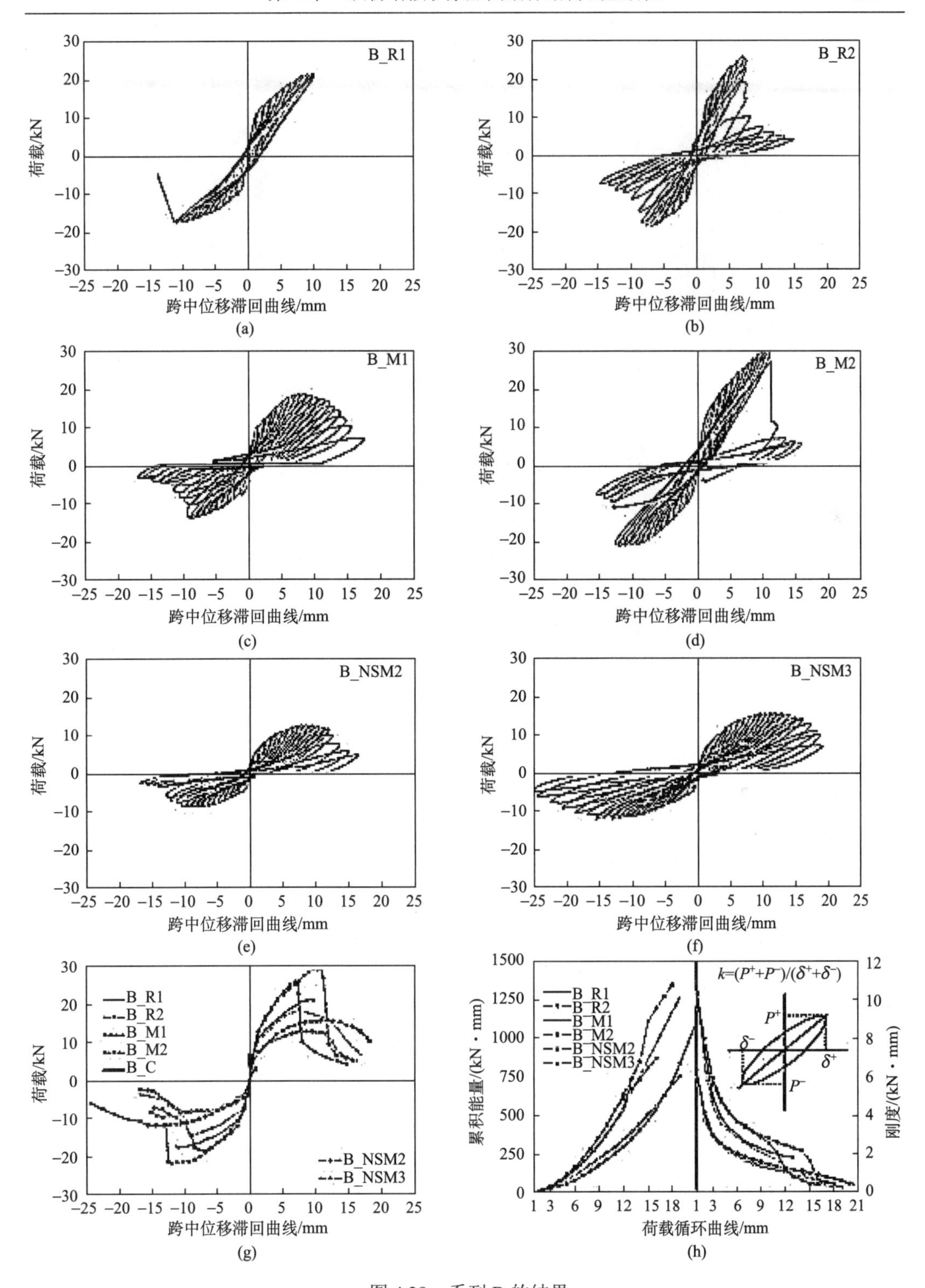

图 4.29　系列 B 的结果

(a)～(f) 荷载-跨中位移滞回曲线；(g) 包络线；(h) 累积能量和刚度-荷载循环曲线

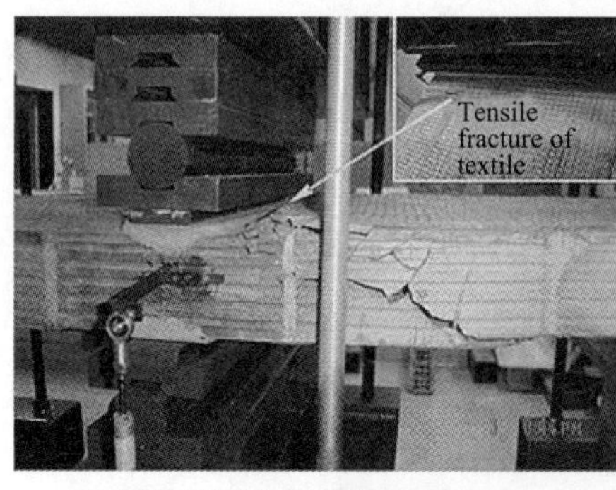

(a) 织物网拉伸断裂(试件B_R1和B_M1)

(b) 墙体的受弯开裂和NSM条带的脱黏(试件B_NSM2)

(c)砌体严重损坏以及NSM条带屈曲

图 4.30　系列 B 试件破坏

总之，TRM 加固是有效的。当采用低配网率时，它的破坏由 TRM 的拉伸断裂控制，TRM 强度和变形能力方面的效率稍微弱于树脂粘贴织物网(破坏时的强度和位移分别约减少 20%和 15%)；但对于高配网率的墙，TRM 的加固效果优于树脂粘贴织物网加固(破坏时的强度和位移分别约增加 13%和 40%)。

比较图 4.29(h)和表 4.4 中的累积耗散能，可以得出结论，总的来说，TRM 加固和树脂粘贴织物网加固的累积耗散能是可比的(TRM 加固略高)。最后比较分析图 4.29(h)中刚度与荷载循环图，证实了在早期变形阶段，TRM 加固略微比树脂粘贴织物网加固柔性，但是在较大变形时，性能相反。

和使用砂浆基或者水泥基的织物网加固相比，相同碳纤维增强率的 NSM 加固具有较高的变形能力，但是其强度、刚度和能量耗散都较低。

3. 结论

基于砖墙受平面外循环弯曲试验，可以得出 TRM 能够提供很大的强度和变形能力，并且随着层数的增加而提高。如果破坏由砌体的损伤控制，TRM 的破坏荷载和位移优于 FRP。而如果破坏机理是织物网的拉伸断裂，TRM 对 FRP 的优势略微减小。NSM 加固在强度方面略弱，但是其变形能力好于 TRM 和 FRP 加固。

4.3　织物增强砂浆在砌体结构抗震加固中的应用探索

4.3.1　织物增强砂浆加固砌体烟囱

本项目是加固老锯木厂的无筋烟囱。该锯木厂位于法国热拉梅市，已经不再生产，但是该烟囱作为工业遗产的标志而被保护，也支撑着一些电话天线。

烟囱大约有 38m 高，从基础到顶部其直径从 3.6m 变化到 1.7m，如图 4.31 所示。由于烟囱的黏土砖、沙子和石灰缝具有较高的毛细吸收能力，如图 4.32 所示，使用水泥砂浆对表面进行修复解决该问题，不需要任何的预处理。

图 4.31　法国热拉梅市老锯木厂的无筋烟囱，使用碳纤维织物网砂浆加固时搭设的脚手架

图 4.32　修复前原始的砌体表面

从设计角度看，烟囱被看成是受风荷载的悬臂梁。分析表明，需要使用单层碳纤维织物网砂浆进行加固，如图 4.33 所示。最终，砂浆的厚度为 10mm。它所能提供的强度与使用 6mm 直径钢筋，纵横向间距 0.5m 的焊接钢筋网相当。

图 4.33　碳纤维网被压入水泥砂浆

4.3.2　织物增强砂浆加固地下室墙

在瑞士的塔尔维尔，对一个公寓进行了翻新改造，增加一层，用土和碎石回填基础。由于回填导致了地下室墙体压力增大，需要对地下室墙进行加固。

使用 Sika TRM 系统进行加固，该系统由 SikaMonoTop®-722 Mur 砂浆和 SikaWrap®-350G 织物网组成。SikaMonoTop®-722 Mur 砂浆是一种含有活性火山灰成分、精选集料和特殊添加剂的纤维增强砂浆。根据欧洲标准 EN196-1 测得的 28d 抗压强度为 22MPa，由欧洲标准 EN13412，得抗弯强度为 7MPa，弹性模量为 8GPa。SikaWrap®-350G 为双向 E 玻纤织物网，网孔的中心间距为 18.2mm×14.2mm，表面涂有耐碱涂层。纱线的抗拉强度为 3.4GPa。织物网纵向极限荷载为 77kN/m，横向极限荷载为 76kN/m。抗拉刚度用达到 1%伸长率时的荷载表示，则纵向和横向的抗拉刚度分别为 20kN/m 和 25kN/m。极限拉应变为 3%。

加固前，先将墙体表面清理干净，喷湿，再喷涂砂浆。如图 4.34 所示。

4.3.3　织物增强砂浆加固居民楼

修复和加固一栋位于意大利拉奎拉的居民楼，该楼在 2009 年 4 月地震中遭受了严重的破坏。需对该楼砌体墙进行平面内加固，防止地震开裂和倒塌。

(a) 材料

(b) 喷涂砂浆

(c)铺织物网

图 4.34　加固地下室砌体墙

同样使用 Sika TRM 系统进行加固，该系统由 SikaMonoTop®-722 Mur 砂浆和 SikaWrap®-350G 织物网组成。Sika TRM 系统直接应用于墙体表面，再用 SikaWrap® Anchor C 系统锚固。如图 4.35 所示。

(a) 加固前

(b) 涂抹砂浆

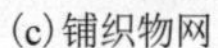

(c) 铺织物网

(d) 加固后

图 4.35 加固居民楼

4.3.4 织物增强砂浆加固砌体公共建筑

2010 年 9 月 4 日，新西兰的坎特伯雷发生了 7.1 级地震，大量的砌体建筑发生了破坏。地震后，当地对受损的砌体建筑进行了维修加固。位于基督城 South Colombo 街的一栋砌体建筑，加固前如图 4.36(a) 中间所示，该建筑旁边有个相邻建筑，将相邻建筑拆除，对该片砌体墙用织物增强砂浆加固。2011 年 2 月 22 日，该地区发生了 6.3 级的余震，其峰值加速度是 2010 年 9 月 4 日地震的 3 倍。经历该地震后，使用织物增强砂浆加固的砌体墙没有受损，如图 4.36(b)、(c) 所示。

(a) 加固前的状况 (2010 年 10 月)

(b) 加固后情况 (2011 年 3 月)

(c) 织物网加固的近视图

图 4.36 加固新西兰基督城的砌体建筑

第5章 织物增强混凝土永久性模板技术研究与开发

5.1 国内外永久性模板技术研究与应用概述

永久性模板(stay-in-place formwork，SIP-F)，亦称为免拆模板，在工程中使用时，待现浇混凝土硬化后模板不予拆除，使其成为结构构件的一部分。在实际工程中使用SIP-F 的最大特点是：简化了现浇钢筋混凝土结构支拆模板的施工工艺，大大减少了模板的支拆工作量；改善了劳动条件，减少了劳动力，交叉作业方便有序；每道工序都可以像设备安装那样检查精度保证质量；施工现场噪声小，散装物料减少，废物及废水排放很少，有利于环境保护；加快了施工进度，缩短工期和提高施工效率，降低施工成本。因此，SIP-F 的应用可以促进建筑工业化的发展、推动我国建筑产业现代化的进程。目前，国内外学者在 SIP-F 技术领域已经取得了一些研究和应用成果。SIP-F 研究主要内容有两个方面：第一，SIP-F 本身的强度方面。SIP-F 本身要具有一定的强度及刚度，能够满足施工运输过程中支撑和浇筑混凝土的功能要求。第二，叠合结构的整体工作性能方面。SIP-F 与现浇混凝土叠合的整体工作性能要好，叠合界面应当有可靠的黏结。国内外学者通过对预制永久模板适当配筋或者加入高强钢丝、纤维增强复合材料等措施来增加预制构件的强度以及采取一定的构造措施来增强 SIP-F 与现浇混凝土接触面的黏结性能，保证其共同工作。

5.1.1 国外永久性模板的研究与应用现状

国外制作 SIP-F 的材料主要分为以下几类：压型钢板类、钢筋(或钢丝)网混凝土薄板类、木材水泥板类、细骨料混凝土薄板类、聚苯乙烯泡沫塑料类和纤维增强聚合物板类等。

20 世纪 80 年代，英国、美国及其他欧洲国家在施工中将压型薄壁钢板作为 SIP-F 使用，其加工方法就是将镀锌薄钢板经过成型机械冷压制成槽型或开口方盒形状。压型钢板模板与后浇混凝土结合在一起形成一个叠合整体，其特点有：①简单、安全、美观、耐用和防火等，能够减少施工过程中模板的支设和拆卸工作，缩短工期，甚至可以达到立体交叉作业，多层同时施工；②压型钢板模板置于组合楼面的底层，便于布置安装设备和电气管线且有利于保证混凝土结构的施工质量[97]。

第二次世界大战后，由于严重缺乏木材资源和技术熟练的工人，德国最先尝试用预制的钢筋混凝土薄板作为 SIP-F 在建筑工程中使用。现如今由于人们过分追求经济发展，社会繁荣所带来的环境污染和能源短缺等问题继续推动着此类 SIP-F 的发展和应用。日本小田野会社研发的预制水泥薄板类 SIP-F(图 5.1)，就是采用高强度钢丝网和高强度水泥砂浆进行制作，在制作的过程中模板内侧设置有抗剪连接件以保证与后浇混凝土结合后形成一体化叠合构件。这种模板采用强度为 100MPa 的水泥基复合材料，通过挤压成型方法制作成型，从而模板的厚度和重量可以得到减少，运输到施工现场可以拼装成“口”字形柱模和“U”字形梁模，这种新产品在实际工程应用中具有很好的效果[98]。

日本除了使用高强砂浆和钢丝网等材料来制作 SIP-F 外，还研发了细骨料混凝土作为 SIP-F 的材料，其主要应用形式有以下两类：

(1)采用预制侧面板的装配整体式结构，如图 5.1 所示，梁的侧面采用埋入箍筋的预制薄板、配置主筋并设置底模后浇筑梁的核心混凝土；柱采用口形预制混凝土外壳，配置主筋、安装、定位后浇筑核心混凝土，形成装配整体式 RC 结构。

(2)外壳预制核心现浇装配整体式 RC 结构，如图 5.2 所示，预制混凝土外壳既作为模板，也作为梁、柱构件的一部分与核心现浇混凝土共同参加工作；预制混凝土外壳在工厂预制，箍筋和部分主筋浇筑在预制外壳内，现场进行吊装、安装、定位并配置梁柱主筋，然后浇筑核心区混凝土以及楼板。

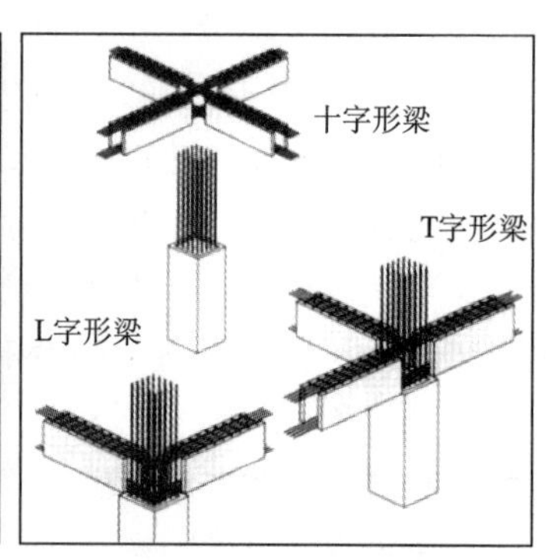

图 5.1　侧面板预制核心现浇的装配整体式 RC 结构

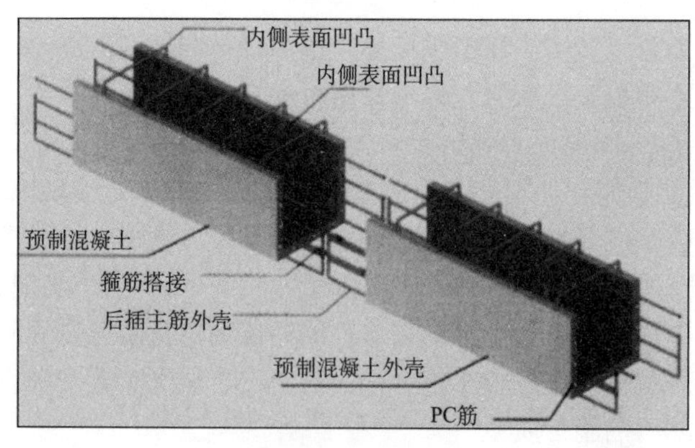

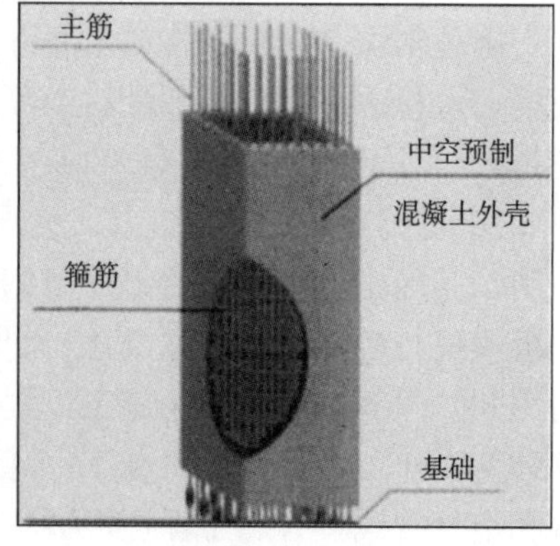

图 5.2　外壳预制核心现浇的装配整体式 RC 结构梁、柱外壳

大约 1995 年开始，日本学者开始进行外壳预制核心现浇装配整体式 RC 结构的研究，其中主要以服部覚志、都祭弘幸等为代表[99,100]，随后进行该类 RC 结构的承载力、变形能力和抗震性能研究的学者也不断增加，主要的研究内容可以分三类：

(1)外壳预制核心现浇装配整体式 RC 梁的力学性能、变形能力和共同工作性能研究。1995 年 Hazama 建设的牧田敏郎等[101]，1999 年东急建设的服部尚道等[102]进行 U 形预制外壳核心现浇 RC 梁的试验研究，验证该类 RC 梁具有较好的整体性，并提出了梁主筋应力及梁裂缝宽度的计算公式；2001 年五洋建设的服部覚志等进行了侧面预制薄板核心现浇 RC 梁制作方法的试验研究，得出与整体现浇梁一样有很好的整体性[99]；1999 年和 2000 年，大林建设的小柳光生和杉木訓详等分别进行了预制外壳内部没有配置主筋和配置部分主筋的装配整体式 RC 梁的试验研究，得出两者承载力没有明显差别，均具有良好的结构性能[103,104]。

(2) 外壳预制核心现浇装配整体式 RC 柱的力学性能、变形能力和共同工作性能研究。1996 年，安藤建设的松本昭夫等进行了外壳预制混凝土核心现浇柱的试验研究，提出了这类装配整体式 RC 柱具有与整体现浇 RC 柱相同的正截面强度和斜截面强度，但是预制混凝土与核心混凝土的界面是两者共同工作的薄弱环节[105]；1999 年，大林建设的增田安彦等也对该类 RC 柱进行研究，考察其力学性能和后插入主筋的黏结性能，提出了加强主筋黏结的措施[106]。

(3) 外壳预制核心现浇装配整体式 RC 梁柱节点的力学性能、变形能力和抗震性能的研究。1996 年，藤田建设的入澤郁雄等进行了该类结构的 RC 梁柱节点力学性能的试验研究，验证该类 RC 梁柱节点与整体现浇的 RC 梁柱节点具有相同的承载力和延性，并提出了相应的强度计算公式[107]；2001 年大林建设的增田安彦等进行了该类结构梁柱节点的试验研究，验证与整体现浇的 RC 梁柱节点具有相同的力学性能，但是使用 PC 筋时必须对其采取黏结加强措施[108]。

基于上述研究成果，近年日本已经建成数十座装配整体式多高层 RC 建筑，图 5.3 为代表性的外壳预制核心现浇装配整体式 RC 高层建筑，(a) 为 2001 年建 32 层东京板桥高层住宅，(b) 为 2002 年建北海道札梘大楼，(c) 为 2003 年建 40 层北海道札幌琴似站口大楼，(d) 为 2004 年建 43 层广岛市 Arpan 大楼。

(a) 2001年建32层东京板桥高层住宅

(b) 2002年建北海道札梘大楼

(c) 2003年建40层北海道札梘琴似站口大楼

(d) 2004年建43层广岛市Arpan大楼

图 5.3　外壳预制核心现浇装配整体式 RC 高层建筑(日本)

自 20 世纪 70 年代以来，在北美和西欧等地出现一种使用发泡聚苯乙烯塑料制作的 SIP-F。这种模板主要适用于建筑外墙的围护结构施工中，其特点和性能与传统模板有很大不同，传统模板在浇筑混凝土时仅仅起到支护成型的作用，而由发泡聚苯乙烯塑料制作的 SIP-F，在施工中不仅可以发挥传统模板的作用，还可以在混凝土硬化后起到隔热、保温效果，这种 SIP-F 主要功能是减少建筑物内部空间的能量耗损。欧美国家现在使用的这种新型 SIP-F 都是采用发泡后模压成型方法制作的，从加工方法和外观形状上压型发泡聚苯乙烯塑料模板大致可归为两种类型：H 形和砌块式。H 形模板是先在预制厂按照一定规格尺寸加工成带有沟槽的矩形钢板，然后将其运输到施工场地组成 H 形状，就可以投入施工使用。砌块式的模板形状与我们常见的混凝土砌块相似，其采用在预制厂模压成型的方法制成，然后运输到施工场地方可投入使用。H 形和砌块式压型发泡聚苯乙烯塑料模板的下端和顶端都设计有阴阳槽，可以互相连接，施工操作简单而且可以很好地控制砌筑的质量。压型发泡聚苯乙烯塑料模板长度一般在 500～1200 mm，高度在 300～400 mm，宽度即墙体的厚度(厚度≥25mm)，两侧模板的厚度可大于 100mm[109]。

玻化微珠保温板是采用新型保温材料玻化微珠、水泥、工业废料以及外加剂等材料，用模具成型的方法制作而成的一种保温性 SIP-F。这种 SIP-F 在实际工程应用中，一方面可以作为浇筑墙体的模板，另一方面又可以在墙体浇筑成型后起到保温隔热效果。但是这种 SIP-F 在墙体侧模中使用时，需要验算混凝土侧压力值的大小和考虑规定的建筑节能标准，为了达到这种保温隔热节能要求，该模板设计的最小厚度为 60mm 。这种 SIP-F 也是在工厂预制，运输到现场直接拼装组合就可以立即使用，其与现浇混凝土浇筑后不用拆卸，与构件结构叠合成一个整体，共同受力。这种 SIP-F 在工程上使用的条件是要确保该模板在施工阶段的强度、变形及能够承受倾倒现浇混凝土时所产生的冲击力、侧面压力等[110]。施工阶段使用该模板不仅可以缩短工期、减小墙体必要厚度、减轻结构的自重、增加整体的抗震性能，还可以达到保温、隔热效果。

纤维增强复合材料(FRP)是由纤维材料与玻璃纤维增强不饱和聚酯复合材料、环氧树脂、酚醛树脂等基体材料按照一定比例混合，经过模压、拉拔工艺后形成的高性能增强复合材料。纤维增强复合材料具有轻质高强、耐腐蚀和耐高温的特点。早在 20 世纪 40 年代，这种复合材料就受到土木工程界人士的青睐，常被用来与水泥和木材等材料混合制成复合材料运用于结构工程的加固当中。20 世纪末，德国的研究人员 Hillman 和 Murray 首次提出将 FRP 类材料作为增强材料兼 SIP-F 的概念，但他们并没有做更深层次的研究[111]。学者大量的科研研究，使得纤维加固技术日趋成熟，与结构构件的黏结性也能越来越牢固。美国学者 Hanus 等通过用 FRP 薄板作为混凝土柱外侧的 SIP-F 使用的试验研究，得出这种模板既可减少柱内配筋，还可有效对其包裹的混凝土达到防腐蚀效果，从而可以延长混凝土使用寿命[112]。目前，他们已经对 FRP-SIP-F 在柱上的应用做了大量的试验研究，通过这些试验证明，FRP-SIP-F 应用于工程中是实际可行的。

Fast-EZ high-ribbed form-work 中文被称为快易收口网(或快易收口型混凝土模板)，其作为一种 SIP-F(图 5.4)，是一种以薄型镀锌钢板为材料，利用模具制作而成的 U 形带密肋骨架和立体网格的模板。Fast-EZ high-ribbed form-work 是 20 世纪末研制的一种 SIP-F，其具有自重轻、施工操作方便和力学性能优良等优点[113]。

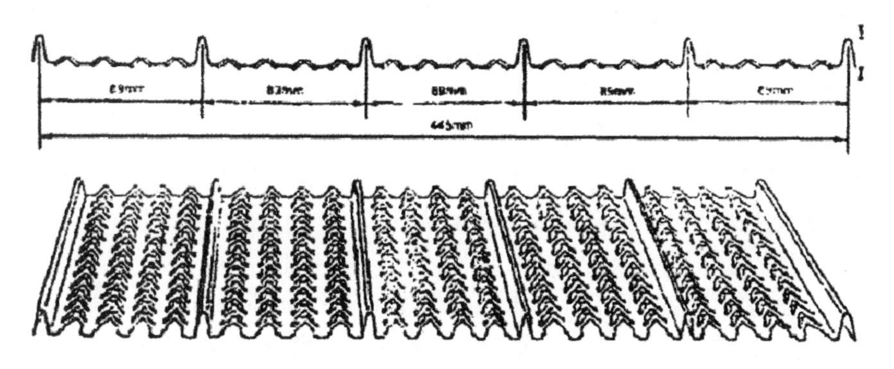

图 5.4　快易收口网模板构造图

劲性钢筋混凝土(steel reinforced concrete，SRC)作为结构施工中无支撑的 SIP-F，是由 12～16mm 薄镀锌钢材制作，在施工阶段可当作梁构件的现浇混凝土模板使用。在工程中使用这种 SRC-SIP-F 浇筑的梁与过去普通的混凝土梁相比，单个构件的质量要减少 1/5，可采用小型的起重机吊装，这种不加支撑模板的使用能够使主体结构工程的工期缩短 1/3 左右[114]。美国 Hanus 学者针对桥墩的侵蚀破坏严重现象做了有关深入的研究，提出了在玻璃纤维材料制成的 SIP-F 内部现浇混凝土，使得 SIP-F 有效阻碍了钢筋混凝土柱受外界环境因素侵蚀影响，从而延长了桥墩的使用寿命。另外，马来西亚学者提出用钢骨架水泥制成的 SIP-F 具有较高的抗弯承载能力，可以减少构件内钢筋的配筋数量，从而降低造价[113]。

1999 年和 2001 年，在德国学术年会上亚琛工业大学教授 Brameshuber 等发表了他们采用平面轴向经编织物增强细骨料混凝土制作模板的研究成果，文中讨论了 U 形 TRC 水槽的制作方法与力学性能[115,116](图 5.5)。

图 5.5　U 形 TRC 水槽示意图

5.1.2 国内永久性模板的研究现状

2000 年，张巨松、曾龙等学者提出了 FRP 作为 SIP-F 的可能性，并为此做了一些试验研究[117]。通过对 FRP 混凝土叠合梁的力学性能试验研究，进一步研究 FRP 材料作为 SIP-F 的可能性。通过试验研究得出结论：①玻璃钢材料与现浇混凝土叠合在一起能够协同参加受力，玻璃钢材料轻质高强的优点得到了充分的发挥；②混凝土梁的抗弯曲能力可以得到很大提升，在规范允许的挠曲变形下，叠合梁的抗弯强度是对比梁抗弯强度的 4.13 倍，在最终破坏时的抗弯强度是对比梁的 7.3 倍；③叠合梁的抗变形能力较对比梁也得到了很大幅度提升，FRP 可以在工程中当作 SIP-F 使用。

2000 年，咏梅等学者基于活性粉末混凝土(reactive powder concrete，RPC)高强、耐久和延性好的特点，提出了关于对钢丝网活性粉末混凝土用作 SIP-F 的设计思想及结构形式，比较详细地论述了 RPC-SIP-F 的制作及特点，并进行了相关试验研究[118]。最后通过试验研究和利用 ANSYS 对 RPC-SIP-F 的静力性能和破坏特征进行分析，提出了 RPC 混凝土叠合梁在使用阶段的理论计算公式。钢丝网 RPC 强度极高、延性好、密实性好，同时具有良好的耐腐蚀、耐久性能，其碳化速度、水分吸收特性及大气渗透系数等耐久性指标较普通混凝土结构都有很大改善。由于 RPC 超高的耐腐蚀性、抗渗透性和极高的耐磨性，可将其应用在一些对耐久性要求比较高的水工结构中，使得混凝土结构的正常使用寿命能够得到有效提高[118]。

2006 年，曲俊义、刘艳萍等学者对玻璃纤维增强水泥(GRC)SIP-F 在复合剪力墙中的使用进行了探索性研究[119]。通过对 GRC 薄板与现浇混凝土结合面黏结抗剪性能进行试验研究，进行实验数据与理论结果分析比较，显示 GRC 薄板具有优良的力学性能，可用于 SIP-F 承受新浇混凝土所产生的侧压力和冲击力，且与现浇混凝土结合面有很好的黏结性能，现浇混凝土硬化以后不予拆除形成协调统一的叠合结构，能共同承受外部荷载。通过试验得出各方面指标性能最好的 GRC 薄板的配合比为：水泥∶粉煤灰∶膨胀珍珠岩∶砂子∶减水剂∶107 胶=1∶0.3∶1.015∶0.15∶0.007∶0.015(质量比)，水胶比为 0.31；GRC-SIP-F 可以在剪力墙中使用，并且可以达到减轻结构自重、降低施工强度、增强保温性能、节约经济等效果[119]。

中国香港学者梁坚凝、曹倩提出了改善混凝土结构耐久性的另外一种方法[120]，即利用高延性的水泥基复合材料(PDCC)制作 U 形 SIP-F 建造耐久性混凝土结构，在预制的 PDCC-SIP-F 上浇筑现浇混凝土，两者共同叠合成结构构件，低水灰比的 PDCC-SIP-F 具有低渗透性和抗开裂能力，使其成为防止钢筋锈蚀的有效保护层。低渗透性的 PDCC-SIP-F 能够有效保护普通混凝土主体免受侵蚀性离子的侵入，在提高结构耐久性的同时，工程造价相对于整体使用高性能混凝土(HPC)也得到了很大程度上的降低。通过 U 形模板与现浇钢筋混凝土叠合梁的试验研究，得出预制的 PDCC-SIP-F 可以用作结构构件的一部分使用，可以提高结构构件的前期刚度、极限抗弯承载力及耐久性，他们认为 U 形模板是更接近实际应用的模板形式[120]。

2008 年，李珠、苏冬媛等学者对玻化微珠 SIP-F 进行了设计计算[121]，并且经过试验验证了该模板可以承担浇筑混凝土时所产生的侧压力且强度比较高，在对 SIP-F 施加不同荷载的情况下，变形都很小，且刚度也能达到规范设计要求。通过试验研究得出：玻化微珠材料用来制作 SIP-F，应用于工程施工中是实际可行的。在制作该模板过程中，由于模板内部布置了钢筋网片，在浇筑混凝土时不便于振捣，试验中采用的是高流动性自密实混凝土进行灌实。

2009～2012 年，张大长、支正东等研究了外壳预制核心现浇装配整体式 RC 结构体系，该结构是一种新型的结构形式，其与传统装配式 RC 结构相比特点是梁、柱受力构件的保护层采用预制外壳，此外壳也称之为 SIP-F，构件的内部及节点处全部采用现浇混凝土浇筑，这样建造的结构既有现浇混凝土结构的抗震性能保证，又有装配式结构节约模板材料、缩短工期及减少劳动力等特点[122-125]。这种新型的结构体系所采用的 U 形 SIP-F 制作方法如文献[126]所述，制作的预制永久性模板，模板厚度与房屋建筑钢筋混凝土梁、柱保护层厚度相同，采用这种模板施工能够取得较好的经济效益。对于采用“U”形(图 5.6)和“口”形 SIP-F(图 5.7)结构体系的梁和柱构件的抗弯及整体抗震性能进行了试验研究，研究表明：采用预制外壳与现浇混凝土叠合结构的梁抗弯性能及柱抗震性能与普通现浇钢筋混凝土构件基本相同。

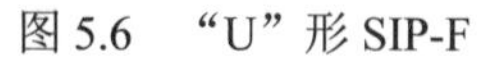
图 5.6　“U”形 SIP-F

图 5.7　“口”形 SIP-F

2010 年，荀勇等通过对织物增强混凝土薄板及其叠合梁试验研究[127]，表明在一次短期静载简支梁试验时，采用“一”字形 TRC 平板和 RC 梁叠合，适当处理 TRC 薄板和 RC 梁界面，当在 TRC 中配置两层或三层轴向经编碳纤维网时，TRC 薄板和 RC 梁能很好地协同工作，TRC 薄板对 RC 梁抗弯承载力提高 20%～30%(对被试验梁)，因此，TRC 薄板不仅可以用于加固 RC 梁，而且制成 SIP-F 后，可以成为结构的一部分。

2011 年，吴方伯、黄海林等学者采用 2 种不同跨度的 4 块(布设高强钢丝和非预应力筋)带肋预制薄板进行了静载试验，对预制薄板的前期刚度、初裂荷载、极限承载力及抗裂性能进行了研究，研究得出：设计的预制薄板可以达到施工阶段强度要求，可以用作不加支护 SIP-F 体系使用[128]。

2012 年，王彤对不同钻孔处理方式的 SIP-F 与后浇混凝土叠合梁进行试验[129]，得出：该类 SIP-F 与后浇混凝土的结合面必须经过钻孔处理后，才能确保后浇混凝土与该模板的黏结性能，且孔深度越小、孔径越大，对于 SIP-F 与混凝土之间的黏结性能越有利[129]。

2013 年，尹红宇等对织物增强混凝土(TRC)U 形 SIP-F 的制作方法和制作工艺进行了研究[130]，在 SIP-F 研制过程中，进行了多套制作工艺的尝试，最终成功浇筑了多根构件，浇筑的 SIP-F 尺寸误差很小，试件质量能得到很好的保障。但该模板制作方法中，关于织物网的铺设定位问题，并没有得到很好的解决，这样在实际工程施工过程中就很难把握织物网的准确位置。

综上所述，不同的配合比和组成材料会明显影响 SIP-F 的受力性能，不同的界面处理方法也会影响其整体性能。在我国将各种形式的 SIP-F 应用在施工浇筑中已有许多成功先例，也有一些建设公司将 SIP-F 作为施工用模板应用于实际的建筑工程结构中，例如浙江省在某高层建筑的现浇框架结构施工中[131]，采用了预制永久性柱模和梁模施工现浇框架结构，实现了 SIP-F 构件和现浇混凝土的有机统一，既发挥了装配化施工的操作方便、缩短工期等特点，又有整体式结构抗震性能好的优越性；山东的莱钢建设公司采用压型钢板用作 SIP-F，应用于高层建筑现浇楼板工程，其对施工工艺流程和技术要求都做了详细的分析[132]。由于它所具备的能免除拆模工序和承重受力等优点被企业界一致认同。现在，要加快我国建筑工业化的推进，SIP-F 的发展不应当仅仅是停留在试验阶段，而应当对预制 SIP-F 构件做足够的推广应用工作，将其更多地应用在建筑实际工程中。但是，目前对于它的推广和应用也面临着新的问题，即对于 SIP-F 工程中支模时虽能减少支护措施，但支护如何减少，以及可以减少至什么程度还有待于我们通过研究计算和试验分析来解决。

5.2　织物增强混凝土薄板与模板技术开发

在实际工程中，现浇混凝土结构的模板使用成本，有可能高于钢筋材料或混凝土的成本，在某些情况下，还有可能比钢筋和混凝土的费用之和还多，所以很有必要对模板工程的经济性进行研究。因而，有必要寻求一种降低模板工程成本的可行方法。模板工程经济性应从模板选择的材料、设计、安装、拆卸、存储及重复利用等方面考虑，包括以下三个方面：材料成本、劳动力成本、生产成本和运输设备费。工程中由于购买混凝土材料的成本一般变化很小，可节约的成本很少，但是模板工程可以影响到工程建造的经济性。模板工程是一个系统工程，除了需要直接费用之外，还有一定的辅助成本费用，而 SIP-F 的使用就能够大幅度地降低辅助成本费用的投入。建筑模板工程将来的发展趋势是由永久性功能的预制模板和现浇筑混凝土相结合的施工方式[129]。SIP-F 不仅具有现场浇筑混凝土时支撑成型的功能，而且和现浇混凝土硬化后叠合在一起成为结构构件的一部分，共同参与受力。SIP-F 的使用免去了后期工程结构的砂浆抹面、找平、二次装饰等工序，很大程度上减少了工作量和装修成本。此外，SIP-F 的使用不仅可减少部分或全部木模支撑，减少对木材资源的开采和利用、保护自然环境、保护水土资源、又可减少或免去模板的拆卸工序、缩短施工工期，降低工程成本。因此，研发性能优越的 SIP-F 具有深远的研究价值，和非常广泛的推广应用前景。

如上文所述，TRC 材料具有高强、耐腐蚀、抗裂性、耐久性和延性好等特点，并且可以做得很薄，这些特点使得 TRC 材料特别适用于制作 SIP-F：一方面，织物增强永久性模板(TRC-SIP-F)自重轻，便于施工；另一方面，TRC-SIP-F 可以用来承担施工时的外部荷载；此外，TRC-SIP-F 所用的细骨料混凝土密实度高，有利于提高混凝土结构构件的耐久性。

由于 TRC 中的织物网较柔软，因此在制作 TRC-SIP-F 时织物网的铺设、定型有一定的困难。本章设计一种采用织物网和钢板网联合增强的水泥基永久模板，该模板采用在超高性能混凝土中使用不锈钢钢板网衬固定高性能软织物来制作，根据设计要求，将其组合成构件的形状，在浇筑混凝土的时候发挥模板支护成型作用，待其现浇混凝土硬化后，该 TRC-SIP-F 与混凝土组成一个整体，共同受力。不锈钢钢板网的置入，不仅起构造作用，而且可以提高复合薄板的刚度和抗冲剪性能，从而提高其运输和施工过程中的抗变形和抗破损能力。该模板与钢筋混凝土叠合，不仅提高建筑工业化水平，而且可在钢筋混凝土结构表面形成致密的保护层，从而提高结构的耐久性。SIP-F 广泛应用发展的关键技术有两个方面：第一，SIP-F 本身必须具有一定的强度及刚度，即现场施工时能够承受现浇混凝土所产生的重量、冲击力、侧压力和正常施工荷载，挠曲变形必须符合规范设计要求，挠曲程度不能影响施工过程的安全顺利进行；第二，SIP-F 与现浇混凝土叠合的整体，其协调工作性能要好，即两者黏结性能要好。因此为了开发该新型永久模板应进行制作工艺、模板本身的力学性能、叠合构件的力学性能等方面的研究。

5.3　织物增强混凝土薄板力学性能试验研究

为了给 TRC-SIP-F 的力学性能的研究提供 SIP-F 方面的性能参数，进行了配置不同类型钢板网和不同层数纤维织物组合的复合混凝土薄板的力学性能试验。混凝土薄板中采用单层钢板网(置于板厚的中间位置)和两层纤维织物(纤维织物挂于钢板网两侧)联合增强时，记为 I 型复合混凝土薄板；当采用三层不锈钢板网(沿板厚均匀铺设)和四层纤维织物(中间一层钢板网两侧各一层纤维织物，其余两块钢板网内侧各一层纤维织物)联合增强时，记为III型复合混凝土薄板。研究纤维织物和钢板网对薄板承载能力、变形能力以及裂缝控制能力的影响，从而优选出铺设一定层数的纤维织物和合适型号钢板网的复合混凝土薄板，使得 SIP-F 的刚度及强度满足要求。纤维织物与钢板网联合增强混凝土薄板力学性能试验分为弯曲试验、剪切试验和冲击试验三个部分。

5.3.1　织物增强混凝土试验材料及其性能

1. 高性能水泥砂浆

试验采用的细骨料混凝土配合比为水泥(C)∶砂(S)∶水(W)∶外加剂(JM-PCA(I))=1∶1.5∶0.32∶0.015。水泥采用盐城东台水泥厂生产的磊达牌 P. II 52.5 普通硅酸盐水泥。砂为普通河砂，用 4.75mm 方孔筛过筛，级配合格，细度模数约为 2.5 的 II 区中砂。减水剂采用 JM-PCA(I)型超塑化剂。水采用自来水。细骨料混凝土的抗折和抗压强度测值如表 5.1 表示。

表 5.1　TRC 基体砂浆的抗折和抗压强度

指标	3d/MPa	7d/MPa	28d/MPa
抗折强度	5.15	6.90	11.20
抗压强度	28.90	30.7	50.20

2. 纤维织物网

试验中采用的纤维织物网为碳纤维和耐碱玻璃纤维混合编织的纤维网，两种纤维相互垂直水平铺设，经纬向分别为碳纤维粗纱和耐碱玻璃纤维粗纱，网格间距为 12.5mm×12.5mm，用纱线缝编交结处，实物如图 5.8 所示。纤维织物网由常州纵横新材料有限公司加工制作。纤维束拉伸试验参照前文试验方法，试样尺寸如图 5.9 所示。纤维束拉伸试验在 WD-10E 型微机控制电子万能试验机上进行，拉伸装置实物图如图 5.10 所示。进行了单根碳纤维和玻璃纤维粗纱的极限抗拉强度测试，每组测三个数据，取其平均值，对两种纤维粗纱的抗拉强度进行测算，织物纤维粗纱拉伸试验结果见表 5.2，试件拉伸破坏情况见图 5.11。

图 5.8　纤维编织网图

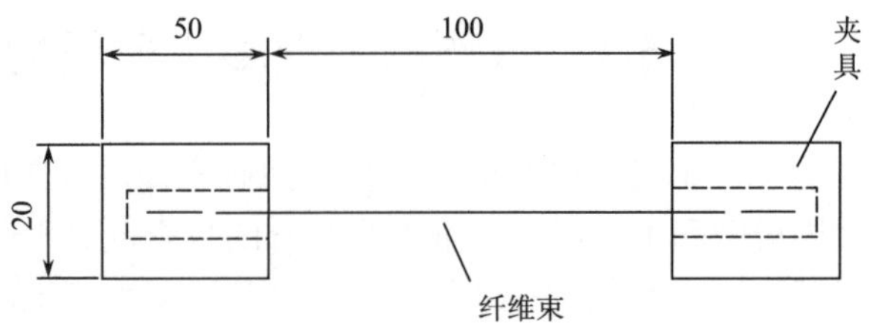

图 5.9　试件尺寸(单位：mm)

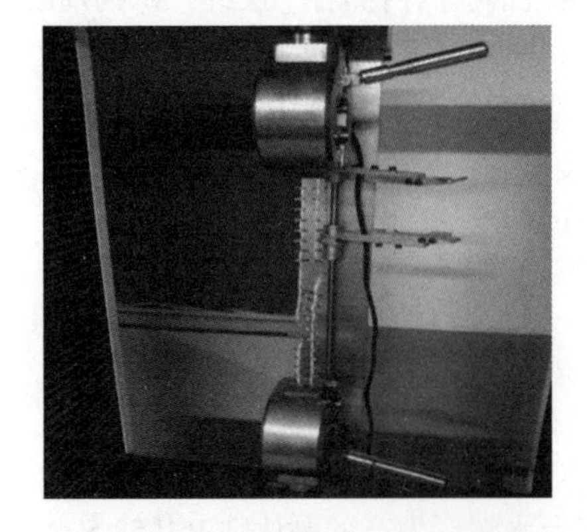

图 5.10　纤维拉伸试验装置图

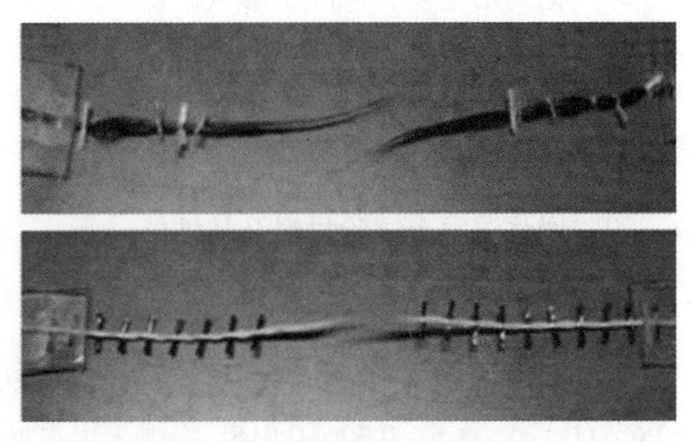

图 5.11　纤维粗砂拉伸断裂情况

表 5.2　纤维束性能试验结果

纤维类别	F/N	A_f/mm^2	f_f/MPa	E_f/GPa	ε_c
碳纤维	941	0.45	2091.1	234	0.009743
无碱玻璃纤维	428	0.58	737.9	65	0.014646

注：$f_f = F / A_f$，$A_f = t / \rho_f$，t 为单根纤维粗纱的线密度，单位 tex。

3. 不锈钢钢板网

普通钢板网是指用各类板材拉制成的以菱形孔为主的钢板网，又被称为铁板网、金属网、金属扩张网和冲孔板等，其与普通钢丝网相比具有强度高、韧性好、易定型和易切割等特点，钢板网技术参数表示见图 5.12。本次试验采用的四种不同型号菱形不锈钢钢板网由河北安平县贵翔丝网厂生产，其网孔大小、板厚等性能参数见表 5.3，实物见图 5.13。

表 5.3　钢板网性能参数

钢板网型号		材质、孔型	板厚/mm	短节距/mm	长节距/mm	密度/(kg/m^3)	抗拉强度/(N/mm^2)
A 类	PB0.3	不锈钢 304、菱形孔	0.30	4.50	8.00	0.72	73.80
B 类	PB0.5		0.50	7.00	12.50	0.97	50.41
C 类	PB0.7		0.70	14.00	25.00	0.65	23.98
D 类	PB1.2		1.20	21.00	42.00	0.70	19.87

注：参照轻工业行业标准《钢板网》规定，钢板网标记：P 代表普通钢板网、B 代表不锈钢材质，0.3、0.5、0.7、1.2 为钢板网厚度。

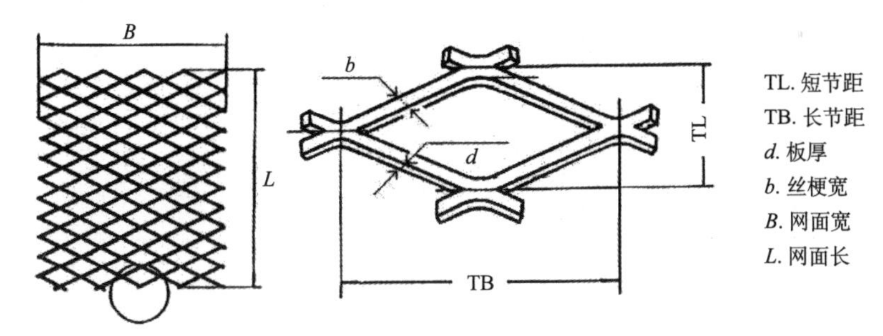

图 5.12　钢板网技术参数图

图 5.13　钢板网实物图

借鉴钢材拉伸性能方法，钢板网的拉伸性能测试试件尺寸，每种类型钢板网取300mm×30mm 各 3 块网片，钢板网拉伸试件见图 5.14(a)。钢板网的拉伸试验中，由于其孔的形状为菱形，在沿钢板网纵向方向很小的拉力的作用下，网片整体就开始发生较大变形，网孔的短节距逐渐变小，长节距逐渐变大，前期钢板网能够承受纵向方向的拉力非常小，直至钢板网丝梗拉伸至两边平行，其整体变形明显减缓，钢板网承受的拉力开始上升，最后拉伸至试件破坏为止，其试件破坏位置都为中部的丝梗节点处破坏，试件破坏情况见图 5.14(b)，拉伸结果见表 5.3。

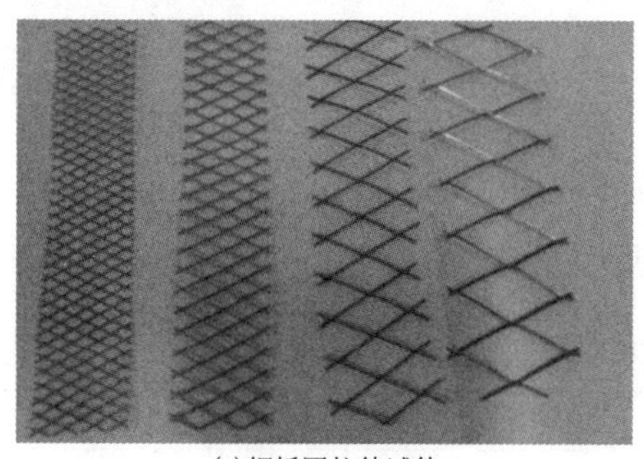

(a)钢板网拉伸试件

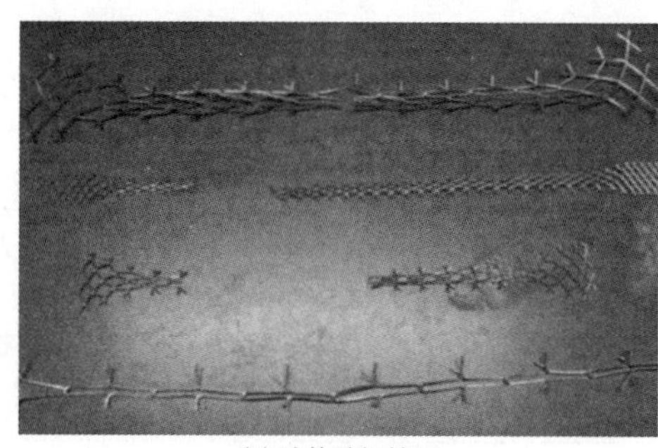

(b)试件破坏情况

图 5.14　钢板网拉伸试件破坏前后对比图

5.3.2　织物增强混凝土薄板试件设计与制作

薄板的弯曲和剪切试验试件尺寸设计为 400mm×100mm×25mm，冲击试验试件尺寸设计为 500mm×100mm×25mm，按照织物网铺设层数的不同和钢板网的型号，分为三组混凝土薄板试件。试件的编号及数量见表 5.4。

表 5.4　试件的编号及数量

<table>
<tr><th colspan="2" rowspan="2">试件编号</th><th rowspan="2">钢板网
层数</th><th rowspan="2">织物网
层数</th><th rowspan="2">钢板网厚度
/mm</th><th rowspan="2">试件尺寸/mm</th><th colspan="2">试件数量</th><th rowspan="2">试件尺寸/mm</th><th>试件数量</th></tr>
<tr><th>抗弯</th><th>剪切</th><th>冲击</th></tr>
<tr><td rowspan="4">第一组</td><td>P</td><td>0</td><td>0</td><td>—</td><td rowspan="4">400×100×25</td><td rowspan="4">2</td><td rowspan="4">2</td><td rowspan="4">500×100×25</td><td rowspan="4">2</td></tr>
<tr><td>BI10</td><td>1</td><td>0</td><td>0.5</td></tr>
<tr><td>BI01</td><td>0</td><td>1</td><td>—</td></tr>
<tr><td>BI11</td><td>1</td><td>1</td><td>0.5</td></tr>
<tr><td rowspan="4">第二组</td><td>AI12</td><td rowspan="4">1</td><td rowspan="4">2</td><td>0.3</td><td rowspan="4">400×100×25</td><td rowspan="4">3</td><td rowspan="4">3</td><td rowspan="4">500×100×25</td><td rowspan="4">3</td></tr>
<tr><td>BI12</td><td>0.5</td></tr>
<tr><td>CI12</td><td>0.7</td></tr>
<tr><td>DI12</td><td>1.2</td></tr>
<tr><td rowspan="4">第三组</td><td>AIII34</td><td rowspan="4">3</td><td rowspan="4">4</td><td>0.3</td><td rowspan="4">400×100×25</td><td rowspan="4">3</td><td rowspan="4">3</td><td rowspan="4">500×100×25</td><td rowspan="4">3</td></tr>
<tr><td>BIII34</td><td>0.5</td></tr>
<tr><td>CIII34</td><td>0.7</td></tr>
<tr><td>DIII34</td><td>1.2</td></tr>
</table>

注：表中 A、B、C，D 分别表示型号为 PB0.3、PB0.5、PB0.7、PB1.2 的钢板网；I 和III分别表示织物网和钢板网组合铺设方式；后面两位数字分别表示铺设钢板网层数和纤维织物网层数。

试件制作以Ⅲ型复合混凝土薄板制作方法为例。薄板采用铺网-注浆法浇筑，先在木模板底部浇筑约 5mm 的细骨料混凝土作为保护层厚度，抹平后，铺设一层钢板网和一层织物网，接着浇筑混凝土(厚度控制约为 12.5mm)，压实并抹平，然后在混凝土表面铺设一层织物网，在织物网上再放置一层钢板网和织物网并压实，接着再浇筑混凝土(厚度控制约为 20mm)，压实并抹平，然后再铺设一层织物网和一层钢板网，最后用细骨料混凝土抹平并压实，板的总厚度控制在 25mm。试件浇筑完成 24h 后拆模，在标准条件下养护 27d 后从养护室取出。制作的木模板见图 5.15(a)，浇筑成型的薄板试件见图 5.15(b)。

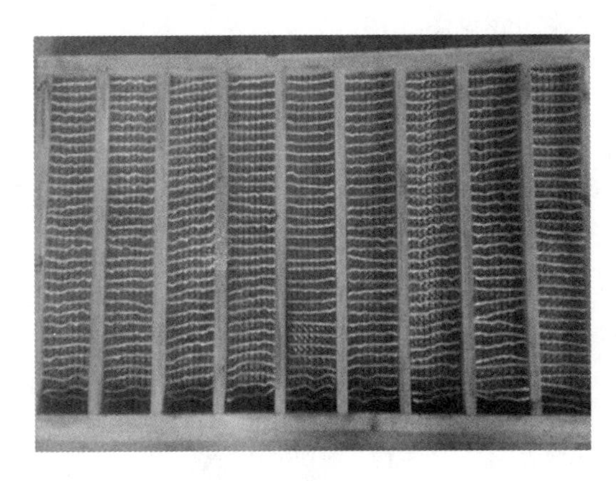

(a) 木模板

(b) 薄板试件

图 5.15　试件制作

5.3.3　织物增强混凝土薄板力学性能试验方法

1. 弯曲试验方法

薄板弯曲试验方法采用四点弯曲试验。试验在由南京斯贝科测试仪器有限公司生产的微机控制电子万能试验机上进行(WD-10E 型万能试验机，最大试验拉力 10kN，最小试验拉力 0.1N)。试件尺寸为：400mm×100mm×25mm，板跨(支点间距离)为 300mm，剪跨(支点到加载点距离)为 100mm，纯弯区段(加载点间距离)为 100mm，加载图示如图 5.16 所示。试验中的力和位移均由设备自动采集，并可导入电子表格，采用计算机控制加载速率为 2mm/min。文章中所有试验的试件均以碳纤维纱线为主要受力方向。加载试件如图 5.17 所示。

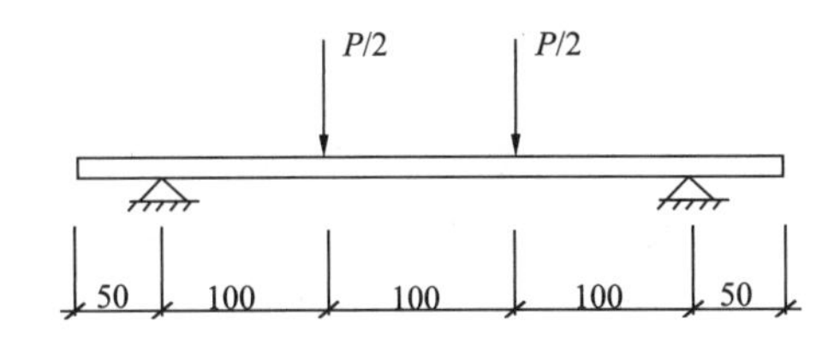

图 5.16　试验加载图示(单位：mm)

图 5.17　加载试件

2. 剪切试验方法

本试验采用双面直接剪切法，根据《钢纤维混凝土试验方法》[133]进行测试，试验装置上下刀口厚度均为20mm，错位1mm，试验时保证上下刀口垂直相对运动，无左右移动，双面剪切试验装置简图如图5.18所示。试验在万能试验机上进行，加载前测量试件两个预定破坏面的高度和宽度，并将试件放入剪切装置，使试件顶面和底面分别与装置上下刀口接触，使装置的中轴线与机器压力作用线在同一条直线上。对试件连续、均匀加载，加荷速率为0.1MPa/s。剪切试件尺寸为400mm×100mm×25mm，以每组试件试验值的算术平均值作为试件的剪切强度，剪切试件加载见图5.19。

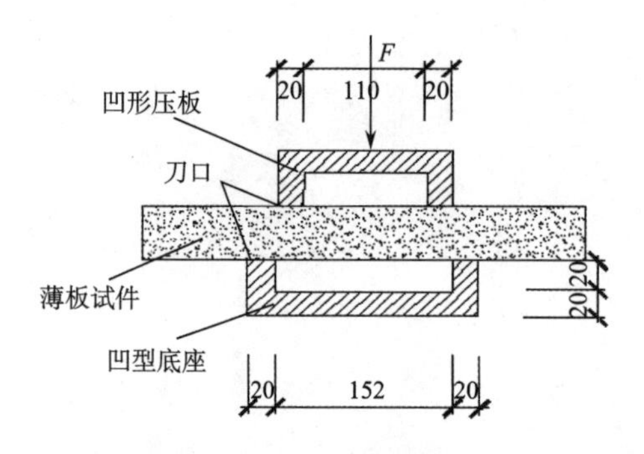

图5.18　双面剪切试验装置图(单位：mm)

图5.19　剪切试件加载

3. 冲击试验方法

薄板抗冲击试验参考美国混凝土学会委员会提出的弯曲冲击试验法和借鉴钢丝网水泥板抗冲击性能试验方法实施[134]，采用自制落锤装置自由落体冲击薄板的方法进行，加载图示如图5.20所示。试验的基本原理为：落锤在自由落体下降过程中，其势能转化成动能，运动的落锤冲击试件，导致薄板断裂破坏，再根据落锤冲击薄板前后势能差计算得出薄板在冲击破坏过程消耗的能量值。试验中以薄板发生冲击破坏时消耗掉的能量值多少来评价薄板的抗冲击性能，薄板消耗掉的能量值越大，其抗冲击性能就越好。

本试验的装置由型钢加工而成，如图5.21所示。落锤设计原则为[135]：①落锤作用在薄板全宽上；②落锤与试件接触为线接触。本试验中落锤质量为0.5kg(A锤)、1kg(B锤)、2 kg(C锤)、3 kg(D锤)，硬度为HRC58～65，误差为±1%，落锤形状如图5.22所示。落距H是指提起落锤的下端至试件表面的垂直距离，本试验中落距控制为0.5m、1m两种。落锤质量和落距的选择，为了便于测得各薄板的初裂耗能，试验从第一次冲击开始到试件破坏依次采用A锤、B锤、C锤、D锤及落距H=0.5m、1m。在落距H=0.5m时，先用A锤，若冲击次数n_i≤10时，试件破坏，则试验结束；若试件未破坏，则换B锤，再冲击10次……若试件未破坏，依次换C锤和D锤；若使用D锤冲击试件10次试件仍然未破坏，则选用落距H=1m，使用D锤冲击试件，直至试件最后破坏，记录下落锤的冲击次数，试件最终破坏的标志为试件的永久挠度f达到50mm[134]。试件采用简支支承、支座间距为 400mm，加载试件如图 5.23 所示。落锤自由落下，每次冲击落锤对准试件中心线，为防止落锤冲击部位集中破坏，在试件表面跨中位置放一块尺寸为 100mm×100mm、厚 1mm 的软玻璃。试件开裂前，在试件跨中部位进行每一级冲击荷载下的裂缝观测。试验记录试件初裂和最终破坏时的落锤冲击次数和相对应的落锤高度。冲击试验装置见图 5.21，试验冲击锤见图 5.22；冲击位置在板跨中部，见图 5.23。

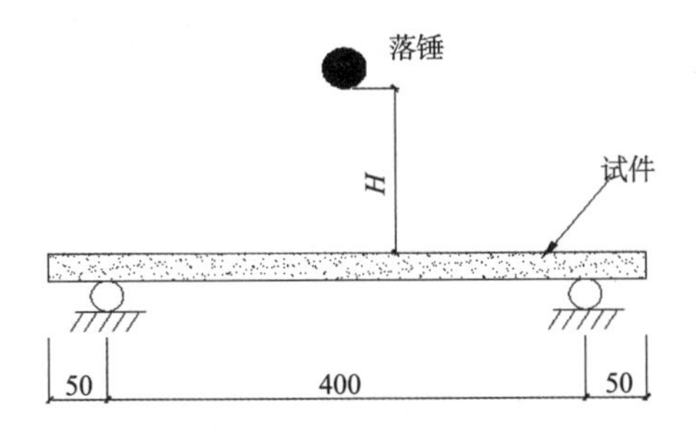

图 5.20　冲击试验加载图示(单位：mm)

图 5.21　冲击试验加载装置

图 5.22　试验冲击锤

图 5.23　冲击试件

5.3.4　织物增强混凝土薄板力学性能试验结果

1. 薄板弯曲性能试验结果

纤维织物与钢板网联合增强混凝土薄板四点弯曲试验结果见表 5.5，试验数据经整理后绘制成图，如图 5.24～图 5.26 所示。

表 5.5　薄板弯曲试验结果

试件编号		极限荷载/kN	平均值/kN	跨中挠度/mm
第一组	P	1.29、1.21	1.25	0.55
	BI10	1.35、1.29	1.32	6.11
	BI01	1.56、1.46	1.51	7.2
	BI11	1.71、1.83	1.77	5.3

续表

试件编号		极限荷载/kN	平均值/kN	跨中挠度/mm
第二组	AI12	2.33(舍)、2.98、3.30	3.14	7.3
	BI12	2.93、3.22、3.04	3.06	10.1
	CI12	2.42、2.42、3.36(舍)	2.42	10.4
	DI12	1.89(舍)、2.42、2.26	2.34	9.2
第三组	AIII34	4.13、3.45、3.77	3.78	9.6
	BIII34	3.24、3.22、4.17(舍)	3.23	8.5
	CIII34	3.41、3.26、4.68(舍)	3.34	7.7
	DIII34	2.59(舍)、3.84、3.99	3.92	10.0

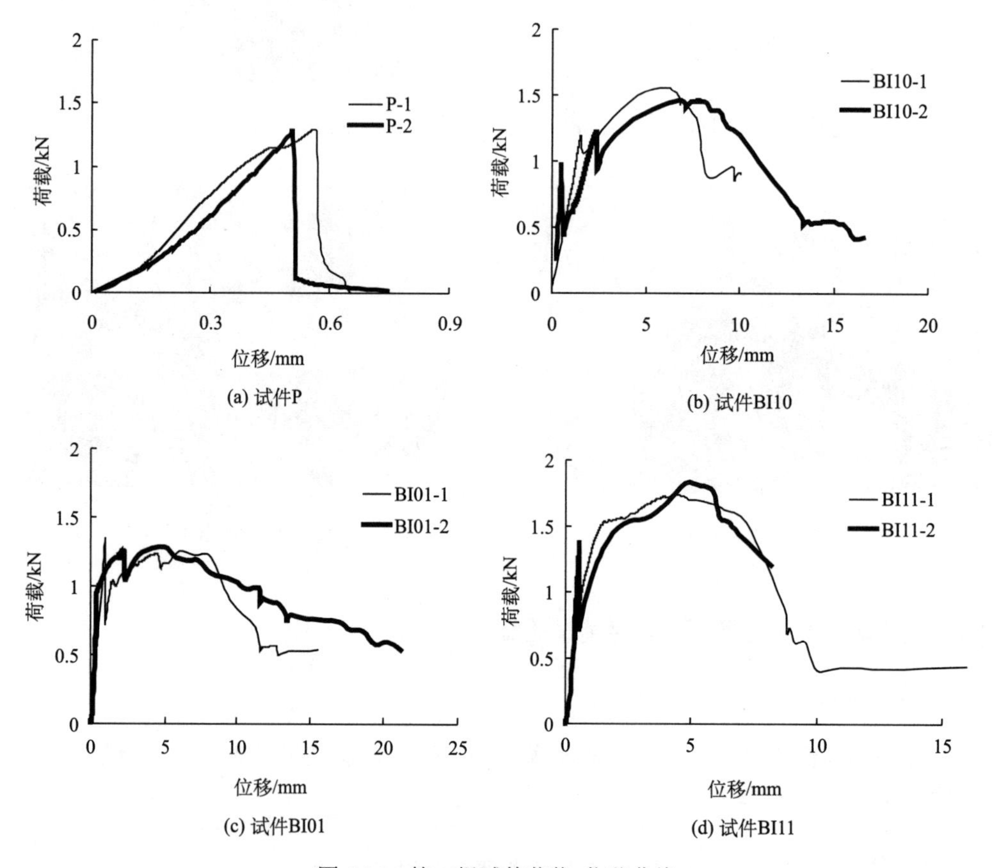

图 5.24　第一组试件荷载-位移曲线

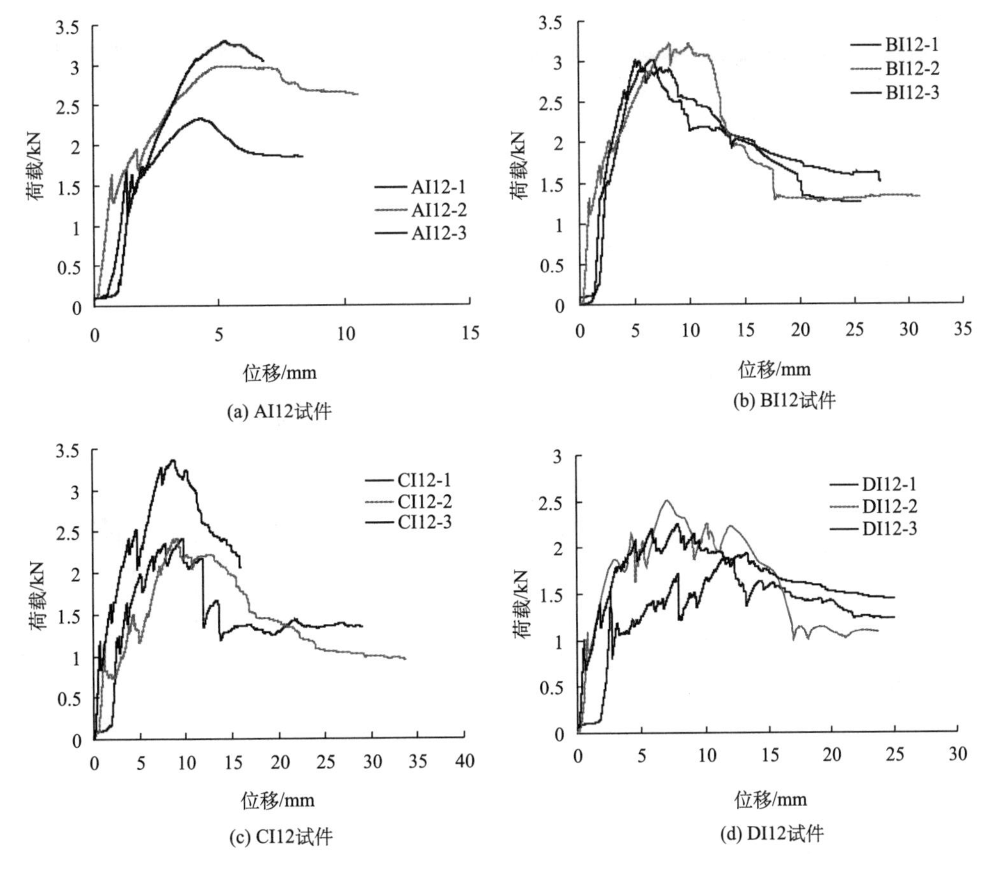

(a) AI12试件　(b) BI12试件　(c) CI12试件　(d) DI12试件

图 5.25　第二组试件荷载-位移曲线

由图 5.24～图 5.26 可得，素混凝土薄板(P)在开裂破坏的过程中其荷载与挠度呈线性增长关系，当混凝土薄板中间弯矩最大处出现裂缝时，荷载瞬间减小，试件即发生脆性破坏；其余试件破坏过程大体类似，混凝土初裂前，纤维织物和钢板网与混凝土共同参加工作，荷载与位移呈线性增长关系，随着荷载的增加，混凝土最先在跨中产生细小微裂缝，此时荷载记为初裂荷载。开裂后，裂缝处混凝土退出工作，纤维织物和钢板网与混凝土将产生相对位移，导致薄板承载能力下降，随着荷载的不断增加，相继出现多条裂缝，荷载主要由纤维织物和钢板网联合承担，直至织物网开始出现断裂情况，荷载逐渐下降，直至试件破坏。第二、三组试样与第一组试件对比，荷载-位移曲线非常饱满，开裂后承载力仍然不断提高，试件破坏呈现多裂缝、延性好、强度高等特点。

图 5.27 为第一组试件的荷载-位移对比曲线。由图 5.27 及表 5.5 结果对比可得，在本组试件中 BI11 的抗弯承载力最大，较对比试件 P 提高 42.1%，试件 BI01 和 BI10 较对比试件 P 分别提高 21.1%、5.6%。试件 BI01 的跨中位移最大，具有一定的延性，跨中位移达到 7.06mm；试件 P 的跨中位移最小，仅为 0.55mm；试件 BI10 和 BI11 的跨中位移分别为 6.11mm、5.43mm，试件 BI11 的跨中位移小于试件 BI10 和 BI01，可能是由于钢

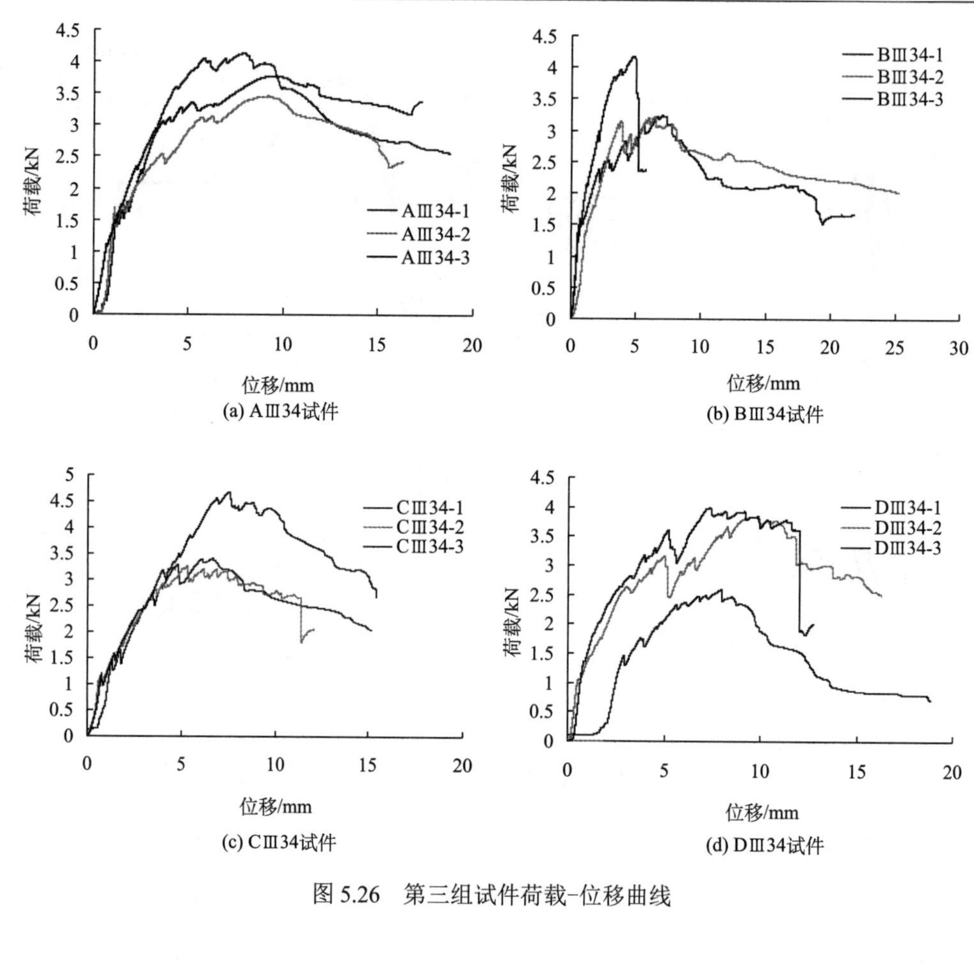

图 5.26　第三组试件荷载-位移曲线

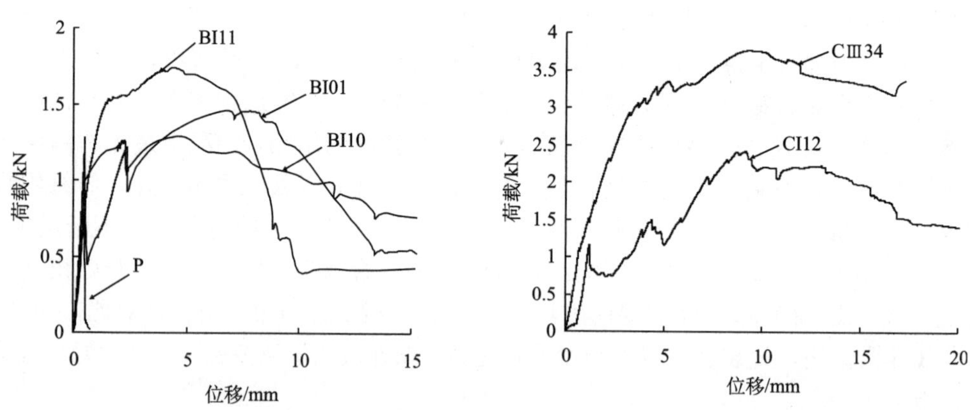

图 5.27　第一组试件荷载-位移对比曲线　　　图 5.28　Ⅰ、Ⅲ型试件荷载-位移对比曲线

板网的加入对纤维织物增强混凝土薄板的抗弯承载能力起到了一定增强作用，限制了裂缝的发展，降低了试件的延性，使得跨中位移变小。从而可得，纤维织物和钢板网可以有效提高混凝土板的变形能力。结合图 5.28 可得，在全部试件中Ⅲ型复合混凝土薄板的抗弯承载力最大，较素混凝土板试件 P 提高 158.4%～213.6%；I 型复合混凝土薄板，较试件 P 提

高 87.2%～151.2%，纤维织物和钢板网采用Ⅲ型铺设方式的薄板承载力优于Ⅰ型薄板。Ⅰ型、Ⅲ型试件较第一组试件，延性有所改善，破坏时最大挠度分别为 7 mm 和 10mm。

图 5.29 为不同型号钢板网试件的结果对比曲线。由图可得，钢板网型号对Ⅰ型、Ⅲ型复合混凝土薄板的弯曲性能有一定的影响，对于Ⅰ型薄板承载力，采用 A、B 类钢板网明显优于 C、D 类钢板网；对于Ⅲ型薄板承载力，采用 A、B、D 类钢板网优于 C 类钢板网。

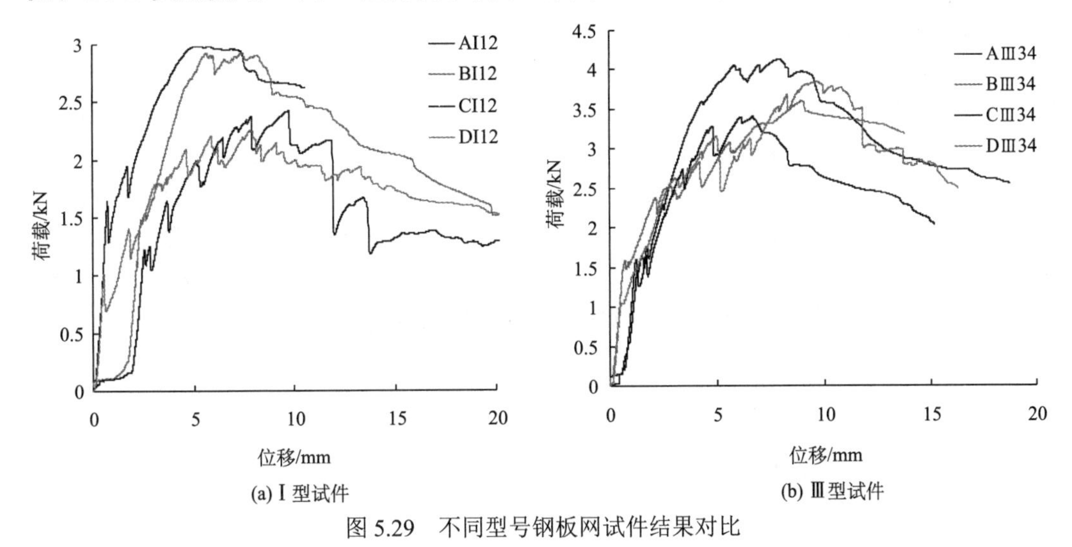

(a) Ⅰ型试件　　(b) Ⅲ型试件

图 5.29　不同型号钢板网试件结果对比

2. 薄板剪切试验结果

纤维织物与钢板网联合增强混凝土薄板剪切试验结果见表 5.6，试验数据经整理后绘制成图，各组试件剪切强度-位移曲线见图 5.30。

表 5.6　剪切试验结果

试件编号		极限荷载/kN	平均值/kN	平均抗剪强度/MPa	增幅/%
第一组	P	37.0、35.8	36.4	7.3	0
	BI10	44.0、42.4	43.2	8.6	17.8
	BI01	40.8、40.2	40.5	8.1	11.0
	BI11	46.0、44.0	45.0	9.0	23.3
第二组	AI12	45.7、45.4、44.8	45.3	9.1	24.7
	BI12	48.3、47.0、48.0	47.8	9.5	30.1
	CI12	46.7、45.6、36.4(舍)	46.2	9.2	26.0
	DI12	48.5、47.5、48.5	48.2	9.6	31.5
第三组	AⅢ34	58.8、58.2、61.0	59.7	11.9	63.0
	BⅢ34	63.2、64.5、60.5	62.7	12.5	71.2
	CⅢ34	50.5(舍)、67、65.0	66.2	13.2	80.8
	DⅢ34	65.0、65.4、64.2	64.9	13.0	78.1

注：双面剪切强度计算公式为：$\tau_{max}=F_{max}/2bh$，τ_{max} 为薄板剪切强度(MPa)；F_{max} 为极限荷载(N)；b、h 分别为试件的宽度(mm)、高度(mm)。

图 5.30 为各组试件的剪切强度-位移对比曲线。由图 5.30(a)及表 5.6 结果对比可得，在本组试件中 BI11 的剪切强度最大，较对比试件 P 提高 23.3%，试件 BI01 和 BI10 较试件 P 分别提高 11.0%、17.8%。由于纤维织物和钢板网的加入，限制了试件的变形，在剪切强度相同情况下，其位移小于对比试件 P，最终试件破坏时的位移，较对比试件 P 有所增加，说明其延性得到了增强。由此可见，纤维织物也可以增强薄板的剪切强度，但不及钢板网的增强效果明显，其中纤维织物和钢板网联合增强效果最优。

结合图 5.30(b)、(c)，在全部试件中Ⅲ型薄板的剪切强度最大，较对比试件 P，A、B、C、D 四种不同型号钢板网对薄板剪切强度分别提高 63.0%、71.2%、80.8%、78.1%；Ⅰ型薄板，较对比试件 P，A、B、C、D 四种不同型号钢板网对于薄板剪切强度分别提高 24.7%、30.1%、26%、31.5%。从而可得，对于Ⅰ型薄板，B、D 钢板网对薄板剪切强度提高幅度高于 A、C 钢板网；对于Ⅲ型薄板，C、D 钢板网对薄板剪切强度提高幅度高于 A、B 钢板网。纤维织物和钢板网采用Ⅲ型铺设方式的薄板剪切强度优于Ⅰ型试件；Ⅰ型、Ⅲ型试件较第一组试件，延性有所改善，破坏时位移约为 4mm。

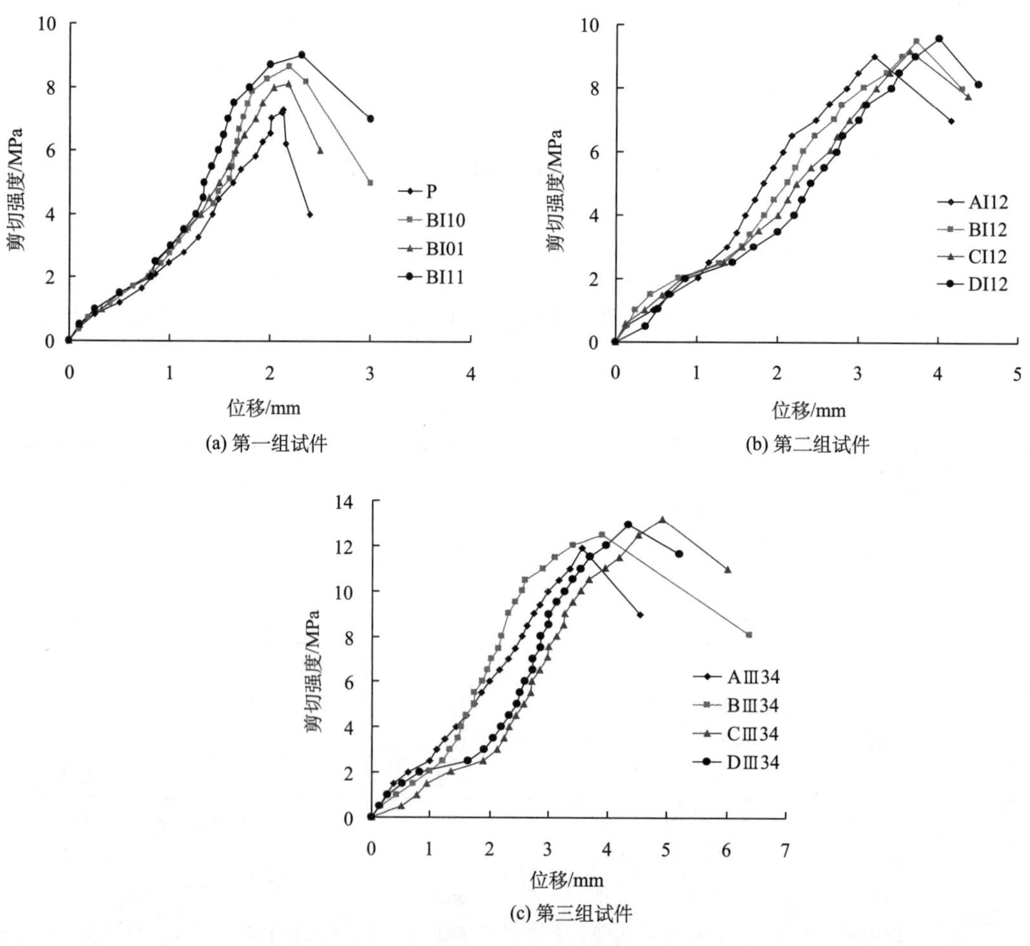

图 5.30　各组试件剪切试验结果对比

3. 薄板冲击试验结果

纤维织物与钢板网联合增强混凝土薄板冲击试验结果见表 5.7，试验数据经整理后绘制成图，各组试件冲击耗能结果对比见图 5.31。

表 5.7　冲击试验结果

试件编号		初裂耗能测定值/J	平均值/J	破坏耗能测定值/J	平均值/J
第一组	P	—	—	4.9、4.9	4.9
	BI10	9.8、12.3	11.0	245.0、215.6	230.3
	BI01	14.7、14.7	14.7	303.8、289.1	296.5
	BI11	19.6、19.6	19.6	333.2、347.9	341.0
第二组	AI12	22.1、22.1、24.5	22.9	121.5(舍)、406.7、377.8	392.3
	BI12	24.5、19.6、19.6	21.2	421.4、406.7、392.0	406.7
	CI12	17.2、17.2、19.6	18.0	436.1、421.4、421.4	426.3
	DI12	24.5、29.4、24.5	26.1	480.2、494.9、392.0(舍)	487.6
第三组	AIII34	33.9、33.9、29.4	32.4	494.9、524.3、509.6	509.6
	BIII34	29.4、24.5、29.4	27.8	509.6、524.3、436.1(舍)	517.0
	CIII34	24.5、29.4、29.4	27.8	539.0、553.7、568.4	553.7
	DIII34	29.4、29.4、29.4	29.4	568.4、480.2(舍)、583.1	575.8

注：纤维织物与钢板网联合增强混凝土薄板抗冲击初裂冲击耗能和抗破坏冲击耗能分别按下式计算，精确至 0.1J。

$$W_{\mathrm{i}}=\sum_{i=1}^{n_i} m_{\mathrm{i}i} g h_{\mathrm{i}i}$$

$$W_{\mathrm{u}}=W_{\mathrm{i}}+\sum_{i=1}^{n_u} m_{\mathrm{ui}} g h_{\mathrm{ui}}$$

式中，W_{i} 为初裂冲击耗能(J)；W_{u} 为破坏冲击耗能(J)；$m_{\mathrm{i}i}$ 为开裂前，每次冲击使用的落锤质量(kg)；$h_{\mathrm{i}i}$ 为开裂前，每次冲击落锤的落距(m)；n_i 为开裂前，总的冲击次数；$m_{\mathrm{u}i}$ 为开裂后，每次冲击使用的落锤质量(kg)；$h_{\mathrm{u}i}$ 为初裂后，每次冲击落距(m)；n_u 为初裂后，累计冲击次数；g 为重力加速度，取 9.81m/s^2。

图 5.31(a)为第一组薄板的冲击试验结果对比。由图 5.31(a)及表 5.7 结果对比可得，对比试件 P 在较小的冲击势能作用下即脆性断裂，呈少筋破坏特征，试件 P 的冲击耗能仅为 4.9J；加入纤维织物和钢板网后，薄板具有优良的抗冲击性能，其中纤维织物和钢板网联合增强试件 BI11 的冲击耗能最大，且纤维织物对薄板冲击强度的增强作用大于钢板网，试件 BI10、BI01、BI11 的冲击耗能分别为 230.3J、296.5J、341.0J。

结合图 5.31(b)、(c)，在三组试件中III型薄板的冲击耗能最大，但较对比试件 P，I 型薄板的冲击强度增强作用更为显著，其中在 I 型和III型薄板试件中，A、B、C、D 型号钢板网对混凝土薄板冲击强度的影响不大。

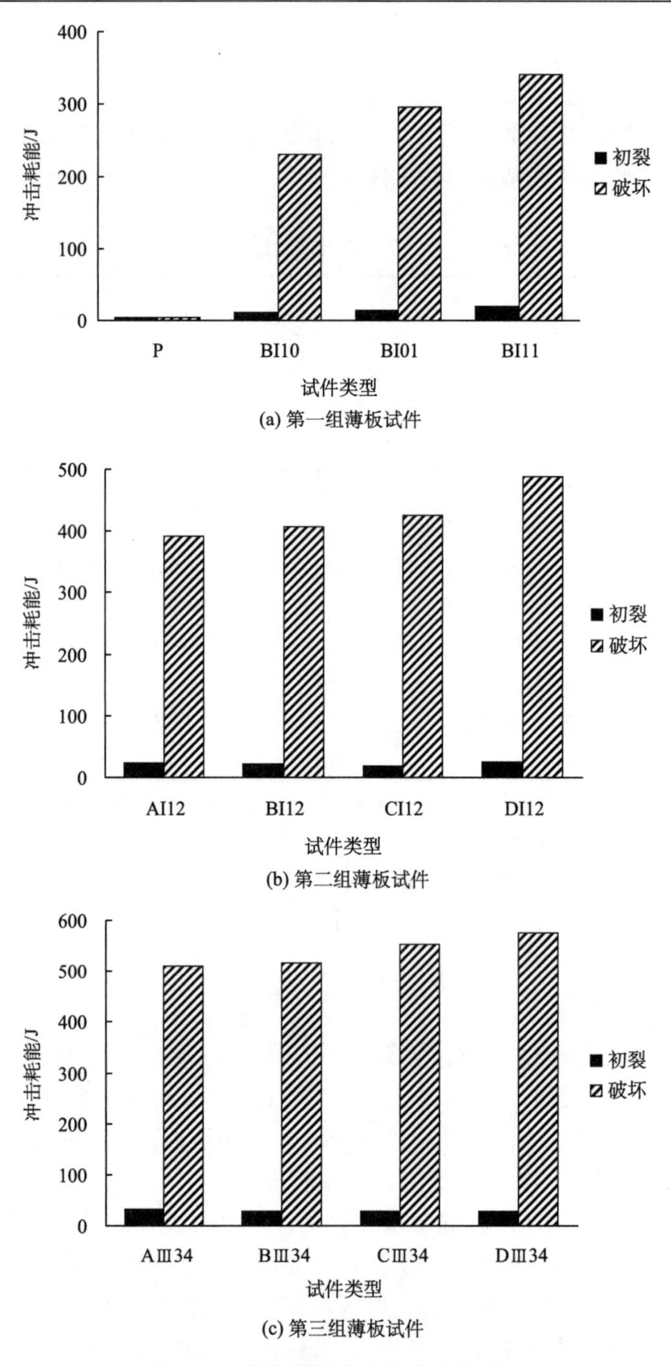

(a) 第一组薄板试件

(b) 第二组薄板试件

(c) 第三组薄板试件

图 5.31　各组薄板冲击试验结果对比

5.3.5　小结

(1) 纤维织物与钢板网的复合能大幅度提高混凝土薄板的抗弯强度、剪切强度和冲击强度。其中在抗弯强度和冲击强度中起主要增强作用的是纤维织物，剪切强度中起主要增强作用的是钢板网。

(2)复合混凝土薄板中纤维织物和钢板网采用 I 型铺设方式对其抗弯强度、剪切强度和冲击强度增强作用更为显著。

(3)纤维织物与钢板网联合增强混凝土薄板具有良好的延性和抗裂性能。

(4)综合薄板的各项性能指标及施工操作简易性，得出 B 类钢板网和纤维织物复合力学性能较优。

5.4　织物增强混凝土 U 形模板抗弯承载力试验研究

5.4.1　织物增强混凝土 U 形模板制作方法及工艺

U 形 TRC-SIP-F 的制作方法包括不锈钢钢板网衬固定纤维软织物的制作、内模的制作安装、外模的制作安装、侧壁钢板网架纤维软织物的铺设、侧壁混凝土的浇筑、底板纤维织物的铺设与混凝土浇筑及拆模。U 形 TRC-SIP-F 的示意图见图 5.32 所示。

1. 不锈钢钢板网衬固定纤维织物网的制作

纤维织物是由纤维粗砂缝编织而成，属于高性能软织物，未加处理的织物不易独立竖直铺设在 U 形 TRC-SIP-F 侧壁混凝土中，其可以通过浸胶处理来硬化织物网，也可以采用钢板网或钢丝网[135]等材料，来架立未作处理的纤维织物网。由于对织物网浸胶处理的过程比较烦琐且不易涂抹均匀，所以本试验尝试采用不锈钢钢板网衬固定纤维织物网，先裁剪好需要尺寸的织物网和钢板网，然后将裁剪好的钢板网轧制成所需的形状(图 5.33)，再将织物网用细铁丝绑扎于钢板网表面，使其紧紧地固定在一起(图 5.34(a))。最终制作成型的 U 形钢板网衬固定纤维织物网实物见图 5.34(b)。

图 5.32　U 形 TRC-SIP-F 的示意图

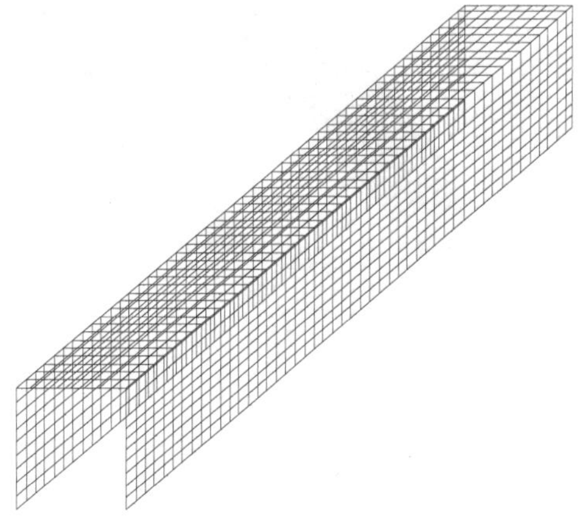

图 5.33　钢板网成型

(a) 织物网固定

(b) U 形钢板网衬固定织物网

图 5.34　制作过程

2. 内模安装

模板的内模包括内侧模 1、内侧模 2 和内模挡板三部分。将内模挡板放置在两块内侧模 1 间，内侧模 2 放置在两块内侧模 1 上，内模组装示意图见图 5.35。

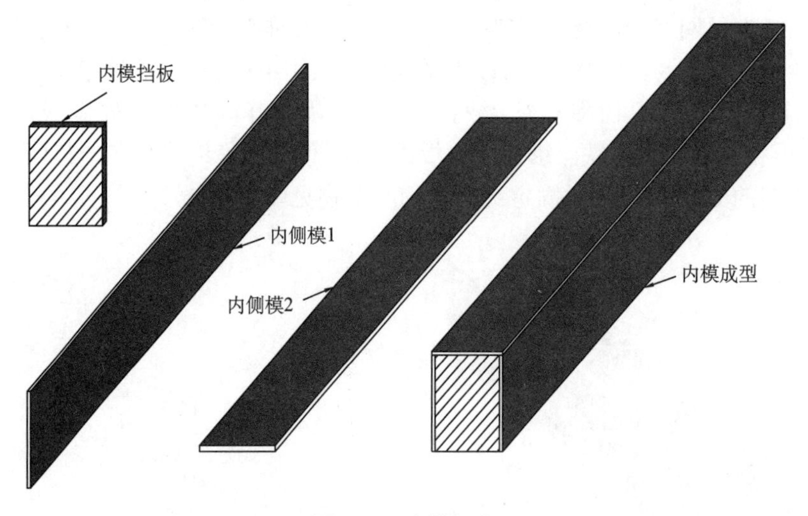

图 5.35　内模组装

3. 侧壁纤维织物网布置

将 U 形钢板网衬固定纤维织物安装于内模外部，如图 5.36 所示。

4. 外模安装

外模是由外侧模、外模挡板、外模底板和支架组成，如图 5.37(a)所示。先将内模置于外模底板上，接着通过支架将外侧模安置于内模外面，再安装外模挡板，模板组装见

图 5.37 (b)、图 5.37(c)。

图 5.36　纤维织物网铺设

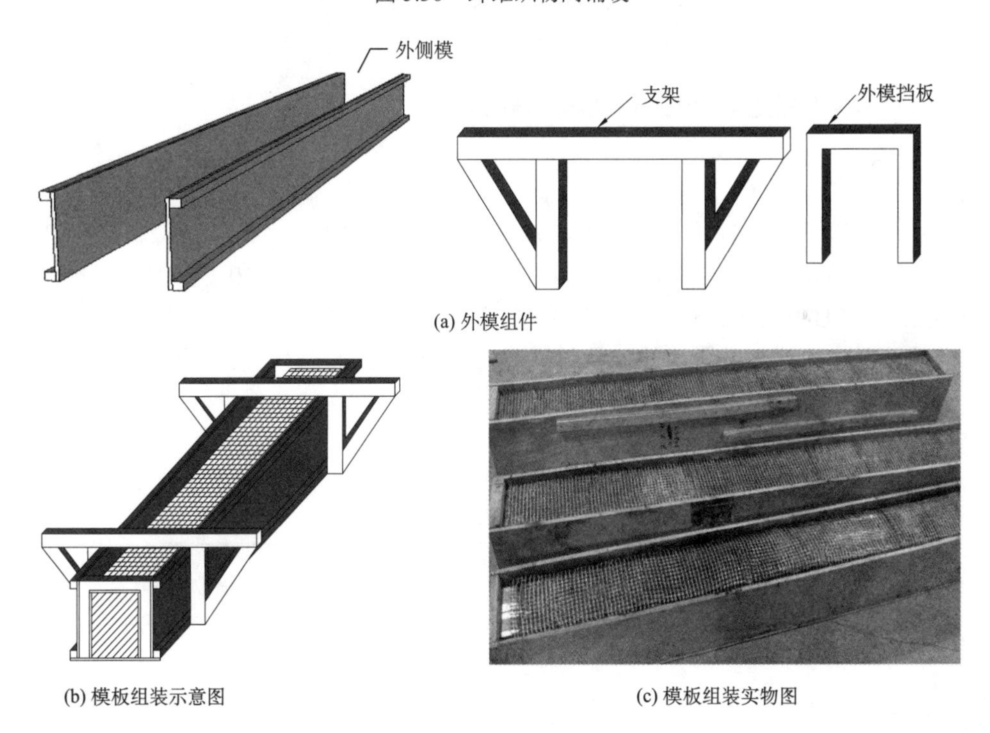

图 5.37　外模组装

5. 侧壁混凝土的浇筑、底板纤维织物网的铺设及混凝土浇筑

在内侧模、外侧模与外模挡板构成的空间中浇筑细骨料混凝土，侧壁的混凝土浇筑与内模的高度齐平。因采用的细骨料混凝土流动性好，轻微振捣即可密实，接着进行底板混凝土的浇筑，其采用与薄板制作方法相同的铺网-注浆法浇筑。试件浇筑见图 5.38。

图 5.38　浇筑混凝土

图 5.39　拆模后养护试件

6. 脱模

试件浇筑完 24h 后即可拆模，先将支架取掉，然后拆除外侧模及外模挡板，接着将试件翻转 180°，依次拆除外模底板、内模挡板、内侧模 1 和内侧模 2。拆模后养护试件见图 5.39。

5.4.2　织物增强混凝土 U 形模板的抗弯承载力试验

1. 试件设计与制作

试验共制作了四根 U 形 TRC-SIP-F 试件，其中 TU-WK-1、TU-WK-2、TU-WK-3、TU-WK-4 试件的侧壁分别铺设型号为 PB0.5、PB0.3、PB0.5、PB0.7 的钢板网衬固定两层织物网，除 TU-WK-1 试件底板铺设两层织物网外，其余试件底板均铺设四层织物网。试件浇筑采用本文第 2 章所述的细骨料混凝土配合比及相同材料，测得 28d 混凝土立方体抗压强度值见表 5.8。试件的长度均为 2.3m，计算跨度为 2.0m，试件参数及布网情况见表 5.8。截面设计见图 5.40。

表 5.8　试件参数及布网情况

试件编号	截面特征/mm				钢板网型号	底板织物网层数	混凝土强度/MPa
	宽 b	底板高 h_1	侧壁宽 $b_1(b_2)$	侧壁高 h_2			
TU-WK-1	200	25	25	195	PB0.5	2	44.6
TU-WK-2					PB0.3	4	45.8
TU-WK-3					PB0.5	4	43.2
TU-WK-4					PB0.7	4	45.5

2. 测点布置及加载方案

1）测量内容

试件测量内容主要包括混凝土应变测量、挠度测量和裂缝观测。在试件跨中底部粘贴 2 个应变片，用于判断开裂荷载，应变片采用纸基式电阻应变片（栅长×栅宽为 5mm×60mm）

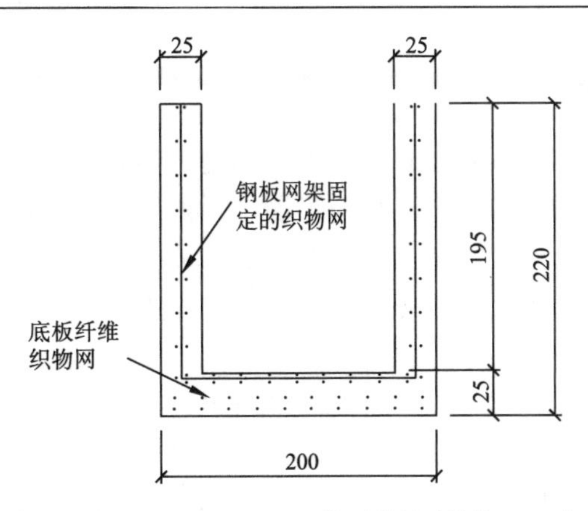

图 5.40　U 形 TRC-SIP-F 截面设计(单位：mm)

测量，其灵敏度系数为 2.01%±3.6%，电阻值为 119.5Ω±0.2Ω。试验中采用百分表测量试件跨中的挠度，在跨中和支座截面上端处安装百分表，共三块百分表，采用磁性表座固定百分表。应变片连接到 3816 数据采集箱上，按照每级荷载电脑采集数据，百分表读数通过人工读取并记录。为了便于裂缝观察，在试件的两侧面用白色石灰水刷白，并用墨线弹出 50.5mm×50.5mm 的格子。试验过程中，每级荷载施加后仔细观察混凝土表面的裂缝开展情况。

2) 加载方案

试件在 50T 的杭州邦威电液伺服加载系统上加载进行，试验采用两级分配梁四点拟均布荷载加载方式，支点距离为 2000mm，加载装置示意图见图 5.41。在试验过程中为了更好地控制加载速率，加载前，先根据纤维织物和混凝土的材性试验实测数据算出每阶段的荷载值。试件初裂前，每级荷载按初裂荷载值的 20%加载；当荷载加载至初裂荷载的 80%后，每级荷载改为初裂荷载的 10%加载；荷载加载至初裂荷载的 90%时，每级荷载改为初裂荷载的 5%加载，缓慢加载至试件开裂并及时读取荷载值及数据采集。当试件开裂后，每级荷载按极限承载力计算值的 15%加载，直到荷载加载至极限承载力的 90%时，再将每级荷载改为极限承载力的 5%并结合位移控制进行加载，缓慢加载至 U 形 TRC-SIP-F 破坏。试件现场加载装置见图 5.42。

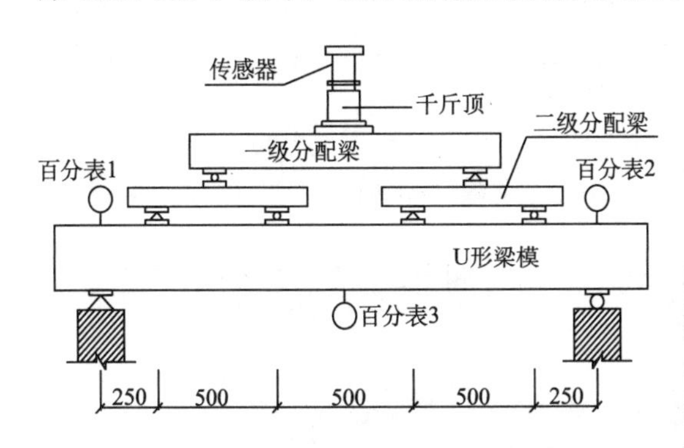

图 5.41　试验加载装置示意图(单位：mm)

图 5.42　现场装置图

3. 试验现象及分析

试验现象主要以试件 TU-WK-1 为主进行描述，其余试件破坏均类似。试验开始，先对试件进行预加载，调试各测点、检查机器是否工作正常和百分表读数是否正常。检查完成后卸载，然后进入正式加载。试件初裂前，按 3kN 每级加载，加载至 8.4kN 时，试件跨中底部首先出现一条大约 7cm 的竖向受弯微裂缝，这时初裂荷载记为 8.4kN。试件开裂后，按 6kN 每级继续加载，试件跨中相继出现多条细长竖向裂缝，特别是加载到 25kN 左右时裂缝数目陡增，伴随有“啪啪”微小声响，是裂缝出现的高峰期，这时裂缝达到了 30 多条，每条裂缝一出现时就有较大的延伸长度，约 10cm，其后随着荷载的增加裂缝都缓慢向上发展。加载至 40kN 时，距两端支座约 20cm 处出现斜裂缝，裂缝长度分别约为 18cm 和 10cm。继续分级加载，裂缝缓慢发展，并有次生裂缝出现，跨中的几条主要裂缝宽度和试件的挠度明显增大，加载至 43kN 时，“啪”一声巨响，试件瞬间破坏，破坏位置为跨中，试件断裂成两截，呈现一定的脆性破坏，极限荷载记为 43kN。试件破坏后量测其裂缝平均距离约为 3.5cm。试件破坏见图 5.43(a)。

试件 TU-WK-2、TU-WK-3、TU-WK-4 分别加载至 9.2kN、9.6kN、9.0kN 时在跨中出现竖向裂缝，开裂荷载分别记为 9.2kN、9.6kN、9.0kN。最终破坏荷载分别为 55kN、57kN、50kN。由图 5.44 裂缝分布图对比可知，底板铺设四层织物网的试件(TU-WK-3)较铺设两层织物网的试件(TU-WK-1)对比而言，试件裂缝总体呈现出“细而密”的特点。试件破坏后量测其裂缝平均距离约为 2.8cm、2.2cm、2.4cm。试件破坏见图 5.43(b)、(c)、(d)，部分试件裂缝分布图见图 5.44。

(a) TU-WK-1

(b) TU-WK-2

(c) TU-WK-3

(d) TU-WK-4

图 5.43　试件破坏图

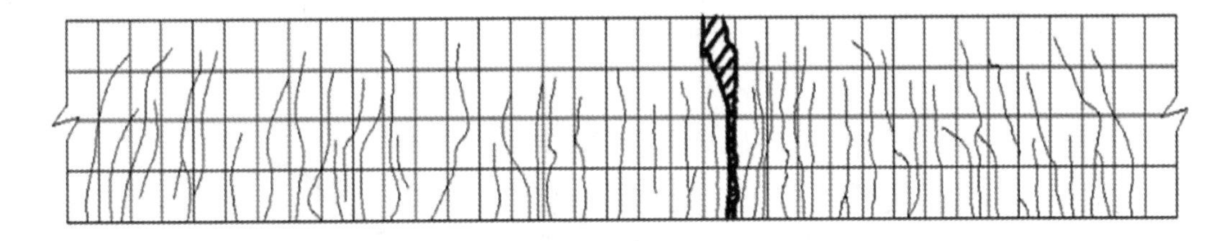

(a) TU-WK-1

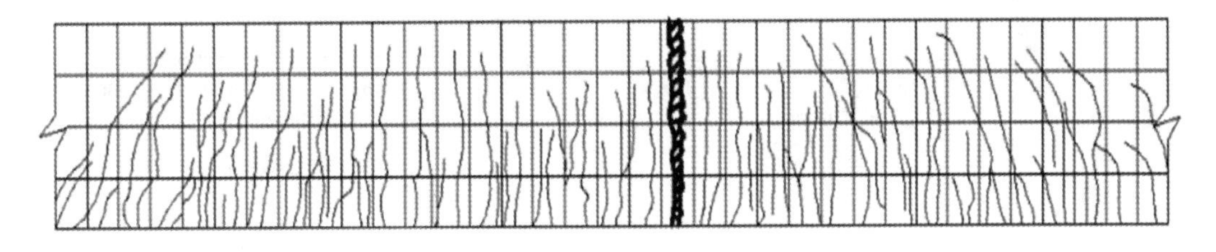

(b) TU-WK-3

图 5.44　部分试件裂缝分布图

试件 TU-WK-1～ TU-WK-4 的荷载-挠度曲线如图 5.45(a)、(b)、(c)、(d)所示。试件从开始加载至破坏的整个过程可分为两个阶段：混凝土初裂前的未裂阶段和混凝土初裂后至试件断裂的破坏阶段。加载初始阶段，荷载与挠度值均匀缓慢变化，呈线性增长关系；当荷载达到 9kN 时，这时试件有裂缝出现，挠度明显增长加快，荷载与挠度呈非线性增长关系；当加载到 20kN 左右，这时新裂缝出现的数目减少，挠度增长趋势减缓，荷载与挠度又呈线性增长关系，直至试件最终破坏仍具有较大承载能力增长空间，加载至 50kN 左右，试件破坏。由图 5.45(e)荷载-挠度对比曲线可知，在开裂前各试件的刚度相差不大，开裂后裂缝处拉力主要由底板中纤维织物网来承受，所以底板铺设四层织物网的试件挠度都要比铺设两层织物网的试件小，且织物网层数多的与层数少的相比后期刚度和极限承载力都要大。在织物网层数相同的情况下，试件中钢板网型号的不同，对试验结果也有一定的影响，试件 TU-WK-2(钢板网型号 PB0.3)、TU-WK-3(PB0.5)，TU-WK-4(PB0.7)极限荷载分别为 55kN、57kN、50kN，所以优选出 PB0.5 型号钢板网衬固定纤维织物网的试件，承载力略优于其他试件。

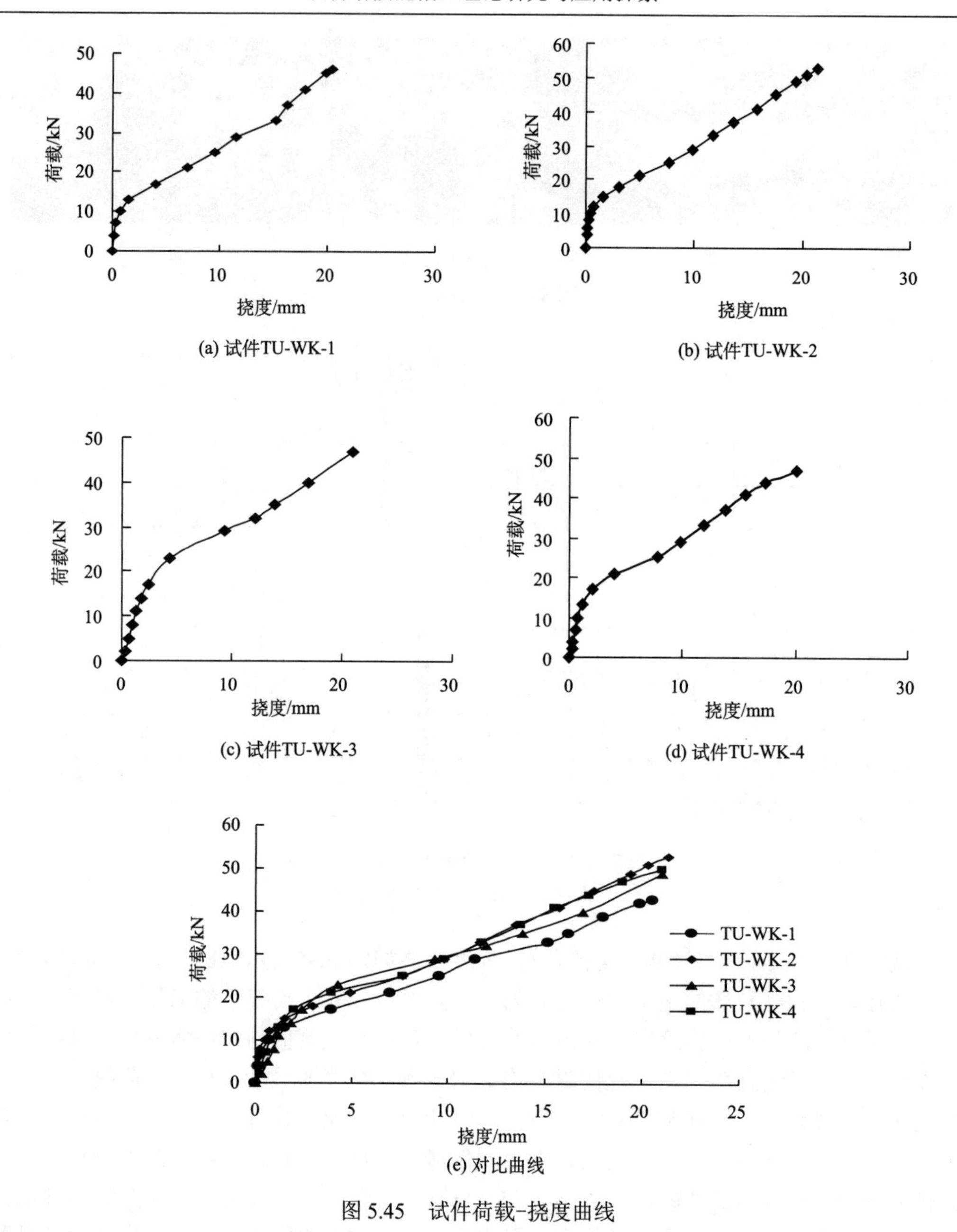

图 5.45　试件荷载-挠度曲线

5.4.3　织物增强混凝土 U 形模板强度及变形验算

U 形 TRC-SIP-F 作为与现浇混凝土结合后组成叠合梁的一部分，因而其主要受力形式为抗弯构件，其必须具有一定的强度和抗变形能力，确保在施工过程中，在各类荷载作用下不倒塌、不破坏，结构安全稳定且变形控制在容许范围内，保证工人操作安全，所以本文取 U 形 TRC-SIP-F 的开裂荷载作为验算标准。

1. 开裂荷载验算

1) 计算公式

在试件开裂荷载计算时，假定混凝土为匀质弹性材料，且在加载过程中符合平截面假定。由材料力学可知，U 形 TRC-SIP-F 试件底板下边缘的最大拉应力为

$$\sigma_{max} = E\frac{y_{max}}{\rho} \tag{5.1}$$

$$\frac{1}{\rho}=\frac{M}{EI_z} \tag{5.2}$$

式中，E 为材料弹性模量；y_{max} 为试件底板下边缘至中性轴的距离；$1/\rho$ 为中性层的曲率；M 为最大弯矩；EI_z 为试件的弯曲刚度。

在混凝土开裂前，可以近似地把 M-φ 关系曲线看成是直线，其斜率即为截面弯曲刚度，考虑受拉区混凝土的塑性，其弯曲刚度取为 0.85 EI_0[136]，将其取值代入式(5.2)可得

$$\frac{1}{\rho}=\frac{M}{0.85E_cI_0} \tag{5.3}$$

联立式(5.1)～式(5.3)可得

$$\sigma_{max}=\frac{My_{max}}{0.85I_0} \tag{5.4}$$

式中，E_c 为混凝土弹性模量；I_0 为换算截面惯性矩。

截面换算方法是将纤维织物截面面积 A_f 乘以纤维织物弹性模量 E_f 与混凝土弹性模量 E_c 的比值，把纤维织物换算成混凝土后，其截面重心位置保持不变。

由 $\sigma_{max}=\frac{My_{max}}{0.85I_0}\leqslant f_{tk}$，可得加载试件的开裂弯矩：

$$M_{cr}=\frac{0.85I_0f_{tk}}{y_{max}} \tag{5.5}$$

式中，f_{tk} 为混凝土的轴心抗拉强度标准值。

2) 理论值计算结果与试验值比较分析

通过使用以上推导的公式，对试验中的四根 U 形 TRC-SIP-F 的开裂荷载进行计算，计算结果与试验值对比见表 5.9。由表 5.9 可知试验值略偏大于理论值，采用上述公式对该类构件进行开裂荷载计算偏于保守，所以结构偏于安全，符合安全施工要求。

表 5.9　试件开裂荷载结果对比

试件编号	理论值/kN	试验值/kN	试验值/理论值
TU-WK-1	8.0	8.4	1.15
TU-WK-2	8.2	9.2	1.11
TU-WK-3	8.2	9.6	1.02
TU-WK-4	8.2	9.0	1.17

2. 施工阶段验算

U 形 TRC-SIP-F 在施工阶段必须进行强度和变形验算，按照规范的要求，跨中变形不宜超过计算跨度 l_0 的 1/200，如超过变形控制量时，应在底板设置临时支撑。综合前面所做的工作，虽然钢板网的加入，对织物增强混凝土薄板的抗弯强度也起到了一定的增强作用，但是作用微弱，其主要对混凝土薄板的抗剪强度起增强作用，所以在受弯构件计算中，为了简化计算，钢板网作用可以忽略不计。下面对本文设计制作的 TU-WK-3 试件进行施工阶段验算。

1)荷载种类划分

模板结构工程计算的荷载，分为荷载标准值和荷载设计值两类，其荷载设计值为荷载标准值乘以相应的荷载分项系数[137]。参考规范要求可将荷载标准值分为七项[137]：①模板及支架自重；②新浇混凝土自重；③钢筋自重；④施工人员及设备自重；⑤振捣混凝土时产生的荷载；⑥新浇混凝土产生的侧压力；⑦倾倒混凝土时产生的荷载。参与模板及支架荷载效应组合见表 5.10。

表 5.10　荷载组合

模板类别	荷载组合	
	计算承载力	验算刚度
平板和薄壳的模板及支架	1+2+3+4	1+2+3
梁和拱的底板及支架	1+2+3+5	1+2+3
拱、梁、墙(厚度≤100mm)、柱(边长≤300mm)的侧面模板	5+6	6
大体积结构、柱(边长＞300mm)、墙(厚度＞100mm)	6+7	6

注：1、2、3、4、5、6、7 均为模板荷载组合的荷载项。

计算应按最不利条件组合，本文试验中的 TRC-SIP-F 设计形状为 U 形，两侧壁和底板为统一整体，所以不宜把二者独立分开验算，应作为一个整体参加验算，TRC-SIP-F 的荷载组合见表 5.11。

表 5.11　TRC-SIP-F 的荷载组合

模板名称	荷载组合	
	计算承载力	验算刚度
TRC-SIP-F	1+2+3+5+6	1+2+3+6

2)荷载计算

新浇筑混凝土产生的侧压力是作用在竖向模板上的主要侧向荷载。使用振捣器在内部振捣时，新浇筑混凝土对模板侧压力标准值可根据下列两个公式计算，取其较小值：

$$F = 0.22\gamma_c t_0 \beta_1 \beta_2 V^{1/2} \tag{5.6}$$

$$F = \gamma_c H \tag{5.7}$$

式中，F为新浇混凝土对模板产生的侧压力(kN)；γ_c为混凝土的重力密度，取$\gamma_c = 24\text{kN/m}^3$；$t_0$为混凝土的初凝时间(h)，采用$t_0 = 200/(T+15)$计算($T$为混凝土的温度，取$T = 20℃$)；$V$为混凝土浇筑速度，取$V = 2\text{m/h}$；$H$为混凝土侧压力计算位置处至新浇混凝土顶面的高度，$H = 0.195\text{m}$；$\beta_1$为外加剂修正系数，取$\beta_1 = 1.0$(不掺外加剂)；$\beta_2$为混凝土坍落度修正系数，取$\beta_2 = 1.15$(坍落度按大于100mm计)。

按式(5.6)计算得$F = 0.22\times 24\times 5.71\times 1.0\times 1.15\times 2^{1/2} = 49.03\text{kN/m}^2$；按式(5.7)计算得$F = 24\times 0.195 = 4.68\text{kN/m}^2$，经比较取其较小值$F = 4.68\text{kN/m}^2$，换算成线荷载为0.936kN/m。最终TRC-SIP-F荷载计算见表5.12。

表 5.12　TRC-SIP-F 荷载计算表　　(单位：kN/m)

荷载类别	荷载标准值	分项系数	荷载设计值	计算承载力	验算刚度
模板及支架自重标准值	0.354	1.2	0.425		
新浇混凝土自重标准值	1.086	1.2	1.303		
钢筋自重	0.022	1.2	0.026	1+2+3+5+6	1+2+3+6
振捣混凝土时产生的荷载	0.800	1.4	1.120		
新浇混凝土对模板侧面的压力	0.936	1.2	1.123		
合计				3.40	2.90

3) 抗弯承载能力验算

1、2、3、5、6项均布荷载共同作用下，简支梁的跨中最大弯矩为

$$M = ql_0^2/8 = 3.4\times 2.0\times 2.0/8 = 1.7\text{kN}\cdot\text{m}$$

截面最大应力$\sigma_0 = \dfrac{M}{I}y_c = \dfrac{1.7\times 10^6\times 85.212}{7.11\times 10^7} = 2.04\text{N/mm}^2$

开裂荷载对应的截面最大应力$\sigma_{cr} = \dfrac{M_{cr}}{I}y_c = \dfrac{2.05\times 10^6\times 85.212}{7.11\times 10^7} = 2.46\text{N/mm}^2$

$$\sigma_0 = 2.04\text{N/mm}^2 < \sigma_{cr} = 2.46\text{N/mm}^2 < f_d = 19.18\text{N/mm}^2\ (\text{设计值})$$

4) 抗剪承载能力验算

抗剪承载能力验算荷载项也为1、2、3、5、6项荷载，施工阶段受均布荷载作用的简支梁的最大剪力为

$$V_0 = \frac{1}{2}ql_0 = \frac{1}{2}\times 3.4\times 2.0 = 3.4\text{kN} < V = 0.7\times 1.0\times 1.80\times 50\times 207.5 \approx 13.07\text{kN}\ (\text{设计值})$$

5) 变形验算

变形验算为构件在施工阶段的挠度变化，计算挠度时采用1、2、3、6项荷载组合作用，跨中最大挠度为

$$\omega_0=\frac{5ql^4}{384EI}=\frac{5\times2.9\times(2.0\times10^3)^4}{384\times3.35\times7.11\times10^7}\approx0.25\text{mm}<[\omega]=\frac{1}{200}l_0=10\text{mm}\quad（允许值）$$

试验中当荷载加载到 1、2、3、6 项荷载叠加值时，实际测得的构件挠度为 0.26mm，与理论计算的结果吻合。通过对 U 形 TRC-SIP-F 在施工阶段的验算结果可以看出，本书设计的构件在计算跨度 l_0=2.0m 内，满足强度和刚度的要求。

5.4.4　小结

(1) 采用本书所述实验室工艺制作多根 U 形 TRC-SIP-F，工艺操作简单，制作拼装简易、构件外表光滑平整、尺寸误差较小，质量可以得到很好的保证。很好地解决了高性能软织物很难在空间架立固定的问题。

(2) U 形 TRC-SIP-F 底板铺设四层纤维织物网比铺设两层的构件承载力及刚度有明显提高。底板铺设四层纤维织物网试件的极限抗弯承载力，较底板铺设两层纤维织物网试件，提高了 16.3%～32.6%。

(3) 钢板网型号对试验结果也有一定的影响，其中选用 PB0.5 钢板网衬固定纤维织物的构件，承载力略优于其他试件。

(4) 经过对 U 形 TRC-SIP-F 的施工阶段进行强度和变形验算可知，底板铺设四层纤维织物，并且侧壁使用 PB0.5 钢板网衬固定两层纤维织物的构件，在计算跨度 l_0=2.0m 内，无须任何支撑，即可满足强度和刚度的要求。

5.5　织物增强混凝土 U 形模板叠合梁的抗弯性能试验研究

5.5.1　叠合梁的抗弯性能试验方案

1. 试件设计及制作

试验共制作了 2 根试验梁，其中一根为矩形整浇梁，编号为 B；另一根为矩形叠合梁，采用在 U 形 TRC-SIP-F 内铺设钢筋与现浇混凝土叠合的结构形式，编号为 F-B。B 与 F-B 设计见图 5.46。

1) 整浇梁 (B)

B 截面设计为矩形，宽 b=200mm，高 h=300mm，梁跨 L=2300mm，计算跨度 L_0=2100mm。纵向受拉钢筋为 2ϕ18 (HRB335)，纵向配筋率为 0.92%；受压钢筋为 2ϕ10 (HRB335)；箍筋采用直径 8mm 的 HPB235 钢筋，除跨中外，梁两端间距为 100mm/175mm 布置。钢筋保护层厚度为 25mm，实测 28d 混凝土立方体抗压强度均值为 49.2MPa。钢筋的力学性能见表 5.13。试验梁截面尺寸及配筋见图 5.46 (a)、(b)。

2) 叠合梁 (F-B)

F-B 截面为矩形，截面尺寸和配筋与 B 相同。U 形 TRC-SIP-F 侧壁采用型号为 PB0.5 的钢板网衬固定两层纤维织物，并且底板铺设四层纤维织物，实测 28d 基体立方体抗压强度为 48.7MPa。F-B 的施工步骤为：①首先按前文所述制作方法制作 U 形 TRC-SIP-F，待其达到 28d 后，进行下一步施工；②然后组装好必要的木模，在 U 形 TRC-SIP-F 内表面涂抹一层环氧树脂；③放置事先绑扎好的钢筋笼；④最后浇筑拌好的混凝土。实测 28d 现浇混凝土立方体抗压强度为 49.6MPa。试件参数见图 5.46(a)、(c)。

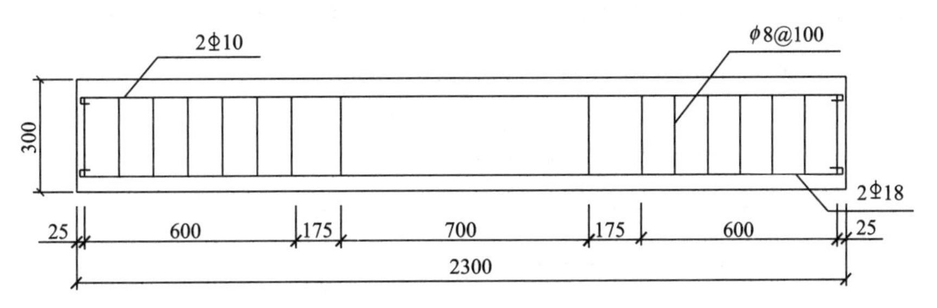

(a) 梁箍筋配置(B与F-B相同)

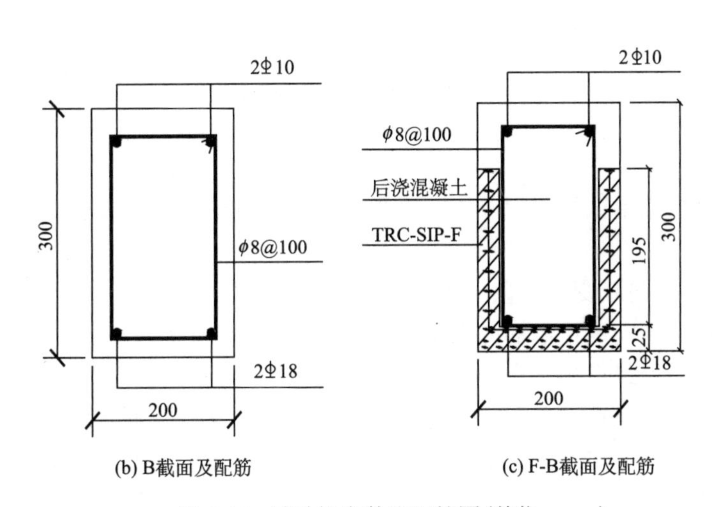

(b) B截面及配筋　　(c) F-B截面及配筋

图 5.46　试验梁参数及配筋图(单位：mm)

表 5.13　钢筋力学性能

钢筋类型	钢筋直径/mm	屈服强度 /(N/mm²)	极限强度 /(N/mm²)	延伸率 /%	弹性模量 /(N/mm²)
主筋	ϕ18	500.0	617.5	20.0	2.0×10^5
架立筋	ϕ10	497.5	702.5	26.5	2.0×10^5
箍筋	ϕ8	440.5	568.5	28.5	2.1×10^5

2. 加载方案与测试内容

1) 加载方案

试验在液压压力 50T 的杭州邦威电液伺服加载系统上进行，为避免剪力对正截面抗弯性能的影响，试验采用三分点对称加载方式，在忽略钢筋混凝土梁自重的情况下，在跨中形成只受纯弯矩而无剪力的 700mm 纯弯曲段，在试验梁顶上设置荷载分配梁，加载示意图见图 5.47。在试验梁正式加载前，对梁进行预加载，预加载值至 10kN 时，然后再卸载，将各项数据清零准备正式加载。试验采用正向单调分级加载，梁达到开裂荷载前每级按 5kN 荷载加载，开裂后到钢筋屈服前改为每级按 10kN 荷载加载，钢筋屈服后直至试件破坏每级荷载减小为 5kN 加载，以确定梁的初裂荷载、屈服荷载及极限荷载。每级荷载施加完持续 2～3min，待梁各项指标稳定后进行数据记录和裂缝观测。

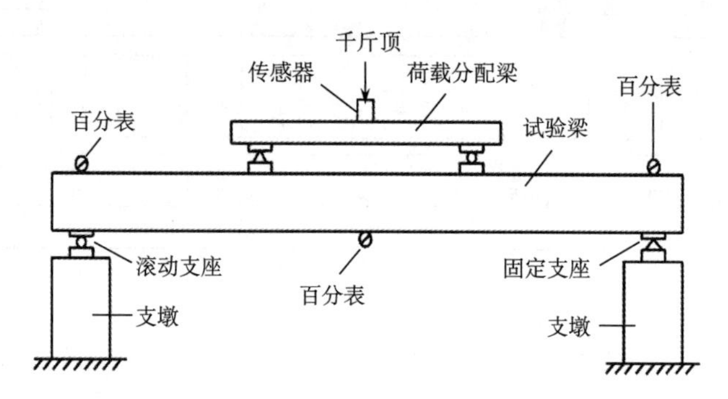

图 5.47　试验加载装置示意图

2）测点布置

试件的应变测量包括试验梁混凝土、受拉钢筋和箍筋的应变、试验梁挠度的测量及裂缝观测。

(a)受拉钢筋及箍筋应变的测量

试件浇筑前在梁纵向受拉钢筋的中部、两加载点处及弯剪区箍筋上粘贴钢筋应变片，弯剪区箍筋应变片沿加载点和支点连线处间隔粘贴，用于判断试验梁是否发生剪切破坏，测点布置见图 5.48。钢筋应变片采用型号为 B×120-3AA，栅长×栅宽为 3mm×2mm，灵敏系数和电阻值分别为 2.05%±0.3%，120×(1±0.1%)Ω。钢筋应变片粘贴前，先用磨光机将测点处打磨平整，然后用砂纸沿着与贴片方向成 45°的方向磨平，接着用丙酮溶液将测点处擦拭干净，最后用 502 胶粘贴钢筋应变片，在应变片上面涂覆一层 702 硅胶作为防水保护层，待涂覆的硅胶凝固后再使用纱布裹 504 胶保护。

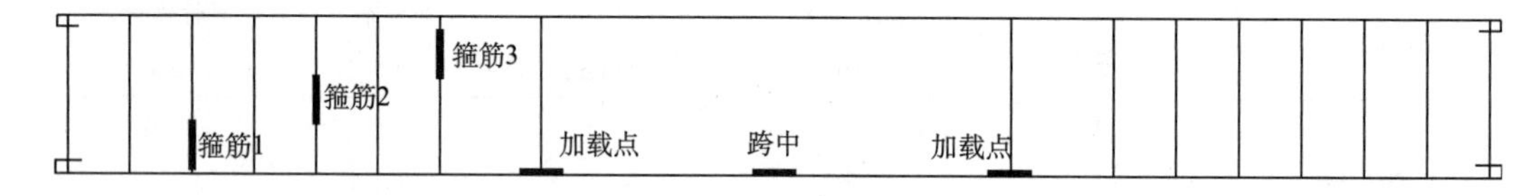

图 5.48　钢筋应变测点

(b)混凝土应变测量

混凝土应变测量点包括试验梁纯弯曲段混凝土表面底部和侧面，在梁底部粘贴 2 个应变片，主要用于试验中混凝土开裂荷载的确定，梁侧混凝土表面跨中粘贴 5 个应变片，用于梁平截面假定的测量，测点布置见图 5.49。混凝土的应变片采用纸基式电阻应变片(栅长×栅宽为 5mm×60mm)测量，其灵敏度系数为 2.01%±3.6%，电阻值为 119.5Ω±0.2Ω。

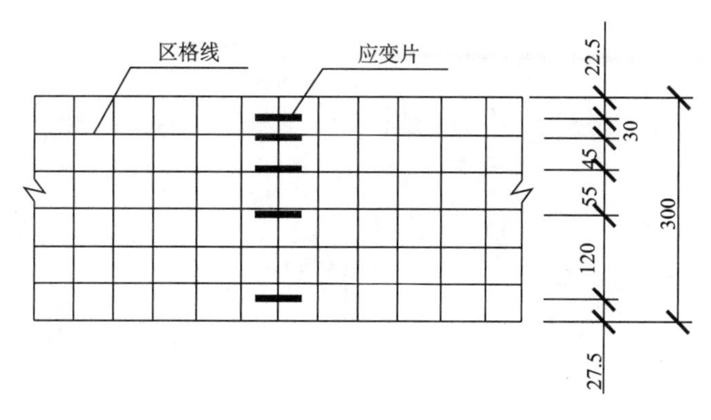

图 5.49　混凝土应变测点布置(单位：mm)

(c)挠度的测量

试验中采用百分表测量梁跨中的挠度，在跨中梁底和支座截面上端处安装百分表，共三块，百分表安装见图 5.47。百分表固定在磁性表座上，表数据通过人工读取，并及时记录。

(d)裂缝观测

为了方便观测裂缝开展情况，试验前期，在梁两侧涂抹白色石灰水溶液，并用墨线弹出 50mm×50mm 方网格，以便观测裂缝宽度和发展走势，并记录好相应荷载值。裂缝宽度由 DJCK-2 型裂缝测宽仪测定。

5.5.2　叠合梁的抗弯试验结果

1. 试验现象

B 为整浇梁，呈现出典型的适筋梁破坏形态。试验正式开始前，先对试件进行预加载，调试各测点、检查机器是否工作正常和百分表读数是否正常。检查完成后卸载，将各项数据清零，然后进入正式加载。荷载加至 35kN 时，梁底混凝土应变发生突变，这时在跨中部位梁底边缘出现第一条微小裂缝，裂缝宽度为 0.03mm，延伸高度约 40mm，开裂荷载记为 35kN，钢筋和混凝土的应变与荷载呈线性增长关系，两者的应变值变化相对都很小，挠度增加也很缓慢。梁开裂后，到 45kN 时，跨中相继出现两条竖向细裂缝，这时钢筋和混凝土的应变值增长趋势开始变快。随着荷载的增加，跨中裂缝向两侧扩散，跨中裂缝开始增多。120kN 时，在距支座 13cm 处下方剪跨区也出现竖向裂缝，之后随着荷载的增加，开始向加载点延伸。到 190kN 左右时，几条跨中部位裂缝向上发展变快，挠度快速增加，钢筋的应变也有大幅增长，说明这时钢筋已屈服。荷载增至 215kN 时，延伸至梁上边缘的竖向裂缝开始横向发展，220kN 时，试验梁受拉区混凝土裂缝贯穿，受压区混凝土压溃，荷载达到极限值，此时跨中主裂缝最大宽度为 7mm，裂缝平均间距为 60mm。B 破坏见图 5.50。

(a) B 加载破坏图

(b) B 纯弯段破坏概况

图 5.50　B 破坏模式

F-B 为叠合梁，破坏时梁顶混凝土被压碎，梁底的 U 形 TRC-SIP-F 中织物，钢板网与基体出现分层现象。试验正式开始前，先对试件进行预加载，调试各测点、检查机器是否工作正常和百分表读数是否正常。检查完成后卸载，将各项数据清零，然后进入正式加载。加载初始，钢筋和混凝土的应变及跨中挠度变化都很缓慢，近似呈线性增长关系。荷载加至 45kN 时，梁底混凝土应变发生突变，这时在纯弯曲段梁底边缘处产生第一条竖向微裂缝，裂缝宽度约为 0.02mm，向上延伸高度大约为 30mm。加至 80kN 时，跨中相继出现 5 条竖向细裂缝，这时钢筋和混凝土的应变及跨中挠度变化开始增快。随着荷载的增加，跨中的裂缝数目不断增多，裂缝不断向受压区发展。加载至 180kN 时，跨中不再出现新裂缝，而是梁侧下部有部分次生裂缝出现，并且此时在梁两侧弯剪区有竖向裂缝出现，延伸高度约 50mm，荷载至 260kN 时，弯剪区竖向裂缝开始向加载点缓慢发展，形成一些斜裂缝，跨中裂缝向上发展增快，挠度增加迅速。加载至 296.2kN 时，在加载点梁底部 TRC-SIP-F 中织物、钢板网与基体出现分离现象，导致加载点处的裂缝宽度迅速增大，受压区混凝土被压碎，梁侧上端局部后浇混凝土与 TRC-SIP-F 侧壁接触面处也随之出现裂缝，破坏裂缝呈“Z”形状，这时达到极限荷载值。最后荷载随着挠度的增加缓慢下降，此时主裂缝最大宽度为 10mm，裂缝平均间距为 29.2mm。试验中，F-B 在靠近加载点处发生破坏，可能是由于两端支座沉降不均的原因造成的。F-B 破坏见图 5.51。

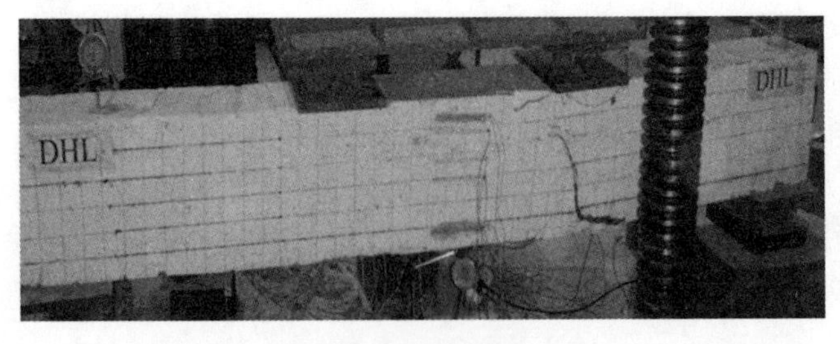

(a) F-B 加载破坏图

(b) F-B 纯弯段破坏概况

图 5.51　F-B 破坏模式

2. 试验结果分析

B 和 F-B 的开裂荷载、极限荷载及挠度等主要试验结果见表 5.14。

表 5.14　梁试验结果汇总

试验梁编号	P_{cr}/kN	Δ_{cr}/mm	P_u/kN	P'_u/kN	Δ_u/mm
B	35.0	0.92	220.0	215.4	23.4
F-B	45.0	0.8	296.2	294.6	19.2

注：P_{cr}、P_u 分别为试件的开裂荷载、极限荷载的实测值；Δ_{cr}、Δ_u 为试件对应荷载下的挠度；P'_u 为梁的抗弯极限承载力理论值。

1) 正截面受弯的三个受力阶段

从图 5.52 中，可以看到在 B 和 F-B 的荷载-挠度曲线上有两个明显的转折点，试件加载受力到破坏的整个过程可以分为三个阶段，依次为混凝土初裂前的未裂阶段、混凝土初裂后至钢筋屈服前的裂缝发展阶段和钢筋开始屈服至混凝土被压碎的破坏阶段。

第一阶段是混凝土开裂前的未裂阶段，即从曲线圆点 0 开始到第一个转折点。此阶段荷载值比较小，挠度值也很小，试验梁底部混凝土未有裂缝出现，处于弹性工作阶段，荷载-挠度呈线性增长关系。

第二阶段是混凝土开裂后至钢筋屈服前的裂缝发展阶段，此阶段为带裂缝工作阶段。当荷载增加至开裂荷载时，梁在纯弯段将首先出现第一条裂缝，梁即进入第二阶段工作。随着荷载的继续增加，梁底部受拉区混凝土裂缝数目不断增多且向上发展，跨中挠度增加较第一阶段变化加快。由于裂缝的出现，梁的刚度减小，荷载-挠度曲线的斜率发生变化，这时较第一阶段曲线变得相对平缓，同时 F-B 相比于 B，由于 TRC-SIP-F 作为 F-B 的一部分发挥作用，TRC-SIP-F 中铺设的碳纤维限制了其裂缝发展，所以其刚度仍远大于 B 刚度。

第三阶段是钢筋开始屈服至混凝土被压碎的破坏阶段，当荷载加载至钢筋屈服强度时，梁的受力性能将发生很大改变。此阶段随着荷载的增长，梁的挠度迅速增大，裂缝开展明显并沿梁高向上发展，中性轴继续向上移，导致混凝土受压区高度进一步变小，荷载-挠度曲线变得非常平缓。最终，由于梁受压区混凝土被压溃而导致试件完全破坏。

图 5.52 为 B 和 F-B 的荷载-挠度实测曲线。由图可得出，加载初始，F-B 的挠度变化相对很小，在相同荷载作用下，F-B 的挠度小于 B 的挠度，即 F-B 荷载-挠度曲线斜率比 B 大，表明 F-B 的抗弯刚度大于 B。结合表 5.14 试验结果可知，对比梁 B 的跨中挠度为 23.4mm，叠合梁 F-B 的跨中挠度为 19.2mm。从而可得出，使用了 U 形 TRC-SIP-F 的 F-B 的初期刚度大于 B，但是 F-B 较 B 的最终破坏时的极限挠度略有降低。

2) 平截面假定

由图 5.53 可知，B 和 F-B 在加载初始阶段，混凝土基本上处于弹性工作阶段，梁侧应变沿截面高度为线性分布，即可认为梁侧应变变化规律符合平截面假定。随着荷载的增加，B 和 F-B 仍然保持着较好的线性分布。由于 F-B 中 TRC-SIP-F 承担了一部分荷载，因此 F-B 混凝土应变没有 B 发展得快。

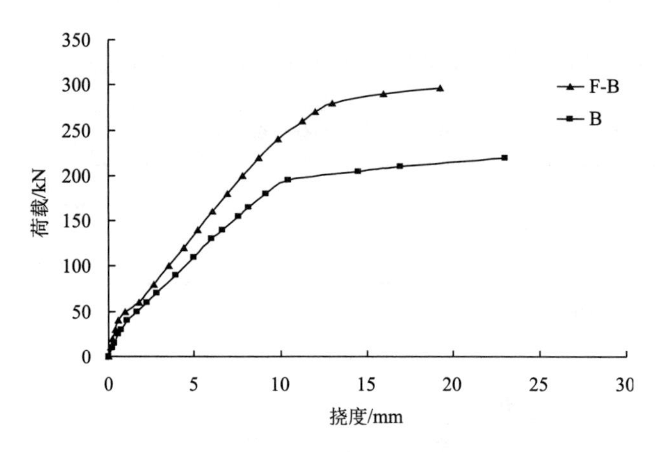

图 5.52　B 和 F-B 的荷载-挠度实测曲线

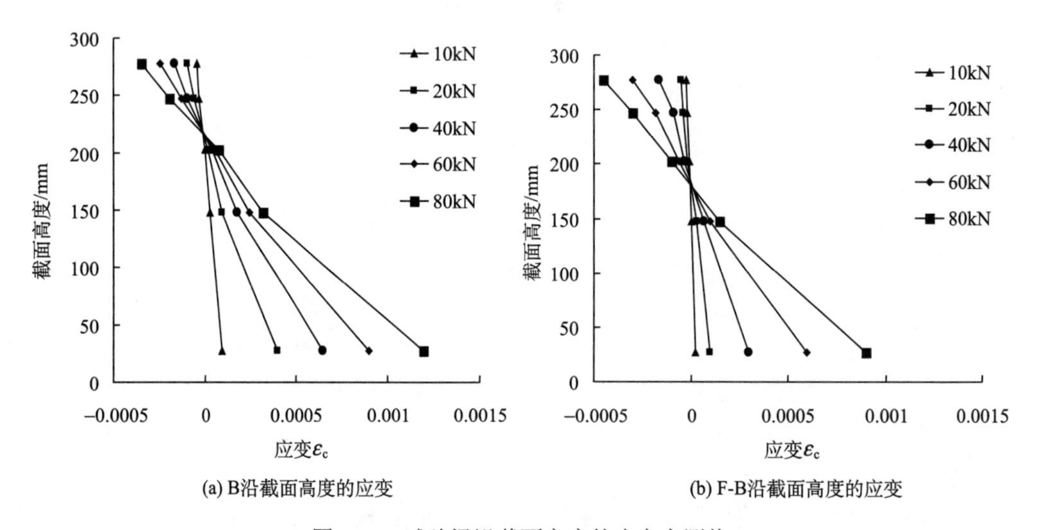

图 5.53　试验梁沿截面高度的应变实测值

3) 正截面破坏特征及梁截面弯曲变形

B 的破坏特征与普通混凝土梁相同，先是梁底部受拉钢筋屈服，随后受压区混凝土被压碎。F-B 的破坏特征为，梁纵向受拉钢筋屈服和底部 TRC-SIP-F 中纤维织物网被拉断前，底部纤维织物网和受拉钢筋联合受力，由于底部 TRC-SIP-F 中纤维织物、钢板网与基体间出现分离现象，导致该处裂缝宽度迅速增大，梁底纵向受拉钢筋屈服和底部纤维织物拉断同时发生，随后受压区的混凝土被压碎，破坏时梁侧上端后浇混凝土与 U 形 TRC-SIP-F 侧壁接触面处也随之出现裂缝，破坏裂缝呈“Z”形状。其中导致 F-B 提前破坏的原因就是由于底部 TRC-SIP-F 中纤维织物、钢板网与基体间出现分离，而非是由于 U 形 TRC-SIP-F 与现浇混凝土黏结性能差所致。但是此时试验中 F-B 承受的实际荷载值距最终理论计算值偏差仅为 −4.3%，因此可按 F-B 达到了最终极限承载力进行分析。在混凝土压碎前，B 和 F-B 的底部纵向受拉钢筋都发生较大的塑性变形，从而导致裂缝迅速开展和挠度快速增大，破坏前征兆明显，具有典型的适筋梁延性破坏特征。

图 5.54 为 B 和 F-B 的荷载-钢筋应变曲线。通过钢筋应变数据结果可以对梁的破坏模式和其他受力特征进行分析。由图 5.54 (a)、(b) 可以看出，在混凝土开裂前，钢筋的应力增长比较缓慢。达到梁的初裂荷载时，梁受弯区下部首先出现裂缝，这时裂缝处混凝土退出工作，此处拉力由纵向受拉钢筋或和纤维织物网一起来承担，由于受拉钢筋所受的拉力瞬间增加，从而使得钢筋的荷载-应变曲线出现转折，纵向受拉钢筋应变增长变快，即荷载-应变曲线斜率变小。跨中受拉钢筋的应变数值都大于加载点受拉钢筋应变数值。弯剪区箍筋的应变则先是受压，然后受拉，最终试件破坏时，箍筋应变都不大，说明未发生剪切破坏。从图 5.54(c) 中可以看出，由于 F-B 中使用了 U 形 TRC-SIP-F，其中的纵向纤维织物和钢筋共同承受拉力，使中性轴下移，从而在相同荷载下，F-B 中的钢筋应变数值小于 B。

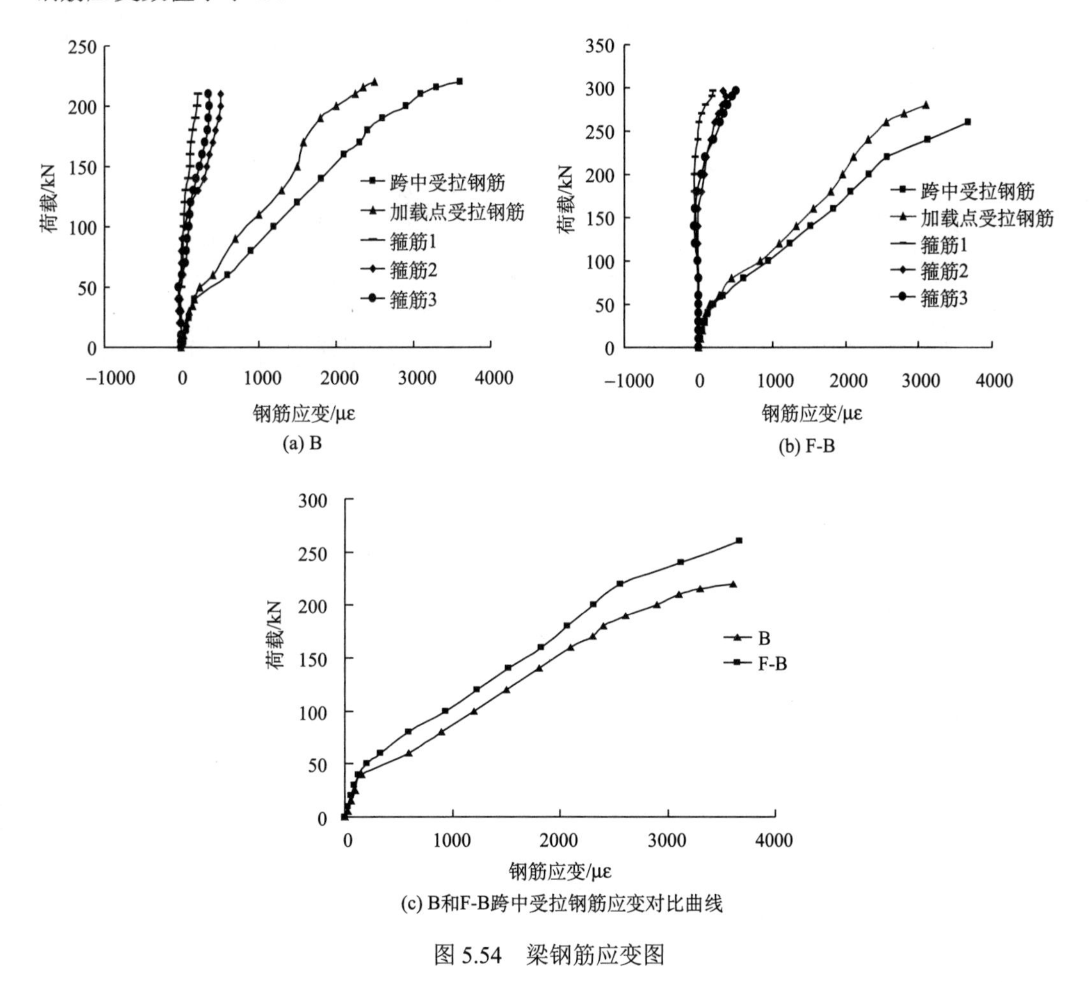

图 5.54　梁钢筋应变图

4) 裂缝特征

由裂缝分布图 5.55 比较可得，TRC-SIP-F 对梁的裂缝控制作用明显，F-B 的裂缝总体呈现出“细而密”的特点，具体特点如下：①延缓了裂缝发展。F-B 裂缝的发展较 B

迟缓，相同荷载下，F-B 的裂缝宽度小于 B 对应的宽度；F-B 开裂荷载为 45kN，B 开裂荷载为 35kN。②改善了裂缝的分布形式。构件破坏时，F-B 侧表面的裂缝数目增多，裂缝平均间距变小，使 F-B 破坏时受压区缩小了，总体呈现“细而密”的特点。③改善了斜裂缝发展。由于 U 形 TRC-SIP-F 的底板内纤维织物的限裂作用，使 F-B 的弯曲性能较 B 得到了大幅提高，同时其侧壁中的纤维织物也使得 F-B 的剪切裂缝发展得到了一定限制，从而能够提高整体的抗剪承载力。

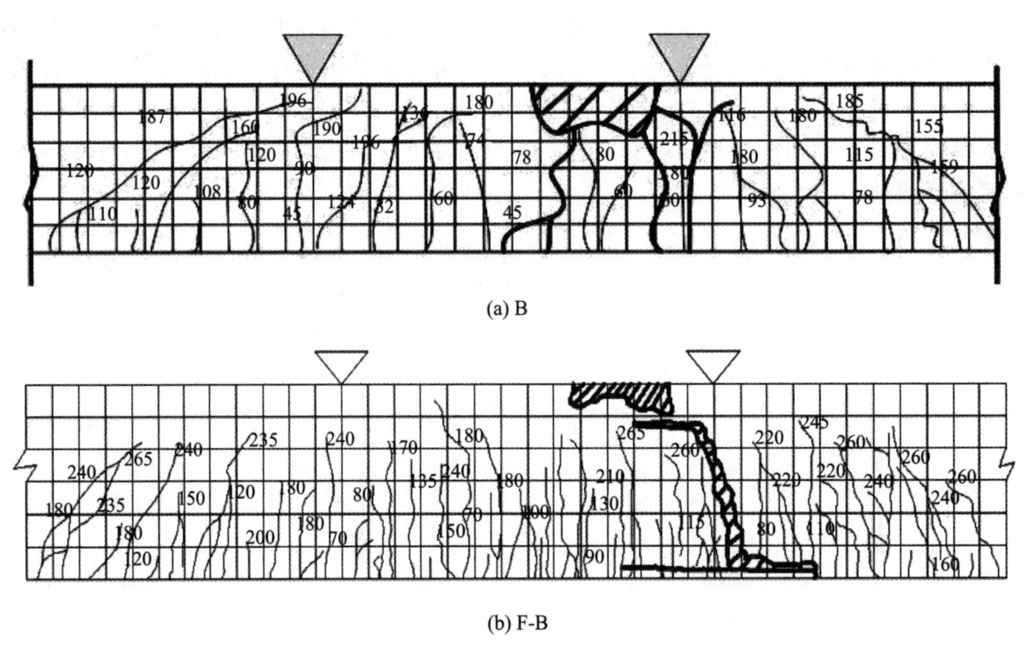

(a) B

(b) F-B

图 5.55　裂缝分布图

5.5.3　叠合梁的抗弯承载力计算

根据上文试验结果及理论分析，本小节对叠合梁在使用阶段变形及开裂荷载进行了验算，并分析了叠合梁在极限状态下的正截面抗弯承载力计算公式，可为永久性模板工程应用设计提供参考。

1. 梁使用阶段变形验算

1) 使用荷载的确定

由于考虑荷载分项系数和材料分项系数，我国《混凝土结构设计规范》(以下简称《规范》)给出的承载力极限状态表达式为

$$\gamma_{\mathrm{G}} G_{\mathrm{k}} + \gamma_{\mathrm{Q}} Q_{\mathrm{k}} \leqslant f\left(\frac{f_{\mathrm{ck}}}{\gamma_{\mathrm{c}}}, \frac{f_{\mathrm{sk}}}{\gamma_{\mathrm{s}}}\right) \tag{5.8}$$

式中，γ_{G}、γ_{Q}为永久荷载、可变荷载的分项系数；G_{k}、Q_{k}为永久荷载、可变荷载标准值；f_{ck}、f_{sk}为混凝土、钢筋的强度标准值；γ_{c}、γ_{s}为混凝土、钢筋的材料分项系数。

式中各分项系数取值分别为：$\gamma_G=1.2$，$\gamma_Q=1.4$，$\gamma_c=1.4$，$\gamma_s=1.1$。

双筋矩形截面混凝土梁的正截面抗弯承载力计算公式为

$$M=\alpha_1 f_c bx\left(h_0-\frac{x}{2}\right)+f_y' A_s'(h_0-a_s') \tag{5.9}$$

$$\alpha_1 f_c bx=f_y A_s-f_y' A_s' \tag{5.10}$$

式中，M为荷载在该截面上产生的弯矩设计值；α_1为按受压区混凝土矩形应力图的应力值与混凝土轴心抗压强度设计值的比值确定的系数，按《规范》[56]取值，由于混凝土强度等级为C50，所以取$\alpha_1=1.0$；f_c为混凝土轴心抗压强度设计值；f_y、f_y'为钢筋抗拉、抗压强度设计值；b为矩形截面宽度；x为受压区高度；h_0为截面有效高度；A_s为纵向受拉钢筋的截面面积；A_s'为纵向受压钢筋的截面面积；a_s'为纵向受压钢筋合力点至截面近边的距离。

荷载分项系数平均值，采用以下简化公式计算：

$$\bar{\gamma}=1.4-\frac{0.186}{\rho+0.93} \tag{5.11}$$

$$M_s=\frac{M}{\bar{\gamma}} \tag{5.12}$$

当可变荷载比值$\rho=\frac{Q_k}{G_k}=0$时，$\bar{\gamma}=1.20$；当$\rho=\frac{Q_k}{G_k}=0.5$时，$\bar{\gamma}=1.27$；当$\rho=\frac{Q_k}{G_k}=\infty$时，$\bar{\gamma}=1.40$。联立式(5.9)和式(5.10)，可以得出弯矩设计值 M=38.15kN·m；本书取$\bar{\gamma}$==1.27，代入式(5.12)可得到使用阶段的弯矩值M_s=30.04kN · m，使用荷载为85.83kN。

2) 使用荷载下的挠度验算

《规范》规定：当受弯构件的计算跨度l_0<7 m时，其跨中的挠度限值为$l_0/200$。矩形截面钢筋混凝土梁采用荷载标准组合和考虑荷载长期作用影响下的刚度B计算公式为

$$B=\frac{M_k}{M_q(\theta-1)+M_k}B_s \tag{5.13}$$

式中，M_k为按荷载的标准组合计算的弯矩，取计算区段内的最大弯矩；M_q为按荷载的准永久组合计算的弯矩，取计算区段内的最大弯矩值；θ为考虑荷载长期作用对挠度增大的影响系数；B_s为按荷载准永久组合计算的钢筋混凝土受弯构件的短期刚度。

考虑荷载长久作用对挠度变化的影响系数θ可按《规范》给出的线性内插法取用，计算得θ=1.88。取$\rho=\frac{Q_k}{G_k}=0.5$，Q_k的准永久系数为0.5，代入式(5.13)转化可得

$$\frac{B}{B_s}=\frac{M_k}{M_q(\theta-1)+M_k}=\frac{G_k+Q_k}{(G_k+0.5Q_k)(1.88-1)+G_k+Q_k}=0.58 \tag{5.14}$$

本试验中设计的梁的计算跨度为 2100mm，所以其跨中的挠度限值为2100/200=10.5mm，由上计算得挠度折减系数为$B/B_s=0.58$，故折减后的挠度限值应为6.09mm。由图5.52荷载-挠度实测曲线图可知，B和F-B在正常使用荷载85.83kN作用

下的挠度试验实测值分别为 3.84mm、3.26mm，可见两者都在规范限值 6.09mm 之内，符合规范要求。所以本文设计的 U 形 TRC-SIP-F 可以应用于实际工程中。

2. 梁的开裂荷载计算

叠合梁的开裂荷载计算可采用截面换算法，即将 RC 梁中钢筋和 TRC-SIP-F 底板中碳纤维按内力相同原则换算成混凝土。梁底受拉钢筋面积换算后为 $n_s A_s$，其中 n_s 为钢筋弹性模量 E_s 与混凝土弹性模量 E_c 的比值，在钢筋截面高度处增设的附加面积为 $(n_s-1)A_s$；梁底碳纤维面积换算后为 $n_{cf} A_{cf}$，其中 n_{cf} 为碳纤维弹性模量 E_{cf} 与混凝土弹性模量 E_c 的比值，碳纤维的附加面积为 $(n_{cf}-1)A_{cf}$，截面换算示意图见图 5.56。

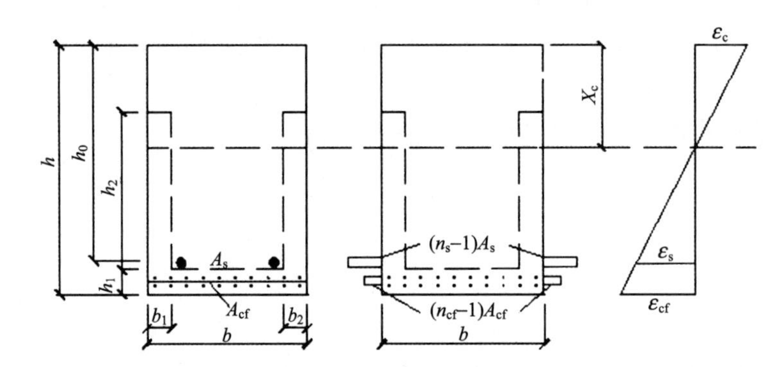

图 5.56　截面换算示意图

则换算后截面面积为

$$A_0 = bh + (n_s - 1)A_s + (n_{cf} - 1)A_{cf} \tag{5.15}$$

由材料力学知识可求得受压区高度：

$$\frac{1}{2}bx_c^2 = \frac{1}{2}b(h-x_c)^2 + (n_s-1)A_s(h_0-x_c) + (n_{cf}-1)A_{cf}\left(h-\frac{h_1}{2}-x_c\right) \tag{5.16}$$

所以

$$x_c = \frac{\frac{1}{2}bh^2 + (n_s-1)A_s h_0 + (n_{cf}-1)A_{cf}\left(h-\frac{h_1}{2}\right)}{bh + (n_s-1)A_s + (n_{cf}-1)A_{cf}} \tag{5.17}$$

换算后截面惯性矩为

$$I_0 = \frac{b}{3}\left[x_c^3 + (h-x_c)^3\right] + (n_s-1)A_s(h_0-x_c)^2 + (n_{cf}-1)A_{cf}\left(h-\frac{h_1}{2}-x_c\right)^2 \tag{5.18}$$

按弹性材料计算，则混凝土的断裂模量为

$$x = \beta_1 x_c \tag{5.19}$$

$$\gamma_m = \frac{f_{t,f}}{f_t} \tag{5.20}$$

式中，γ_m 为断裂模量，也称为截面抵抗矩塑性影响系数，矩形截面取为 1.55。

受拉区梁底边缘处混凝土的应力 σ_c 为

$$\sigma_c = \frac{M}{W_0} \tag{5.21}$$

令 $\sigma_c = f_{t,f} = \gamma_m \cdot f_t$，则开裂弯矩 M_{cr} 为

$$M_{cr} = \gamma_m \cdot W_0 \cdot f_t \tag{5.22}$$

式中，W_0为梁底边缘截面抵抗矩。

又截面抵抗矩：

$$W_0 = \frac{I_0}{h - x_c} \tag{5.23}$$

因此可得开裂荷载为

$$P_{cr} = \frac{6\gamma_m W_0 f_t}{l_0} \tag{5.24}$$

试验梁开裂荷载计算结果见表 5.15，由表中试验实测值和理论计算值对比可看出，理论值与试验值吻合较好。

表 5.15　开裂荷载试验实测值与计算值对比

试验梁编号	试验值/kN	理论值/kN	误差/%
B	35.0	32.4	8.0
F-B	45.2	43.6	3.7

3. F-B 正截面承载力分析

1) 梁正截面承载力计算的基本假定

在前面几章的相关研究基础上，并结合本章试验结果，配筋适量的织物增强混凝土叠合梁在达到极限破坏时，其破坏特征及应力分布与整浇梁基本相同，所以在已有的关于普通钢筋混凝土梁计算方法之上，经过合理的等效假定建立 F-B 正截面受弯承载力计算公式是一种可行的方法。综合前面所做的工作，虽然钢板网的加入，对织物增强混凝土薄板的抗弯强度也起到了一定的增强作用，但是作用微弱，其主要对混凝土薄板的抗剪强度起增强作用，所以在受弯构件计算中，为了简化计算，钢板网作用可以忽略不计。由于梁永久模板侧壁中受拉区参加受力的纤维织物数量有限且与中性轴距离较近，即应力应变较小，对梁极限承载能力影响作用不大，可以忽略不计。因此在试验研究和以上理论分析的基础上，对钢筋混凝土梁的正截面承载力计算采用如下的基本假定：

(1) 平截面假定

平截面假定是弹性梁理论的基本假定，其等效于横截面上正应变呈直线分布。平截面假定对梁的计算理论的建立起到非常重要的作用，在确定荷载作用下梁截面的正应变分布时，仅需要知道梁截面上任意两点的应变，即可根据应变的线性关系，确定截面上每一点的应变。经过研究表明，当钢筋和混凝土之间黏结良好，应变测量的标距又大于

裂缝间距，则可认为实测应变基本上是符合平截面假定的。平截面假定对 RC 构件仅适用在一定区段长度内的平均应变，对于裂缝截面，平截面假定就不再适用。大量的试验证明，在合理地选择参数等效假定后，计算得到的梁正截面承载力和试验实测值的误差一般都小于 10%。

(2) 不考虑梁混凝土的抗拉强度

为了简化对梁的正截面承载力的计算，一般都不虑混凝土的抗拉强度。因为混凝土的抗拉强度较抗压强度低得多，一般只有抗压强度的 1/10 左右，其对正截面承载力计算结果的影响不超过 1.5%。因此，在计算梁正截面承载力时，完全忽略混凝土的抗拉强度是可行的。

(3) 钢筋的应力-应变关系

对于普通混凝土梁构件中常使用的热轧钢筋，具有明显的屈服极限，其应力-应变曲线可以简化为理想弹塑性曲线，如图 5.57 所示。钢筋的应力-应变关系为

$$当0 \leqslant \varepsilon_s \leqslant \varepsilon_y时，\quad \sigma_s = \varepsilon_s E_s \tag{5.25}$$

$$当\varepsilon_s > \varepsilon_y时，\quad \sigma_s = f_y \tag{5.26}$$

式中，E_s 为钢筋的弹性模量；ε_s 为钢筋的应变；ε_y 为钢筋的屈服应变。

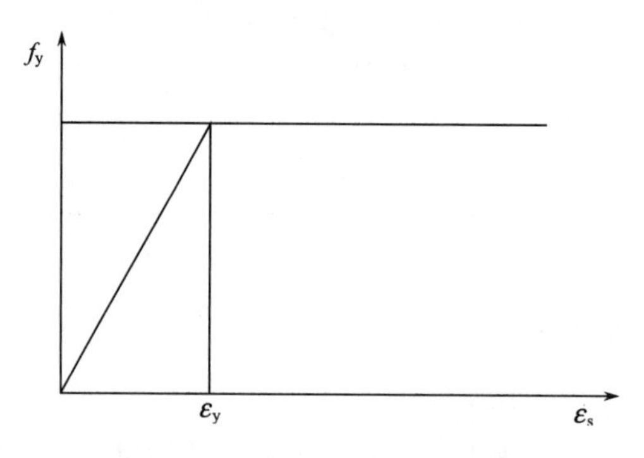

图 5.57　钢筋的应力-应变曲线

(4) 混凝土的应力-应变曲线

要准确地确定混凝土受压区的应力-应变曲线是很困难的，因为它受到很多方面因素的影响，比如：应变梯度、钢筋的侧向约束作用、荷载引起的侧向压应力等。但是对于受弯构件正截面承载力计算来说，其起主要影响作用的因素是混凝土压应力合力的大小和作用点位置。为了简化计算过程，通常采用素混凝土轴压应力-应变曲线作为受弯构件和偏压构件的受压区混凝土应力图形的依据。一般规范都将混凝土极限压应变取为定值，轴心受压构件，取 ε_{cu}=0.02；受弯构件和偏压构件，取 ε_{cu}=0.003~0.0035。我国《规范》规定在计算正截面承载力时采用如下的混凝土受压应力-应变关系：

$$当\varepsilon_c \leqslant \varepsilon_0时，\quad \sigma_c = f_c[1-(1-\varepsilon_c/\varepsilon_0)^2] \tag{5.27}$$

$$当\varepsilon_0 < \varepsilon_c \leqslant \varepsilon_{cu}时，\quad \sigma_c = f_c \tag{5.28}$$

式中，ε_c为混凝土压应变；ε_0为混凝土最大压应力对应的压应变，ε_0取0.002；ε_{cu}为混凝土极限压应变，ε_{cu}取0.0033；f_c为混凝土轴心抗压强度；σ_c为混凝土压应力。

(5)碳纤维织物的应力-应变关系

碳纤维织物的应力-应变关系式为

$$\sigma_{cf}=E_{cf}\cdot\varepsilon_{cf} \tag{5.29}$$

式中，σ_{cf} 为碳纤维织物的应力；E_{cf} 为碳纤维织物的弹性模量；ε_{cf} 为碳纤维织物的应变。

2)梁正截面抗弯承载力计算

在以上基本假定的基础上，叠合梁正截面承载力计算简图如图 5.58 所示。若混凝土梁处于某一状态时，压区距中性轴 y 处的应变为

$$\varepsilon_c=\frac{\varepsilon_u}{x_c}y \tag{5.30}$$

式中，ε_u 为梁顶面混凝土应变；x_c 为截面受压区高度。

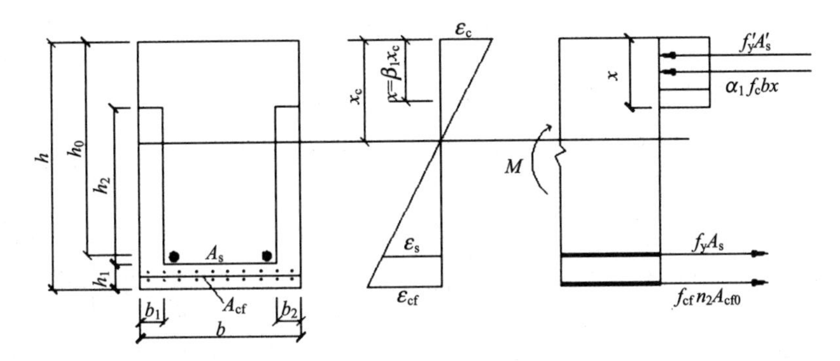

图 5.58　正截面承载力计算简图

受压区混凝土的总合力值 F_c 可按下式计算：

$$F_c=\int_0^{x_c}\sigma_c(\varepsilon_c)b\mathrm{d}y=\int_0^{x_c}f_c b\left[1-(1-\frac{\varepsilon_u}{\varepsilon_0 x_c}y)^n\right]\mathrm{d}y \tag{5.31}$$

受压区边缘处到合力 F_c 作用点的距离 y_c 为

$$y_c=\frac{\int_0^{x_c}f_c b\left[1-(1-\frac{\varepsilon_u}{\varepsilon_0 x_c}y)^n\right](x_c-y)\mathrm{d}y}{F_c} \tag{5.32}$$

由图 5.58 中的应变几何关系可得

$$\frac{\varepsilon_{cf}}{\varepsilon_c}=\frac{(h-h_1/2)-x_c}{x_c} \tag{5.33}$$

将 $x=\beta_1 x_c$ 代入上式可得碳纤维的应变 ε_{cf} 为

$$\varepsilon_{cf}=\left(\frac{\beta_1(h-h_1/2)}{x}-1\right)\varepsilon_c \tag{5.34}$$

则碳纤维的应力 f_{cf} 计算式为

$$f_{cf}=E_{cf}\left[\left(\frac{\beta_1(h-h_1/2)}{x}-1\right)\varepsilon_c\right]\leqslant f_{cfu} \tag{5.35}$$

式中，f_{cf}为碳纤维织物的受拉应力；f_{cfu}为碳纤维织物极限抗拉强度；β_1为矩形应力图受压区高度与中性轴高度的比值，按《规范》取值；h_1为梁永久模板的底板厚度。

混凝土受压区高度x_c可由式(5.36)力的平衡方程求得

$$\sum\sigma_{si}A_{si}+\sum\sigma_{cfi}A_{cfi}=\int_0^{x_c}f_cb\left[1-(1-\frac{\varepsilon_u}{\varepsilon_0x_c}y)^n\right]dy \tag{5.36}$$

对混凝土压应力合力F_c作用点取矩，可得弯矩平衡方程为

$$M=\sum\sigma_{si}A_{si}(h_{0i}-y_c)+\sum f_{cfi}A_{cfi}(h_{cfi}-y_c) \tag{5.37}$$

式中，σ_{si}为第i层钢筋的应力；A_{si}为第i层钢筋的截面积；h_{0i}为第i层钢筋的有效高度；f_{cfi}为第i层纤维的应力；A_{cfi}为第i层纤维的截面积；h_{cfi}为第i层纤维的有效高度。

则式(5.36)可转化为

$$\alpha_1f_cbx=f_yA_s+f_{cf}A_{cf}-f_y'A_s' \tag{5.38}$$

式(5.37)可转化为

$$M_u=f_yA_s\left(h_0-\frac{1}{2}x\right)+f_{cf}A_{cf}\left(h-\frac{1}{2}h_1-\frac{1}{2}x\right)+f_y'A_s'\left(\frac{1}{2}x-a_s'\right) \tag{5.39}$$

式(5.39)可进一步简化为

$$M_u=f_yA_s\left(h_0-\frac{1}{2}x\right)+f_{cf}A_{cf}\left(h_{cf0}-\frac{1}{2}x\right)+f_y'A_s'\left(\frac{1}{2}x-a_s'\right) \tag{5.40}$$

式中，A_{cf}为梁永久模板底板中受拉的碳纤维面积；h_{cf0}为梁永久模板底板中受拉碳纤维的截面有效高度；h_0为受拉钢筋的截面有效高度；α_1为受压区混凝土矩形应力图的应力值与混凝土轴心抗压强度设计值的比值，按《规范》取值。

根据以上的基本假定和正截面极限抗弯承载力计算公式，代入本文试验梁的各项数据，可得到B、F-B的极限抗弯承载力（破坏荷载$P_u=6M_u/l_0$）。试验实测值与理论计算值的数据对比见表5.16，由表中数值可看出，采用本文推导的公式计算的理论值与试验值吻合较好(误差都在±5%范围内)。

表5.16 梁抗弯荷载试验值与理论值比较

试验梁编号	试验实测值 P_u/kN	理论计算值 P'_u/kN	相对误差/%	增幅/%
B	220.0	215.4	2.1	—
F-B	296.2	309.6	–4.3	34.6

5.5.4 小结

TRC-SIP-F作为一种新型材料模板，与传统的模板相比具有操作简便、改善劳动条件、加快施工进度、缩短工期、大大减少模板的支拆工作量、保证构件的外观质量等优点。经过对整浇梁和采用TRC-SIP-F叠合梁的正截面抗弯性能试验研究，得出如下结论：

(1) U 形 TRC-SIP-F 的使用对混凝土梁开裂有明显的阻裂作用，这对提高混凝土梁的正截面抗弯承载力、刚度和耐久性都有很大的帮助。F-B 破坏时极限荷载较 B 提高近 34.6%。

(2) 在叠合梁的工作性能试验中，U 形 TRC-SIP-F 与现浇混凝土黏结良好，两者可协同受力和变形。

(3) 经验算，采用 U 形 TRC-SIP-F 的 F-B 在正常使用荷载下的跨中挠度实测值为 3.26mm，在规范限值 6.09mm 之内，符合规范要求。

(4) 采用换算截面法对梁在使用阶段的开裂荷载计算公式进行了推导，通过将截面上的钢筋和碳纤维织物分别与混凝土的弹性模量比值来折换，得到等效的匀质材料换算面积，其计算值与试验结果能较好地吻合。

(5) 采用的叠合梁理论计算方法得到的正截面抗弯承载力计算值与试验实测值比较吻合。叠合梁破坏时极限荷载较普通混凝土梁提高近 34.6%。

5.6　力与氯盐侵蚀耦合作用下叠合梁的抗弯性能试验研究

本小节通过对 5 根持续荷载作用下的 TRC 叠合梁构件和 2 根普通钢筋混凝土构件进行加速氯盐侵蚀试验，观测力与氯盐侵蚀耦合作用下因氯离子侵蚀引起的试件梁的裂缝开展和变形发展的规律；在应力侵蚀到一定时间后，开展破坏性加载试验，观测其破坏形态的变化和极限承载能力的退化，分析其破坏机理，并与普通混凝土梁氯盐侵蚀后力学性能的退化进行对比，以探寻 TRC 叠合梁构件是否较普通钢筋混凝土构件具有更好的耐久性能。

5.6.1　力与氯盐侵蚀耦合作用下叠合梁的抗弯性能试验概况

1. 试验材料

用于制作 U 形 TRC-Sip-F 的纤维织物网参数见表 5.2、钢板网采用表 5.3 中的 B 类。

1) 高性能细骨料混凝土

(1) 水泥。试验中用于 TRC 薄板和 U 形 TRC-Sip-F 浇筑的水泥为徐州中联水泥有限公司出品的 P.O52.5 普通硅酸盐水泥。

(2) 水。普通自来水。

(3) 细骨料。采用普通天然中砂，细度模数为 2.3。

(4) 减水剂。使用中采用的减水剂为 FN-S2 型高效减水剂，减水率为 15%～20%。

(5) 混凝土配合比。用于浇筑 TRC 薄板和素混凝土薄板构件的混凝土是一种具有高流动性、不离析的自密实性高强细骨料混凝土，其流动性较强，可以与纤维织物网内的纤维束丝很好地黏结在一起。设计抗压强度为 50MPa，养护 28d 后的实测抗压强度为 55MPa，其配合比如表 5.17 所示。

表 5.17　高性能混凝土配合比

材料	水泥	砂	水	减水剂
配合比	1	1.5	0.32	0.015

2）钢筋

叠合梁使用的纵向受拉钢筋和架立筋为直径 10mm 的 HRB335 级钢筋，箍筋为直径 6mm 的 HPB300 级钢筋。钢筋的力学性能见表 5.18。

表 5.18　钢筋力学性能

钢筋类型	钢筋直径 /mm	屈服强度 /(N/mm^2)	极限强度 /(N/mm^2)	延伸率 /%	弹性模量 /(N/mm^2)
主筋	10	378.36	470.24	18.5	2.1×10^5
箍筋	6	350.42	420.59	18	2.1×10^5

3）C30 混凝土

（1）水泥。用于配制 C30 混凝土的水泥为徐州中联水泥有限公司出品的 P.O32.5 普通硅酸盐水泥。

（2）粗骨料。粗骨料为粒径在 5～20mm 的碎石，级配合理。

（3）细骨料。普通天然中砂，细度模数为 2.3。

C30 混凝土的配合比如表 5.19 所示，养护 28d 后的实测抗压强度为 35MPa。

表 5.19　C30 混凝土配合比

水泥	水	砂	石子
1	0.55	1.86	3.17

2. 试件尺寸及配筋

TRC 叠合梁试件如图 5.59 所示，试件设计尺寸为 $b\times h$=150mm×250mm，跨度 l=1500mm，净跨 l_0=1200mm。纵向受拉钢筋为两根直径为 10mm 的 HRB335 钢筋，箍筋为 ϕ6 的 HPB300 钢筋，箍筋间距 s=60mm，为便于观察弯曲裂缝，试件中部设 400mm 纯弯段。U 形 TRC 模板内混凝土为 C30，28d 实测强度为 C35，保护层厚度为 25mm。普通 RC 梁的设计尺寸和配筋与 TRC 叠合梁试件相同。

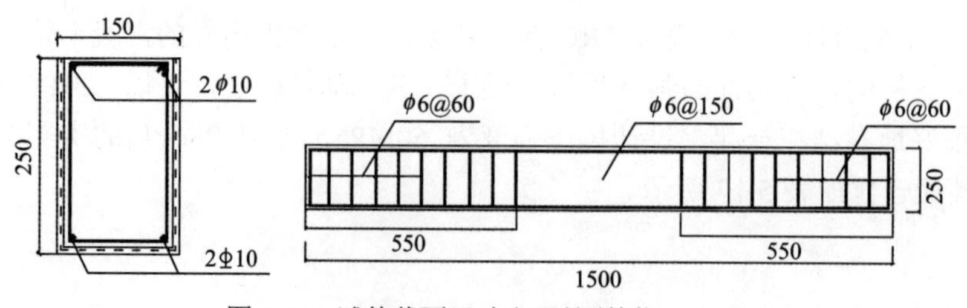

图 5.59　试件截面尺寸和配筋（单位：mm）

3. 试件分组

本试验主要考虑 NaCl 溶液浓度、不同锈蚀率、是否持荷的影响，试验梁分组如表 5.20 所示。试验梁数量为 7 根，其中 L1、L6 为普通现浇钢筋混凝土梁，其余为 TRC 叠合梁，L6、L7 不进行氯盐侵蚀，主要起到对比参照作用。

表 5.20　试验梁分组

编号	NaCl 溶液/%	是否持荷	锈蚀率/%
L1	10	是	10
L2	10	是	10
L3	10	否	10
L4	10	是	5
L5	5	是	10
L6	0	否	0
L7	0	否	0

5.6.2　力与氯盐侵蚀耦合作用下叠合梁的抗弯性能试验方法

1. 持荷加载方案

为了更接近于实际工程中构件的受力特点，本试验采取一边持荷一边使用氯盐侵蚀构件的研究方法。考虑到构件体积偏大，且为了防止加载应力松弛情况的出现，试验中采用重力加载的方法进行重力持荷，具体方法为在构件的三等分点处悬挂重物。由于受到试验空间的限制，本试验中浇筑的重物重量为 16kN，约为试验梁开裂荷载的 0.32 倍。

2. 电化学侵蚀方案

1) 钢筋锈蚀机理

在一般情况下，混凝土中钢筋的锈蚀为电化学腐蚀。在钢筋混凝土结构中，由于水泥的水化作用，受混凝土包裹状态下的钢筋处于一个强碱性的环境中，而且在钢筋的表面会形成一层致密的钝化膜，其成分为 $Fe_2O_3 \cdot nH_2O$ 或 $Fe_3O_4 \cdot nH_2O$，进一步阻隔了钢筋与酸性介质的接触。当混凝土碳化达到一定深度、SO_4^{2-} 或其他酸性介质侵蚀以及 Cl^- 作用时，将引起钢筋附近的混凝土的碱性值(pH)逐渐降低，从而导致致密的钝化膜发生破坏，引发钢筋锈蚀，钢筋的电化学反应示意图如图 5.60 所示。

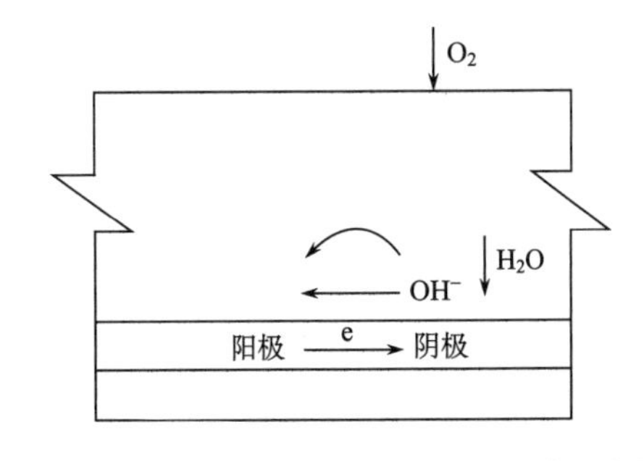

图 5.60　混凝土内钢筋锈蚀电化学反应示意图

阳极区反应式：

$$Fe - 2e \rightarrow Fe^{2+} \tag{5.41}$$

阴极区反应式：

$$\frac{1}{2}O_2 + H_2O + 2e \rightarrow 2OH^- \tag{5.42}$$

电化学锈蚀反应式：

$$\frac{1}{2}O_2 + H_2O + Fe \rightarrow Fe^{2+} + 2OH^- \rightarrow Fe(OH)_2 \tag{5.43}$$

在氧气充足的情况下，$Fe(OH)_2$ 进一步被氧化成 $Fe(OH)_3$：

$$4Fe(OH)_2 + 2H_2O + O_2 \rightarrow 4Fe(OH)_3 \tag{5.44}$$

$Fe(OH)_3$ 分解成 Fe_2O_3，呈红褐色：

$$2Fe(OH)_3 \rightarrow Fe_2O_3 + 3H_2O \tag{5.45}$$

在氧气不足的情况下，$Fe(OH)_2$ 氧化并不完全，生成部分 Fe_3O_4，呈黑色：

$$6Fe(OH)_2 + O_2 \rightarrow 2Fe_3O_4 + 6H_2O \tag{5.46}$$

2) 力与氯盐侵蚀耦合作用试验模型

常用的梁内钢筋的锈蚀方法主要有三种：①自然环境暴露法；②人工气候模拟干湿试验法；③电化学侵蚀法。考虑到前两种方法的试验周期太久，故本试验梁内钢筋的锈蚀采用电化学侵蚀法，加载装置如图 5.61 所示，首先将试件梁放入特制水槽内，随后将整体置于重力加载设备之上，加入所需溶液，使溶液液面到达试件梁梁高的 80%处即可。

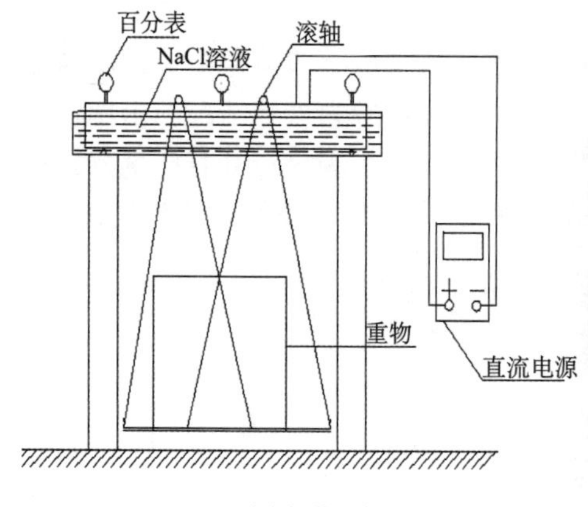

(a) 重力加载示意图

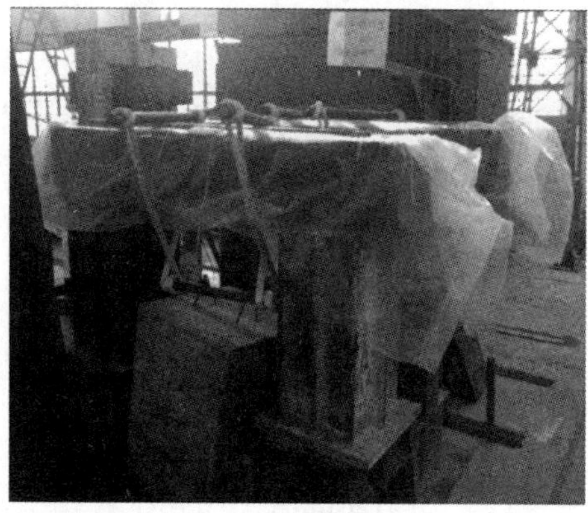

(b) 重力加载实物图

图 5.61　重力加载装置

在正式进行电化学侵蚀前，先让试件在 5%浓度的 NaCl 溶液中浸泡 7d，让试件处于一个湿润的环境下，这样有利于减小梁内电阻，使整个通电过程中电流保持平稳。本试验中使用的直流电源如图 5.62 所示，梁内钢筋引出的通电导线与直流电源的正极相连，并将铜板与直流电源的负极相连，利用溶液形成闭合回路，通电侵蚀的整个过程中，要定期补充 NaCl 溶液，保证溶液浓度的稳定。在支座处和跨中处设置百分表，定期观测挠度变化值。

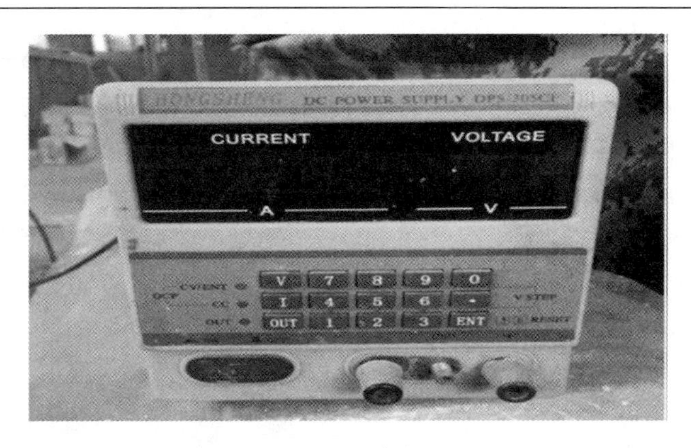

图 5.62　直流电源

3. 电流大小及通电时间的确定

在使用电化学侵蚀法腐蚀梁内钢筋时，计算通电时间将直接关系到钢筋锈蚀率能否达到试验要求。根据经验，钢筋的通电锈蚀采用法拉第定律，锈蚀率的确定主要考虑电流大小和通电时间两个因素。根据文献[41]可推得的理论锈蚀时间(单位：h)：

$$t = 5.9253\times 10^{-3}\frac{d^2 l_0 \eta_0}{I} \tag{5.47}$$

式中，d 为钢筋未锈蚀时的直径；l_0 为钢筋锈蚀区段的总长；η_0 为钢筋预计锈蚀率；I 为通电电流大小。

由于本试验中纵向钢筋直径不大，只有 10mm，根据国内外已经完成的钢筋电化学侵蚀试验经验发现，电化学侵蚀的钢筋电流密度不宜大于 2mA/cm^2，且通电电流的强度越小，钢筋锈蚀的模拟更接近于实际自然环境中的钢筋锈蚀。综上，选择电流大小为 0.8A。根据经验，法拉第定律计算出的通电时间偏短，根据经验需要扩大 1.4 倍，故计算所得的实际通电时间见表 5.21。

表 5.21　计算所需的通电时间

试件编号	锈蚀率/%	电流强度/A	通电时间/h
L1	10	0.8	622.16
L2			
L3			
L4			
L5	5	0.8	311.08

注：为了使通电锈蚀效果更好，每通 12h 电后暂停 6h，以便溶液补充氧气。

4. 弯曲试验方法

1) 测点布置及试验仪器

(a) 应变片

本试验使用两种应变片测量试件梁在弯曲试验下的应变变化，分别为钢筋应变片和混凝土应变片。钢筋应变片型号为 BX120-3AA，栅长×栅宽=3mm×2mm，灵敏系数和电阻值分别为 2.05%±0.3%和 120×(1±0.1%)Ω。钢筋应变片粘贴在已打磨好的底层钢筋跨中部位，为了防止钢筋在通电时产生铁锈使应变片失效，粘贴好后用纱布包裹环氧树脂进行保护。混凝土应变片型号为 BX120-100AA，栅长×栅宽=100mm×3mm，灵敏系数和电阻值分别为 2.08%±0.3%，119.7×(1±0.1%)Ω。混凝土应变片粘贴于梁底跨中和梁侧，梁底跨中粘贴两个，梁侧应变片粘贴四个，距梁底分别为 25mm、50mm、100mm、200mm，混凝土应变片具体粘贴位置如图 5.63 所示。

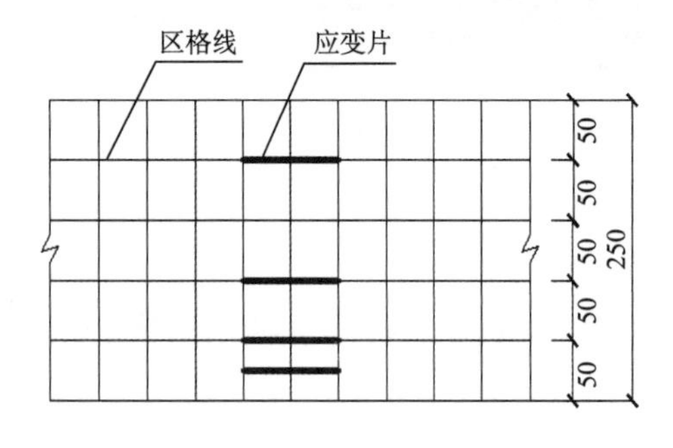

(a) 混凝土应变片布置示意图(单位：mm)

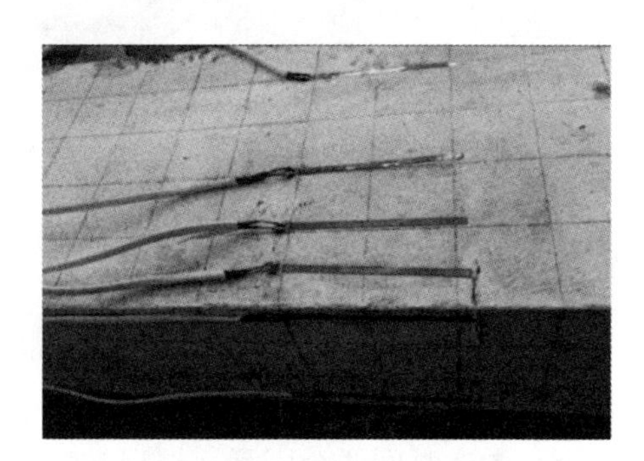

(b) 混凝土应变片布置实物图

图 5.63　混凝土应变布置图

(b) 位移计

使用 YHD-50 型位移计，量程为±50mm，连接于数据采集仪进行数据采集。

(c) 千斤顶

进行弯曲破坏时使用的设备为 30T 手动油压千斤顶，千斤顶上方放置压力传感器，并通过接线与力显示器相连。如图 5.64 所示，通过显示器上的读数可以准确地得知上部荷载情况。

图 5.64　力传感器与显示器

(d) 数据采集仪

试验中所有应变数据的采集使用东华 DH3816N 数据采集仪，如图 5.65 所示。

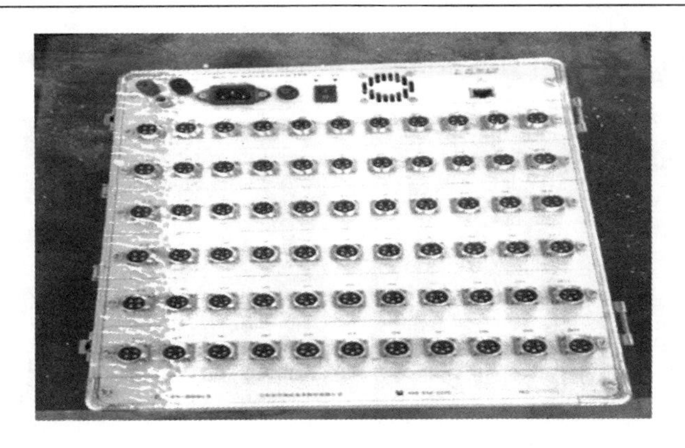

图 5.65　DH3816N 数据采集仪

2) 加载方案

弯曲试验的加载装置如图 5.66 所示。采用四点弯曲试验，为了观察弯曲破坏情况，构件梁设置纯弯段，长度为 400mm。在正式加载前，先对构件进行预加载，以 5kN 为一级加到 10kN，荷载通过传感器连接力显示器确定，期间检查各监测点是否正常，各个部分是否摆放准确，随后卸载，将各项数据清零，准备正式加载。正式加载在构件梁出现裂缝之前以 5kN 为一级进行加载，待出现裂缝后以 10kN 为一级进行加载，直至构件破坏。每级加载之间空隙 3min，使梁裂缝充分发展，并观测裂缝出现情况，记录数据以及试验现象。

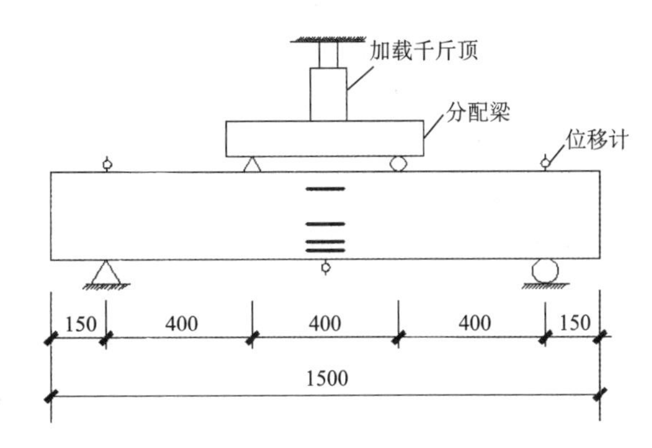

图 5.66　加载图示(单位：mm)

3) 钢筋锈蚀率的测定

弯曲试验完成后，对所有进行过电化学侵蚀的试验梁的混凝土进行破碎处理，取出梁内纵向受拉锈蚀钢筋，每根纵向受拉钢筋在不同部位截取三段 10cm 左右的钢筋用于测量，用打磨机仔细除去锈蚀钢筋表面的铁锈，随后将打磨好的钢筋放于电子秤上称取质量，通过比较未锈蚀钢筋与锈蚀钢筋的质量差确定该根锈蚀钢筋的实际锈蚀率，并与计划锈蚀率进行比对，如图 5.67 所示。钢筋的锈蚀率采用称重法计算：

$$\eta_{实} = \frac{m_{前} - m_{后}}{m_{前}} \times 100\% \tag{5.48}$$

式中，$\eta_{实}$为锈蚀钢筋锈蚀率；$m_{前}$为钢筋锈蚀前的质量；$m_{后}$为钢筋锈蚀后的质量。

(a) 从梁内取出的锈蚀钢筋

(b) 打磨以后的锈蚀钢筋

图 5.67　破型后取出的锈蚀钢筋

5.6.3　力与氯盐侵蚀耦合作用下叠合梁的抗弯性能试验结果

1. 试验现象

1) 持荷通电试验现象

接通直流电源后，浸泡在 10%浓度 Nacl 溶液中的试件在重力加载的情况下，钢筋逐渐发生电化学反应。在通电的过程中发现，TRC 叠合梁和普通梁在电化学侵蚀中的试验现象有着明显的区别，比较 L1 和 L2 梁发现，普通梁 L1 在通电的第三天，梁侧表面开始出现一块块锈斑，随着通电时间的不断延长，梁侧表面渗出的铁锈逐渐增多，沉积在梁侧表面，浸泡的溶液也随之变为黄褐色，如图 5.68 所示。叠合梁 L2 由于有 U 型 TRC 梁模的保护，表面出现的锈斑大大减少，渗出的铁锈量相比于普通梁也大幅度减少。锈蚀过程中 TRC 叠合梁与普通混凝土梁表面均出现纵向锈胀裂缝，TRC 叠合梁的锈胀裂缝主要体现在 U 形梁模与内部现浇混凝土交界面处，普通梁的锈胀裂缝主要出现在梁顶处，如图 5.69 所示。

图 5.68　普通梁锈蚀情况

图 5.69　叠合梁锈蚀情况

2）弯曲破坏试验现象

构件L1为普通现浇RC梁，浸泡溶液浓度为10%，预期钢筋锈蚀率为10%，持荷。加载初期以5kN为一级加载，每到一级停止3min观察裂缝情况。加载到40kN时，梁底跨中处出现一条细微裂缝，裂缝宽度为0.03mm，前后面各出现一条细微竖向裂缝，此时记录开裂荷载为40kN，加载至此钢筋应变片和混凝土应变片与荷载呈线性增长关系。随后以10kN为一级继续加载，加载到50kN时，梁底跨中处出现两条细微裂缝，前后面各出现一条竖向长裂缝，裂缝延伸，延伸高度约为100mm，跨中挠度增幅较小。加载至60kN时，梁底裂缝与前后面裂缝贯穿，跨中部位挠度增加迅速，钢筋应变片数值增长较大。继续加载至70kN，裂缝继续延伸并加宽，延伸高度为170mm，梁侧面25mm处和50mm处的混凝土应变片被拉断。当加载至80kN时，梁底混凝土应变片和梁侧100mm处应变片被拉断，裂缝迅速加宽，距离支座25cm处又出现两条贯穿裂缝，继续加载构件上部混凝土被压碎，试验结束。

构件L2为TRC叠合梁，浸泡溶液浓度为10%，预期钢筋锈蚀率为10%，持荷。加载初期以5kN为一级加载，每到一级停止3min观察裂缝情况。当加载到55kN时，前面跨中处混凝土应变片发生突变，出现一条微小竖向裂缝，后面跨中处出现两条微小竖向裂缝，裂缝宽度为0.02mm，此时记录开裂荷载为55kN。继续加载至65kN时，梁底出现细微裂缝，前后面跨中处出现多条竖向细微裂缝，并向底面延伸。加载至75kN时，前面跨中部位出现一条细长竖向裂缝，延伸高度为120mm。当加载至115kN时，前后面及底面均出现多条裂缝，构件弯剪区竖向裂缝逐渐向加载点延伸，挠度增加迅速，钢筋应变片增幅迅速。加载至135kN，数条竖向裂缝迅速发展，而裂缝宽度却增加不大，后面边跨支座处出现一条长斜裂缝。直至加载到145kN，底部织物网出现断裂的声音，继续加载，顶部混凝土被压碎，试验结束。

构件L7为TRC叠合梁，未进行腐蚀作用，持荷。加载初期以5kN为一级加载，每到一级停止3min观察裂缝情况。从初始加载到55kN时，叠合梁后面跨中部出现两条细微的竖向裂缝，裂缝宽度为0.02mm，此时记录开裂荷载为55kN。继续加载至65kN，前后面出现几条竖向细微裂缝，并延伸至底面，加载至75kN，前后面继续出现几条细微竖向裂缝，其余裂缝继续向上发展。加载至95kN时，前后面及底面分别出现了多条裂缝，其余裂缝继续延伸，裂缝宽度加宽。当加载至135kN时，裂缝迅速延长加深，钢筋应变片数值迅速增大。继续加载至145kN，此时裂缝数量已不再增多，叠合梁的三面布满密密麻麻的竖向裂缝，梁底多条贯穿裂缝，构件前面右侧出现一条长的斜裂缝，当加载至165kN时，随着织物网突然的拉断声，叠合梁发生破坏，试验结束。

由于TRC叠合梁的破坏形态及裂缝发展情况比较类似，在这里只详细比较L1、L2和L7的试验现象。整个弯曲破坏试验中，构件梁的破坏形态主要有两种：①普通现浇RC梁体现出明显的适筋梁破坏形态，钢筋屈服后构件上部混凝土被压碎；②TRC叠合梁为钢筋先屈服，随后底部TRC模板中的织物网被拉断，最后上部混凝土被压碎。虽然TRC叠合梁相比于普通现浇RC梁延性略有下降，但破坏形态体现出明显的滞后性。总体而言，TRC叠合梁相比于普通现浇RC梁，其破坏形态以及控制裂缝发展方面有着明显的优势。TRC叠合梁裂缝数量多，宽度小，裂缝之间间距小，总体呈现“细而密”的特点，普通现浇 RC 梁，裂缝数量小，宽度大，裂缝之间间距也较大。试验梁的裂缝图见图 5.70 和图 5.71。

(a) 普通 RC 梁裂缝发展情况 (L1)

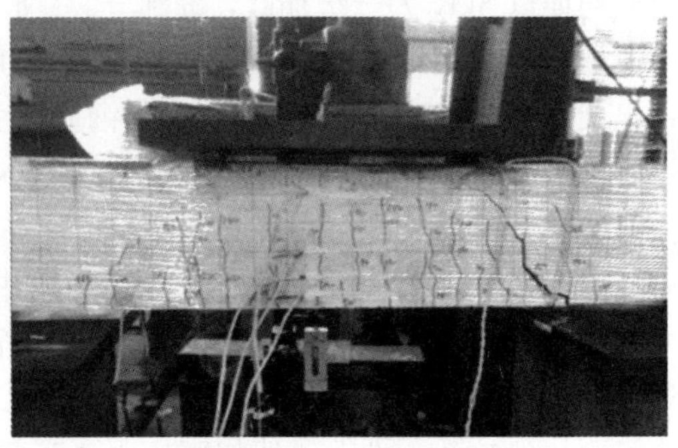

(b) TRC 叠合梁裂缝发展情况 (L2)

图 5.70　TRC 叠合梁与普通 RC 梁破坏形态的对比

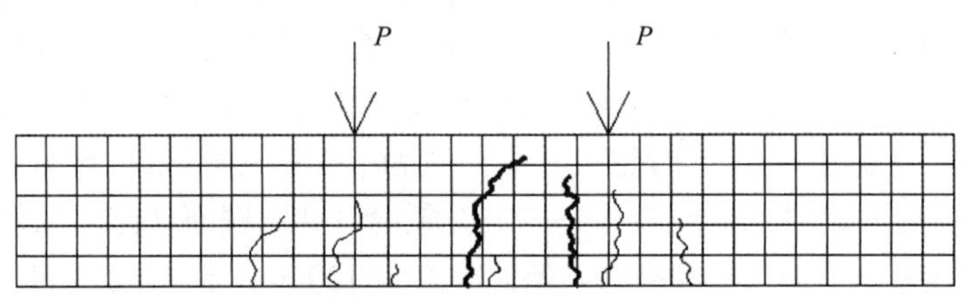

(a) L1裂缝发展图

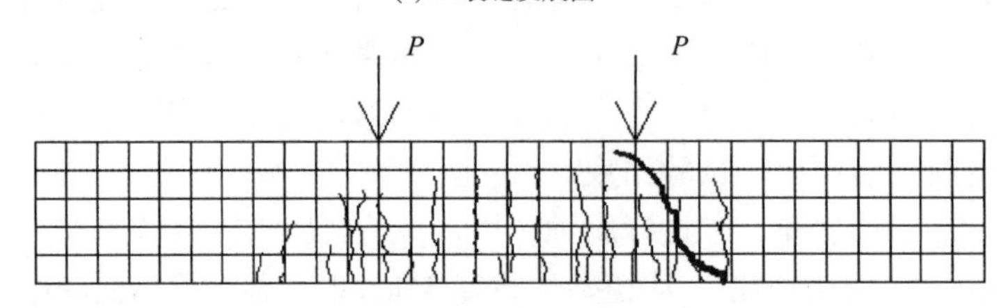

(b) L2裂缝发展图

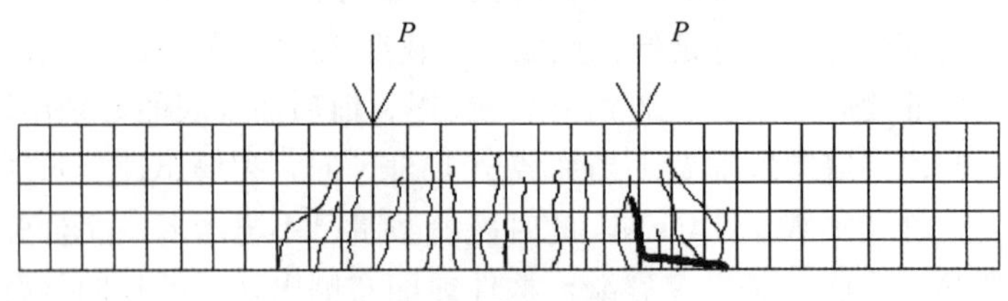

(c) L3裂缝发展图

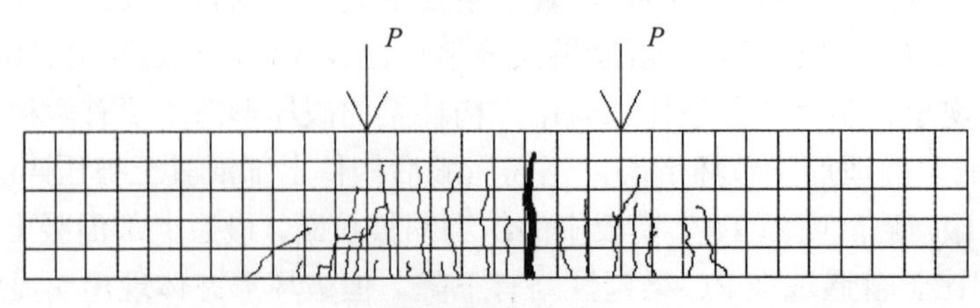

(d) L4裂缝发展图

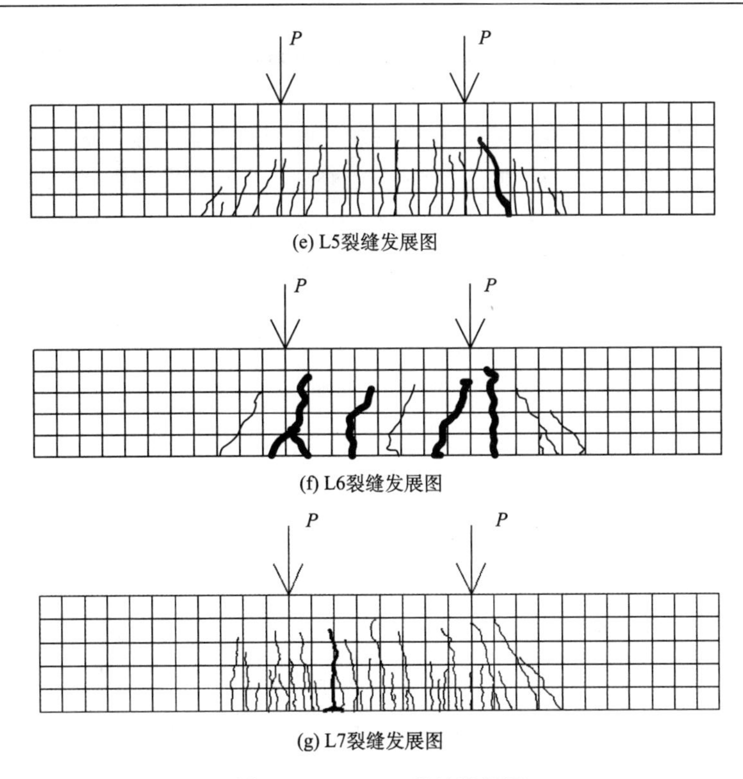

(e) L5裂缝发展图

(f) L6裂缝发展图

(g) L7裂缝发展图

图 5.71　L1～L7 裂缝发展图

2. 试验结果与分析

1)承载力分析

试验梁的承载力结果如表 5.22 所示。荷载-钢筋应变见图 5.72，通过比较钢筋应变的数值涨幅情况可以确定试件梁的屈服荷载。

表 5.22　试验梁承载力结果汇总

编号	梁的类型	持荷状态	计划锈蚀率/%	溶液浓度/%	P_{cr}/kN	P_u/kN	P'_u/kN	实测锈蚀率/%
L1	普通	持荷	10	10	40	60	80	12.63
L2	TRC	持荷	10	10	55	110	145	8.36
L3	TRC	未持荷	10	10	55	105	140	10.06
L4	TRC	持荷	5	10	50	140	165	3.8
L5	TRC	持荷	10	5	55	120	145	6.47
L6	普通	未持荷	0	0	40	80	95	0
L7	TRC	未持荷	0	0	55	130	160	0

注：P_{cr}、P_u和P'_u分别代表试件的开裂荷载、屈服荷载和极限荷载。

从表中数据可以看出，使用了 U 形 TRC 梁模的叠合构件相比于普通钢筋混凝土构件，其屈服荷载和极限荷载均有了大幅度的提升。U 形 TRC 梁模与内部现浇钢筋混凝土共同受力，由于 TRC 织物网的存在，间接增加了叠合构件的刚度，使其加载之初的开裂荷载提高了 25%～37.5%。为了加速钢筋锈蚀速率，试验中采用电化学侵蚀法使直流电源与梁内钢筋相连，在控制锈蚀率的过程中，虽然试验实际测量得到的钢筋锈蚀率与理论计算值存在一定偏差，但也足以反应一定的试验规律。

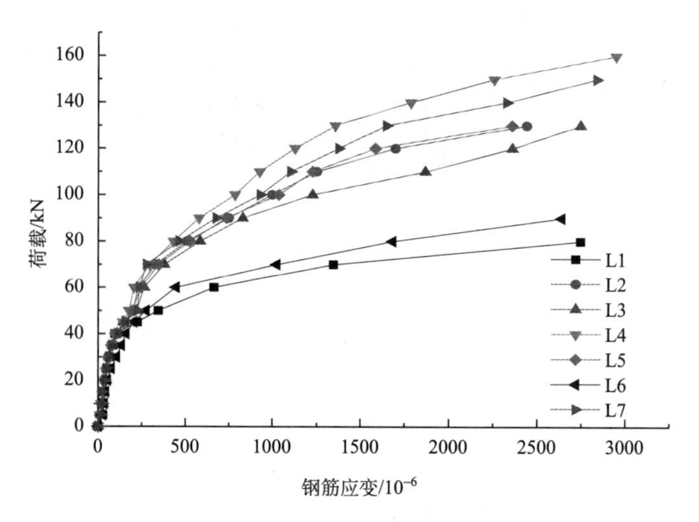

图 5.72　试验梁的荷载-钢筋应变曲线

(a) 不同构件类型的比较

L1、L2、L6、L7 荷载分析见表 5.23，L1、L2 钢筋锈蚀率见表 5.24。

表 5.23　L1、L2、L6、L7 荷载分析

编号	开裂荷载 P_{cr}/kN	屈服荷载 P_u/kN	极限荷载 P'_u/kN	开裂荷载提高幅度/%	屈服荷载下降幅度/%	极限荷载下降幅度/%
L1	40	60	80	—	25	15.8
L6	40	80	95	—	—	—
L2	55	110	145	37.5	15.4	9.4
L7	55	130	160	37.5	—	—

表 5.24　L1、L2 钢筋锈蚀率

编号	计划锈蚀率/%	实际锈蚀率/%
L1	10	12.63
L2	10	8.36

比较 L1、L2、L6 与 L7 可以得出，普通现浇钢筋混凝土梁与 U 形 TRC 叠合梁在相同锈蚀条件下，其屈服荷载分别下降了 25%和 15.4%，其极限荷载下降了 15.8%和 9.4%，

这主要是因为梁内钢筋在受到锈蚀损伤后，钢筋与混凝土协同工作能力下降，但 U 形 TRC 叠合梁是由 TRC 梁模与内部现浇钢筋混凝土共同受力，钢筋达到屈服强度后主要表现为 TRC 梁模内的织物网抵抗荷载作用。从表中亦可以看出，在相同通电时间条件下，TRC 叠合梁内钢筋实测锈蚀率略小于普通现浇梁，说明 TRC 梁模阻滞了氯离子的渗透，降低了氯离子对于钢筋锈蚀的“催化”作用。

(b) 不同溶液浓度的比较

L2、L5 荷载分析见表 5.25，L2、L5 钢筋锈蚀率见表 5.26。

表 5.25　L2、L5 荷载分析

编号	NaCl 溶液浓度/%	开裂荷载 P_{cr}/kN	屈服荷载 P_u/kN	极限荷载 P'_u/kN	开裂荷载提高幅度/%	屈服荷载下降幅度/%	极限荷载下降幅度/%
L2	10	55	110	145	37.5	15.4	9.4
L5	5	55	120	145	37.5	7.7	9.4

表 5.26　L2、L5 钢筋锈蚀率

编号	计划锈蚀率/%	实际锈蚀率/%
L2	10	8.36
L5	5	6.47

L2、L5 是在不同溶液浓度下的试验梁，其屈服荷载较未锈蚀 TRC 叠合梁分别下降了 15.4%、7.7%，极限荷载下降了 9.4%、9.4%，溶液浓度的改变，导致穿透 TRC 梁模的氯离子数量也有所不同，对钢筋的实际锈蚀率产生了一定的影响，从表中可以看出溶液浓度的提高使梁内钢筋的实测锈蚀率偏大，因此溶液浓度的提高间接地使叠合梁的承载力呈下降趋势。

(c) 不同锈蚀率的比较

L2、L4 荷载分析见表 5.27，L2、L4 钢筋锈蚀率见表 5.28。

表 5.27　L2、L4 荷载分析

编号	开裂荷载 P_{cr}/kN	屈服荷载 P_u/kN	极限荷载 P'_u/kN	开裂荷载提高幅度/%	屈服荷载下降幅度/%	极限荷载下降幅度/%
L2	55	110	145	37.5	15.4	9.4
L4	50	140	165	25	–7.7	–3.1

表 5.28　L2、L4 钢筋锈蚀率

编号	计划锈蚀率/%	实际锈蚀率/%
L2	10	8.36
L4	5	3.8

L2、L4 是在不同计划钢筋锈蚀率下的试验梁，从表 5.27、表 5.28 中可以看出，L4 试验梁的屈服荷载和极限荷载较 L2 梁有一定幅度的提升，甚至略高于未锈蚀的 L7，这是因为对于 L4 试件，较小的锈蚀率使梁内钢筋锈胀作用更加明显，提升了钢筋与混凝土之间的机械咬合力，间接提高了构件的整体刚度，因此其屈服荷载和极限荷载均有小幅度提升。

(d) 不同持荷方式的比较

L2、L3 荷载分析见表 5.29，L2、L3 钢筋锈蚀率见表 5.30。

表 5.29　L2、L3 荷载分析

编号	开裂荷载 P_{cr}/kN	屈服荷载 P_u/kN	极限荷载 P'_u/kN	开裂荷载提高幅度/%	屈服荷载下降幅度/%	极限荷载下降幅度/%
L2	55	110	145	37.5	15.4	9.4
L3	55	105	140	37.5	19.2	12.5

表 5.30　L2、L3 钢筋锈蚀率

编号	计划锈蚀率/%	实际锈蚀率/%
L2	10	8.36
L3	10	10.06

L2、L3 是在不同持荷状态下的试验梁，L2 为持荷锈蚀条件，L3 仅为锈蚀条件，但从表中的试验结果来看，与我们的认识有一定的偏差。这可能是因为在通电时，试件由于试验外部环境问题，通电时的电流偏大，造成未持荷状态下的叠合梁内钢筋实测锈蚀率偏大，从而影响了试验结果。

2) 荷载-挠度分析

试件的荷载-跨中挠度曲线如图 5.73 所示，TRC 叠合梁的挠度发展速率明显滞后于普通现浇 RC 梁。从开始加载至加载到 40kN，TRC 叠合梁与普通现浇 RC 梁的斜率基本一致，荷载与跨中位移呈线性关系，40kN 之后，普通现浇 RC 梁出现裂缝，斜率发生改变并逐渐趋于平缓，而 TRC 叠合梁依然保持着良好的线性关系。当加载至 80kN 左右，普通 RC 梁基本达到最大跨中位移，而 TRC 叠合梁曲线依然比较饱满，这是因为织物网的存在，分担了大部分的荷载，特别是在梁内钢筋达到屈服强度之后，钢筋基本退出工作，荷载主要由织物网承担。综合比较各影响因素，在同一级别荷载作用下，钢筋锈蚀率越大，跨中挠度发展越迅速，钢筋应变越大，溶液浓度对叠合梁跨中位移的影响程度较小，而 L4 试件由于锈蚀率较小，梁内钢筋的锈胀作用间接增强了梁的整体刚度，体现出更优的控制变形能力。各试验梁跨中位移曲线对比图见图 5.74。

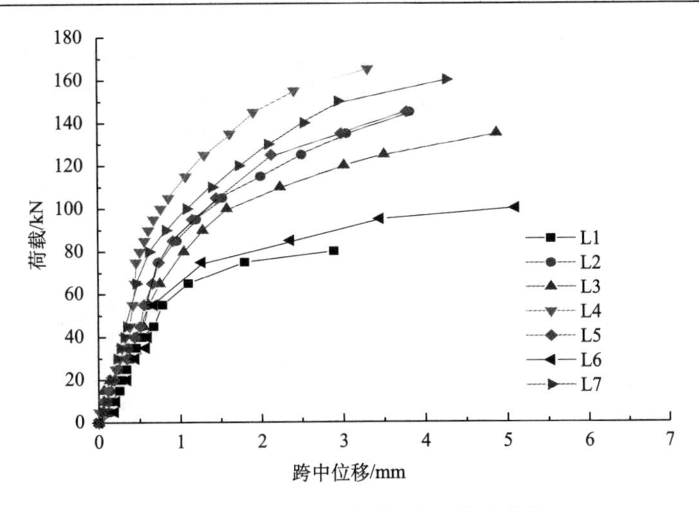

图 5.73　试验梁的荷载-跨中挠度曲线

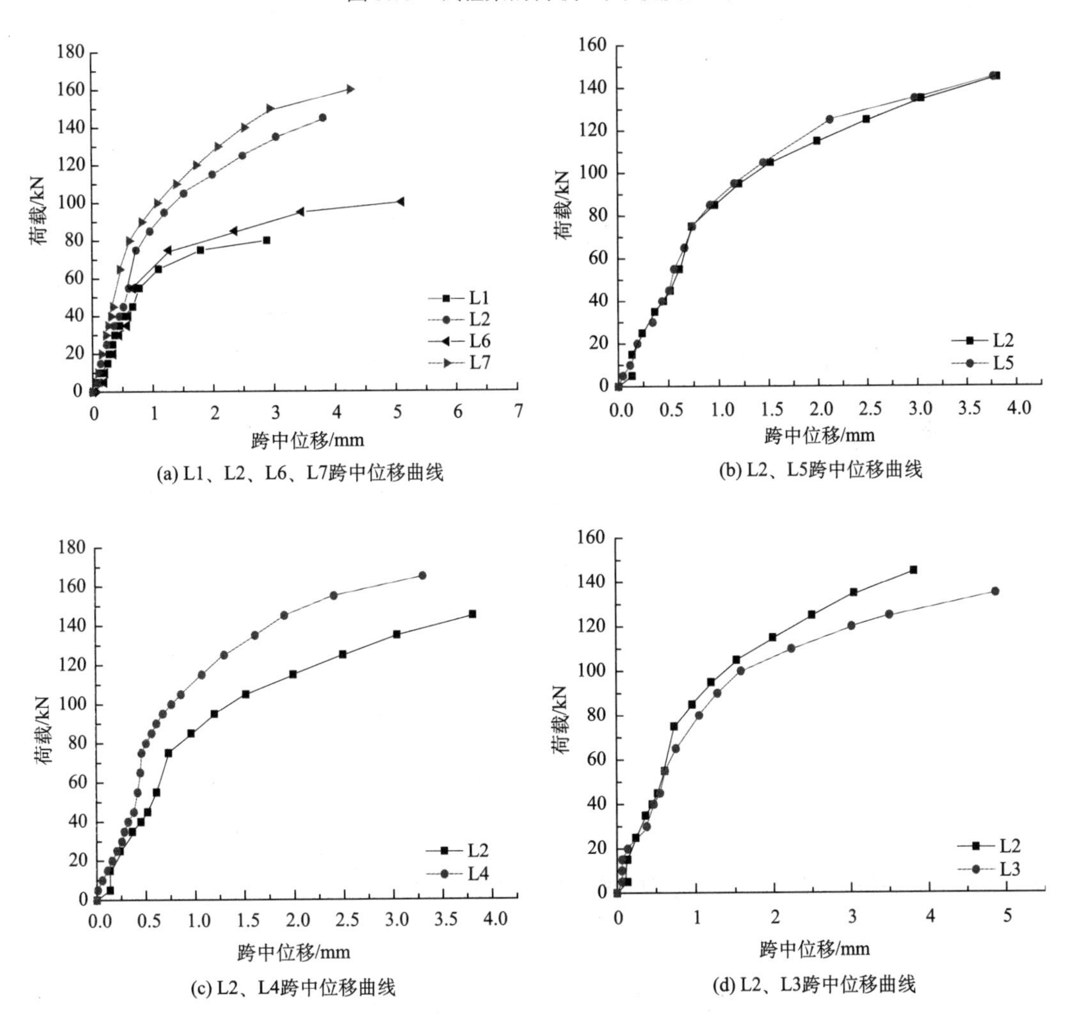

图 5.74　各试验梁跨中位移曲线对比图

3) 试验梁截面应变分析

经试验数据可知：本试验构件均满足平截面假定，在此以梁 L2、L7 为例说明，如图 5.75 和图 5.76 所示，从试件加载到破坏，在各级荷载作用下，试件的截面沿梁高近似呈线性分布，从试件达到开裂荷载后，中性轴逐渐上移，混凝土受压区高度减小，基本可认定试件在加载过程中符合平截面假定。

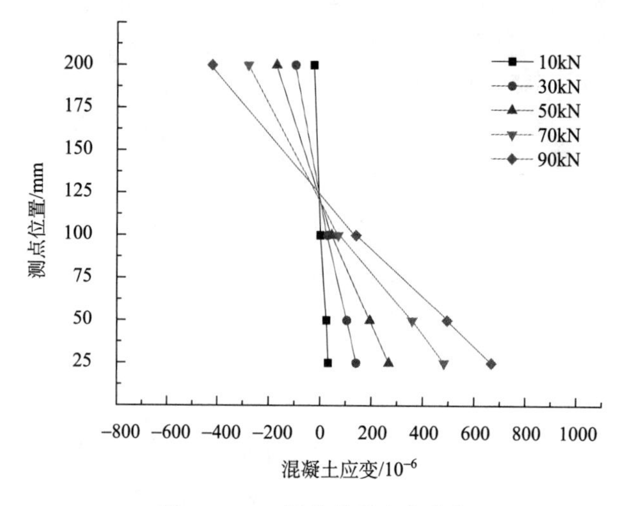

图 5.75　L2 梁的截面应变分布

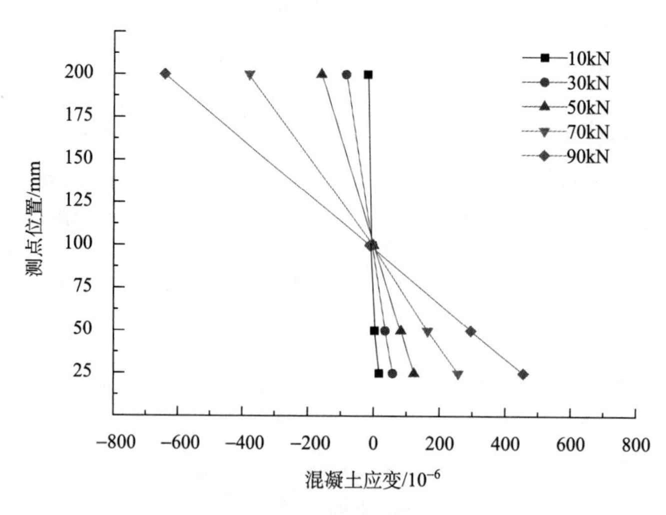

图 5.76　L7 梁的截面应变分布

5.6.4　力与氯盐侵蚀耦合作用下叠合梁的正截面承载力分析

1. TRC 叠合梁使用阶段的变形验算

在进行锈蚀状态下的 TRC 叠合梁的抗弯承载力计算前，首先对本试件梁在正常使用阶段的变形进行验算，为叠合梁的设计应用提供参考。

TRC 叠合梁相比于普通现浇 RC 梁有更好的控制裂缝能力以及控制变形能力，虽然 U 形 TRC-Sip-F 底板部分的织物网相比于混凝土有柔软且易拉伸的特点，但因其有高强细骨料混凝土作为基体，TRC 叠合梁的刚度较普通梁大，因此变形较小。

1) 确定叠合梁正常使用荷载

TRC 叠合梁的使用荷载的确定较为烦琐，在此我们先用普通现浇 RC 梁代替。

单筋矩形截面梁的抗弯力公式为

$$M = \alpha_1 f_c bx\left(h_0 - \frac{x_0}{2}\right) \tag{5.49}$$

$$\alpha_1 f_c bx = f_y A_s \tag{5.50}$$

式中，M为荷载在该截面上产生的弯矩设计值；α_1为按受压区混凝土矩形应力图的应力值与混凝土轴心抗压强度设计值的比值确定的系数，本文中取$\alpha_1 = 1.0$；f_c为混凝土轴心抗压强度设计值；f_y为钢筋抗拉强度设计值；b为截面宽度；x为混凝土受压区高度；h_0为截面的有效高度；A_s为受拉钢筋的截面面积。

联立上式，代入数据，可得$M = 11\text{kN}\cdot\text{m}$。

2) 挠度值的验算

根据《混凝土结构设计规范》规定：钢筋混凝土受弯构件的最大挠度应按荷载的准永久组合，当计算跨度l_0<7m 时，其挠度限制为$l_0/200$，矩形截面受弯构件考虑荷载长期作用影响的刚度B可按下列规定计算：

$$B = \frac{M_k}{M_q(\theta-1)+M_k}B_s \tag{5.51}$$

式中，M_k为按荷载的标准组合计算的弯矩，取计算区段内的最大弯矩；M_q为按荷载的准永久组合计算的弯矩，取计算区段内的最大弯矩值；θ为考虑荷载长期作用对挠度增大的影响系数，本试验中上部钢筋 为架立筋，$A_s' = 0$，$\theta = 2$；B_s为按荷载准永久组合计算的钢筋混凝土受弯构件的短期刚度。

由上式得

$$\frac{B}{B_s} = \frac{M_k}{M_q(\theta-1)+M_k} = \frac{G_k+Q_k}{(G_k+0.5Q_k)(2-1)+G_k+Q_k} = 0.545 \tag{5.52}$$

其中：

$$\frac{Q_k}{G_k} = 0.5 \tag{5.53}$$

试件梁的计算跨度$l_0 = 1200\text{mm}$，跨中挠度限制为1200/200=6mm，折减系数为0.545，故折减后的挠度限制为 3.27mm。11kN·m 时的挠度值远远小于 3.27mm，故该试件在实际使用中可以保证挠度值的要求。

2. 正截面承载力计算的相关假定

基于锈蚀钢筋造成的结构性能退化影响，立足于 TRC 叠合梁在未锈蚀状态下的计算特点，进而得到锈蚀状态下的 TRC 叠合梁的理论分析方法。在计算之前，需明确以下假定：

1）平截面假定

截面保持平面，即平截面假定，等效于构件横截面上的正应变与截面高度呈线性分布，平截面假定是梁的基本弹性理论，在计算中起到了重要作用。当计算荷载作用下构件截面上的正应变分布时，可以通过截面上的任意两点的应变值，并结合应变点处的线性关系，确定截面上任意一点的正应变。

2）不考虑混凝土的抗拉强度

混凝土的压应力很大，而其拉应变大约只为混凝土抗压强度的 1/10，为了简化 TRC 叠合梁的抗弯强度计算，不考虑混凝土的抗拉强度。

3）混凝土的应力-应变

混凝土的应力-应变关系满足 GB 50010—2002《混凝土结构设计规范》中的相关规定：

$$\sigma_c = f_c\left[1-(1-\varepsilon_c/\varepsilon_0)^n\right] \qquad \varepsilon_c<\varepsilon_0 \tag{5.54}$$

$$\sigma_c = f_c \qquad \varepsilon_0<\varepsilon_c<\varepsilon_{cu} \tag{5.55}$$

式中，σ_c 为混凝土压应力；ε_c 为混凝土压应变；f_c 为混凝土轴心抗压强度；ε_0 为混凝土最大压应力对应的压应变，ε_0取0.002; ε_{cu} 为混凝土极限压应变，ε_{cu} 取 0.0033。

4）钢筋的应力-应变关系

钢筋的应力-应变关系可以简化为理想弹塑性折线，其本构关系如图 5.77 所示。

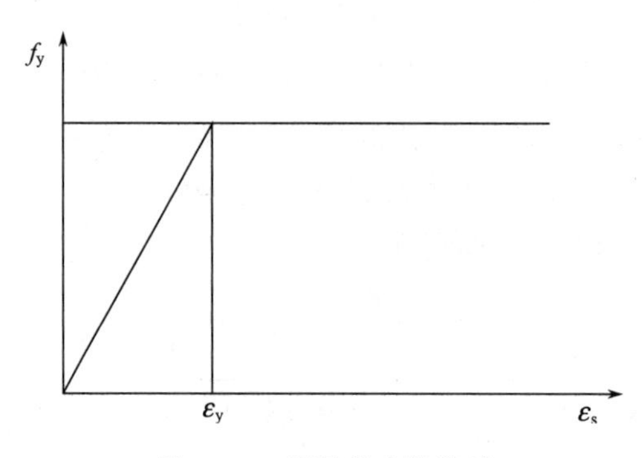

图 5.77　钢筋的本构关系

$$\sigma_s = \varepsilon_s E_s \qquad 0 \leqslant \varepsilon_s \leqslant \varepsilon_y \tag{5.56}$$

$$\sigma_s = f_y \qquad \varepsilon_s > f_y \tag{5.57}$$

式中，ε_s 为钢筋的应变；ε_y 为钢筋的屈服应变；E_s 为钢筋的弹性模量。

5）碳纤维的应力-应变关系

本试验所用到的织物网为纵横交错的碳纤维束和耐碱玻璃纤维束，应用于 TRC-Sip-F 中时，横向为耐碱玻璃纤维束，纵向为碳纤维束。在考虑 TRC 叠合梁的抗弯承载力时，底板主要为碳纤维束受拉，耐碱玻璃纤维束的受力可忽略，故计算时只考虑碳纤维的应力作用，其应力-应变关系为(每束碳纤维的面积为 0.45mm^2)：

$$\sigma_{cf} = E_{cf}\varepsilon_{cf} \tag{5.58}$$

式中，σ_{cf} 为碳纤维束的应力；E_{cf} 为碳纤维束的弹性模量；ε_{cf} 为碳纤维束的应变。

3. 锈蚀钢筋混凝土梁的破坏特性分析

计算锈蚀状态下 TRC 叠合梁的承载力是一个极为复杂的过程，氯盐侵蚀 TRC 叠合梁主要表现为内部受拉钢筋的锈蚀，而锈蚀钢筋对 TRC 叠合梁承载力方面的影响应该从三个方面去考虑：一是锈蚀钢筋表面蚀坑和钢筋由于锈蚀造成的截面损失；二是钢筋的锈胀作用造成的混凝土表面的剥落，由此引起的截面损伤；三是由于钢筋锈蚀造成的钢筋与混凝土之间的黏结能力的退化。

1) 锈蚀钢筋的力学性能

钢筋的锈蚀会引起钢筋的屈服强度、抗拉强度以及伸长能力的下降，经大量研究表明：当钢筋的锈蚀率小于 10%时，钢筋尚有明显的屈服台阶，当钢筋的锈蚀率大于 20%时，锈蚀钢筋基本已经失去屈服台阶。锈蚀钢筋的屈服强度和弹性模量可用如下公式计算[138]：

屈服强度：

$$0<\rho\leqslant 5\%\text{时，} f_{yx} = (1-0.029\rho)f_y \tag{5.59}$$

$$\rho>5\%\text{时，} f_{yx} = (1.175-0.064\rho)f_y \tag{5.60}$$

弹性模量：

$$0<\rho\leqslant 5\%\text{时，} E_{sx} = (1-0.052\rho)E_s \tag{5.61}$$

$$\rho>5\%\text{时，} E_{sx} = (0.895-0.031\rho)E_s \tag{5.62}$$

2) 锈蚀钢筋的截面面积损失以及黏结性能的退化

锈蚀钢筋在发生黏结滑移破坏前，钢筋与混凝土之间作用的机理改变很难确定，因此用一个协同工作系数来考虑此类影响，即通过纵向受拉钢筋等效截面面积来考虑钢筋截面面积损失和黏结性能两种因素的影响[149]：

$$A_{y,se} = \sum_{i=1}^{n} k_{si}\varepsilon_{si}A_{si} \tag{5.63}$$

式中，$A_{y,se}$为纵向受拉钢筋的等效截面面积；A_{si}为第i根受拉钢筋未锈蚀时的截面面积；k_{si}为第i根受拉钢筋的协同工作系数。

考虑黏结性能的退化影响，在试验进行中，发现 TRC 叠合梁由于梁内钢筋锈蚀导致 U 形永久性模板与内部现浇钢筋混凝土交界处出现锈胀裂缝，锈蚀物质的渗出在模板缝隙填充，可能导致脱黏。由于事先无法预知该情况，在此先不考虑此影响。根据经验公式[140]可得

$$k_{si} = -0.2722\omega + 1.0438 \tag{5.64}$$

式中，k_{si} 为第 i 根受拉钢筋截面面积的减少系数；ω 为锈胀裂缝宽度。

将钢筋的锈蚀情况简化为沿钢筋圆周方向均匀锈蚀，按锈蚀率进行换算可得

$$\varepsilon_{si} = 1 - \rho_i \tag{5.65}$$

锈蚀钢筋混凝土梁的破坏形态主要分为适筋梁破坏形态和黏结撕裂破坏形态。当钢筋的锈蚀率达到一定程度，构件会由适筋梁破坏转为黏结撕裂破坏，即在计算时，构件的承载力主要取决于钢筋与混凝土之间的黏结力大小。由于本试验构件的锈蚀钢筋锈蚀率不大，黏结性能的退化较少，即钢筋与混凝土间的机械咬合力损失较小，在发生弯曲破坏时，依然可以认为发生了适筋梁破坏形态，故不需要考虑TRC叠合梁在较大钢筋锈蚀率下发生的黏结撕裂破坏。

4. 锈蚀TRC叠合梁的抗弯承载力计算

在计算时，考虑到钢板网厚度很薄，只有0.5mm，且为菱形孔，对TRC永久性模板的抗弯强度加强不大，主要是对永久性模板的抗剪强度影响稍大，因此为了简便计算，对于钢板网的影响忽略不计。其次，在考虑织物网的影响作用时，忽略侧壁织物网的作用，只计算底板织物网的影响，这是因为U形模板侧壁中的织物网数量有限，且距离中性轴较近，故对极限承载力影响较小，为方便计算，忽略不计。TRC叠合梁的承载力计算简图如图5.78所示。虽然在制作U形TRC叠合梁时使用了不锈钢板网，但由于其对抗弯承载力增强较小，可忽略不计。在受压状态下，受压区混凝土距中性轴y处的应变为

$$\varepsilon_c = \frac{y}{x_c}\varepsilon_u \tag{5.66}$$

式中，ε_u为梁顶混凝土应变。

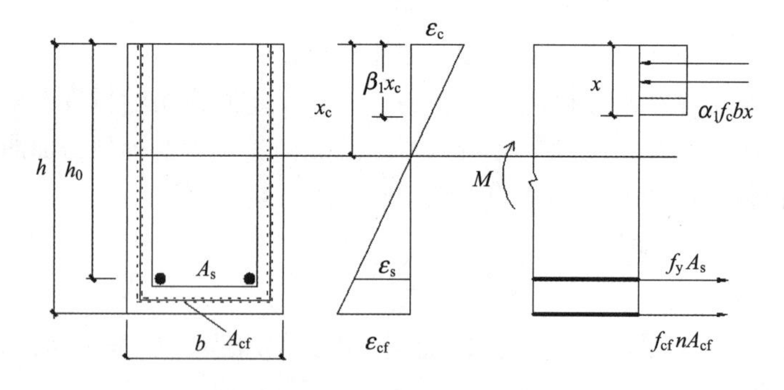

图5.78　正截面承载力计算简图

受压区混凝土所受总合力F为

$$F = \int_0^{x_c} \sigma_c(\varepsilon_c) b\mathrm{d}y = \int_0^{x_c} f_c b\left[1 - \left(1 - \frac{\varepsilon_u}{\varepsilon_0 x_c} y\right)^2\right]\mathrm{d}y \tag{5.67}$$

混凝土受压区合力F到中性轴的距离y_c为

$$y_{c}=\frac{\int_{0}^{x_{c}} f_{c} b\left[1-\left(1-\frac{\varepsilon_{u}}{\varepsilon_{0} x_{c}} y\right)^{2}\right] y \mathrm{d} y}{F} \tag{5.68}$$

由计算简图之间的几何关系可得

$$\frac{\varepsilon_{cf}}{\varepsilon_{cu}}=\frac{(h-h_{1}/2)-x_{c}}{x_{c}} \tag{5.69}$$

将 $x=\beta_{1}x_{c}$ 代入式(5.69)可得碳纤维应变 ε_{cf}：

$$\varepsilon_{cf}=\left(\frac{\beta_{1}(h-h_{1}/2)}{x}-1\right)\varepsilon_{cu} \tag{5.70}$$

碳纤维应力 f_{cf} 为

$$f_{cf}=E_{cf}\left[\left(\frac{\beta_{1}(h-h_{1}/2)}{x}-1\right)\varepsilon_{cu}\right]\leqslant f_{cfu} \tag{5.71}$$

式中，f_{cf} 为碳纤维织物的受拉应力；f_{cfu} 为碳纤维织物极限抗拉强度；β_{1} 为混凝土受压区高度与中性轴的比值；h_{1} 为 U 形永久性模板板底厚度。

由平衡条件可得

$$\sum\sigma_{s}A_{y,se}(h_{0i}-y_{c})+\sum f_{cfi}A_{cfi}=\int_{0}^{x_{c}} f_{c} b\left[1-\left(1-\frac{\varepsilon_{u}}{\varepsilon_{0} x_{c}} y\right)^{2}\right]\mathrm{d}y \tag{5.72}$$

$$M=\sum\sigma_{si}A_{y,se}(h_{0i}-y_{c})+\sum f_{cfi}A_{cfi}(h_{cfi}-y_{c}) \tag{5.73}$$

式中，σ_{si} 为第 i 层钢筋的应力；$A_{y,se}$ 为经过换算过的锈蚀钢筋截面积；h_{0i} 为第 i 层钢筋的有效高度；A_{cfi} 为第 i 层纤维的截面积；h_{cfi} 为第 i 层纤维的有效高度；f_{cfi} 为第 i 层纤维的应力。

经过积分计算可得

$$\alpha_{1}f_{c}bx=f_{yx}A_{y,se}+f_{cf}A_{cf} \tag{5.74}$$

$$M_{u}=f_{yx}A_{y,se}\left(h_{0}-\frac{1}{2}x\right)+f_{cf}A_{cf}\left(h_{cf0}-\frac{1}{2}x\right) \tag{5.75}$$

根据给出的承载力计算公式，代入本试验构件的相关数据，可得到抗弯承载力的理论计算值(弯曲破坏荷载 $P_{u}=\frac{6M_{u}}{l_{0}}$)。叠合梁 L4 因锈蚀率较小不符合退化规律，故不适用于此公式。从表 5.31 中的数据可以看出，本文给出的推导公式，理论值与试验值较为吻合。

表 5.31　TRC 锈蚀梁试验值与理论值对比

TRC 叠合梁编号	试验值/(kN·m)	破坏形态	计算值/(kN·m)	试验值/计算值
L2	110	正截面破坏	118.5	0.928
L3	105	正截面破坏	109.74	0.957
L5	120	正截面破坏	116.66	1.029
L7	130	正截面破坏	124.65	1.043

在此，给出叠合梁 L2 的一个算例：

叠合梁 L2 锈蚀率 10%，$l_0=1.2\text{m}$

屈服强度 $f_{yx}=(1.175-0.064\times0.1)\times300=350.58\text{N/mm}^2$

$$A_{\text{y,se}}=\sum_{i=1}^{n}k_{\text{s}i}\varepsilon_{\text{s}i}A_{\text{s}i}=2\times1.0438\times(1-0.1)\times78.5=147.5\text{mm}^2$$

$$A_{\text{cf}}=0.45\times12\times6=32.4\text{mm}^2$$

$$\alpha_1 f_{\text{c}}bx=f_{\text{yx}}A_{\text{y,se}}+f_{\text{cf}}A_{\text{cf}}$$

$$1.0\times14.3\times150\times x=147.5\times147.5+2091\times32.4,\ x=41.73\text{mm}$$

$$\begin{aligned}M_{\text{u}}&=f_{\text{yx}}A_{\text{y,se}}\left(h_0-\frac{1}{2}x\right)+f_{\text{cf}}A_{\text{cf}}\left(h_{\text{cf0}}-\frac{1}{2}x\right)\\&=350.58\times147.5\times\left(220-\frac{41.73}{2}\right)+2091\times32.4\times\left(231.5-\frac{41.73}{2}\right)\end{aligned}$$

$$M_{\text{u}}=24.6\text{kN}\cdot\text{m}$$

$$P_{\text{u}}=\frac{6M_{\text{u}}}{l_0}=\frac{6\times24.6}{1.2}=123\text{kN}\cdot\text{m}$$

5.6.5 小结

(1) 经锈蚀后的 TRC 叠合梁相比于普通现浇钢筋混凝土梁，裂缝发展有明显的滞后性，其屈服荷载、极限荷载退化较小。

(2) 同一锈蚀条件下的 TRC 叠合梁和普通梁相比，钢筋锈蚀率明显降低。说明 U 型 TRC 梁模对氯离子的渗入起到了阻滞作用，延缓了内部钢筋的锈蚀。

(3) 钢筋锈蚀率对 TRC 叠合梁的承载力退化影响较大。钢筋锈蚀率越大，溶液浓度越高，TRC 叠合梁承载力下降幅度越大。

(4) 较小的钢筋锈蚀率使 TRC 叠合梁的锈胀作用更加明显，增加了混凝土对钢筋的握裹力，其屈服荷载和极限荷载略有提升。

(5) TRC 叠合梁经验算后，其使用状态下的极限挠度值满足规范要求。

(6) 根据氯盐侵蚀叠合梁试验结果，并基于普通 RC 梁承载力的计算模型，推导了力与氯盐侵蚀耦合作用下 TRC 叠合梁的抗弯承载力计算公式，经与实际试验值比较，发现计算值与试验值较为吻合。

5.7 织物增强混凝土模板叠合钢筋混凝土单向板肋梁楼盖的抗弯性能试验研究

5.7.1 V 形 TRC-SIP-F 抗弯承载力试验研究

V 形 TRC-SIP-F 是利用不锈钢钢板网衬固定纤维软织物，从而克服纤维织物网柔度极大不易定型的困难，再由自密实性强的细骨料高性能混凝土浇筑而成。因此本节首先要介绍的是 V 形 TRC-SIP-F 的制作材料和其性能。

1. 试验材料及其性能

1)超高性能混凝土

试验采用设计强度为 C45 的细骨料混凝土，按实验室配合比设计，具体为：水泥(C)∶砂(S)∶水(W)∶萘性减水剂=1∶1.5∶0.32∶0.015；其中水泥采用盐城海螺水泥厂生产的海螺牌 P.Ⅱ52.5 普通硅酸盐水泥。试验用砂经晒干后，用 4.75mm 方孔筛过筛后级配合格。实际拌制的混凝土级配良好，自密实性好，早期强度成长较快。其 3d、7d、28d 龄期抗压强度和抗折强度见表 5.32。

表 5.32　高强细骨料混凝土按不同龄期实测抗压、抗折强度

强度类别	3d	7d	28d
抗压强度/MPa	29.7	32.9	49.8
抗折强度/MPa	6.25	7.9	10.6

2)纤维织物网

试验采用由纵向碳纤维和横向耐碱玻璃纤维垂直纺织加工而成的纤维织物网，网格间距为 12.5mm×12.5mm，结点处用纱线编织，其实物图见图 5.79。根据设计要求，由常州纵横新材料有限公司加工制作。

图 5.79　纤维织物网实物图

对多种不同纤维束进行材料性能试验(抗拉强度值)，试验结果如表 5.33 所示。

表 5.33　纤维束抗拉试验结果实测值

纤维类别	F/N	A_f/mm^2	f_f/MPa	E_f/GPa	ε_{cfu}
碳纤维	952	0.46	2069.6	235	0.008943
无碱玻璃纤维	399	0.58	687.9	64	0.014521

注：$f_f = F / A_f, A_f = t / \rho_f$，$t$ 为单根纤维粗纱的线密度，单位 tex。

3)冲孔不锈钢板网

本次试验所用不锈钢钢板网由河北安平县贵翔丝网厂生产，试验需要四种不同型号钢板网，分别为 PB0.3、PB0.5、PB0.7、PB1.2。其菱形网孔大小、板厚等技术参

数见表 5.34。

表 5.34　钢板网性能参数

钢板网型号		材质、孔型	板厚/mm	短节距/mm	长节距/mm	密度/(kg/m²)	抗拉强度/(N/mm²)
A 类	PB0.3	不锈钢 304、菱形孔	0.30	4.50	8.00	0.72	73.80
B 类	PB0.5		0.50	7.00	12.50	0.97	50.41
C 类	PB0.7		0.70	14.00	25.00	0.65	23.98
D 类	PB1.2		1.20	21.00	42.00	0.70	19.87

注：参照轻工业行业标准《钢板网》规定，钢板网标记：P 代表普通钢板网、B 代表不锈钢材质，0.3、0.5、0.7、1.2 为钢板网厚度。

4）聚丙烯纤维

聚丙烯纤维(PP)也叫有机抗裂纤维，是一种集聚多种功能性的新型理想材料，其主要特点是单丝束状抗拉强度高，适量掺入混凝土基体不影响其和易性，能够有效抑制混凝土构件表面裂缝的开展，大大拓宽混凝土结构的适用范围。如对抗渗性要求高、大体积混凝土浇筑，材料本身塑性收缩等有不错的改善作用，现在已经广泛应用于地下工程防水、屋面板防水。本次试验中采用 12mm 长的短纤维，在混凝土中的掺量为 $1kg/m^3$。由于本试验需要保证混凝土基体的流动性和自密实性，对原有实验室配合比进行微小调整，主要是适当增加水或减水剂的用量。根据经一定放大系数后的理论混凝土方量，准确计算所需聚丙烯纤维的重量，并将其分为若干份分批加入。待水泥和砂准确称量后分批加入聚丙烯纤维，用强制搅拌机进行干拌，尽可能保证聚丙烯纤维能均匀分布在混凝土基体中。干拌至均匀打散状态后加水和萘性减水剂，经搅拌后即可浇筑使用。

2. V 形 TRC-SIP-F 制作过程

V 形 TRC-SIP-F 的浇筑工序与一般混凝土构件类似，主要区别在于“腹筋”的架设，可分为两个部分。首先是纤维织物网与不锈钢钢板网的铺设；其次是模板的组装与拆除。V 形 TRC-SIP-F 的示意图如图 5.80(a)、(b)所示。

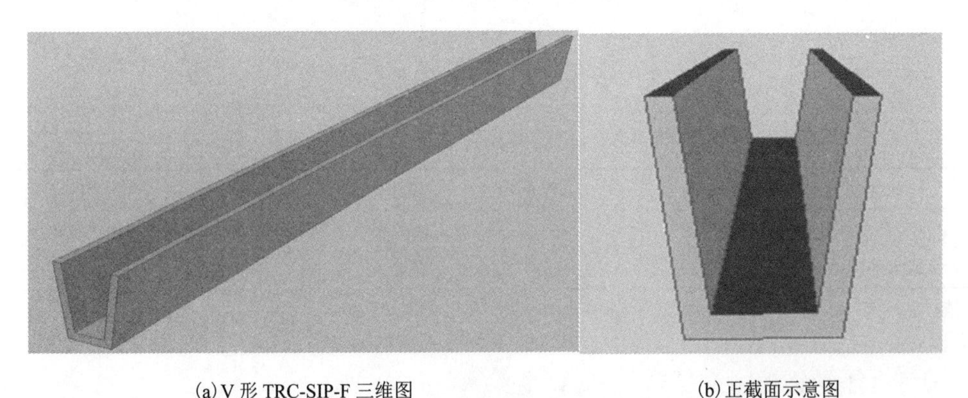

(a) V 形 TRC-SIP-F 三维图　　(b) 正截面示意图

图 5.80　V 形 TRC-SIP-F 的示意图

1) 纤维网衬固于不锈钢板网

本试验采用的纤维织物网从材料本身来看是不具备刚度的，故无法按设计形状独立成型，导致纤维织物相互重叠，使 TRC-SIP-F 先有部分受力后再内力重分布，这样对 TRC-SIP-F 提高开裂荷载未有贡献，可以通过浸胶处理来硬化织物网，也可以采用钢板网或钢丝网等材料来架固未经处理的纤维织物网[6]。考虑浸胶处理纤维织物网工序较为烦琐，实际应用施工效率低，而且会堵塞织物网的网格，最后导致灌浆的时候不能自密实，所以本试验尝试采用纤维织物网架固冲孔不锈钢板网，最终制作成型的 V 形钢板网衬固定纤维织物网实物见图 5.81。

图 5.81　V 形钢板网衬固定纤维织物网成型图

2) 模板组装

TRC-SIP-F 采用灌浆法浇筑，因此模板由三部分组成，包括内模、外模及模板挡板，如图 5.82(a) 所示。将制作成型的 V 形钢板网衬固纤维网架固在内模板上，控制内模顶部与联合网之间的距离，充分发挥碳纤维的抗拉性能。最后支好外模及挡板，实物图如图 5.82(b)、(c) 所示。

3) 混凝土浇筑、拆模

为保证构件尺寸精确，将底板整平，采用灌浆方式浇筑至与侧模高度齐平。考虑到 TRC-SIP-F 跨度较长，使用的是木模，所以利用支架进行加固防止局部胀模。采用的细骨料混凝土有较好的流动性，自密实性能好，由于 TRC-SIP-F 的设计厚度较小，将其置于振动台轻微振捣即可密实。浇筑混凝土如图 5.83 所示。浇筑成型后 24h 后即可拆模，按顺序拆除挡板、外模板以及底板，最后将内模滑出，整个过程操作简便。拆模及试件养护如图 5.84 所示。

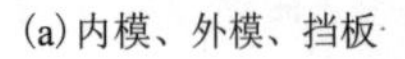

(a) 内模、外模、挡板

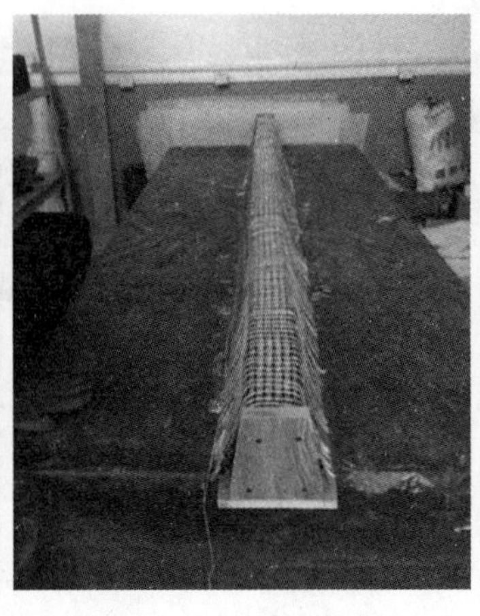

(b) 铺网

(c) 安装外模

图 5.82　模板组装

图 5.83　浇筑混凝土

图 5.84　拆模及试件养护

3. V 形 TRC-SIP-F 的抗弯承载力试验

1) 试件设计

试验共设计了 4 根 15mm 厚的 V 形 TRC-SIP-F 试件，其截面设计示意图如图 5.85 所示，将 4 根试件分别编号为 TSF-V-1、TSF-V-2、TSF-V-3、TSF-V-4，分别采用型号为 PB0.3、PB0.5、PB0.5、PB0.7 的钢板网与两层纤维织物网衬固，其中除试件 TSF-V-2 外，试件 TSF-V-1、TSF-V-3、TSF-V-4 按 1kg/m^3 掺量加入聚丙烯纤维。试件的长度为 2.1m，厚度为 0.015m，计算长度为 1.8m，所有试件的具体参数见表 5.35。

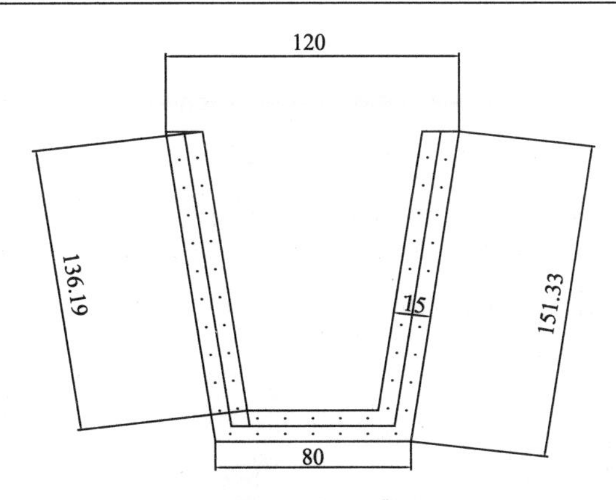

图 5.85　V 形 TRC-SIP-F 截面(单位：mm)

表 5.35　试件参数

试件编号	截面尺寸/mm				纤维织物网层数	钢板网型号	是否加入聚丙烯纤维	混凝土强度/MPa
	上底宽	下底宽	厚度	垂直高度				
TSF-V-1	120	80	15	150	2	PB0.3	是	44.8
TSF-V-2					2	PB0.5	否	45.6
TSF-V-3					2	PB0.5	是	46.1
TSF-V-4					2	PB0.7	是	43.9

2) 测点设计及加载方案

(a) 测点布置

在此抗弯试验中，对试件的测量内容包括试件挠度测量、混凝土应变测量以及裂缝观测。如果需要获得试件在变形后的弹性挠度曲线，则应该沿试件的跨间对称位置布置 5～7 个奇数测点。本次试验采用 3 个电阻式位移计测量跨中挠度及整体挠度，通过磁性表座将位移计固定在跨中及两端支座位置，最终的挠度为跨中挠度值减去两端支座挠度值和的一半。用 2 个混凝土应变片纵向粘贴于 V 形 TRC-SIP-F 跨中底部，测量未裂阶段混凝土应变，并判断初裂。应变片采用河北省邢台金力传感元件厂制作的灵敏度系数为 2.018%±0.16%、电阻值为 120.5Ω±0.2Ω 的纸基式电阻应变片，根据构件跨长选择栅长×栅宽为 3mm×100mm。为清晰地观察裂缝开展，用石灰水将 V 形 TRC-SIP-F 两侧刷白，并用墨线弹出 38.5mm×38.5mm 的方格。试验过程中，采用 DJCK-2 型裂缝测宽仪密切观测每级荷载施加后混凝土表面的裂缝开展情况。将应变片以及电阻式位移计连接到 3816 数据采集箱上，按设定荷载分段采集相应混凝土应变及位移数据。

(b) 加载方案

将 V 形 TRC-SIP-F 置于 50T 杭州邦威电液伺服加载系统加载，为了获得纯弯段以准确进行正截面受弯，试验采用一级分配梁二点加载方式，简支支座距离为 1.8m，加载示意图如图 5.86 所示。为了更准确地获得不同受力阶段混凝土的应变、挠度变化，需按不同加载速率分级加载。按照弹性理论对 V 形 TRC-SIP-F 进行截面分析，并求得理论开裂荷载和极限荷载。正式加载前，对试件进行预压以消除间隙，若能正常读数即停止预压，数据清零后开始正式加载。整个加载过程按力加载，考虑到本试件理论开裂荷载较小，故按 10%开裂荷载分级加载，当加载至开裂荷载的 80%左右时，减缓加载速率以便更好地读取记录开裂前混凝土应变值，按开裂荷载的5%进行分级加载直至跨中底部混凝土开裂，此时荷载读数为开裂荷载。混凝土开裂后按 10%极限荷载分级加载，因试件没有钢筋屈服受力阶段，所以加载至破坏荷载的 90%左右时，再按极限荷载的 5%进行加载，直至试件极限破坏，荷载读数为极限破坏荷载。试件现场加载装置图如图 5.87 所示。

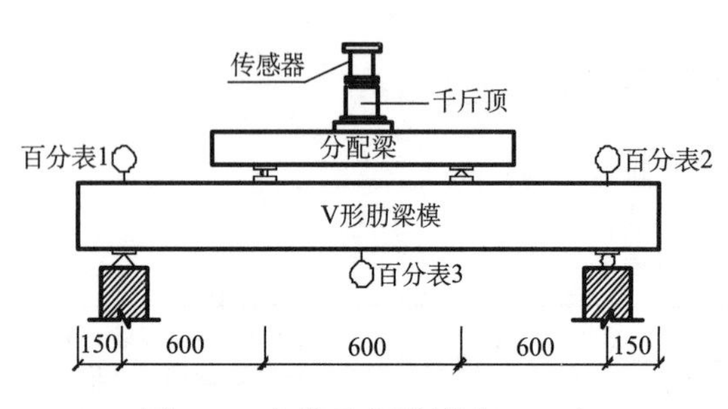

图 5.86 加载示意图(单位：mm)

图 5.87 现场加载图

3) 试验过程

四根试件抗弯试验过程及现象相似，故以 TSF-V-1 试件为例，描述试验结果。首先对试件预压，当荷载不为零时，表示试件已经开始受力，然后调试各个测点，对应于 3816 数据箱，观察位移计和应变能否正常工作，一切正常后完成卸载，进入正式加载。根据加载方案，按 0.2kN/min 的速率加载，当加载至 4.6kN 时，可清晰听见撕裂声，跨中底部混凝土开裂。继续分级加载，除初裂缝以外暂无新生裂缝。直至 10.4kN 时，跨中裂缝左右开始出现新的裂缝，总体呈细长形状，过程中伴随轻微“啪啪”声响，在加载至 16kN 的区段中，新裂缝一出现即开展，最终形成 8cm 左右的细长裂缝。在最后压溃阶段，距一端支座 18cm 处，有斜裂缝出现，主裂缝由表面裂缝向贯穿裂缝开展，裂缝长几乎达到截面高度，在 19kN 时伴随一声巨响，试件纯弯段区完全断裂，呈一定程度“少筋”脆性破坏状态。裂缝平均宽度为 2mm，平均间距为 3.2cm，最大裂缝宽度为 3.1mm 左右。试件加载过程图及破坏见图 5.88(a)。试件 TSF-V-2、TSF-V-3、TSF-V-4 加载过程及破坏见图 5.88(b)、(c)、(d)。

(a) TSF-V-1

(b) TSF-V-2

(c) TSF-V-3

(d) TSF-V-4

图 5.88　加载过程及破坏图

4) 试验结果分析

四根试件的开裂荷载、极限荷载及相应挠度见表 5.36。试件 TSF-V-2 和 TSF-V-3 的裂缝开展分布图见图 5.89(a)、(b)。

表 5.36　试验结果

试件编号	P_{cr}/kN	Δ_{cr}/mm	P_u/kN	Δ_u/mm
TSF-V-1	4.6	0.706	19	20.914
TSF-V-2	4.4	0.6	17	18.815
TSF-V-3	5.0	0.506	24	21.94
TSF-V-4	4.6	0.542	20	20.117

注：P_{cr} 为试件的开裂荷载实测值，P_u 为极限荷载的实测值；Δ_{cr}、Δ_u 为试件对应开裂荷载及极限破坏荷载下的挠度。

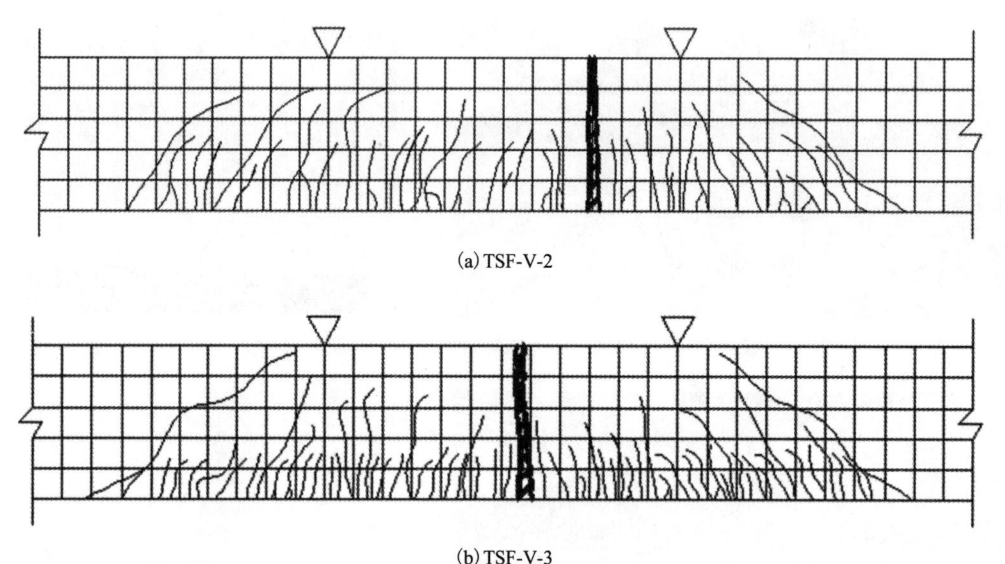

(a) TSF-V-2

(b) TSF-V-3

图 5.89　裂缝开展分布图

由上述试验结果及裂缝开展分布情况可知，试件 TSF-V-2、TSF-V-3、TSF-V-4 分别加载至 4.4kN、5.0kN、4.6kN 时跨中开始出现竖向裂缝，即开裂荷载。最终极限破坏荷载为 17kN、24kN、20kN。可以看出未加聚丙烯纤维的 TSF-V-2 的开裂荷载和极限荷载都明显低于其他三根试件，比较 TSF-V-2 和 TSF-V-3 的裂缝开展分布图，都具有“细而密”的特点，而用 0.5mm 厚不锈钢板网衬固纤维网并加入聚丙烯纤维的 TSF-V-3 试件的裂缝在此特点的基础上，还呈现出裂缝开展“不深”“不长”的特点，即裂缝不能深入发展，通常贯穿裂缝只有在跨中出现，同时也是造成试件完全破坏的主裂缝。说明聚丙烯短纤维能很好地抑制混凝土表面裂缝的开展，延缓混凝土受拉区的初裂，对极限破坏荷载也能起到微小的作用。

试件 TSF-V-1、TSF-V-2、TSF-V-3、TSF-V-4 的荷载-挠度曲线如图 5.92(a)、(b)、(c)、(d)所示。均符合一般试验规律，不过由于没有传统意义上的钢筋，不存在钢筋屈服受力阶段，故把从加载至破坏的全过程分为两个阶段，即混凝土初裂前的未裂阶段Ⅰ，纵向碳纤维受力至试件断裂的破坏阶段Ⅱ。以 TSF-V-1 试件为例，在试件跨中底部混凝土开裂之前，荷载-挠度和应力-应变均呈线性比例关系增长，且增长速度缓慢，试件整体处于弹性受力范围。荷载加至 4.6kN 时，跨中底部混凝土初裂，荷载有小幅度的回落，但回落持续时间不长，主要原因是混凝土开裂后底部拉力大部分转由纵向碳纤维承担，不同于钢筋的是纤维织物网刚开始受力时，有一个被拉直的重新塑形过程，故有荷载回落现象。此时荷载-挠度呈非线性增长关系，挠度增长明显快于荷载增长。接下来即是带裂缝工作阶段，荷载-挠度再次呈线性增长关系。当加载至 19kN 左右时，荷载挠度均增长缓慢。经分析发现，在混凝土开裂之前荷载-挠度曲线几乎重合，即在弹性受力范围内整体刚度相近。由于采用不锈钢钢板网衬固两层纤维网，故后期刚度变化趋势也有一定的相似，但极限承载力不同。通过四根 V 形 TRC-SIP-F 的实时加载破坏图，发现极限破坏处混凝土与纤维网并未发生相对脱落，即冲孔钢板网衬固纤维织物网本身具有很好的整体工作性能。很明显，不同型号的冲孔钢板网对整体试件抗弯性能贡献不同，对比试件 TSF-V-1、TSF-V-3、TSF-V-4，可知 PB0.5 在衬固相同层数纤维织物网的情况下，有着更好的整体工作性能。荷载-挠度对比曲线如图 5.90(e)所示。

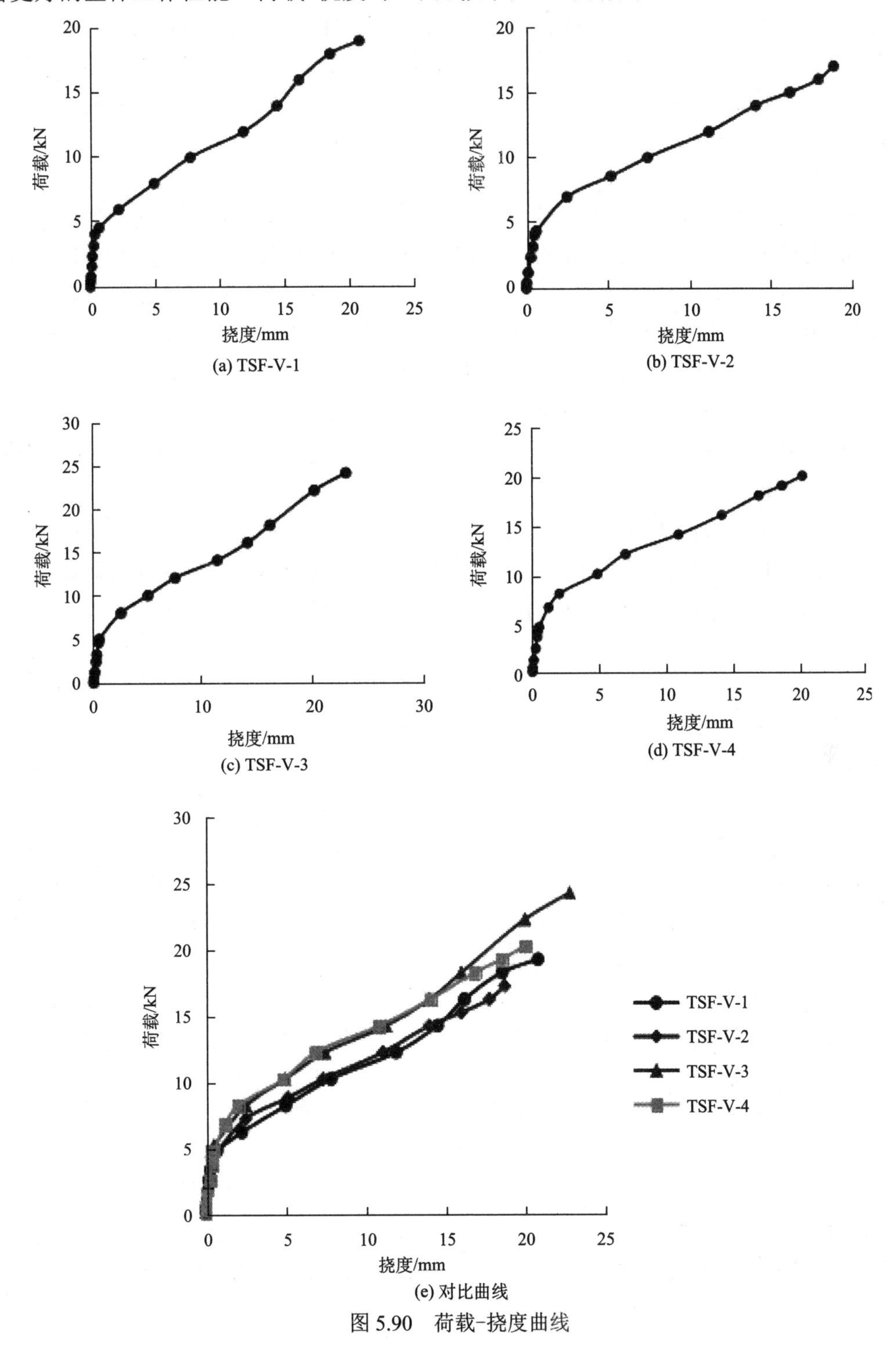

图 5.90　荷载-挠度曲线

4. V 形 TRC-SIP-F 强度验算

本书研究的 V 形 TRC-SIP-F 是作为与单向板肋梁楼盖叠合的一次性消耗模板，所以它始终处于板底及肋梁底部，属于受拉区，为抗弯构件。因此，我们必须保证 V 形 TRC-SIP-F 具有一定强度和刚度以满足结构安全，确保在施工及使用过程中操作的安全性，强度、变形限值必须满足相应规范要求。所以本文对 V 形 TRC-SIP-F 的强度验算从两个方面展开，即模板的开裂荷载验算、施工阶段验算。

1) 开裂荷载验算

截面的弯曲刚度即抵抗截面绕中性轴弯曲的能力，通过截面曲率变化衡量截面弯曲程度，故使截面产生单位曲率所需的弯矩值即为截面的弯曲刚度。在混凝土还未开裂时，弯矩与截面曲率(M-φ)的关系曲线为近似直线，弯矩与截面曲率比值为截面弯曲刚度，本书把混凝土的弹性模量折减 15%，以减小受拉区混凝土塑性影响。即

$$B = 0.85E_{\mathrm{c}}I_0 \tag{5.76}$$

$$\varphi = 1/\rho = M/E_{\mathrm{c}}I_0 \tag{5.77}$$

式中，B 为截面弯曲刚度；$1/\rho$ 为中性层的曲率；M 为最大弯矩；E_{c} 为混凝土的弹性模量；I_0 为换算截面惯性矩。

在进行试件开裂荷载计算时，需满足基本假定。因为弹性计算理论建立在材料力学基础上，而材料力学的研究对象为匀质弹性材料，故在混凝土为匀质弹性材料且试件整体满足平截面假定的前提下，V 形 TRC-SIP-F 跨中底部的最大拉应力为

$$\sigma_{\max} = E\frac{y_{\max}}{\rho} \tag{5.78}$$

联立式(5.76)～式(5.78)可得

$$\sigma_{\max} = \frac{My_{\max}}{0.85I_0} \tag{5.79}$$

式中，$y_{\max}$ 为试件底板下边缘至中性轴的距离。

截面换算需在满足以下基本假定的前提下进行：①平截面假定；②弹性体假定；③当受拉区出现裂缝后，受拉区的混凝土不参加工作，拉应力全部由纤维承担；④同一强度等级的混凝土，其拉、压弹性模量视为同一常值，从而纤维的弹性模量 E_{f} 和混凝土的弹性模量 E_{c} 的比值为另一常值 α_{E}(截面换算系数)。故本试验通过 V 形截面中纵向碳纤维总面积乘以截面换算系数 α_{E}，将其换算为相应混凝土面积，且保持截面形心位置不变。

由 $\sigma_{\max} = \dfrac{My_{\max}}{0.85I_0} \leqslant f_{\mathrm{tk}}$，可得 V 形 TRC-SIP-F 的开裂弯矩为

$$M_{\mathrm{cr}} = \frac{0.85I_0 f_{\mathrm{tk}}}{y_{\max}} \tag{5.80}$$

理论值与试验值对比结果见表 5.37，分析可知，试验值相较于理论值平均提高幅度为 10%，说明按以上假定用弹性理论计算开裂荷载趋于安全，能满足施工安全需求。

表 5.37　试件开裂荷载结果对比

试件编号	理论值/kN	试验值/kN	试验值/理论值
TSF-V-1	4.2	4.6	1.09
TSF-V-2	4.2	4.4	1.05
TSF-V-3	4.2	5.0	1.19
TSF-V-4	4.2	4.6	1.09

2) 施工阶段验算

结合之前研究人员对织物增强混凝土薄板的抗弯试验结果分析以及开裂荷载验算可知，虽然冲孔钢板网的加入对强度有贡献，但是效果不明显，为简化计算，实际验算可忽略不计，其主要是能够很好地将纤维织物网固定成型并提供一定的抗剪承载力，使纤维织物网能最大限度地和混凝土整体受力，根据规范要求，V 形 TRC-SIP-F 在施工阶段跨中变形宜控制在计算跨度 l_0 的 1/200 内，实际施工中若模板超过变形限值时，应加临时支撑。本文对整体工作性能最好的 TSF-V-3 试件进行施工阶段承载力验算。

(a) 荷载标准值类别

根据建筑施工模板安全技术规范，将施工阶段荷载标准值分为两大类，分别为恒载标准值和活载标准值。其中恒载标准值包括：①模板及其支架自重标准值 G_{1k}；②新浇筑混凝土自重 G_{2k}；③钢筋自重 G_{3k}；④新浇筑混凝土对模板侧面的压力 G_{4k}；活载标准值包括：⑤施工人员及施工设备荷载 Q_{1k}；⑥振捣混凝土时产生的荷载 Q_{2k}；⑦倾倒混凝土时产生的荷载 Q_{3k}。

(b) 荷载设计值

实际工程中模板结构安全计算用荷载设计值计算，荷载设计值通过荷载分项系数得到。

(c) 荷载组合及计算

不同构件模板类别对应的荷载效应组合见表 5.38。

表 5.38　不同构件模板荷载组合

不同构件模板类别	荷载组合	
	强度验算	变形验算
平板和薄壳的模板及支架	1+2+3+5	1+2+3
梁和拱的底板及支架	1+2+3+6	1+2+3
墙(厚度≤100mm)、拱、梁、柱(边长≤300mm)的侧面模板	4+6	4
大体积结构、柱(边长＞300mm)、墙(厚度＞100mm)的侧面模板	4+7	4

注：1～7 为相应七大类施工阶段荷载标准值。

本书中试验研究对象是截面形状为 V 形的 TRC-SIP-F，其截面由两块侧模板和底模板组合而成，浇筑过程为一次成型，所以两块侧模板和底模板为一个整体，故在强度验算和变形验算时不宜分开分别计算，应当按整体分析。根据荷载组合原则，应按最不利组合情况进行分析。V 形 TRC-SIP-F 施工阶段验算荷载组合具体见表 5.39。

表 5.39　V 形 TRC-SIP-F 施工阶段验算荷载组合表

模板名称	荷载组合	
	计算承载力	验算刚度
V 形 TRC-SIP-F	1+2+3+4+6	1+2+3+4

V 形 TRC-SIP-F 作为浇筑肋梁的一次性消耗模板，在施工阶段，新浇混凝土产生的侧压力主要是指由混凝土自重引起的侧模压力，垂直作用于内模板。由振捣器振捣混凝土产生的新浇混凝土侧模压力标准值根据以下两个公式计算取小值：

$$F = 0.22\gamma_c t_0 \beta_1 \beta_2 V^{1/2} \tag{5.81}$$

$$F = \gamma_c H \tag{5.82}$$

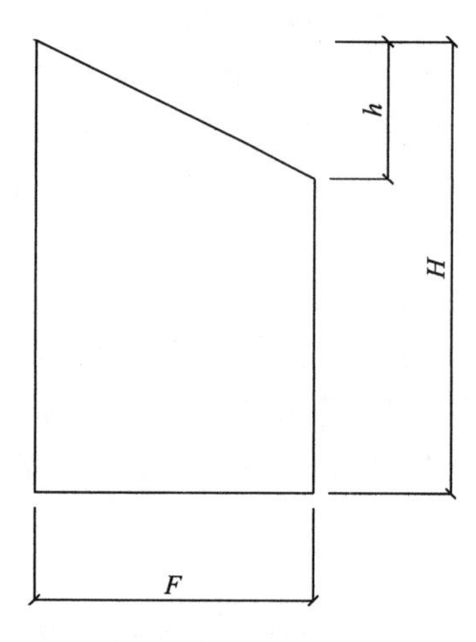

图 5.91　混凝土侧压力计算分布图形

式中，F 为新浇筑混凝土对模板的最大侧压力(kN/m^2)；γ_c 为混凝土的重力密度(kN/m^3)；V 为混凝土的浇筑速度(m/h)；t_0 为新浇混凝土的初凝时间(h)，可按试验确定，当缺乏试验资料时，可采用 $t_0 = 200/(T+15)$（T 为混凝土的温度，℃）；β_1 为外加剂影响修正系数，由于本试验未掺具有缓凝作用的外加剂，本实验取 1.0；β_2 为混凝土坍落度影响修正系数，当坍落度小于 30mm 时，取 0.85；坍落度为 50～90mm 时，取 1.00；坍落度为 110～150mm 时，取 1.15；本试验采用流动性强的自密实细骨料高强混凝土，所以 β_2=1.15；H 为混凝土侧压力计算位置处至新浇混凝土顶面的总高度(m)。混凝土侧压力的计算分布图形如图 5.91 所示，图中 $h = F/\gamma_c$，h 为有效压头高度，本书 h=0.136m。

计新浇筑混凝土温度为 20℃，所以 $t_0 = 200/(T+15)=5.71$，故按式(5.81)计算得 $F=0.22\times 24\times 5.71\times 1.0\times 1.15\times 2^{V2}=48.89\text{kN/m}^3$，按式(5.82)得 $F=24\times 0.136=3.264\text{kN/m}^3$，根据前文介绍取较小值 $F = 3.264\text{kN/m}^3$，换算为作用在 V 形 TRC-SIIP-F 底模板上的线荷载为 $3.264\times 0.08=0.261\text{kN/m}$。

新浇混凝土自重标准值 $24\times[(0.05373+0.08972)\times 0.135/2+0.12\times 0.05] = 0.376\text{kN/m}$，见表 5.40。

表 5.40　TRC-SIP-F 荷载计算表　　(单位：kN/m)

荷载类别	荷载标准值	分项系数	荷载设计值	计算承载力	验算刚度
a.模板及支架自重标准值	0.354	1.2	0.425		
b.新浇混凝土自重标准值	0.376	1.2	0.451		
c.钢筋自重	0.022	1.2	0.026	1+2+3+4+6	1+2+3+4
d.新浇混凝土对模板侧面的压力	0.261	1.2	0.313		
f.振捣混凝土时产生的荷载	0.800	1.4	1.120		
合计				2.34	1.22

d) 抗弯承载能力验算

由上述 a、b、c、d、f 共 5 项组合均布荷载作用下，简支 V 形梁模板的跨中最大弯矩为：$M = ql_0^2 / 8 = 2.34 \times 1.8^2 / 8 = 0.95\text{kN} \cdot \text{m}$。

截面惯性矩 I_0 的求解，根据截面性质求出整体截面形心位置，其中形心至 V 形 TRC-SIP-F 底模板的距离为 59.46mm，分割截面形心至整体截面形心的距离分别为 15.54mm 和 49.73mm，分别计算两个平行四边形和一个梯形在局部坐标系下的惯性矩，再由平行移轴定理得到整体截面的惯性矩，具体计算过程如下：

$$
\begin{aligned}
I_0 &= 2\times(1/12\times15.13\times150^3+15.54^2\times15.13\times150)+15^3 \\
&\quad \times(53.73^2+4\times53.73\times49.73+49.73^2)/(36\times49.73+36\times53.73) \\
&\quad +1/2\times(53.73+49.73)\times15\times43.89^2 \\
&= 3.8\times10^7
\end{aligned}
$$

截面最大应力

$$
\sigma_0=\frac{M}{\mathrm{I}_0}y_\mathrm{c}=0.95\times10^6\times59.46/(3.8\times10^7)=1.49\text{N/mm}^2
$$

开裂荷载对应的截面最大应力

$$
\sigma_\mathrm{cr}=\frac{M_\mathrm{cr}}{\mathrm{I}_0}y_\mathrm{c}=1.09\times10^6\times59.46/(3.8\times10^7)=1.71\text{N/mm}^2
$$

比较分析可得，σ_0=1.49N/mm^2＜σ_cr =1.71N/mm^2，故抗弯承载力验算安全，且满足设计要求。

e) 抗剪承载能力验算

对于无腹筋梁，均布荷载作用下的受剪承载力为 $V_C = 0.7\beta_\mathrm{h} f_\mathrm{t} b h_0$。对于 C45，$f_t = 1.8$，$\beta_\mathrm{h}$ 取 1.0，所以简支 V 形梁模板在施工阶段均布荷载的作用下，最大剪力为

$$
V_\mathrm{max}=1/2ql_0=1/2\times2.34\times1.8=2.11\text{kN}<V=0.7\times1.0\times1.8\times30\times142.5=5.39\text{kN}
$$

所以抗剪承载力验算安全，在设计范围内。

f) 刚度验算（变形验算）

根据工程经验，为了满足挠度要求，对简支梁跨高比取值有范围限制。在上述均布荷载组合作用下，简支 V 形梁模的跨高比 $l_0 / h = 1800/(150-7.5)=12.6$，即 l_0/h 在 10～20 的范围内。对于 C45，混凝土弹性模量取 3.35×10^{4}MPa。由材料力学知识可知，均布荷载作用下简支梁跨中最大挠度为

$$
\omega_0=5\mathrm{q}l_0^4/384EI=5\times1.22\times(1.8\times10^3)^4/384\times3.35\times10^4\times3.8\times10^7=0.13\text{mm}
$$

$$
[\omega]=1/200l_0=1/200\times1800=9\text{mm}
$$

显然 $\omega_0<[\omega]$，即变形验算满足要求，且与试件实际加载过程中挠度实测值相近。根据上述对 V 形 TRC-SIP-F 强度与刚度验算，得出结论：在计算跨度 l_0=1800mm 内，V 形 TRC-SIP-F 构件安全，满足实际施工需求。

5. 小结

(1) 本试验共制作 4 根 TRC-SIP-F，整体施工效率较高，养护成型试件内外表面均平整光滑，与设计尺寸相差较小，试件质量均能得到保证，说明本文介绍的 TRC-SIP-F 制

作工艺适合推广应用，很好地解决了高性能软织物很难在空间架立固定的问题。

(2)冲孔不锈钢钢板网的加入有效解决了纤维织物网在空间内独立成型难的问题，但其型号不同，对抗弯承载力也有一定程度的影响，纤维织物网架固于 PB0.5 型钢板网的 TSF-V-3 试件，整体承载力性能表现优异，其极限承载力相较于 TSF-V-1、TSF-V-2、TSF-V-4 分别提高 16.7%、29.2%、20.8%，说明 PB0.5 冲孔钢板网与纤维织物网有较好的整体工作性能。

(3)聚丙烯纤维的加入不仅对表面裂缝有明显抑制作用，且衬固两层纤维织物网的试件承载力及刚度有一定提高。

(4)经过对 V 形 TRC-SIP-F 的施工阶段进行强度和刚度验算可知，在计算跨度 l_0=1800mm 内，TSF-V-3 试件无需加临时支撑，就能满足实际施工过程中承载力和变形限值的要求，充分验证了此模板的实际可行性。

5.7.2 V 形 TRC-SIP-F 与现浇混凝土叠合单向板肋梁楼盖抗弯性能试验研究

根据前文对 V 形 TRC-SIP-F 的抗弯承载力试验研究，结果证明，虽然冲孔钢板网对 V 形 TRC-SIP-F 正截面抗弯承载力提高较小(对抗剪承载力提高有一定程度的贡献)，但是冲孔钢板网截面厚度薄、制作成型方便，较易与纤维织物网衬固成设计形状，整体工作性能好。而掺入适量的聚丙烯纤维能有效地减缓混凝土裂缝形成和发展。并且通过对 V 形 TRC-SIP-F 的强度和刚度验算，证明了在施工荷载作用阶段的承载力与变形满足规范要求。至此，本文研究的 V 形 TRC-SIP-F 在理论上的可行性已经得到充分验证。本章在上述章节的试验和理论研究的基础上，设计制作现浇单向板肋梁楼盖和叠合单向板肋梁楼盖，分别进行抗弯性能试验研究。

1. 试验材料及性能

1)混凝土

本试验中现浇混凝土强度设计等级为 C30，其配合比为水泥(C)∶砂(S)∶石子(G)∶水(W)：萘性减水剂=1∶1.77∶3.44∶0.46∶0.006。水泥采用江苏盐城海螺水泥厂生产的 P.O32.5 普通硅酸盐水泥；砂采用普通河砂，晒干后用标准方孔筛过筛，级配合格；水采用实验室自来水；石子粒径为 5～25mm，经冲洗晒干后方可使用；减水剂为高效萘性减水剂，测得其现浇混凝土的 28d 立方体抗压强度标准值为 33.4MPa。

2)钢筋

本试验中需使用的钢筋规格有两种，分别为直径 6mm 的 HPB235 和直径 12mm 的 HPB335；在此处，根据受力特性，单向板肋梁楼盖中的钢筋类别为受力主筋、分布筋、架立筋以及箍筋。其具体材料特性如表 5.41 所示。

表 5.41 钢筋抗拉力学性能

钢筋类型	钢筋直径/mm	屈服强度/(N/mm^2)	极限强度/(N/mm^2)	延伸率/%	弹性模量/(N/mm^2)
肋梁纵筋	12	499.5	585.5	20.0	2.0×10^5
架立筋、分布筋、板、箍筋	6	405.5	495.5	24.5	2.0×10^5

3）环氧树脂

本试验采用的是 E44 型透明环氧树脂胶，采用改性双酚 A 树脂，以及胺改性固化剂组合而成。广泛应用于土木工程、模型制作、陶瓷修补等领域，具有黏结性好、耐油、耐水、耐老化、耐强碱、韧性好、低气味等特点。使用方法：先去除黏结面的灰尘，保持清洁并干燥。再将 A/B 组分按 1∶1 配比混合均匀后，涂在黏结面，合拢压实，常温 72h 后固化，加热固化可缩短固化时间和提高环氧树脂胶的综合性能。

2. 试件设计及制作

1）试件设计

该试验共需制作 2 块单向板肋梁楼盖，由一块混凝土单向板和两根截面为梯形的肋梁组成。其中一块为整浇单向板肋梁楼盖，将其编号为 ZJ-BS-1；另一块为叠合单向板肋梁楼盖，是通过将不同尺寸的 V 形 TRC-SIP-F 组装成截面设计形状，在其内部与现浇钢筋混凝土叠合，形成一种类似于叠合板的结构形式，将其编号为 DH-BS-1。具体截面设计如图 5.92 所示。

(a) 整浇单向板肋梁楼盖 ZJ-BS-1

单向板肋梁楼盖整体截面尺寸为跨长 L=2100mm，宽 B=700mm，高 H=200mm，计算跨度为 L_0=1800mm。上部混凝土单向板板厚 h_0=50mm，其余尺寸与整体截面尺寸相同。下部两根肋梁截面尺寸为上底宽 b_1=120mm，下底宽 b_2=80mm，肋梁高 h=150mm，两根肋梁间距为 350mm。截面形状如图 5.92(a) 所示。为了满足试验肋梁楼盖正截面抗弯破坏，其肋梁底部纵向受拉钢筋配置 1 根直径为 12mm（1ϕ12）的二级钢（HRB335），纵向受拉钢筋配筋率为 0.66%；肋梁上部的受压钢筋（架立筋）配置为 2 根直径为 6mm（2ϕ6）的一级钢（HPB235）。箍筋配置采用直径为 6mm 的 HPB235 钢筋，其中跨中纯弯段为 ϕ 6@200，剪跨段为 ϕ 6@100。肋梁箍筋配置如图 5.93 所示。上部混凝土单向板配置 6 根纵向受力钢筋（6ϕ6），10 根横向分布钢筋（10ϕ6）。钢筋的保护层厚度为 30mm。上部混凝土单向板配筋如图 5.94 所示。

(b) 叠合单向板肋梁楼盖 DH-BS-1

整体截面尺寸及配筋与整浇单向板肋梁楼盖试件 ZJ-BS-1 相同。底部 V 形 TRC-SIP-F 采用 PB0.5 型钢板网衬固定两层纤维织物网，模板厚度为 15mm，故上部混凝土单向板厚度为 35mm，截面形状如图 5.92(b) 所示。

2）试件制作

此处主要介绍 DH-BS-1 的制作过程，其中包括 TRC-SIP-F 的组装、钢筋笼制作以及混凝土浇筑等。首先，按照前一章节制作 V 形 TRC-SIP-F，待其强度成长完全后（28d），进行下一步制作。试验需要制作两根肋梁的 V 形 TRC-SIP-F，两根 L 形 TRC-SIP-F 以及一根不同设计尺寸的 V 形 TRC-SIP-F。利用环氧树脂胶处理模板的组装黏结问题，先将 V 形 TRC-SIP-F 与 L 形 TRC-SIP-F 用环氧树脂涂覆黏结面，并用夹具固定还未完全固结成型的试件，如图 5.95 所示。待 48h 后，环氧树脂胶完全固结，达到设计强度后，撤去夹具，检验是否达到设计黏结强度，试验结果证明强度完全符合设计标准，L 形、V 形 TRC-SIP-F 黏结成型图如图 5.96 所示。

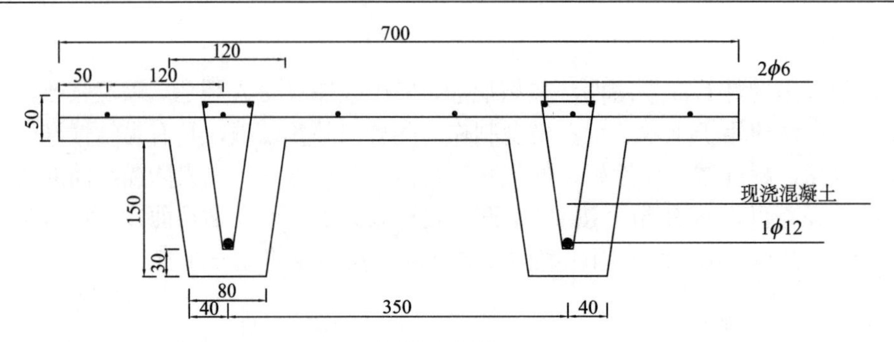

(a) ZJ-BS-1截面性质及配筋

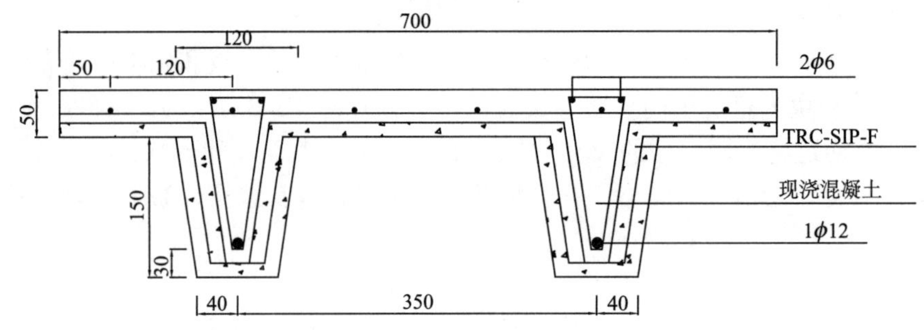

(b) DH-BS-1截面性质及配筋

图 5.92　截面性质及配筋(单位：mm)

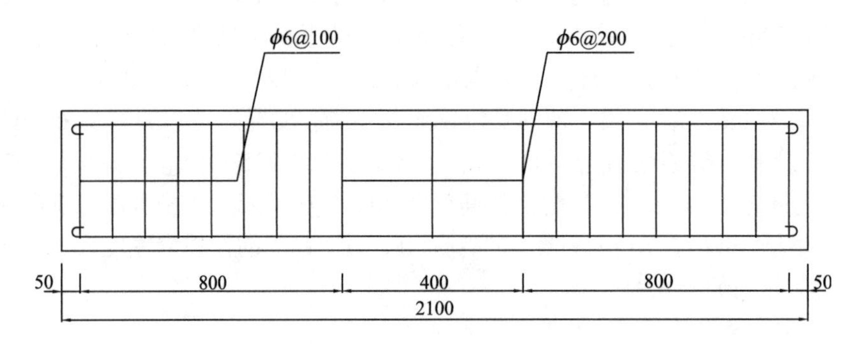

图 5.93　肋梁箍筋配置图(单位：mm)

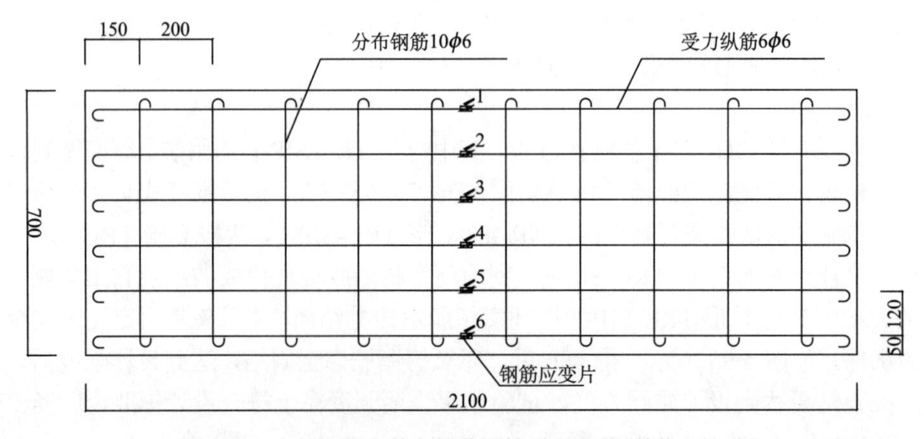

图 5.94　上部混凝土单向板截面性质及配筋(单位：mm)

图 5.95　L 形、V 形 TRC-SIP-F 黏结过程

图 5.96　L 形、V 形 TRC-SIP-F 黏结成型图

然后将尺寸较大的 V 形 TRC-SIP-F 倒扣在已经部分组装成型的试件上。黏结面处理和上述方法相同，具体过程图如图 5.97(a)、(b)所示。

(a)组装过程

(b)组装成型图

图 5.97　模板整体组装

为了防止叠合构件界面在受力过程中产生相对滑移，在组装成型后的整体永久性模板的内表面涂覆环氧树脂胶，由于 TRC-SIP-F 的厚度为 15mm，相较于浇筑完成后的整体构件其所占比重较小，故只需按环氧树脂胶最低涂覆厚度进行处理，然后将事先绑扎好的钢筋骨架(包括肋梁钢筋笼和板面配筋)放置在整体 TRC-SIP-F 内，如图 5.98 所示，最后浇筑拌制后的混凝土。浇筑完成后，将表面抹平并进行养护。

3. 试验加载方案及测量内容

1)试验加载方案

本试验采用最大液压压力为 50T 的杭州邦威电液伺服加载系统装置进行抗弯加载。为了消除剪力对跨中正截面受弯的影响，试验采用四点加载方式，即将计算跨度

图 5.98　钢筋骨架放置

（L_0=1800mm）三等分，分别在 1/3、2/3 计算跨度处放置加载支座。在忽略加载支座和单向板肋梁楼盖试件本身自重的前提下，在 1/3 计算跨度和 2/3 计算跨度之间形成纯弯段，长度为 600mm，在此区段只有正截面受弯，没有剪力，从而能更好地试验其抗弯性能。加载示意图如图 5.99 所示，加载实物图如图 5.100 所示。在对试件正式加载之前，需进行预加载，消除加载支座、简支支座与试件的间隙，使其平整，待能正常读取记录数据时，将数据清零，以便更好地分析数据。预加载时，以力从零增长开始，并确保预

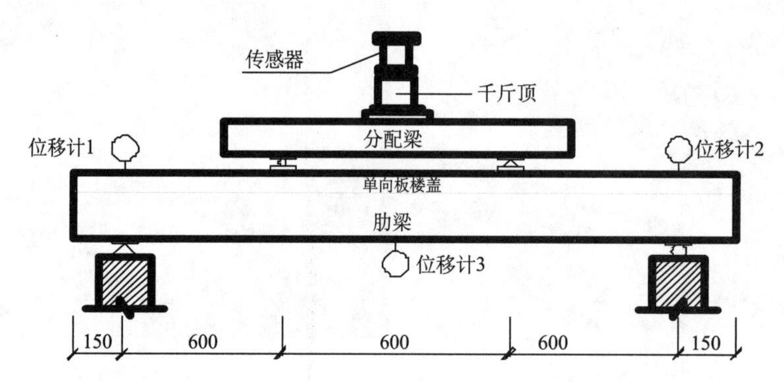

图 5.99　加载示意图(单位：mm)

图 5.100　加载实物图

加载要在其弹性范围内进行，不允许在预加载阶段产生裂缝或者应力、应变残留。在卸载后开始正式加载，按力单调分级加载，在肋梁还未开裂之前每级荷载按开裂荷载的 10%进行加载，开裂后至纵筋受拉屈服前按开裂荷载的 20%进行加载，加载至理论极限破坏荷载的 90%时，为更精确地读取极限破坏前各测点读数，按 5%理论极限破坏荷载分级加载至试件完全破坏，获得实测混凝土开裂荷载、实测钢筋屈服荷载以及实测极限荷载。

2）测量内容

叠合构件试验中，测量内容包括：本试验为肋梁截面混凝土应变、纵向受力钢筋应变、箍筋应变、整体挠度和裂缝宽度及开展路径。

(a)混凝土应变测量

本试验中混凝土应变片采用河北省邢台金力传感元件厂制作的纸基式电阻应变片测量，根据试件跨长选择栅长×栅宽为 3mm×100mm，其灵敏度系数为 2.018%±0.16%，电阻值为 120.5Ω±0.2Ω。混凝土应变测点布置内容包括纯弯段区两根肋梁底部混凝土表面和肋梁侧面。肋梁底部混凝土应变片主要用于判断开裂荷载；肋梁侧面的混凝土应变片（沿截面高度粘贴 4 个混凝土应变片）主要用于验证肋梁平截面假定，测点布置图如图 5.101 所示。

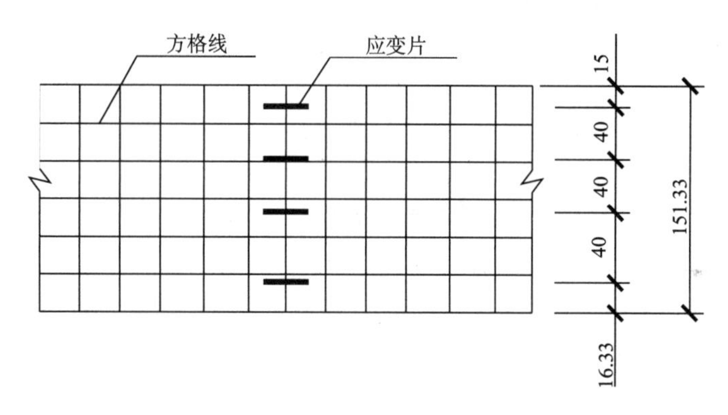

图 5.101　肋梁侧面混凝土应变测点布置（单位：mm）

(b)钢筋应变片测量（纵筋、箍筋）

试验采用的钢筋应变片型号为 BFH120-3AA，栅长×栅宽为 3mm×2mm，灵敏系数和电阻值分别为 2.0%±1%，119.9Ω±0.1Ω。混凝土单向板钢筋应变测点布置见图 5.94，肋梁钢筋应变测点如图 5.102 所示。绑扎钢筋骨架完成后，在肋梁底部受拉纵筋的跨中位置、1/3 计算跨度和 2/3 计算跨度处的加载点位置粘贴钢筋应变片，同时为了检验弯剪区的受剪情况，在弯剪区箍筋约 45° 沿线，粘贴箍筋应变片 1、2、3。在粘贴钢筋应变片之前，用砂轮打磨机将各个测点打磨平滑（打磨长度约 2.5cm）以保证钢筋应变片准确变形计数，用丙酮溶液或无水乙醇将钢筋应变测点处擦拭干净，然后用速干胶粘贴钢筋应变片，用 AB 胶涂覆在测点位置以保护钢筋应变片，最后为了防止浇筑振捣过程中骨料对 AB 胶防水保护层的破坏，再包裹一层橡胶带。

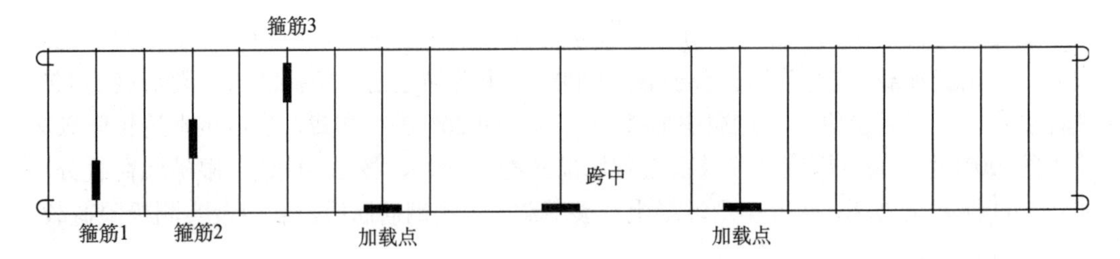

图 5.102　肋梁钢筋应变测点位置

(c) 挠度测量

本试验中采用电阻式位移计测量试件挠度，主要为了准确获得梁模跨中的最大挠度值，分别在跨中和两端支座处安装三个位移计，通过磁性表座固定位移计，最终试件的整体挠度为跨中挠度值减去两端支座挠度值和的一半。

(d) 裂缝测量

考虑肋梁与混凝土单向板尺寸相差较大，所以划分不同大小网格。首先将试件用石灰水刷白，用墨线在混凝土单向板上弹出 50mm×50mm 方网格，将两根肋梁侧面弹出 38.5mm×38.5mm 方网格，记录随着荷载值增加对应裂缝开展的实况，其裂缝宽度由 DJCK-2 型裂缝测宽仪测定。

4. 试验现象及破坏结果分析

1) 试验现象

ZJ-BS-1 为整浇混凝土单向板肋梁楼盖，其整体弯曲破坏呈现典型的正截面破坏形式。试验开始前，对单向板肋梁楼盖进行预加载，检查简支支承和加载支承是否平整，以及各项读数是否正常，一切正常后完成预压进行卸载，并将位移计置零以便进行数据分析。正式加载至 50kN，听见肋梁底部混凝土被撕裂的声音，即底部混凝土拉应变发生突变，并且板底两根肋梁几乎同时产生初裂缝，裂缝宽度很小，不足 1mm，故记开裂荷载为 50kN。此后，初裂缝开始向上延伸，整体试件处于弹性阶段，混凝土应变以及钢筋应变与荷载呈线性关系，应变增长的相对值较小，挠度变化微小。继续加载至 58kN 时，肋梁底部初裂缝的两侧几乎同时出现新的微小裂缝，并且裂缝向上迅速延伸，跨中的裂缝也明显加速延伸，此时混凝土应变以及钢筋应变与荷载呈非线性关系，总体变化趋势为混凝土及钢筋应变值增长幅度大于荷载上升值。当加载至 115kN 时，纯弯段已出现 5 条明显表面裂缝，逐渐向贯穿裂缝发展，纯弯段 (距离 1/3 加载点约 2.5cm) 以外两侧也各有 1 条次生裂缝。荷载增加至 155kN 左右时，7 条明显的表面裂缝继续加快向上延伸的速度，肋梁底部受拉纵筋应变在此时间段大幅增长，钢筋达到屈服强度。到达 170kN 时，肋梁上部的裂缝延伸至上部混凝土板边缘 (也称为翼缘)，同时裂缝也有横向发展，呈现钢筋屈服后裂缝无规律分布的特点。最终加载至 180kN 时，混凝土板翼缘底部的裂缝迅速发展至翼缘上部，此时混凝土板的上部跨中位置受挤压溃裂，故记 180kN 为极限荷载。贯穿肋梁的主裂缝宽度为 6mm 左右，裂缝间距为 4～5cm。ZJ-BS-1 破坏过程如图 5.103 所示。

(a) ZJ-BS-1 加载破坏图

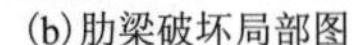

(b) 肋梁破坏局部图　　(c) 混凝土板面破坏局部图

图 5.103　ZJ-BS-1 破坏过程图

DH-BS-1 为叠合单向板肋梁楼盖，整体加载及破坏过程与 ZJ-BS-1 类似，最终破坏形式为肋梁底部的 V 形 TRC-SIP-F 开裂，冲孔钢板网衬固的纤维织物网由于受拉过程中钢板网断裂而产生微小错位，同时与混凝土基体形成分层，混凝土板面被挤压溃裂。试验开始前，对叠合单向板肋梁楼盖进行预加载，检查简支支承和加载支承是否平整，以及各项读数是否正常，一切正常后完成预压进行卸载，并将位移计置零以便进行数据分析。刚开始加载时，混凝土应变、钢筋应变以及整体挠度与施加荷载呈线性比例关系，应变值和挠度值增长缓慢。加载至 66.6kN 时，肋梁底部的 V 形 TRC-SIP-F 在距离 1/3 计算跨度 5cm 处出现初裂缝，裂缝宽度 0.2mm，延伸至侧面高度约为 35mm，加至 85kN 时，板底两根 V 形 TRC-SIP-F 跨中及 2/3 计算跨度处各出现 2 条竖向细裂缝，此时受拉纵筋和混凝土的应变及整体挠度增长幅度变快，主要体现在应变及挠度值增长快于荷载值的增加。与此同时，纯弯段区的细小裂缝数目不断增多，一出现即延伸，逐渐向受压区混凝土单向板边缘发展。值得注意的是初裂缝并未发展成为主裂缝，随着荷载的增长跨中的裂缝从微小裂缝向表面裂缝过渡，形成主裂缝。加载至 146.5kN 时，跨中不再出现新裂缝，主要是 3 条明显的表面裂缝，加载点以外即非纯弯段区仍有次生裂缝出现，但是形成裂缝后发展并不及时，部分裂缝呈出现即停滞的状态。伴随出现的还有弯剪区的竖向裂缝，其特点与上述类似，延伸高度约 4～5cm，裂缝宽度很窄。当荷载达到 175kN 时，弯剪区竖向裂缝已经基本不开展，此时主要是跨中裂缝向上延伸且速度很快，挠度也随之迅速增长。加载至 230kN 时，V 形 TRC-SIP-F 侧面的裂缝发展至上部 L 形 TRC-SIP-F。在 1/3 计算跨度与跨中之间的肋梁底部 V 形 TRC-SIP-F 与 L 形 TRC-SIP-F

产生局部错位现象，所以此处的裂缝宽度迅速增大，混凝土板面受压区混凝土被挤压溃裂，试件达到极限破坏状态。肋梁底部至混凝土板面上部所对应的V形和L形TRC-SIP-F的整体裂缝开展呈“人”形，而L形TRC-SIP-F与现浇混凝土叠合处的裂缝开展呈“Y”形。最后荷载下降阶段，裂缝开展至其极限状态，此时主裂缝最大宽度为1.5cm左右，裂缝平均间距约为3～4cm。DH-BS-1的破坏过程如图5.104所示。

(a) DH-BS-1 加载破坏图

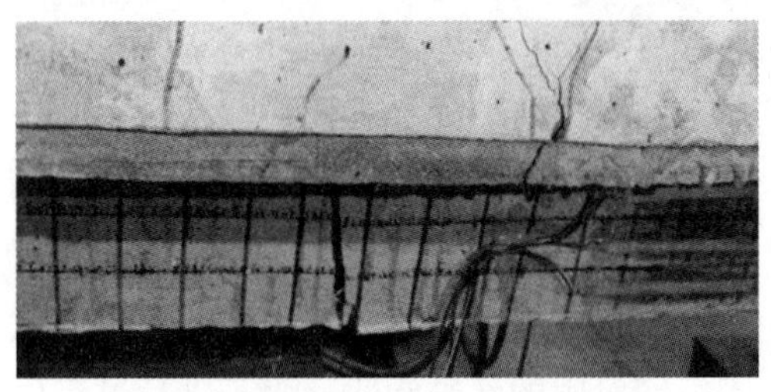

(b) V形、L形TRC-SIP-F破坏局部图

(c) 混凝土板面破坏局部图

图5.104　DH-BS-1破坏过程图

2) 试验结果分析

ZJ-BS-1和DH-BS-1的主要试验结果如表5.42所示。

表5.42　单向板肋梁楼盖试验结果汇总

试验板编号	P_{cr}/kN	Δ_{cr}/mm	P_u/kN	P'_u/kN	Δ_u/mm
ZJ-BS-1	50	1.186	180	178.6	23.362
DH-BS-1	66.6	0.926	230	236.9	20.842

注：P_{cr}、P_u 分别为试件的开裂荷载、极限荷载的实测值；Δ_{cr}、Δ_u 为试件对应荷载下的挠度；P'_u 为板的抗压极限承载力理论值。

(a) 正截面受弯分析

本试验中单向板肋梁楼盖可以看作是两根T形梁组合，在抗弯试验性能分析中亦符合正截面受弯的三个受力阶段，即混凝土开裂前的未裂阶段Ⅰ、混凝土开裂后至钢筋屈服的裂缝阶段Ⅱ、钢筋开始屈服至正截面破坏的破坏阶段Ⅲ。ZJ-BS-1和DH-BS-1的荷载挠度对比曲线如图5.105所示。

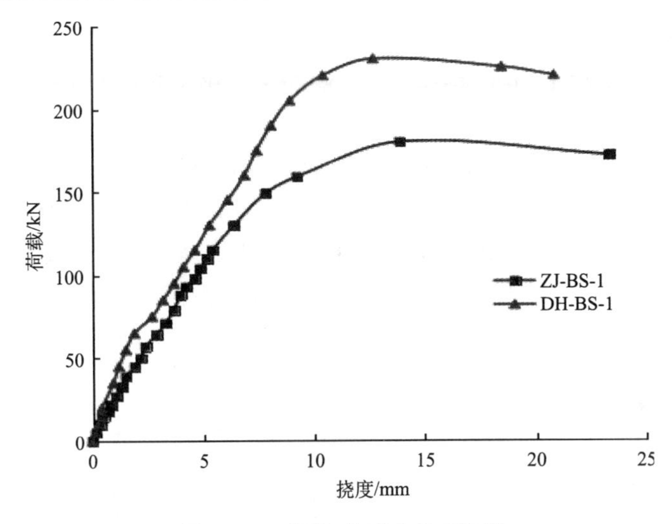

图5.105 荷载-挠度曲线对比图

第Ⅰ阶段即初加荷载受拉区混凝土还未开裂阶段，在图5.105中表现为荷载-位移呈线性关系，区段为坐标原点至曲线的首个转折点。同时此段曲线走势较陡即斜率较大，说明在第Ⅰ阶段中挠度值增长缓慢，数值较小，结合后图5.107可知，在这个阶段中，混凝土应变及钢筋应变与应力亦为线性关系，即基本处于弹性工作阶段。而当达到曲线的首个转折点时混凝土初裂，所以此阶段可用作计算单向板肋梁楼盖受弯开裂荷载的依据。

第Ⅱ阶段是在受拉区混凝土的拉应变达到其极限拉应变时，出现首条裂缝，受弯试件就从第Ⅰ阶段转向第Ⅱ阶段工作。在裂缝截面处，混凝土一开裂，原本是由混凝土承担的拉应力转而由受拉纵筋承担，从而使钢筋应力应变均迅速陡增，单向板肋梁楼盖试件的整体挠度和截面曲率也随之迅速增加。对比试件ZJ-BS-1和试件DH-BS-1，ZJ-BS-1在混凝土初裂后，拉应力开始由肋梁底部受拉纵筋承担，中性轴上移，整体截面惯性矩减小，而DH-BS-1在V形TRC-SIP-F底部混凝土开裂后，拉应力可由纤维织物网和钢筋共同承担，由于织物网中纵向碳纤维弹性模量较大，可承受巨大拉应力，所以开裂后裂缝开展相较于ZJ-BS-1比较缓和，这样开裂后的截面中性轴上移幅度就较小，有效截面比ZJ-BS-1大，整体截面惯性矩下降幅度也小。在上图荷载-挠度曲线中体现为DH-BS-1的荷载-挠度曲线更为平滑，挠度增长幅度远低于ZJ-BS-1。

第Ⅲ阶段是在受拉纵筋屈服后的工作阶段，一般受弯构件中受拉钢筋屈服后，截面曲率和整体挠度都突然增大，裂缝宽度向上扩展，中性轴继续上移，混凝土高度变小，受压区混凝土的压应变也大幅增加，当达到极限压应变后上部混凝土受挤压溃裂，形成极限破坏。荷载-挠度曲线中试件ZJ-BS-1和试件DH-BS-1在第三阶段均为平滑曲线，不过由于纵向碳纤维对整体截面的抗拉贡献，所以DH-BS-1中肋梁底部纵筋相较于ZJ-BS-1较晚屈服，故荷载增长范围明显高于ZJ-BS-1，其承载能力更优。

综上所述，除第Ⅰ阶段中，荷载-挠度曲线相近。其他情况下，在相同荷载时，DH-BS-1的挠度都要小于ZJ-BS-1，表明DH-BS-1的抗弯刚度优于ZJ-BS-1，说明由V形和L形

TRC-SIP-F 组装成的整体永久性模板能有效提高截面抗弯刚度。实测 ZJ-BS-1 的整体挠度为 23.362mm，DH-BS-1 的整体挠度为 20.842mm，极限变形约 12%。

(b) 平截面假定验证

由图 5.106 可知，肋梁侧面混凝土应变沿截面高度近似呈线性分布，故假定肋梁侧面混凝土应变变化特征满足平截面假定。在第 I 阶段和第 II 阶段混凝土沿截面高度能保持较好的线性分布；其中 DH-BS-1 比 ZJ-BS-1 要更好地满足平截面假定，主要原因为 TRC-SIP-F 的加入使得加载过程中变形更小，整体截面刚度降低幅度小。

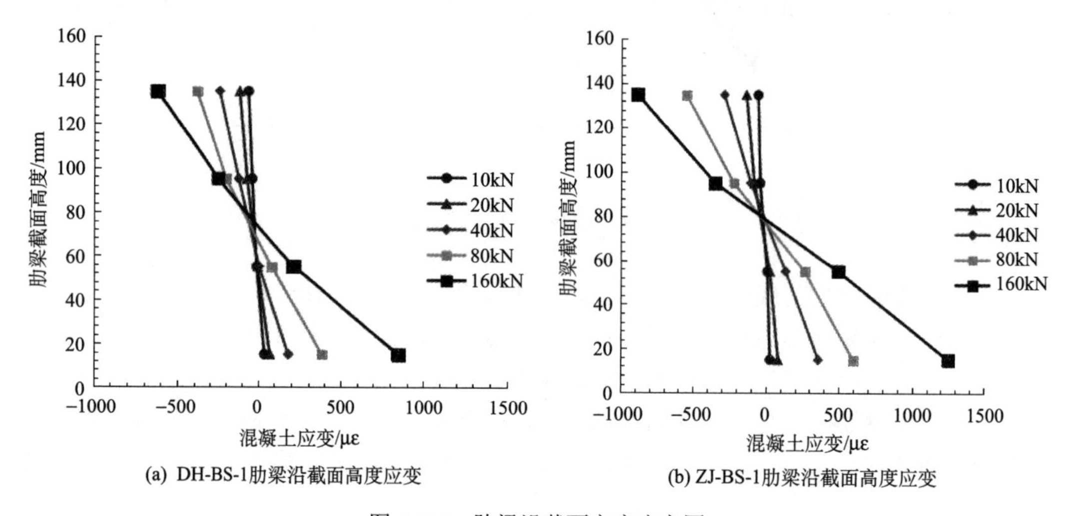

(a) DH-BS-1肋梁沿截面高度应变　　(b) ZJ-BS-1肋梁沿截面高度应变

图 5.106　肋梁沿截面高度应变图

(c) 钢筋应变及弯曲变形分析

ZJ-BS-1 和 DH-BS-1 的钢筋荷载-应变曲线如图 5.107 所示。通过对肋梁跨中纵筋、加载点钢筋、箍筋 1、箍筋 2、箍筋 3 的应变数据整理和分析，讨论试件的变形和破坏特征。从图 5.107 (a)、(b) 可以看出，钢筋应变的增长与混凝土应变增长规律类似，在混凝土开裂以前，钢筋受力微乎其微，其变形相较于混凝土亦可忽略不计，在第 I 阶段内，应力应变增长缓慢。当荷载达到试件的初裂荷载后，ZJ-BS-1 的受拉区承载力主要转为纵筋承担，只有少量受拉区混凝土还能参与工作。受拉纵筋应变在荷载-应变曲线中体现出突变转折的特点，主要是因为加载过程中的荷载值波动导致钢筋的应力应变没能协调发展，应力较于应变的发展有一定的滞后性。DH-BS-1 在底部肋梁的 V 形 TRC-SIP-F 产生初裂后，还有冲孔钢板网衬固的纤维织物网贡献强度，与受拉纵筋一起承担拉应力，所以在图 5.107 (a) 中钢筋应变曲线显示出其荷载增加幅度更大，在相同荷载作用下 ZJ-BS-1 的钢筋应变数值大于 DH-BS-1，且加载点位置受拉纵筋应变数值均小于跨中纵筋应变，符合一般加载规律。弯剪区箍筋的应变主要是由小幅度的受拉、受压作用造成，可以看出无论箍筋是处于受拉还是受压状态，三个箍筋测点的应变值均在零值附近徘徊，说明在此加载方式下，弯剪区剪应力作用很小，无须考虑剪切破坏。

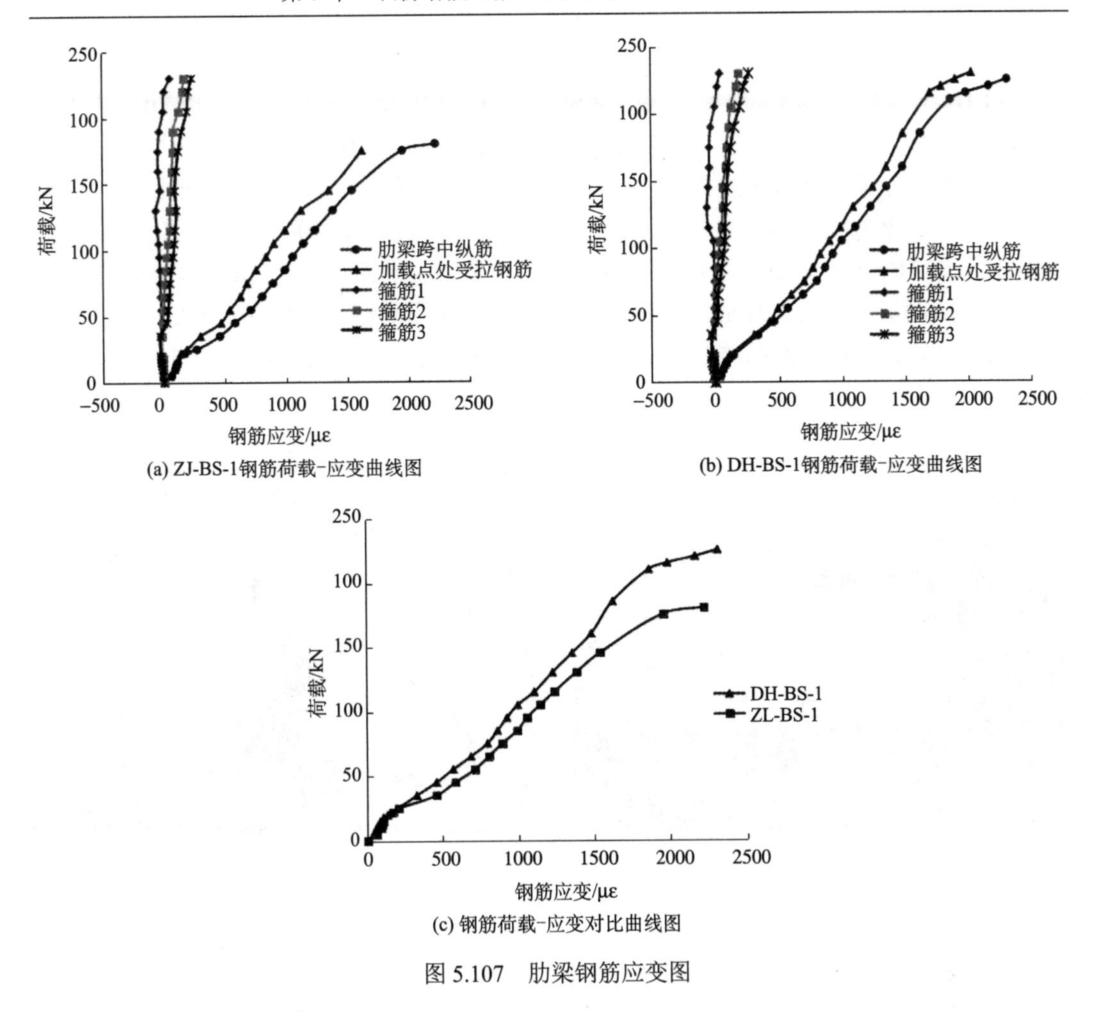

(a) ZJ-BS-1钢筋荷载-应变曲线图

(b) DH-BS-1钢筋荷载-应变曲线图

(c) 钢筋荷载-应变对比曲线图

图 5.107　肋梁钢筋应变图

(d) 延性及破坏特征分析

延性是指结构或构件的受力纵筋屈服后，在非弹性工作范围内承载能力和变形能力均无明显下降的能力。直观表现为构件破坏前是否有明显的特征。由表 5.43 单向板肋梁楼盖跨中延性计算值可知，ZJ-BS-1 和 DH-BS-1 均为典型的适筋延性破坏，破坏前有明显征兆。表中屈服位移值计算取肋梁跨中底部纵筋开始屈服时所对应的挠度，极限位移为试件极限破坏时对应的跨中挠度。DH-BS-1 的延性指标略差于 ZJ-BS-1，但是总体极限位移相当。分析其原因主要是 V 形、L 形 TRC-SIP-F 中纵向碳纤维弹性模量相较于混凝土或者钢筋高出很多，使得 TRC-SIP-F 刚度提高很多，即试件整体变形缩小，延性降低。

表 5.43　单向板肋梁楼盖跨中延性计算值

试件编号	屈服位移 Δ_y/mm	极限位移 Δ_u/mm	位移延性 Δ_u/Δ_y	挠度减小百分比/%	延性差值百分比/%
ZJ-BS-1	5.86	23.362	3.99	12	20
DH-BS-1	6.27	20.842	3.32		

(e)整体性分析

ZJ-BS-1为整浇单向板肋梁楼盖，其整体性可得到保障。此处主要讨论DH-BS-1的整体工作性能，试验证明通过环氧树脂胶黏结V形、L形TRC-SIP-F以及用来处理现浇混凝土和整体组装永久性模板黏结面能满足抗弯承载力需求，从初始加载至试件完全破坏，V形、L形TRC-SIP-F黏结处仅有一处微小错位。由裂缝开展图5.108(b)可知，现浇混凝土与TRC-SIP-F黏结面几乎没有产生相对滑移，裂缝从肋梁底部向上部延伸，再从肋梁上部向混凝土板翼缘延伸，其开展路径沿着初裂缝延伸，未产生分叉，其整体性能极其优异。得出黏结面黏结强度满足要求，无须考虑使用本TRC-SIP-F预制构件的抗弯整体性问题。

(a)裂缝错位开展局部图

(b)裂缝整体开展局部图

图5.108　裂缝开展局部图

ZJ-BS-1和DH-BS-1肋梁及混凝土板裂缝分布图见图5.109，由图5.109(a)、(b)对比可知，两块单向板肋梁楼盖试件整体裂缝分布都呈现“细而密”的特点，在此基础上DH-BS-1试件肋梁裂缝分布更为细密，主要原因是制作TRC-SIP-F的混凝土基体中掺入了适量的聚丙烯纤维，有效抑制了截面表面裂缝的开展。而对于主裂缝及开展深度较大的次生裂缝，虽未能抑制其开展，但是延缓了裂缝延伸的时间。此外，比较图5.109(a)和(b)可知，DH-BS-1试件肋梁斜裂缝相比于ZJ-BS-1较少，分布更优。由混凝土板侧面裂缝分布可知，ZJ-BS-1试件破坏是通过肋梁5条较深表面裂缝(其中主裂缝位于跨中)开展至混凝土板侧面，形成肋梁底部至混凝土翼缘的贯穿裂缝，而DH-BS-1试件只有3条较深表面裂缝(其中主裂缝在1/3计算跨度和跨中之间)，发展至混凝土板，说明TRC-SIP-F明显提高了单向板肋梁楼盖的抗弯承载能力，对抗剪承载力也有一定贡献。

5. 小结

经过对整浇单向板肋梁楼盖和采用V形、L形TRC-SIP-F组装叠合单向板肋梁楼盖的正截面抗弯性能试验研究，得出结论：

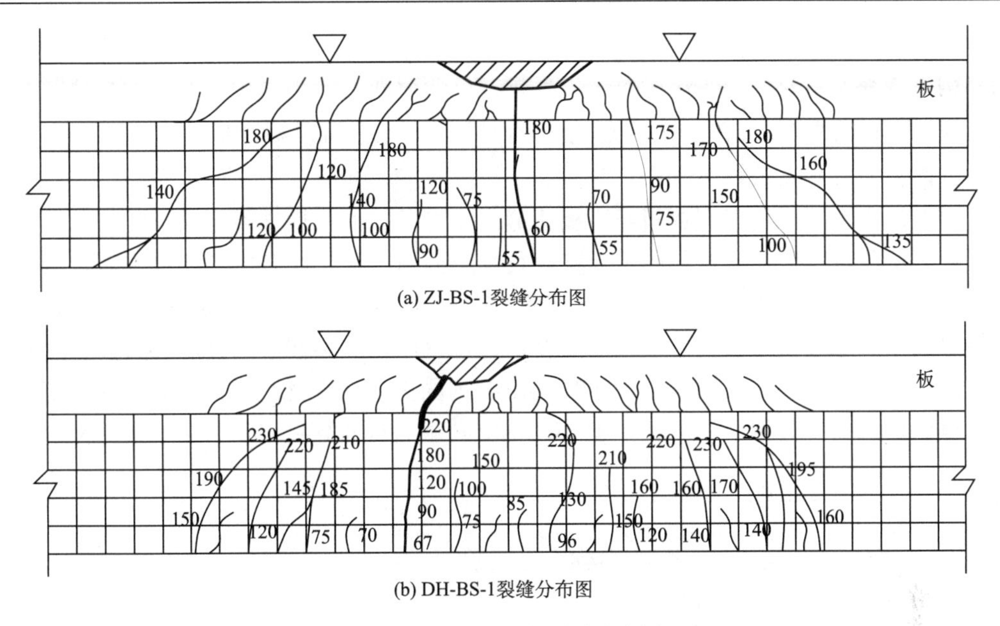

(a) ZJ-BS-1裂缝分布图

(b) DH-BS-1裂缝分布图

图 5.109　肋梁、板裂缝分布图

(1) 首先使用 TRC-SIP-F 对受拉区混凝土开裂有明显的改善作用，其中在 TRC-SIP-F 混凝土基体中掺入聚丙烯纤维能有效限制微裂缝；并能使单向板肋梁楼盖的正截面抗弯承载能力有较大提高，主要体现整体刚度的大幅提高。DH-BS-1 相较于 ZJ-BS-1 完全破坏时的极限荷载提高 27.8%。

(2) 在叠合单向板肋梁楼盖抗弯性能试验中，整体工作性能较好。主要体现为两方面：首先 V 形、L 形 TRC-SIP-F 由环氧树脂黏结，完全能达到强度要求；其次现浇混凝土与 TRC-SIP-F 之间几乎没有滑移错位，二者可协同受力变形。

(3) 试验加载过程中唯一一处 V 形、L 形 TRC-SIP-F 局部滑移可能是由环氧树脂涂覆不均匀引起的。

5.7.3　V 形 TRC-SIP-F 与现浇混凝土叠合单向板肋梁楼盖抗弯承载力计算

本小节结合叠合单向板肋梁楼盖抗弯性能试验现象及试验结果，对叠合单向板肋梁楼盖进行使用阶段开裂荷载验算以及变形验算；并将其简化为 T 形叠合梁，分析正截面抗弯承载力计算公式，为 TRC-SIP-F 应用于实际模板工程提供理论依据。

1. 单向板肋梁楼盖使用阶段挠度验算

1) 使用荷载的确定

根据《混凝土结构设计规范》(以下简称《规范》)，当用内力的形式表达时，结构构件应采用下列承载能力极限状态设计表达式：

$$\gamma_0 S \leqslant R \tag{5.83}$$

$$\gamma_G G_k + \gamma_Q Q_k \leqslant f(\frac{f_{ck}}{\gamma_c}, \frac{f_{sk}}{\gamma_s}) \tag{5.84}$$

式中，S 为承载能力极限状态下作用组合的效应荷载值；R 为结构构件的抗力设计值；γ_0 为结构重要系数；γ_G、γ_Q 分别为永久荷载、可变荷载的分项系数；G_k、Q_k 分别为永久荷载、可变荷载标准值；f_{ck}、f_{sk} 分别为混凝土、钢筋强度标准值；γ_c、γ_s 分别为混凝土钢筋材料分项系数。

参考现浇混凝土与压型钢板组合板正截面抗弯承载力塑性计算方法，此处对简支单向板肋梁楼盖进行简化计算。由于无支座负弯矩截面，且 TRC-SIP-F 构件很薄，所以直接忽略 TRC-SIP-F 的受压作用，即直接按照 T 形钢筋混凝土受弯构件进行承载能力验算。按极限抗弯状态时截面塑性中性轴的高度，叠合单向板肋梁楼盖的拉压应力分布分两种情况：第一种截面，其中性轴位于 TRC-SIP-F 顶面以上现浇混凝土内，如图 5.110(a)所示；第二种截面，其塑性中性轴位于 TRC-SIP-F 截面有效高度内，如图 5.110(b)所示。

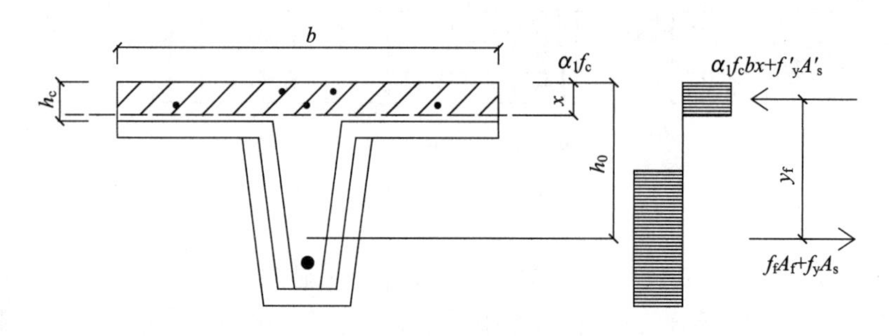

(a) 塑性中和轴位于TRC-SIP-F顶面以上的混凝土内

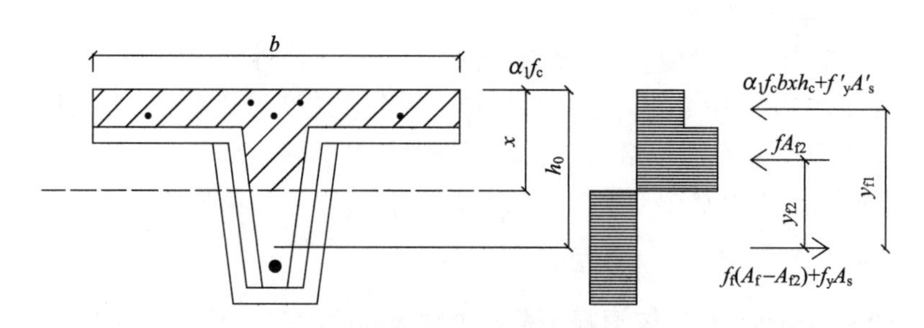

(b) 塑性中和轴位于TRC-SIP-F内

图 5.110　单向板肋梁楼盖正截面抗弯塑性设计计算简图

图 5.110 中，h_c 为肋梁楼盖的受压区高度；h_0 为肋梁楼盖的有效高度；b 为 TRC-SIP-F 的单元宽度；A_f 为单元宽度内 TRC-SIP-F 中纵向碳纤维截面面积；f_f 为碳纤维抗拉强度设计值；α_1 为受压区混凝土矩形应力图的应力值与混凝土轴心抗压强度设计值的比值，根据《规范》，对于混凝土强度等级 C50 以下的 α_1 取 1.0，所以此处 α_1=1.0；f_c 为混凝土轴心抗压强度设计值；h_c 为 TRC-SIP-F 顶面以上的混凝土厚度；y_{f1}、y_{f2} 为 TRC-SIP-F 截面拉应力合力分别至受压区混凝土板截面和 TRC-SIP-F 截面压应力合力的距离；A_{f2} 为塑性中性轴以上的 TRC-SIP-F 在单元宽度 b 内的截面面积。

经计算：

$$f_y A_s + f_f A_f \leqslant \alpha_1 f_c b h_c + f'_y A'_s \tag{5.85}$$

所以按照塑性方法，第一类截面单向板肋梁楼盖在 TRC-SIP-F 在单元宽度 b 内的弯矩设计值可按下式计算：

$$M \leqslant \alpha_1 f_c bxy_f \tag{5.86}$$

可得弯矩设计值 M=1.0×14.3×350×28.9×(140.54–0.5×28.9)=18.24kN·m；根据加载简图可得使用荷载 P=54.72kN。

2) 挠度验算

在使用阶段，组合板的挠度计算应遵循以下原则：①组合板挠度计算不讨论其实际支承情况，均按照简支单向板沿肋梁方向进行计算；②组合板的挠度应按弹性理论方法计算；③组合板的挠度应分别按荷载效应的标准组合和准永久组合计算，且均不得超过挠度限值，其中按荷载效应的标准组合计算时，还需考虑永久荷载的长期作用对组合板挠度的影响；④荷载效应的标准组合应采用荷载的标准值进行组合，荷载效应的准永久组合应采用永久荷载的标准值和可变荷载的准永久值进行组合。所以使用阶段组合板的挠度限值可按下式计算：

$$[\upsilon]=l_0/360 \tag{5.87}$$

式中，$[\upsilon]$为使用阶段组合板的挠度限值；l_0 为组合板的计算跨度。

根据《规范》，考虑荷载长期作用对挠度的影响，本文对简化为 T 形截面的半跨单向板肋梁楼盖进行刚度 B 的计算，荷载按标准组合及准永久组合。具体计算过程如下所示：

$$B=\frac{M_k}{M_q(\theta-1)+M_k}B_s \tag{5.88}$$

$$B=\frac{B_s}{\theta} \tag{5.89}$$

式中，M_k 为按荷载的标准组合计算的弯矩，取计算区段内的最大弯矩值；M_q 为按荷载的准永久组合计算的弯矩，取计算区段内的最大弯矩值；B_s 为按荷载准永久组合计算的钢筋混凝土受弯构件或按标准组合计算的预应力混凝土受弯构件的短期刚度；θ 为考虑荷载长期作用对挠度增大的影响系数。

考虑荷载长久作用对挠度变化的影响系数 θ 可按《规范》给出的线性内插法取用，此处由于 ρ'/ρ=1.26<1.6，故取 $\theta=1.6$，确定挠度限值折减系数：

$$\frac{B}{B_s}=1/1.6=0.625 \tag{5.90}$$

所以经折减后的使用阶段组合板的挠度限值为 3.125mm，而计算使用荷载 54.72kN 在荷载-挠度曲线中对应的挠度实测值为 2.16mm(ZJ-BS-1)，1.502mm(DH-BS-1)。得出结论：本试验截面设计单向板肋梁楼盖在使用阶段的挠度限值满足规范要求，且织物增强混凝土叠合钢筋混凝土单向板肋梁楼盖有着更优异的性能，总体均满足实际施工要求。

2. 叠合单向板肋梁楼盖正截面承载力验算

当叠合单向板的承载力在混凝土和 TRC-SIP-F 接触截面间具有足够的抗滑移黏结力时，按四点加载其最终破坏方式为弯曲破坏，而非斜截面受剪破坏。故按最不利截面设计原则，验算其正截面承载力以保证结构安全。可通过弹性方法或塑性方法进行承载力计算，本文主要讨论用弹性方法计算承载力。

1) 弹性方法开裂荷载验算

首先假设黏结面之间不出现滑移，即视 TRC-SIP-F 与现浇混凝土为一整体，能协同受力变形。弹性方法是视研究对象为单质连续弹性体。故将混凝土、钢筋、纵向碳纤维视为同一种材料，把受拉钢筋和纵向碳纤维的截面换算成混凝土面积。本文规定钢筋弹性模量 E_s 与混凝土弹性模量 E_c 的比值为 α_{E1}，纵向碳纤维弹性模量 E_f 与混凝土弹性模量 E_c 的比值为 α_{E2}，则肋梁底部受拉纵筋对应截面面积为 $\alpha_{E1}A_s$；TRC-SIP-F 中纵向碳纤维对应截面面积为 $\alpha_{E2}A_s$。

由受拉区、受压区合力大小相同条件可得

$$A_f\sigma_f + A_s\sigma_s = A_c'\sigma_c \tag{5.91}$$

$$A_c' = \frac{A_f\sigma_f + A_s\sigma_s}{\sigma_c} \tag{5.92}$$

由应变协同条件可得

$$\frac{\sigma_s}{\sigma_c} = \frac{E_s}{E_c} = \alpha_{E1} \tag{5.93}$$

$$\frac{\sigma_f}{\sigma_c} = \frac{E_f}{E_c} = \alpha_{E2} \tag{5.94}$$

将式(5.93)、式(5.94)代入式(5.92)可得

$$A_c' = \alpha_{E1}A_s + \alpha_{E2}A_f \tag{5.95}$$

确定等效截面后，计算等效截面形心位置并推算出截面惯性矩。由钢筋截面换算成混凝土产生的附加面积为（$\alpha_{E1}-1$）A_s，由纵向碳纤维换算成混凝土产生的附加面积为（$\alpha_{E2}-1$）A_f，截面换算示意图如图 5.111 所示。换算后截面面积 A_1 为

$$A_1 = A_0 + (\alpha_{E1}-1)A_s + (\alpha_{E2}-1)A_f \tag{5.96}$$

式中，A_0 为全截面为混凝土时的截面面积。

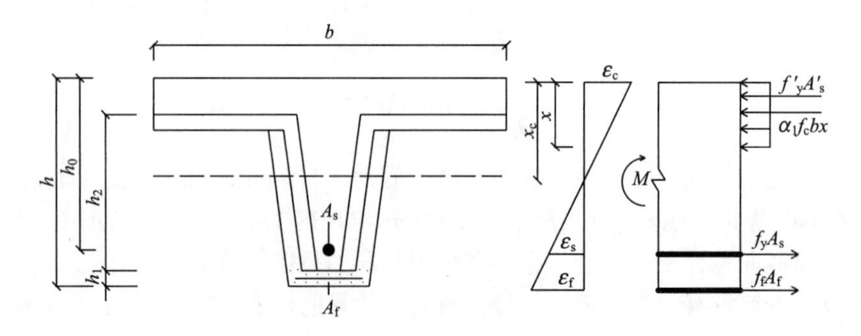

图 5.111　截面换算示意图

根据材料力学知识求混凝土受压区高度：

$$\frac{1}{2}bx_c^2 = \frac{1}{2}b(h-x_c)^2 + (\alpha_{E1}-1)A_s h_0 + (\alpha_{E2}-1)A_f\left(h-\frac{h_1}{2}-x_c\right) \tag{5.97}$$

$$x_c = \frac{\frac{1}{2}bh^2 + (\alpha_{E1}-1)A_s h_0 + (\alpha_{E2}-1)A_f\left(h-\frac{h_1}{2}\right)}{bh + (\alpha_{E1}-1)A_s + (\alpha_{E2}-1)A_f} \tag{5.98}$$

简化后计算截面惯性矩：

$$I_0 = \frac{b}{3}\left[x_c^3 + (h-x_c)^3\right] + (\alpha_{E1}-1)A_s(h_0-x_c)^2 + (\alpha_{E2}-1)A_f\left(h-\frac{h_1}{2}-x_c\right)^2 \tag{5.99}$$

根据《水工钢筋混凝土结构设计规范》，混凝土是准脆性材料，需要考虑截面塑性发展。由于本试验是简化为直接按照 T 形钢筋混凝土受弯构件进行承载能力验算，故按 T 形截面取截面抵抗矩的塑性系数 γ 为 1.5。

受拉区肋梁底部边缘混凝土的拉应力 σ_c 为

$$\sigma_c = \frac{M}{W_0} \tag{5.100}$$

$$f_{t,f} = \frac{M_{cr}}{I_0} \tag{5.101}$$

$$\gamma = \frac{f_{t,f}}{f_t} \tag{5.102}$$

联立式(5.100)～式(5.102)可得

$$\sigma_c = f_{t,f} = \gamma \cdot f_t \tag{5.103}$$

开裂弯矩为

$$M_{cr} = \gamma \cdot w_0 \cdot f_t \tag{5.104}$$

式中，$f_{t,f}$ 为受拉开裂应力；W_0 为肋梁底部边缘截面抵抗矩。

根据加载方式求得开裂荷载为

$$P_{cr} = \frac{12\gamma_m w_0 f_t}{l_0} \tag{5.105}$$

试验单向板肋梁楼盖开裂荷载理论与实测对比结果见表 5.44，得出结论：整浇与叠合单向板肋梁楼盖按此计算公式得出的理论开裂荷载与实测值误差均在 10%以内，符合要求。

表 5.44　开裂荷载试验实测值与计算值对比

试验肋梁板编号	试验值/kN	理论值/kN	误差/%
ZJ-BS-1	50	54.2	8.4
DH-BS-1	66.6	70.4	5.7

2) 弹性方法正截面承载力验算的基本假定

在之前织物增强混凝土叠合梁的研究基础上，并结合本文单向板肋梁楼盖的试验结果，合理配筋的织物增强混凝土叠合单向板肋梁楼盖在达到极限破坏时，有明显征兆，属于适筋破坏，其破坏特征及应力分布与整浇构件单向板肋梁楼盖基本相同，所以在本章节将其简化为T形截面受弯构件计算方法的基础上，通过截面等效假定建立DH-BS-1正截面受弯承载力计算公式是一种可行的方法。根据之前学者对织物增强混凝土薄板的抗弯试验研究并综合前面章节对V形TRC-SIP-F抗弯试验及叠合单向板肋梁楼盖抗弯试验研究，得出结论：钢板网的作用主要体现在衬固纤维织物网使其成型，更好地参与整体工作；另一方面对构件的抗剪承载力有一定幅度的提高，但是对于抗弯承载力的提高作用很微弱，分析其主要原因为钢板网冲孔形状为菱形，抗拉强度低，弹性模量小。所以本章节T形受弯构件承载力计算中为了简化计算，忽略钢板网对抗弯承载力的贡献作用。由于V形TRC-SIP-F侧壁中受拉区纵向碳纤维与塑性中性轴距离较近，即应力应变较小接近于零，对单向板肋梁楼盖正截面抗弯承载能力影响作用不大，可以忽略不计。本文认为对抗弯承载力做主要贡献的是肋梁底纵向碳纤维及受拉钢筋。故根据《规范》及实际试验情况，对现浇混凝土叠合单向板肋梁楼盖的正截面承载力计算采用如下的基本假定。

(a) 平截面假定

平截面假定是一种变形假设，定义为在弯曲或拉伸挤压作用后，横截面仍为平面，且横截面上正应变呈直线分布，即应力应变比值恒定，始终处于弹性受力范围。本计算模型为T形截面叠合梁，也需满足此假定。平截面假定为抗弯截面计算理论的建立奠定了基础，当知道梁截面上任意两点的应变，即可确定梁横截面受荷载作用时的正应变的分布。本试验按无黏结滑移模型计算，且按四点加载设置纯弯段，其剪切变形远小于弯曲变形，可忽略不计。故认为本试验满足平截面假定。大量试验证明，实际由于平截面假定引起的偏差由经验系数调整后可把正截面承载力理论计算值与试验实测值的误差控制在10%以内。

(b) 忽略肋梁底部混凝土和钢板网的抗拉作用

根据钢板网抗拉试验可知，菱形冲孔不锈钢钢板网的抗拉强度很低，而混凝土亦是如此，其抗拉强度只有抗压强度的10%不到，相较于钢筋的抗拉强度，可完全忽略不计。故本试验在计算叠合单向板肋梁楼盖抗弯承载力时，不考虑受拉区混凝土及冲孔不锈钢钢板网对抗弯承载力的贡献，大量试验证明，正截面承载力计算结果的偏差可控制在1.5%以内。

(c) 钢筋的应力-应变关系

本试验肋梁底部受拉纵筋采用的是有明显屈服点的热轧带肋钢筋，其应力应变曲线可以简化为理想弹塑性曲线，如图5.112所示。钢筋具体的本构关系如下：

$$0 \leqslant \varepsilon_s \leqslant \varepsilon_y \text{时，} \sigma_s = \varepsilon_s E_s \tag{5.106}$$

$$\varepsilon_s > \varepsilon_y \text{时，} \sigma_s = f_y \tag{5.107}$$

式中，E_s为钢筋弹性模量；ε_y为钢筋屈服应变；ε_s为钢筋应变。

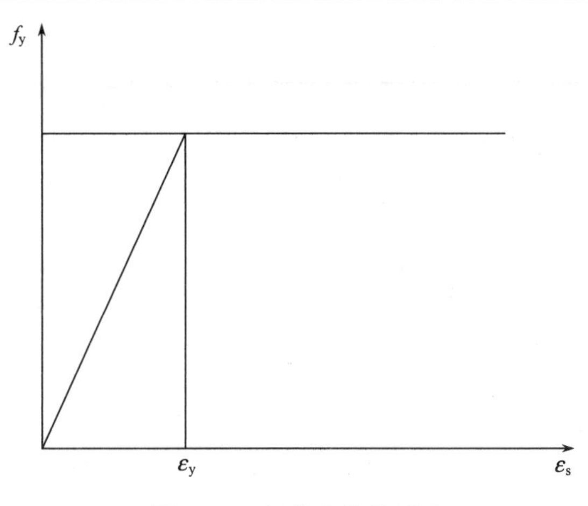

图 5.112　钢筋本构关系图

(d)混凝土本构关系

混凝土本构关系可以从四个角度去研究，对于一般抗弯试验用到最多的是弹塑性本构关系和非线性弹性本构关系。其影响因素有很多，但针对本试验叠合单向板肋梁楼盖正截面抗弯承载力理论计算,受拉区混凝土拉应力合力大小及作用位置是主要影响因素。为了简化计算过程,本文将素混凝土轴压应力-应变曲线作为叠合单向板肋梁楼盖受压区混凝土应力图形的依据。一般规范都将混凝土极限压应变取为定值，轴心受压构件，取 ε_{cu}=0.02；受弯构件和偏压构件，取 ε_{cu}=0.003~0.0035。我国《规范》规定在计算正截面承载力时采用如下的混凝土受压应力-应变关系：

$$\text{当}\ \varepsilon_c \leqslant \varepsilon_0\ \text{时，}\ \sigma_c = f_c\left[1-(1-\varepsilon_c/\varepsilon_0)^2\right] \tag{5.108}$$

$$\text{当}\ \varepsilon_0 < \varepsilon_c \leqslant \varepsilon_{cu}\ \text{时，}\ \sigma_c = f_c \tag{5.109}$$

式中，ε_c 为混凝土压应变；ε_0 为受压区混凝土最大压应力对应的压应变，取 0.002；ε_{cu} 为混凝土极限压应变，取 0.0033；f_c 为混凝土轴心抗压强度；σ_c 为混凝土压应力。

(e)纵向碳纤维织物弹性模量较大，受拉断裂破坏特征为断裂即丧失强度，故其应力应变一直呈直线分布。

$$\sigma_f = E_f\varepsilon_f \tag{5.110}$$

式中，σ_f 为碳纤维织物的应力；E_f 为碳纤维织物的弹性模量；ε_f 为纵向碳纤维的拉应变。

3)正截面计算公式

结合试验结果可知，叠合单向板肋梁楼盖最终呈现适筋破坏，即受拉钢筋屈服，受压区混凝土压溃，达到极限压应变。其承载力简化计算模型如图 5.113 所示。

根据应变几何关系可得

$$\frac{\varepsilon_f}{\varepsilon_{cu}} = \frac{(h+h_1/2)-x_c}{x_c} \tag{5.111}$$

又因为 $x=\beta_1 x_c$，代入式(5.111)得

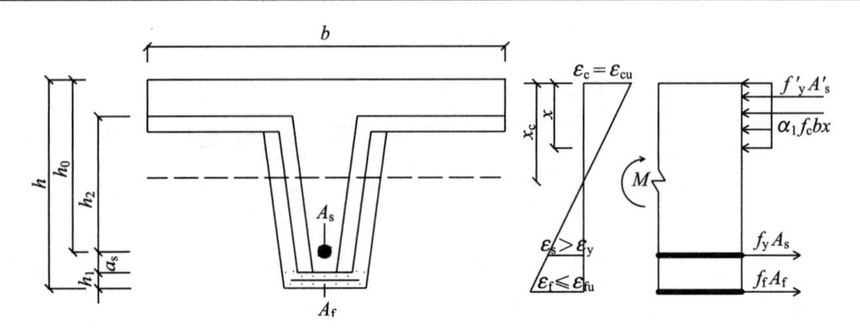

图 5.113　承载力计算模型图

$$\varepsilon_{\mathrm{f}}=\left[\frac{\beta_1(h+h_1/2)}{x}-1\right]\varepsilon_{\mathrm{cu}} \tag{5.112}$$

根据纵向碳纤维本构得

$$f_{\mathrm{f}}=E_{\mathrm{f}}\left[(\frac{\beta_1(h+h_1/2)}{x}-1)\varepsilon_{\mathrm{cu}}\right]\leqslant f_{\mathrm{fu}} \tag{5.113}$$

根据图 5.113，由二力平衡可得

$$\alpha_1 f_{\mathrm{c}} bx+f_{\mathrm{y}}'\ A_{\mathrm{s}}'\ =f_{\mathrm{y}}A_{\mathrm{s}}+f_{\mathrm{f}}A_{\mathrm{f}} \tag{5.114}$$

当发生界限破坏时，$f_{\mathrm{f}}=f_{\mathrm{fu}}$；联立以上三式可得

$$M_{\mathrm{u}}=\alpha_1 f_{\mathrm{c}}bx\left(h+\frac{h_1}{2}-\frac{x}{2}\right)-f_{\mathrm{y}}A_{\mathrm{s}}\left(h+\frac{h_1}{2}-h_0\right)+f_{\mathrm{y}}'\ A_{\mathrm{s}}'\ \left(h+\frac{h_1}{2}-a_{\mathrm{s}}'\right) \tag{5.115}$$

其中

$$f_{f0}'=E_{\mathrm{s}}\varepsilon_{\mathrm{s}}=E_{\mathrm{s}}\varepsilon_{\mathrm{cu}}\left(1-\frac{\beta_1 a_{\mathrm{s}}'}{x}\right)\leqslant f_{\mathrm{y}}' \tag{5.116}$$

式中，f_{y}、f_{y}' 为钢筋抗拉、抗压强度设计值；A_{f} 为肋梁底部受拉纵向碳纤维总截面面积；α_1 为受压区混凝土矩形应力图的应力值与混凝土轴心抗压强度设计值的比值；β_1 为矩形应力图受压区高度与中性轴高度的比值。

根据式(5.115)求得正截面弯曲破坏时对应的极限弯矩，结合加载方式得出极限抗弯承载力 P_{u}(破坏荷载 $P_{\mathrm{u}}=12M_{\mathrm{u}}/l_0$)，分别代入整浇单向板肋梁楼盖和叠合单向板肋梁楼盖对应的数据，求出理论计算值如表 5.45 所示，分析表格可知，简化推导求得的理论计算值与试验实测值误差较小，均在±3%范围以内，满足验算需求。

表 5.45　单向板肋梁楼盖抗弯承载力理论值对比表

试件编号	试验实测值 P_{u}/kN	理论计算值 P'_{u}/kN	相对误差 /%	承载力增幅/%
ZJ-BS-1	180	178.6	0.7	
DH-BS-1	230	236.9	–2.9	27.8

3. 小结

(1)通过分析截面塑性中性轴位置，推算其使用荷载，验算后发现，在正常使用荷载作用下叠合单向板肋梁楼盖的跨中挠度实测值为 1.502mm，远小于对应规范限值 3.125mm，满足挠度变形要求。

(2)采用弹性方法即在材料力学的基础上对不同材料进行截面换算，将截面中的受拉纵筋和碳纤维等效成匀质混凝土材料，对叠合单向板肋梁楼盖在使用阶段的开裂荷载计算公式进行了推导，计算结果表明其计算值与试验结果能较好地吻合。

(3)将半跨肋梁板简化为 T 形受弯构件计算模型，推导其计算公式。经计算表明，叠合单向板肋梁楼盖相较于整浇试件极限抗弯承载力提高近 27.8%，且实际试验结果贴近理论计算值。

第 6 章　织物增强混凝土的其他应用探索

6.1　织物增强混凝土薄壳结构中的应用

6.1.1　双曲抛物面屋顶修复

2002 年，德累斯顿工业大学 528 合作研究中心第一次在一个双曲抛物面屋顶结构的修缮上创新使用了纤维织物增强混凝土加固的方法[141]。该结构是维尔茨堡-施韦因富特应用技术大学 20 世纪 60 年代的演讲厅的屋顶，如图 6.1 所示。德累斯顿工业大学的合作研究中心 528 所研究了纤维织物增强混凝土对弯曲和侧向力的增强效果，证明了这种加固方法是有效的。

图 6.1　钢筋混凝土双曲壳屋顶

Weiland 和 Ortlepp 在文中详细介绍了双曲壳屋顶加固的方法、使用材料的性能以及原结构的结构检测鉴定。文中也描述了影响织物增强混凝土加固后承载能力的因素以及增强层到基层间力的传递机理。Weiland 和 Curbach 主要是根据现有的加固措施专门检查早期损坏造成的影响，例如：现有的裂缝，预变形和/或预加载。在钢筋混凝土板上进行了大量的弯曲试验，这些钢筋混凝土板包括有早期损坏和没有早期损坏的。

与未加固的基准试件相比，加固的构件在拉伸区域中明显地显示出相对于正常使用荷载水平下的较小挠度、裂缝宽度和裂缝距离。此外，加固试件的抗弯承载力也大幅度提高。

织物增强的一个重要优点是它的变形能力，使它能够容易地适应复杂的自由曲面。因此，在型材或壳形部件上加固层是可行的。

1. 工程概况

钢筋混凝土双曲壳屋顶厚度 80mm，边长 27.60m，最大跨度约 39m。如图 6.1 所示，壳体在南北方向倾斜，南部的最高峰位于 12m 处而北部最高点距离壳体最低点 7m 以上。位于东西部的低点与巨塔柱相连。壳体中心区域厚度有 80mm，朝边梁方向增加，在边缘梁最高处厚度达到 367mm，塔柱支撑处为 772mm。边梁由四根柱子沿主梁轴线支撑，距离最高点 6.50m 处。外表面和前表面的混凝土石子外露，在测量的时候发现上表面的屋顶密封剂破坏严重。

在演讲厅的区域平行于壳体曲线的位置上悬挂有 50mm 厚的石膏天花板。两塔支撑在大约 1.50m 深的三角形基础上。开放的屋顶排水系统遵循两塔柱的路径，并通过管道进入基础。

外部顾问对地基的分析结果表明，黄土壤土层对结构的承载能力有限。稳定的土层位于 3～4m 的深度。由于这种黄土壤土层易产生水平运动且含水量高，进一步降低了土壤的承载能力。

在结构修复前，进行现场调查、技术调查和设备评估。结果表明，除了在底壳和边梁处有一些细微的损坏点，钢筋混凝土壳体材料的技术状态良好。然而，在南部最高点出现了高达 200mm 的落差，这些情况使得结构要进行附加的测量。随后壳体的结构分析工作是由 ARGE SCHALENBAU Rostock 在 Muether 先生、Hauptenbuchner 博士和 Diederichs 教授的指导下进行。

根据调查和分析，在现有的建筑文档中几乎没有证据可以证明为什么壳体悬臂式区域有 200mm 的可见变形。在 2002～2006 年间进行的测量，以及在变形和非变形状态下的有限元模拟，没有提供关于变形的临界结构状态的指示。此外，在屋顶密封拆卸后，外壳上部没有过宽的裂纹。因此，假设变形产生的偏移/壳形沉降以及施工期间正常徐变被认为是正确的，进一步变形增加是不可预见的。根据检测，变形的壳形可以保留，然而，对钢筋混凝土结构的重新计算和随后的说明显示在悬臂区域有异常应力。上部钢筋层承载力处于极限状态，存在压力过大的区域需要进行必要的修复措施。

项目前期讨论了很多加固该结构方法，如喷射混凝土加固或玻璃钢纤维增强聚合物(FRP)制成的片层。喷射混凝土所需的加强层厚约 60～80mm，自重相当高，使得壳体上附加载荷过高。相反，使用胶合薄片，其特点是低静载和单轴荷载效应，会导致集中荷载传递明显。考虑到壳体是一个表层结构，而纤维增强混凝土的优点在于具有低自重的二维增强层，对于该结构加固优势明显。修复方案由罗斯托克的 ARGE SCHALENBAU 与德累斯顿工业大学混凝土结构研究所合作完成，计划用三层纺织碳纤维布的织物增强混凝土加固，保障必要承载力。

织物加固最适应曲面的外壳(图 6.2)。使用纤维织物增强混凝土加固是一个极好的选择，是加固钢筋混凝土薄壁曲面结构的新途径。

实际修复和加固工作于 2006 年 10 月到 11 月由 Torkret AG 建筑公司实施。

图 6.2　扭壳结构

2. 材料性能

1) 原结构的钢筋混凝土性能

计划指标表明原有钢筋混凝土施工的双曲壳用的是 B300 等级的混凝土和 IIIR 等级的钢筋以及 $300kg/m^3$ 的最小水泥用量。所用的 IIIR 钢筋相当于 BST 420s 的带肋钢筋。根据 DIN 488 中钢筋的要求，这符合德国标准。根据 2001 年对原结构进行的材料调查显示，混凝土处于良好状态。根据 DIN1045:1988 标准和钻心取样试验测试的结果，混凝土可定为 B45。结果显示如下：分别是 $39N/mm^2$、 $49N/mm^2$ 和 $62N/mm^2$。目前，新的 DIN1045-2:2001 标准中 B45 对应的为 C35/45。

在壳体的底面混凝土保护层一般达 15～20mm，致密的表面碳化深度为 10～14mm。如加固计划所示，壳顶上的混凝土保护层有 10mm 的余量。将壳体表面层进行局部去除后，对壳体上表面进行了研究。发现少量存在的裂缝，裂缝宽度都可接受。混凝土致密牢固，碳化深度小到可以忽略。

然后对结构分析做了如下假设：

混凝土：C 35/45；

弹性模量 $E_{CM} = 29\,900N/mm^2$；

压缩强度 $f_{ck} = 35N/mm^2$；

抗拉强度 $F_{CTM} = 3.2N/mm^2$；

钢筋：BST 420s（根据 DIN 488）；

弹性模量 $E_S = 200\,000N/mm^2$；

屈服应力 $F_{YK} = 420N/mm^2$；

抗拉强度 $F_{TK} = 500N/mm^2$。

2) 织物增强混凝土性能（TRC）

织物增强混凝土由两个主要部分组成：细石混凝土和织物纤维。细石混凝土的抗拉承载能力是由复合材料中的织物来补偿的。织物纤维中的纤维具有很高的抗拉承载能力，因此能够承受和转移混凝土开裂所释放的力。

(a)细石混凝土的性能

用于合作研究中心(CRC528)的细石混凝土组成见表 6.1。细石混凝土的基本力学性能如下：

密度：2170 kg/m^3；

弹性模量：28 500 N/mm^2；

抗压强度：76.3 N/mm^2；

弯拉强度：7.11 N/mm^2。

表 6.1 在 CRC528 中使用的细石混凝土的材料成分

材料	数量/(kg/m^3)
水泥 CEM III/B 32,5 LH/HS /NA	628
粉煤灰	265.6
Elkem Mikrosilica(悬浮)	100.5
砂 0/1	942
水	214.6
增塑剂	10.5

由于没有这种纤维增强混凝土的制造商，所以这种混合物是在施工现场手工制作的。

(b)纤维织物的性能

这种加固用纤维织物纱线有 800tex，是由 Toho Tenax Europe GmbH 公司生产的(粗纱的横截面约 0.45mm)。该织物是在德累斯顿工业大学纺织与服装技术研究所由一种多轴瓦式针织机制造的。在纬向方向(图 6.3)中选择了 10.8mm 的间距，而在经向方向选择了 18mm。

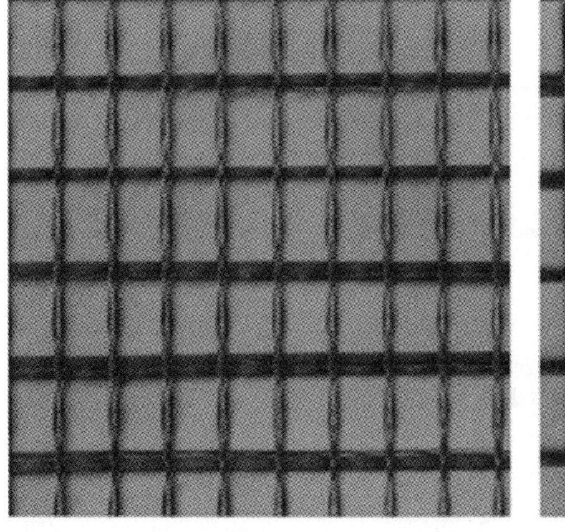
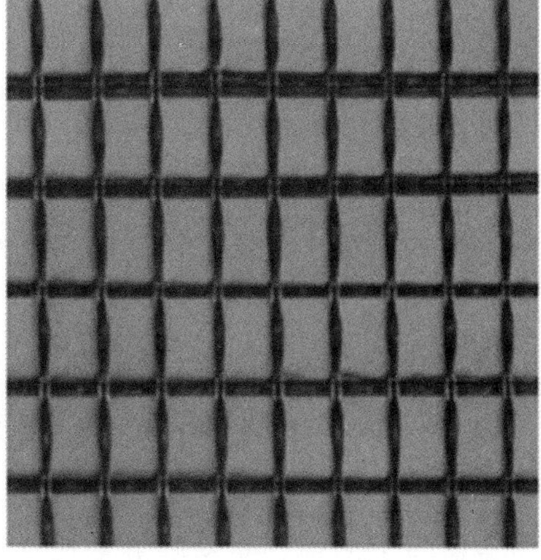

图 6.3 加固织物的正面和背面

纤维疲劳应力高达 2400N/mm^2。根据 JESSE 的计算，最终的拉伸强度 f_{tu}=1400N/mm^2，极限应变 u=0.8%。

3. 织物增强混凝土的黏结性能

1) 纤维增强混凝土的黏结抗拉强度

纺织纤维与细石混凝土基体之间的适当结合是全面引入纺织面料的先决条件，并且所有的单个纤维都要发挥作用。在此基础上，在纤维增强层与现有混凝土基体之间，需要一种有效的黏合拉伸黏结剂，使得新老混凝土之间能充分交互作用。在修复过程中黏合剂的黏结抗拉强度试验和织物加固强化层的锚固由德累斯顿工业大学进行了实验测试。

纤维增强细石混凝土制成的圆柱直径为 50mm，高度约为 10mm。利用便携式测试设备 DYNA Z 15，确定了黏性强度测量。在强化层的生产和制造过程中，连续 28d 进行了 16 次试验。黏性抗拉强度平均有 3.71N/mm^2，其值明显大于现有混凝土的黏性抗拉强度。

2) 纤维织物与细石混凝土基体的黏结性能

织物增强混凝土的黏结抗拉强度并不代表壳体整个加固系统的黏结强度。在碳纤维布加固的情况下，长丝与细石混凝土基体之间的荷载传递有重要意义。具体的方法是纤维进行拔出试验。在技术测试的背景下，托克特公司通过喷涂方法制造了一部分样本。另一部分的标本是在德累斯顿工业大学实验室的实验室条件下制造的，该实验室使用的是表 6.1 所示的细石混凝土混合物。表 6.2 介绍了用于加固壳结构的纺织材料的拔出试验结果。

不同于单丝纱的简单拉拔试验，横向加筋对拉拔力的影响是被考虑的。对拉出标本的检测也在生产后 28d 内进行。为了确定所需要的纤维纱线的锚固长度，在测试后测量了断裂模式中产生的突出纤维的长度。织物的要求纤维长度是由于样品的一次混合失败而得出的(图 6.4)。浆体和断裂的纤维之间的极限，表明了细粒度混凝土基体中织物加固结构的必要锚固长度。

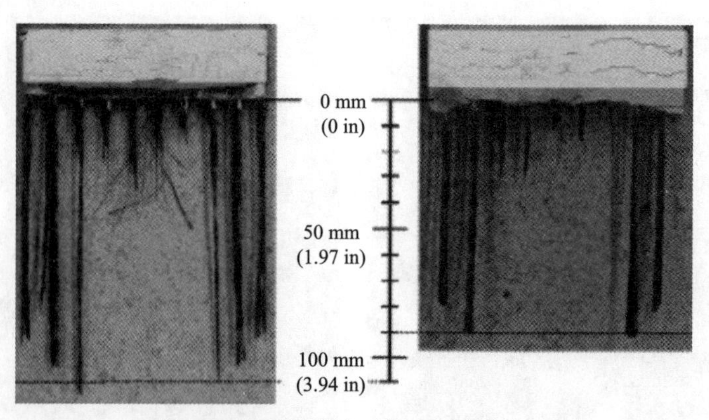

图 6.4　细石混凝土对拔出长度的影响

对喷射的试验样品(表 6.2，试验编号 4、5)的检查发现需要的锚固长度为 20mm，比手工层压测试样品的薄层厚度更短(表 6.2，试验编号 6、7、8、9)。在双曲壳的加固强化层中，制造了一层足够厚的层，这样就可以达到 90mm 的锚固长度，以便将织物的力量传递到周围的细石混凝土基体中。

由于壳层的变化，可以假定，在纤维层的边缘，现有的最大抗拉力不能再达到。相反，在加固层中存在的抗拉力，通过整个可用的长度，逐渐通过现有的混凝土基板进入外壳的边缘。在外壳结构的边缘处，锚固力远远低于加强层的最终荷载。

表 6.2　混凝土基质中纤维增强织物的黏结抗拉强度

试验编号	基质	程序	埋入长度/mm	厚度/mm	破坏形式	拔出长度/mm	极限力/(N/mm^2)
1	Torkret10	喷射	70～120	25.6	拔出	120	11.69
2	Torkret10	喷射	70～120	20.3	拔出	120	13.18
3	Torkret F	喷射	70～120	18.6	拔出	120	11.79
4	SFB	喷射	70～120	15.4	拔出+拉伸断裂	90	16.05
5	SFB	喷射	70～120	17.9	拔出+拉伸断裂	90	15.89
6	SFB	层压	40～100	7.8	拔出	100	13.54
7	SFB	层压	90～140	7.8	拔出+拉伸断裂	110	22.06
8	SFB	层压	110～160	7.8	拔出+拉伸断裂	110	21.48
9	SFB	层压	150～200	7.9	拉伸断裂	—	19.81

4. 施工方法

采用喷射细石混凝土和铺设织物交错的方法，对混凝土表面进行了加固(图 6.5)，以保证达到最大的黏结强度。加固层的总厚度仅为 15～18mm，如图 6.6 所示。这不仅延长了结构的使用寿命，而且使结构更加安全。

图 6.5　纤维织物在喷射细石混凝土中的应用

图 6.6　织物加固层的厚度

6.1.2　弧形混凝土屋顶修复

1. 工程概况

Schladitz 等[142]给出了使用 TRC 结构加固建筑文物的例子。本案例是关于成立于 1897 年位于萨克森州的原茨维考工程学院主楼(图 6.7)，其于 2007～2009 年进行改建，并建设成为茨维考税务局。在改建时，由于考虑到建筑文物保护，因此须保留侧翼的具有历史意义的大型屋顶结构设计。该钢筋混凝土制成的大型屋顶构成了一个长约 16m、宽为 7m 的大厅。其由 11 条横梁构成，每条横梁均为宽 20cm、高 25cm 的整体横梁，并连接在 8cm 厚的钢筋混凝土板上。9/10 的屋顶板在其中心区均具有约 1m×3m 的大开口(图 6.8 和图 6.9)。该屋顶结构部分使用砖石，部分使用钢梁。该大型屋顶为一个弯曲的结构化设计建筑。基于建筑文物保护法，不可使用替代建筑结构或降低现有屋顶设计应力的方法。传统的加固方法对此并不适用。鉴于此，选择使用织物增强混凝土的方法进行加固。

图 6.7　改造前的原茨维考工程学院主楼图

根据德国纺织品增强混凝土中心的建议：在去除现有的石膏层并形成承载底板后，缺失的承载力可通过使用带有高强度碳纤维纺织品的多层增强混凝土加固弥补。替代石膏，使用纺织品增强混凝土加固可保持原有结构形状，并保护历史悠久的屋顶结构。

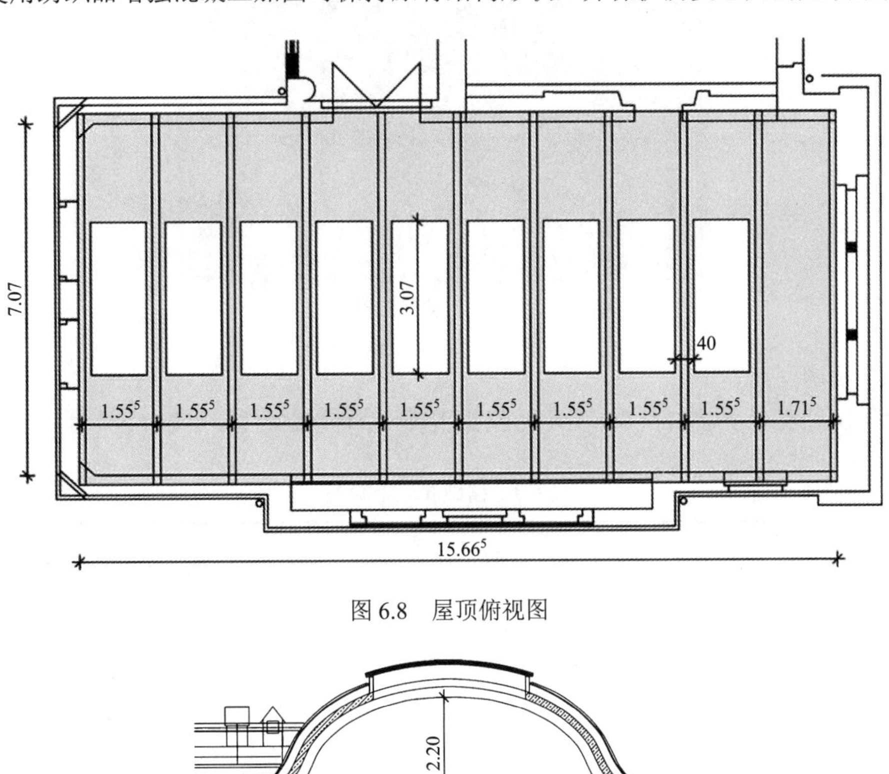

图 6.8　屋顶俯视图

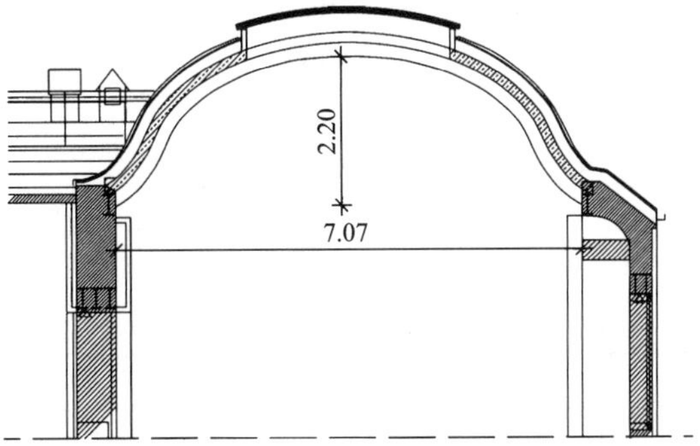

图 6.9　加固施工

2. 建筑材料

1) 现有的钢筋混凝土结构

原结构混凝土的抗压强度等级为 C16/20。现有的加固设计主要是依靠矩形横截面和扁铁（图 6.10）。根据 DIN 50125 收取样品进行检测，其结果显示平均屈服强度为 336N/mm^2；平均抗拉强度为 455N/mm^2。对混凝土覆盖层和加固层进行声呐探测，以及使用加固探测器进行无损测试。

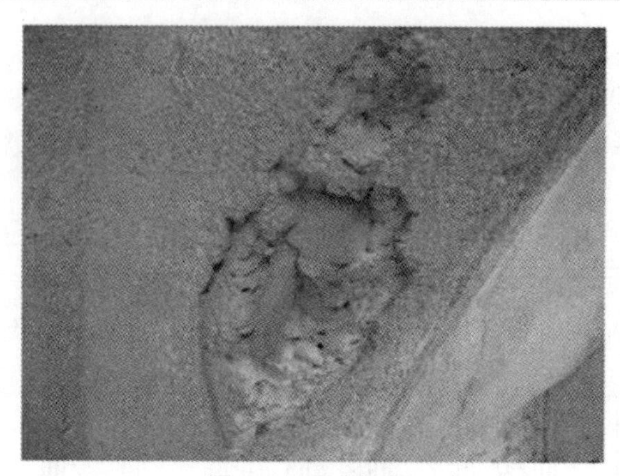

图 6.10　现有加固

2) 织物增强混凝土

对于精细混凝土，如表 6.3 所示，精细混凝土的机械特性参见表 6.4。

表 6.3　精细混凝土制备

成分	质量成分	单位体积混凝土成分/ (kg/m^3)
水泥 CEM III/B 32.5 NW/HS/NA	0.667	628.0
粉煤灰	0.282	265.6
埃肯(Elkem)微硅粉(SF)	0.1067	100.5
沙子 0/1	1.000	942
水	0.2278	214.6
溶剂 沃门特(Woerment) FM 30 (FM)	0.0112	10.5

表 6.4　精细混凝土的机械特性

特性	单位	数值
密度	g/cm^2	2.17
弹性模量(平均值)	N/mm^2	28.500
抗压强度(平均值)	N/mm^2	76.3
抗弯强度(平均值)	N/mm^2	7.11

如图 6.11 所示的正交纺织品加固结构是由德累斯顿工业大学纺织服装技术学院设计。其碳纤维纱的纯度为 800 分特(4000 条直径为 9mm 的长丝构成)，横截面为 0.45mm^2。网格经线长 7.2mm，纬线长 14.4mm。根据杰斯(Jesse)伸展试验，其抗拉强度 f_{tu} = 1.600 N/mm^2，抗伸展率 e_u = 8‰。

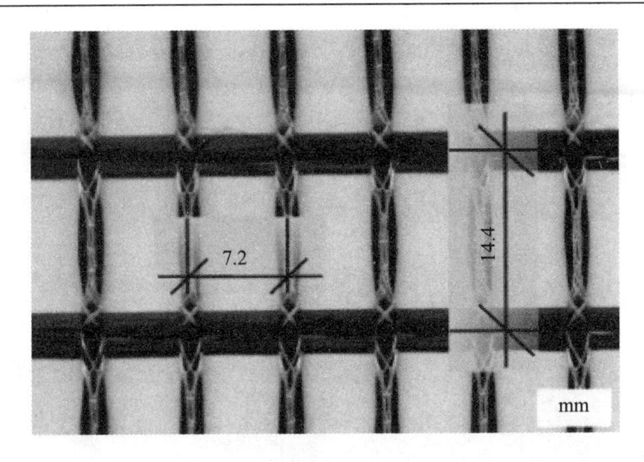

图 6.11　纺织品加固式样 NWM3-006-08-b1 (15%)

3. 施工

纺织品混凝土加固施工由托克里特公司(Torkret AG)负责。在移除现有的石膏层后，为了保证老混凝土和精细混凝土的接合位置具有足够的力量传输，可通过使用干燥固体材料喷射(喷砂)对现有老混凝土的粒状结构进行清理。同时，须对老混凝土现有的缺陷位置进行修复或重新构型。使用黏土湿喷工艺。表 6.4 中的可泵送精细混凝土会通过强制混合器在现场生产，并使用砂浆泵输送到高于工作平台约 8m 的位置，然后以约 3mm 的层厚喷涂在地板上。接着通过镘刀对新精细混凝土基质中的纺织品加固工作进行处理(图 6.12(b))。上述过程须根据静态要求的加固层数量重复进行。纺织品增强混凝土加固层约为 3mm 的薄覆盖层。为了保证各个精细混凝土层的良好接合，须重复施加加固层。

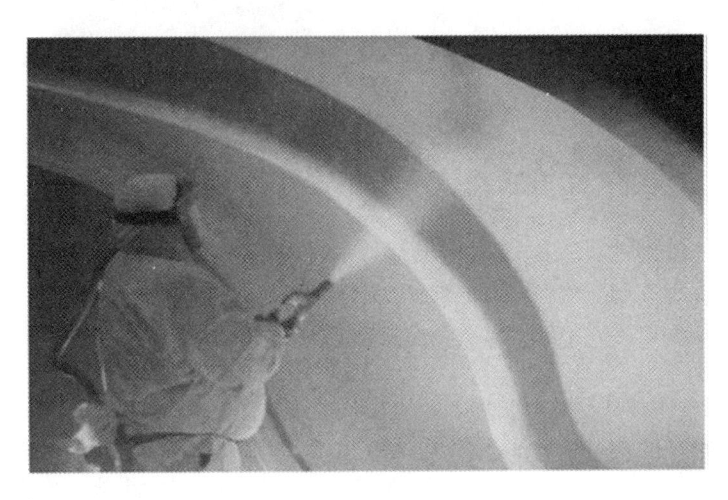

(a) 喷涂精细混凝土

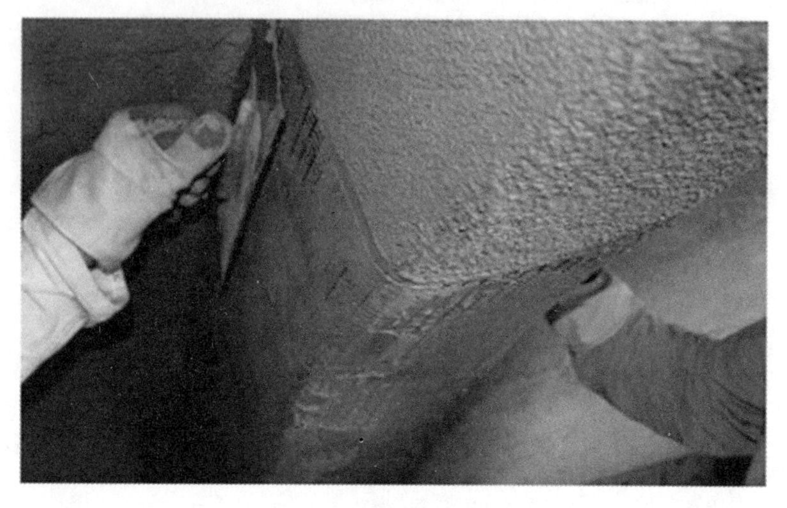

(b)轻轻按压纺织物

图 6.12　喷涂纺织品增强混凝土

6.1.3　薄壳结构的凉亭

2012 年在亚琛工业大学校园内部建造了一座玻璃凉亭(展馆)，其预期作为研讨会或会议中心使用(图 6.13)。值得一提的是，该建筑的屋顶结构使用织物增强混凝土制成[143]。

图 6.13　由四个大型织物增强混凝土外壳构成的凉亭承重结构

关于该凉亭的结构设计，设计师使用了筛状外壳作为基本元素，其由 4 个双曲面以及所谓的双曲抛物面构成。在其设计过程中，设计者借鉴了建筑师费利克斯 · 坎德拉(Félix Candela，1910～1997 年)设计的凉亭，如图 6.14 所示，其主要根据 HP 外壳的各种变体进行设计。

图 6.14　西班牙建筑师费利克斯·坎德拉(Félix Candela)设计的外壳结构(实验结构)(墨西哥拉斯阿杜纳斯，1953 年)

1. 设计说明

凉亭的承载结构由四个纺织增强混凝土外壳构成，该外壳在其中心分别设有夹持钢筋混凝土支柱。在投影中，每个外壳的表面积为 7m×7m，其厚度仅有 6cm。为了保证集中的荷载过渡到支柱上，其外壳厚度须增加到 31cm(图 6.15)。

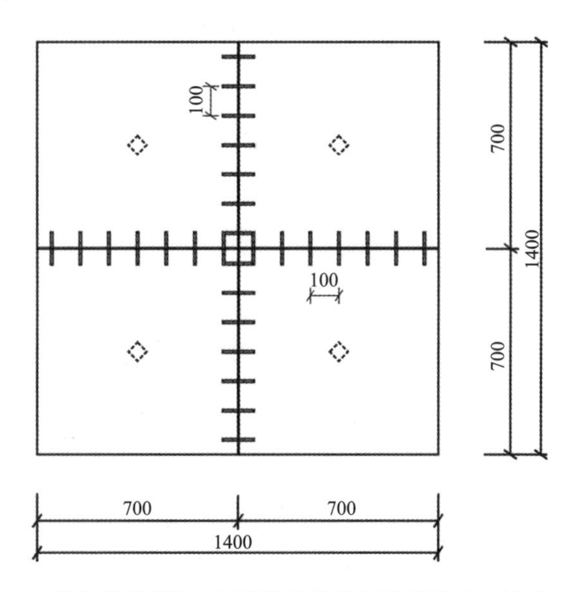

图 6.15　织物增强混凝土板连接的结构安排(俯视图)(单位：mm)

将四个护板安装到 2×2 的网格中，其外部尺寸为 14m×14m 且建筑高度可达 4m。从织物增强混凝土外壳的基本几何形状可看出，直线型外壳边缘能保证各护板保持齐平对准且简易完成正面连接。

在预制结构中完成织物增强混凝土外壳和钢筋混凝土支柱构建。织物增强混凝土外壳和钢筋混凝土支柱之间，以及钢筋混凝土支柱和基底之间的刚性连接，须通过使用应力螺栓连接完成。

四个纺织混凝土板通过钢制铰链进行连接，以此可提高整个系统对于水平载荷的承载能力性，尤其是风荷载。通过彼此连接，可避免护板出现垂直错位现象，并且通过完成正面连接可明显减少垂直和水平方向的边缘移位。此外，对称载荷不再只通过支撑脚上的约束力矩进行接收，其要求较大的支撑横截面，通过护板连接，可有效激活整个承载结构的法向力，从而可明显降低支撑脚上的瞬时应力。出于上述原因，可设计支撑横截面从上向下逐渐变细，以此从架构角度提高承载结构的可操作性。

如图 6.15 所示，护板可通过每个外壳边缘的七个点进行连接，外壳边缘距离为 1m。连接点设计为铰接式钢铰链，其接片可通过使用纺织品增强混凝土外壳上的两个螺钉固定在外壳上部。

2. 材料特性

根据预试验，可选择未浸渍的平纹组织碳纤维布用于织物增强混凝土外壳加固，该种布料为亚琛工业大学纺织品技术学院开发。各条粗纱的纯度为 800tex 且在主承重方向(0°方向)保持 8.3mm 的距离，在横向承重方向(90°方向)保持 7.7mm 的距离。所使用的平纹组织布料具有特别平坦和开放的纱线结构，其保证了多条纱线可在精细混凝土中保持良好连接。使用上述加固方式，对 4cm 厚的扩张构建采用 12 层加固设计，以保证可承受高达 22MPa 的负荷拉应力以及高达 1500MPa 的织物拉应力。

对于织物增强混凝土外壳的横截面结构，选用 12 层纺织品加固，其等距约为 5mm，外壳厚度为 6cm。其结构可参见图 6.16。

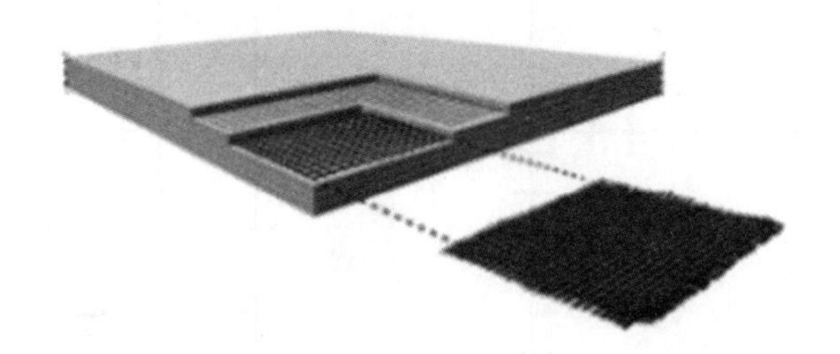

图 6.16 织物增强混凝土外壳的横截面示意图

该工艺可使用轻薄混凝土进行分层加固，对此，可使用喷射混凝土方法。通过使用喷射混凝土方法可将织物增强混凝土使用的精细混凝土的特性优化，并用于外壳建造。由亚琛工业大学建筑研究学院设计的加固方案，其使用最大粒径为 0.8mm 且含碱玻璃(AR 玻璃)的短纤维材料。精细混凝土的抗压强度符合强度等级 C55/67。

3. 施工

1)织物增强混凝土外壳的建造

织物增强混凝土外壳由亚琛建筑公司瓦德弗利格(Quadflieg)进行建造。对此，须搭建临时生产帐篷，其中间制造了用于织物增强混凝土外壳的模板。在制造时，由于壁板不允许踩踏，因此建造了可移动工作台，通过工作台可接触外壳的各个部分(图 6.17)。

从工作台起，会使用喷射混凝土喷涂约 5mm 的混凝土镀层，并置入纺织品加固。卷起的纺织物会固定在支架上并可轻易在壳内展开(图 6.18)。

图 6.17　生产帐篷中的织物增强混凝土外壳模板，且带有可移动工作台

图 6.18　使用喷射混凝土分层建造织物增强混凝土外壳

接着，纺织物会使用滚轮滚入新混凝土基体中进行制箔，以确保复丝纱可在混凝土基体中相互连接。每个全新的加固层均须从周边腹板安装开始，并将内层对准边缘腹板的纵向侧。在建造时，边缘腹板须预先切割成所需宽度。同时，该宽度可选，以便从 1.23 m 的纺织加固辊的标准宽度中，可同时生产两种不同宽度的边缘腹板。

通过持续测量层厚，可确保达到要求的加固层精确性。在第 6 层纺织物加固层完成后，在外壳中心安装预制的钢筋混凝土加固篮。钢筋会以一定间隔安装到钢制构件上，以此确保加固篮可精确连接到钢制构件的导向管上。在加固篮安装完成后，使用混凝土进行浇固，并开始进行第 7 层织物加固。四个织物增强混凝土外壳可分别使用一个持续的生产工艺，且在一个工作日内完成建造。

通过预制方案，四个外壳可使用统一木材模板进行建造。在进行局部混凝土处理时，高 4m 的空框架上的所有护板须使用高质量的护板。

2) 织物增强混凝土外壳的安装

在织物增强混凝土外壳安装前，须对四个钢筋混凝土基座进行测量、校准，并预设至指定高度。基座和局部混凝土基底连接须通过基底上的螺杆完成，该螺杆已进行混凝土浇固。通过焊接在基地上的钢制底垫可固定各个基底。

简易的底层外壳建造要求从生产帐篷中转换至钢筋混凝土基座上。对此，打开生产帐篷的可移动屋顶，并使用移动式起重机将大型织物增强混凝土外壳从模板中提起移出(图 6.19)。

图 6.19　借助移动式起重机从生产帐篷中将织物增强混凝土外壳转移至钢筋混凝土基底上

除了在脱模过程中使用，钢制构件还可用于外壳和基底之间的非刚性连接和调整。对此，通过钢制构件的 4 个导向管进行安装时，须使用 4 个从基底突出的螺纹杆。在最终状态下，外壳须通过安装在钢制构件下方的螺母精确到毫米进行校准，以此保证护板之间完成预设 2cm 的接合。

6.1.4　筒壳结构

1. 概况

TRC 材料的性能，使得其非常适合生产复杂的几何图形，如屋顶结构[144]。图 6.20(a) 是一个设想的筒壳屋面结构。制造这种结构的最简单的方法是喷射混凝土，在混凝土层中有 3～5mm 的厚层，并交替使用加固层。该筒壳的设计跨度为 7m，两端各有一个

1.5m 长的悬臂段，这就使得其厚度达到 25mm，而在最大张拉处必须用 10 层耐碱玻璃纤维增强，厚度能达到 60mm。这一筒壳的制造首先在 1.5m 长的段(图 6.20(b))上进行了成功的测试。

(a) 设想的筒壳屋顶结构

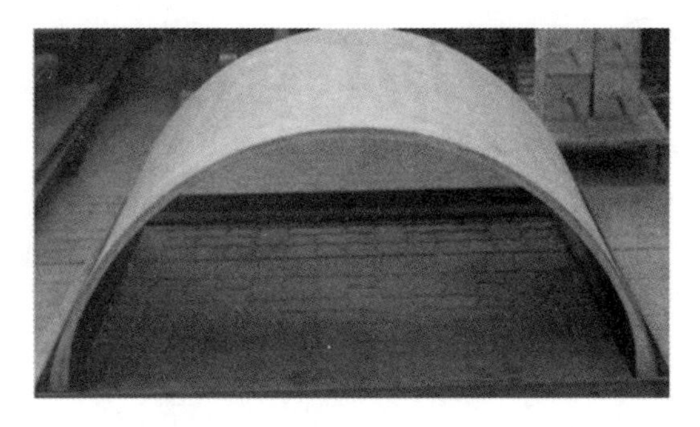

(b) 成功测试的筒壳实体

图 6.20　筒壳结构

2. TRC 筒拱壳自行车停放架屋顶

在亚琛工业大学，为了研究新型复合材料开发设计和生产方法对工程实践的指导意义，从而制作了织物增强的混凝土外壳。这是一种特别的碳纤维混凝土外壳，是作为自行车停放架上的屋顶使用的[145]，如图 6.21 和图 6.22 所示，外壳的尺寸可见图 6.23。

图 6.21　TRC 筒拱壳屋顶元素

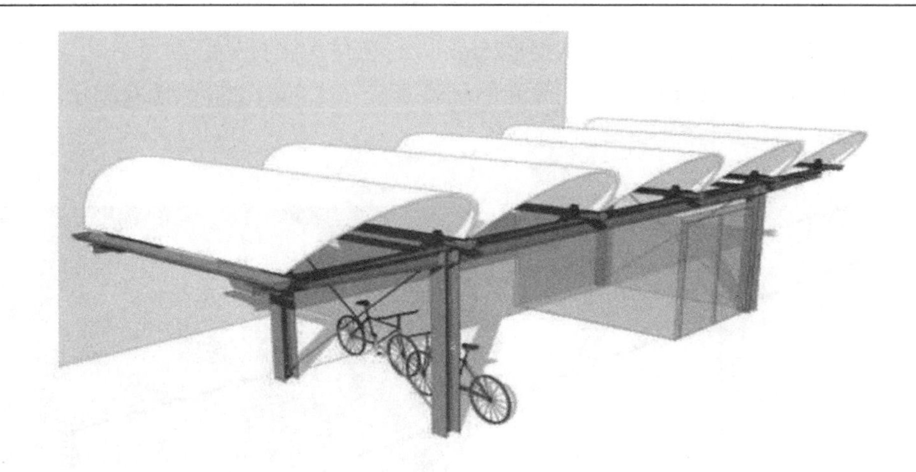

图 6.22　由五个单曲壳组成的自行车车架屋顶

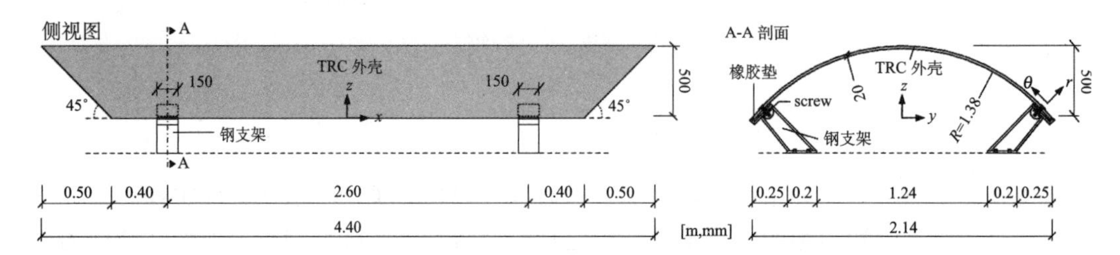

图 6.23　侧视图和剖面的 TRC 屋顶元素的尺寸

该筒壳由六层无浸渍的编制的碳纤维布组成，如图 6.24 所示。碳纤维布是一种正交网格，在两个方向上的粗纱的距离相等。这些壳体的制造和 6.1.3 中凉亭的屋顶相同，都是采用喷射混凝土和纺织物交替铺设制成。

图 6.24　TRC 筒壳的横截面

6.2　织物增强混凝土在步行桥的桥跨结构中的应用

6.2.1　人行桥结构

该人行桥[146]位于德国西南部的 Albstadt，是一座 TRC 桥梁(图 6.25)。织物采用的是耐碱玻璃纤维。

图 6.25　位于 Albstadt 的人行桥[146]

将耐碱玻璃纤维合成直径约 2mm 的束状，按一定的间距编织，形成三维的空间网状织物，在环氧树脂中浸透。以细石混凝土为基材，由于纤维束的间距非常小，骨料的最大粒径控制在 4.0mm 以下。

通过 AR 玻璃纤维和预应力无层叠的组合，可以实现高度为 0.435m、长细比为 1∶34 的 T 形梁截面。行人过路的上层建筑由预制构件制成，由六个独立构件组成，最长长度为 17.2m，跨度 15.0m(图 6.26)。耐碱玻璃纤维在桥面平铺，在主梁上以 U 形设置(图 6.27)。

该桥桥长 97.0m，分为 6 个节段预制，配合 V 形桥墩的设置间距。主梁架设前先安装支架，同时安装钢桥墩；将运来的主梁节段架设在支架上，和桥墩连接，然后浇筑桥墩底部的基脚混凝土；最后拆除支架、安装栏杆，完成主梁施工。在桥梁的横向方向，负载仅通过 AR 玻璃钢筋消散。

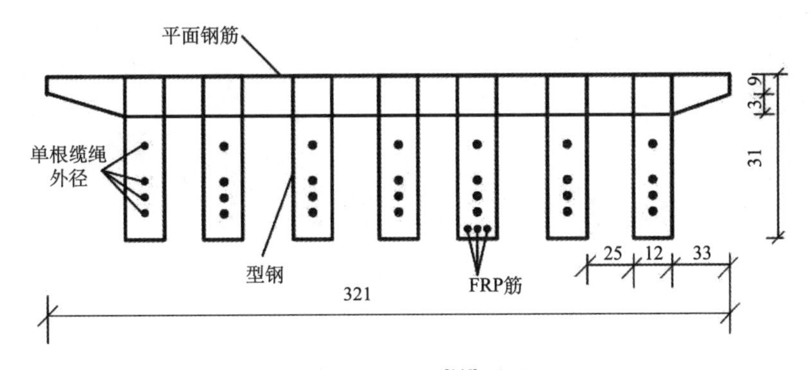

图 6.26　主梁横截面[146](单位：m)

图 6.27　纤维织物 U 形配置[146]

6.2.2　预应力 TRC 人行桥

2006 年，由德累斯顿工业大学混凝土结构研究所研发的 TRC 人行天桥在德国奥沙茨县投入使用，如图 6.28 所示。该桥总跨度为 9m，由 10 个分段构成，每个分段的质量为 500kg、长度为 90cm，平均厚度仅为 3cm。由于采用 TRC 材料，桥的总质量比同等规模的钢筋混凝土桥梁减少了 80%。

图 6.28　TRC 人行桥梁[147]

6.3　织物增强混凝土在外墙面板结构中的应用

2002 年 11 月，在亚琛工业大学结构混凝土结构研究所扩建中，首次应用了织物混凝土面板，如图 6.29 所示[148]。整个 $240m^2$ 的外表面由尺寸 268.5cm×32.5cm×2.5cm 的单块面板组成(图 6.30)，面板重度为 57.5N/m^3。

图 6.29　德国亚琛工业大学新扩建的结构混凝土研究所试验大厅的外墙外立面

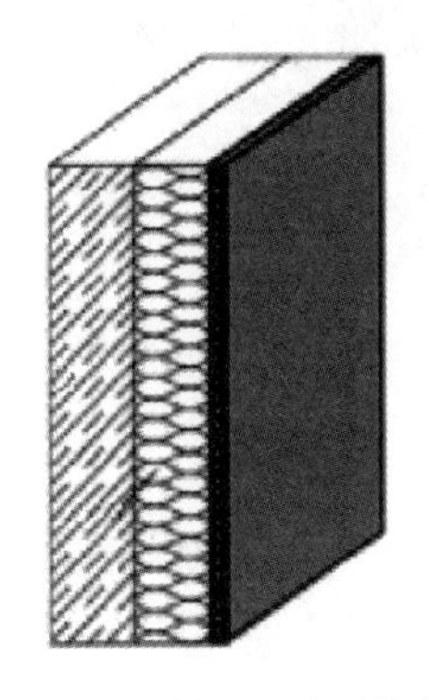

(a) 夹层元素与纺织混凝土的外壳

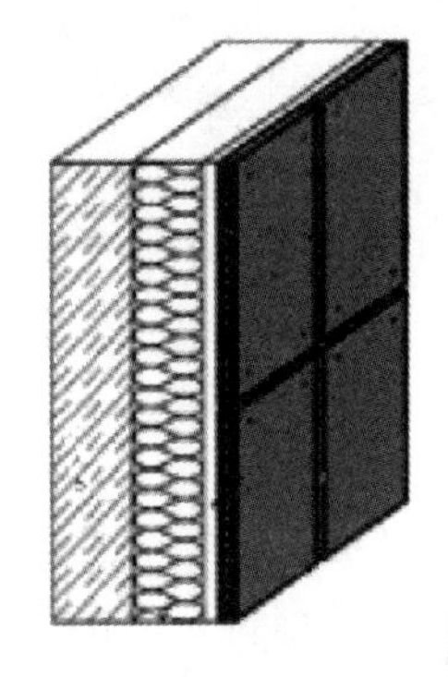

(b) 织物增强的覆板

图 6.30　纤维增强混凝土面板的夹层元件和护墙板[148]

6.3.1　材料

与碳纤维相比 AR 玻璃纤维成本较低，故 AR 玻璃纤维织物被选为外墙面板的加强材料。 试验系列的纺织增强织物由亚琛工业大学纺织技术研究所设计制造。它们的粗纱厚度和网眼尺寸不同。 拉伸强度 σ_{max} 被确定为从织物取出的 125mm 长的粗纱部分的 10 次拉伸试验的平均值。以 10mm / min 的变形率施加负载。

所用细石混凝土配合比见表 6.5。

表 6.5　细石混凝土配合比

水泥/(kg/m^3)	粉煤灰/(kg/m^3)	硅灰/(kg/m^3)	增塑剂/(kg/m^3)	沙子(0～2mm)/(kg/m^3)	石英粉/(kg/m^3)	空气/%	W/C
450	300	30	24.8	1178.5	539	0.5	0.5

6.3.2 生产工艺

1. 织物增强混凝土面板的生产

生产面板使用的自密实细粒度混凝土，具有能够完全浸泡织物的最佳稠度，如图 6.31 所示，水平地生产面板。首先，将 4mm 厚的混凝土层倒入模板中，然后放置第一层纺织增强材料。再倒入 17mm 厚的混凝土层，接着放置第二加强层，最后倒入剩余的 4mm 混凝土层。

(a)强化内部模板

(b)凝固的板元件

图 6.31　织物增强混凝土板的生产

固定幕墙面板，使用的是图 6.32 所示的固定装置。装置的垂直铝底板(骨架)插入钢筋加固墙壁。使用特殊的销钉将型材固定在纺织加强板上。定位销位于面板内的锥形钻孔中。为了检查榫钉的承载能力，进行了拔出和剪切试验。在实际中，榫钉装载有组合的拉出和剪切载荷，计算出的最大值为 0.17kN。 因此，必须确定测试产生的最低负载能力。结果显示，即使将其定位在裂纹混凝土中，榫钉也可以承受实际受到荷载的七倍以上的负荷。

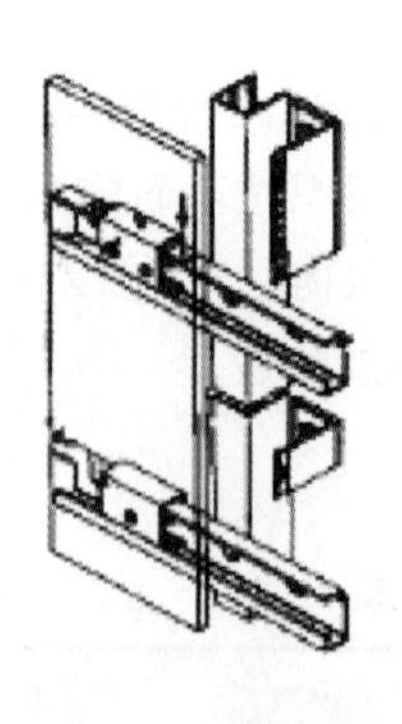

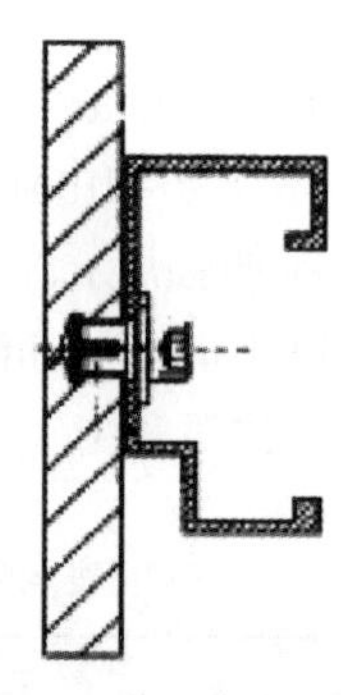

图 6.32　幕墙面板固定技术

2. 三明治元件的生产

夹层材料的混凝土类似于普通钢筋混凝土构件的生产。 纺织加强件(在这种情况下是由两层覆盖层构成的异型空间织物，如图 6.33(a)所示)，放置在模板中，然后填充细粒混凝土。在此之前，将面向壳体元件和钢筋混凝土轴承元件连接的锚固件就位。图 6.33(b)是完成的夹层元件。

(a)面板内异形空间织物

(b)完成的三明治面板元件

图 6.33　三明治面板

第 7 章　三维织物增强水泥基复合材料

TRC 具有优良的抗拉强度、韧性和延展性。但目前的研究工作主要集中在二维织物上，织物的增强纱线仅位于织物平面(x，y)的方向，而不包括与织物平面正交的方向。为了在复合材料整个厚度上利用二维织物进行补强，一般采用多层织物制备层压复合材料。然而，这样的复合材料，具有较差的剪切性能和不一致的回弹性能，对分层失效非常敏感。

现代纺织技术可以生产各种各样的织物结构，使织物设计具有很大的灵活性。它也可以产生三维(3D)织物，在三个正交方向(X，Y，Z)上进行增强。这可以限制分层失效、增强复合材料的抗剪强度，有望改善水泥基复合材料的力学性能。三维间隔织物已被成功地应用于土木工程中[149]，如夹芯板、立面部件和覆层等。三维间隔织物在混凝土构件中应用的优势是可以在所需截面以及单元的厚度方向进行织物加固。由于三维间隔织物的稳定性好，它也可以用来设计具有优异机械性能的极薄的混凝土构件[150]。本章主要介绍三维织物增强水泥基复合材料。

7.1　混凝土帆布的制备和应用

在工程应用的各种三维间隔织物增强水泥基复合材料中，混凝土帆布(concrete canvas，CC，其概念最早是由 Brewin 和 Crawford 在 2005 提出)是一种极有前途的产品[151]。常规的 3D 间隔织物增强水泥基复合材料，需要用干粉首先与水混合，然后把制好的混合物填充到三维间隔织物模中，直到变硬脱模。然而，CC 有不同的制备工艺。在初期阶段，CC 是一种用水泥粉末浸渍的柔性三维间隔织物。像软布一样，CC 可以在硬化前覆盖任意结构或元素的表面。然后，只需要对 CC 表面进行喷水或加水。CC 硬化后，形成一种薄

图 7.1　CC 的典型应用实例

而耐用的防水防火复合层。它的形状与 CC 覆盖的结构或构件的外轮廓完全一样。因此，CC 可快速、高效、广泛地应用于土木工程中，如预制遮蔽罩、边坡防护或管道防护层和沟渠的衬砌等(图 7.1)。

7.1.1　混凝土帆布的制备

1. 原材料

1) 水泥

高铝水泥：(以前称矾土水泥)是以铝矾土和石灰为原料，按一定比例配制，经煅烧、磨细所制得的一种以铝酸盐为主要矿物成分的水硬性胶凝材料。其特性为具有早强特性、水化热较大、抗硫酸盐侵蚀性能强、耐高温性好。

硫铝酸盐水泥：是常用的快速修补材料之一，也经常跟硅酸盐水泥按照一定的比例复合制备快速修补材料或者补偿收缩材料。价格根据标号的不同约为硅酸盐水泥的 3～5 倍。其特点有早强高强性能、高抗冻性能、耐蚀性能、高抗渗性能等。

2) 三维间隔织物

本例采用的是 100%涤纶纤维三维织物布，如图 7.2 所示上下表层均为网孔结构，中间纤维单丝三维分布。

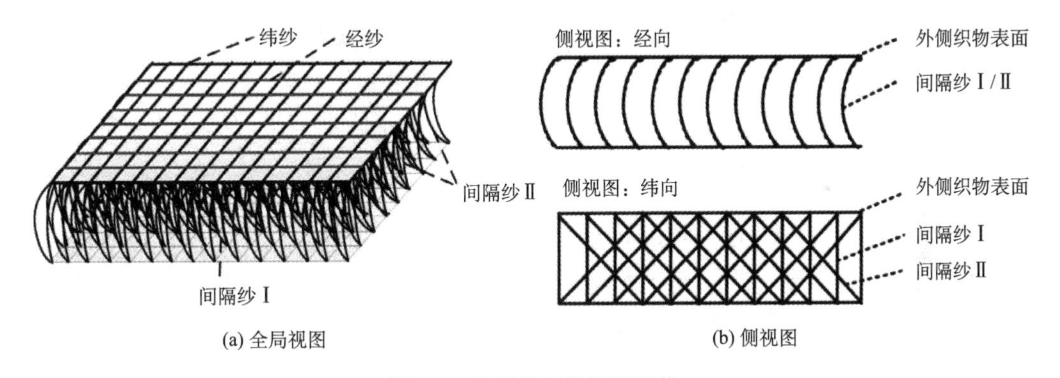

(a) 全局视图　(b) 侧视图

图 7.2　典型的三维间隔织物

2. 制备过程

第一步，将三维间隔织物布放入模具中，并将其放置在振动台上；第二步，一边将配好的水泥基复合材料从三维间隔织物布的网孔面倒入三维间隔织物布中，一边开启振动台，使水泥基复合材料在三维织物布中密实填充，充满整个纤维丝层；第三步，将该网孔面用胶体(本例采用的是万能胶)进行密封，防止水泥基材料从网格孔中漏出，形成预制好的未硬化混凝土毯；第四步，将其整体卷好，密封储存。混凝土帆布内部结构如图 7.3 所示。制作好的试件如图 7.4，浇水硬化后的试样见图 7.5。

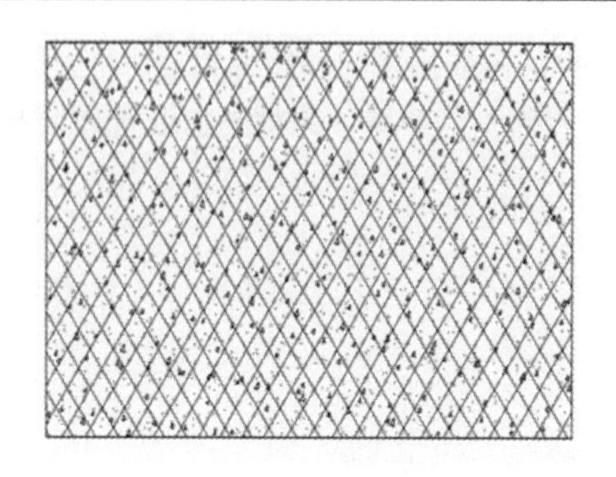

图 7.3 混凝土帆布内部结构

图 7.4 未浇水硬化的混凝土帆布试样

图 7.5 浇水硬化后的混凝土帆布试样

7.1.2 混凝土帆布的性能研究

为在实际中具体应用 CC，CC 的力学性能应充分进行研究。作为一种承载单元，三维间隔织物的几何形态与胶凝材料无疑会影响到 CC 的力学性能。东南大学的陈慧苏教授在这方面进行了一定的探索，下文将介绍其研究成果。

1. 三维间隔织物几何图案对混凝土帆布拉伸性能的影响[152]

本文研究了三维间隔织物的几何图案对 CC 拉伸行为的影响。通过试验，分析了五种不同几何图案的三维间隔织物，并获得了拉伸应力-应变曲线和裂纹扩展模式。

1) 实验过程

(a) 三维间隔织物

一个典型的三维间隔织物和内部组件如图 7.2 所示。将经纱插入纬纱中，与纬纱一起组装，从而形成网格，并可在网内织成各种形状的网眼。另外，可以在结构中插入两种不同的间隔纱。一种是间隔纱 I，垂直于外部纺织基板，另一种是间隔纱 II，倾向于外部纺织基板。经纱方向沿着机器方向，而纬纱方向与经线方向正交[153]。

在本研究中，我们研究了五种具有不同几何图案的三维间隔织物，以及不同量的间隔纱，以研究 CCs 的拉伸行为。如表 7.1 所示，T20 是由 20mm 厚的两种基材相同网格的外纺织品织成的三维间隔织物。它既有间隔纱线 I，又有间隔纱线 II，两种基材的孔隙形状均为规则三角形。经纬纱是由 342 dtex PET 复丝和 379 dtex 的单丝衬垫纱构成。其他四个是厚度 15 mm(记为 N15)三维间隔织物，并且其外部纺织衬底是一面为网眼面一面为密实面。N15 是经编的三维空间间隔织物，其中 N15-IV 的结构比其他宽松得多。N15 中只有间隔丝 II 插入结构。网眼织物 N15-I 和 N15-II 的孔隙形状为规则的菱形，而 N15-III 和 N15-IV 的孔隙形状为规则的矩形。织物密实面和网格面的经纬纱都是由 396 dtex 和 339 dtex 的涤纶复丝组成，间隔纱是由 495 dtex 的 PET 单丝制成的。此外，三维间隔织物网眼织物的经纬纱都是扭曲的。织物的结构参数在表 7.2 中给出。

表 7.1　三维间隔织物结构和视图

三维间隔织物	纺织基材外观	间隔纱侧视图		纺织基材外部背景色
		经向	纬向	
T20				
N15- Ⅰ		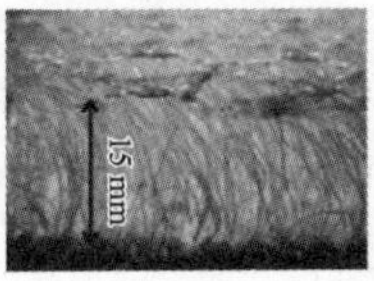		
N15- Ⅱ		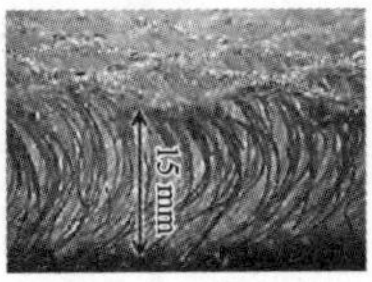	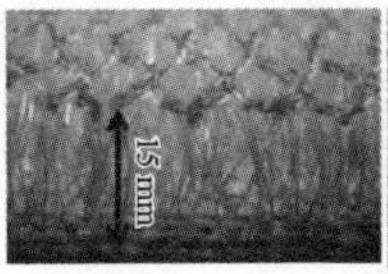	
N15- Ⅲ	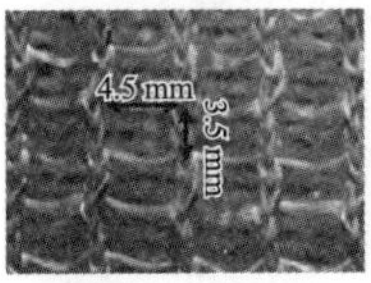		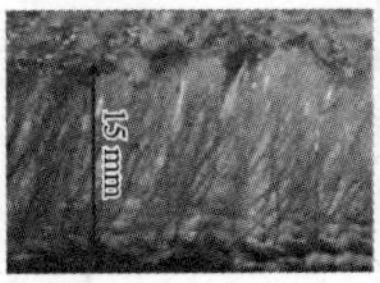	
N15- Ⅳ	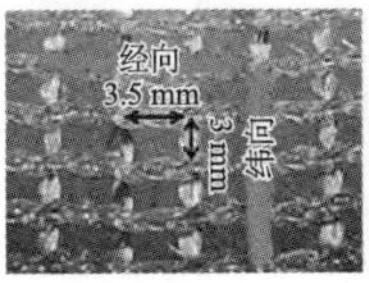			

表 7.2　三维间隔织物的结构参数

三维间隔织物	T20	N15-I	N15-II	N15-III	N15-IV
密度/(kg/m^3)	57.5	94.6	48.6	52.3	90
间隔纱量/(cm^{-2})	140	70	35	35	70

(b) 试件准备和养护

本实验中原材料的基体材料是硬石膏和硫铝酸钙水泥(CSA)的混合物。它们的构成成分见表 7.3。使用的 CSA 水泥包含 65.5%硫铝酸盐(铁铝酸四钙 C_4A_3S)，布莱恩比表面积为 $442m^2/kg$。硬石膏的布莱恩比表面积为 $387m^2/kg$。它们的粒度分布通过激光衍射(由 s3500 激光粒度仪)测定，具体见图 7.6。优化的混合比例见表 7.4，具体为 20%重量的熟石膏和 80%重量的 CSA 水与黏合剂的比值为 0.45。选定的水/黏合剂的比率的计算是基于初步勘探工作时大量的样品喷水实验(如果水从三维间隔织物下层溢出，喷水立即停止)。

表 7.3　CSA 和硬石膏的矿物成分和化学成分　　(单位：%)

矿物学成分	CSA	硬石膏	化学成分	CSA	硬石膏
C_4A_3S	65.51	—	SiO_2	8.5	0.68
CT	6.48	—	Al_2O_3	32.6	0.40
C_2S-β	16.52	—	Fe_2O_3	2.7	—
C_4AF	2.12	—	CaO	41.7	39.0
$C_{12}A_7$	4.27	—	MgO	3.5	1.95
CS	0.45	92.64	SO_3	9	49.5
CS H_2	—	6.80	TiO_2	1.5	—
CS $H_{0.5}$	—	0.56	L.O.I	0.5	5.46
CaO	1.52	—			
$CaMg(CO)_2$	3.14	—			

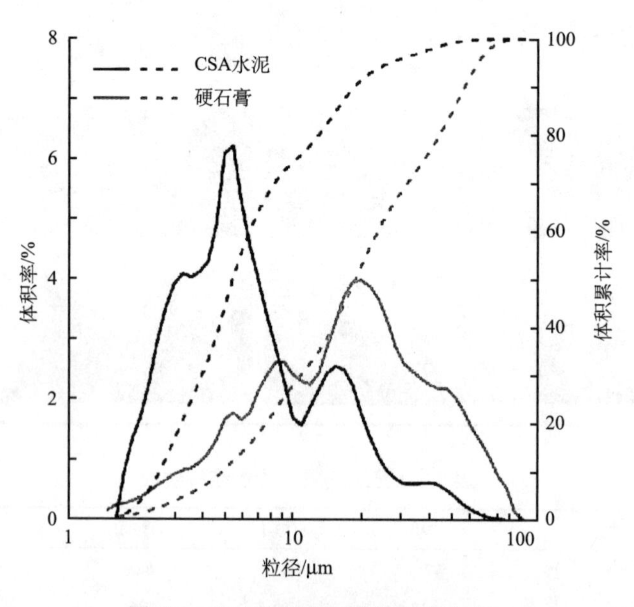

图 7.6　CSA 水泥和石膏的粒度分布

表 7.4 基体配比 （单位：kg/m^3）

CSA 水泥	硬石膏	水
750	150	405

制备过程是在温度为 25℃、相对湿度为 75%的环境中进行的。首先，将 CSA 和硬石膏装入 ARM-02 型雷鸟搅拌器搅拌，以 94r/min 的速度搅拌 10min。然后，将粉末混合物通过振动缓缓填充到模具中的三维间隔织物(T20 的尺寸为 400mm×100mm×20mm；N15 的尺寸为 400mm×100mm×15mm)直到其完全浸渍。运用同样的方式，制备一组未增强的同尺寸 400mm×100mm×20mm 的样品。为了测定纱线和基体黏结强度，采用了一个尺寸为 235mm×25 mm×25 mm 的狗骨式模具(图 7.7)。模具的中间有一个 2mm 宽的凹槽。将一个在中心缠绕了单纱的 PVC 薄片插入槽内。在薄片两侧缠绕的单丝长度分别为 15mm 和 80mm。最后，将温度为 24.3℃的自来水喷涂到模具内，直至其水/水泥比达到 0.45。脱模后的标本放置到标准养护室(T = (20±2) ℃和 RH≥95%)进行最终固化。检查整个过程是否有水渗出样品，硬化后沿横截面将样品切开，其结果显示如图 7.8。从图 7.8 中可以看出，其在底浆层的密度与顶层处相似。因此，该结果表明所选方法能够保证水在整个样品的厚度内充满。为了获得一个合适的固化时间来进行拉伸试验，首先制作了一个基于 CSA 的 CC 样品(尺寸为 15mm×15mm×15mm)来进行压缩试验，其结果见图 7.9。它揭示了 CC 样品 10 天的压缩强度几乎达到最大压缩强度。此外，英国混凝土帆布公司的商业 CC 的机械特性的测定时间也是在固化后 10 天。为了进行同样条件的比较，本实验进行的拉伸试验也是在 CCs 固化后的 10 天进行。根据类型的差异，样本按照表 7.1 的显示，被分别标记为 T20-CC，N15-I-CC，N15-II-CC，N15-III-CC，N15-IV-CC。

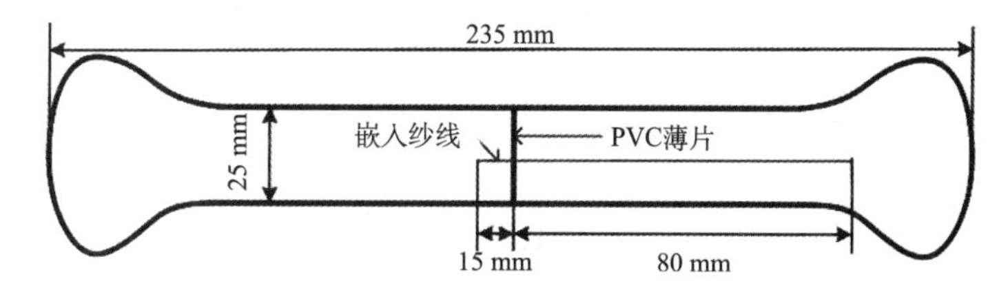

图 7.7 狗骨标本纱线抗拔试验示意图

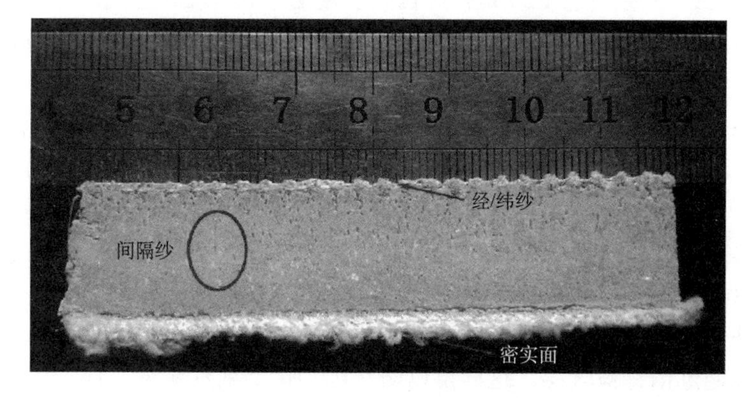

图 7.8 硬化后样品的横截面

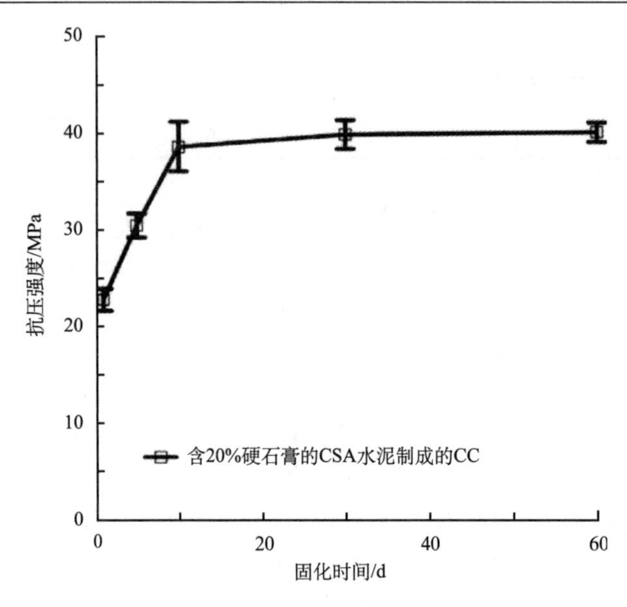

图 7.9　CC 样品抗压强度的时间历程曲线

(c) 试验方法

(1) 纱线和三维间隔织物的拉伸试验。纱线的拉伸试验在量程为 30 N 的 XL-2 纱线拉伸仪上进行。拉伸速度控制在 50mm/min，两个夹头之间的初始距离设置为 250mm。每组 10 个样本。三维间隔织物的拉伸试验在量程为 10kN 的 CMT4104 拉伸机上进行。行程速度控制为 10mm/min，试件包含尺寸为 350mm×70 mm×20 mm 的 T20 试件和 350 mm×70 mm×15 mm 的 N15 试件。考虑到三维间隔织物的各向异性，拉伸试验分别在经纱和纬纱方向进行。每组三个样本。在测试前，所有样品在温度为(20±2)℃和相对湿度为(65.0±4)%固化 12h，所有纱线和三维间隔织物均获得拉伸应力-应变曲线，但本书中仅列出了平均值和标准偏差。

(2) 纱线的抗拔试验。纱线与基体之间的结合强度，采用测压元件为 1 kN 的 CMT4103 电子式万能拉伸试验机测试。速度控制为 0.5 mm/min，每组五个平行样本，得到其平均值和标准差。几乎所有的纱线都是从纱线长度较短的一侧拉出，得到了拉拔单位荷载 P 与滑移 ΔS 的曲线。剩余埋置长度是初始嵌入长度 L 和滑移 ΔS 之间的差值。由于黏合强度高的镶嵌纱线的区域非常短，所以可以假定纱线仅通过摩擦黏合而不是黏结在基质中。

(3) CCs 的拉伸试验。由于三维间隔织物的各向异性，CCs 在经纬方向上的拉伸行为应有所不同，所以本文中对经纬两个方向进行了研究。

CCs 拉伸试验在 10kN 负载元件的 CMT4104 机电万能试验机进行，拉伸速度控制在 1mm/min。用于单轴拉伸试验的 CCs 样本尺寸如图 7.10 所示，试样的厚度与相应的三维间隔织物的厚度相同。为了避免在夹具附近的裂纹扩展，在未增强试件和 T20-CCs 上设计了尺寸为 3mm×15mm 的双边缘缺口。用环氧树脂在试样两端粘贴金属板，减轻局部损伤，减少基体在夹具上的变形。在金属板的中心钻了一个直径为 8mm 的孔，在金属板中心的荷载通过销钉被转移，这样可以防止因为可能的约束偏差而产生扭转和弯曲变形。经纱和纬纱方向通过至少三个平行样品的 CCs 分别得到了其平均值和标准偏差。对不同 CCs 的典型应力应变曲线进行对比分析。当经纱方向最大应变达到 10%或纬纱方向最大应变达到 25%时，认定试件失效，试验停止。试验获得了所有 CCs 的第一裂纹强度和最大桥接应力，定义第一个裂纹强度 σ_{fc} 为拉伸应力(此时基体裂纹在张力下贯穿试样的横截面)。桥接应力最大值 σ_B 是指桥纤维穿过试样裂纹的最大应力。

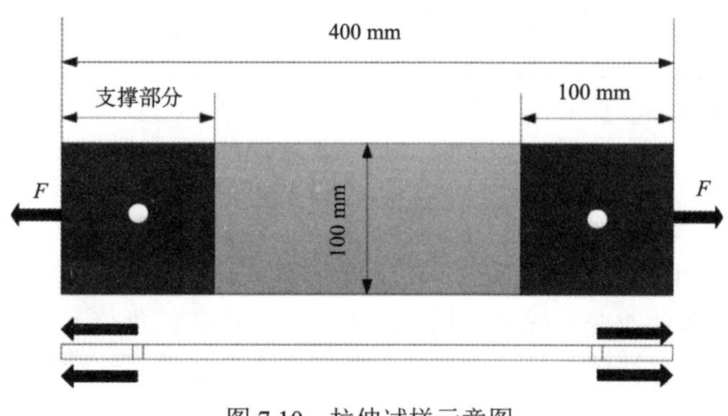

图 7.10　拉伸试样示意图

2)结果与讨论

(a)纱线拉伸性能

所有纱线的拉伸应力-应变曲线如图 7.11 所示，其结果汇总在表 7.5 中。纱线 N15 的极限伸长率明显低于 T20，而纱线 N15 的强度比 T20(除网眼面(MF)外)较高，立体织物 N15 密实面(SF)的经纬纱有着最高的强度，其次是间隔纱，最后是网眼面(MF)的经纬纱。T20 间隔纱的强度高于其经纬纱。

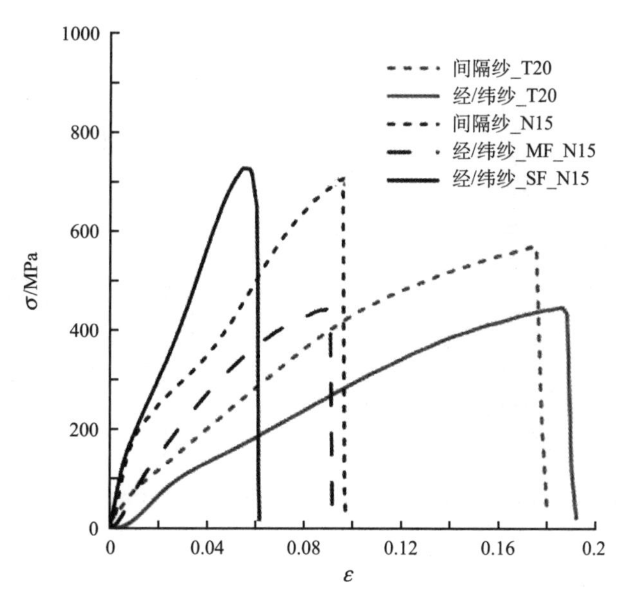

图 7.11　不同纱线的拉伸应力-应变曲线

表 7.5　不同三维间隔织物的纱线性能和几何尺寸

三维间隔织物	成分	直径/mm	细度/dtex	极限伸长率/%	抗拉强度/MPa	杨氏模量/GPa
T20	经纱/纬纱	0.18[b]	342	19.3 (0.6)[a]	445 (6)[a]	2.36 (0.05)[a]
	间隔纱	0.20	379	18.1 (1.8)[a]	567 (9)[a]	2.99 (0.07)[a]
N15	经纱/纬纱	0.14[b]	339	9.2 (0.6)[a]	443 (8)[a]	4.85 (0.19)[a]
	经纱/纬纱	0.12[b]	396	6.1 (0.5)[a]	731 (24)[a]	11.39 (0.46)[a]
	间隔纱	0.18	495	9.8 (0.8)[a]	705 (26)[a]	7.23 (0.65)[a]

a 括号里的数字是标准差。b 由其细度和密度确定。

(b) 三维间隔织物的拉伸性能

图 7.12 给出了所有三维间隔织物的拉伸行为。其行为通过曲线主要分为两个阶段。第一阶段是经纱/纬纱在相邻环之间的联锁点处打滑。以 N15-IV 作为 N15 的一个代表性的例子，因为纱线弯曲改变了线圈形状，三维间隔织物在低负荷下拉伸时表现出了线性行为。这一现象一直保持到干扰阶段，这一阶段在交叉处的经纬纱线重新排列导致了经纬纱线的横向收缩。在这个阶段，在拉伸荷载增加时经纱和纬纱弯曲趋于极限，由于 N15 相对较低的强度，网眼面开始破裂。在这个阶段结束时，针眼被完全堵塞了，由此观察到应力-应变曲线随着载荷的快速增加而出现的第二个近似线性域。最后，由于荷载增加后，网眼面发生了断裂，故整个织物只有密实面承受荷载。

如图 7.12 所示，除了在纬向的极限伸长率，T20 的抗拉强度和杨氏模量是最低的。T20 在纬向更大的伸长是由于在拉伸过程中两侧外表面纬纱和经纱之间的脱离，如图 7.12 (b) 所示。N15 的高抗拉强度是由于立体织物密实面的几何图案与网眼织物相比更能承受荷载。除了 N15-IV 外，其他的 N15 的拉伸性能几乎是类似的。N15-IV 因为其密实

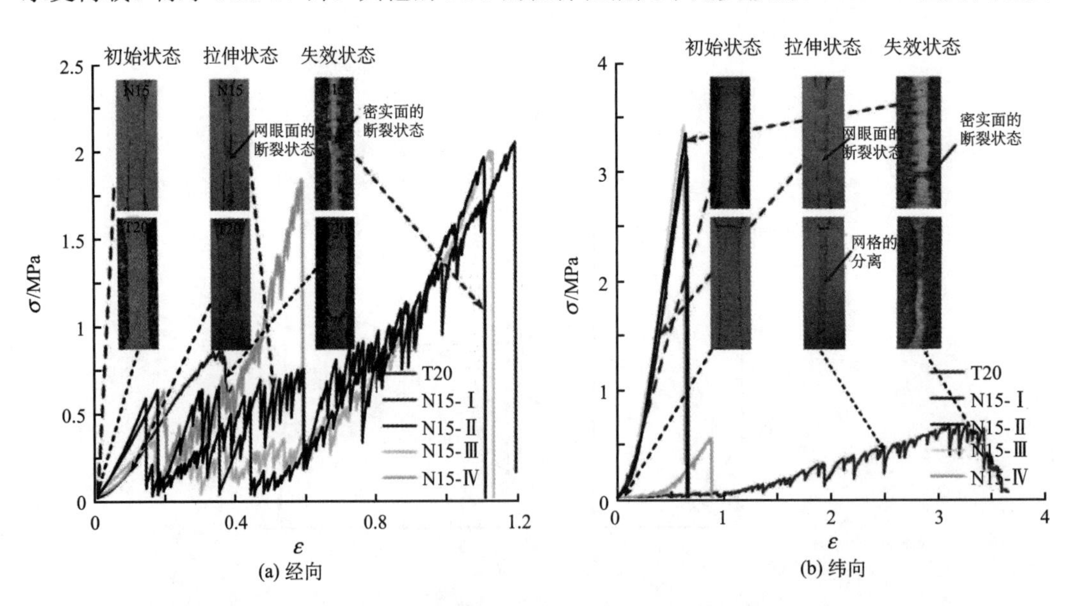

图 7.12　三维间隔织物的拉伸应力-应变曲线

面几何结构更松散导致其强度偏低。这些结果表明，N15 的三维间隔织物外层织物的几何图案在其承受荷载时起重要作用，并且其密实面决定了其拉伸强度和极限伸长率。

(c)纱线的黏结性能

图 7.13 给出了各种纱线与基体脱黏的剪切力滑移曲线。由于经/纬纱在小滑移时断裂，而不是从基体中拉出，表明经/纬纱的临界拔出长度很短。纱线的临界拔出长度定义为纱线的最大嵌入长度。最大嵌入长度是指纺线从基体中拉出且没有破裂的最大长度，它与纱线的拉伸强度以及纱线/基体的黏结强度有关。需要注意的是，外层纺织基材通常暴露在硬化水泥基体的表面而不是锚定在基体中，而外层纺织基材的经纱/纬纱是连续的并组装在一起的。因此，外层织物面的经纱/纬纱对桥接应力的贡献主要来自这些纱线本身的抗拉强度。

如图 7.13 所示，间隔纱从基体中拉出，表现出两个不同的阶段：快速下降阶段和平缓下降阶段。后期趋于一条水平线。在曲线的平缓下降阶段，摩擦强度取决于高度的平均值。结果列于表 7.6。T20 间隔纱线的摩擦强度略高于 N15。

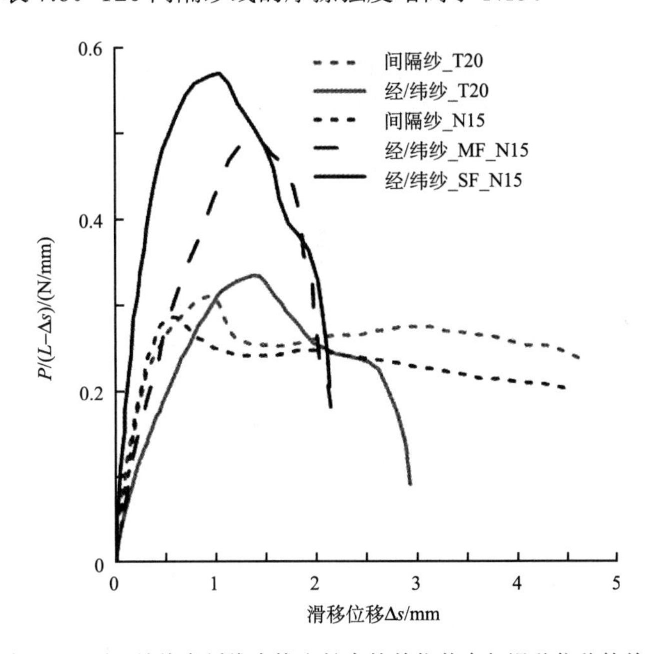

图 7.13　不同纱线在纤维中拔出长度的单位剪力与滑移位移的关系

(d)CC 的拉伸行为

(1)对三维间隔织物结构的影响。为了研究三维间隔织物结构对 CCs 的拉伸行为的影响，选取了两种不同结构的三维间隔织物(T20 和 N15-I)。此外，为了与 CCs 的单轴拉伸行为来进行比较，同时选取了未增强织物进行拉伸。试验结果在图 7.14～图 7.16 给出，其性能指标总结见表 7.6。

表 7.6　不同 CCs 的抗拉强度和增强效率因子

CCs		纱卷组		纱线取向角		黏结强度	初裂	最大桥应力	
		S^b /%	W^c /%	θ	φ	t_s/MPa	σ_{fc}/MPa	σ_B/MPa	η
T20-CCs	经纱	3.98	0.28/0.28[d]	0.31π	0/0.33π[d]	0.44 (0.03)[a]	0.78 (0.09)[a]	1.16 (0.06)[a]	0.235
	纬纱	1.99	0.28/0.28[d]	0.33π	0.5π/0.17π[d]		0.74 (0.07)[a]	1.08 (0.08)[a]	0.378
N15-I-CCs	经纱	2.91	0.35/0.35[d]	0.37π	0.17π/0.17π[d]	0.39 (0.02)[a]	0.61 (0.13)[a]	1.14 (0.06)[a]	0.197
	纬纱	2.91	0.35/0.35[d]	0.39π	0.33π/0.33π[d]		0.67 (0.09)[a]	1.04 (0.02)[a]	0.294
N15-II-CCs	经纱	1.46	0.35/0.35[d]	0.36π	0.17π/0.17π[d]	0.39 (0.02)[a]	0.55 (0.07)[a]	1.07 (0.11)[a]	0.192
	纬纱	1.46	0.35/0.35[d]	0.38π	0.33π/0.33π[d]		0.64 (0.07)[a]	0.96 (0.04)[a]	0.285
N15-III-CCs	经纱	1.46	0.35/0.35[d]	0.27π	0/0.5π[d]	0.39 (0.02)[a]	0.78 (0.05)[a]	0.97 (0.05)[a]	0.279
	纬纱	1.46	0.35/0.35[d]	0.29π	0.5π/0[d]		0.95 (0.12)[a]	1.10 (0.07)[a]	0.319
N15-IV-CCs	经纱	2.91	0.35/0.35[d]	0.28π	0/0.5π[d]	0.39 (0.02)[a]	0.68 (0.11)[a]	1.12 (0.07)[a]	0.293
	纬纱	2.91	0.35/0.35[d]	0.30π	0.5π/0[d]		0.49 (0.03)[a]	0.57 (0.06)[a]	0.151

a. 括号内的数字是标准偏差；b. 隔纱；c. 经纬单网眼织物纱线；d. 分隔号的左右两侧分别是经纱和纬纱的体积或取向角。

如图 7.14 所示，未增强样品中如预期一样只出现一个裂纹，其极限抗拉强度明显低于传统的压实过程所产生的试样。未增强试样的平均抗拉强度为 0.63 MPa。

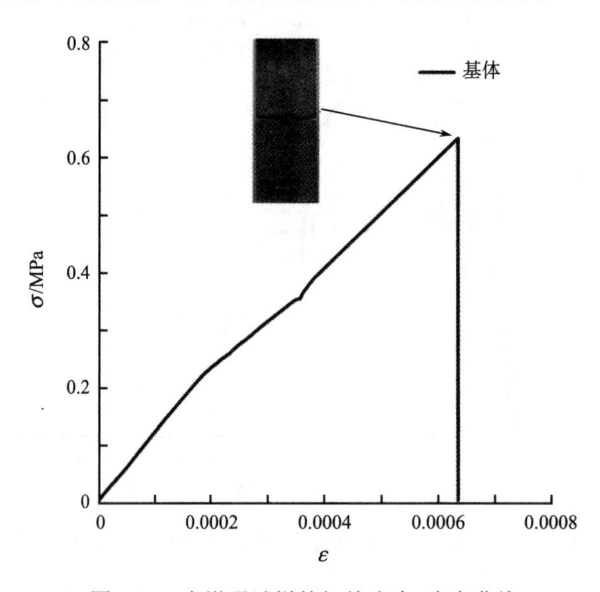

图 7.14　未增强试样的拉伸应力-应变曲线

由于三维间隔织物的结构配置和加载方向，CCs 的拉伸行为表现出很高的多样性。如图 7.15 所示，各个加载方向，T20-CCs 的拉伸行为类似，其两个不同的阶段由拉伸应力–应变曲线给出：线弹性阶段和纱线拉出阶段。然而，如图 7.16 所示，N15-I-CCs 在每个方向的应力-应变曲线上明显又出现了一个密实面失效阶段。不同阶段的差异主要是由三维间隔织物结构的变化导致的。由于 N15-I 的纺织基材的一面为密实面，它可以承受比图 7.12 中 T20 更高的负载，甚至比三维间隔织物纱线拉拔试验中最大的桥接应力更高，由此导致了织物密实面的破坏阶段。特别注意的是，在此阶段水泥基体完全失去功能，只有织物密实面承担荷载。此时此刻，N15-I-CCs 的拉伸性能完全由密实面确定，当极限荷载达到时，试样断裂失效。

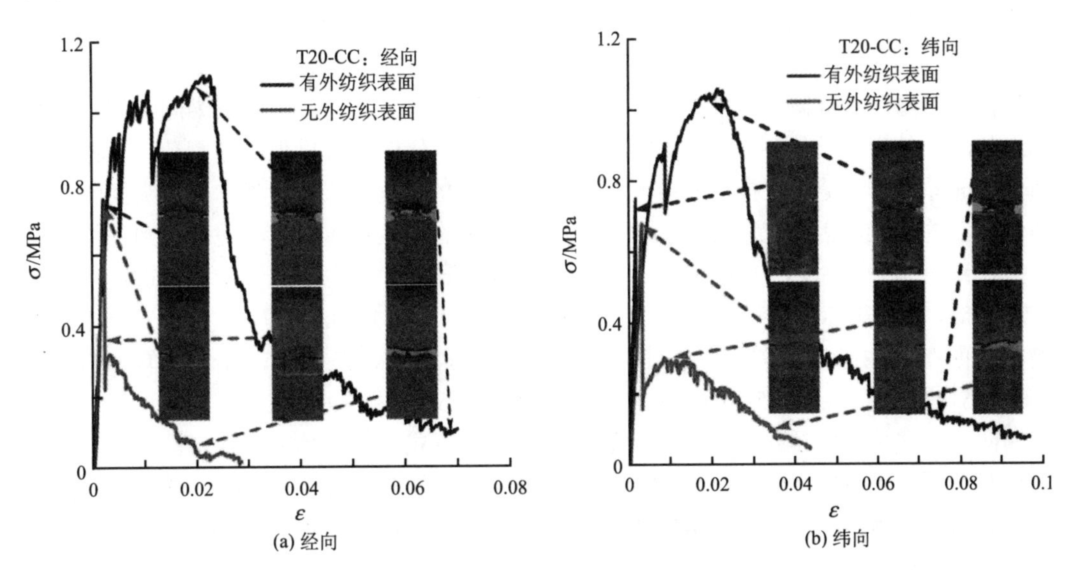

图 7.15　拉伸应力应变曲线-有/无外纺织品表面的 T20-CCs 试样

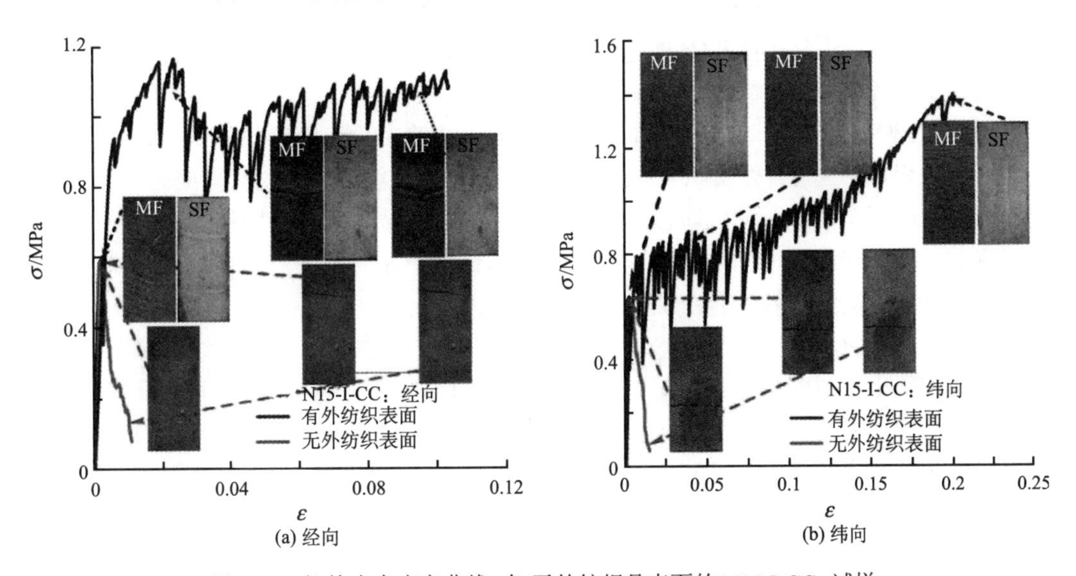

图 7.16　拉伸应力应变曲线–有/无外纺织品表面的 N15-I-CCs 试样

在线性弹性阶段，荷载主要由基体传递，直至基体裂纹。其斜率反映了 CCs 的弹性模量。一旦达到第一道裂纹强度，整个力通过裂纹传递到三维间隔织物上。CC 的第一道裂纹强度由基体强度和纤维桥接效应两部分组成。如表 7.6 所示，与未增强的对照样品相比，由于纱线与基体之间的弱结合以及 PET 的低杨氏模量，通常观察到 CCs 的第一裂纹强度略有增加。由于经纱方向较低的桥接应力，N15-I-CCs 纬向初裂强度高于经向。这是由于间隔纱的布局模式(间隔纱几乎垂直于经纱方向的荷载方向)，如表 7.1 所示。然而，对 T20-CCs 的第一裂纹强度而言，由于经向纱线体积分数较大，其结果刚好相反。

因为三维间隔织物和基体之间的黏结，在出现第一条裂纹后，荷载重新分配，由此荷载由织物和基体共同承担，出现了纺线拉拔阶段。在这个阶段，不考虑三维间隔织物的结构配置和加载方向，CCs 的最大桥接应力是类似的，其值见表 7.6。显然，CCs 的最大桥接应力与三维间隔织物和基体的黏结行为密切相关。然而，由于三维间隔织物的间隔纱与两个外表面纺线相互连锁，三维间隔织物与基体的结合机理相当复杂。这主要有两个方面原因：一是在拉拔试验中间隔纱与经/纬纱的锚固效果，另外在于三维间隔织物两侧表面的贡献，因为其两侧表面通常暴露在硬化的水泥基体中而不是锚定到基体。

在纱线拉出阶段，T20-CCs 从最初的裂纹开始只产生了一个单一的裂纹传播(图 7.15)，N15-I-CCs 在纬向产生了多重开裂(图 7.16(b))。这些差异表明，N15-I 的织物密实面在其中起着至关重要的作用。然而，N15-I-CCs 在经向只有一个单一的裂纹(图 7.16(a))，这表明 N15-I-CCs 多裂缝的出现不仅仅是由实面造成的。如上所述，N15-I 在纬向上出现更高的桥接应力是由于间隔纱的布局模式。可能是间隔纱与密实面在纬向的相互作用导致 N15-I-CCs 拉伸试验过程中出现多重裂缝。比较图 7.15 和 7.16，纬向多次开裂现象显著地提高了 CCs 的延性。这种现象表明，对 CCs 而言，N15 是在裂缝模式更好的增强选择。

(2)外部织物表面的影响。为了分析三维间隔织物外层纺织表面对 CCs 拉伸行为的贡献，对没有外纺织品表面 CCs 的拉伸行为进行了研究，结果见图 7.14 和图 7.15。去除三维间隔织物外层织物的方法是在试验前用磨砂纸将其从 CC 样品中磨掉。

如图 7.15 所示，对于 T20-CCs 而言，不管加载方向如何，没有外部织物表面的试样拉伸行为是相似的。与有外纺织表面的试样相比，在无外织物表面的拉伸应力-应变曲线上，同样存在两个明显不同的阶段：线弹性阶段和纱线拉出阶段。同样的情况出现在裂纹图案上，只有在两个方向上没有外部纺织物的试样中才会出现一个裂纹。这些结果表明，T20-CCs 的拉伸行为并非由织物外表面控制。

如图 7.16 所示，对于 N15-I-CCs 而言，不管加载方向如何，没有外纺织表面的试样经纬方向表现出相似的特性。但是，没有外纺织表面试样的拉伸行为与有外部纺织表面的试样的拉伸行为有显著差异。由于缺乏坚实的织物，没有外纺织表面试样的拉伸应力应变曲线在两个方向都没有密实面破坏。另一个明显不同的是，由于缺乏织物密实面，试样没有表现出纬向多裂纹断裂。这些差异表明，N15-I-CCs 拉伸行为明显受到 N15-I 的织物表面控制。

从图 7.15 和图 7.16 可以看出，在两个方向上，有或没有外部纺织表面的试样都具有类似的第一裂纹强度。这可能是由于外部纺织表面与硬化的水泥基体之间的弱黏结(外层的纺织表面通常暴露在硬化水泥基体的表面而不是锚定到基体中)。如果除去 CCs 的外部纺织表面，就可以在两个方向上清楚地观察到最大桥接应力和延性的大幅度下降。这些结果表明，三维间隔织物(尤其是 N15-I-CCs)是比单纯的单纱更为可取的增强方式。

(3) 三维间隔织物几何构型的影响。如上所述，N15 是 CCs 在裂缝模式更好的加固选择。为了进一步探讨几何结构对 CCs 的拉伸行为的影响，分别研究四种不同类型的 N15 试样。其几何结构的差异在于间隔纱的数量、经纱/纬纱的取向角和固体织物结构的紧密性，如表 7.1 和表 7.2 所示。实验结果如图 7.17 所示，拉伸性能总结见表 7.6。

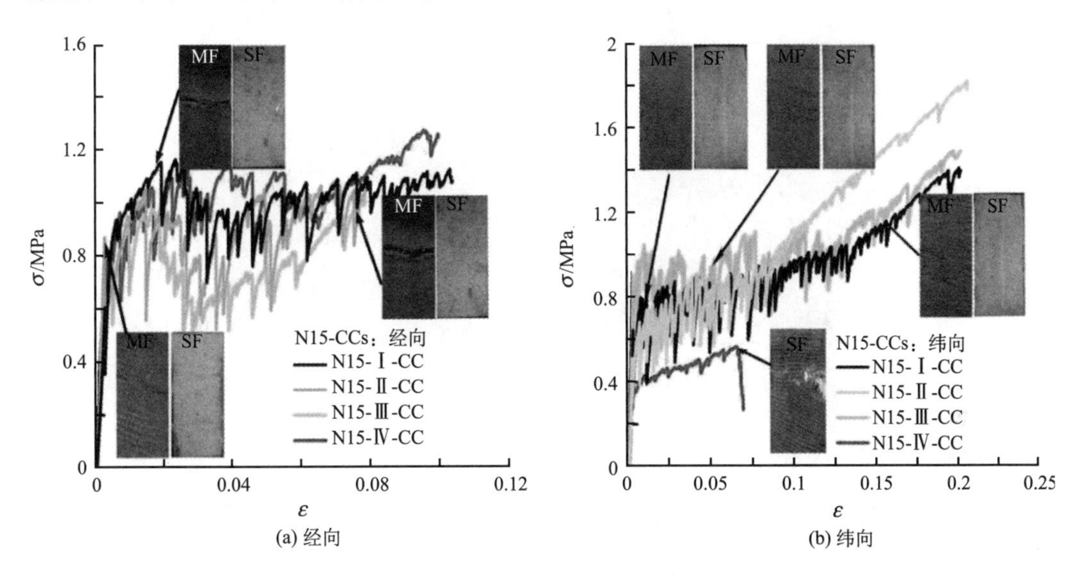

(a) 经向　(b) 纬向

图 7.17　N15 CCs 的拉伸应力应变曲线

不论三维间隔织物是何种几何结构，N15 CCs 的拉伸应力应变曲线的趋势是相似的。从表 7.6 可以看出，与 N15-I-CCs 相比，N15-II-CCs、N15-III–CCs 的抗拉强度随着间隔纱数量的增加，初裂强度和最大桥接应力略有改善，这是由于间隔纱的增加提高了桥接应力。而且，随着经纱取向角的减小，初始裂缝强度和最大桥接应力在增大。原因在于纬向角减小对经纬纱强度的贡献较大。

表 7.7 显示了 N15-I-CCs、N15-II-CCs 和 N15-III-CCs 的平均裂缝间距 x_d 和当多裂缝结束时的极限应变 ε_u 。从表 7.7 可以看出，间隔纱的数量增加导致平均裂缝间距 x_d 减少约 23%，极限应变 ε_u 增加约 8%。另外，随着纬纱取向角的减小，x_d 下降约 12%，ε_u 增加 5%。这是由于当间隔纱引起的桥接应力和经/纬纱强度增加时，多裂纹发展阶段基体会产生更多的缺陷。因此，可以通过增加间隔纱的数量和减少三维间隔织物的经纱/纬纱的取向角来显著改善 CCs 的延性。

此外，值得注意的是，N15 的开裂程度也依赖于固体织物的拉伸性能。如图 7.17(b) 所示，与其他 N15 CCs 相比，N15- IV-CCs 由于拉伸强度较低，在纬向较低的拉伸应力下失效揭示了其多处开裂程度并没有达到饱和(多开裂的饱和度定义为一个所有多裂缝继续打开但没有产生新裂缝的状态)。如图 7.18 所示，当多裂纹终止时，平均最大裂缝宽度约 0.56mm，这比 ECC 材料(小于 60 μm)大得多(用数字卡尺在沿样品的侧断面裂纹中间测量，如图 7.18 所示)。由于较大的裂缝宽度，N15-CCs 的极限应变较高。然而，它也大大增加了透水性(矩形随着裂缝宽度而增加)，从而降低了 CCs 的机械和耐久性能。

表 7.7　多裂纹终止时，N15-I，N15-II，N15-III 的最终裂缝间距和极限应变

CCs	x_d /mm	ε_u (–)
N15-I-CCs	6.767 (0.673)[a]	0.090 (0.004)[a]
N15-II-CCs	8.738 (0.367)[a]	0.083 (0.006)[a]
N15-III-CCs	7.710 (0.382)[a]	0.087 (0.006)[a]

a. 括号中的数字是标准偏差。

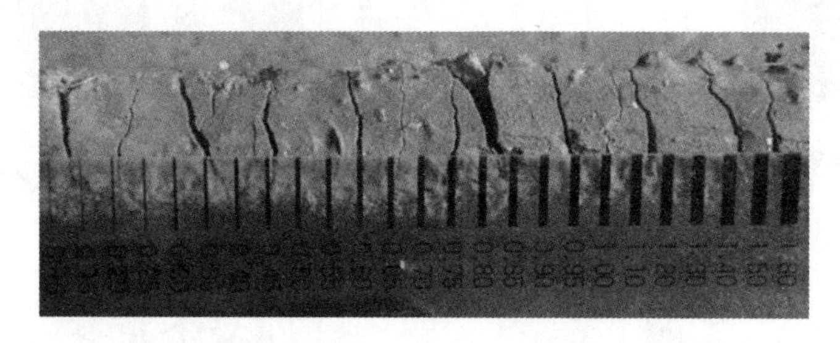

图 7.18　N15-CCs 在纬向多处开裂模式

(e) 增强效率的因素

如表 7.6 所示，除了 N15- IV-CCs 的纬向，各种 CCs 在最大桥接应力方面的差别不大。因为 CCs 开裂后的抗拉强度类似，为比较各种不同三维间隔织物增强效率，定义 η 表示加固效率因子，表示为 CCs 最大桥接应力与三维间隔织物各组成部件沿加载方向最大应力之比。如前所述，经纱/纬纱和间隔纱对最大桥接应力的贡献主要来自它们的抗拉强度和黏结强度。此外，考虑到 N15 CCs 密实面由于其较高的极限拉伸强度在最大桥接应力时并未破坏，故假定 N15 CCs 密实面最大桥接应力与网眼面是相同的。因此，可以用公式 (7.1) 来计算三维间隔织物的增强效率因子 η 。

$$\eta = \frac{\sigma_B}{2V_w \sigma_w \cos\varphi + \sigma_{sm}} \tag{7.1}$$

式中，σ_B 是 CCs 由单轴拉伸试验得到最大桥接应力 (MPa)；σ_{sm} 是隔纱的最大桥接应力 (MPa)；σ_w 是经纬纱线的拉伸强度 (MPa)；V_w 是网眼面经纬单纱线体积分数 (–)；φ 是经纬纱线沿加载方向的方位角 (–)。根据文献可得，对于定向纤维系统 σ_{sm} 可以由式 (7.2) 计算：

$$\sigma_{sm} = \frac{4\tau_s V_s \cos\theta}{d_s}\left[\frac{L_s}{2}(1-\frac{2\delta_0}{L_s}) - \frac{L_s}{4}(1-\frac{2\delta_0}{L_s})^2\right] \tag{7.2}$$

式中，τ_s 是间隔纱与基体摩擦黏结强度 (MPa)；L_s 是隔纱长度 (mm)；V_s 是间隔丝体积分数 (–)；d_s 是间隔纱线直径 (m)；$\delta_0 = \left(L_s{}^2 t_s\right)/[(1+\eta)E_s d_s]$，它对应于在嵌入的间隔纱段的全长上完成剥离的滑移位移 (m)。此外，$\eta = \left(V_s E_s\right)/(V_m E_m)$，$E_s$ 和 E_m 分别是间隔纱和基体的杨氏模量 (MPa)，θ 是如图 7.18 所示间隔纱沿荷载方向的方位角 (–)，它可以表示为公式 (7.3)。

$$\theta_{warp} = \tan^{-1}\frac{h}{m}，\quad \theta_{weft} = \tan^{-1}\frac{h}{w} \tag{7.3}$$

如图7.19所示，事实上因为所有间隔纱由于间隔纱和外层纺织面的重力而轻微弯曲，进而存在一定程度的对称挠曲。一般来说，如图 7.1 所示的间隔纱 II 的取向分布需要三维描述，并且可以考虑间隔纱 II 的排列如图 7.19(a)所示的简单计算。在图 7.19(a)中，*X*，*Y* 和 *Z* 轴分别表示经纱方向，纬纱方向和三维间隔织物的厚度方向。这里，直接地考虑为间隔纱 II 沿经向的 *x-z* 平面上的投影取向角和沿纬线方向的 *y-z* 平面的投影取向角，如图 7.19(b)和(c)所示。它可以用公式(7.3)来计算：

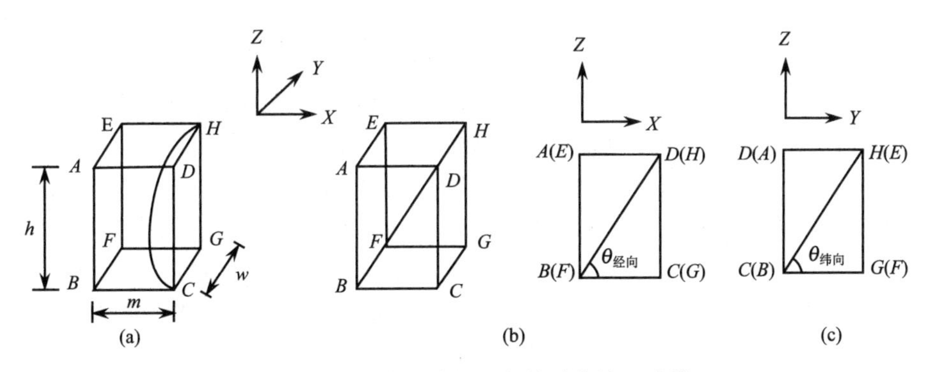

图 7.19　简化的三维间隔织物衬垫纱 II 建模

h 是三维间隔织物的厚度(m)，*m* 和 *w* 是单元段宽(m)。此外，T20 间隔纱沿经线方向的取向角与 θ_{warp} 是相同的。

表 7.6 中给出的各种 CCs 增强效率的因素表明，除了 N15-III-CCs 和 N15-IV-CCs 的经线方向外，T20 CCs 比 N15-CCs 的任一方向都具有更高的效率。CCs 在纬向上的增强效率一般优于经向，说明间隔纱的布型与增强效率因子密切相关。通过比较 N15-I-CCs、N15-II-CCs 和 N15-III-CCs 的增强效率因素，发现随着间隔纱量的增加增强效率因子略有减小。而且，随着纬纱取向角的减小，增强效率因子急剧增加。这是由于随方向角减小，沿着荷载方向，经/纬方向强度贡献增大。这些结果表明，N15 减少间隔纱同时将经纬纱沿加载方向排列是 CCs 更有效的增强方法。

3) 结论

本节研究了三维间隔织物的几何形态对 CCs 拉伸行为的影响，研究了五种不同几何图案的 PET 三维间隔织物。得到了沿经线和纬线方向的拉伸应力-应变曲线和裂纹扩展模式，并对实验结果进行了分析。可以得出以下结论：

(1) 由于 N15 一侧纺织表面是密实面，N15-CCs 与 T20-CCs 的拉伸应力应变曲线拥有一个明显的密实面破坏阶段。N15-CCs 的拉伸行为明显受到密实面的影响。

(2) N15-CCs 在纬向的初裂强度高于经向，而对于 T20-CCs 的第一裂纹情况则相反。N15-CCs 在纬向产生多裂缝的原因可能是密实面和间隔纱之间的相互作用。多裂纹的程度与密实面的拉伸性能是密切相关的。

(3) N15-CCs 的拉伸行为受纺织表面几何形式的影响较大。相比于隔纱，三维间隔织物是更可取的增强方法，尤其是对于 N15-CCs。

(4) N15 是 CCs 中更有效的加固。CCs 在纬向的增强效率优于经向。

(5)N15-CCs 随着间隔纱量增加，其延性和抗拉强度都有所增加，而增强效率系数略有减小。此外，将 N15 的经/纬纱沿加载方向排列，对于抗拉强度、延性和增强效率系数的改善都是更好的选择。

N15-CCs 在拉伸强度、增强效率系数和裂纹模式方面具有较好性能。它也很容易生产(混合物不能泄漏的密实面)和封装(只有网眼面需要密封)。因此，对于 CC 而言，设计有一个密实面的三维间隔织物是一个更可取的实施方式和有效增强方式。

2. 用硬石膏改性硫铝酸盐水泥改善混凝土帆布力学性能的研究[154]

2012 年时英国公司出售的 CC 产品的基体为铝酸钙水泥(CAC)粉[151]，可以产生早期的高强度，凝结性能好。但是，Juenger 等已经证明，CAC 常温水泥的水化物是 CAH_{10}(密度为 1720kg/m^3)。而亚稳定水化物 CAH_{10}(密度为 1720 kg/m^3)和 C_2AH_8(密度为 1950 kg/m^3)随着温度的增加或在硬化过程中会转变为稳定水化物 C_3AH_6(密度为 2520kg/m^3)，如图 7.20 所示。由此会导致孔隙增加，力学性能降低。力学性能的降低进而会限制 CC 在土木工程中的应用，因此有必要探索一种具有较高力学性能的新的胶凝材料。

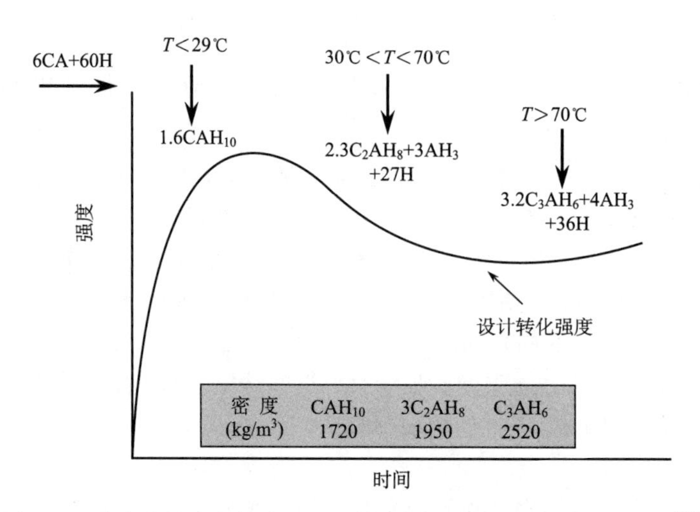

图 7.20　水合物的致密化导致孔隙度增加和强度降低的转换示意图[155]

硫铝酸盐水泥(CSA)由于其孔隙率低、早期的强度高、抗冻性好、低 pH、高抗腐蚀性，尺寸稳定性和良好的凝结性能可以作为黏结剂使用。CSA 水泥的生产因为其在窑内煅烧温度较低(约 1250～1350℃)、原材料的碳含量低(低碳酸钙含量)和更低的电力消耗，CO_2 释放量较少，CO_2 排放量低于 CAC 水泥。通常，在 CSA 中添加硫酸钙，能使其产生良好的固化性能、强度发展过程和体积稳定性。通过增加硫酸钙用量，可以生产出具有快硬、高强、膨胀特征的水泥。此外，CSA 水泥的水化及其性能取决于所施加的钙的反应性(比如硫酸钙的细度)。如果 CSA 用作黏结剂，硫酸钙的最佳含量和细度是影响凝结时间和力学性能的两个关键参数。

在目前有据可查的正常使用条件下，硫酸钙对 CSA 水泥性能的贡献已经得到了广泛的研究[155]。如图 7.21 所示，传统硫酸钙的最佳用量旨在获得最高强度可能不适用于 CC 系统，因为 CC 系统的水不是混合的而是喷洒的。基于这一事实，干水泥充灌系统的容重大约为 1250～1400kg/m^3，喷洒水后，其体积密度达到 1800～1950 kg/m^3，低于普通砂浆的平均值(约 2200～2400 kg/m^3)。因此，掺入过量的硫酸钙可能会增加 CC 产品的机械强度，而不会引起过膨胀裂纹，但如图 7.22 所示，传统的混合工艺的 CSA 水泥则不是这样的。此外，CC 的力学性能提升可以通过硫酸钙的细度提高来实现，因为更高的比表面积粉可增加粉末和水之间的接触面积，从而加速化学反应过程，提高 CC 的早期强度。因此，对于 CSA 型 CC，为了使其组织更加致密，必须对硫酸钙的最佳含量和细度进行仔细研究。

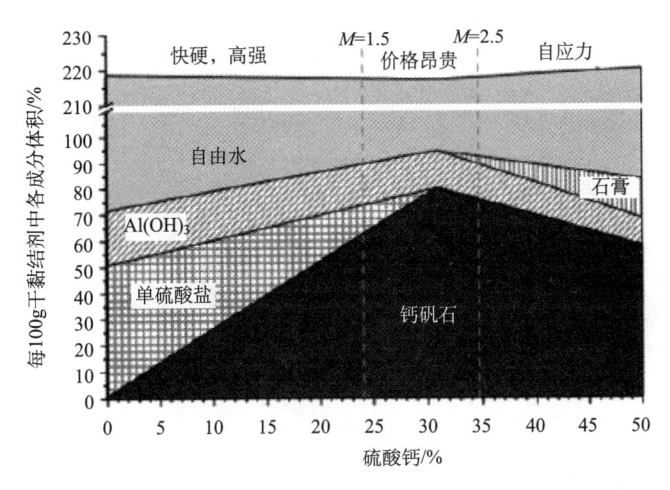

图 7.21　硫酸盐水合物的组成成分的热力学计算相图[156]

图 7.22　通过混合方式在 CSA 水泥中掺入过量硫酸钙引起的膨胀裂纹

本研究的目的是优化 CC 的 CSA 水泥配合比以满足固化时间以及强度性能要求。此外，研究硬石膏的细度对 CC 性能的影响。采用 X 射线衍射仪(XRD)和等温量热法来分析反应机理。同时对 CC 样品由于三维间隔织物的结构各向异性而产生的各向异性的力学性能进行了讨论。

1) 试验研究方法

(a) 原材料

如图 7.23(a)所示，一个为 CC 设计的厚度为 15mm 的特殊三维间隔织物，是在双针床瑞秋机床上生产的。织物表面的一侧编织成网格面(MF)，另一侧编织成密实面(SF)，如图 7.23(b)的最左边和最右边所示。三个特征方向是经纱方向、纬纱方向和厚度方向。经纱方向是沿机械加工方向，经线中的经纱被插入缝线中，并在纬线方向与纬纱一起组装，然后形成矩形的网眼网格网。此外，定向插入到结构中间隔纱的量是 70 根纺线/cm^2。所有三维间隔织物的经纱/纬纱都是扭曲形式的。对三维间隔织物的各种纱线的性能，通过与量程为 30N 的 XL-2 纱线拉伸测试仪测定，总结在表 7.8。利用这种特殊的结构，干混水泥粉可以很容易地从网格面(MF)进入到三维间隔织物中，并填满间隔纱之间的内部空间。而一旦网格面(MF)涂上 PVC 黏合剂，水泥粉就不会 3D 间隔织物中泄出。

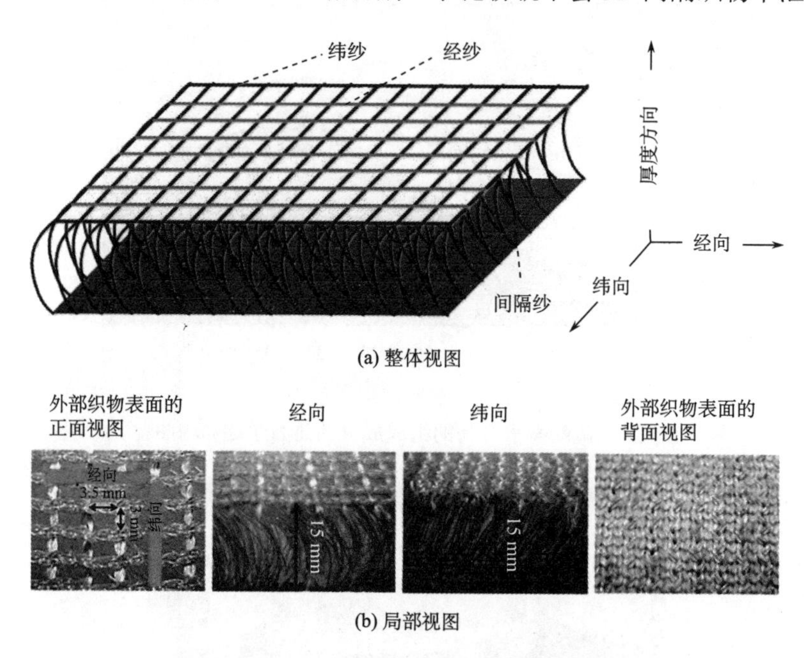

图 7.23　CC 采用的三维间隔织物结构

表 7.8　三维间隔织物的各种纱线性能

成分	材料	直径/mm	细度/dtex	极限伸长率/%	抗拉强度/MPa	杨氏模量/GPa
经纱/纬纱-MF	涤纶单丝	—	339	9.2　0.6	443　8	4.85　0.19
经纱/纬纱-SF	涤纶单丝	—	396	6.1　0.5	731　24	11.39　0.46
间隔纱	涤纶单丝	0.18	495	9.8　0.8	705　26	7.23　0.65

对商业 CSA 水泥和硬石膏的化学成分、矿物成分分别由 X 射线荧光(XRF)(ThermoFisher Scientific ARL quantx)和 XRD(Bruker-AXS Discover 8)确定。结果见表 7.9。XRD 模式使用一个铜 Ka 辐射源，控制在 40kV 和 30mA 操作。选择驻留时间 0.50s 的步进扫描，在每个扫描步骤上使用 5°和 90°之间的 0.020°的 2θ 步骤进行。CSA

水泥包含65.5%硫酸钙，其布莱恩比表面积为442m²/kg。标记为A_I的原始硬石膏，其布莱恩比表面积为387 m²/kg。为了确定硬石膏细度的影响，原始硬石膏粉在行星球磨机中用玛瑙罐和四个玛瑙球研磨，以150r/min的速度分别研磨15min、30min、45min，分别标记为A_{II}，A_{III}，A_{IV}。它们的勃氏比表面积和粒径分布通过激光衍射仪(Microtrac S3500)测定，并在图7.24中给出。

表7.9　钙硫铝酸盐水泥(CSA)、硬石膏、半水石膏的矿物成分和化学成分

矿物学成分	CSA/%	硬石膏/%	化学成分	CSA/%	硬石膏/%
C_4A_3S	65.51	—	SiO_2	8.5	0.68
CT	6.48	—	Al_2O_3	32.6	0.40
C_2S-β	16.52	—	Fe_2O_3	2.7	—
C_4AF	2.12	—	CaO	41.7	39.0
$C_{12}A_7$	4.27	—	MgO	3.5	1.95
CS	0.45	92.64	SO_3	9	49.5
CSH_2	—	6.80	TiO_2	1.5	—
$CSH_{0.5}$	—	0.56	L.O.I	0.5	5.46
CaO	1.52	—			
CaMg (CO)₂	3.14	—			

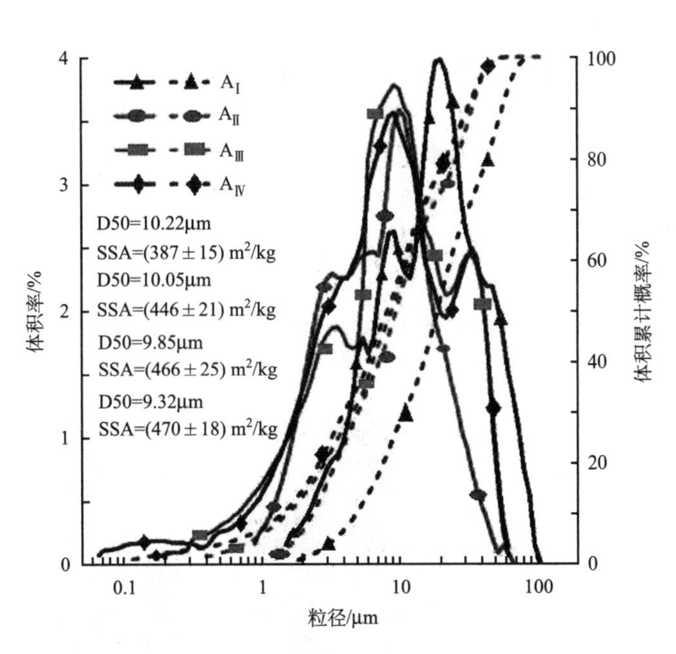

图7.24　不同的研磨时间下硬石膏的粒度分布

(b)标本制备与表征

样品制备条件控制在温度为25℃，相对湿度为75%。其制备过程见图7.25。首先，将设计好比例的混合粉末倒入雷鸟ARM-02搅拌机，在94r/min的速度下搅拌10min。

然后将粉末缓缓倒入 160mm×130mm×15mm 的 3D 间隔织物模具内，并振动直到三维间隔织物紧密填满粉末。最后，将 24.3℃的自来水通过喷雾瓶均匀喷洒在 CC 样品表面（图 7.25（c））。如果水轻微渗透到 3D 间隔织物的底部，立即停止喷雾。水喷雾过程大约需要 10s，在喷水前后分别计算样品的水胶比（*W*/*B*）。终凝后脱模，样品在相对湿度 60%±5%，温度（25±2）℃条件下硬化。

(a) 将粉末放入三维间隔织物中

(b) 通过振动将粉末密实填充三维间隔织物

(c) 喷水

图 7.25　CC 制备过程流程图

为了优化系统的黏结效果，将 CSA 水泥部分置换为硬石膏，用 A_I 表示（置换比例分别为 0，10%，20%，30%，分别标记为 CC-Ctrl，CC-A_{I10}, CC-A_{I20}, CC-A_{I30}），置换比例的上限确定依据是使 CSA-$CaSO_4$ 混合物中产生最多的钙矾石。不同的优化配方是用来研究硬石膏的细度在三个加载方向（经向、纬向、厚度方向）的影响。在弯曲试验中，由于三维间隔织物厚度较小，只考虑经纬两个加载方向。

在硬化时间试验中，将一定比例的粉末混合物置于无织物的定型模具中，然后根据相应的 CC 样品中所用的喷水比例确定喷水量，然后喷洒到粉末表面。测定该混合物的硬化时间是根据 GB/T 1346—2011 用维卡透度计测定，唯一区别在于水是喷洒的而非混合的。在不同养护龄期（1 d，5 d，10 d，30 d，60 d）的 CCs 的机械强度使用单轴力学试验机测试（CMT 5105），量程为 100 kN，行程控制为 1mm/min。如图 7.26 所示，CCs 分别切割成 15mm×15mm×15mm 和 160mm×40mm×15mm 尺寸的压缩和三点弯曲试验样品。每组至少测试了三个平行样本，计算了平均值和标准差。

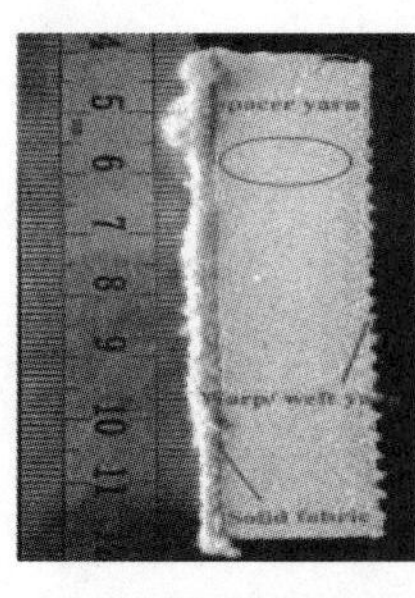

(a) 硬化试样截面

(b) 压缩

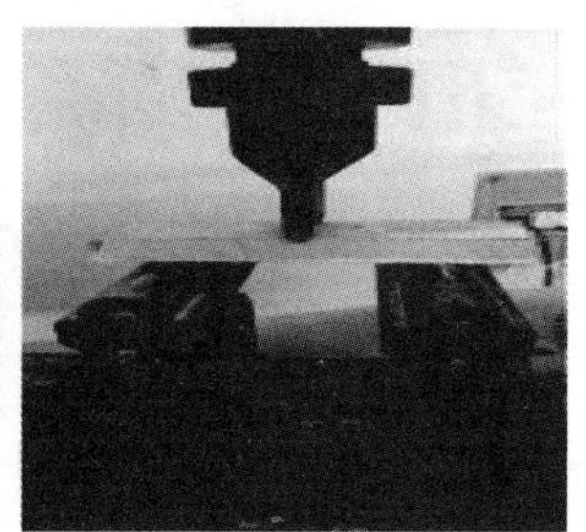

(c) 三点弯曲

图 7.26　压缩和三点弯曲试验样品及装置示意图

CCs 的相组成由 XRD 进行 Rietveld 拟合评估。等温热仪(TAM Air)用来在试验开始的 70h 内测定水化物的放热速率。粉末混合后与一定量的水用一个小的搅拌器搅拌 60s，然后立即放在热量计进行测定。水化过程在 20℃下监测 72h。由于混合是在外部进行的，所以非常早期的热响应不可能记录在量热曲线中。总热量的释放是由热流曲线的综合决定的。

2)结果与讨论

(a)黏合剂的配方

试验测试了 CC 粉末和硬化试样的表观密度，计算了每个样品的相应 W/B 比值。如表 7.10 所示，不管硬石膏的含量为多少，CC 粉末和硬化 CCs 的表观密度几乎都在 $1300kg/m^3$ 和 $1700kg/m^3$ 左右。所以，各种 CC 样品重新计算的 W/B 比都是相似的，大约为 0.45。

表 7.10　干燥和硬化样品的表观密度和相应的水胶比

CCs	干粉	硬化	W/B
CC_Ctrl	1260	1660	0.43
CC_ A_{I10}	1300	1700	0.44
CC_A_{I20}	1280	1780	0.45
CC_A_{I30}	1260	1700	0.45

不同硬石膏用量对凝结时间的影响(t_I 和 t_F)见表 7.11。如表 7.11 所示，随着硬石膏用量的增加，初始和最终固化时间都在减少。当硬石膏高于 10 %时，观察到凝结时间有了明显降低。CSA 的硬化时间依赖它们的 ye'elimite 含量和硬石膏的反应性，是因为 ye'elimite 的早期水化物被硬石膏加速催化反应。这个结果与等温量热法的结果保持一致，如图 7.27(a)所示。硬石膏剂量的增加加速了最初的放热速率和在开始 0.6h 内的累积放热量，这也是 Winnefeld 和 Barlag 的发现。初始放热峰值主要由早期的钙矾石和单硫酸酯提供。此外，CSA 水泥的硬化主要受早期水合物形态和联锁反应的影响，这可通过初始时刻每毫升水热释放来测定，假设热释放可能与正在进行的反应的空间填充能力相关(如硬化和压缩性能)。硬化初始一直到最终阶段的累积热释放值也列于表 7.11。因为数据采集是在混合后 60s 开始，因此累积热释放值不包括初始粉末的混合和溶解。对于类似的 W/B 比，初始和最终硬化的累积热释放随着硬石膏用量的增加而降低，特别是

表 7.11　测量硬化时间和累计热释放量

性能	对比组	A_{I10}	A_{I20}	A_{I30}
t_I/min	140	130	85	70
t_F/min	300	250	165	140
t_I 的累计放热量/(J/mL 水)	35.39	30.30	27.04	22.48
t_F 的累计放热量/(J/mL 水)	80.33	16.56	56.56	49.21

当置换率大于10%时。说明硬石膏更高的置换率才能使水化产物的含量要求需要达到硬化时间的目的。

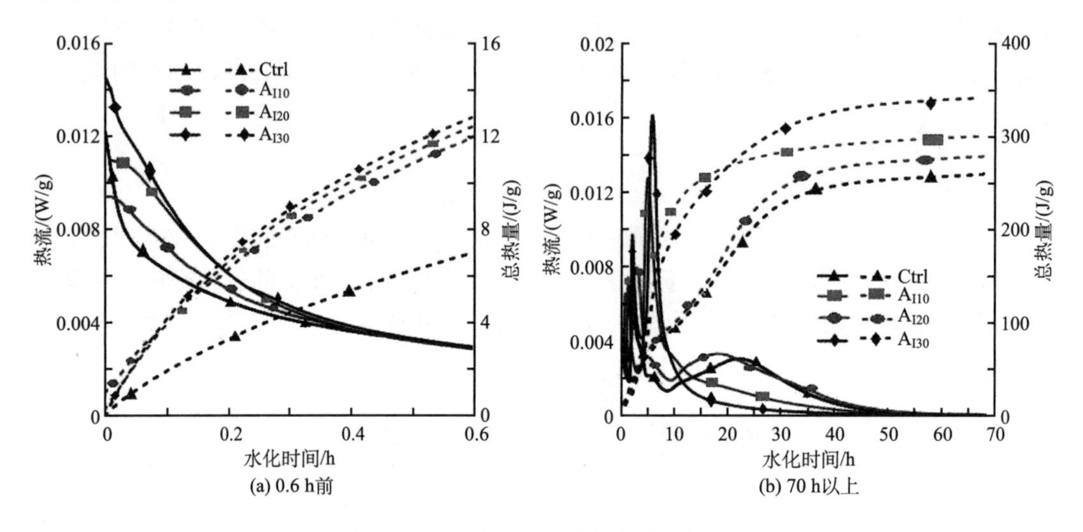

(a) 0.6 h前　　(b) 70 h以上

图 7.27　硬石膏用量对浆体热演化的影响

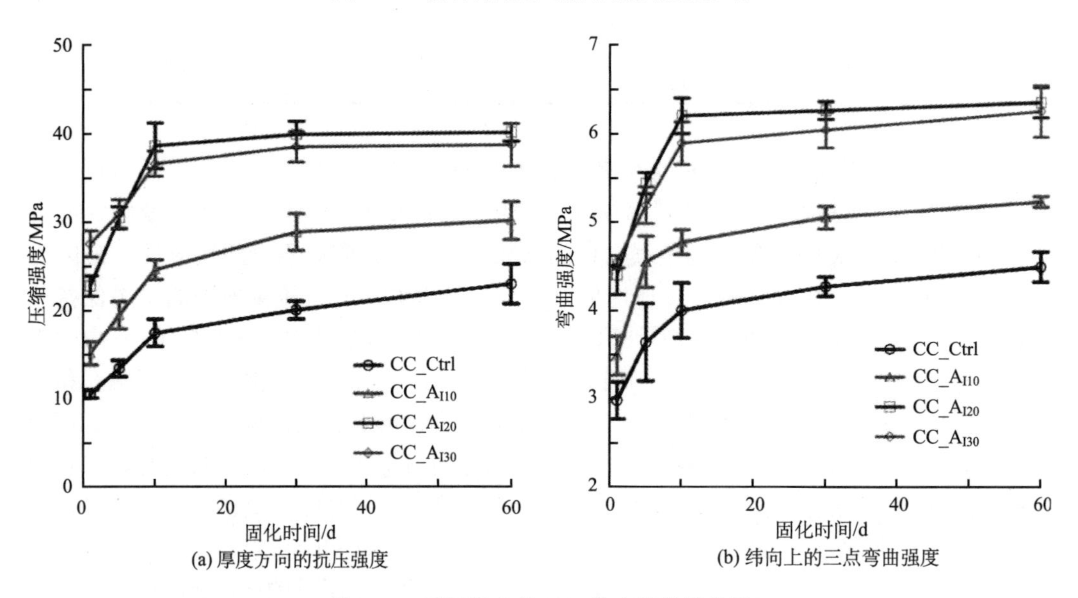

(a) 厚度方向的抗压强度　　(b) 纬向上的三点弯曲强度

图 7.28　不同配方的 CCs 的力学性能发展

图 7.28 显示了所有 CC 样品在不同硬石膏剂量下机械强度发展曲线，可以观察到机械强度的大标准差。如上所述，每个样品的机械强度是由从同一硬化平板上切下的至少三个平行样品来计算。与传统的混合过程不同，虽然我们尽力均匀喷雾水，但在总样本中无法完全避免 *W*/*B* 比的局部波动。因此，机械强度的标准偏差大是可能发生的。然而这样的偏差不会影响到如图 7.28 所示样品强度随时间变化的总发展趋势。经过 1d 的养护后，随着硬石膏用量的增加，试样的机械强度增大。在接下来的时间里，除了 CC_A_{I30} 的力学强度略有下降外，其他的机械强度增加的趋势是仍然出现。CC 样品的强度发展

主要发生在 10d 之内，有些样品在 10d 之后几乎达到最大值。这与 Winnefeld 和 Barlag 观察到的结果一致[156]。 CC_A_{I20} 显示出最佳的机械性能。1d 后的抗压强度和抗折强度分别接近 25MPa 和 4.5MPa，而对比组 CC_Ctrl 只达到 10MPa 和 3MPa。10d 后，CC_A_{I20} 的抗压强度和抗弯强度达到 40MPa 和 6.5MPa，而 CC_Ctrl 只有 17 MPa 和 4 MPa。这些结果远远优于混凝土帆布公司提供的 CC 产品[157]。10d 后的抗压强度和抗弯强度分别提高约 48%和 76%。此外，它的最终硬化时间只有 2.75h。最终固化所需的时间比混凝土帆布有限公司提供的 CC 样品(≤4h)所需的时间要短得多。结果表明，CSA 与一定量的硬石膏结合，可部分替代 CAC 水泥，从而提高 CC 的力学性能。

(b)硬石膏细度的影响

正如上面提到的，另一个影响 CSA 型 CC 干粉和硬化状态性能的关键参数是硬石膏的化学反应。在这一部分中，硬石膏用量固定为 20%，采用四种不同细度的石膏来进行研究硬石膏的活性，其结果如表 7.11 所示。

硬石膏的细度对凝结时间(t_I，t_F)的影响在表 7.11 中给出。从表 7.11 可以看出，随着硬石膏细度的增加，初始和最终凝结时间继续减少。研究表明，较细的硬石膏由于其比表面积大而加速早期水化。这一结果与等温量热结果是一致的。如图 7.29(a)所示，较细的硬石膏导致较高的初始放热速率和与早期水化有关的累积热释放速率，从而促进了水化过程。如表 7.11 所示，每毫升初始水对应的初始和最终固化时间的累积热释放量也解释了更细硬石膏导致更短的水化时间，从而导致凝结时间的减少。

如图 7.29(b)所示，每一样本初始峰值后休眠期的长度几乎相同。它表明水化开始时间不受硬石膏细度的影响。在休眠期后，热量曲线中的第一个峰值随着细度的增加略有下降，但 10d 后硬石膏消耗量与 CC_A_{I20} 相比大大增加，第二峰值显著增加。因此，累积放热量和水化产物数量均有增加。不同硬石膏细度对 CC 样品机械强度的发展同样由等温热量测量仪的结果揭示。如图 7.30 所示，CC 的机械强度随着硬石膏细度的增加而提高，特别是在早期阶段，例如在 1d 之后。

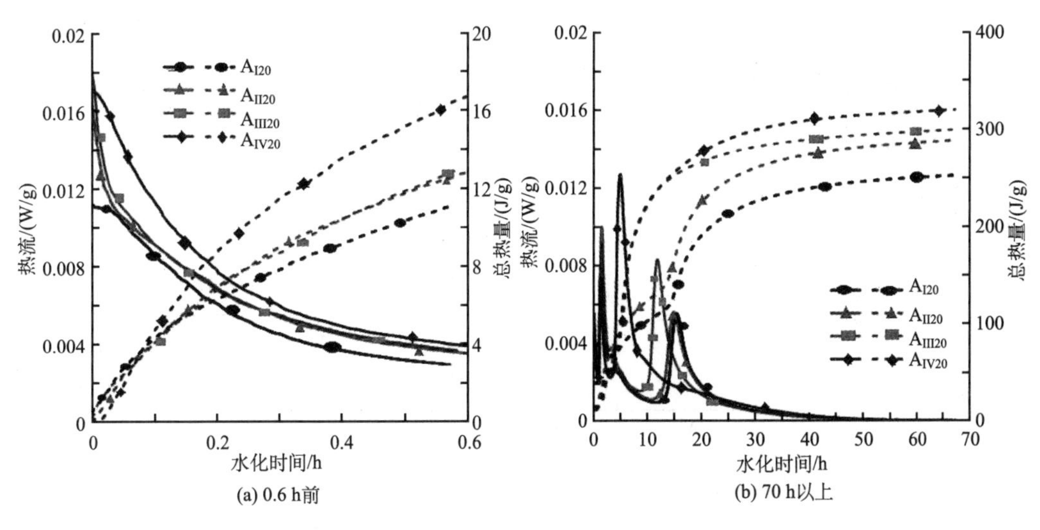

(a) 0.6 h前　(b) 70 h以上

图 7.29　硬石膏细度对反应热的影响

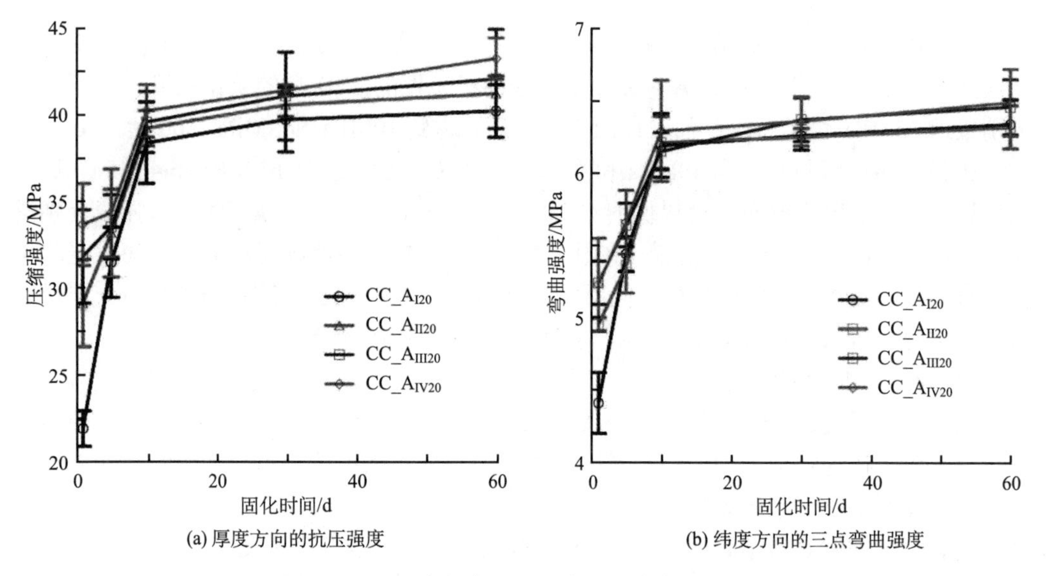

(a) 厚度方向的抗压强度　(b) 纬度方向的三点弯曲强度

图 7.30　硬石膏细度对 CCs 力学强度发展的影响

研究表明，通过提高硬石膏的细度，可以提高 CSA 型 CC 的硬化性能和力学性能。另一种方法是使用具有较高反应活性的硫酸钙，如半水石膏或硫酸钙和半水硫酸钙的混合物。

(c) 力学性能的各向异性

如图 7.23 所示，三维间隔织物呈现各向异性的几何图案，这显然导致 CC 的机械强度的各向异性。因此，图 7.31 给出了 CC 力学强度的各向异性与固化时间的结果。从图 7.31(a)可以看出，CC 的最大抗压强度是沿经线方向，其次是纬线方向，最后是厚度方向。如图 7.31(b)所示，CC 在经纱方向上的弯曲强度高于纬纱方向。

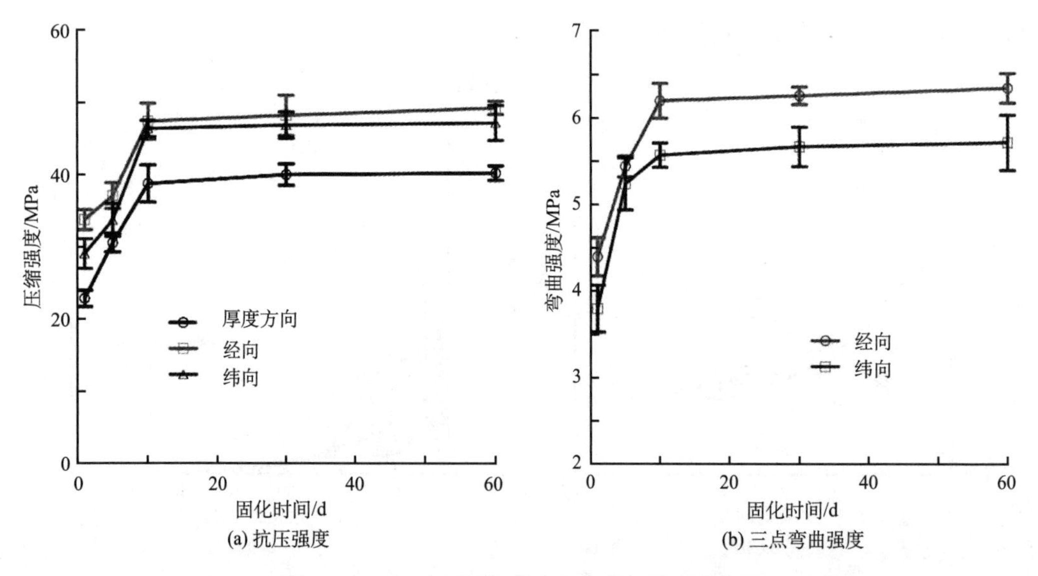

(a) 抗压强度　(b) 三点弯曲强度

图 7.31　CCs 在不同加载方向上的机械强度发展

10d后，经向和纬向方向的CC压缩强度与厚度方向相比分别提高了约23%和18%。这些改进可主要归因于三维间隔织物外纺织品表面的密闭特性。锚定在CC浆料中的外层纺织物通过间隔纱紧密地连接，可以被认为是两个附加的增强层。因为密闭效应导致CC出现了多向应力状态，进而提高了CC的抗压强度。另一因素是纤维的增强效果，这主要依赖于三维间隔织物的性能和几何图案。因为布局形式的原因，纬向间隔纱线的目标方位角比经向少，这导致CC会在纬向比经向拥有较高的抗压强度和抗折强度。

因此，根据CC承受负载的情况下，其铺设方向应合理选择，使其分别承受不利的外部应力，从而提高使用寿命。

3)结论

本研究将CSA与硬石膏相结合，以取代CAC水泥作为CC的黏结剂。结果表明，通过增加硬石膏的用量或细度，可以大大提高CC的机械强度，缩短凝结时间。然而，当替代水平超过20%时，CC的机械强度下降。此外，特殊的制备过程导致CC未水化颗粒与水之间的不高效、不均匀的接触，所以，相当数量的未水化颗粒被发现。另外，由于其力学各向异性，CC纬向比经向具有更高的机械强度，在厚度方向具有最低的抗压强度。除了CC的水泥成分外，三维间隔织物的组分性能和几何形态对其力学强度有着至关重要的影响。未来的研究需要探索最佳的几何图案以及具有优异性能的组件材料。

7.2　其他三维织物应用于增强水泥混凝土基体的研究探索

当然，现代纺织技术可以生产各种各样的织物结构，使织物设计具有很大的灵活性。因此，除了上面介绍的混凝土帆布外，还有一些学者研究了其他三维织物应用于增强水泥基体的情况[150,158]。三维织物中隔纱的存在会影响TRC构件的力学性能，这取决于它们的材料、几何形状和方位角。这里选取以色列Haik等[159]的研究，作者研究了三维织物水泥基的基本性能，并与三维织物树脂基以及二维织物基体进行了对比研究，对三维织物水泥基研究有一定的借鉴作用。文章的目的是研究三维织物增强水泥基复合材料的弯曲性能，对二维织物和三种不同的三维织物进行了研究，区别在于其隔纱方向不同，研究的重点在于织物经纬方向的影响。

7.2.1　实验过程

1. 织物

为了本研究的三维经编针织物的准备，在*Z*方向使用第三套纱线(定义为“间隔纱”)将两套独立的二维针织面料缝合在一起。经纱(*X*)和纬纱(*Y*)材质为复丝耐碱玻纤(AR)，通过细复丝聚酯纤维(PES)循环缝合在一起，进而在三维织物的上下表面形成孔(如8mm×8mm孔)。而将经纱(*X*)和纬纱(*Y*)连接成三维结构的间隔纱线(*Z*)采用两种不同的纱线类型：第一个是低性能单丝PES主要用于稳定，另一个是高性能芳纶纤维用来提供加固。在亚琛工业大学纺织研究所(ITA)，所有这些织物都是专门为这类研究生产的。

制备三种不同的织物类型如下：

二维织物：在经纬方向上由 AR 玻纤构成(*Z* 方向无任何纱线，图 7.32(a))。

三维纤维织物：由两层二维织物，二维织物与上面描述的完全一样，但在 Z 方向有 PES 单丝和芳纶复丝的间隔纱线(图 7.32(b)、(c))。该织物在经纱和纬纱方向具有不同的几何形状。

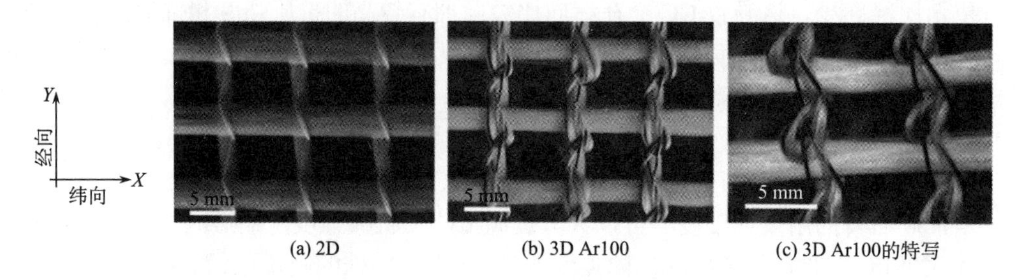

(a) 2D　(b) 3D Ar100　(c) 3D Ar100的特写

图 7.32　不同的测试织物上表面视图

(1)织物隔纱与经向和纬向的夹角不同(在图 7.33 中可清晰观察到)，其中隔纱与经向的平均夹角为 79.6°(图 7.33(a))，与纬向的夹角为 52.7°(图 7.33(b))。

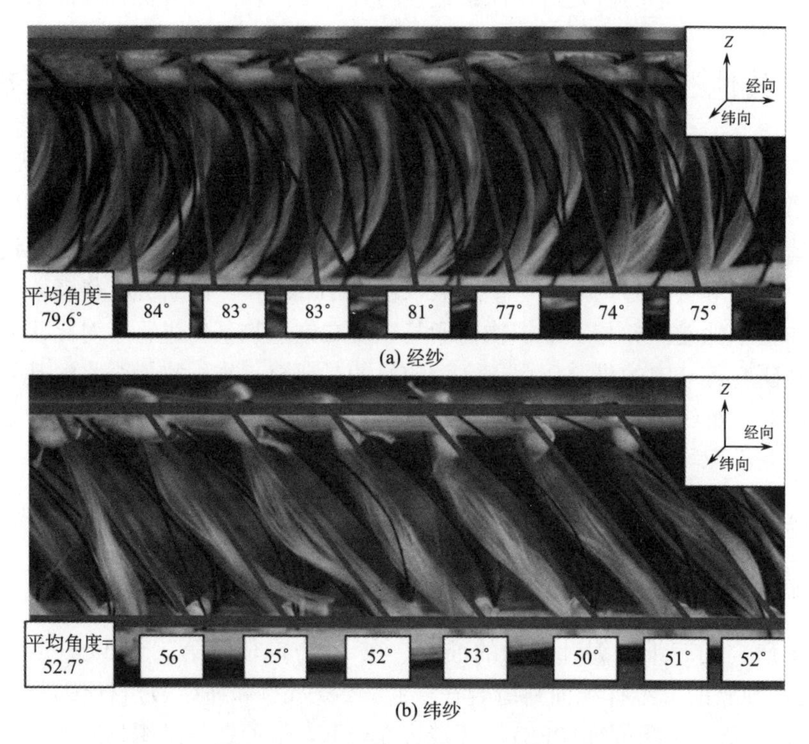

(a) 经纱

(b) 纬纱

图 7.33　3D Ar100 在两方向的侧视图

(2)额外环接：间隔纱通过在经纱上缠绕闭环以便使两个二维织物连接成三维织物结构；这些闭环相对于使纬纱和经纱形成表面孔的细 PES 环而言，是新增加的。这些额外的闭环在图 7.32(b)、(c)中可清楚地观察到，而二维织物中沿经线只有一个细环结构是可见的(图 7.32(a))。这些额外的间隔纱环将经纱紧密地结合在一起，使经纱组成的长丝之间减少了水泥基体的穿透，从而期望降低复合性能。同时，纬纱自由开放，因为环路只位于经纱上(图 7.32)。

(3)三维纤维斜隔纱(大/小 X)：这些三维织物同样通过单丝 PES 和复丝芳纶纤维隔纱将二维织物进行连接，但这里的隔纱有两个交叉方向，形成了一个 X 形(向两侧倾斜)，如图 7.34 所示。X 形有望提高复合材料的抗剪特性。根据隔纱不同的斜向角度制备了两种织物：45°角被称为“大 X”(BX)(图 7.34(a))，70°角被称为“小 X”(SX)(图 7.34(b))。但要注意的是，这些织物间隔纱的交叉是在纬向，而沿经向的与图 7.33(a)观察到的类似。此外，这些织物的 AR 纤维纱线是 1200 tex，不像其他织物(2D，3D Ar100，图 7.32 与图 7.33 中)的是 2400 tex。因此，在这两种复合系统(BX 和 SX)之间研究交叉角度的影响。

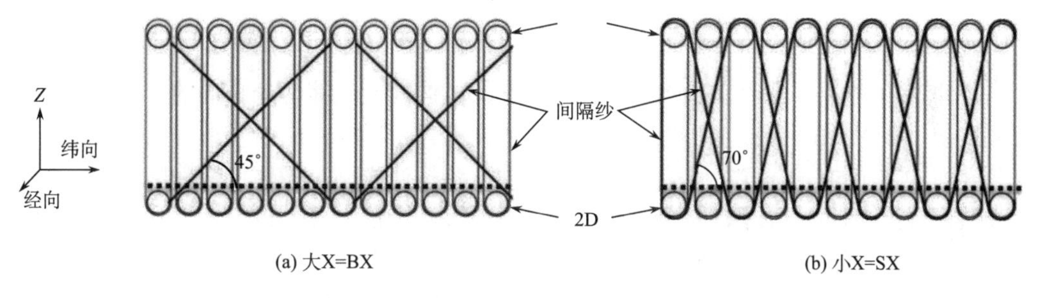

图 7.34　沿纬向的 3D 织物交叉方案示意图

总的来说，本文研究了四种不同的织物：2D，3DAr100，3DSX 和 3D BX。有些织物用环氧树脂浸渍以达到提高增强效率的目的，因此浸渍纱线中的所有长丝都将一起承受荷载，整个织物作为一个单元起作用。环氧树脂浸渍是用刷子在所有方向将纱线刷好涂层，使用足够的环氧树脂使其渗透到纱线束的内部空间，但并没有填充织物纱线之间的空隙，相对于织物质量提供大约 40%环氧树脂，以便在这些孔隙处基体能最大化地渗透到织物内部。使用低黏度高强度的环氧树脂，以便使环氧树脂能良好地填充长丝之间的内部空间。

2. 复合材料的制备

所有的复合材料用 CEM II 42.5 N / B-LL 的水泥浆体(仅水和水泥)，水灰比为 0.4，以避免织物结构以外的影响。三维织物试样是首先在模具的底部填充一层薄薄的水泥浆，然后在上面放置三维织物，最后用水泥浆将剩下的模具填到将织物完全覆盖。对于二维织物试样，制备了一种三明治复合材料，在复合材料的顶部和底部放置两层二维织物，中间用水泥浆层隔开。制备时首先在模具底部放置一层薄薄的水泥净浆，然后将第一个二维织物放好，之后在第一层织物上添加更多的水泥，直到第二个二维织物层的位置后放置织物，最后将水泥填满到模具的顶部。这种方法提供了类似于三维织物复合材料的两层织物复合材料，但没有沿复合材料厚度方向的间隔纱。制备过程采用了振动方式，使用强力振动台，以确保水泥浆良好地渗透到织物间隙和纤维束之间。制备后，复合材料先硬化 24h，脱模，然后切成 6 个尺寸为 340mm×40mm×26mm(长度×宽度×厚度)的测量试样。这些样品在 100%的相对湿度下固化 12d，然后在室温下再干燥 2d。弯曲测试在制备 15d 后进行。

另一组材料，同样是由 3D Ar100 进行了增强，但是基体使用的是环氧树脂而不是水泥。这是为了检查一个更简单的情况，因为环氧树脂可以完全充满三维织物结构。这些复合材料，所使用的环氧树脂是 Sikadur 52(与用于水泥基复合材料的纤维织物浸渍的环氧树脂类似)。环氧树脂充分填充了织物中的所有间隔，提供了一个完整的没有空隙的复合材料。需要注意的是，所有三维织物的厚度为 25mm，因此所有的复合材料(包括用环氧树脂制成的)厚度为 26mm。所有的条件和模具与铸造水泥基复合材料时相同。铸造 24h 后，脱模切成六个同样的尺寸(与水泥基复合材料尺寸一致)进行受弯测试。

3. 试验过程

1)拉伸试验

拉伸试验测试了 2D 和 3D Ar100(无水泥)的拉伸性能经纬两个方向的性能。试验测试是在一个 5982 Instron 拉伸机上进行，试验机拥有闭环操作能力，量程为 100kN。位移速度固定在 0.5mm/min。为了从三维织物中制备拉伸样品，采用切割间隔纱，从每个三维织物中产生两个 2D 织物。所有织物试样均切成 280mm 长，以保证在加载方向有四条纱线。织物的边缘，每边在环氧树脂中浸入 40mm，以便在拉伸机夹具中夹持。样品测试段的有效长度为 200mm。所有试样的宽度为 50mm。每个类型的织物在经纬两个方向各测试了 6 组试样。

2)四点弯曲试验

所有的复合材料进行的都是四点弯曲试验(Instron 机)，试验机支撑跨度为 300mm，加载跨度为 100mm。位移控制速度固定为 0.5mm/min。在试样的底部表面安装一个测量范围为±15mm 的线性可变差动变压器(LVDT)测量挠度。在测试过程中，在试样前面放置摄像机来捕捉其侧面视图，以便记录裂缝形式和失效模式。

在所有测试中，AR 纱线的长度方向与加载时纱线的受力方向一致，在那里的 Z 方向从顶部到底部都有间隔纱上。对于每个系统，测试了六组数据，并对其荷载-挠度曲线进行了记录。同时计算了应力和韧性(荷载-挠度曲线下的面积)的平均值及其标准差。通过假定在整个受力过程中横截面的理想线性行，计算了复合材料的弯曲应力。虽然由于材料的非线性和裂纹深度导致实际应力分布和大小不同，但可以选择表观应力作为一个基本的参数来对不同复合材料进行比较，这是选择了每个系统的典型曲线来进行对比分析。

3)微观结构特征

采用飞量子 200 扫描电子显微镜(SEM)观察了不同复合材料的微观结构，评价了水泥粉在束圈、束丝和织物开口之间的渗透性能。观察在复合材料横截面上，即束横截面和束长丝嵌入在水泥基体中。采用精密金刚石尖水冷方式进行标本切片并暴露束截面。横截面样品最初通过五个步骤进行研磨，分别使用含有 30mm、16mm、9mm、5mm 和 3mm 砂粒大小的碳化硅颗粒的研磨纸进行研磨，然后用 1mm 的金刚石浆料进一步抛光，再将样品在超声波清洗机用酒精清洗 180s。

7.2.2　结果与讨论

1. 织物的拉伸性能

图 7.35(a)和表 7.12 展示了未经环氧树脂浸渍(非水泥基)的 2D 织物在织物的经纬两个方向上的拉伸性能。结果显示在拉伸强度和应变方面，纬向比经向表现出更明显的拉伸性能改善。造成这些差异的原因可能与 PES 编织纱线缠绕在经纱周围，将纤维束紧密地结合在一起有关。因此，所有的细丝构成一个整体经纱束，细丝之间的高摩擦力导致这个方向的织物强度的增加。与之对应的是，纬纱中的长丝更松散自由，因此被分开拉伸，导致纬向的织物强度较低(图 7.35(a))。这种紧固现象的证据可在图 7.36 织物测试结束的图形中看出。观察纬纱位于加载方向时受力结束后被分割成单纤维(图 7.36(c))，而经纱位于加载方向时则没有这样的分裂现象(图 7.36(a))。

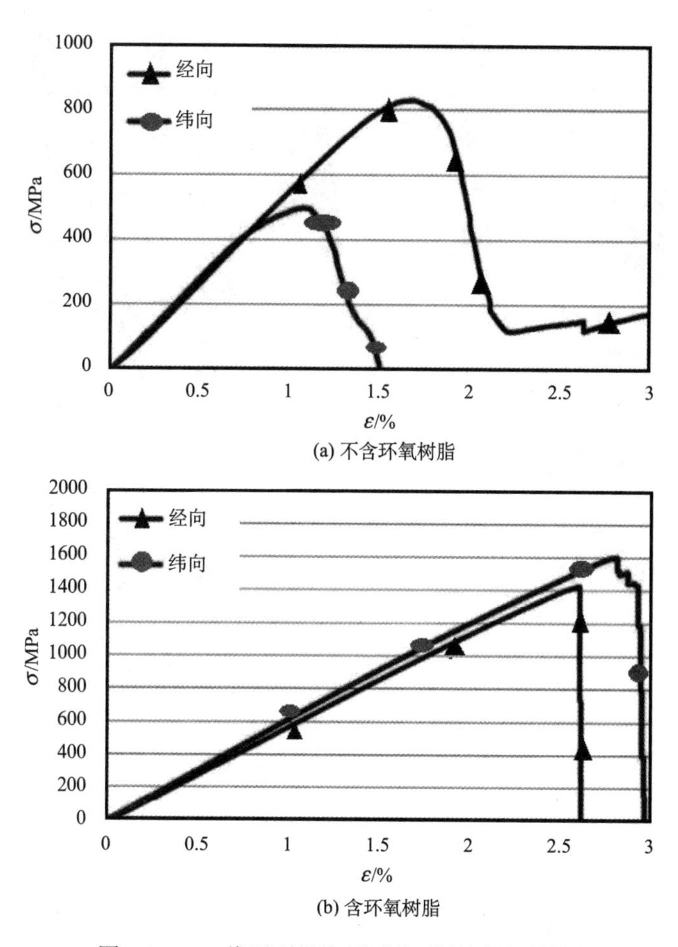

(a) 不含环氧树脂

(b) 含环氧树脂

图 7.35　二维平面织物(非水泥基体)的拉伸性能

表 7.12　织物(非水泥基)在纬向和经向的拉伸性能

组合式	织物方向	抗拉强度/MPa	$\frac{warp-weft}{warp}$/%	MOR 应变/%	$\frac{warp-weft}{warp}$/%
2D 无环氧	经纱	834.8 ± 46.4	+36	1.66 ± 0.10	+29
	纬纱	537.3 ± 43.2		1.18 ± 0.15	
2D 环氧	经纱	1371.7 ± 67.8	–17	2.45 ± 0.11	–16
	纬纱	1611.7 ± 56.2		2.85 ± 0.18	
3D Ar100 环氧树脂	经纱	1213.8 ± 30.5	–1	2.52 ± 0.10	+4
	纬纱	1225.8 ± 32.7		2.43 ± 0.11	

± 标准偏差。

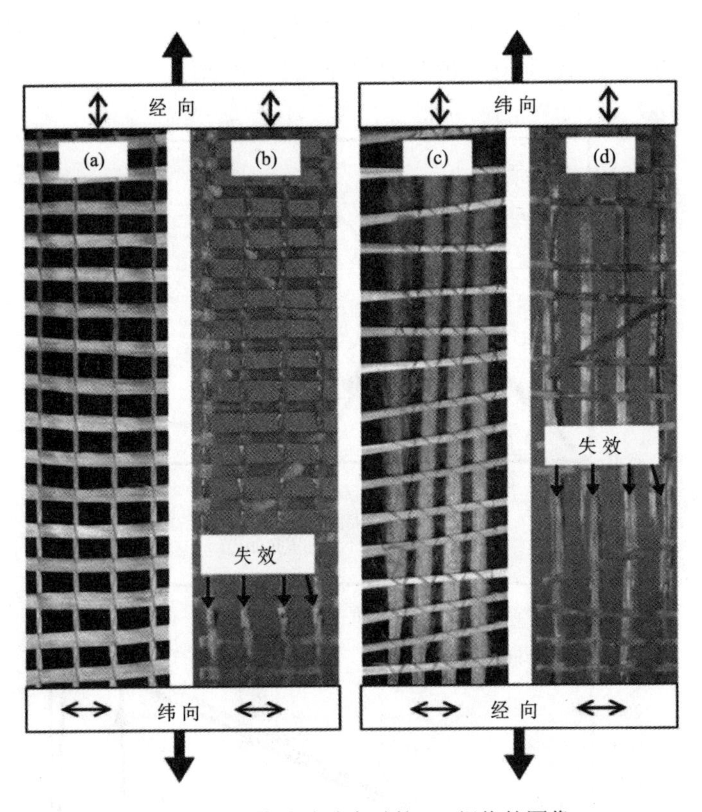

图 7.36　拉伸试验结束时的 2D 织物的图像

(a) 无环氧树脂经向；(b) 含环氧树脂经向；(c) 无环氧树脂纬向；(d) 含环氧树脂纬向

在图 7.37 中也可以清楚地看到由 PES 针织纱对经纱束的收紧效果，该图确定了经纱长丝之间的自由间隙减小的球形形状(图 7.37(a))。这与纬纱长丝之间更多的自由空间所呈现出的椭圆形状不同(图 7.37(b))。这些差异会影响织物本身以及复合材料的力学性能。

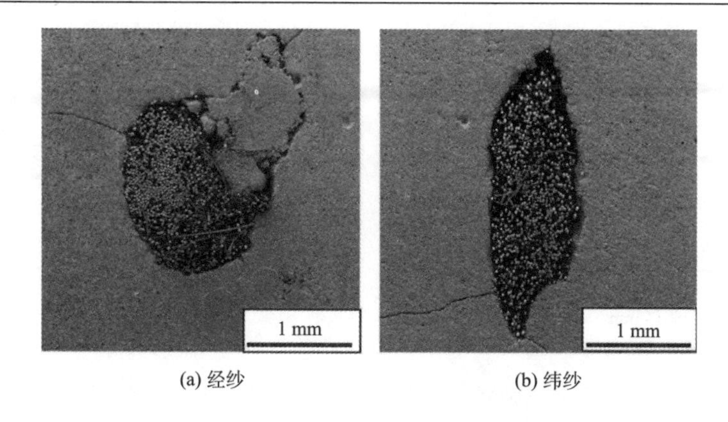

(a) 经纱　(b) 纬纱

图 7.37　3D Ar100 纤维组成的纤维束的横截面 SEM 图像

织物经过环氧树脂浸渍后，相比于经纱方向纬向拉伸行为在抗拉强度和应变上略有改善(图 7.35(b))。这种趋势与上面讨论平面织物(如含环氧树脂情况)(图 7.35(a))的行为相反。在这里，环氧树脂使纺线形成整体丝拉伸，并不管纺线是位于纬纱还是经纱方向。这种不收紧的相对平直的长丝结构是一种更开放的纱线结构，比如纬向的性能表现得略高。

此外，对于非浸渍织物，从纬向的测试结果中可以看出，纱和丝的失效并不是同时进行的，图 7.36(c)中可清楚地观察到纤维纱是分散独自失效的。然而对于环氧树脂浸渍织物纱线的失效则是同时的，如图 7.36(b)和图 7.36(d)所示。

至于对测试的环氧树脂浸渍的 3D Ar100 纤维织物，在经向或纬向都无显著差异(表 7.13)。需要注意的是，这里的隔纱在厚度方向被剪断了。因此三维和二维织物之间唯一的区别就是沿经纱方向的隔纱圈。

表 7.13　织物增强水泥基复合材料弯曲性能(基体中的织物未经过环氧树脂浸渍)

复合材料类型	织物方向	抗弯强度/MPa	MOR 偏转/mm	韧性/(N·mm)
2D	经向	7.23 ± 0.42	2.99 ± 0.58	3809± 123
	纬向	9.47 ± 0.64	4.15 ± 1.40	5630±1352
3D_Ar100	经向	13.28 ± 0.33	6.09 ± 0.38	9850± 741
	纬向	12.82 ± 1.92	2.65 ± 0.34	6677± 240

±标准偏差。

2. 复合材料的弯曲性能

1)未浸渍环氧树脂的织物

图 7.38 和表 7.13 给出了二维和三维织物(未进行环氧树脂浸渍)增强的复合材料在经纬方向的弯曲性能。在这两种情况下比较织物经纬方向的性能时，观察到了显著的差异，纬向的性能得到了改善。

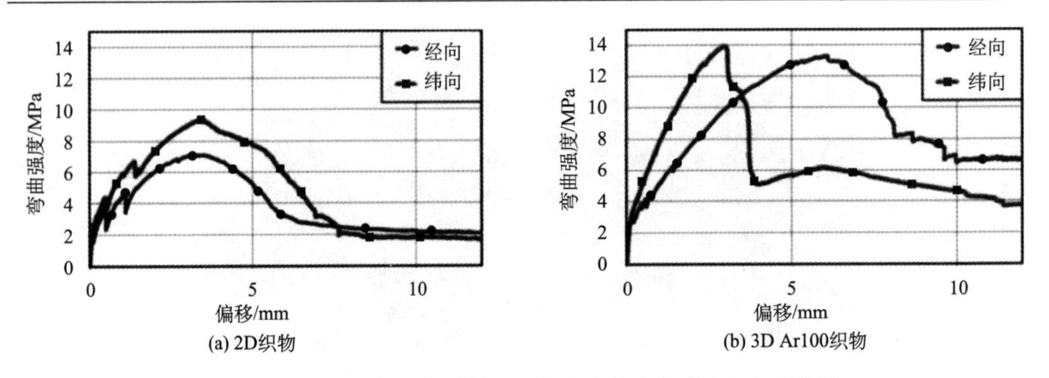

(a) 2D织物　　(b) 3D Ar100织物

图 7.38　织物增强复合材料沿经纬方向的弯曲应力与挠度曲线

2D 织物：图 7.38(a)显示复合材料纬向的弯曲强度比经纱方向高 30%，相对于平面织物(非水泥基)表现的经向比纬向的拉伸强度更大(图 7.35(a))。这种差异可能是由于纺线束与水泥基体之间的黏结。如图 7.36 所示，在经纱和纬纱中，构成织物的纱线束之间的水泥基质渗透性非常有限。因此，纱线的周长是影响水泥基与织物黏合的主要因素，因为只有周边的丝与基体直接接触，而且结合良好。纬向纱线的横截面是椭圆的，而经向横截面是球形的，其周长分别是 1.89mm 和 1.23mm。这是说，与经纱相比，纬纱有更多的长丝，即纬纱比经纱有更大的黏合性。因为在经纬两个方向上的织物未浸渍环氧树脂，所以在加载过程中要考虑套筒模式的失效，其中外丝断裂是由于其与基体的直接接触，而内心的丝主要是互相滑动。因此，在纬纱方向，更多的长丝会断裂，例如那些与基体紧密接触的细丝。这些黏结的改进以及相关的织物丝断裂导致了复合材料纬向弯曲性能的改善(图 7.38(a))。

3D Ar100 织物：如图 7.38(b)所示，间隔纱线在复合材料的弯曲性能里有着显著的影响。在经纱和纬纱方向，三维纤维复合材料相对于二维织物制成的复合材料(图 7.38(a))抗弯性能都有了明显改善。三维织物复合材料的强度在经纱和纬纱方向分别提高 83%和 35%。这可能是由于三维织物复杂的几何形状在水泥基体中利于机械锚定。此外，3D Ar100 复合材料在两方向的弯曲强度大致相似，但复合材料纬向更硬更脆(图 7.38(b))。该复合材料在纬向性能更好的原因并非经纱的弯曲结构，而是织物内部纬纱的长丝更直(图 7.38)。经线的卷曲结构在加载过程中会伸展变直，降低复合材料的刚度；这主要在第一裂纹出现后发生。

2)浸渍环氧树脂的织物

图 7.39(a)和表 7.14 列出了 3D Ar100 增强的水泥基复合材料在经向和纬向的受弯性能。在这种情况下，织物在制备复合材料前先进行环氧树脂浸渍。在经纬两个方向上弯曲强度大致相同，但纬向的峰值挠度比经向的高 19%。因此，复合材料在纬向韧性比经向高 58%。此外，复合材料纬向的曲线显示出两个应力下降，代表了在复合材料的测试过程中出现了两个主要裂纹，分别在 5mm 和 17mm 处。

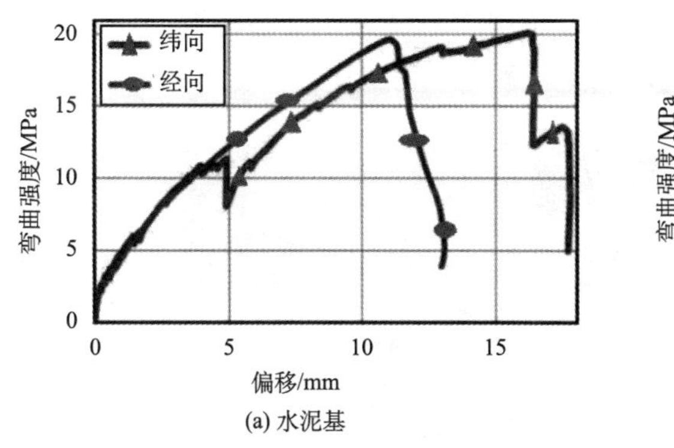

(a) 水泥基

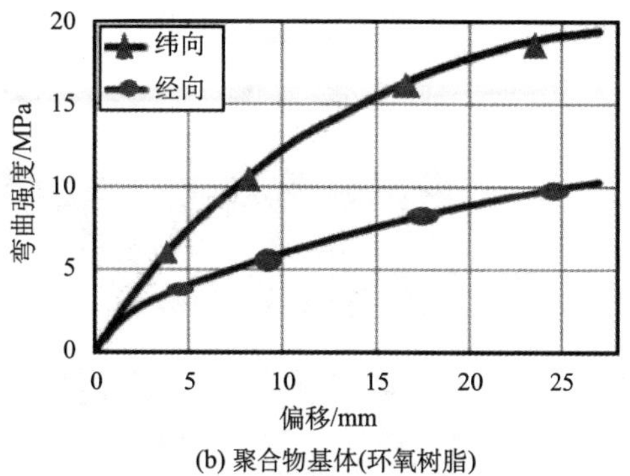

(b) 聚合物基体(环氧树脂)

图7.39　3D Ar100复合材料在经向和纬向的弯曲应力和挠度曲线

表7.14　水泥基和环氧基增强后的三维纤维织物复合材料弯曲性能(基体中的织物经过环氧树脂浸渍)

组合式	织物方向	抗弯强度/MPa	MOR偏转/mm	韧性/(N·mm)
水泥基	经纱	19.45 ± 1.55	10.11± 1.17	13952 ± 1746
	纬纱	19.50 ± 1.57	12.00±2.82	22002 ± 2098
环氧基	经纱	10.06 ± 2.11	27.00± 0	10430 ± 2770
	纬纱	18.86 ± 2.31	27.00± 0	17499 ± 1990

± 标准偏差。

图7.40(c)表明，在经向受力方向时，一个较大的弯曲型垂直裂纹出现在复合材料的弯曲区域(在应力均匀的试样中部)。然而，第9b显示复合材料在纬向出现了两条主裂缝：右裂缝(# 1)是在弯曲区域出现的垂直的裂纹，与前面复合材料经向一样的弯曲裂缝；而左裂纹(# 2)，与轴线成45°，是一个出现在试样剪切区域的剪切裂纹。假定在纬向载荷作用下复合材料的剪切回弹更为有效的话，则不会出现剪切裂纹。因此，应力不会下降，曲线将继续上升，导致复合材料在纬向加载时比经向拥有更大的弯曲强度。

图7.40(a)显示了弯梁的应力状态。注意纯弯曲梁中部的均匀应力，切应力在加载跨度外沿45°发展，如图7.40(b)的箭头所示。在三维织物厚度方向的间隔纱也在图7.74(b)中用细线标记。观察梁的左半部分，可以看出，间隔线垂直于拉伸应力；因此，它们有较低的增强效率。然而，在横梁的右半部分，间隔纱平行于拉伸应力，因此，提供显著较高的增强效率。这导致了在梁的左半部分抗剪能力较低，并出现了剪切裂缝发展(图7.40(b))，而在梁的右侧因为更高的抗剪能力则没有出现剪切裂缝。另外，请注意，当试样在相反的方向上进行加载时，即在试样的左侧有平行的间隔纱，则在另一侧也出现剪切裂纹，即在试样的右侧。在这两种情况下，剪切裂纹出现在间隔线与拉伸应力垂直和增强效率低的区域。

研究表明，复合材料的失效模式受三维织物方向的影响。复合材料在经向测试时因弯曲而失效，而在纬向上测试时，则由剪切和弯曲共同作用而失效。剪切裂缝只在纬向加载时出现，在经向则不会出现(图7.40(b)和图7.40(c))。这可能(至少部分地)与间隔(*Z*)纱线在两个方向上的角度差异有关，在复合物纬向角度较小(图7.33)。

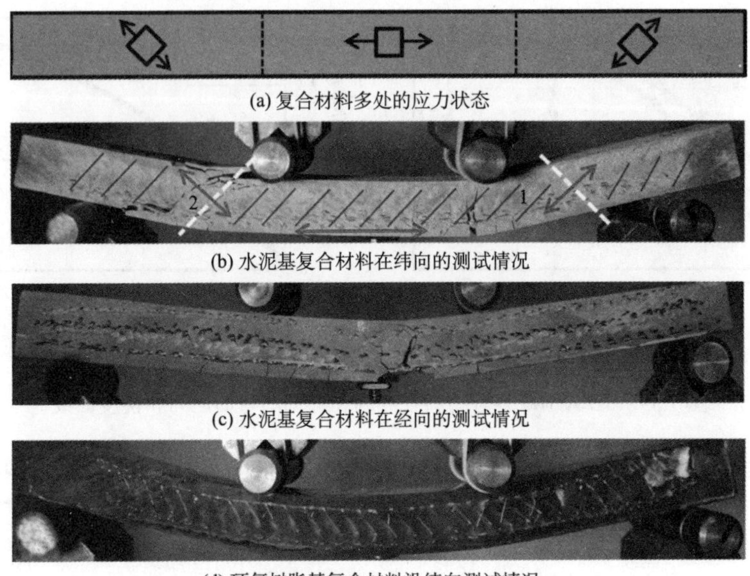

(a) 复合材料多处的应力状态

(b) 水泥基复合材料在纬向的测试情况

(c) 水泥基复合材料在经向的测试情况

(d) 环氧树脂基复合材料沿纬向测试情况

图 7.40　在弯曲试验结束时复合材料的图像

为了更好地识别三维织物方向对复合材料性能的影响，制备了非水泥基材料，即聚合物(环氧树脂)基复合材料。在环氧基复合材料中，纤维束之间的基体具有完全的渗透性，与水泥基体相比，聚合物基体本身更具韧性，从而可以更好地利用复合材料中的增强织物。三维织物增强环氧树脂基复合材料在经纬方向的弯曲结果，由表 7.14 和图 7.39(b)给出。在挠度为 27mm 时停止试验，在该挠度时试验中并没有观察到失效(图 7.40(d))。

对环氧树脂基与水泥基两种复合类型经纬方向的抗弯性能进行比较，水泥基复合材料在整个过程中表现出了更硬的性能；这可能是与水泥基体的脆性行为和高模量相关(约 30 GPa)，环氧树脂基体则表现出更多的韧性行为和低弹性模量(约 5 GPa)。然而，环氧树脂与水泥复合材料的行为之间的差异沿经纱方向比沿纬线方向更大。无论是水泥或环氧树脂，其织物样式在两种材料内是完全相同的，因此不同基体下复合材料的性能影响并不仅仅与基体性质有关。

在比较环氧树脂基复合材料经纬两方向的抗弯性能时，沿纬向比沿经向呈现出了更好的弯曲性能，但是在这种情况下，这个差异比水泥基复合材料更明显，纬向抗折强度比经向高 87%。因此，纬纱方向的韧性比经向高 68%。注意到环氧树脂基体在两个复合方向上是相同的，因此这种差异主要应与织物几何形状有关。复合材料经线方向性能低可能是由于间隔纱与两个方向上的角度差异有关(图 7.33)，较大的间隔纱角度(约 80°，图 7.33)导致间隔纱增强能力的利用率降低，这是由于面向加载方向间隔纱长度缺乏。同样，小角度(约 53°，图 7.33(b))提供了间隔纱更大的增强能力，因为更多的间隔纱的长度是面向加载方向。请注意，在环氧基复合材料中，这种影响比水泥基复合材料更为显著，因为织物被环氧树脂充分渗透，所有的长丝和纱线都承载着载荷，因此，纱线取向是主要的机制。然而，在水泥基复合材料中，织物基体的黏结主要是由于三维织物与基体的机械锚固，来自于它们化学成分的显著差异；因此，纱线的取向是不太重要的。也就是说，机械锚定是水泥基复合材料的主要机理，主要是三维织物的几何结构，而这在两个方向上是相似的。

3) 环氧树脂基间隔交叉织物

为了进一步了解间隔纱取向在水泥基复合材料性能中的作用，研究了间隔纱在两个交叉方向(即 *X* 方向)取向的三维织物(图 7.34)。为研究间隔纱交叉角度的影响，选取相同材料(芳纶纱 3D Ar100 织物)，但隔纱角度分别为 70°的小交叉织物(SX)与隔纱角度为 45°的大交叉织物(BX)的两种织物形式，制备试件。分别进行弯曲性能测定，所有测试织物浸渍环氧树脂。表 7.15 给出了平均弯曲的结果，图 7.41 显示了典型的弯曲应力-挠度曲线。

表 7.15　交叉间隔纱增强水泥基复合材料的弯曲性能(基体中的织物经过环氧树脂浸渍)

组合式	织物方向	抗弯强度/MPa	MOR 偏转/mm	韧性/(N·mm)
Ar100_大_X (BX)	经纱	6.94 ± 1.38	4.04 ± 1.80	6937 ± 912
	纬纱	16.98 ± 0.55	9.33 ± 0.73	15474 ± 1590
Ar100_小_X (SX)	经纱	4.07 ± 0.61	3.47 ± 1.37	4874 ± 986
	纬纱	16.80 ± 1.85	11.51 ± 1.23	11494 ± 2225

± 标准偏差。

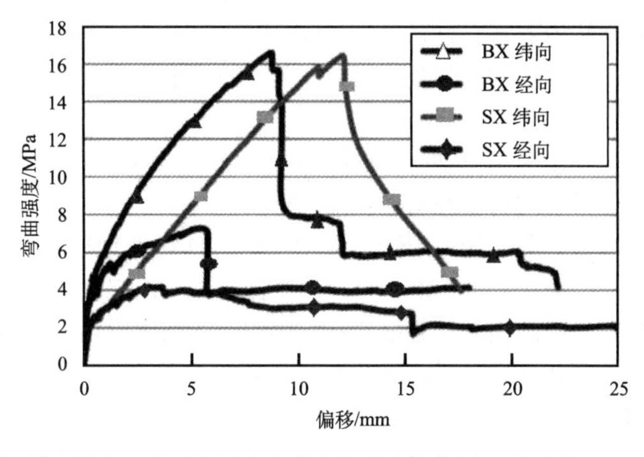

图 7.41　间隔织物增强复合材料的弯曲应力与挠度曲线(基体中的织物经过环氧树脂浸渍)

隔纱的 *X* 角度显著影响复合材料的弯曲性能。两种类型织物(SX 和 BX)的经向和纬向之间的差异可以清楚地观察到。复合材料在纬向的弯曲性能明显高于经向，比如弯曲强度、峰值挠度和韧性方面。这一趋势与之前的间隔纱不交叉的三维增强复合材料试验内容类似(图 7.39)。然而，对于交叉间隔织物复合材料经向与纬向之间的差异更为显著。BX 织物增强复合材料在纬线方向的抗弯强度大约是经纱方向的 2.5 倍；韧性也约是 2.5 倍。然而，对 SX 的织物而言，在纬向的弯曲强度大约是经纱方向的 4 倍；韧性则大约是 2.5 倍。

复合性能在纬向上的改进可能与间隔纱角度的差异有关；在经纱方向上，间隔纱斜向一侧倾斜(图 7.33(a))，而在纬纱方向上，它们向两侧倾斜(图 7.34)。X 型间隔纱的纬纱在水泥基基质中提供了坚固的锚定，以及更大的间隔纱含量。这些影响会导致荷载施加在纬线方向时，复合材料的抗弯强度较高。织物中间隔纱线的角度也会影响复合材料的抗弯性能，如图 7.41 所示，但程度较小。正如以前讨论的，小角度的间隔纱会有更好的增强效率，这也是复合材料的刚性行为反映。

图 7.42 展示了 BX 复合织物的经线方向测试破坏的模式，表明在试样的弹性区域出现一个大裂纹以及一些周边的较小裂缝。所有交叉间隔纱复合材料都观察到了这样的裂纹图案。复合材料的所有裂纹都在弯曲区域，这表明间隔丝的 X 形导致了更好的剪切回弹和更好的增强效率。

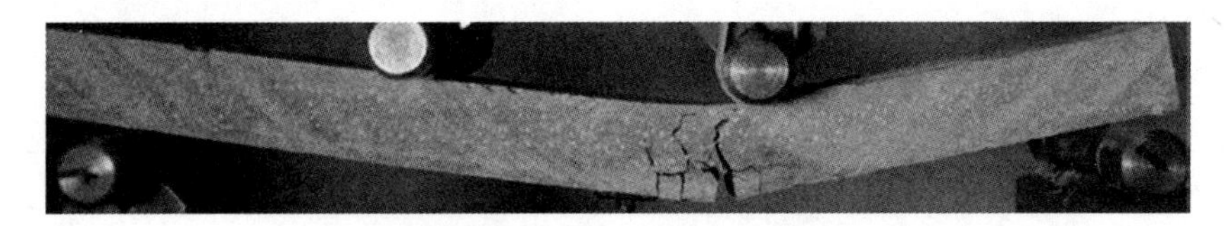

图 7.42　BX 复合材料经向测试结束破坏图

7.2.3　结论

本节研究了三维织物增强水泥基复合材料的弯曲性能，重点在平面织物的经纬两个方向的影响。并对纱线沿着复合材料厚度方向(即 *Z* 方向)不同的角度进行了探讨。为便于比较，同时研究了二维织物增强复合材料。复合材料的力学性能与织物是否浸渍环氧树脂有关。

总的来说，可以得出的结论是：与二维织物相比，三维织物由于其机械锚固得到更大的增强效率，是非常有效的增强水泥基复合材料。

在比较未浸渍环氧树脂的相同织物增强(不论是 2D 还是 3D)复合材料的性能时，发现了相反的趋势。在平面织物的情况下，经纱方向更强，而在复合材料中，纬向更强。这种现象产生的原因是经纱线环的紧缩。在织物中，纺线收紧增加长丝之间的摩擦，导致拉伸性能的增强，而在复合材料，这样的收紧降低了束丝之间水泥的渗透性，导致复合材料弯曲性能的降低。在纬向，复合束是比较开放的，也就是说，在束丝之间的摩擦力小导致在这个方向上的力学性能较低；然而，这同时又会提高水泥渗透性和复丝与水泥的黏结力，进而产生更高的性能。

三维织物纱线的方向会影响复合材料的失效模式。复合材料在经向测试时，破坏由弯曲导致破坏，但在纬向测试时，由剪切和弯曲联合作用机制引起破坏。剪切裂缝仅出现在隔纱垂直于拉伸应力方向，因为这个方向的增强效率低。剪切裂纹只发生在纬向加载，这可能是由于间隔(*Z*)纱线沿厚度方向与经纬两个方向上的夹角不同——与纬向夹角较小，与经向夹角较大。

当三维织物用于增强聚合物基复合材料时，复合材料在纬向的弯曲性能表现出比经向大得多，这是由于间隔纱与加载方向夹角的差异以及相关的增强效果决定。角度越大，间隔纱长度越倾向于加载方向，从而导致在该方向更好的增强效率和更高的力学性能，如纬纱方向。这种影响在环氧树脂基复合材料中比水泥基材料中更显著，其中机械锚固是主导机制。

当三维织物间隔纱采用一个更复杂的形状，如与织物的两面均倾斜的 X 形时，间隔纱在织物中的锚固力更大。与经向加载(隔纱仅与一面倾斜)相比，更大的锚固力会使得材料沿纬向加载时抗弯强度更高。

参 考 文 献

[1] 赵国藩, 彭少民, 黄承逵. 钢纤维混凝土结构[M]. 北京: 中国建筑工业出版社, 1999: 46-62.

[2] 徐铮澄. JM-Ⅲ抗渗防裂剂与聚丙烯纤维在商品混凝土中的复合应用[J]. 混凝土, 2004, (9): 49-50.

[3] 孙伟, 蒋金洋, 陶建飞, 等. 索塔锚固区泵送钢纤维混凝土研究[A]//黄承逵等. 纤维混凝土的技术进展与工程应用——第十一届全国纤维混凝土学术会议论文集, 大连: 大连理工大学出版社, 2006: 379-387.

[4] 中国复材展组委会. 德国开发新型碳纤维织物增强混凝土. 玻璃纤维专业情报信息网. http: //www. fiberglass365. com. cn/ [2017-4-5].

[5] 全国玻璃纤维专业情报信息网. 织物增强混凝土夹芯板获得通用建筑许可. 复材网. http: //www. cnfrp. com/[2017-6-22].

[6] 弗朗索瓦·德拉拉尔. 混凝土混合料的配合[M]. 廖欣, 叶枝荣, 李启令译. 北京: 化学工业出版社, 2004: 293-312, 338-340.

[7] Curbach M, Jesse F. High-performance textile-reinforced concrete[J]. Structural Engineering International, 1999, 9(4): 54-62.

[8] 姚立宁. 高性能纤维混杂织物增强混凝土应用研究[J]. 广东工业大学学报, 1999, 16(4): 17-21.

[9] Papanicolaou C G, Triantafillou T C, Bournas D A, et al. TRM as strengthening and seismic retrofitting material of concrete structures[A]//1st International Conference Textile Reinforced Concrete (ICTRC), Germany: RWTH Aachen University, 2006, 50: 331-340.

[10] Peled A, Bentur A. Cement impregnated fabrics for repair and retrofit of structural concrete[A]//Naaman A E, Reinhardt H W. Fourth International Workshop on High Performance Fiber Reinforced Cement Composites(HPFRCC4), France: RILEM publications S A R L, 2003: 313-324.

[11] Aldea C M, Mobasher B, Singla N. Cement-Based Matrix-Grid System for Masonry Rehabilitation[R]. ACI Spring Convention, New York, 2005.

[12] Mobasher B, Dey V, Cohen Z, et al. Correlation of constitutive response of hybrid textile reinforced concrete from tensile and flexural tests[J]. Cem Concr Compos, 2014, 53: 148-161.

[13] 李赫, 徐世烺. 纤维编织网增强混凝土薄板力学性能的研究[J]. 建筑结构学报, 2007, 28(4): 117-122.

[14] 荀勇, 孙伟. 短纤维和织物增强混凝土薄板试验研究[J]. 土木工程学报, 2005, 38(11): 58-63.

[15] Triantafillou T C, Papanicolaou C G, Zissimopoulos P, et al. Concrete confinement with textile reinforced mortar (TRM) jackets[J]. ACI Structural Journal, 2006, 103(1): 28-37.

[16] Triantafillou T C, Papanicolaou C G. Shear strengthening of reinforced concrete members with textile reinforced mortar (TRM) jackets[J]. Materials and Structures, 2006, 39: 93-103.

[17] 荀勇, 支正东, 张勤. 织物增强混凝土薄板加固钢筋混凝土梁受弯性能试验研究[J]. 建筑结构学报, 2010, 31(3): 70-76.

[18] 徐世烺, 李赫. 碳纤维编织网和高性能细粒混凝土的黏结性能[J]. 建筑材料学报, 2006, (2): 211-215.

[19] Markus Schleser, et al. In: E-MRS Fall Meeting, Warsaw, 2005.

[20] 荀勇, 孙伟. 碳纤维织物增强混凝土薄板的界面黏结性能试验[J]. 东南大学学报: 自然科学版, 2005, 35(4): 593-597.

[21] Schleser M, Dilthey U, Mund F, et al. Improvement of Textile Reinforced Concrete by Use of Polymers[M]. Freiburg: Aedificatio Publish, 2007.

[22] Lorenz E, Ortlepp R. Bond behavior of textile reinforcements-development of a pull-out test and modeling of the respective bond versus slip relation[C]//Proceedings of the RILEM-International Workshop "High Performance Fiber Reinforced Cement Composites-HPFRCC", 2011.

[23] Vilkner G. Glass concrete thin sheets reinforced with prestressed aramid fabrics[D]. New York: Columbia University, 2003.

[24] Djamai Z I, Bahrar M, Salvatore F, et al. Textile reinforced concrete multiscale mechanical modelling: Application to TRC sandwich panels[J]. Finite Elements in Analysis and Design, 2017, 135: 22-35.

[25] 陈同庆, 等. 海洋腐蚀与防护词典[M]. 北京: 海洋出版社, 1985: 6.

[26] 蒋林华. 水利工程海洋工程新材料新技术[M]. 南京: 河海大学出版社, 2006: 144.

[27] 金祖全, 孙伟, 赵铁军, 等. 混凝土在硫酸盐-氯盐环境下的损伤失效研究[C]. 第五届混凝土结构耐久性科技论坛, 2006.

[28] Shi C J, Stegemann J A, Caldwell R J. Effect of supplementary cementing materials on the specific conductivity of pore solution and its implications on the rapid chloride permeability test (AASHTO T277 and ASTM C1202) results[J]. ACI Materials Journal, 1998, 95(4): 389-394.

[29] 宋中南. 我国混凝土结构加固修复业技术现状与发展对策[J]. 混凝土, 2002, (10): 10-11.

[30] 卜良桃. 高性能复合砂浆钢筋网(HPF)加固混凝土结构新技术[M]. 北京: 中国建筑工业出版社, 2007: 1-7.

[31] 卓尚木, 季直昌, 卓昌志. 钢筋混凝土结构事故分析与加固[M]. 北京: 中国建筑工业出版社, 1997: 226-361.

[32] 卜良桃, 王济川. 建筑结构加固改造涉及与施工[M]. 长沙: 湖南大学出版社, 2002: 20-86.

[33] 赵彤, 谢剑. 碳纤维布补强加固混凝土结构新技术[M]. 天津: 天津大学出版社, 2003: 2-5.

[34] 王文炜. 纤维复合材料加固钢筋混凝土梁抗弯性能研究[D]. 大连: 大连理工大学, 2003.

[35] 飞渭, 江世永, 彭飞飞, 等. 预应力碳纤维布加固混凝土受弯构件试验研究[J]. 四川建筑科学研究, 2003, 29(6): 56-60.

[36] 高晓梅. 钢丝网外喷高强砂浆加固钢筋混凝土梁正截面承载力试验研究[D]. 西安: 西安理工大学, 2004.

[37] 卜良桃. 高性能复合砂浆钢筋网加固 RC 梁的性能研究[D]. 长沙: 湖南大学, 2006.

[38] Ortlepp R, Hampel U, Curbach M. A new approach for evaluating bond capacity of TRC strengthening [J]. Cement & Concrete Composites, 2006, 28(7): 589-597.

[39] Ortlepp R, Curbach M. Bonding behaviour of textile reinforced concrete strengthening[A]//Naaman A E, Reinhardt H W. Fourth International Workshop on High Performance Fiber Reinforced Cement Composites (HPFRCC4). France: RILEM publications S. A. R. L. : 517-527.

[40] 潘永灿, 荀勇. 纤维织物增强混凝土薄板抗折强度试验研究[J]. 混凝土与水泥制品, 2006, (4): 49-51.

[41] Brückner A, Ortlepp R, Curbach M. Anchoring of shear strengthening for T-beams made of textile reinforced concrete (TRC) [J]. Materials and Structures, 2008, 41(2): 407-418.

[42] Brückner A, Ortlepp R, Curbach M. Textile reinforced concrete for strengthening in bending and shear[J]. Materials and Structures, 2006, 39: 741-748.

[43] Weiland S, Ortlepp R, Curbach M. Strengthening of pre-deformed slabs with textile reinforced concrete [A]//CEB-FIP. Proceedings of the 2nd fib-Congress, Universita` di Napoli Federico II, Naples, 2006: 14-22.

[44] Freitag S, Beer M, Jesse F, et al. Experimental Investigation and Prediction of long-term Behavior of

Textile Reinforced Concrete for Strengthening[A]//Hegger J, Brameshuber W, Will N. Textile reinforced concrete- proceedings of the 1st international RILEM conference, Aachen, 2006. RILEM: 121-130.
[45] Brückner A, Ortlepp R, Curbach M. Textile Structures for Shear Strengthening[A]//International Conference on Concrete Repair, Rehabilitation and Retrofitting, London: 2006Taylor&Francis Group, 456-457.
[46] Curbach M, Ortlepp R, Triantafillou T C. TRC for rehabilitation[A]//Brameshuber W. Textile Reinforced Concrete—State-of-the-Art Report of RILEM TC 201-TRC. France: RILEM publications S. A. R. L. , 221-235.
[47] Al-Jamous A, Ortlepp R, Ortlepp S, et al. Experimental investigations about construction members strengthened with textile reinforcement[A]//1st International Conference Textile Reinforced Concrete（ICTRC）[C]. Germany: RWTH Aachen University: 161-170.
[48] Franzke G, Engler T H, Schierz M, et al. Concrete Mast restoration using Multi-Axial AR-Glass Structures[A]. Lecture No. 333, Techtextil-Symposium. Germany: Frankfurt/Main, 2001.
[49] 赵志方，周厚贵，袁群，等. 新老混凝土黏结机理研究与工程应用[M]. 北京：中国水利水电出版社，2003.
[50] 谢慧才，李庚英，熊光晶. 新老混凝土界面黏结力形成机理[J]. 硅酸盐通报, 2003, (3): 7-10.
[51] 王振领，林拥军，钱永久. 新老混凝土结合面抗剪性能试验研究[J]. 西南交通大学学报，2005, 40(5): 600-604.
[52] 陈峰，郑建岚. 自密实混凝土与老混凝土黏结强度的直剪试验研究[J]. 建筑结构学报, 2007, 28(1): 59-63.
[53] 张雷顺，郭进军. 新旧混凝土植筋结合面剪切性能试验对比[J]. 工业建筑, 2007, 37(11): 71-73.
[54] 尚守平，龙凌霄，曾令宏. 钢筋在钢筋网复合砂浆加固混凝土构件中的性能研究[J]. 建筑结构，2006, 36(3): 10-12.
[55] 中国工程建设标准化协会标准. 混凝土结构加固技术规范(CECS25: 90)[S]. 北京：中国计划出版社, 1991.
[56] 中华人民共和国住房和城乡建设部，中华人民共和国国家质量监督检验检疫总局. GB 50010—2010,混凝土结构设计规范[S]. 北京：中国建筑工业出版社, 2011.
[57] 尚守平，曾令宏，彭晖，等. 复合砂浆钢丝网加固 RC 受弯构件的试验研究[J]. 建筑结构学报, 2003, 24(6): 87-91.
[58] 赵国藩，王清湘，宋玉普，等. 高等钢筋混凝土结构学[M]. 北京：机械工业出版社, 2005: 303-318.
[59] 王铁梦. 工程结构裂缝控制[M]. 北京：中国建筑工业出版社, 1997: 107-110.
[60] 过镇海，时旭东. 钢筋混凝土原理和分析[M]. 北京：清华大学出版社, 2003: 239-243.
[61] ACI Committee 326. Shear and Diagonal Tension. ACI Journal Proceedings, 1962a, 59(1): 1-30.
[62] ACI Committee 326. Shear and Diagonal Tension. ACI Journal Proceedings, 1962b, 59(1): 277-344.
[63] ASCE-ACI Committee 426. The Shear of Reinforced Concrete Members[J]. Journal of Structural Division, ASCE, 1973, 99(6): 1091-1187.
[64] ASCE-ACI Committee 445 on Shear and Torsion．Recent Approaches to Shear Design of Structural Concrete[J]．Journal of Structural Engineering. ASCE, 1998, 124（12）: 1375-1417.
[65] R. 帕克, T. 波利. 钢筋混凝土结构[M]. 重庆：重庆大学出版社, 1985: 32-60.
[66] Park R, Paulay T. Reinforced Concrete Structures[M]. New York: Wiley, 1975: 26-43.
[67] 刘立新. 钢筋混凝土深梁、短梁和浅梁受剪承载力的统一计算方法[J]. 建筑结构学报, 1995, 16(4): 13-21.
[68] 瓦西耶夫. 钢筋混凝土构件抗剪承载力[M]. 北京：人民交通出版社, 1992: 10-35.
[69] 尹世平，盛杰，贾申. 纤维束编织网增强混凝土加固钢筋混凝土梁疲劳破坏试验研究[J]. 建筑结构

学报, 2015, 36(4): 86-92.

[70] Papanicolaou C G, Triantafillou T C. Karlos K, et al. Seismic retrofitting of unreinforced masonry structures with TRM[C]//1st International Conference Textile Reinforced Concrete (IC2TRC), Germany: RWTH Aachen University: 341-350.

[71] Peled A. Confinement of damaged and nondamaged structural concrete with FRP and TRC sleeves [J]. Journal of Composites for Construction, 2007, 11(5): 514-522.

[72] Bournas D, Lontou P, Triantafillou T, et al. Textile-reinforced mortar(TRM) versus FRP jacketing for reinforced concete columns [C]//FRPRCS-8. Patras, Greece, 2007.

[73] Gopinath S, Iyer N R, Gettu R, et al. Confinement effect of glass fabrics bonded with cementitious and organic binders[J]. Procedia Engineering, 2011, 14: 535-542.

[74] Di Ludovico M, Prota A, Manfredi G. Structural upgrade using basalt fibers for concrete confinement[J]. Journal of Composites for Construction, 2010, 14(5): 541-552.

[75] 尹世平, 彭驰, 艾珊霞. 纤维编织网增强混凝土加固混凝土柱轴压性能的研究[J]. 四川大学学报(工程科学版), 2016, 48(4): 85-91.

[76] 薛亚东, 刘德军, 黄宏伟, 等. 纤维编织网增强混凝土侧面加固偏压短柱试验研究[J]. 工程力学, 2014, 31(3): 228-236.

[77] 艾珊霞. 常规、氯盐干湿循环环境下 TRC 加固混凝土柱轴心受压性能研究[D]. 徐州: 中国矿业大学, 2015.

[78] 叶桃. 常规、锈蚀环境下 TRC 加固钢筋混凝土柱抗震性能研究[D]. 徐州: 中国矿业大学, 2016.

[79] 尹世平, 盛杰, 贾申, 等. TRC 加固 RC 梁的弯曲疲劳破坏过程和应变发展的试验研究[J]. 工程力学, 2015, 32(s): 142-148.

[80] 尹世平, 盛杰, 徐世烺. 疲劳荷载下纤维编织网增强混凝土加固 RC 梁的弯曲性能[J]. 水利学报, 2014, 45(12): 1481-1486.

[81] Prota A, Marcari G, Fabbrocino G. Experimental in-plane behavior of tuff masonry strengthened with cementitious matrix-grid composites[J]. Journal of Composites for Construction, ASCE , 2006, 10(3): 223-233.

[82] Faella C, Martinelli E, Nigro E, et al. Shear capacity of masonry walls externally strengthened by a cement-basedcomposite material: An experimental campaign[J]. Construction and Building Materials, 2010, 24: 84-93.

[83] Triantafillou T. Strengthening of masonry structures using epoxy-bonded FRPlaminates[J]. Journal of Composites for Construction, ASCE, 1998, 2(2): 96-104.

[84] Babaeidarabad S, DeCaso F, Nanni A. URM walls strengthened with fabric-reinforced cementitious matrix composite subjectedto diagonal compression[J]. Journal of Composites forConstruction, ASCE, 2014, 18(2): 04013045.

[85] Babaeidarabad S, Arboleda D, Loreto G. Shear strengthening of un-reinforced concrete masonry wallswith fabric-reinforced-cementitious-matrix[J]. Construction and Building Materials, 2014, 65: 243-253.

[86] Papanicolaou C G, Triantafillou T C, Karlos K. Textile-reinforced mortar (TRM) versus FRP as strengthening material of URM walls: in-planecyclic loading[J]. Materials and Structures, RILEM, 2007, 40(10): 1081-1097.

[87] Papanicolaou C G, Triantafillou T C, Papathanasiou M. Textile reinforced mortar (TRM) versus FRP as strengthening material of URM walls: out-of-plane cyclic loading[J]. Materials and Structures, RILEM, 2008, 41(1): 143-157.

[88] Papanicolaou C G, Triantafillou T C, Lekka M. Externally bonded grids as strengtheningand seismic

retrofitting materials of masonry panels[J]. Construction and Building Materials, 2011, 25(2): 504-514.
[89] Koutas L, Bousias S N, Triantafillou T C. Seismic strengthening of masonry-infilled RC frames with TRM: Experimental study[J]. Journal of Composites for Construction, ASCE, 2015, 19(2): 04014048.
[90] Ismail N, Ingham J M. In-plane and out-of-plane testing of masonry wallsstrengthened using polymer textile reinforced mortar[J]. Engineering Structures, 2016, 118: 167-177.
[91] 谭振军. GFRP 网加强砌体复合墙抗震性能试验研究[D]. 长沙: 长沙理工大学, 2010.
[92] 程琪. 玻璃纤维网增强复合砌体抗震性能试验研究与有限元分析[D]. 长沙: 长沙理工大学, 2011.
[93] 熊雅格. GFRP 网格布增强砖砌体力学性能试验及有限元分析[D]. 长沙: 长沙理工大学, 2012.
[94] 王雅礼. 纤维网增强复合墙体基本力学性能试验研究[D]. 长沙: 长沙理工大学, 2013.
[95] EN 1015-11(1993)Methods of test for mortar formasonry-Part 11: determination of flexural andcompressive strength of hardened mortar. European Committee for Standardization, Brussels, 1999.
[96] Triantafillou T C, Papanicolaou C G. Shear strengthening of reinforced concrete members withtextile reinforced mortar (TRM) jackets[J]. Materials and Structures, 2006, 39(1): 85-93.
[97] 敖高, 宋有红. 钢结构建筑工程中压型板做永久性模板的技术运用探讨[J]. 科技信息, 2009, (15): 658-659.
[98] Moy S S J, Tayler C. Effect of precast concrete planks on shear connector strength[J]. Journal of Constructional Steel Research, 1996, (36): 201-213.
[99] 服部覚志, 竹内博幸, 山浦一郎, 他. 2 面外殻プレキャスト工法によるプレキャスト梁部材製作・施工実験. コンクリート工学年次論文集, 2001, 23: 1255-1260.
[100] 都祭弘幸, 山浦一郎, 渕上勝志, 他. 外殻プレキャストを用いた市街地における超高層 RC 造の施工——広島市のアーバンビューグランドタワー. コンクリート工学, 2003, 41(11): 57-62.
[101] 牧田敏郎, 伊藤倫顕. プレキャスト型枠を用いた梁の構造性能. コンクリート工学年次論文報告集, 1995, 17(2).
[102] 服部尚道, 増田芳久, 得能達雄, 他. U 型ハーフプレキャスト部材を用いた合成梁の曲げ性状について. コンクリート工学年次論文報告集, 1999, 21(3).
[103] 小柳光生, 増田安彦, 川口徹. 打ち込み型枠を用いた合成梁構造の開発[C]. コンクリート工学年次論文報告集, 1999, 21(3).
[104] 杉本訓祥, 増田安彦, 江戸広彰. U 型断面 PCa を用いた鉄筋コンクリート梁部材の純曲げ実験[C]. コンクリート工学年次論文報告集, 2000, 22(3).
[105] 松本昭夫, 西原寛, 鈴木英之, 他. 外殻薄肉プレキャスト RC 柱部材の一体性に関する研究[C]. コンクリート工学年次論文報告集, 1996, 18(2).
[106] 増田安彦, 杉本訓祥, 吉岡研三, 他. 外殻プレキャストを用いた RC 柱の力学性状に関する研究[C]. コンクリート工学年次論文報告集, 1999, 21(3).
[107] 入澤郁雄, 吉野次彦, 笹谷輝勝. プレキャスト型枠を用いた柱・梁の力学的性状について[C]. コンクリート工学年次論文報告集, 1996, 18(2).
[108] 増田安彦, 江戸広彰, 米沢健一. 外殻プレキャストを用いた梁との接合部柱の力学性状に関する研究[C]. コンクリート工学年次論文報告集, 2001, 23(3).
[109] 苑金生. 国外混凝土墙板的发展趋向[J]. 建筑人造板, 1996, (2): 40-41.
[110] 李珠, 苏冬媛, 刘元珍. 免拆保温模板复合剪力墙体系模板设计[J]. 建筑节能, 2008, (1): 53-55.
[111] Hillman J R, Murray T M. Innovation floor systems for steel framed buildings [J]. Proc. , IABSE. symp, Mixed Struct. , Including New Mat. , 1990: 672-675.
[112] Hanus J P, Bank L C, Oliva M G. Combined loading of a bridge deck reinforced with a structural FRP stay-in-place form [J]. Construction and Building Materials, 2009, 23(4): 1605-1619.
[113] 吕文良. 快易收口型网状模板[J]. 施工技术, 2003, (2): 26-27.

[114] 朱航征. 集中国外新型模板的开发与应用[J]. 建筑技术开发, 2001, (11): 57-58.

[115] Hegger J, Sasse H R, Wulfhorst B, et al. U-Shaped Supports as Formwork Elements Integrated in the Construction Member[A]//TechTextil Symposium Innovatives Bauen 5. 1 Textilbewehrter Beton - Material und Produkte, Frankfurt, 1999, Vortrag 517, 8 Seiten.

[116] Brameshuber W, Brockmann J, Roessler G, et al. Bauteilintegrierte Schalung Aus Textilbewehrtem Beton[A]. Tagungsband zur Tagung, Textile Bewehrung fuer den Betonbau[C], Dresden, 2001.

[117] 张巨松, 曾龙, 王振兴. FRP 作为混凝土工程永久性模板的试验研究[J]. 玻璃钢/复合材料, 2000, (5): 32-34.

[118] 咏梅. 活性粉末混凝土作永久性模板研究[D]. 北京: 北京交通大学, 2005.

[119] 曲俊义, 刘艳萍, 乔兰. 复合剪力墙体系及 GRC 免拆模板力学性能[J]. 北京科技大学学报, 2006, (6): 519-523.

[120] 梁坚凝, 曹倩. 高延性永久模板在建造耐久混凝土结构中的应用[J]. 东南大学学报(自然科学版), 2006, (11): 110-115.

[121] 李珠, 苏冬媛, 刘元珍. 免拆保温墙模复合剪力墙体系模板设计[J]. 建筑节能, 2008, (1): 16-19.

[122] 张大长, 支正东, 卢中强, 等. 外壳预制核心现浇 RC 梁抗弯承载力的试验研究[J]. 工程力学, 2009, (5): 164-170.

[123] 支正东, 张大长, 荀勇, 等. 外壳预制核心现浇装配整体式 RC 梁抗剪性能的试验研究[J]. 工程力学, 2012, (12): 342-349.

[124] 张大长, 支正东, 卢中强, 等. 外壳预制核心现浇装配式 RC 柱抗震性能的试验研究[J]. 工程力学, 2009, (8): 131-137.

[125] 支正东, 张大长, 荀勇, 等. 外壳预制核心现浇装配整体式钢筋混凝土柱的抗弯性能试验研究[J]. 工业建筑, 2012, (12): 25-30.

[126] 支正东, 张大长, 卢中强, 等. 外壳预制核心现浇装配整体式结构 RC 梁 U 型外壳的制作方法[J]. 盐城工学院学报(自然科学版), 2011, (3): 66-69.

[127] 荀勇. 织物增强混凝土薄板及其叠合梁试验研究[D]. 南京: 东南大学, 2010.

[128] 吴方伯, 黄海林, 陈伟, 等. 预制带肋薄板混凝土叠合板件受力性能试验研究[J]. 土木建筑与环境工程, 2011, 33(4): 7-12.

[129] 王彤. 永久模板与现浇混凝土叠合梁的试验研究[D]. 长春: 吉林大学, 2012.

[130] 尹红宇, 谷帅, 张建成, 等. 织物增强混凝土(TRC)永久模板叠合混凝土结构 U 形梁模的研制[J]. 混凝土, 2013, (12): 135-138.

[131] 李传巍, 华业武. 高层现浇框架采用预制钢筋混凝土永久性模板施工[J]. 建筑技术, 2011, (6): 21-23.

[122] 刘小龙, 郭玉顺, 丁建鹏. GRC 轻板自动化立模生产工艺的材料性能研究[J]. 建筑技术 2011, (6): 31-332.

[133] 哈尔滨建筑工程学院, 大连理工大学. CECS 13: 89, 钢纤维混凝土试验方法[S]. 北京: 中国工程建设标准化协会标准, 1991.

[134] 国家建筑材料工业局. JC/T 631—1996, 钢丝网水泥板抗冲击性能试验方法[S]. 北京: 国家建筑材料工业局, 1996.

[135] 吴娇, 马芹永, 卢小雨. 碳纤维与铁丝网增强混凝土板的抗弯性能试验对比分析[J]. 混凝土与水泥制品, 2013, (12): 44-46.

[136] 赵国藩. 高等混凝土结构学[M]. 北京: 机械工业出版社, 2005.

[137] 刘绍昆, 徐光霞. 模板工程安全操作技术[M]. 北京: 中国建材工业出版社, 2007.

[138] 牛荻涛. 混凝土结构耐久性与寿命预测[M]. 北京: 科学出版社, 2003.

[139] 吴庆, 庄悦. 锈蚀钢筋混凝土梁抗弯承载力计算方法[J]. 混凝土, 2011, (8): 10-14.

[140] Caurns J. Strength of concrete beams during concrete breakout[J]. I-ABSE Symposium on Extending the lifespan of Structures. San Francisco, 1995: 500-504.

[141] Weiland S, Ortlepp R, Hauptenbuchner B, et al. Textile reinforced concrete for flexural strengthening of RC-structures—Part 2: Application on a concrete shell special publication, 2008, 251: 41-58.

[142] Schladitz F, Lorenz E, Jesse F, et al. Verstärkung einer denkmalgeschützten Tonnenschale mit Textilbeton[J]. Beton- und Stahlbetonbau, 2009, 104(7): 432-437.

[143] Scholzen A, Chudoba R, Hegger J. Dünnwandiges Schalentragwerk aus textilbewehrtem Beton Entwurf, Bemessung und baupraktische Umsetzung[J]. Beton-und Stahlbetonbau, 2012, 107(11): 767-783.

[144] Hegger J, Voss S. Investigations on the bearing behaviour and application potential of textile reinforced concrete[J]. Engineering Structures, 2008, 30: 2050-2056.

[145] Sharei E, Scholzen A, Hegger J, et al. Structural behavior of a lightweight, textile-reinforced concrete barrel[J]. Composite Structures, 2017, 171: 505-514.

[146] KULAS C. Actual applications and potential of textile-reinforced concrete. GRC Fundamentals Dubai UAE, 2015: 1-11.

[147] 艾珊霞，尹世平，徐世烺. 纤维编织网增强混凝土的研究进展及应用[J]. 土木工程学报，2015, 48(1): 27-40.

[148] Hegger J, Schneider H, Sherif A, et al. Exterior Cladding Panels as an Application of Textile Reinforced Concrete. Thin Reinforced Cement-Based Products, 55-70.

[149] Roye A, Gries T. 3-D textiles for advanced cement based matrix reinforcement[J]. J Ind Text, 2007, 2(3): 163-173.

[150] Zhu D, Mobasher B, Peled A. Experimental study of dynamic behavior of cement-based composites[J]. J Sustain Cem - Based Mater, 2013, 2(1): 1-12.

[151] Concrete Canvas Ltd. Concrete canvas[EB/OL]. http: //concretecanvas. de/index. html. 2012.

[152] Han F Y, Chen H S, Jiang K F, et al. Influences of geometric patterns of 3D spacer fabric on tensile behavior of concrete canvas[J]. Constr Build Mater, 2014, 65: 620-629.

[153] Gries T, Roye A, Offermann P, Peled A. Textile reinforced concrete-state-of-the- art report of RILEM TC 201-TRC. Bagneux: RILEM Publications, 2006, 1: 11-27.

[154] Juenger M C G, Winnefeld F, Provis J L, et al. Advances in alternative cementitious binders[J]. Cem Concr Res, 2011: 1232-1243.

[155] Winnefeld F, Barlag S. Calorimetric and thermo gravimetric study on the influence of calcium sulfate on the hydration of ye'elimite[J]. J Therm Anal Calorim, 2010, 101: 949-957.

[156] Winnefeld F, Barlag S. Influence of calcium sulfate and calcium hydroxide on the hydration of calcium sul-foaluminate clinker[J]. ZKG Int, 2009, 62: 42-53.

[157] Srinivas K, Ravinder B. Concrete cloth-its uses and application in civil engineering[EB/OL]. http: //www. nbmcw. com/articles/concrete/28977-concrete cloth its uses and application in civil engineering. html[2013-7-22].

[158] Amzaleg E, Peled A, Janetzko S, et al. Bending behavior of 3D fabric reinforced cementitious composites[C]//8th RILEM Symposium on Fiber-Reinforced Concretes (FRC), BEFIB2012 (2012), 71-73, Portugal.

[159] Haik R, Adiel Sasi E, Peled A. Influence of three-dimensional (3D) fabric orientation on flexural properties of cement-based composit[J]. Cement and Concrete Composites, 2017, 80: 1-9.